医用大学化学

主　编　邱　萍　林小云
副主编　王　勇　黄鹏程

科学出版社
北　京

内 容 简 介

本书是医学专业，如临床、预防、麻醉和护理等大学化学课程的配套教材，涵盖了无机化学、物理化学、分析化学学科的基本内容。本书包括无机化学中的原子结构、元素周期律、共价键的内容，物理化学中的化学热力学与动力学介绍，分析化学中的酸碱性质、酸碱平衡、沉淀平衡、氧化还原平衡、配位平衡及各类滴定方法介绍，外延了医学与化学的交叉知识，如人体中的微量元素等。

本书可作为高等医学院校临床及相关专业本科生的大学化学教材，也可作为相关专业工作者的参考书。

图书在版编目（CIP）数据

医用大学化学／邱萍，林小云主编. —北京：科学出版社，2017.1
ISBN 978-7-03-050964-2

Ⅰ. ①医… Ⅱ. ①邱… ②林… Ⅲ. ①化学-医学院校-教材
Ⅳ. ①O6

中国版本图书馆 CIP 数据核字（2016）第 299910 号

责任编辑：赵晓霞 / 责任校对：张小霞
责任印制：张 伟 / 封面设计：迷底书装

科学出版社 出版
北京东黄城根北街 16 号
邮政编码：100717
http://www.sciencep.com
三河市骏杰印刷有限公司印刷
科学出版社发行 各地新华书店经销
*
2017 年 1 月第 一 版 开本：787 × 1092 1/16
2023 年 12 月第十次印刷 印张：19 1/2 插页：1
字数：478 000

定价：58.00 元

（如有印装质量问题，我社负责调换）

前　言

大学化学是医学专业本科生的重要基础课程。近年来，随着教学改革的进一步深化，大学化学教学团队成员不断探索和总结，在教学内容和形式上进行了一系列改革和新的尝试，又经多次集体讨论和听取学生意见，积累了丰富的教学经验。本书以高等医学院校医学基础化学教学要求为依据，由南昌大学化学系多年来在医学(临床、麻醉、护理、预防等)、生物、食品、材料专业本科生教学实践的基础上编写而成。本书以现代化学的基本原理为基础，针对上述专业对化学基本知识、基本技术和基本方法的需求，重视理论联系实际，突出化学知识的科学性和应用性。

本书的具体特色如下：

(1) 理论基础易读。对化学反应的基本原理、物质结构基础等化学基本理论知识的讲述由浅入深、通俗易懂。

(2) 每个章节都有与医学密切相关的实例。例如，在氧化还原平衡中介绍了生物体内的氧化还原电势，在配位平衡中讨论了配位化合物在生物医药等方面的应用，从而使学生学以致用，在实践中理解理论知识。

(3) 具有社会性及趣味性。紧跟化学学科的最新发展动向，及时反映化学领域的前沿知识，开阔学生的视野，最后一章选择性地介绍了人体内的微量元素，增加了教材的可读性。

本书由邱萍、林小云担任主编，具体分工为邱萍(第 1 章、第 11 章)，黄鹏程(第 2～4 章)，王勇(第 5 章、第 6 章、第 10 章)，林小云(第 7～9 章)。

在本书编写过程中得到了科学出版社领导和编辑的关心与指导，未参与编写工作的教师也为教材内容的取舍、编排等提出了宝贵的意见和建议，在此一并表示感谢！

由于编者学识水平与经验有限，书中不妥之处在所难免，敬请专家和读者不吝指正。

编　者

2016 年 9 月 27 日于南昌

目　录

第1章 概　　论
(Introduction)

学习要求

(1) 了解化学的定义、发展简史及与医学的关系。

(2) 掌握误差的分类、来源、减免方法，准确度、精密度的概念及其表示方法。

(3) 了解提高分析准确度的方法以及可疑值的取舍方式。

(4) 掌握有效数字的概念。

1.1 化学的定义、发展简史及与医学的关系

1997年，美国化学会会长布里斯罗(Breslow)出版了《化学的今天和明天——化学是一门中心的、实用的和创造性的科学》(*Chemistry Today and Tomorrow*: *The Central*, *Useful and Creative Science*)一书，并指出化学研究的对象是各种各样的物质。浩瀚的宇宙和地球上人类肉眼能见到的和不能直接观察到的以原子或分子形态存在的物质，都是我们要了解和研究的对象。物质是人类赖以生存的基础，人类进步的物质基础包括天然的和人造的各种化学物质，因此化学是人类认识、利用和改造物质世界的主要方法和手段。21世纪，化学已被公认为是一门中心科学。

"化学"一词，从字面解释就是"变化的科学"。化学同物理一样皆为自然科学的基础科学。化学也是一门以实验为基础的自然科学。门捷列夫提出的化学元素周期表大大促进了化学的发展。如今很多人称化学为"中心科学"，因为化学是材料科学、纳米科学、生物化学等学科的核心。化学是在原子层次上研究物质的组成、结构、性质及变化规律的自然科学，这也是化学变化的核心基础。现代化学有五个二级学科：无机化学、有机化学、物理化学、分析化学与高分子化学。

1.1.1 化学发展简史

化学是最古老的科学之一，在改善人类生活方面，它也是最有成效的科学之一。人类从懂得使用火开始，就从野蛮进入文明。燃烧是人类应用最早的化学反应，燃烧在改善人类的饮食条件的同时也改善了人们的生活条件，人们利用燃烧制作了陶器，冶炼了青铜等金属。古代的炼丹家更是在寻求长生不老药的过程中使用了燃烧、煅烧、蒸馏、升华等化学基本操作。造纸、染色、酿造、火药等生产技术的发明无一不是经历无数化学反应的结果。因此，化学自产生之日就与人类的生活密切相关。当然，在古代，化学表现出的是一种经验性、零散性和实用性的技术，而未成为一门科学。就在炼丹术产生的500年后，古老的西方出现了与其极为相似的神秘的炼金术，成为近代化学的雏形。"化学"(chemistry)一词来源于中古时期的alchemy，alchemy又直接脱胎于阿拉伯文alkimya。alkimya及alchemy的本义是炼丹术或炼金术，而炼丹术是化学的原始形态。由alchemy到chemistry的演变，意味着化学开始脱离炼丹术或炼金术的原始

形态，而逐步成为一门相对独立的科学，即研究物质组成、结构及其变化的科学。

17世纪中叶以后，随着生产的迅速发展，人们积累了大量有关物质变化的知识。同时，数学、物理学和天文学等相关学科的发展促进了化学的发展。1661年波义耳(Boyle)首次指出："化学研究的对象和任务就是寻找和认识物质的组成和性质"，他明确地把化学作为一门认识自然的科学，而不是一种以实用为目的的技艺。恩格斯对此给予了高度的评价，指出，"是波义耳把化学确定为科学"。

18世纪末，化学实验室开始有了较精密的天平，使化学科学从对物质变化的简单定性研究进入准确的定量研究。随后相继发现了质量守恒定律、定组成定律、倍比定律等，为化学新理论的诞生奠定了基础。19世纪初，为了说明这些定律的内在联系，道尔顿(Dalton)和阿伏伽德罗(Avogadro)分别创立了原子论和原子-分子论，从而进入了近代化学的发展时期。

19世纪下半叶，物理学中的热力学理论被引入化学，从宏观角度解决了化学平衡的问题。随着工业化进程的加快，出现了生产酸、碱、合成氨、染料及其他有机化合物的大型工厂，化学工业的发展更促进了化学科学的深入发展。化学开始形成了无机化学、分析化学、有机化学和物理化学四大基础化学学科。

20世纪化学取得巨大成就。化学的研究对象从微观世界发展到宏观世界，从人类社会发展到宇宙空间。化学的理论、研究方法、实验技术以及应用等方面都发生了巨大的变化。原来的四大基础化学学科已经无法涵盖化学的研究领域，从而衍生出新的学科分支，如生物化学、环境化学、高分子化学、材料化学、药物化学、地球化学等。现代科学中的能源、环境、材料、生物、信息技术等跨世纪学科无一例外地与化学密切相关，化学已成为促进社会及科学发展的基础学科之一。

21世纪是化学向其他学科渗透、相互交融的世纪。更多的化学工作者投身到研究生命、材料的工作中。研究生命和材料的工作者也将更多地应用化学原理和手段从事各自的研究。化学学科的发展在促进其他学科发展的同时，也将受到其他学科发展和技术进步成果的推动。物理科学的发展使得化学家不但能够描述过程，还能用激光、分子束和脉冲等技术跟踪超快过程。这些进步将有助于化学家更深层次揭示物质的性质及变化规律。数学的非线性理论和混沌理论对化学多元复杂体系的研究产生了深刻的影响。随着计算机技术的发展，化学与数学方法、计算机技术结合，形成了化学计量学，实现了计算机模拟化学过程。应用量子力学方法处理分子结构与性能的关系，有可能实现按照预定要求设计新型分子。应用数学方法和计算机确定新型分子的合成路线，使分子设计摆脱纯经验的探索，为材料科学开辟了新的方向。近代生物学已经把生命当作化学过程来认识，化学家和生物学家正在携手合作从分子水平研究生命科学。随着生物工程研究的发展，化学家将更多地和生物学家一起利用细胞进行物质的合成，同时将更多地应用仿生技术研究模拟酶催化剂。

1.1.2　医学与化学

医学的研究本体是人体，人体内的各种化学反应每时每刻都在发生。人体内的化学平衡被打破，往往是由于身体本身某方面出现了不协调，也就是人体出现了某些疾病。医学的研究方向就是努力使人体的化学平衡得以恢复，使人们回到健康的状态。这自然而然地让我们看到了医学与化学的相通之处——化学的很大一部分都在研究反应的平衡以及对平衡的各种控制手段。

从古代的中医到现在的西医，甚至中西结合，医学的发展特别是现代医学的发展离不开化学。随着化学分析、合成的发展，医学得到了长足的进步。化学与医学之间的这种互利关系可以说是两者对人们的生活影响最深的方面。早在16世纪，欧洲化学家就提出化学要为医治疾病制造药物，1800年英国化学家戴维(Davy)发现了 N_2O 的麻醉作用。后来发现乙醚具有更加有效的麻醉作用，使无痛外科手术和牙科手术成为可能。后来又发明了许多更好的麻醉剂。没有这些麻醉剂，现代外科手术是很难实现的。1932年，德国科学家多马克(Domagk)找到了一种偶氮磺胺药物，使一位患细菌性败血症的儿童得以康复。在此启发下，化学家制备了许多新型的磺胺药物，并开创了今天的抗生素领域。

现代化学和现代医学的互利关系更加明显。研究生命活动和生理的生物化学就是从无机化学、有机化学和生理学发展起来的。它利用化学的原理和方法，研究人体各组织的组成，亚细胞结构和功能，物质代谢和能量变化等生命活动。

在有机化学方面，组成人体的物质除水和一些无机盐以外，绝大部分是有机化合物，如构成人体组织的蛋白质，与体内代谢有密切关系的酶、激素和维生素，人体储藏的养分——糖原、脂肪等。这些有机化合物在体内进行着一系列复杂的变化(也包括化学变化)，以维持体内新陈代谢作用的平衡。为了防治疾病，除了研究病因以外，还要了解药物在体内的变化以及它们的结构与药效、毒性的关系，这些都与有机化学密切相关。

在生物化学方面，它甚至可以说是医学学科的基础，事实也是如此。在临床医学及卫生保健方面，在分子水平上探讨病因、做出论断、寻求防治、增进健康，都是运用生物化学的知识和技术。镰状细胞性贫血已被证明是血红蛋白β链N端第六位上的谷氨酸被缬氨酸取代的结果。在许多疾病的防治方面，免疫化学无疑是医务工作者熟知的一种重要的预防、治疗及诊断手段。肿瘤的治疗，不论是放射疗法，还是化学疗法，都是使肿瘤细胞中重要的生物分子(如DNA、RNA、蛋白质等)其结构被改变或破坏，或其生物合成被抑制。放射疗法主要是对DNA起作用。而抗肿瘤药物，如抗代谢物、烷化剂、有丝分裂抑制剂及抗生素等，有的在DNA生物合成中起作用，有的在RNA生物合成中起作用，还有的在蛋白质生物合成中起作用，当然不能排除有的药物能抑制不止一种生物合成过程。只要这三种生物分子中任何一种的生物合成有阻碍，都会使肿瘤细胞遭到不同程度的打击，其最致命的则是破坏DNA的生物合成。至于用生物化学的方法及指标作为诊断的手段，最为人们熟知的是肝炎诊断中的血液谷丙转氨酶。总之，生物化学在临床医学及卫生保健方面应用的实例是很多的。

医学也同样能反作用于化学。正是由于在临床医学的发展中遇到的各种病例对医学、化学以及整个科学技术水平提出了更高的要求，医学和化学都得到了相应的进步。同时，医学为化学提供了应用的基础，医学的水平一定程度上反映了化学的发展情况。

在研究方法、研究手段等方面，化学与医学的共性同样不容忽视。例如，两者对科技水平、研究条件以及研究结果的精确度的要求都是相当高的。许多研究方法已经成为学科中通用的方法。再从它们的作用效果来看，医学也和化学一样在人类生活中发挥着十分重要的作用。

化学将在克服疾病和提高人类的生存质量等方面进一步发挥重大的作用。在攻克高死亡率和高致残率的心脑血管疾病、肿瘤、糖尿病以及艾滋病的进程中，化学家将和医学工作者一起不断创造和研究包括基因疗法在内的新药物和新方法。化学研究也将使人们从分子水平上了解病理过程，提高预警生物标志物的检测技术，化学研究也将在揭示中药的有效成分、多组分药物的协同作用机理方面发挥巨大作用，从而加速中药走向世界。

1.2　关于医用大学化学的学习

医用大学化学是一门重要的基础课，是研究正常人体的物质组成、结构、性质及其变化对正常生命活动的影响，并寻求预防、诊治疾病的最佳方法和途径、保护人类健康的科学。通过对大学化学的学习，学生可掌握大学化学的基本知识、基本理论和基本技能，为后续课程生物化学、生理学、病理学、药理学等的学习奠定坚实的基础。可以说，学好大学化学是学好后续专业课程的前提。

各章节的内容与临床和实际生活都有一定关系。例如，通过“溶液”这一章知识的学习就可以知道为何临床上输液时使用 9g/L 的 NaCl 注射液而不使用其他浓度；学完“电解质溶液”就可以知道为何我们每天吃很多酸性食物或碱性食物却不会引起酸中毒或碱中毒；学完“胶体溶液”就可以明白临床上血液透析的原理等。

应当指出，无论学习哪门化学课，都离不开实验课。实验课是每门化学课的重要组成部分，是获取对化学变化感性认识的来源，是验证课堂讲授基本原理的实践基地，是学习化学实验操作技能的入门场所。掌握各种化学实验的基本操作，是每个从事化学专业科技工作人员必须具备的基本功。因此，在大学化学课程学习阶段，必须重视化学实验课，掌握各种分析检测仪器的使用方法，这是未来从事化工生产或化学科研工作必不可少的技能。

1.3　定量分析中的误差

定量分析的任务是通过一系列分析步骤准确测定试样中待测组分的含量。定量分析的结果是经过许多测量和一系列操作步骤获得的，由于受某些主观因素和客观条件的限制，即使是技术很熟练的分析人员，在相同条件下用同一方法对同一试样进行多次测量，测定结果与真实值之间也有一定的差值，称为误差。误差是客观存在、不可避免的。了解分析过程中误差产生的原因及其出现的规律，有助于采取相应的措施减小误差，提高分析结果的准确度。

1.3.1　误差的分类

根据误差的性质和产生的原因，误差分为系统误差和随机误差。

1. 系统误差

系统误差是由某种固定的原因造成的，具有重复性、单向性。理论上，系统误差的大小、正负是可以测定的，又称为可测误差。可通过其他方法验证而加以校正。根据误差的性质和产生的原因，系统误差可分为以下几种：

(1) 方法误差。由分析方法本身不够完善造成的误差。例如，在滴定分析中，化学反应不完全，指示剂指示的滴定终点与化学计量点不一致，或干扰离子的影响等，导致分析结果系统地偏高或偏低。

(2) 仪器和试剂误差。由测量仪器不够精确所造成的误差称为仪器误差，如天平砝码质量、容量器皿刻度和仪表刻度不准确等。由试剂不纯造成的误差称为试剂误差，如试剂和蒸馏水中含有少量的被测组分或干扰物质，会使分析结果系统偏高或偏低。

(3) 操作误差(也称个人误差)。在正常操作情况下，因操作者主观因素所造成的误差(所选试样缺乏代表性、溶解样品不完全、观察终点有误、观察先入为主等)。

2. 随机误差

随机误差又称偶然误差或不可测误差，是由测量过程中一系列偶然或意外因素(如测定时环境的温度、湿度、压力，仪器性能如天平零点发生改变等)引起的误差，具有统计规律性，可用统计的方法进行处理。它的特点是多次测量时，大小相等的正负误差出现的概率相等；小误差出现的概率大，大误差出现的概率小。随机误差出现的规律可用正态分布曲线表示，y 表示概率密度(frequency density)；x 表示测量值；μ 表示总体平均值(population mean)；$x-\mu$ 表示随机误差；σ 表示标准偏差。若以 $x-\mu$ 为横坐标，则曲线最高点对应的横坐标为零，这时曲线成为随机误差的正态分布曲线(图 1-1)。

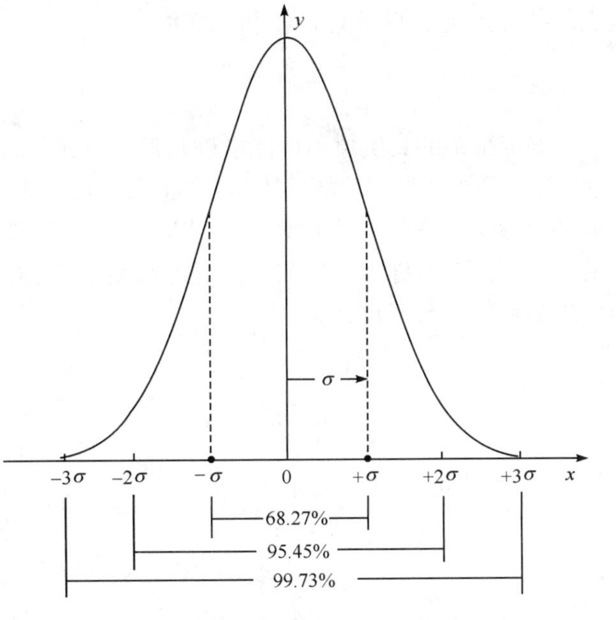

图 1-1　随机误差正态分布曲线

1.3.2　误差的表示方法

1. 准确度和误差

准确度(accuracy)表示测定值(x)与真实值(x_T)之间的接近程度，因此常用误差(error)衡量准确度。误差越小，测定结果与真实值就越接近，准确度越高。误差有正负之分，正误差表示测定结果偏高，负误差表示测定结果偏低。误差又常分为绝对误差 E 和相对误差 E_r。

绝对误差指测定值与真实值之差，表示为

$$E = x - x_T \tag{1-1}$$

相对误差指绝对误差占真实值的百分数，表示为

$$E_r = \frac{E}{x_T} \times 100\% \tag{1-2}$$

分析结果的准确度常用相对误差表示。

例如，用分析天平称量两个试样，测定值分别为 0.1990g 和 1.1990g，假定真实值分别为 0.1991g 和 1.1991g，则其绝对误差分别为

$$E_1 = 0.1990 - 0.1991 = -0.0001(\text{g})$$

$$E_2 = 1.1990 - 1.1991 = -0.0001(\text{g})$$

两者的绝对误差相等，而相对误差分别为

$$E_{\text{r1}} = \frac{-0.0001}{0.1991} \times 100\% = -0.05\%$$

$$E_{\text{r2}} = \frac{-0.0001}{1.1991} \times 100\% = -0.008\%$$

可见，这两个试样质量的绝对误差相等，但二者的相对误差不同，后者的相对误差小得多，即后者的称量准确度高得多。当被测定的量较大时，相对误差较小，测定准确度较高。因此，相对误差能更确切地表示各种情况下的测定结果的准确度。

2. 精密度和偏差

在实际工作中，往往测定结果的真实值不可能准确知道，因此无法求出误差，无法确定分析结果的准确度。这种情况下分析结果的好坏可用精密度(precision)判断。精密度是指同一试样多次平行测定结果之间相互接近的程度，表示各测定结果的重现性，用偏差(deviation)表示。单次测定值 x_i 与平均值 $\bar{x}$ 之间的差值称为单次测定值的绝对偏差 d_i，几个平行测定结果的偏差如果都很小，则说明分析结果的精密度较高。

平均值

$$\bar{x} = \frac{x_1 + x_2 + x_3 + \cdots + x_n}{n} = \frac{1}{n}\sum_{i=1}^{n} x_i \tag{1-3}$$

式中：x_i 为各单次测定值；n 为测定次数。

偏差

$$d_i = x_i - \bar{x} \tag{1-4}$$

平均值实际上代表测定值的集中趋势，而各种偏差代表测定值的分散程度，分散程度越小，精密度越高。

为了更好地衡量一组测定值的总体精密度，常用平均偏差和标准偏差表示。

1) 平均偏差、相对平均偏差和极差

平均偏差(average deviation)是单次测定值偏差的绝对值之和的平均值，用 $\bar{d}$ 表示，即

$$\bar{d} = \frac{\sum |d_i|}{n} \tag{1-5}$$

有时也用相对平均偏差 $\bar{d}_{\text{r}}$ 表示数据的精密度。

$$\bar{d}_{\text{r}} = \frac{\bar{d}}{\bar{x}} \times 100\% \tag{1-6}$$

平均偏差 $\bar{d}$ 和相对平均偏差 $\bar{d}_{\text{r}}$ 不记正负号，而单次测定值的偏差 d_i 要记正负号。

此外，还可以用极差粗略地表示数据的精密度或分散性。极差(range)R 是一组平行测定值

中最大值 x_{max} 与最小值 x_{min} 之差，即

$$R = x_{max} - x_{min} \tag{1-7}$$

【例 1-1】 计算下列一组平行测定值的平均偏差和相对平均偏差：36.46、36.48、36.43、36.42、36.46。

解 算术平均值 $\overline{x} = \frac{1}{5}(36.46 + 36.48 + 36.43 + 36.42 + 36.46) = 36.45$

各次测量值的绝对偏差分别为

$$d_1 = 36.46 - 36.45 = 0.01 \qquad d_2 = 36.48 - 36.45 = 0.03$$
$$d_3 = 36.43 - 36.45 = -0.02 \qquad d_4 = 36.42 - 36.45 = -0.03$$
$$d_5 = 36.46 - 36.45 = 0.01$$

平均偏差 $\overline{d} = \frac{1}{5}(0.01 + 0.03 + 0.02 + 0.03 + 0.01) = 0.02$

相对平均偏差 $\overline{d}_r = \frac{\overline{d}}{\overline{x}} \times 100\% = \frac{0.02}{36.45} \times 100\% = 0.055\%$

2) 标准偏差与相对标准偏差

用平均偏差与相对平均偏差表示精密度比较简单，但由于在一系列的测定结果中，小偏差占多数，大偏差占少数，如果按总的测定次数计算算术平均偏差，所得结果会偏小，大偏差得不到应有的反映。例如，A、B 二组数据，求得各次测定的绝对偏差分别为

d_A: +0.15、+0.39、0.00、−0.28、+0.19、−0.29、+0.20、−0.22、−0.38、+0.30

$$n = 10,\ \overline{d}_A = 0.24,\ R_A = 0.77$$

d_B: −0.10、−0.19、+0.91*、0.00、+0.12、+0.11、0.00、+0.10、−0.69*、−0.18

$$n = 10,\ \overline{d}_B = 0.24,\ R_B = 1.60$$

两组数据的平均偏差相同，而实际上 B 组数据中出现两个较大偏差(+0.91、−0.69)，测定结果的精密度较差。为了反映这些差别，引入标准偏差(standard deviation)。标准偏差又称均方根偏差，当测定次数趋于无穷大时，标准偏差用σ表示：

$$\sigma = \sqrt{\frac{\sum_{i=1}^{n}(x_i - \mu)^2}{n}} = \sqrt{\frac{\sum_{i=1}^{n} d_i^2}{n}} \tag{1-8}$$

其中 $\mu = \lim_{x \to \infty} \overline{x}$。

上述μ代表总体平均值，这里的 n 通常是大于 30 次的测定，显然，在没有系统误差的情况下，μ即为真实值。在实际工作中，对有限次数(n<20)的标准偏差用 S 表示：

$$S = \sqrt{\frac{\sum_{i=1}^{n}(x_i - \overline{x})^2}{n-1}} = \sqrt{\frac{\sum_{i=1}^{n} d_i^2}{n-1}} \tag{1-9}$$

相对标准偏差(RSD)也称变异系数(CV)，其计算式为

$$\text{RSD} = \frac{S}{\overline{x}} \times 100\% \tag{1-10}$$

【例 1-2】 在分析某一样品中的 NaCl 含量时所得数据如下表最左列，求各偏差值。

解 根据有关公式，计算结果列入下表：

NaCl/%	$\bar{x}$ / %	d/%	$\bar{d}$ / %	$\frac{\bar{d}}{\bar{x}}$
39.87	39.905	−0.035	0.077	1.92‰
39.94		+0.035		
40.10		+0.195		
39.74		−0.165		
39.90		−0.005		
39.88		−0.025		

3) 准确度与精密度的关系

准确度表示测定结果的准确性，以真实值为标准，由随机误差和系统误差决定。精密度表示测定结果的重现性，以平均值为标准，由随机误差决定，与真实值无关。只有在消除了系统误差之后，精密度高才会准确度高。精密度高是准确度高的前提，但精密度高不一定准确度高(可能有系统误差)，因为系统误差只影响准确度而不影响精密度(单向恒定)。

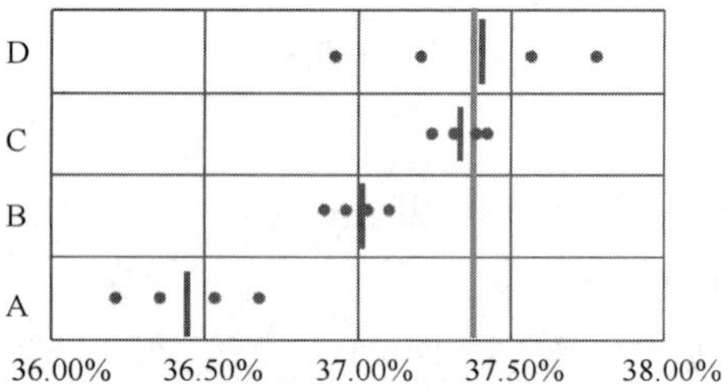

图 1-2　测定结果示意图

• 测量点　┃平均值　┃真值

准确度与精密度的关系可通过下面的例子形象地加以说明。图 1-2 表示 A、B、C 和 D 用同一方法同时测定一铁矿石中 Fe_2O_3 含量(真实值以质量分数表示为 37.50%)的结果。由图可见，A 的精密度不高且准确度很差；B 的精密度虽然很高，但准确度低，明显存在负的系统误差；C 的精密度和准确度都高，结果可靠；D 的平均值虽接近真实值，但 4 次平行测定的精密度很差，只是由于大的正负误差互相抵消才使结果接近真实值，因此这个结果是巧合得到的，是不可靠的。

在实际工作中，真实值未知，分析结果的评价只能用精密度表示；若选用良好的分析方法，在消除系统误差的情况下，测定结果的差异主要是由随机误差造成的，因此精密度完全可以评价分析结果的优劣。

1.3.3　提高分析结果准确度的方法

分析结果的允许误差应视组分含量、分析对象等而改变对准确度的要求(表 1-1)。在常规分析中，允许误差应控制在 0.1%～0.3%。

在定量分析中虽然误差是客观存在的，但必须采取措施尽可能地减少分析过程中的误差。减少误差的方法如下。

1. 选择合适的分析方法

滴定分析的准确度高，仪器分析的灵敏度高。

2. 减少测量误差

应减少每个测量环节的误差，天平称量应取样 0.2g 以上，滴定剂体积应大于 20mL。

表 1-1 分析化学中不同含量的允许误差

含量/%	允许误差/‰
～100	1～3
～50	3
～10	10
～1	20～50
～0.1	50～100
0.01～0.001	～100

3. 消除系统误差

(1) 对照实验——以标准样品代替试样进行的测定，以校正测定过程中的系统误差。

方法有标准样比对法或回收法(用标准样品、管理样、人工合成样等)、选择标准方法(主要是国家标准等)、相互校验(内检、外检等)。

(2) 空白实验——在不加试样的情况下，按分析方法所进行的实验称为空白实验，空白实验所测得的值称为空白值。试样测定结果减去空白值为较为准确的试样测定值。空白实验用于消除由试剂、蒸馏水不纯或仪器带入的杂质所引起的系统误差。

(3) 仪器校准——消除因仪器不准引起的系统误差。主要校准砝码、容量瓶、移液管以及进行容量瓶与移液管的配套校准。

(4) 分析结果校正——主要校正在分析过程中产生的系统误差。

例如，重量法测水泥熟料中的 SiO_2 含量，可用分光光度法测定滤液中的硅，然后将结果加到重量法数据中，可消除由沉淀的溶解损失而造成的系统误差。

4. 减少随机误差

随机误差符合正态分布规律，在消除系统误差的前提下，可通过增加平行测定次数的方法减少随机误差。分析化学中通常要求平行测定 3～5 次，当分析结果的准确度要求较高时，可增至 10 次左右，用以减少随机误差。

1.4 分析结果的数据处理

1.4.1 有效数字

用来表示量的多少，同时反映测量准确程度的各数字称为有效数字(significant figure)。它不仅表示数量，也表示精度。

例如，读取同一滴定管刻度时，甲：24.55mL，乙：24.54mL，丙：24.53mL。三个数据中，前 3 位数字都相同且很准确，但第 4 位是估计数，不确定，不同人读取时稍有差别。再如，分析天平称取试样质量时记录为 0.2100g，它表示 0.210 是确定的，最后一位 0 是不确定数，可能有正负一个单位的误差，即其实际质量是(0.2100±0.0001)g 范围内的某一值。其绝对误差为±0.0001，相对误差为(±0.0001/0.2100)×100% = ±0.05%。

确定有效数字的原则如下：

(1) 一个测量值只保留一位不确定的数字，在记录测量值时必须记一位不确定的数字，且只能记一位。

(2) 0～9 都是有效数字，但 0 起定位作用时则不是，如 0.0053(二位)、0.5300(四位)、0.0503(三位)、0.5030(四位)。非零数字后的 “0” 含义不清楚时，最好用指数形式表示。例如，1000 可表示成 1.0×10^3、1.00×10^3、1.000×10^3。

(3) 不能因改变单位而改变有效数字的位数，如 $2.3L=2.3\times10^3mL$，$20.3L=2.03\times10^4mL$，1.0mL=0.0010L。

(4) 常数、倍数、系数等自然数的有效数字位数可认为没有限制，如 π、e。

(5) 对数的有效数字位数由小数点后的位数决定。例如，pH = 11.20(二位) → $[H^+] = 6.3\times10^{-12}mol\cdot L^{-1}$，pM=5.00(二位) → $[M]=1.0\times10^{-5}mol\cdot L^{-1}$。

1.4.2　平均值的置信区间

由正态分布得知，只要已知真实值和标准偏差 σ，便可以期望测量值会以一定概率落在 μ 值附近的一个区间内。反之，当 μ 未知时，也可期望测量值以一定概率包含在 $\bar{x}$ 值附近的一个区间内。

在某一置信度(P)下，以平均值 $\bar{x}$ 为中心，包括总体平均值 μ 在内的可靠性范围称为置信区间。真实值落在这一范围的概率称为置信度或置信水准。

在多次测定求得平均值后，可得到估算置信区间的公式：

$$\mu=\bar{x}\pm u\sigma_{\bar{x}}=\bar{x}\pm\frac{u\sigma}{\sqrt{n}}=\bar{x}\pm\frac{tS}{\sqrt{n}} \tag{1-11}$$

在实验次数并不多时，总体标准偏差未知，只能用样本标准偏差替代总体标准偏差，将引起对正态分布的偏离，需用 t 分布来处理。S 为标准偏差，t 为某一置信度下的概率系数(表 1-2)，n 为测量次数。从式(1-11)结合表 1-2 看出，置信度越低，同一体系的置信区间就越窄；置信度越高，同一体系的置信区间就越宽，即所估计的区间包括真值的可能性也就越大。

表 1-2　t 值分布表

测定次数	置信度			
	90%	95%	99%	99.5%
2	6.314	12.706	63.657	127.32
3	2.920	4.303	9.925	14.089
4	2.353	3.182	5.841	7.453
5	2.132	2.776	4.604	5.598
6	2.015	2.571	4.032	4.773
7	1.943	2.447	3.707	4.317
8	1.895	2.365	3.500	4.029
9	1.860	2.303	3.355	3.832
10	1.833	2.262	3.250	3.690
11	1.812	2.228	3.169	3.581
21	1.725	2.086	2.846	3.153
∞	1.645	1.960	2.576	2.087

【例 1-3】 测定某作物中的含糖量，结果为 15.40%、15.44%、15.34%、15.41%、15.38%，求置信度为95%时的平均值的置信区间。

解 首先求得平均值为 15.39%，S=0.0374%，n=5，查表得到 $t = 2.776$，则

$$\mu = \left(15.39 \pm \frac{2.776 \times 0.0374}{\sqrt{5}}\right)\% = (15.39 \pm 0.046)\%$$

即可理解为：总体平均值μ落在(15.39 ± 0.046)%区间内的可能性是 95%。不能理解为：未来测定的实验平均值有 95%的可能性落在(15.39 ± 0.046)%的区间内。

若置信度为 99%，则 $t = 4.604$，有

$$\mu = (15.39 \pm 0.077)\%$$

说明：总体平均值μ落在 (15.39 ± 0.077)% 区间内的可能性是 99%。

1.4.3 可疑值的数据取舍

在定量分析中，实验数据往往会有一些偏差较大的，称为可疑值或离群值。除非确定为过失误差数据，否则任一数据均不能随意地保留或舍去。

可疑值的取舍问题实质上是区分随机误差与过失误差的问题，可借统计检验来判断。常用的有四倍法(也称 $4d$ 法)、格鲁布斯(Grubbs)法和 Q 检验法等，其中 Q 检验法比较严格且比较方便。

Q 检验法是根据统计量 $Q_{计}$ 进行判断，判断步骤如下：

(1) 将数据顺序排列为 x_1，x_2，…，x_{n-1}，x_n。

(2) 计算出统计量 $Q_{计}$。

$$Q_{计} = \frac{x_2 - x_1}{x_n - x_1} \qquad Q_{计} = \frac{x_n - x_{n-1}}{x_n - x_1} \tag{1-12}$$

式中：分子为可疑值与相邻值的差值，分母为整组数据的极差。$Q_{计}$ 越大，说明 x_1 或 x_n 离群越远。

(3) 根据测定次数和要求的置信度由 Q 值表查得 $Q_{表}$ (表 1-3)。

(4) 将计算值与表值相比较，若 $Q_{计} > Q_{表}$，则该值需舍去，否则必须保留。

表 1-3 Q 值表

n	3	4	5	6	7	8	9	10
$Q_{0.90}$	0.94	0.76	0.64	0.56	0.51	0.47	0.44	0.41
$Q_{0.95}$	0.97	0.84	0.73	0.64	0.59	0.54	0.51	0.49

1.4.4 分析结果的数据处理与报告

在实际工作中，分析结果的数据处理是非常重要的。在实验和科学研究工作中，必须对试样进行多次平行测定($n > 3$)，然后进行统计处理并写出分析报告。数据处理按以下几个步骤用统计方法进行：

(1) 对于偏差较大的可疑数据，按 Q 检验法进行检验，决定其取舍。

(2) 计算出数据的平均值，各数据对平均值的偏差、平均偏差与标准偏差等。

(3) 按要求的置信度求出平均值的置信区间。

【例 1-4】 测定某矿石中铁的含量(%)，获得如下数据：79.58、79.45、79.47、79.50、79.62、79.38、79.90。求置信区间。

解　(1) 用 Q 检验法检验并且判断有无可疑值舍弃。从所列数据看 79.90 偏差较大：

$$Q=\frac{79.90-79.62}{79.90-79.38}=\frac{0.28}{0.52}=0.54$$

现测定 7 次，设置信度 P=90%，则 $Q_{表}=0.51$，所以 $Q_{计}>Q_{表}$，则 79.90 应该舍去。

(2) 根据所有保留值，求出平均值($\bar{x}$)：

$$\bar{x}=\frac{79.58+79.45+79.47+79.50+79.62+78.38}{6}\%=79.50\%$$

求出平均偏差($\bar{d}$)：

$$\bar{d}=\frac{0.08+0.05+0.03+0.12+0.12}{6}\%=0.07\%$$

求出标准偏差(S)：

$$S=\sqrt{\frac{0.08^2+0.05^2+0.03^2+0.12^2+0.12^2}{6-1}}\%=0.09\%$$

(3) 求出置信度为 90%、n=6 时，平均值的置信区间。查表 1-2 得 t=2.015，则

$$\mu=\left(79.50\pm\frac{2.015\times0.09}{\sqrt{6}}\right)\%=(79.50\pm0.07)\%$$

习　　题

1-1　有一铜矿试样，经两次测定，得知铜含量为 24.87%、24.93%，而铜的实际含量为 25.05%。求分析结果的绝对误差和相对误差。

1-2　某试样经分析测得含锰(%)为 41.24、41.27、41.23 和 41.26。求分析结果的平均偏差、相对平均偏差、标准偏差和相对标准偏差。

1-3　分析血清中钾的含量，5 次测定结果分别为($mg\cdot mL^{-1}$)：0.160、0.152、0.154、0.156、0.153。计算置信度为 95%时平均值的置信区间。

1-4　某铜合金中铜的质量分数的测定结果为 0.2037、0.2040、0.2036。计算标准偏差 S 及置信度为 90%时平均值的置信区间。

1-5　用某一方法测定矿样中锰含量的标准偏差为 0.12%，含锰量的平均值为 9.56%。设分析结果分别是 4 次、6 次测得的，计算两种情况下的平均值的置信区间(95%置信度)。

1-6　标定 NaOH 溶液时，得下列数据：$0.1014mol\cdot L^{-1}$、$0.1012mol\cdot L^{-1}$、$0.1011mol\cdot L^{-1}$、$0.1019mol\cdot L^{-1}$。用 Q 检验法检验 0.1019 是否应该舍弃(置信度为 90%)。

1-7　测定某一热交换器中水垢的 P_2O_5 和 SiO_2 的含量如下(已校正系统误差)：

P_2O_5(%)：8.44、8.32、8.45、8.52、8.69、8.38；

SiO_2(%)：1.50、1.51、1.68、1.20、1.63、1.72。

根据 Q 检验法对可疑数据进行取舍，然后求出平均值、平均偏差、标准偏差、相对标准偏差和置信度分别为 90%及 99%时平均值的置信区间。

第 2 章　气体和溶液
(Gas and Solution)

学习要求

(1) 了解分散系的分类及主要特征。
(2) 掌握理想气体状态方程和气体分压定律。
(3) 掌握稀溶液的通性及其应用。
(4) 掌握胶体的基本概念、结构及其性质等。
(5) 了解高分子溶液、乳状液的基本概念和特征。

物质通常以气态、液态和固态存在。在一定温度和压力下，物质可以在不同状态之间相互转化。无论物质处于哪种状态，都有许多基本的宏观物理性质，如压力 p、体积 V、温度 T、密度 ρ 等。其中，气体的 p、V、T 的关系比较简单，故对气体研究得最多，也最为透彻。

溶液是由一种以上的物质组成的分散系统。工农业生产和日常生活中经常接触到溶液，溶液与医学也有着密切联系。人体内的血液、细胞内液、细胞外液以及其他体液都是溶液，体内的许多化学反应都是在溶液中进行的，营养物质的消化、吸收等无不与溶液有关。

胶体分散系在自然界尤其是生物界普遍存在，与人类的生活及环境有着密切的关系。工农业生产、医学等都与胶体分散系有关。

2.1　气　　体

2.1.1　理想气体状态方程

气体是物质存在的一种形态，没有固定的形状和体积，能自发地充满任何容器。气体的基本特征是它的扩散性和可压缩性。一定温度下的气体常用其压力或体积进行计量。在压力不太高(小于 101.325kPa)、温度不太低(大于 0℃)的情况下，气体分子本身的体积和分子之间的作用力可以忽略，气体的体积、压力和温度之间具有以下关系式：

$$pV=nRT \tag{2-1}$$

式中：p 为气体的压力，SI(国际制)单位为 Pa；V 为气体的体积，SI 单位为 m^3；n 为物质的量，SI 单位为 mol；T 为气体的热力学温度，SI 单位为 K；R 为摩尔气体常量。式(2-1)称为理想气体状态方程。

在标准状况(p = 101.325×10^3Pa，T = 273.15K)下，1mol 气体的体积为 $22.414\times10^{-3}m^3$，代入式(2-1)可以确定 R 的数值及单位：

$$\begin{aligned}R=\frac{pV}{nT}&=\frac{101.325\times10^3\text{Pa}\times22.414\times10^{-3}\text{m}^3}{1\text{mol}\times273.15\text{K}}\\&=8.314\text{Pa}\cdot\text{m}^3\cdot\text{mol}^{-1}\cdot\text{K}^{-1}\\&=8.314\text{J}\cdot\text{mol}^{-1}\cdot\text{K}^{-1}\quad(1\text{Pa}\cdot\text{m}^3=1\text{J})\end{aligned}$$

【例 2-1】 某氮气钢瓶的容积为 40.0L，25℃时，压力为 250kPa，计算钢瓶中氮气的质量。

解 根据式(2-1)

$$n = \frac{pV}{RT} = \frac{250 \times 10^3\text{Pa} \times 40 \times 10^{-3}\text{m}^3}{8.314\text{Pa} \cdot \text{m}^3 \cdot \text{mol}^{-1} \cdot \text{K}^{-1} \times 298.15\text{K}} = 4.0\text{mol}$$

N_2 的摩尔质量为 $28.0\text{g} \cdot \text{mol}^{-1}$，钢瓶中 N_2 的质量为 $4.0\text{mol} \times 28.0\text{g} \cdot \text{mol}^{-1} = 112\text{g}$。

2.1.2 道尔顿分压定律

在生产和科学实验中，实际遇到的气体大多是由几种气体组成的混合物。如果将几种互不发生化学反应的气体放入同一容器，其中某一组分气体 i 对容器壁施加的压力，称为该气体的分压(p_i)。它等于相同温度下该气体单独占有与混合气体相同体积时所产生的压力。1801 年英国物理学家道尔顿通过大量实验发现，混合气体中各组分气体的分压之和等于该混合气体的总压，这一关系称为道尔顿分压定律。可表示为

$$p = p_1 + p_2 + p_3 + \cdots + p_i = \sum_{i=1}^{n} p_i \tag{2-2}$$

式中：p 为气体的总压；p_i 为组分气体 i 的分压。

根据理想气体状态方程 $p_{总} = n_{总}\dfrac{RT}{V}$，$p_i = n_i\dfrac{RT}{V}$，所以

$$\frac{p_i}{p_{总}} = \frac{n_i}{n_{总}}$$

即

$$p_i = p_{总}\frac{n_i}{n_{总}} \tag{2-3}$$

令 $\dfrac{n_i}{n_{总}} = x_i$，则

$$p_i = p_{总}x_i \tag{2-4}$$

x_i 表示 i 的物质的量与混合物的物质的量之比，称为组分 i 的摩尔分数。对于任何一个多组分系统 $\sum_{i=1}^{n} x_i = 1$。

在同温同压的条件下，气体的体积与其物质的量成正比，因此混合气体中组分 i 的体积分数等于其摩尔分数，即

$$\frac{V_i}{V_{总}} = \frac{n_i}{n_{总}} \tag{2-5}$$

式中：V_i 和 $V_{总}$ 分别表示组分 i 的体积和混合气体的总体积。

将式(2-5)代入式(2-3)，可得

$$p_i = p_{总}\frac{V_i}{V_{总}} \tag{2-6}$$

该式表明同温同压下，混合气体组分 i 的分压等于组分 i 的体积分数与混合气体总压之乘积。

严格来说，分压定律仅适用于理想气体混合物，但对压力不太高的真实混合气体，在温度

不太低的情况下也可近似使用。在本书中，把实际气体均近似为理想气体。

【例 2-2】 冬季草原上的空气主要含氮气、氧气和氩气。在压力为 9.9×10^4Pa 及温度为−20℃时，收集的一份空气试样经测定其中氮气、氧气和氩气的体积分数分别为 0.790、0.20、0.010。计算收集试样中各气体的分压。

解 根据式(2-6)

$$p_i = p_{总}\frac{V_i}{V_{总}}$$

$$p(N_2) = 0.79p_{总} = 0.790\times9.9\times10^4\text{Pa} = 7.82\times10^4\text{Pa}$$

$$p(O_2) = 0.20p_{总} = 0.20\times9.9\times10^4\text{Pa} = 1.98\times10^4\text{Pa}$$

$$p(\text{Ar}) = 0.010p_{总} = 0.010\times9.9\times10^4\text{Pa} = 0.099\times10^4\text{Pa}$$

2.2 溶　液

2.2.1 分散系

物质除了以气态、液态、固态的形式单独存在以外，还常常以一种(或多种)物质分散于另一种物质中的形式存在，这种形式称为分散系。例如，细小的水滴分散在空气中形成的云雾，二氧化碳分散在水中形成的汽水，奶油分散在水中形成的牛奶，各种金属化合物分散在岩石中形成的矿石等都是分散系。在分散系中，被分散的物质称为分散相(或分散质)，而容纳分散相的物质称为分散介质(或分散剂)。例如，临床医学上使用的生理盐水(NaCl 溶液)是 NaCl 分散在水中形成的分散系，其中 NaCl 是分散相，水是分散介质。又如，消毒用碘酒，其中碘是分散相，乙醇是分散介质。分散相处于分割成粒子的不连续状态，而分散介质则处于连续状态。在分散系中，分散相和分散介质可以是固体、液体或气体。按分散相和分散介质的聚集状态分类，分散系可以分为九种，见表 2-1。

表 2-1　按聚集状态分类的各种分散系

分散相	分散介质	实例
气	气	空气、家用煤气
液	气	云、雾
固	气	烟、灰尘
气	液	泡沫、汽水
液	液	牛奶、豆浆、农药乳浊液
固	液	泥浆、油漆
气	固	泡沫塑料、木炭
液	固	肉冻、硅胶
固	固	红宝石、合金、有色玻璃

此外，按照分散相粒子大小不同，常把液态分散系分为三类：低分子或离子分散系、胶体分散系和粗分散系，见表 2-2。

表 2-2　按分散相粒子大小分类的各种液态分散系

<table>
<tr><th>分散相
粒子直径/nm</th><th colspan="2">分散系类型</th><th>分散相</th><th colspan="2">主要特征</th><th>实例</th></tr>
<tr><td><1</td><td colspan="2">低分子或离子分散系</td><td>小分子或离子</td><td>稳定、扩散快、粒子能透过半透膜</td><td rowspan="2">单相系统</td><td>氯化钠、氢氧化钠等水溶液</td></tr>
<tr><td rowspan="2">1～100</td><td rowspan="2">胶体分散系</td><td>高分子溶液</td><td>高分子</td><td>稳定、扩散慢、粒子不能透过半透膜</td><td>蛋白质、核酸水溶液、橡胶的苯溶液</td></tr>
<tr><td>溶胶</td><td>分子、离子、原子的聚集体</td><td>较稳定、扩散慢、粒子不能透过半透膜</td><td rowspan="2">多相系统</td><td>氢氧化铁、碘化银溶胶</td></tr>
<tr><td>>100</td><td>粗分散系</td><td>乳状液、悬浊液</td><td>分子的大集合体</td><td>不稳定、扩散很慢、粒子不能透过滤纸</td><td>乳汁、泥浆</td></tr>
</table>

系统中任何一个均匀的(组成均一)部分称为一个相。在同一相内，其物理性质和化学性质完全相同，相与相之间有明确的界面分隔。只有一个相的系统称为单相系统或均相系统，有两个或两个以上相的系统称为多相系统。低分子或离子分散系为单相系统，溶胶和粗分散系属于多相系统。

2.2.2　溶液浓度的表示方法

溶液作为物质存在的一种形式，广泛存在于自然界中，它与生物体的生存、发展有着密切的关系，生物体内的各种生理、生化反应都是在以水为主要溶剂的溶液系统中进行的。此外，科学研究和工农业生产也都与溶液密不可分。溶液的性质与溶质和溶剂的相对含量有关，为了研究和生产的不同需要，溶液的浓度有很多表示方法，常用的有物质的量浓度、摩尔分数、质量摩尔浓度和质量分数等。

1. 物质的量浓度

物质 B 的物质的量除以混合物的体积，称为物质 B 的物质的量浓度。在不可能混淆时，可简称为浓度，用符号 c_B 表示，即

$$c_B = \frac{n_B}{V} \tag{2-7}$$

式中：n_B 为物质 B 的物质的量，SI 单位为 mol；V 为混合物的体积，SI 单位为 m^3。体积常用的非 SI 单位为 L，故浓度的常用单位为 $mol \cdot L^{-1}$。

2. 摩尔分数

物质 B 的物质的量与混合物总物质的量之比，称为物质 B 的摩尔分数，其数学表达式为

$$x_B = \frac{n_B}{n} \tag{2-8}$$

式中：x_B 为物质 B 的摩尔分数，SI 单位为 1；n_B 为物质 B 的物质的量，SI 单位为 mol；n 为混合物总物质的量，SI 单位为 mol。

3. 质量摩尔浓度

溶液中溶质 B 的物质的量除以溶剂的质量，称为溶质 B 的质量摩尔浓度，其数学表达式为

$$b_{\mathrm{B}} = \frac{n_{\mathrm{B}}}{m_{\mathrm{A}}} \tag{2-9}$$

式中：b_{B} 为溶质 B 的质量摩尔浓度，SI 单位为 $\mathrm{mol \cdot kg^{-1}}$；$n_{\mathrm{B}}$ 是溶质 B 的物质的量，SI 单位为 mol；m_{A} 是溶剂的质量，SI 单位为 kg。由于物质的质量不受温度的影响，所以溶液的质量摩尔浓度是一个与温度无关的物理量。

4. 质量分数

物质 B 的质量与混合物的质量之比，称为物质 B 的质量分数，其数学表达式为

$$w_{\mathrm{B}} = \frac{m_{\mathrm{B}}}{m} \tag{2-10}$$

式中：m_{B} 为物质 B 的质量；m 为混合物的质量；w_{B} 为物质 B 的质量分数，SI 单位为 1。

【例 2-3】 求 $w(\mathrm{NaCl}) = 5\%$ 的 NaCl 水溶液中溶质和溶剂的摩尔分数。

解 根据题意，100g 溶液中含有 NaCl 5g，水 95g。因此

$$n(\mathrm{NaCl}) = \frac{m(\mathrm{NaCl})}{M(\mathrm{NaCl})} = \frac{5\mathrm{g}}{58.5\mathrm{g \cdot mol^{-1}}} = 0.086\mathrm{mol}$$

$$n(\mathrm{H_2O}) = \frac{m(\mathrm{H_2O})}{M(\mathrm{H_2O})} = \frac{95\mathrm{g}}{18.0\mathrm{g \cdot mol^{-1}}} = 5.28\mathrm{mol}$$

$$x(\mathrm{NaCl}) = \frac{n(\mathrm{NaCl})}{n(\mathrm{NaCl}) + n(\mathrm{H_2O})} = \frac{0.086\mathrm{mol}}{(0.086 + 5.28)\mathrm{mol}} = 0.016$$

$$x(\mathrm{H_2O}) = \frac{n(\mathrm{H_2O})}{n(\mathrm{NaCl}) + n(\mathrm{H_2O})} = \frac{5.28\mathrm{mol}}{(0.086 + 5.28)\mathrm{mol}} = 0.984$$

【例 2-4】 已知浓硫酸的密度为 $1.84\mathrm{g \cdot mL^{-1}}$，含硫酸为 96.0%，如何配制 $c(\mathrm{H_2SO_4}) = 0.10\mathrm{mol \cdot L^{-1}}$ 的硫酸溶液 500mL？

解

$$c_{\mathrm{B}} = \frac{n_{\mathrm{B}}}{V} = \frac{m_{\mathrm{B}}}{M_{\mathrm{B}}V} = \frac{m_{\mathrm{B}}}{M_{\mathrm{B}}m/\rho} = \frac{w_{\mathrm{B}}\rho}{M_{\mathrm{B}}}$$

$$c(\text{浓}\mathrm{H_2SO_4}) = \frac{w(\text{浓}\mathrm{H_2SO_4})\rho}{M(\text{浓}\mathrm{H_2SO_4})} = \frac{0.960 \times 1.84\mathrm{g \cdot mL^{-1}} \times 1000\mathrm{mL \cdot L^{-1}}}{98.0\mathrm{g \cdot mol}} = 18.0\mathrm{mol \cdot L^{-1}}$$

$$V(\text{浓}\mathrm{H_2SO_4}) = \frac{c(\mathrm{H_2SO_4})V(\mathrm{H_2SO_4})}{c(\text{浓}\mathrm{H_2SO_4})} = \frac{0.01\mathrm{mol \cdot L^{-1}} \times 0.500\mathrm{L}}{18.0\mathrm{mol \cdot L^{-1}}} = 0.0028\mathrm{L} = 2.8\mathrm{mL}$$

【例 2-5】 有质量分数为 4.64%的乙酸，在 20℃时，密度为 $1.005\mathrm{g \cdot mL^{-1}}$。求其物质的量浓度和质量摩尔浓度。

解 根据公式 $c_{\mathrm{B}} = \frac{w_{\mathrm{B}}\rho}{M_{\mathrm{B}}}$，则

$$c(\mathrm{HAc}) = \frac{1.005 \times 0.0464}{60.0 \times 10^{-3}} = 0.777(\mathrm{mol \cdot L^{-1}})$$

质量摩尔浓度为

$$b_{\mathrm{B}} = \frac{n_{\mathrm{B}}}{m_{\mathrm{A}}} = \frac{4.64/60}{(100 - 4.64)/1000} = 0.811(\mathrm{mol \cdot kg^{-1}})$$

2.2.3　稀溶液的通性

溶液有两大类性质，一类性质与溶液中溶质的本性有关，如溶液的颜色、密度、酸碱性和导电性等；另一类性质与溶液中溶质的独立质点数有关，而与溶质的本性无关，如溶液的蒸气压、凝固点、沸点和渗透压等。特别值得注意的是后一类性质，对于难挥发非电解质稀溶液来说，蒸气压下降、沸点升高、凝固点降低和渗透压与一定量的溶剂中所含溶质的物质的量成正比，我们把这一类性质称为稀溶液的通性(或稀溶液的依数性)。稀溶液的通性在化学上和医学上都有着重要的指导意义。例如，测定难挥发溶质的摩尔质量、临床输液、生物体内水的转移和电解质代谢等问题，都要涉及稀溶液的通性。

1. 水的相图

由于稀溶液的通性和溶剂的相平衡有关，因此先介绍溶剂水的相平衡及其相图。图 2-1 是根据实验数据绘制的水的相图，它由三条线、一个点和三个区域组成。图中线 *OA*、*OB*、*OC* 分别代表水的气液、气固、固液两相平衡线，表示两相平衡时平衡压力与温度的对应关系。曲线上的任何一点都代表两相共存时的温度和压力条件。在气液平衡线 *OA* 上，当蒸气压等于外界压力时，液体产生沸腾现象，此时对应的温度就是液体的沸点。例如，在标准大气压($p^{\ominus}$)下，水的沸点是 373.15K。三条曲线相交于 *O* 点，它代表固态冰、液态水、气态水蒸气三相共存的温度和压力条件，称为水的三相点，其温度为 273.16K，压力为 0.611kPa。三条线将相图平面分为三个区域，*AOB* 区为气相区，*AOC* 区为液相区，*BOC* 区为固相区，每个区域内只存在一个相，所以又称为单相区。根据水的相图，给定温度和压力，就可以确定水的状态。

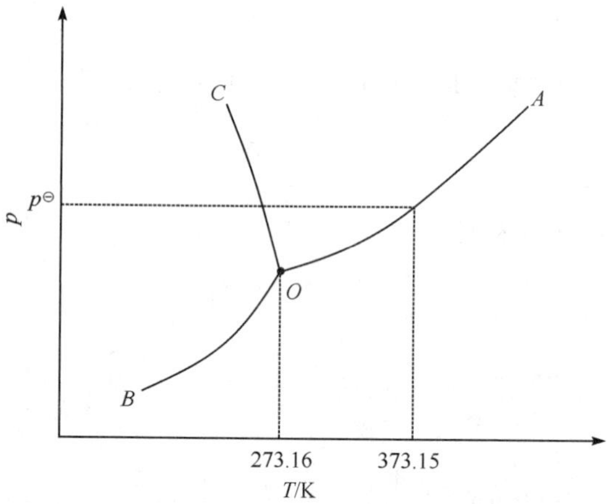

图 2-1　水的相图

2. 溶液蒸气压下降

将一种纯溶剂置于一个密封容器中，溶剂表面上一部分能量足够大的分子能克服内部分子的吸引，逸出液面而变成蒸气分子，这一过程称为蒸发。同时，由液面逸出的蒸气分子，在相互碰撞过程中遇到液面，被吸引而进入液体，或者在外压作用下进入液相，这一过程称为凝聚。在开始阶段，蒸发过程占优势，但随着蒸气分子数目逐渐增多，蒸气凝聚为液体的速率逐渐增大。当液体的蒸发速率与蒸气的凝聚速率相等时，在溶剂表面存在着一个蒸发与凝聚的动态平衡，即蒸发为气态的溶剂粒子数目与气态粒子凝聚成液态溶剂的粒子数目相等，这时液体上方的蒸气所具有的压力称为溶剂在该温度下的饱和蒸气压，简称蒸气压(p^0)，单位是 Pa 或 kPa。饱和蒸气压与物质的种类有关，有些物质的蒸气压很大，如乙醚、汽油等；有些物质的蒸气压很小，如甘油、硫酸等。蒸气压的大小与液体分子间的吸引力有关，吸引力越大，蒸气压越小。极性分子之间的吸引力强，蒸气压小，非极性分子之间的吸引力小，蒸气压大。相对分子质量越大，分子间的作用力越强，蒸气压越小。

如果在纯溶剂中加入一定量的非挥发性溶质，溶剂的表面就会被溶质粒子部分占据，溶剂的表面积相对减小，所以单位时间内逸出液面的溶剂分子数相比于纯溶剂要少。所以，达到平衡时，溶液上方的溶剂分子数比纯溶剂上方的少，因此溶液的蒸气压就比纯溶剂的饱和蒸气压低，这种现象称为溶液蒸气压下降。

法国物理学家拉乌尔(Raoult)在 1887 年总结出一条关于溶液蒸气压的规律。他指出在一定温度下，难挥发非电解质稀溶液的蒸气压等于纯溶剂的饱和蒸气压与溶液中溶剂的摩尔分数的乘积，即

$$p = p^0 x_A \tag{2-11}$$

式中：p 为溶液的蒸气压，SI 单位为 Pa；p^0 为纯溶剂的饱和蒸气压，单位为 Pa；x_A 为溶剂的摩尔分数。

对于一个双组分溶液体系，$x_A + x_B = 1$，即 $x_A = 1 - x_B$。所以

$$p = p^0(1 - x_B) = p^0 - p^0 x_B$$

$$p^0 - p = p^0 x_B$$

而 $p^0 - p$ 为溶剂蒸气压的下降值Δp，所以

$$\Delta p = p^0 x_B \tag{2-12}$$

式中：x_B 为溶质的摩尔分数。

因此，拉乌尔的结论又可表述为：在一定温度下，难挥发非电解质稀溶液蒸气压的下降值与溶质的摩尔分数成正比，通常称这个结论为拉乌尔定律。

3. 溶液的沸点升高

液体的蒸气压随温度升高而增大，当温度升到蒸气压等于外界压力时，液体就沸腾了，此时的温度称为该液体的沸点。前面我们讨论了溶液的蒸气压要比纯溶剂的蒸气压低，也就是说在某一温度，纯溶剂已经开始沸腾，而溶液由于蒸气压低却还未能沸腾。为了使溶液也能在常压下沸腾，就必然要给溶液加热，促使溶剂分子发生热运动，以增加溶液的蒸气压。当溶液的蒸气压达到外界压力时，溶液开始沸腾，此时溶液的温度就要比纯溶剂的温度高(图 2-2)。图中

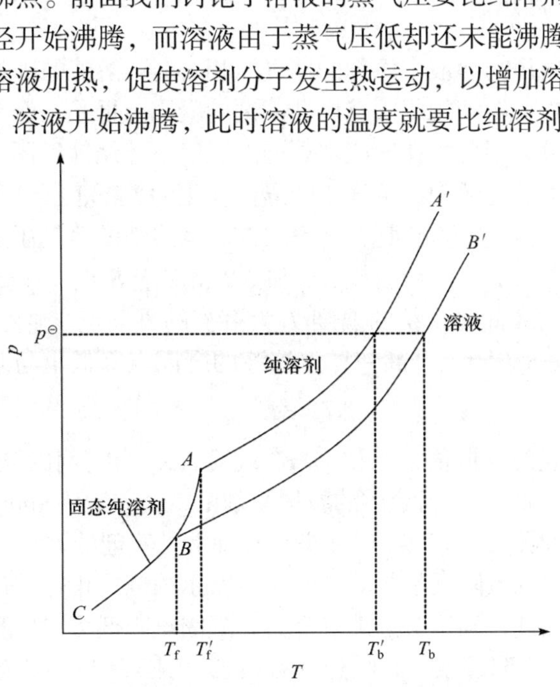

图 2-2　溶液的沸点升高和凝固点降低示意图

曲线 AA' 和 BB' 分别表示纯溶剂和溶液的蒸气压随温度变化的关系。T_b^* 和 T_b 分别为纯溶剂和溶液的沸点。

例如，纯水在 373.15K 时，其蒸气压为 101.325kPa(与大气压相同)，开始沸腾。如果在同样温度的纯水中加入难挥发非电解质，溶液不再沸腾，这是由溶液的蒸气压下降造成的。只有当温度大于 373.15K 时，其蒸气压等于 101.325kPa，水溶液重新开始沸腾。溶液浓度越大，其蒸气压下降越多，则溶液沸点升高越多，其关系为

$$\Delta T_b = K_b b_B \tag{2-13}$$

式中：ΔT_b 为溶液沸点的变化值，单位为 K 或℃；K_b 为溶剂的沸点升高常数，单位为 $K \cdot kg \cdot mol^{-1}$ 或 $℃ \cdot kg \cdot mol^{-1}$；$b_B$ 为溶质的质量摩尔浓度，单位为 $mol \cdot kg^{-1}$。K_b 只与溶剂的性质有关，而与溶质的本性无关。不同的溶剂有不同的 K_b 值，它们可以通过理论方法推算，也可以由实验测得。几种常见溶剂的 K_b 值列于表 2-3。

表 2-3 几种溶剂的 K_b 和 K_f

溶剂	T_b / K	K_b /($K \cdot kg \cdot mol^{-1}$)	T_f / K	K_f /($K \cdot kg \cdot mol^{-1}$)
水	373.15	0.52	273.15	1.86
乙酸	391.45	3.07	289.75	3.90
苯	353.35	2.53	278.66	5.12
萘	491.15	5.80	353.45	6.94
四氯化碳	351.65	4.88	—	—
环己烷	—	—	279.65	20.2

4. 溶液的凝固点降低

当固体纯溶剂的蒸气压与溶液中溶剂的蒸气压相等时，溶液的固相与液相达到平衡，此时的温度称为溶液的凝固点。溶液的凝固点比纯溶剂的凝固点低是一个常见的自然现象。例如，海水由于含有大量的盐分，因此要在比纯水更低的温度下才结冰。图 2-2 中，曲线 AC 和 AA' 分别表示固态纯溶剂和液态纯溶剂的蒸气压随温度变化的关系，曲线 AC 和 AA' 相交于 A 点，A 点所对应的温度 T_f^* 表示纯溶剂的凝固点。曲线 BB' 表示溶液的蒸气压随温度变化的关系，加入溶质以后，溶剂的蒸气压就会下降，曲线 AC 和 BB' 相交于 B 点，在交点处，固态纯溶剂的蒸气压与溶液的蒸气压相等，此时系统的温度 T_f 为溶液的凝固点。显然，溶液的凝固点 T_f 比纯溶剂的凝固点 T_f^* 低。与溶液沸点升高一样，溶液的凝固点降低也与溶质的含量有关，即

$$\Delta T_f = K_f b_B \tag{2-14}$$

式中：ΔT_f 为溶液凝固点的降低值，单位为 K 或℃；K_f 为溶剂的凝固点降低常数，单位为 $K \cdot kg \cdot mol^{-1}$ 或 $℃ \cdot kg \cdot mol^{-1}$；$b_B$ 为溶质的质量摩尔浓度，单位为 $mol \cdot kg^{-1}$。K_f 只与溶剂的性质有关，而与溶质的本性无关。表 2-3 中列举了几种常见溶剂的 K_f。

溶液沸点的升高和凝固点降低都与溶质的质量摩尔浓度成正比，而质量摩尔浓度又与溶质的相对分子质量有关。因此，利用溶液沸点升高和凝固点降低可以估算溶质的相对分子质量。但比较同一溶剂的凝固点降低常数和沸点升高常数，可以看出大多数溶剂的凝固点降低常数 K_f 大于沸点升高常数 K_b。例如，水的 K_f 为 $1.86K \cdot kg \cdot mol^{-1}$，$K_b$ 仅为 $0.52K \cdot kg \cdot mol^{-1}$。因此，

由同一质量摩尔浓度的溶液测得的凝固点降低值比沸点升高值大，因而灵敏度高，实验误差小；而且测定稀溶液的凝固点是在低温下进行的，即使进行多次重复测定也不会引起试样的变性或破坏，稀溶液的浓度也不会发生改变。因此，在医学和生物科学实验中通常用测定凝固点的方法估算溶质的相对分子质量。

【例 2-6】 有一质量分数为 1.5%的氨基酸水溶液，测得其凝固点为 272.96K，试求该氨基酸的相对分子质量。

解 根据式(2-14)得

$$\Delta T_{\rm f} = K_{\rm f} b_{\rm B}$$

$$b_{\rm B} = \frac{n_{\rm B}}{m_{\rm A}} = \frac{m_{\rm B}}{m_{\rm A} M_{\rm B}}$$

$$\Delta T_{\rm f} = K_{\rm f} \frac{m_{\rm B}}{m_{\rm A} M_{\rm B}}$$

$$M_{\rm B} = K_{\rm f} \frac{m_{\rm B}}{m_{\rm A} \Delta T_{\rm f}}$$

由于该溶液的浓度较小，$m_{\rm A} + m_{\rm B} \approx m_{\rm A}$，$m_{\rm B} / m_{\rm A} \approx 1.5\%$，所以

$$M_{\rm B} = \frac{1.86{\rm K \cdot kg \cdot mol^{-1}} \times 1.5\%}{273.15{\rm K} - 272.96{\rm K}} = 0.147{\rm kg \cdot mol^{-1}}$$

该氨基酸的相对分子质量为 147。

溶液的蒸气压下降、沸点升高和凝固点降低具有广泛的用途。例如，当外界气温发生变化时，植物细胞内的有机体会产生大量可溶性碳水化合物(氨基酸、糖等)，使细胞液浓度增大，凝固点降低，保证了在一定的低温条件下细胞液不至于结冰，使植物表现出一定的防寒功能。另外，细胞液浓度增大，有利于其蒸气压的降低，从而使细胞中水分的蒸发量减少，蒸发过程变慢，因此在较高的气温下能保持一定的水分而不枯萎，表现出一定的抗旱能力。冬季汽车水箱中常加防冻液(甘油或乙二醇等)，夏季加入用于降温的制冷剂等都是凝固点降低的应用。此外，有机化学实验中常常用测定化合物的熔点或沸点的办法检验化合物的纯度。含有杂质的化合物其熔点比纯化合物低，沸点比纯化合物高，而且熔点的降低值和沸点的升高值与杂质含量有关。

5. 溶液的渗透压

1) 渗透现象和渗透压

人在淡水中游泳，会觉得眼球肿痛；因失水而发蔫的花草，浇水后又可重新复原；施过化肥的农作物，需要立即浇水，否则化肥会使植物枯萎；在插鲜花的瓶中加入一些水可使花蕾绽放，鲜花更鲜艳；淡水鱼不能生活在海水里等，上述现象都与渗透有关。

物质自发地由高浓度向低浓度迁移的现象称为扩散，扩散现象不但存在于溶质与溶剂之间，也存在于任何不同浓度的溶液之间。如果在两个不同浓度的溶液之间存在一种多孔分离膜(这种膜称为半透膜)，它可以选择性地让一部分物质通过，而不让某些物质通过，那么在两溶液之间会出现什么现象？在此，以蔗糖水溶液与纯水形成的系统为例加以说明。

如图 2-3 所示，在一个连通器的两边分别装着蔗糖溶液与纯水，中间用半透膜将它们隔开。在扩散开始之前，连通器两边的玻璃柱中的液面高度相同。经过一段时间的扩散以后，玻璃柱内的液面高度不再相同，蔗糖溶液一边的液面比纯水的液面要高。这是因为半透膜能够阻止蔗糖分子向纯水一边扩散，却不能阻止水分子向蔗糖溶液的扩散。由于单位体积内纯水中的水分

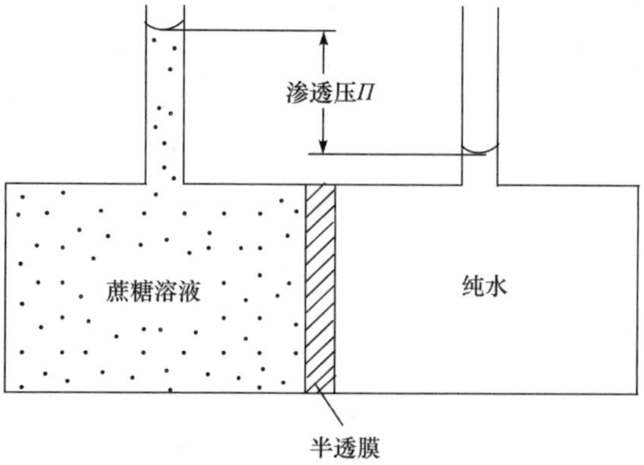

图 2-3　渗透压示意图

子比蔗糖溶液中的水分子多，因此进入溶液中的水分子比离开的水分子多，所以蔗糖溶液的液面升高。这种由物质粒子通过半透膜扩散的现象称为渗透(osmosis)。随着蔗糖溶液液面的升高，液柱的静压力增大，使蔗糖溶液中的水分子通过半透膜的速度加快。当压力达到一定值时，在单位时间内从两个相反方向通过半透膜的水分子数相等，渗透达到平衡，两侧液面不再发生变化。渗透平衡时液面高度差所产生的压力称为渗透压(osmosis pressure)。换句话说，渗透压就是阻止渗透作用进行所需加给溶液的最小额外压力。

半透膜的存在和膜两侧单位体积内溶剂或稀溶液中水分子数不相等是产生渗透现象的两个必要条件。净渗透的方向总是溶剂分子从纯溶剂一方往溶液一方；若半透膜隔开的是浓度不等的两个非电解质溶液，净渗透的方向则是溶剂分子从稀溶液一方往浓溶液一方进行，从而缩小膜两边溶液的浓度差。

若选用一种高强度且耐高压的半透膜把纯溶剂和溶液隔开，此时如在溶液上施加的外压大于渗透压，则溶液中更多的溶剂分子通过半透膜进入溶剂一侧。这种使渗透作用逆向进行的过程称为反向渗透(reverse osmosis)，简称反渗。反渗原理可以用于从海水中快速提取淡水，还可用于废水治理中除去有毒有害物质。

2) 渗透压与浓度、温度的关系

1886 年，荷兰物理学家范特霍夫(van't Hoff)总结前人的实验得出稀溶液的渗透压与浓度、温度的关系式：

$$\Pi = c_{\mathrm{B}}RT \tag{2-15}$$

式中：Π 为溶液的渗透压，单位为 Pa；c_{B} 为溶液的浓度，单位为 $\mathrm{mol\cdot L^{-1}}$；R 是摩尔气体常量，$8.314\times10^3\mathrm{Pa\cdot L\cdot mol^{-1}\cdot K^{-1}}$；$T$ 是系统的温度，单位为 K。对于稀的水溶液，$c_{\mathrm{B}}\approx b_{\mathrm{B}}$，因此，式(2-15)又可表示为

$$\Pi = c_{\mathrm{B}}RT \approx b_{\mathrm{B}}RT \tag{2-16}$$

通过测定溶液的渗透压，可以计算溶质的相对分子质量，尤其是测定生物大分子的相对分子质量。当稀溶液的浓度很低时，稀溶液的凝固点降低值很小，不能准确测定，但此时稀溶液的渗透压仍很大，可以准确测定。又由于小分子和小离子溶质也能透过半透膜，因此渗透压法不宜测定小分子和小离子溶质的相对分子质量，但对大分子的相对分子质量的测定具有独特的优点。

【例 2-7】 293K 时，将 1.00g 血红素溶于水中，配制成 100mL 溶液，测得其渗透压为 366Pa，求血红素的相对分子质量。

解　根据式(2-15)得

$$M_{\mathrm{B}} = \frac{m_{\mathrm{B}}RT}{\Pi V} = \frac{1.00\mathrm{g}\times 8.314\times10^3\mathrm{Pa\cdot L\cdot mol^{-1}\cdot K^{-1}}\times 293\mathrm{K}}{366\mathrm{Pa}\times 100\mathrm{mL}\times 10^{-3}\mathrm{L\cdot mL^{-1}}} = 6.66\times10^4\mathrm{g\cdot mol^{-1}}$$

血红素的相对分子质量为 6.66×10^4。

血红素的浓度仅为 1.50×10^{-4}mol · L^{-1}，凝固点下降仅为 2.79×10^{-4}℃，故很难测定。但此溶液的渗透压相当于 366Pa(37.3mmH_2O)，所以完全可以准确测定。因此，渗透压法是测定蛋白质等生物大分子的相对分子质量的最好方法。

3) 渗透浓度

由于一些物质会在溶液中发生解离或缔合作用，例如，1 个 NaCl 分子会在水中成为 2 个溶质粒子(Na^++Cl^-)，这些溶质粒子对产生渗透现象都有贡献。稀溶液的渗透压取决于溶质的分子和离子的总浓度，而与溶质的性质无关。通常把稀溶液中能产生渗透作用的各种溶质的分子和离子的总浓度称为渗透浓度，用符号 $c_{B,os}$ 表示，单位为 mol · L^{-1} 和 mmol · L^{-1}。医学上常用渗透浓度指示渗透压的大小。

【例 2-8】　计算生理盐水 NaCl 溶液的渗透浓度和 37℃时的渗透压大小。

解　1 个 NaCl 分子会在溶液中产生 1 个 Na^+和 1 个 Cl^-，因此，9.00g · L^{-1} NaCl 溶液的渗透浓度为

$$c_{B,os}=\frac{9.00\text{g}\cdot\text{L}^{-1}\times1000}{58.5\text{g}\cdot\text{mol}^{-1}}\times2=308\text{mmol}\cdot\text{L}^{-1}$$

$$\Pi=c_BRT=c_{B,os}RT=0.308\text{mol}\cdot\text{L}^{-1}\times8.314\text{J}\cdot\text{mol}^{-1}\cdot\text{K}^{-1}\times310\text{K}=793\text{J/L}=793\text{kPa}$$

式(2-16)只适用于非电解质的稀溶液。对于电解质的稀溶液，可用渗透浓度代替浓度，其渗透压的计算公式可改写为

$$\Pi=c_{B,os}RT \tag{2-17}$$

4) 渗透压在医学上的意义

在相同的温度下，渗透压相等的溶液称为等渗溶液。对于渗透压不相等的溶液，其中渗透压相对较低的溶液称为低渗溶液，渗透压相对较高的溶液称为高渗溶液。

医学上的等渗、低渗和高渗溶液是以血浆的渗透压或渗透浓度为标准衡量的，正常人血浆的渗透浓度为 280～320mmol · L^{-1}。表 2-4 列出了正常人血浆中各种可能产生渗透作用的微粒的平均浓度。

表 2-4　正常人血浆中各种能产生渗透作用的微粒的平均浓度

微粒	c/(mmol · L^{-1})	微粒	c/(mmol · L^{-1})
Na^+	144	SO_4^{2-}	0.5
K^+	5	氨基酸	2
Ca^{2+}	2.5	肌酸	0.2
Mg^{2+}	1.5	乳酸盐	0.12
Cl^-	107	葡萄糖	5.6
HPO_4^{2-}	1	蛋白质	1.2
HCO_3^-	27	尿素	4

以正常人血浆的渗透浓度为比较标准，医学上规定渗透浓度小于 280mmol · L^{-1} 的溶液为低渗溶液；渗透浓度大于 320mmol · L^{-1} 的溶液为高渗溶液。

临床医学上为患者输液时，为防止渗透现象的发生，通常使用等渗溶液。如果输液时大量使用高渗溶液或低渗溶液，则由于发生渗透作用，细胞变形或破坏，丧失正常的生理功能。这

可通过红细胞在不同浓度的 NaCl 溶液中形状的变化为例予以说明。

将红细胞置于渗透浓度为 280～320mmol · L^{-1} 的等渗 NaCl 溶液中，在显微镜下观察，红细胞的形态没有发生变化[图 2-4(a)]。这是由于等渗 NaCl 溶液与红细胞内液的渗透压相等，红细胞内液与 NaCl 溶液处于渗透平衡状态。

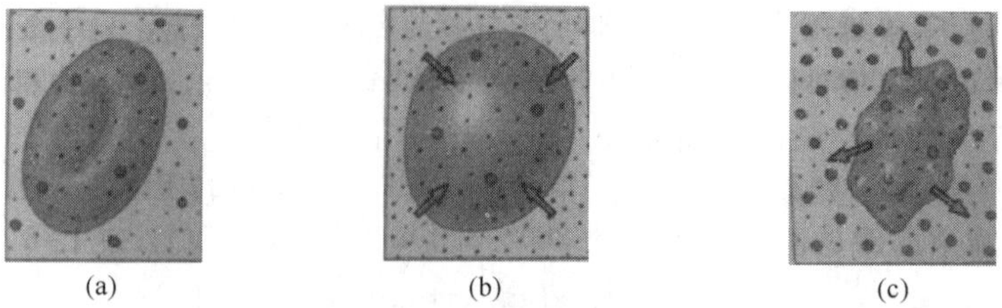

图 2-4 红细胞在不同浓度 NaCl 溶液中的形态示意图

(a) 在生理盐水中；(b) 在低渗 NaCl 溶液中；(c) 在高渗 NaCl 溶液中

将红细胞置于渗透浓度低于 280mmol · L^{-1} 的低渗 NaCl 溶液中，在显微镜下观察，可见红细胞逐渐胀大，最后破裂[图 2-4(b)]，释出血红蛋白使溶液呈浅红色，这种现象在医学上称为溶血。这是因为低渗 NaCl 溶液的渗透压小于红细胞内液的渗透压，NaCl 溶液中的水分子透过细胞膜进入细胞内，而使红细胞胀破。

将红细胞置于渗透浓度高于 320mmol · L^{-1} 的高渗 NaCl 溶液中，在显微镜下观察，可见红细胞逐渐皱缩[图 2-4(c)]，这种现象在医学上称为胞浆分离。这是因为红细胞内液的渗透压低于高渗 NaCl 溶液的渗透压，红细胞内液中的水分子透过细胞膜进入 NaCl 溶液，使红细胞皱缩。

临床医学上使用小剂量注射液时，也要考虑注射液的渗透压。在常用注射液中，等渗溶液较少，而高渗溶液较多，如浓度比血浆高 10 倍的 2.78mol · L^{-1} 的葡萄糖溶液。当然，使用等渗注射液是最理想的，然而若将高渗溶液稀释成等渗溶液，体积必然增大，使用时反而不方便。在使用高渗溶液注射时，注射量不能太大，注射速度也不能太快，当高渗溶液缓慢注入人体时，即可被体液稀释成等渗溶液(因为体液的体积比注射的高渗溶液的体积大得多)。高渗溶液虽可引起红细胞或组织细胞皱缩，但若将这些细胞立即浸入等渗溶液中，细胞又能恢复正常形态，不会影响细胞的正常生理功能。高渗溶液用于肌肉注射时，由于渗透压较高，常引起疼痛。低渗溶液应添加到其他无显著生理作用的等渗溶液(如生理盐水或 50g · L^{-1} 葡萄糖溶液)中再注射，而不能直接注射。因为低渗溶液可引起红细胞或组织细胞破裂，造成不能恢复的损害。

【例 2-9】 用实验方法测得肾上腺皮质机能不全患者的血浆的凝固点为−0.48℃，则此患者的血浆为等渗、低渗还是高渗溶液？计算此血浆在 37℃时的渗透压。

解 此患者血浆的渗透质量摩尔浓度为

$$b_{\mathrm{B,os}} = \frac{\Delta T_{\mathrm{f}}}{K_{\mathrm{f}}} = \frac{0.48\mathrm{K}}{1.86\mathrm{K}\cdot\mathrm{kg}\cdot\mathrm{mol}^{-1}} = 0.26\mathrm{mol}\cdot\mathrm{kg}^{-1}$$

对于稀溶液，$b_{\mathrm{B}}(\mathrm{mol}\cdot\mathrm{kg}^{-1}) \approx c_{\mathrm{B}}(\mathrm{mol}\cdot\mathrm{L}^{-1})$。因此此患者血浆的渗透浓度为 0.26mol · L^{-1}，低于正常血浆的渗透浓度范围，为低渗溶液。

此患者血浆的渗透压为

$$\begin{aligned}\Pi &= c_{\mathrm{B,os}}RT \\ &= 0.26\times10^{-3}\,\mathrm{mol}\cdot\mathrm{m}^{-3}\times8.314\mathrm{J}\cdot\mathrm{mol}^{-1}\cdot\mathrm{K}^{-1}\times310\mathrm{K} \\ &= 6.7\times10^{5}\,\mathrm{Pa}\end{aligned}$$

应该指出的是，稀溶液的通性定律不适用于浓溶液和电解质溶液。浓溶液中溶质浓度大，溶质粒子之间的相互影响大为增加，使简单的通性的定量关系不再适用。电解质溶液的蒸气压、沸点、凝固点和渗透压的变化要比相同浓度的非电解质都大，这是因为电解质在溶液中会解离产生正负离子，因此其总的粒子数大为增加，此时稀溶液的通性取决于溶质分子、离子的总组成量度，稀溶液通性所指定的定量关系不再存在。

2.3 溶　　胶

胶体分散系是由颗粒直径在 1～100nm 的分散质组成的体系。它可分为两类：一类是胶体溶液，又称溶胶，它是由一些小分子化合物聚集成一个单独的大颗粒多相集合系统，如 $Fe(OH)_3$ 溶胶和 As_2S_3 溶胶等；另一类是高分子溶液，它是由一些高分子化合物组成的溶液。高分子化合物因其分子结构较大，其溶液属于胶体分散系，因此它表现出许多与溶胶相同的性质。事实上，它是一个均相的真溶液。

2.3.1　分散度和比表面

由于溶胶是一个多相系统，因此相与相之间就会存在界面，有时也将相与相之间的界面称为表面。分散系的分散度常用比表面来衡量，比表面就是单位体积分散相的总表面积，其数学表达式为

$$s = \frac{S}{V} \tag{2-18}$$

式中：s 为分散相的比表面，单位是 m^{-1}；S 为分散相的总表面积，单位是 m^2；V 为分散相的体积，单位是 m^3。

从式(2-18)可以看出，单位体积的分散相的表面积越大，即分散相的颗粒越小，则比表面越大，系统的分散度越高。如表 2-5 所示，一个体积为 $1cm^3$ 的立方体，其表面积为 $6.0cm^2$，比表面为 $6.0\times10^2m^{-1}$。如果将其分成边长为 $10^{-7}cm$ 的小立方体，共有 10^{21} 个，则其总表面积为 $6.0\times10^7cm^2$，比表面为 $6.0\times10^9m^{-1}$。由此可见，其比表面变为了原来的 10^7 倍。溶胶粒子的直径为 10^{-9}～$10^{-7}m$，所以溶胶粒子的比表面非常大，正是由于这个原因，溶胶具有某些特殊的性质。

表 2-5　分散度和比表面①的关系

边长 l/m	1×10^{-2}	1×10^{-3}	1×10^{-5}	1×10^{-7}	1×10^{-9}
立方体数	1	10^3	10^9	10^{15}	10^{21}
s/m^{-1}	6×10^2	6×10^3	6×10^5	6×10^7	6×10^9

① 比表面 $s=S/V=6l^2/l^3=6/l$。

2.3.2　表面能

处于物质表面的质点(分子、原子、离子等)所受的作用力与处在物质内部的相同质点所受的作用力的大小和方向并不相同。如图 2-5 所示，对于处在同一相中的质点来说，其内部质点

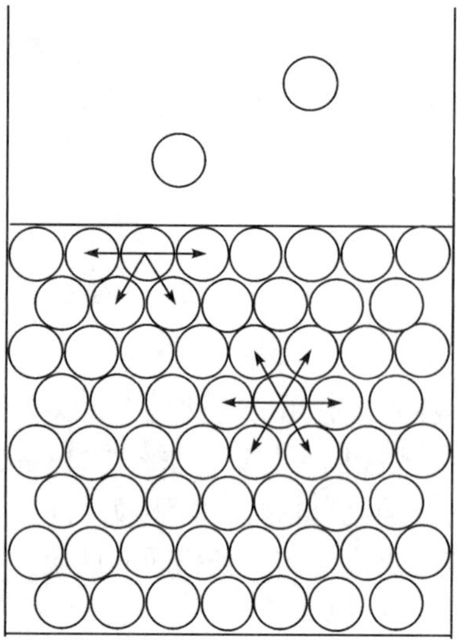

图 2-5　液体表面及内部粒子所处的状态

由于同时受到来自其周围各个方向的大小相近的作用力，因此它所受到的总的作用力为零。而处在物质表面的质点则不同，由于在它周围并非都是相同的质点，所以它受到的来自各个方向的作用力的合力不等于零。该表面质点总是受到一个与界面方向垂直的作用力。这个作用力的方向根据质点所处的状态及性质，可以指向物质的内部，也可以指向外部。所以，物质表面的质点处在一种力不稳定状态，它有减小自身所受作用力的趋势。

换句话说，就是处在物质表面的质点比处在内部的质点的能量要高。表面质点进入物质内部就要释放出部分能量，使其变得相对稳定。而内部质点要迁移到物质表面则需要吸收能量，因而处在物质表面的质点自身变得相对不稳定。这些表面质点比内部质点多余的能量称为表面能。不难看出，物质的表面积越大，表面分子数越多，其表面能越高，表面质点就越不稳定。在胶体分散系中，分散质颗粒具有很大的表面积，故相应地具有很大的表面能。

2.3.3　胶团的结构

溶胶具有扩散双电层结构。例如，将 $FeCl_3$ 水解制备 $Fe(OH)_3$ 溶胶时，许多 $Fe(OH)_3$ 分子聚集在一起形成了胶核(直径为 1～100nm)，胶核具有很大的表面积，它吸附 FeO^+而使表面带正电荷，FeO^+是电位离子。电位离子被牢牢地吸附在胶核表面上。由于静电引力，带正电荷的 FeO^+ 吸引液相中的 Cl^-，Cl^-与电位离子的电荷相反，称为反离子。由于反离子受到电位离子的静电吸引和本身的热运动的影响，一部分反离子被束缚在胶核表面，与电位离子一起形成吸附层，电泳时吸附层与胶核一起移动，这个移动单位为胶粒；另一部分离子离开胶核表面扩散到分散剂中，它们疏散地分布在胶粒周围，离胶核越远，浓度越小，这个液相层称为扩散层，胶粒与扩散层一起称为胶团。胶团是电中性的，而胶粒是带电的，胶粒所带电荷与电位离子符号相同。$Fe(OH)_3$ 溶液的胶团结构如图 2-6 所示，也可以用如下结构式表示。

$$\{[Fe(OH)_3]_m \cdot nFeO^+ \cdot (n-x)Cl^-\}^{x+} \cdot xCl^-$$

胶核　电位离子　反离子　反离子

吸附层　扩散层

胶粒

胶团

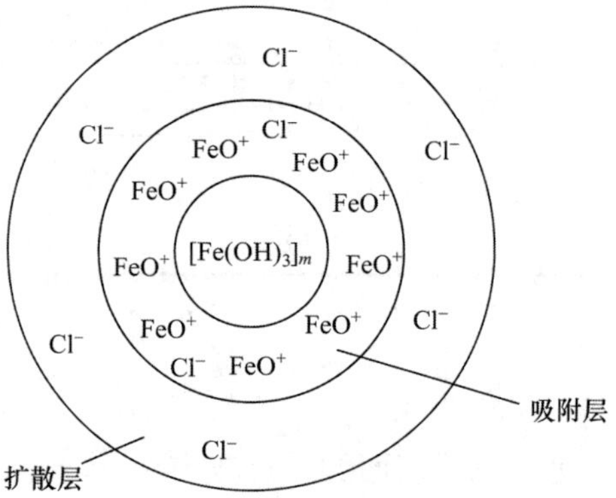

图 2-6　$Fe(OH)_3$ 溶胶的胶团结构示意图

三硫化二砷溶胶的胶团结构式为

$$\{(As_2S_3)_m \cdot nHS^- \cdot (n-x)H^+\}^{x-} \cdot xH^+$$

硅胶的胶团结构式为

$$\{(H_2SiO_3)_m \cdot nHSiO_3^- \cdot (n-x)H^+\}^{x-} \cdot xH^+$$

硝酸银溶液和过量碘化钾溶液作用制备的碘化银溶胶，其胶团结构式为

$$\{(AgI)_m \cdot nI^- \cdot (n-x)K^+\}^{x-} \cdot xK^+$$

2.3.4　溶胶的性质

溶胶的许多性质都与其分散相高度分散和多相共存的特点有关。溶胶的性质主要包括光学性质、动力学性质和电学性质。

1. 光学性质

早在 1869 年，丁铎尔(Tyndall)在研究溶胶时将一束光线照射到透明的溶胶上，在与光线垂直方向上观察到一条发亮的光柱。后人为了纪念他的发现，将这一现象称为丁铎尔效应。由于丁铎尔效应是所有溶胶特有的现象，因此可以通过此效应来鉴别溶液与溶胶。

丁铎尔效应是如何产生的呢？我们知道当光线照射到物体表面时，可能产生两种情况：如果物质颗粒的直径远大于入射光的波长，此时入射光被完全反射，不出现丁铎尔效应；如果物质颗粒的直径比入射光的波长小，则发生光的散射作用而出现丁铎尔效应。因为溶胶的粒子直径为 1～100nm，而一般可见光的波长范围为 400～760nm，所以可见光通过溶胶时便产生明显的散射作用。如果分散相颗粒太小(<1nm)，对光的散射太弱，则发生光的透射现象。

2. 动力学性质

在超微显微镜下观察到溶胶的散射现象的同时，还可以看到溶胶中的发光点在做无休止、无规则的运动，这一现象与花粉在液体表面的运动情况相似。由于该现象是由植物学家布朗(Brown)首先发现，所以称为布朗运动。布朗运动产生的原因有两方面，一是溶胶粒子的热运动，二是分散剂分子对胶粒的不均匀撞击。我们观察到的布朗运动是以上两种因素的综合结果。

布朗运动的存在导致了胶粒的扩散作用，即胶粒自发地从浓度较大的部位向浓度较小的部位扩散。因为溶胶粒子比普通分子或离子大得多，所以扩散速度很慢。同时，布朗运动的存在也使胶粒不致因重力的作用而迅速沉降，有利于保持溶胶的稳定性。

3. 电学性质

在外电场作用下，溶胶系统的胶粒在分散剂中能发生定向迁移，这种现象称为溶胶的电泳，可以通过溶胶粒子在电场中的迁移方向判断溶胶粒子的带电性。

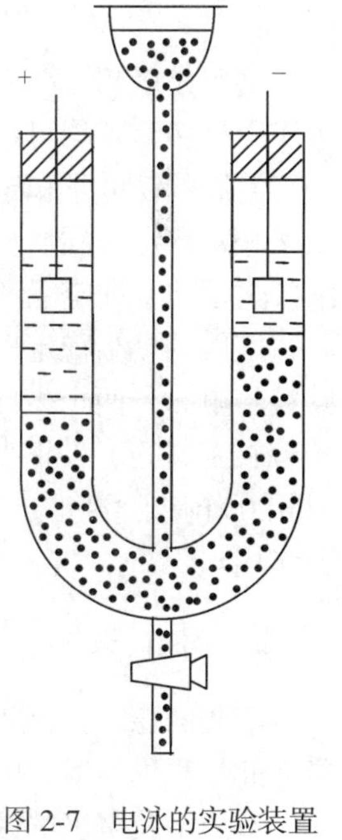

图 2-7　电泳的实验装置

图 2-7 是电泳的实验装置，在 U 形管中装入棕红色的 $Fe(OH)_3$ 溶胶，并在溶胶的表面小心滴加少量蒸馏水，使溶胶表面与水之间有一明显的界面。然后在两边管子的蒸馏水中插入铂电极，并给电极加

上电压。经过一段时间的通电，可以观察到 U 形管中溶胶的液面不再相同，在负极一端的溶胶界面比正极端高。说明该溶胶在电场中向负极一端迁移，溶胶粒子带正电。溶胶粒子带电的主要原因如下：

(1) 吸附作用。溶胶系统具有较高的表面能，而这些小颗粒为了减小其表面能，就要选择性地吸附与其组成类似的离子。以 $Fe(OH)_3$ 溶胶为例，该溶胶是用 $FeCl_3$ 溶液在沸水中水解制成：

$$FeCl_3 + 3\ H_2O = Fe(OH)_3 + 3\ HCl$$

在水解过程中，反应系统中除了生成 $Fe(OH)_3$ 外，还有大量的副产物 FeO^+生成：

$$FeCl_3 + 2\ H_2O = Fe(OH)_2Cl + 2\ HCl$$

$$Fe(OH)_2Cl = FeO^+ + Cl^- + H_2O$$

$Fe(OH)_3$ 溶胶在溶液中选择吸附了与自身组成有关的 FeO^+，而使 $Fe(OH)_3$ 溶胶带正电。又如，硫化砷溶胶的制备通常是将 H_2S 气体通入饱和 H_3AsO_3 溶液中，经过一段时间后，生成淡黄色 As_2S_3 溶胶：

$$2H_3AsO_3 + 3\ H_2S = As_2S_3 + 6\ H_2O$$

由于 H_2S 在溶液中电离产生大量 HS^-，所以 As_2S_3 吸附 HS^-，使 As_2S_3 溶胶带负电。

(2) 解离作用。溶胶粒子带电的另一个原因是胶粒表面的解离作用。例如，硅胶粒子带电就是因为 H_2SiO_3 解离形成 $HSiO_3^-$和 SiO_3^{2-}，并附着在表面而带负电。反应式为

$$H_2SiO_3 = HSiO_3^- + H^+ \qquad HSiO_3^- = SiO_3^{2-} + H^+$$

电泳的应用非常广泛，在氨基酸、多肽、蛋白质和核酸等物质的分离和鉴定方面有着非常重要的应用。临床医学上利用血清的“纸上电泳”协助医生诊断患者是否患有肝硬化。

2.3.5　溶胶的稳定性和聚沉

1. 溶胶的稳定性

溶胶是多相、高分散系统，具有很大的表面能，有自发聚集成较大颗粒而沉淀的趋势。但事实上许多溶胶均可长期稳定存在，其主要原因是溶胶具有动力学稳定性和聚结稳定性。

溶胶的动力学稳定性是指在重力作用下，分散质粒子不会从分散剂中沉淀出来，从而保持系统相对稳定的性质。溶胶粒子具有强烈的布朗运动，使其能抵抗重力的作用而不沉淀，所以溶胶是动力学稳定系统。

溶胶的聚结稳定性是指溶胶在放置过程中不发生分散质粒子的相互聚结而产生沉淀。由于胶粒带电，当两个带同种电荷的胶粒相互靠近时，胶粒之间会产生静电排斥作用，从而阻止胶粒相互碰撞，使溶胶趋向稳定。另外，由于溶胶粒子中的带电离子和极性溶剂通过静电引力相互作用，溶剂分子在胶粒表面形成一个溶剂化膜，该溶剂化膜也起到阻止胶粒相互碰撞的作用。

2. 溶胶的聚沉

溶胶的稳定性是相对的，只要破坏了溶胶的稳定性因素，胶粒就会相互聚结成大颗粒而沉降，此过程称为溶胶的聚沉。

造成溶胶聚沉的因素很多，如胶体本身浓度过高，溶胶被长时间加热，在溶胶中加入强电

解质等。溶胶的浓度过高，单位体积中胶粒的数目较多，胶粒间的空间距离相对减小，因而胶粒的碰撞机会增加，溶胶容易发生聚沉。将溶胶长时间加热，会增强溶胶粒子的热运动，而且使得胶粒周围原来的溶剂化膜被破坏，胶粒暴露在溶剂中；同时由于胶粒的热运动，胶粒表面的电位离子和反离子数目减少，吸附层变薄，胶粒间碰撞聚结的可能性大大增加。如果在溶胶中加入大量电解质，由于离子总浓度的增加，大量离子进入扩散层内，迫使扩散层中的反离子向胶粒靠近，因此吸附层中反离子浓度增加。这就相对减小了胶粒所带的电荷，使胶粒间的静电斥力减弱，胶粒间的碰撞变得更加容易，聚沉的机会增加。

电解质对溶胶的聚沉作用主要是与胶粒所带电荷相反的离子，一般来说，离子电荷越高，对溶胶的聚沉作用越大。例如，要使带负电荷的 As_2S_3 溶胶聚沉，所需 Al^{3+}的浓度比 Ba^{2+}的浓度小。对同价离子来说，它们的聚沉能力与离子在水溶液中的实际大小有关。离子在水溶液中均会形成水合离子，水合离子半径越大，其聚沉能力越小。在同价离子中，离子半径越小，电荷密度越大，其水化半径也越大，因而离子的聚沉能力越小。例如，碱金属离子在相同阴离子存在条件下，对带负电溶胶的聚沉能力大小为 $Cs^+ > Rb^+ > K^+ > Na^+ > Li^+$，$Li^+$的离子半径最小，相应的水化半径最大，因此它的聚沉能力最小。

电解质的聚沉能力通常用聚沉值表示。使一定量的溶胶在一定时间内开始聚沉所需电解质的最低浓度($mmol \cdot L^{-1}$)称为聚沉值。聚沉值越小，表明电解质的聚沉能力越强，反之亦然。例如，NaCl、$MgCl_2$、$AlCl_3$ 三种电解质对 As_2S_3 负溶胶的聚沉值分别为 $51mmol \cdot L^{-1}$、$0.72mmol \cdot L^{-1}$、$0.093mmol \cdot L^{-1}$，说明对于 As_2S_3 负溶胶，三价 Al^{3+}的聚沉能力最强，一价 Na^+的聚沉能力最弱。

如果将两种带有相反电荷的溶胶按适当比例相互混合，溶胶同样会发生聚沉，这种现象称为溶胶的互聚。溶胶的互聚要求按等电量原则进行，即两种互聚的溶胶粒子所带的电荷总数必须相等，否则其中的一种溶胶的聚沉会不完全。医学上利用血液(溶胶)的互聚判断血型；明矾净水的作用也是利用明矾[$KAl(SO_4)_2 \cdot 12H_2O$]水解生成 $Al(OH)_3$ 正溶胶与水中带负电荷的污物溶胶互聚，达到净水的目的。

3. 溶胶的保护

由于溶胶具有某些溶液所没有的特殊性质，因此在许多情况下需要对溶胶进行保护。保护溶胶的方法有很多，这里主要讨论高分子溶液对溶胶的保护与敏化作用。

高分子化合物是指相对分子质量在 10000 以上的有机化合物。许多天然有机化合物，如蛋白质、纤维素、淀粉、橡胶以及人工合成的各种塑料等，都是高分子化合物。高分子化合物在适当的溶剂中能强烈地溶剂化，形成很厚的溶剂化膜而溶解，构成了均匀、稳定的单相分散系。

在溶胶中加入一定量高分子化合物，能显著提高溶胶对电解质的稳定性。这是由于在溶胶中加入高分子时，高分子化合物附着在胶粒表面，可以在胶粒表面形成一个高分子保护膜，从而提高溶胶的稳定性。例如，胃肠道造影剂硫酸钡合剂常用阿拉伯胶增加制剂的稳定性。保护作用在生命体中非常重要。血液中的难溶电解质，如碳酸钙或磷酸钙等，它们是以溶胶的形式存在于血液中，血液中的蛋白质对这些溶胶起到保护作用，因此虽然它们在血液中的浓度比在体外纯水中的浓度高了近 5 倍，但仍能稳定存在而不发生聚沉。如果发生某些疾病，使血液中的蛋白质浓度减小，这些盐类溶胶就会因失去高分子的保护作用而聚沉并堆积在身体的各个部位，使新陈代谢发生故障，形成肾、胆、膀胱等内脏结石。

值得注意的是，在溶胶中加入少量高分子化合物，反而使溶胶对电解质的敏感性大大增加，降低其稳定性，这种现象称为高分子的敏化作用。产生敏化作用的原因是加入的高分子化合物的量太少，不足以包住胶粒，反而使大量胶粒吸附在高分子表面，使胶粒可以互相桥连变大而聚沉。

2.4 高分子溶液和乳状液

高分子溶液和乳状液都属于液态分散系，前者为胶体分散系，后者为粗分散系。

2.4.1 高分子溶液

许多天然有机化合物，如蛋白质、纤维素、淀粉、橡胶以及人工合成的各种塑料等，都是高分子化合物。它们的分子中主要含有千百个碳原子彼此以共价键相结合的物质，由一种或多种小的结构单位连接而成。例如，淀粉或纤维素是由许多葡萄糖分子缩合而成，蛋白质分子中最小的单位是各种氨基酸。

大多数高分子化合物的分子结构是链状或链状带支链。虽然它们分子的长度有的可达几百纳米，但它们的截面积却只有普通分子的大小。当高分子化合物溶解在适当的溶剂中时，就形成高分子化合物溶液，简称高分子溶液。高分子化合物在适当的溶剂中可以达到较高的浓度，可以测定其渗透压，进一步可以计算出它的平均相对分子质量，这是高分子化合物相对分子质量测定的一种重要方法。

高分子溶液由于其溶质的颗粒大小与溶胶粒子相近，属于胶体分散系，所以它表现出某些溶胶的性质，如不能透过半透膜、扩散速度慢等。然而，它的分散相粒子为单个大分子，是一个分子分散的单均匀系统，因此，它又表现出溶液的某些性质，与溶胶的性质有许多不同之处。

高分子化合物像一般溶质一样，在适当溶剂中其分子能强烈自发溶剂化而逐步溶胀，形成很厚的溶剂化膜，使它能稳定地分散于溶液中而不凝结，最后溶解成溶液，具有一定溶解度。例如，蛋白质、淀粉溶于水，天然橡胶溶于苯都能形成高分子溶液。除去溶剂后，重新加入溶剂时仍可溶解，因此高分子溶液是一种热力学稳定系统。与此相反，溶胶的胶核是不溶于溶剂的，溶胶是用特殊的方法制备而成的，溶胶凝结后不能用再加溶剂的方法复原，因此其是一种热力学不稳定系统。高分子溶液的溶质与溶剂之间没有明显的界面，因此对光的散射作用很弱，丁铎尔效应不像溶胶那样明显。另外，高分子化合物还有很大的黏度，这与它的链状结构和高度溶剂化的性质有关。

2.4.2 乳状液

乳状液是分散相和分散介质均为液体的粗分散系。牛奶、某些植物茎叶裂口渗出的白浆(如橡胶树的胶乳)、人和动物机体中的血液、淋巴液以及乳白鱼肝油和发乳都是乳状液。乳状液又可分为两大类：一类是“油”(通常指有机化合物)分散在水中所形成的系统，以油/水型表示，如牛奶、农药乳化剂等；另一类是水分散在“油”中形成的水/油型乳状液，如石油。

将油和水一起放在容器内猛烈振荡，可以得到乳状液。但是这样得到的乳状液并不稳定，停止振荡后，分散的液滴相碰后会自动合并，油水会迅速分离成两个互不相溶的液层。因为两种极性相差很大的物质，通过机械分散方式很难形成一个均匀混合的稳定单相系统，这两种物质只有在它们接触表面积最小时才能够稳定存在，即两物质各成一相。水和油就是如此，水是一种强极性的化合物，而油通常是直链碳氢化合物，其极性较弱。因此，将这两种物质通过机械方式混在一起后，无需多时，油水就会自动分层。在油水混合时加入少量肥皂，则形成的乳状液在停止振荡后分层很慢，肥皂就起了一种稳定剂的作用。乳状液的稳定剂称为乳化剂，许多乳化剂都是表面活性剂。这种能够显著降低表面张力，从而使一些极性相差较大的物质也能相互均匀分散、稳定存在的物质称为表面活性剂。

表面活性剂的分子由极性基团(亲水)和非极性基团(疏水)两大部分构成。极性部分通常是由—OH、—COOH、$—NH_2$、═NH、$—NH_3^+$等基团构成。而非极性部分主要是由碳氢组成的长链或芳香基团组成。因此，它能很好地在水相或油相的表面形成一个保护膜，降低水相或油相的表面能，起到防止被分散的物质重新碰撞而聚结的作用。

乳化剂可根据其亲和能力的差别分为亲水性乳化剂和亲油性乳化剂。常用的亲水性乳化剂有钾肥皂、钠肥皂、蛋白质、动物胶等。亲油性乳化剂有钙肥皂、高级醇类、高级酸类、石墨等。

在制备不同类型的乳状液时，要选择不同类型的乳化剂。例如，亲水性乳化剂适合制备油/水型乳状液，不适合制备水/油型乳状液。这是因为亲水性乳化剂的亲水基团的结合能力比亲油基团的结合能力强，乳化剂分子大部分分布在油滴表面。因此，它在油滴表面形成一较厚的保护膜，防止油滴之间相互碰撞而聚结。相反该乳化剂不能在水滴表面较好地形成保护膜，因为表面活性剂分子大部分被拉入水滴中，因此水滴表面的保护膜厚度不够，水滴之间碰撞后，容易聚结而分层。同理，在制备水/油型乳状液时，最好选用亲油性乳化剂。通过向乳状液中加水可区分不同类型的乳状液。加水稀释后，乳状液不出现分层，说明水是一种分散介质，则为油/水型乳状液；加水稀释后，乳状液出现分层，则为水/油型乳状液。牛奶是一种油/水型乳状液，所以加水稀释后不出现分层。

乳状液及乳化剂在医学和生产生活中的应用十分广泛，绝大多数有机农药、植物生长调节剂的使用都离不开乳化剂。例如，食物中的脂肪在消化液(水溶液)中是不溶解的，但经过胆汁中胆汁酸盐和胆固醇(表面活性剂)的乳化作用和小肠的蠕动，脂肪形成微小的液滴，其表面积大大增加，不仅便于在体内通过血液运输，而且加速了消化油脂的脂肪酸的水解反应速率，有利于肠壁的吸收。再如，有机农药水溶性较差，不能与水均匀混合。为了能使农药与水较好地混合，可加入适量的乳化剂，配制成油/水型乳状液，以减小它们的表面张力，从而达到均匀喷洒、降低成本、提高杀虫、灭菌的目的。医学上的外用油膏及日用化妆品(如雪花膏)也都是油/水型乳状液，可使涂敷时在皮肤上易于分布和吸收。

习　题

2-1　用作消毒剂的过氧化氢溶液中过氧化氢的质量分数为 0.030，这种水溶液的密度为 $1.0g \cdot mL^{-1}$，请计算这种水溶液中过氧化氢的质量摩尔浓度、物质的量浓度和摩尔分数。

2-2　计算 5.0%的蔗糖($C_{12}H_{22}O_{11}$)水溶液与 5.0%的葡萄糖($C_6H_{12}O_6$)水溶液的沸点。

2-3　比较下列各水溶液的指定性质的高低(或大小)次序。

(1) 凝固点：$0.1mol \cdot kg^{-1}$ $C_{12}H_{22}O_{11}$溶液、$0.1mol \cdot kg^{-1}$ CH_3COOH溶液、$0.1mol \cdot kg^{-1}$ KCl 溶液。

(2) 渗透压：$0.1mol \cdot L^{-1}$ $C_6H_{12}O_6$溶液、$0.1mol \cdot L^{-1}$ $CaCl_2$溶液、$0.1mol \cdot L^{-1}$ KCl 溶液、$1mol \cdot L^{-1}$ $CaCl_2$溶液。

2-4　医学上用的葡萄糖($C_6H_{12}O_6$)注射液是血液的等渗溶液，测得其凝固点下降为 0.543℃。

(1) 计算葡萄糖溶液的质量分数。

(2) 如果血液的温度为 37℃，血液的渗透压是多少?

2-5　已知樟脑的 $K_f = 40K \cdot kg \cdot mol^{-1}$，熔点是 178℃，取某有机化合物晶体 0.014g 与 0.20g 樟脑熔融混合，测定其熔点为 162℃，求此物质的相对分子质量。

2-6　孕甾酮是一种雌性激素，它含有(质量分数)9.5% H、10.2% O 和 80.3% C，在 5.00g 苯中含有 0.100g 的孕甾酮的溶液在 5.18℃时凝固，孕甾酮的相对分子质量是多少？写出其分子式。

2-7　海水中含有下列离子，它们的质量摩尔浓度如下：

$b(Cl^-) = 0.57mol \cdot kg^{-1}$、$b(SO_4^{2-}) = 0.029mol \cdot kg^{-1}$、$b(HCO_3^-) = 0.002mol \cdot kg^{-1}$、$b(Na^+) = 0.49mol \cdot kg^{-1}$、$b(Mg^{2+}) = 0.055mol \cdot kg^{-1}$、$b(K^+) = 0.011mol \cdot kg^{-1}$ 和 $b(Ca^{2+}) = 0.011mol \cdot kg^{-1}$。请计算海水的近似凝固点和沸点。

2-8　在严寒的季节里为了防止仪器中的水冻结，欲使其凝固点下降到−3.00℃，在 500g 水中应加甘油($C_3H_8O_3$)多少克?

2-9　难挥发非电解质溶液，在不断的沸腾过程中，它的沸点是否恒定？其蒸气在冷却过程中的凝聚温度是否恒定？为什么?

2-10　正常人体温为 37℃，血液的渗透压为 700～800kPa，用于人体静脉输液的生理盐水的质量浓度为 $9g \cdot L^{-1}$，葡萄糖溶液的质量浓度为 $50g \cdot L^{-1}$。这是为什么?

2-11　人体血浆的凝固点为 272.59K，计算在正常体温下血浆的渗透压。

2-12　硫化砷溶胶是通过将硫化氢气体通到 H_3AsO_3 溶液中制备得到：

$$2H_3AsO_3 + 3H_2S = As_2S_3 + 6H_2O$$

试写出该溶胶的胶团结构式。

2-13　将 10.0mL $0.01mol \cdot L^{-1}$ 的 KCl 溶液和 100mL $0.05mol \cdot L^{-1}$ 的 $AgNO_3$ 溶液混合以制备 AgCl 溶胶。则该溶胶在电场中向哪极移动？并写出胶团结构。

2-14　三支试管中均放入 20.00mL 同种溶胶。欲使该溶胶聚沉，至少在第一支试管中加入 0.53mL $4.0mol \cdot L^{-1}$ 的 KCl 溶液，在第二支试管中加入 1.25mL $0.050mol \cdot L^{-1}$ 的 Na_2SO_4 溶液，在第三支试管中加入 0.74mL $0.0033mol \cdot L^{-1}$ 的 Na_3PO_4 溶液，试计算每种电解质溶液的聚沉值，并确定该溶胶的电性。

第3章　化学热力学初步
(Chemical Thermodynamics)

学习要求

(1) 理解热力学的基本概念和术语。

(2) 掌握热与功、Q_p、Q_V、ΔU、$\Delta_r H_m$、$\Delta_r H_m^{\ominus}$、$\Delta_f H_m^{\ominus}$、$\Delta_r S_m$、$\Delta_r S_m^{\ominus}$、$S_m^{\ominus}$、$\Delta_r G_m$、$\Delta_r G_m^{\ominus}$、$\Delta_f G_m^{\ominus}$的概念及有关计算和应用。

(3) 会用 $\Delta_r G_m^{\ominus}$ 作为化学反应方向的判据，并熟悉温度对 $\Delta_r G_m^{\ominus}$ 的影响。

热力学是研究热与其他形式的能量之间的转化规律的一门科学。利用热力学中最基本的定律、原理和方法研究化学反应以及伴随这些化学反应而发生的物理变化过程就形成了化学热力学。化学热力学主要研究和解决的问题有：①化学反应及与化学反应密切相关的物理过程中的能量变化；②判断化学反应进行的方向和限度。

生命体是一个复杂的化学体系，许多化学反应都在同时进行；一些分子是某些化学反应的产物，同时也是另一些化学反应的反应物。同时，分子运动在本质上都是能量的一种承载方式，任何化学反应也都是能量转化的一种形式。因此，生命体内物质的变化和能量的代谢也必然服从热力学的基本规律。

3.1　基本概念和术语

3.1.1　系统和环境

热力学中把人们所研究的对象称为系统；而把系统以外与系统密切相关的其他物质和空间称为环境。例如，我们研究杯子中的溶液，则溶液是系统，溶液面上的空气、杯子均为环境。当然，桌子、教室也为环境。但我们着眼于和系统密切相关的环境，即为空气和杯子等。

系统和环境之间有时有界面，如溶液和杯子；有时又无明显界面，如溶液与溶液面上的空气之间。

由于人们研究的系统中的能量变化关系、系统中化学反应的方向以及系统中物质的组成和变化等属于热力学性质范畴的问题，故常把系统称为热力学系统。

根据系统与环境间物质和能量的交换情况的不同，可将热力学系统分为三种：

(1) 敞开系统。系统与环境间既有物质交换又有能量交换，如无盖热水杯。

(2) 封闭系统。系统与环境间只有能量交换没有物质交换，如加盖热水杯。

(3) 孤立系统。系统与环境间既无物质交换也无能量交换。绝热、密闭的系统即为孤立系统，如理想保温杯。应当指出，真正的孤立系统是不存在的，热力学中有时把与系统有关的环境部分与系统合并在一起看作是一个孤立系统。热力学上研究得较多的是封闭系统。

我们有必要说明一下：术语或专业术语是各门学科中的专门用语，相当于各个行业的“行话”，具有专业性、科学性、单义性的特点。术语往往由一般的词汇或词构成，成为术语后，与原词的意义部分地或完全地失去了联系。例如，以上所定义的“系统”、“环境”与我们平时所说原词的系统和环境的意义是完全不同的。有了这些术语或“行话”，便可以使用它们来准确地、简洁地描述和解析本课程的内容，但前提是读者必须准确地理解和把握这些术语(虽然有些术语的确比较难理解，如下面要讲的“状态和状态函数”)，这一点非常重要。

3.1.2　状态和状态函数

系统都有一定的物理性质和化学性质，如温度、压力、体积、质量、密度、组成等，这一系列表征系统性质的宏观物理量的总和就是系统的状态(state)。当系统的各种宏观物理量性质都有确定数值时，就确定了系统各方面的表现，系统就处于一定的热力学状态；反之，系统的状态一旦确定，系统的各种宏观物理量性质都有确定的数值，系统的状态发生变化，系统的宏观物理量性质也会随之改变。

系统的性质是由系统的状态确定的，这些宏观物理量性质就是状态的函数，称为状态函数(state function)。上述各项系统的性质都是状态函数。

状态函数的数值只与状态有关，状态函数是系统自身的性质。当系统发生变化时，状态函数的改变只与始态和终态有关，而与变化的途径无关。系统无论经什么变化途径恢复到起始状态，状态函数的数值不变。这是状态函数的一个非常重要的基本原理，也是后面要讲的热力学的一个非常重要的基本原理。

状态函数可分为两大类：

(1) 广度性质。此种性质表现系统“量”的特征，其数值在一定条件下与体系中的物质数量成正比，即具有加和性。体积、热容、质量、热力学能、焓、熵、吉布斯自由能等都是广度性质(或容量性质)。

(2) 强度性质。此种性质表现系统“质”的特征，其数值在一定条件下仅由体系中物质本身的特性决定，不随体系中物质的总量而改变，即不具加和性。温度、压力、密度、黏度等都是强度性质。

3.1.3　过程与途径

当系统发生一个任意的变化时，我们说系统发生了一个过程，即系统状态发生变化的经过称为过程，如气体膨胀或压缩、液体的蒸发、固体的溶解等。

热力学上经常遇到的过程有以下几种：

(1) 恒压过程(isobaric process)。系统的压力始终恒定不变($\Delta p = 0$)。在敞口容器中进行的反应，可看作恒压过程，因为系统始终经受相同的大气压力。绝大多数化学反应是在敞口容器中进行的，所以恒压过程是化学反应的主要过程。

(2) 恒容过程(isochoric process)。系统体积始终恒定不变($\Delta V = 0$)。在密闭容器中进行的反应，就是恒容过程。

(3) 恒温过程(isothermal process)。此过程只要求系统始态和终态温度相同($\Delta T = 0$)。当化学反应发生后，由于反应的热效应会引起系统的温度升高或降低。如果把过程设计成让反应后的生成物冷却或升温至与反应前反应物的温度相同，则该反应就可以按恒温过程处理。

系统由始态变化到终态，可以经由不同的路线，系统在变化时经由的具体路线称为途径。

例如，某一系统由始态(298.15K, 101.3kPa)变化到终态(373.15K, 506.3kPa)，可以通过不同的途径来完成(图 3-1)。

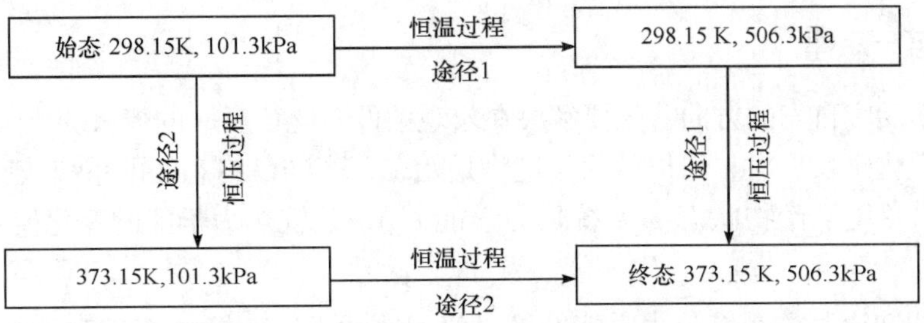

图 3-1　由始态变化到终态的两种途径

但其从始态(298.15K, 101.3kPa)变化到终态的状态函数(温度 T，压力 p)的改变量却相同，即 ΔT=75K，Δp=405kPa。这就是因为在状态一定时，状态函数就有一个相应的确定值；始态和终态一定时，状态函数的改变量就只有一个数值，与途径无关，这也就是状态函数的基本原理。

3.1.4　功和热

功和热是系统状态发生变化时与环境之间的两种能量交换形式，单位均为 J 或 kJ。系统与环境之间因存在温度差异而发生的能量交换形式称为热，用 Q 表示；系统与环境之间无物质交换时，除热以外的其他各种能量交换形式称为功，用 W 表示。

热力学中对 W 和 Q 的符号的规定如下：

(1) 系统从环境吸热，Q 取正值($Q>0$，系统能量升高)；系统向环境放热，Q 取负值($Q<0$，系统能量下降)。

(2) 环境对系统做功，功取正值($W>0$，系统能量升高)；系统对环境做功，功取负值($W<0$，系统能量降低)。

功有多种形式，通常分为体积功和非体积功两大类。由于系统体积变化，反抗外力所做的功为体积功，其他功(如电功、表面功等)都称为非体积功。在化学反应中，系统一般只做体积功，因为非体积功，如电功，一定要在原电池这种特殊的装置中才可能产生。所以，本章在后面的讨论中，除特别指明外，都限于系统只做体积功的情况。

按照以上对功的正负号规定，当系统做体积功时，设系统的压强为 p，体积变化为 ΔV，则体积功 W 为

$$W = -p\,\Delta V \tag{3-1}$$

要说明的是：功和热是系统的状态发生变化的过程中与环境交换的能量，是与过程密切相关的，变化过程结束了，能量的交换也就结束了。它们是过程量，不是状态函数。经由不同的途径完成同一变化时，热和功的数值可能不同。

3.1.5　热力学能

系统的状态发生变化时与环境之间有能量交换，表明系统内部蕴藏着一定的能量。系统内部所蕴藏的总能量称为热力学能(thermodynamic energy)，单位为 J 或 kJ，用符号 U 表示。它包括系统中分子的平动能、转动能、振动能、电子运动能和原子核内的能量以及系统内部分子与

分子间的相互作用的势能等。热力学能是系统内部能量的总和，所以是系统自身的一种性质，在一定的状态下应有一定的数值，因此热力学能是状态函数。

3.1.6　热力学第一定律

要研究化学反应自发的方向首先要解决在宏观条件下化学反应的能量变化问题。当系统状态发生改变或发生化学反应时，可以认为反应物是始态，产物是终态，即系统从反应物状态 1(系统热力学能 U_1)变化至产物状态 2(系统热力学能 U_2)，系统热力学能的变化值：

$$\Delta U = U_2 - U_1$$

然而我们却无法知道某一系统热力学能的绝对值，也就无法直接由 $U_2 - U_1$ 计算出ΔU。

但是关于能量的变化，人们在长期实践的基础上得出这样一个结论：自然界的一切物质都具有能量，能量有各种不同的形式，能够从一种形式转化为另一种形式，在转化的过程中，能量的总值不变，称为能量守恒定律。应用于热力学系统中就是热力学第一定律。也就是在封闭系统中热力学能的改变值ΔU 等于系统与环境之间的能量(功和热的总和)交换，即

$$\Delta U = Q + W \tag{3-2}$$

【例 3-1】 某过程中，系统从环境吸收 200kJ 的热，对环境做功 100kJ，求该过程中系统的热力学能变和环境的热力学能变。

解　由热力学第一定律得

$$\Delta U(\text{系统}) = Q + W = 200\text{kJ} + (-100\text{kJ}) = 100\text{kJ}$$

$$\Delta U(\text{环境}) = Q + W = (-200\text{kJ}) + 100\text{kJ} = -100\text{kJ}$$

系统净增了 100kJ 的热力学能，而环境减少了 100kJ 的热力学能，系统与环境的总和保持能量守恒。

$$\Delta U(\text{系统}) + \Delta U(\text{环境}) = 0$$

热力学第一定律的原理应用于化学反应，就可以通过测定外界环境能量(功和热)的变化来计算其化学反应的内部能量变化值，即

$$U_2(\text{产物系统热力学能}) - U_1(\text{反应物系统热力学能}) = \Delta U = Q + W$$

但是实际上同时测定一个化学反应外界环境能量的功和热的变化，工作量还是很大的，当然也没有必要，我们还有更简单的解决办法，那就是只考虑化学反应的热效应。

3.2　热　化　学

化学反应通常在恒容或恒压条件下进行，因此化学反应热效应常分为恒容反应热和恒压反应热。

3.2.1　恒容反应热

在恒温只做体积功条件下，若系统发生的化学反应是恒容过程，则该过程中与环境之间交换的热就是恒容反应热，以符号“Q_V”表示。

由热力学第一定律可得　　$\Delta U = Q_V + W$

且恒容过程　　$\Delta V = 0$，$W = -p\Delta V = 0$

则　　$\Delta U = Q_V$　　(3-3)

式(3-3)表明：在恒容且不做非体积功时，恒容反应热等于系统热力学能的改变。

3.2.2　恒压反应热

同样在恒温只做体积功条件下，若系统发生的化学反应是恒压过程，则该过程中与环境之间交换的热就是恒压反应热，以符号“Q_p”表示。

$$\Delta U = Q_p + W$$

且恒压过程　$W = -p\Delta V,\quad p = p_1 = p_2,\quad \Delta U = U_2 - U_1$

则有　$\Delta U = Q_p - p\Delta V$

$$\begin{aligned} Q_p &= \Delta U + p\Delta V \\ &= \Delta U + (p_2V_2 - p_1V_1) \\ &= (U_2 + p_2V_2) - (U_1 + p_1V_1) \end{aligned}$$

上式表明：恒压过程中化学反应系统的热效应，即恒压反应热 Q_p 等于终态(产物)和始态(反应物)的 $U + pV$ 值之差。U、p、V 都是状态函数,其组合函数 $U + pV$ 也应是状态函数。为了方便起见，我们定义一个新的状态函数，称为焓(enthalpy)，用符号 H 表示：

$$H = U + pV$$

则又有　$Q_p = H_2 - H_1 = \Delta H$　(3-4)

焓 H 具有能量的量纲，无明确的物理意义。它是状态函数，其绝对值也无法确定。但焓变 ΔH 是有明确物理意义的。式(3-4)表明：在恒温恒压且不做非体积功时，恒压反应热等于系统焓的改变。

下面我们对式(3-2)、式(3-3)、式(3-4)作进一步讨论：

$\Delta U = Q + W$ 的条件是：在封闭系统中。

$\Delta U = Q_V$ 的条件是：在封闭系统中且恒容。

$\Delta H = Q_p$ 的条件是：在封闭系统中恒温恒压且不做非体积功。

ΔU、ΔH 就是化学反应的内部能量变化，即当系统发生化学反应时反应物是始态，产物是终态。

$$\Delta U = U_{\text{终态}}(\text{产物系统热力学能}) - U_{\text{始态}}(\text{反应物系统热力学能})$$

$$\Delta H = H_{\text{终态}}(\text{产物系统的焓}) - H_{\text{始态}}(\text{反应物系统的焓})$$

式(3-2)、式(3-3)、式(3-4)都是通过测定外界环境能量的变化值，来衡量化学反应的内部能量变化值，但通常使用式(3-4)更方便。因为大多数化学反应都是在恒温恒压且不做非体积功的条件下进行，故化学反应的焓变 ΔH 就是我们要找的研究化学反应自发的方向时要解决的在宏观条件下两大主题的其中之一，即化学反应的内部能量变化。

需要说明的是，焓 H 是状态函数，化学反应焓变 ΔH 的值只与化学反应的反应物和产物的状态有关，与化学反应变化的途径无关。而化学反应热是过程量，不是状态函数。反应经由不同的途径，化学反应热的数值可能不同。也就是说非恒温恒压任意过程的化学反应焓变 ΔH 的值不一定等于该过程的化学反应热。但是由状态函数的性质我们知道只要反应物始态和产物终态确定，化学反应状态函数的改变量 ΔH(也包括 ΔU 及后面要讲的 ΔG、ΔS 等)就只有唯一的数值，任意过程的化学反应焓变 ΔH 的值可以通过设计反应物始态和产物终态都相同的恒温恒压过程来计算。这是热力学一个非常重要的基本原理。化学热力学内容实际上就是在一定条件下，利用一些特定的状态函数的改变量解决化学反应的一些问题。化学反应实际变化的途径是很复杂的，按此途径计算状态函数改变量就很困难，但是根据上述状态函数的性质，可抛开途径，从始态和终态就可直接计算状态函数改变量。热力学方法之所以简便，就是基于这个原理。

化学反应的焓 ΔH 是状态函数的广度性质，具有加和性。例如，化学反应：

$$2H_2(g) + O_2(g) = 2H_2O(g)$$

生成 2mol 的 $H_2O(g)$ 与生成 1mol 的 $H_2O(g)$ 的 ΔH 值是不一样的，在同一状态下前者是后者的两倍。所以必须引入化学反应进行程度的一个量的概念，即化学反应进度。

3.2.3　化学反应进度

1. 化学反应计量方程式

对任一化学反应，其反应为

$$a\mathrm{A} + e\mathrm{E} \longrightarrow d\mathrm{D} + g\mathrm{G}$$

式中：A、E、D、G 代表物质；a、e、d、g 代表相应物质前面的系数。移项后写成

$$0 = -a\mathrm{A} - e\mathrm{E} + d\mathrm{D} + g\mathrm{G}$$

可简化为

$$0 = \sum_{\mathrm{B}} \nu_{\mathrm{B}}\mathrm{B} \tag{3-5}$$

式中：B 为参与化学反应的各种物质；ν_{B} 为物质 B 前面的系数，称为物质 B 的化学计量系数(stoichiometric number)，其量纲为一，反应物的化学计量系数为负值，而产物的化学计量系数为正值。其中：

$$\nu_{\mathrm{A}} = -a，\ \nu_{\mathrm{E}} = -e，\ \nu_{\mathrm{D}} = +d，\ \nu_{\mathrm{G}} = +g$$

本章之后的内容及第四章都用式(3-5)表示一般的化学反应计量方程式。

例如，反应 $1/2N_2 + 3/2H_2 = NH_3$ 的化学计量系数 ν_{B} 分别为

$$\nu(NH_3) = 1，\ \nu(N_2) = -1/2，\ \nu(H_2) = -3/2$$

2. 化学反应进度

化学反应进度(extent of reaction)ξ(读 ksai)就是表示化学反应进行程度的一个物理量，单位为 mol。定义式为

$$\mathrm{d}\xi = \nu_{\mathrm{B}}^{-1}\mathrm{d}n_{\mathrm{B}} \qquad 或 \qquad \mathrm{d}n_{\mathrm{B}} = \nu_{\mathrm{B}}\mathrm{d}\xi$$

其中，n_{B} 为物质 B 的物质的量，ν_{B} 是物质 B 的计量系数。

积分式为　$\xi = \Delta n_{\mathrm{B}}\nu_{\mathrm{B}}^{-1}$

即

$$\Delta n_{\mathrm{B}} = \nu_{\mathrm{B}}\xi$$

即当反应进行后，某一参与反应的物质的物质的量从始态的 n_{B_1} 变到终态的 n_{B_2}，则该反应的反应进度

$$\xi = (n_{\mathrm{B}_2} - n_{\mathrm{B}_1}) / \nu_{\mathrm{B}} = \Delta n_{\mathrm{B}}\nu_{\mathrm{B}}^{-1} \tag{3-6}$$

例如

$$N_2 + 3H_2 \longrightarrow 2NH_3$$

当 $\Delta n(NH_3) = 1mol$ 时

$$\xi = \Delta n\,(NH_3)/\nu\,(NH_3) = 1mol/2 = 0.5mol$$

而此时　　$\Delta n(N_2) = -0.5mol$，$\xi = \Delta n\,(N_2)/\nu\,(N_2) = -0.5mol/(-1) = 0.5mol$

同理　　$\Delta n(H_2) = -1.5mol$，$\xi = \Delta n\,(H_2)/\nu\,(H_2) = -1.5mol/(-3) = 0.5mol$

可见，无论选何种参与反应的物质来表示该反应的反应进度，都可得到相同的结果。

一般习惯称反应进度为进行了 n mol 的反应。例如，上例中就可以认为进行了 0.5mol 的反应。当化学反应中某物质的物质的量改变量正好等于反应式中该物质的化学计量系数时，该反应的反应进度即进行了 1mol 反应，又称摩尔反应，或单位摩尔反应。

由于 ξ 与化学计量数 ν_B 有关，而 ν_B 又与反应式的书写有关，ξ 显然也与化学反应计量方程式的书写有关。例如，若把上述的反应写成：

$$1/2N_2(g) + 1/3H_2(g) \longrightarrow NH_3(g)$$

则反应进度为 1mol。

3.2.4　标准摩尔反应焓变

有了化学反应进行程度的量即反应进度的概念，对于计算化学反应的 ΔH 值其实还不够。因为前面提到的热力学函数 ΔU、ΔH 以及后面的 ΔS、ΔG 等均为状态函数，它们在不同的系统中或同一系统的不同状态下有不同的数值。例如，化学反应：

$$2H_2\,(g) + O_2\,(g) \longrightarrow 2H_2O\,(g) \quad 和 \quad 2H_2\,(g) + O_2\,(g) \longrightarrow 2H_2O\,(l)$$

前者的产物是 $2H_2O(g)$，后者的产物是 $2H_2O\,(l)$，两者的 ΔH 是不同的，前者放热小于后者，即 ΔH(前者)>ΔH(后者)。

为了比较不同的系统或同一系统不同状态的这些热力学函数的变化，需要规定一个状态作为比较的标准或者说参考标准，这就是热力学上的标准状态。

1. 物质的标准状态

热力学中规定，标准状态是在温度 T 及标准压力 $p^{\ominus}$($p^{\ominus}$= 100kPa)下的状态，简称标准态，用右上标“$\ominus$”表示。当系统处于标准状态时，指系统中各物质均处于各自的标准状态。对具体的物质而言，相应的标准状态如下：

(1) 纯理想气体物质的标准状态是气体处于标准压力 $p^{\ominus}$下的状态，混合理想气体中任一组分的标准状态是该气体组分的分压为 $p^{\ominus}$时的状态(在无机及分析化学中把气体均近似作为理想气体)。

(2) 纯液体(或纯固体)物质的标准状态就是标准压力 $p^{\ominus}$下的纯液体(或纯固体)。

(3) 溶液中溶质的标准状态是指标准压力 $p^{\ominus}$下溶质的浓度为 $c^{\ominus}$($c^{\ominus}$=1mol · L^{-1})的溶液，严格地说是溶质的质量摩尔浓度为 1mol · kg^{-1}的理想溶液。

(4) 必须注意，在标准状态的规定中只规定了压力 $p^{\ominus}$，并没有规定温度。处于标准状态和不同温度下的系统的热力学函数有不同的值。一般的热力学函数值均为 298.15K(25℃)时的数值，若非 298.15K，需特别指明。

2. 摩尔反应焓变、标准摩尔反应焓变

有了化学反应进行程度的量的概念，对于某化学反应来说，若反应进度为 ξ 时的反应焓变为 $\Delta_r H$，摩尔反应焓变为

$$\Delta_r H_m = \Delta_r H/\xi$$

式中：$\Delta_r H_m$ 的单位为 $J \cdot mol^{-1}$ 或 $kJ \cdot mol^{-1}$，其中下角标"r"表示反应，下角标 m 表示摩尔反应。因此，摩尔反应焓变 $\Delta_r H_m$ 为按所给定的化学反应计量方程式，当反应进度 ξ 为 1mol 或单位反应进度时的反应焓变。

由于反应进度与具体化学反应计量方程式有关，因此计算一个化学反应的 $\Delta_r H_m$ 必须明确写出其化学反应计量方程式。

又因为有了化学反应物质的标准状态，当化学反应处于温度 T 的标准状态时，该反应的摩尔反应焓变称为标准摩尔反应焓变，以 $\Delta_r H_m^{\ominus}(T)$ 表示，T 为反应的热力学温度。

热力学中规定：系统从环境吸热，Q 取正值，系统向环境放热，Q 取负值；$\Delta_r H_m^{\ominus} > 0$，化学反应吸热，$\Delta_r H_m^{\ominus} < 0$，化学反应放热。

3.2.5 热化学反应方程式

表示化学反应与反应热关系的化学反应方程式称为热化学反应方程式。例如：

$$C(石墨) + O_2(g) \longequal CO_2(g) \qquad \Delta_r H_m^{\ominus} = -393.509 kJ \cdot mol^{-1}$$

$$N_2(g) + 3H_2(g) \longequal 2NH_3(g) \qquad \Delta_r H_m^{\ominus} = -92.22 kJ \cdot mol^{-1}$$

$$H_2(g) + 1/2O_2(g) \longequal H_2O(l) \qquad \Delta_r H_m^{\ominus} = -285.830 kJ \cdot mol^{-1}$$

式中：$\Delta_r H_m^{\ominus}$ 表示在 298.15K、标准状态下，相应化学反应计量方程式的恒压热效应，即标准摩尔反应焓变。

由于 $\Delta_r H_m^{\ominus}$ 是具有广度性质的状态函数，其值与参与化学反应的各种物质的量及状态都有关，所以正确地书写热化学反应方程式时必须注意以下几点：

(1) 正确写出化学反应计量方程式，其必须是配平的反应方程式。因为反应热效应常指单位反应进度时反应所放出或吸收的热量，而反应进度与化学反应计量方程式有关，所以对同一反应，以不同的化学计量方程式表示时，其 $\Delta_r H_m^{\ominus}$ 的数值不同。例如：

$$C(石墨) + O_2(g) \longequal CO_2(g) \qquad \Delta_r H_m^{\ominus} = -393.509 kJ \cdot mol^{-1}$$

$$1/2C(石墨) + 1/2O_2(g) \longequal 1/2CO_2(g) \qquad \Delta_r H_m^{\ominus} = -1/2 \times 393.509 kJ \cdot mol^{-1}$$

(2) 应注明参与反应的各物质的聚集状态，以 g、l、s 表示气、液、固态。聚集状态不同，$\Delta_r H_m^{\ominus}$ 不同。例如：

$$C(石墨) + O_2(g) \longequal CO_2(g) \qquad \Delta_r H_m^{\ominus} = -393.509 kJ \cdot mol^{-1}$$

$$C(金刚石) + O_2(g) \longequal CO_2(g) \qquad \Delta_r H_m^{\ominus} = -395.404 kJ \cdot mol^{-1}$$

(3) 应注明反应温度，如果是在 298.15K 下，通常可以省略不写。

热化学反应方程式表示了化学反应与其恒压热效应的定量关系，两大主题之一，即化学反应的内部能量变化已得到基本解决。当然，$\Delta_r H_m^{\ominus}$ 的具体计算下面将继续讨论。

3.2.6 赫斯定律

1840 年，俄国化学家赫斯(Hess)从大量热化学实验数据中总结出一条规律：任一化学反应，不论是一步完成，还是分几步完成，其热效应都是相同的，这就是赫斯定律。这个定律实际上

是热力学状态函数性质的必然结果。因为 $Q_p = \Delta H$，$Q_V = \Delta U$，ΔH、ΔU 是状态函数。所以赫斯定律也可以表述为：任何一个化学反应，在不做其他功和处于恒压或恒容的情况下，化学反应热效应 ΔH、ΔU 仅与反应的始、终态有关，而与具体途径无关。

赫斯定律有着广泛的应用。利用一些反应的反应热的数据，就可以计算出另一些反应的反应热。尤其是不易直接准确测定或根本不能直接测定的反应热，常可利用赫斯定律算得。例如，C 和 O_2 化合生成 CO 的反应热是很难准确测定的，因为在反应过程中不可避免地会有一些 CO_2 生成。但是 C 和 O_2 化合生成 CO_2 以及 CO 和 O_2 化合生成 CO_2 的反应热是可准确测定的，因此可以利用赫斯定律把生成 CO 的反应热计算出来(图 3-2)。已知：

(1) $C(s) + O_2(g) \longrightarrow CO_2(g)$　　$\Delta_r H^{\ominus}_{m,1} = -393.5 kJ \cdot mol^{-1}$

(2) $CO(g) + 1/2O_2(g) \longrightarrow CO_2(g)$　　$\Delta_r H^{\ominus}_{m,2} = -283.0 kJ \cdot mol^{-1}$

求：(3) $C(s) + 1/2O_2(g) \longrightarrow CO(g)$　　$\Delta_r H^{\ominus}_{m,3} = ?$

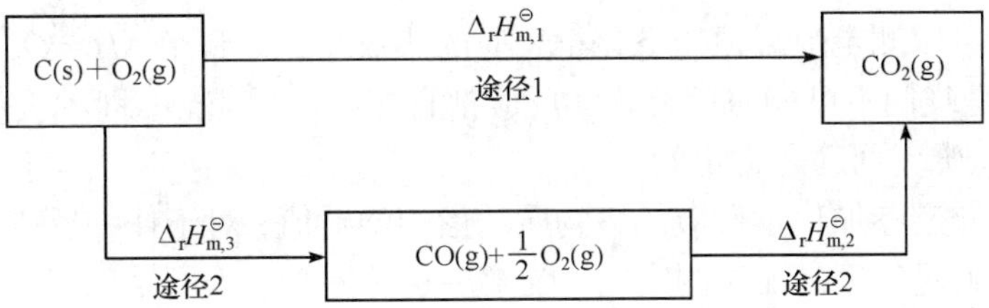

图 3-2　由 $C + O_2$ 生成 CO_2 的两种途径

由上可得

$$\Delta_r H^{\ominus}_{m,1} = \Delta_r H^{\ominus}_{m,2} + \Delta_r H^{\ominus}_{m,3}$$

$$\Delta_r H^{\ominus}_{m,3} = \Delta_r H^{\ominus}_{m,1} - \Delta_r H^{\ominus}_{m,2} = -110.5 kJ \cdot mol^{-1}$$

用赫斯定律计算反应热时，利用反应式之间的代数关系进行计算更为方便。例如，上述的反应式(1)、反应式(2)、反应式(3)的关系是

$$(3) = (1) - (2)$$

可直接得出

$$\Delta_r H^{\ominus}_{m,3} = \Delta_r H^{\ominus}_{m,1} - \Delta_r H^{\ominus}_{m,2}$$

反应式之间的代数关系计算竖式如下：

	(1)	$C(s) + O_2(g) \longrightarrow CO_2(g)$	$\Delta_r H^{\ominus}_{m,1}$
−	(2)	$CO(g) + 1/2O_2(g) \longrightarrow CO_2(g)$	$\Delta_r H^{\ominus}_{m,2}$
	(3)	$C(s) + 1/2O_2(g) \longrightarrow CO(g)$	$\Delta_r H^{\ominus}_{m,3} = \Delta_r H^{\ominus}_{m,1} - \Delta_r H^{\ominus}_{m,2}$

必须注意，在利用化学反应方程式之间的代数关系进行运算中，把相同物质项消去时，不仅物质种类必须相同，而且状态(物态、温度、压力)也要相同，否则不能相消。

【例 3-2】 已知：

(1) $4NH_3(g) + 3O_2(g) = 2N_2(g) + 6H_2O(l)$　　$\Delta_r H^{\ominus}_{m,1} = -1530 kJ \cdot mol^{-1}$

(2) $H_2(g) + 1/2O_2(g) = H_2O(l)$　　$\Delta_r H^{\ominus}_{m,2} = -286 kJ \cdot mol^{-1}$

试求：(3) $N_2(g) + 3H_2(g) = 2NH_3(g)$　　$\Delta_r H^{\ominus}_{m,3} = ?$

解 3×(2) − 1/2×(1)得

$$N_2(g) + 3H_2(g) \longrightarrow 2NH_3(g)$$

$$\Delta_r H^{\ominus}_{m,3} = 3\times\Delta_r H^{\ominus}_{m,2} - 1/2\Delta_r H^{\ominus}_{m,1} = 3\times(-286)\text{kJ}\cdot\text{mol}^{-1} - 1/2\times(-1530)\text{ kJ}\cdot\text{mol}^{-1} = -93\text{kJ}\cdot\text{mol}^{-1}$$

如有反应：

$$N_2(g) + 3H_2(g) \longrightarrow 2NH_3(g) \qquad \Delta_r H^{\ominus}_{m,1}$$

$$1/2N_2(g) + 3/2H_2(g) \longrightarrow NH_3(g) \qquad \Delta_r H^{\ominus}_{m,2}$$

$$2NH_3(g) \longrightarrow N_2(g) + 3H_2(g) \qquad \Delta_r H^{\ominus}_{m,3}$$

由赫斯定律可方便得出：

$$\Delta_r H^{\ominus}_{m,2} = 1/2\Delta_r H^{\ominus}_{m,1}$$

$$\Delta_r H^{\ominus}_{m,3} = -\Delta_r H^{\ominus}_{m,1}$$

赫斯定律的使用方便且应用非常广泛。在后续章节有关化学平衡的内容以及化学平衡常数的计算，化学反应方程式之间的代数关系进行运算时随处可见。

3.2.7 标准摩尔反应焓变的计算

到此为止我们可以测定恒温恒压下化学反应的热效应，并利用 $\Delta H = Q_p$ 计算出标准摩尔反应焓变 $\Delta_r H^{\ominus}_m$。但是我们不可能对所有化学反应都直接测定反应热，那么是否还有简单办法可以直接计算出 $\Delta_r H^{\ominus}_m$ 呢？回答是肯定的。

当然如果能够知道参加化学反应的各物质的焓的绝对值，对于任一反应就能直接计算其反应热效应。但焓的绝对值也是无法测定的，为解决这一困难，人们采用了一个相对标准，同样可以方便地用来计算反应的 ΔH。

1. 标准摩尔生成焓

化学热力学定义：在温度 T 及标准状态下，由元素的指定稳定单质生成 1mol 物质 B 的标准摩尔反应焓变即为物质 B 在 T 温度下的标准摩尔生成焓(standard molar enthalpy of formation)，用 $\Delta_f H^{\ominus}_m(T)$表示，单位为 $\text{kJ}\cdot\text{mol}^{-1}$。若温度是 298.15K，则可不用注明温度。

元素的指定稳定单质一般是指在温度 T 及标准态下单质的最稳定状态。在书写反应方程式时，应使物质 B 为唯一生成物，且物质 B 的化学计量系数 $\nu_B = 1$。例如：

$$C(\text{石墨}) + O_2(g) \longrightarrow CO_2(g) \qquad \Delta_r H^{\ominus}_m = -393.51\text{kJ}\cdot\text{mol}^{-1}$$

则 $\Delta_f H^{\ominus}_m(CO_2, g) = -393.51\text{kJ}\cdot\text{mol}^{-1}$。

$$H_2(g) + 1/2O_2(g) \longrightarrow H_2O(l) \qquad \Delta_r H^{\ominus}_m = -285.830\text{kJ}\cdot\text{mol}^{-1}$$

则 $\Delta_f H^{\ominus}_m(H_2O, l) = -285.830\text{kJ}\cdot\text{mol}^{-1}$。

本书附录中列出了一些物质在 298.15K 及标准压力 $p^{\ominus}$下的热力学函数，其中包括标准摩尔生成焓数据。这些重要数据使简单直接计算出 $\Delta_r H^{\ominus}_m$(包括 $\Delta_r S^{\ominus}_m$、$\Delta_r G^{\ominus}_m$)成为可能。

例如，由附录的数据：

$$\Delta_f H^{\ominus}_m(CO_2,g) = -393.51\text{kJ}\cdot\text{mol}^{-1} \qquad \Delta_f H^{\ominus}_m(H_2,g) = 0\text{kJ}\cdot\text{mol}^{-1}$$

$$\Delta_f H^{\ominus}_m(CO,g) = -110.53\text{kJ}\cdot\text{mol}^{-1} \qquad \Delta_f H^{\ominus}_m(H_2O,g) = -241.82\text{kJ}\cdot\text{mol}^{-1}$$

计算反应：$CO(g) + H_2O(g) \longrightarrow CO_2(g) + H_2(g)$在 298.15K 时的 $\Delta_r H^{\ominus}_m$(图 3-3)。

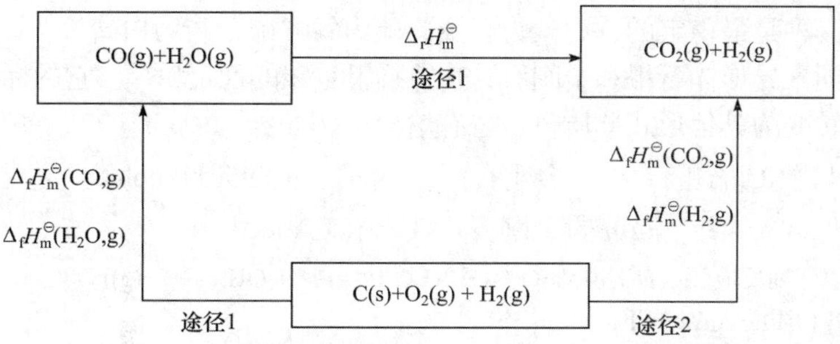

图 3-3　$CO(g) + H_2O(g) \Longrightarrow CO_2(g) + H_2(g)$的$\Delta_r H_m^{\ominus}$计算

图 3-3 根据赫斯定律，若把参加反应的各物质元素的指定稳定单质 $C(s) + O_2(g) + H_2(g)$定为始态，把反应的产物 $CO_2(g) + H_2(g)$定为终态，则途径 1 和途径 2 的反应焓变应相等。则有

$$[\Delta_f H_m^{\ominus}(CO,g) + \Delta_f H_m^{\ominus}(H_2O,g)] + \Delta_r H_m^{\ominus} = \Delta_f H_m^{\ominus}(CO_2, g) + \Delta_f H_m^{\ominus}(H_2, g)$$

$$\Delta_r H_m^{\ominus} = [\Delta_f H_m^{\ominus}(CO_2,g) + \Delta_f H_m^{\ominus}(H_2,g)] - [\Delta_f H_m^{\ominus}(CO,g) + \Delta_f H_m^{\ominus}(H_2O, g)]$$

$$=[-393.51 + 0]kJ \cdot mol^{-1} - [-110.53 + (-241.82)]kJ \cdot mol^{-1}$$

$$=-41.16kJ \cdot mol^{-1}$$

把上例归纳为一般通式，如图 3-4 所示：

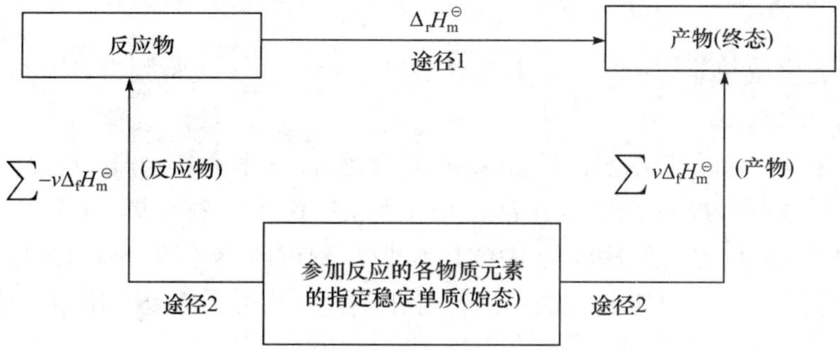

图 3-4　利用$\Delta_f H_m^{\ominus}$计算任意化学反应的$\Delta_r H_m^{\ominus}$

由图 3-4 得

$$\sum -\nu_{反应物}\ \Delta_f H_m^{\ominus}(反应物) + \Delta_r H_m^{\ominus}(经途径\ 1) = \sum \nu_{产物}\ \Delta_f H_m^{\ominus}(产物)\ (经途径\ 2)$$

则对任意化学反应：

$$\Delta_r H_m^{\ominus} = \sum \nu_{产物}\ \Delta_f H_m^{\ominus}(产物) - \sum -\nu_{反应物}\ \Delta_f H_m^{\ominus}(反应物)$$

$$= \sum \nu_{产物}\ \Delta_f H_m^{\ominus}(产物) + \sum \nu_{反应物}\ \Delta_f H_m^{\ominus}(反应物)$$

由化学反应计量方程式：

$$0 = \sum_B \nu_B B$$

最后得任意化学反应的标准摩尔反应焓变为

$$\Delta_r H_m^{\ominus} = \sum_B \nu_B \Delta_f H_m^{\ominus}(B) \tag{3-7}$$

式中：B 为参与化学反应的各种物质；ν_B 为物质 B 的化学计量系数。

补充说明：根据上述定义，稳定单质的标准摩尔生成焓为零。当一种元素有两种或两种以上单质时，只有一种是最稳定的，如碳为石墨，硫为斜方硫，磷为白磷等。

对碳的两种同素异形体石墨和金刚石，其中石墨是碳的稳定单质，它的标准摩尔生成焓为零。由稳定单质转变为其他形式单质时，也有焓变。例如：

$$C(石墨) = C(金刚石) \qquad \Delta_r H_m^{\ominus} = 1.895 kJ \cdot mol^{-1}$$

$$\Delta_f H_m^{\ominus}(金刚石) = 1.895 kJ \cdot mol^{-1}$$

【例 3-3】 计算下列反应的 $\Delta_r H_m^{\ominus}$：$2Na_2O_2(s) + 2H_2O(l) = 4NaOH(s) + O_2(g)$。

解 查附录得各物质的 $\Delta_f H_m^{\ominus}$ 如下：

	$Na_2O_2(s)$	$H_2O(l)$	$NaOH(s)$	$O_2(g)$
$\Delta_f H_m^{\ominus}/(kJ \cdot mol^{-1})$	−510.9	−285. 83	−425.61	0

$$\begin{aligned}\Delta_r H_m^{\ominus} &= \sum_B \nu_B \Delta_f H_m^{\ominus}(B) \\ &= [4\times(-425.61)+0] kJ \cdot mol^{-1} - [2\times(-510.9)+2\times(-285.83)] kJ \cdot mol^{-1} \\ &= -108.98 kJ \cdot mol^{-1}\end{aligned}$$

水合离子标准摩尔生成焓为标准状态下由最稳定纯态单质溶于大量水形成无限稀薄溶液，并生成 1mol 水合离子 B(aq)的标准摩尔反应焓变，符号为 $\Delta_f H_m^{\ominus}(B, \infty, aq, 298.15K)$。规定氢离子为参考状态，298.15K 时由单质 $H_2(g)$生成 1mol 的水合氢离子的标准摩尔生成焓为零。其他离子与之比较，便可得到它们的水合离子的标准摩尔生成焓。

2. 标准摩尔燃烧焓

有机化合物的生成热难以测定，而其燃烧热却较容易通过实验测得，因此经常用燃烧热计算这类化合物的 $\Delta_r H_m^{\ominus}$。

化学热力学定义：在标准状态下 1mol 物质完全燃烧(或完全氧化)生成标准状态的产物的反应热效应为该物质的标准摩尔燃烧焓 $\Delta_c H_m^{\ominus}$，单位为 $kJ \cdot mol^{-1}$。完全燃烧(或完全氧化)是指参加反应各物质中的 C 变为 $CO_2(g)$，H 变为 $H_2O(l)$，S 变为 $SO_2(g)$，N 变为 $N_2(g)$，$Cl_2(g)$变为 HCl(aq)。如图 3-5 所示，运用与上面类似的方法可以推导出通过反应物和生成物标准摩尔燃烧焓计算标准摩尔反应焓变的公式。

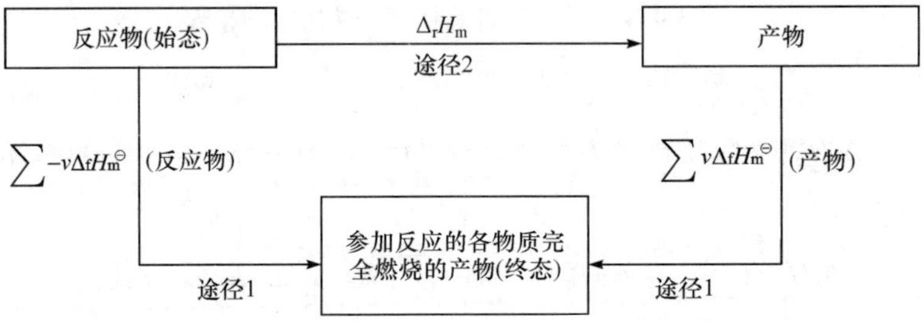

图 3-5　利用 $\Delta_c H_m^{\ominus}$ 计算任意化学反应的 $\Delta_r H_m^{\ominus}$

$$\sum -\nu\, \Delta_c H_m^{\ominus}(反应物) = \Delta_r H_m^{\ominus} + \sum \nu\, \Delta_c H_m^{\ominus}(产物)$$

$$\Delta_r H_m^{\ominus} = \sum -\nu\, \Delta_c H_m^{\ominus}(反应物) - \sum \nu\, \Delta_c H_m^{\ominus}(产物)$$

$$\Delta_r H_m^{\ominus} = \sum_B -\nu_B \Delta_c H_m^{\ominus}(B) \qquad (3\text{-}8)$$

式(3-7)和式(3-8)就是采用了选取一个相对标准来计算标准摩尔反应焓变 $\Delta_r H_m^{\ominus}$，即反应物与产物的参考稳定单质生成完全等同、完全燃烧的产物。

3.3　化学反应的自发方向

对于化学反应，化学工作者常要考察物理变化和化学变化的方向性。然而，热力学第一定律对变化过程的方向并没有给出任何限制，违背热力学第一定律的过程不会发生，但不违背热力学第一定律的过程也并不一定能进行。例如，在 298.15K、标准状态下，下列化学反应可以自动进行：

$$Zn(s) + CuSO_4(aq) = ZnSO_4(aq) + Cu(s) \qquad \Delta_r H_m^{\ominus} = -216.8kJ \cdot mol^{-1}$$

而在相同条件下，由环境供热 216.8kJ · mol^{-1} 使 Cu 与 $ZnSO_4$ 生成 $CuSO_4$ 和 Zn 的反应却不能进行，尽管此反应并不违背热力学第一定律。可见，热力学第一定律不能判断化学反应进行的方向。有关化学反应方向的问题，可由热力学第二定律来解决。

自然界中任何宏观自动进行的变化过程都是具有方向性的。例如，①水总是自发地从高处流向低处，直至两处水位相等，自发从低处流向高处是不可能的；②热量自发地从高温物体传给低温物体，直至两者温度相等，不可能自发由低温物体流向高温物体；③风的流动为从高压处流向低压处，直至两处压力相等，风的逆向流动是不可能的。这种在一定条件下不需要借助外力就能自动进行的过程称为自发过程，相应的化学反应称为自发反应。化学反应的方向的问题，就是在一定条件下没有任何外力的作用，化学反应自发地朝着某一个方向进行。那么化学过程的自发性是由什么因素决定的呢？化学反应自发性的判据又是什么呢？

早在 19 世纪 70 年代，法国化学家贝特洛(Berthelot)和丹麦化学家汤姆孙(Thomson)曾提出：自发的化学反应趋向于使体系释放出最多的热，即体系的焓减少($\Delta H<0$)，反应将能自发进行。据此，可以得出这样的结论：凡是放热反应均能自发进行，而吸热反应不能自发进行。

许多放热反应确实在常温、常压下自发进行。例如：

$$2Fe(s) + 3/2O_2 = Fe_2O_3 \qquad \Delta_r H_m^{\ominus} = -824.3kJ \cdot mol^{-1}$$

$$HCl(g) + NH_3(g) = NH_4Cl(s) \qquad \Delta_r H_m^{\ominus} = -176.6kJ \cdot mol^{-1}$$

$$Ag^+(aq) + Br^-(aq) = AgBr(s) \qquad \Delta_r H_m^{\ominus} = -38.8kJ \cdot mol^{-1}$$

但是，少数吸热反应在常温、常压下也能自发进行。例如：

$$N_2O_4(g) = 2NO_2(g) \qquad \Delta_r H_m^{\ominus} = 57.2kJ \cdot mol^{-1}$$

$$KNO_3(s) = K^+(aq) + NO_3^-(aq) \qquad \Delta_r H_m^{\ominus} = 35kJ \cdot mol^{-1}$$

由此可见，反应放热($\Delta H<0$)虽然是推动化学反应自发进行的一个重要因素，但不是决定反应方向的唯一因素。反应系统的混乱度——熵(entropy)增加是推动化学反应自发进行的另一个重要因素。

3.3.1　熵

1. 熵的概念

混乱度的大小在热力学中用一个新的热力学状态函数熵来量度，符号为 S，单位为 J · mol^{-1} · K^{-1}。若以 Ω 代表体系内部的微观状态数，则熵 S 与微观状态数 Ω 有如下关系：

$$S = k\ln \Omega \tag{3-9}$$

式中：k 为玻耳兹曼(Boltzmann)常量。由于在一定状态下，体系的微观状态数有确定值，所以熵也有定值，因而熵也是状态函数。体系的混乱度越大，熵值就越大。

2. 标准摩尔熵

热力学第三定律指出：在热力学温度 0K 时，任何纯物质的完美晶体的微观粒子的排列是整齐有序的，其微观状态数 Ω=1，此时体系的熵值等于零，即 S^*(B, 0K) = 0。以此为基准，可以确定其他温度下任何纯物质的熵值。熵是状态函数，可设计一个某 1mol 的物质 B 从 0K 至温度 T 的升温过程，该过程的熵变 ΔS_m(B)即为物质 B 在该温度下的摩尔规定熵 S_m(B, T)。

$$\Delta S_m(B) = S_m(B, T) - S_m^*(B, 0K) = S_m(B, T)$$

在标准状态下某物质 B 的摩尔规定熵 S_m(B, T)称为该物质的标准摩尔熵(简称标准熵)，用符号 $S_m^\ominus$(B, T)表示。一般在 298.15K 时，用 $S_m^\ominus$(B)表示。需要指出，在 298.15K 及标准状态下，参考状态的单质其标准摩尔熵 $S_m^\ominus$(B)并不等于零，这与标准状态时参考状态的单质其标准摩尔生成焓 $\Delta_f H_m^\ominus(T)$=0 不同。

水合离子的标准摩尔熵是以 $S_m^\ominus(H^+, aq) = 0$ 为基准而求得的相对值，但是这并不影响化学反应熵变的计算结果。一些物质在 298.15K 的标准摩尔熵和一些常见水合离子的标准摩尔熵见附录。

根据熵的含义，不难看出物质标准熵的大小应有如下的规律：

(1) 同一物质，同一温度下，当聚集状态不同时，$S_m^\ominus(B, T, g) > S_m^\ominus(B, T, l) > S_m^\ominus(B, T, s)$。

(2) 温度越高，$S_m^\ominus$(B, T)越大。

(3) 同类物质，如卤化氢等，其摩尔质量越大，$S_m^\ominus$(B, T)越大。

(4) 分子内原子数目越多或电子数目越多，分子结构越复杂，$S_m^\ominus$(B, T)越大。

3. 标准摩尔反应熵变

熵是状态函数，与系统的始态和终态有关，与途径无关，据此在 298.15K 时对任一化学反应：

$$0 = \sum_B \nu_B B$$

其标准摩尔反应熵变为

$$\Delta_r S_m^\ominus = \sum_B \nu_B S_m^\ominus(B) \tag{3-10}$$

即化学反应的标准摩尔反应熵变 $\Delta_r S_m^\ominus$ 等于各反应物和产物标准摩尔熵与相应各化学计量系数乘积之和。这与标准摩尔反应焓变 $\Delta_r H_m^\ominus$ 的计算类似。

【例 3-4】 计算 298.15K、标准状态下反应：$CaCO_3(s) \longrightarrow CaO(s) + CO_2(g)$的标准摩尔反应熵 $\Delta_r S_m^\ominus$。

解

$$\begin{aligned}\Delta_r S_m^\ominus &= \sum_B \nu_B S_m^\ominus(B)\\ &= 1\times S_m^\ominus(CaO, s) + 1\times S_m^\ominus(CO_2, g) + (-1)\, S_m^\ominus(CaCO_3, s)\\ &= [39.75 + 213.74 - 92.9]J\cdot mol^{-1}\cdot K^{-1}\\ &= 160.59J\cdot mol^{-1}\cdot K^{-1}\end{aligned}$$

3.3.2 化学反应方向的判据

到此为止决定化学反应的自发变化方向的两大因素，化学反应的内部能量变化与混乱度变化都已解决。对于任一化学反应，我们都可以计算出其标准摩尔反应焓变 $\Delta_r H_m^\ominus$、标准摩尔反应熵变 $\Delta_r S_m^\ominus$，那么我们可以肯定地说：若化学反应的 $\Delta_r H<0$(放热，能量降低)及 $\Delta_r S>0$(混乱度增加)，反应是自发的，其逆反应 $\Delta_r H>0$(吸热，能量升高)及 $\Delta_r S<0$(混乱度减小)，是非自发的。例如：

$$H_2(g) + Cl_2(g) \xlongequal{\quad} 2HCl(g) \qquad \Delta_r H_m^\ominus = -184.60 kJ \cdot mol^{-1} < 0$$
$$\Delta_r S_m^\ominus = 20.066 J \cdot mol^{-1} \cdot K^{-1} > 0$$

反应是自发的，而其逆反应 $\Delta_r H_m^\ominus>0$，$\Delta_r S_m^\ominus<0$ 肯定是非自发的。

但我们再看下面两个反应：

(1) $MgO(s) + SO_3(g) \longrightarrow MgSO_4(s)$　　$\Delta_r H_m^\ominus = -287.6 kJ \cdot mol^{-1} < 0$

$\Delta_r S_m^\ominus = -191.9 J \cdot mol^{-1} \cdot K^{-1} < 0$

(2) $CaCO_3(s) \longrightarrow CaO(s) + CO_2(g)$　　$\Delta_r H_m^\ominus = 178.32 kJ \cdot mol^{-1} > 0$

$\Delta_r S_m^\ominus = 160.59 J \cdot mol^{-1} \cdot K^{-1} > 0$

反应(1)$\Delta_r H_m^\ominus<0$(能量降低)，$\Delta_r S_m^\ominus<0$(混乱度减小)，反应(2)$\Delta_r H_m^\ominus>0$(能量升高)，$\Delta_r S_m^\ominus>0$(混乱度增加)。据此我们无法判断反应的自发方向，所以我们必须综合考虑这两大因素。

1878 年美国物理化学家吉布斯(Gibbs)由热力学定律证明：对于一个恒温恒压下，非体积功等于零的过程，该过程如果是自发的，则过程的焓、熵和温度三者的关系为

$$\Delta H - T\Delta S < 0 \tag{3-11}$$

为了方便，可引入另一个热力学函数——吉布斯自由能(Gibbs free energy)，也称自由焓(free enthalpy)，用符号 G 表示，其定义为

$$G = H - TS \tag{3-12}$$

G 的单位为 $kJ \cdot mol^{-1}$，因为 H、T、S 都是状态函数，故它们的组合 G 也是状态函数。在恒温恒压条件下，设始态的吉布斯自由能为 G_1，终态的吉布斯自由能为 G_2，则该过程的吉布斯自由能变 ΔG 为

$$\Delta G = G_2 - G_1$$

得

$$\Delta G = \Delta H - T\Delta S \tag{3-13}$$

式(3-13)也称为吉布斯-亥姆霍兹(Gibbs-Helmholtz)方程。它就是本章要得到的终极目标。在恒温恒压条件下，任一化学反应的吉布斯自由能变 ΔG 就是其自发方向的判据：

当 $\Delta G < 0$ 时，化学反应自发进行；

当 $\Delta G = 0$ 时，化学反应处于平衡状态；

当 $\Delta G > 0$ 时，化学反应不能自发进行(其逆过程是自发的)。

下面我们对化学反应的 ΔG 作进一步讨论。

3.3.3 标准摩尔生成吉布斯自由能变 $\Delta_f G_m^\ominus$ 与标准摩尔反应吉布斯自由能变 $\Delta_r G_m^\ominus$

因吉布斯自由能是状态函数，在化学反应中如果能够知道反应物和产物的吉布斯自由能变的数值，则化学反应的吉布斯自由能变由 $\Delta G = G_{产物} - G_{反应物}$求得。但由吉布斯自由能变的定义可知，它与焓一样，是无法求得绝对值的。为了求算反应的 ΔG，可仿照求标准摩尔生成焓 $\Delta_f H_m^\ominus$ 的处理方法：选定一个相对的标准，在标准状态下，由稳定单质生成物质 B 的反应，其反应进度为 1mol 时的标准摩尔反应吉布斯自由能变 $\Delta_r G_m^\ominus$，称为该物质 B 的标准摩尔生成吉布斯自由能变，符号为 $\Delta_f G_m^\ominus(B, T)$，单位为 $kJ \cdot mol^{-1}$。同 $\Delta_f H_m^\ominus$ 一样，在标准状态下所有指定单质的标准摩尔生成吉布斯自由能变 $\Delta_f G_m^\ominus(B) = 0 kJ \cdot mol^{-1}$。一些物质在 298.15K 时的标准生成吉布斯自由能变 $\Delta_f G_m^\ominus(B)$列于附录。有了 $\Delta_f G_m^\ominus(B)$的数据，对于某化学反应：

$$0=\sum_{B}\nu_{B}B$$

在 298.15K 时，其标准摩尔反应吉布斯自由能变为

$$\Delta_r G_m^{\ominus}=\sum_{B}\nu_B\ \Delta_f G_m^{\ominus}(B) \tag{3-14}$$

同时又有

$$\Delta_r G_m^{\ominus}=\Delta_r H_m^{\ominus}-T\Delta_r S_m^{\ominus} \tag{3-15}$$

【例 3-5】 计算 298.15K、100kPa 下反应 $H_2(g)+Cl_2(g)\longrightarrow 2HCl(g)$的 $\Delta_r G_m^{\ominus}$。

解 查表得：

	$H_2(g)$	+	$Cl_2(g)$	$\longrightarrow$	$2HCl(g)$
$\Delta_f H_m^{\ominus}/(kJ\cdot mol^{-1})$	0		0		–92.307
$S_m^{\ominus}/(J\cdot mol^{-1}\cdot K^{-1})$	130.684		223.066		186.908
$\Delta_f G_m^{\ominus}/(kJ\cdot mol^{-1})$	0		0		–95.299

$$\Delta_r G_m^{\ominus}=\sum_{B}\nu_B\Delta_f G_m^{\ominus}(B)=2\times(-95.299)kJ\cdot mol^{-1}=-190.598kJ\cdot mol^{-1}$$

或

$$\begin{aligned}\Delta_r G_m^{\ominus}&=\Delta_r H_m^{\ominus}(298.15K)-T\Delta_r S_m^{\ominus}(298.15K)\\&=[2\times(-92.307)-298.15\times(20.066\times10^{-3})]kJ\cdot mol^{-1}\\&=-190.597kJ\cdot mol^{-1}\end{aligned}$$

所以此标准状态下反应正向进行。

3.3.4 $\Delta_r G$ 与温度的关系

由标准生成吉布斯自由能变的数据算得 $\Delta_r G_m^{\ominus}$，可用来判断反应在 298.15K、标准状态下能否自发进行。那么在其他温度下的化学反应能否自发进行？为此需要了解温度对 $\Delta_r G$ 的影响。

在热力学中，$\Delta_r H$ 和 $\Delta_r S$ 都是温度的函数，但是一般随温度的变化而变化不大，而由式(3-13)可知 $\Delta_r G$ 却随温度的变化而变化很大。因此，在本书中 $\Delta_r H$ 和 $\Delta_r S$ 可看作不随温度而变化的常数。这样，只要求得 298.15K 下的 $\Delta_r H_m^{\ominus}(298.15K)$和 $\Delta_r S_m^{\ominus}(298.15K)$，就可以由 $\Delta_r G_m^{\ominus}(T)\approx\Delta_r H_m^{\ominus}(298.15K)-T\Delta_r S_m^{\ominus}(298.15K)$近似求算出温度 T 时的 $\Delta_r G_m^{\ominus}(T)$。

可以看出，$\Delta_r G_m^{\ominus}(T)$受到温度的影响，$\Delta G=\Delta H-T\Delta S$ 综合了 ΔH、ΔS 两大因素。

(1) 当 $\Delta H<0$，$\Delta S>0$ 时，任意温度下 $\Delta G<0$，反应是自发的。

(2) 当 $\Delta H>0$，$\Delta S<0$ 时，任意温度下 $\Delta G>0$，反应是非自发的。

这与前面讨论的结果一样，即(1)、(2)情况下 ΔG 虽受到温度的影响但不改变符号，也就是说化学反应自发进行的方向不随温度的变化而改变。

(3) 当 $\Delta H<0$，$\Delta S<0$ 时，温度 T 起关键作用。例如：

$$MgO(s)+SO_3(g)\longrightarrow MgSO_4(s)$$

低温时 $\Delta G<0$，反应是自发的，高温时自发进行的方向产生逆转。

(4) 当 $\Delta H>0$，$\Delta S>0$ 时，同样温度 T 起作用。例如：

$$CaCO_3(s)\longrightarrow CaO(s)+CO_2(g)$$

高温时 $\Delta G<0$，反应是自发的，低温时自发进行的方向产生逆转。

当然(3)、(4)情况下的低温、高温的具体 T 值要通过计算得到。

【例 3-6】 已知 298.15K、100kPa 下反应 $MgO(s)+SO_3(g)\longrightarrow MgSO_4(s)$的 $\Delta_r H_m^{\ominus}=-287.6kJ\cdot mol^{-1}$，$\Delta_r S_m^{\ominus}=-191.9J\cdot mol^{-1}\cdot K^{-1}$，问：

(1) 该反应在标准状态下、298.15K 时能否自发进行？

(2) 该反应是温度升高有利还是降低有利？

(3) 求该反应在标准状态下逆向反应的最低分解温度。

解　(1)

$$\begin{aligned}\Delta_r G_m^\ominus &= \Delta_r H_m^\ominus - T\Delta_r S_m^\ominus \\ &= [(-287.6) - 298.15 \times (-191.9) \times 10^{-3}]\text{kJ} \cdot \text{mol}^{-1} \\ &= -230.4\text{kJ} \cdot \text{mol}^{-1} < 0\end{aligned}$$

则反应能自发进行。

(2) 因为 $\Delta_r H_m^\ominus < 0$，$\Delta_r S_m^\ominus < 0$，所以降温对反应有利。

(3) 要使反应逆向进行，则

$$\Delta_r G_m^\ominus(T) = \Delta_r H_m^\ominus(298.15\text{K}) - T\Delta_r S_m^\ominus(298.15\text{K}) > 0$$

$$T > \Delta_r H_m^\ominus/(-\Delta_r S_m^\ominus)$$

$$T > -287.6\text{kJ} \cdot \text{mol}^{-1}/[-(-191.9 \times 10^{-3}\text{kJ} \cdot \text{mol}^{-1} \cdot \text{K}^{-1})]$$

$$T > (287.6/191.9 \times 10^{-3})\text{K}$$

$$T > 1499\text{K}$$

即 $T = 1499\text{K}$，为反应逆转温度。$T < 1499\text{K}$，低温，$\Delta G < 0$，反应正向自发进行；$T > 1499\text{K}$，高温，$\Delta G > 0$，反应非自发，逆向自发进行。

【例 3-7】　已知 298.15K、标准状态下反应 $CaCO_3(s) \longrightarrow CaO(s) + CO_2(g)$的 $\Delta_r H_m^\ominus = 178.32\text{kJ} \cdot \text{mol}^{-1}$，$\Delta_r S_m^\ominus = 160.59\text{J} \cdot \text{mol}^{-1} \cdot \text{K}^{-1}$。求 298K 时反应的 $\Delta_r G_m^\ominus$，并判断此温度下反应的自发性，同时估算反应可以自发进行的最低温度。

解

$$\begin{aligned}\Delta_r G_m^\ominus &= \Delta_r H_m^\ominus - T\Delta_r S_m^\ominus \\ &= (178.32 - 298.15 \times 160.59 \times 10^{-3})\text{kJ} \cdot \text{mol}^{-1} \\ &= 130.44\text{kJ} \cdot \text{mol}^{-1} > 0\end{aligned}$$

则反应非自发，逆向可自发进行。

要使反应正向自发进行，则

$$\Delta_r G_m^\ominus = \Delta_r H_m^\ominus - T\Delta_r S_m^\ominus < 0$$

$$T > \Delta_r H_m^\ominus/\Delta_r S_m^\ominus$$

$$T > (178.32/60.59 \times 10^{-3})\text{K}$$

$$T > 1111\text{K}$$

即对该反应，T=1111K 为反应逆转温度。$T < 1111\text{K}$，低温，$\Delta G > 0$，反应非自发，逆向自发进行；$T > 1111\text{K}$，高温，$\Delta G < 0$，反应正向自发进行，逆向反应非自发。

热力学原理在实践中有着广泛的应用，将标准摩尔反应吉布斯自由能变 $\Delta_r G_m^\ominus$ 作为化学反应自发方向的判据，可以预言某些化学反应能否自发进行，从而指导人们进行新物质开发的研究，为人们的科学研究提供了更广阔的思路。

但必须注意：在恒温恒压条件下，$\Delta_r G_m^\ominus$ 只能判断处于标准状态时的反应方向。若反应处于任意状态时，不能用 $\Delta_r G_m^\ominus$ 来判断，必须计算出任意状态下的 $\Delta_r G_m$ 才能判断反应方向。我们将在第 4 章中继续讨论热力学原理中的化学平衡问题。

当然读者可能会有疑问，吉布斯自由能变 ΔG 作为任一化学反应的自发方向的判据，只能是在恒温恒压条件下。那么非恒温恒压条件下化学反应的自发方向的判据有没有呢？回答是肯定的。但这个问题的具体答案已超出本书的范围，有兴趣的读者可以参阅化学专业教材《物理化学》的有关内容。

3.4　热力学在生物化学中的应用

利用热力学的某些原理和规律，可以再研究生物体中的能量传递和转换的关系。

3.4.1　生物化学标准状态

生物体内的大部分化学反应都是在 pH≈7 的条件下进行的，因此生物化学对溶液中溶质的标准状态的选择有所不同。在热力学中，溶液中溶质的标准状态是指 b_B = 1mol · kg^{-1} 或 c_B = 1mol · L^{-1}。而在生物化学中，溶质的标准状态除满足 b_B = 1mol · kg^{-1} 或 c_B = 1mol · L^{-1} 外，还规定溶液中的氢离子 $c(H^+) = 1.0\times10^{-7}$mol · L^{-1}。例如，对生物体内进行的化学反应：

$$A(aq)+B(aq) \longrightarrow Z(aq)+\nu H^+(aq)$$

生化标准状态是指 $c_A = c_B = c_Z$ = 1mol · L^{-1} 和 $c(H^+) = 1.0\times10^{-7}$mol · L^{-1}。生化反应的标准摩尔吉布斯自由能变用符号 $\Delta_r G_m^\oplus$ 表示，以便与 $\Delta_r G_m^\ominus$ 区别。

上述生物体内发生的化学反应的摩尔吉布斯自由能变为

$$\Delta_r G_m = \Delta_r G_m^\ominus + RT\ln\frac{[c_Z/c^\ominus][c(H^+)/c^\ominus]^\nu}{[c_A/c^\ominus][c_B/c^\ominus]}$$

当 $c_A = c_B = c_Z = c^\ominus$ 且 $c(H^+)=1.0\times10^{-7}$mol · L^{-1} 时，$\Delta_r G_m^\oplus = \Delta_r G_m^\ominus$，由上式得到：

$$\Delta_r G_m^\oplus = \Delta_r G_m^\ominus + \nu RT\ln 1.0\times10^{-7} \tag{3-16}$$

式中，ν 为 H^+的化学计量系数。

对于没有 H^+参与的反应，则 $\Delta_r G_m^\oplus = \Delta_r G_m^\ominus$，就不必使用 $\Delta_r G_m^\oplus$。

3.4.2　生物体内的偶合反应

在系统中发生的两个化学反应，若其中一个反应的产物同时也是另一个反应的反应物或中间产物，则称这两个反应为偶合反应。利用偶合反应，能使原来不能自发进行的 $\Delta_r G_m > 0$ 的反应，在与另一个 $\Delta_r G_m \ll 0$ 的反应偶合后得以进行。例如：

反应 1	A+B══C+D	$\Delta_r G_{m,1} > 0$
反应 2	C + E══F + H	$\Delta_r G_{m,2} \ll 0$
偶合反应	A+B+E ══ F+H+D	$\Delta_r G_m = \Delta_r G_{m,1} + \Delta_r G_{m,2} < 0$

生物体内的许多化学反应都是通过偶合反应才得以进行的。

三磷酸腺苷(ATP)是活生物体中的一种非常重要的物质，它是许多生物化学反应的初级能源。ATP 的水解是一个较强的放能反应，它能为生物体内蛋白质的合成、肌肉收缩以及视觉、听觉、生长等各种生理活动提供所需的能量。ATP 分子末端的一个磷酸根断裂水解生成二磷酸腺苷(ADP)时，反应式为

$$ATP + H_2O \longrightarrow ADP + HPO_4^{2-}$$

在 pH 为 7.0 和体温 37℃的条件下，$\Delta_r G_m^\oplus > 0$。由于 ATP 水解反应的 $\Delta_r G_m^\oplus(310.15K) < 0$，因此它在体内的稳定性很差。但上述水解反应在缺乏 ATP 酶时，反应速率很慢，热力学因素 $\Delta_r G_m^\oplus < 0$ 能使该反应正向进行，而动力学因素(酶的作用)能控制水解速率，从而在生物细胞内

可以维持 ATP 与 ADP 的生理平衡。

1mol ATP 发生水解反应能提供 30kJ 能量，它与另一些 $\Delta_r G_m^{\ominus} > 0$ 的反应偶合，驱动那些反应进行。例如，动物体内的肝脏及肌肉中所储存的多糖——糖原，是由几千个葡萄糖分子以糖苷键连接而形成的化合物。在形成糖原时，每生成 1mol 糖苷键需要 21kJ 的能量，因此必须与 ATP 的水解反应偶合才能进行合成：

$$C_6H_{12}O_6 + (C_6H_{12}O_6)_n + 2ATP \longrightarrow (C_6H_{12}O_6)_{n+1} + 2ADP + 2HPO_4^{2-}$$

如果从葡萄糖合成由 5000 个葡萄糖分子组成的糖原，需要 10000 个 ATP 分子发生水解反应。

在生物体内，合成蛋白质类大分子需要大量能量。合成蛋白质中的 1mol 肽键，大约需要 17kJ 的能量。生物合成是分步进行的，合成 1 个这样的肽键需要水解 3 个 ATP 分子，而 1 个蛋白质分子中约有 150 个肽键，则合成 1 个这样的蛋白质分子需要水解约 450 个 ATP 分子。

肌肉的收缩是化学反应与机械作用的直接偶合，目前对于这类直接偶合的机理尚不十分清楚，但可以肯定的是，ATP 的水解反应是机理中非常重要而必不可少的环节。

ATP 消耗后，可以通过其他途径复生。ATP 水解生成的 ADP 与另一种比 ATP 更能强有力地提供能量的物质偶合，则 ADP 又能转变成 ATP。例如，在缺氧的生物组织内，葡萄糖在酶的作用下生成乳酸：

$$C_6H_{12}O_6 \longrightarrow 2CH_3CH(OH)COOH \quad \Delta_r G_m^{\ominus}(310.15K) = -218kJ \cdot mol^{-1}$$

上述反应与 ADP 转化反应偶合：

$$C_6H_{12}O_6 + 2HPO_4^{2-} + 2ADP \longrightarrow 2CH_3CH(OH)COO^- + 2ATP + 2H_2O$$

$$\Delta_r G_m^{\ominus}(310.15K) = (-218 + 2 \times 30)kJ \cdot mol^{-1} = -153kJ \cdot mol^{-1}$$

虽然 1 个葡萄糖分子无氧氧化时释放出的能量，足以将 5 个 ADP 分子转变成 ATP 分子，但由于反应机理的限制，1 个葡萄糖分子只能按上述偶合反应将 2 个 ADP 分子转变成 2 个 ATP 分子。而在含氧的生物组织内，1mol 葡萄糖氧化能提供 2870kJ 能量，此氧化反应与 ADP 转化反应偶合：

$$C_6H_{12}O_6 + 6O_2 + 38HPO_4^{2-} + 38ADP \longrightarrow 38ATP + 6CO_2 + 44H_2O$$

1 个葡萄糖分子按上述偶合反应能将 38 个 ADP 分子转变成 38 个 ATP 分子。

ATP 的水解反应放出的能量并不是最多的，某些磷酸酯化合物(如磷酸烯醇丙酮酸、乙酰磷酸等)水解放出的能量比 ATP 更多。既然 ATP 的放能并不是最多的，为什么在生物代谢过程中都有 ATP 参加呢？这是由于 ATP 水解反应的 $|\Delta_r G_m^{\ominus}|$ 的大小比较适宜，若 $|\Delta_r G_m^{\ominus}|$ 太大，就意味着合成或再生 ATP 时需要很多能量，使合成或再生反应很难进行；若 $|\Delta_r G_m^{\ominus}|$ 太小，则 ATP 不能提供太多的能量，就不能保证偶合反应顺利进行。

习 题

3-1 2.0mol H_2(设为理想气体)在恒温(25℃)下，经过下列三种途径，从始态 0.015m³ 膨胀到终态 0.040m³，求各途径中气体所做的功。

(1) 自始态反抗 100kPa 的外压到终态。

(2) 自始态反抗 200kPa 的外压到中间平衡态，然后再反抗 100kPa 的外压到终态。

(3) 自始态可逆地膨胀到终态。

3-2 某理想气体在恒定外压(101.3kPa)下吸热膨胀，其体积从 80L 变到 160L，同时吸收 25kJ 的热量，试计算系统热力学能的变化。

3-3 蔗糖($C_{12}H_{22}O_{11}$)在人体内的代谢反应为

$$C_{12}H_{22}O_{11}(s) + 12O_2(g) \longrightarrow 12CO_2(g) + 11H_2O(l)$$

假设标准状态时其反应热有 30%可转化为有用功，试计算体重为 70kg 的人登上 3000m 高的山(按有效功计算)，若其能量完全由蔗糖转换，需消耗多少蔗糖？已知$\Delta_f H_m^\ominus(C_{12}H_{22}O_{11})= -2222kJ \cdot mol^{-1}$。

3-4 利用附录的数据，计算下列反应的$\Delta_r H_m^\ominus$：

(1) $Fe_3O_4(s) + 4H_2(g) \longrightarrow 3Fe(s) + 4H_2O(g)$

(2) $2NaOH(s) + CO_2(g) \longrightarrow Na_2CO_3(s) + H_2O(l)$

(3) $4NH_3(g) + 5O_2(g) \longrightarrow 4NO(g) + 6H_2O(g)$

(4) $CH_3COOH(l) + 2O_2(g) \longrightarrow 2CO_2(g) + 2H_2O(l)$

3-5 已知下列化学反应的反应热：

(1) $C_2H_2(g) + 5/2O_2(g) \longrightarrow 2CO_2(g) + H_2O(g)$　　$\Delta_r H_m^\ominus = -1246.2kJ \cdot mol^{-1}$

(2) $C(s) + 2H_2O(g) \longrightarrow CO_2(g) + 2H_2(g)$　　$\Delta_r H_m^\ominus = +90.9kJ \cdot mol^{-1}$

(3) $2H_2O(g) \longrightarrow 2H_2(g) + O_2(g)$　　$\Delta_r H_m^\ominus = +483.6kJ \cdot mol^{-1}$

求乙炔(C_2H_2, g)的生成热$\Delta_f H_m^\ominus$。

3-6 苯和氧按下式反应：

$$C_6H_6(l) + \frac{15}{2}O_2(g) \longrightarrow 6CO_2(g) + 3H_2O(l)$$

在 25℃、100kPa 下，0.25mol 苯在氧气中完全燃烧放出 817kJ 的热量，求 C_6H_6 的标准摩尔燃烧焓$\Delta_c H_m^\ominus$和燃烧反应的$\Delta_r U_m^\ominus$。

3-7 由软锰矿二氧化锰制备金属锰可采取下列两种方法：

(1) $MnO_2(s) + 2H_2(g) \longrightarrow Mn(s) + 2H_2O(g)$

(2) $MnO_2(s) + 2C(s) \longrightarrow Mn(s) + 2CO(g)$

上述两个反应在 25℃、100kPa 下是否能自发进行？如果考虑工作温度越低越好的话，则制备锰采用哪一种方法比较好？

3-8 定性判断下列反应的$\Delta_r S_m^\ominus$是大于零还是小于零：

(1) $Zn(s) + 2HCl(aq) \longrightarrow ZnCl_2(aq) + H_2(g)$　　(2) $CaCO_3(s) \longrightarrow CaO(s) + CO_2(g)$

(3) $NH_3(g) + HCl(g) \longrightarrow NH_4Cl(s)$　　(4) $CuO(s) + H_2(g) \longrightarrow Cu(s) + H_2O(l)$

3-9 反应 A(g)+B(s) $\longrightarrow$ C(g)的$\Delta_r H_m^\ominus = -42.98kJ \cdot mol^{-1}$(设 A、C 均为理想气体)。25℃、标准状态下，经过某一过程进行了 1mol 反应做了最大非体积功，并放热 $2.98kJ \cdot mol^{-1}$。试求系统在此过程中的 Q、W、$\Delta_r U_m^\ominus$、$\Delta_r H_m^\ominus$、$\Delta_r S_m^\ominus$、$\Delta_r G_m^\ominus$。

3-10 利用附录的数据计算下列反应在 298.15K 时的 $\Delta_r H_m^\ominus$、$\Delta_r S_m^\ominus$和 $\Delta_r G_m^\ominus$，并判断哪些反应能自发向右进行。

(1) $2CO(g) + O_2(g) \longrightarrow 2CO_2(g)$

(2) $4NH_3(g) + 5O_2(g) \longrightarrow 4NO(g)+6H_2O(g)$

(3) $Fe_2O_3(s) + 3CO(g) \longrightarrow 2Fe(s)+3CO_2(g)$

(4) $2SO_2(g) + O_2(g) \longrightarrow 2SO_3(g)$

3-11 人体靠下列一系列反应去除体内乙醇影响，已知 $\Delta_f H_m^\ominus(CH_3CHO, l)=-166.4kJ \cdot mol^{-1}$。

$$CH_3CH_2OH(l) \xrightarrow{O_2} CH_3CHO(l) \xrightarrow{O_2} CH_3COOH(l) \xrightarrow{O_2} CO_2(g)$$

利用附录的数据计算人体去除 1mol C_2H_5OH 时各步反应的 $\Delta_r H_m^\ominus$ 及总反应的 $\Delta_r H_m^\ominus$(假设 T=298.15K)。

3-12 光合作用是将 CO_2(g)和 H_2O(l)转化为葡萄糖的复杂过程，总反应为

$$6CO_2(g) + 6H_2O(l) = C_6H_{12}O_6(s) + 6O_2(g)$$

求此反应在 298.15K、100kPa 时的$\Delta_r G_m^{\ominus}$，并判断此条件下反应是否自发进行。

3-13　NO 和 CO 是汽车尾气的主要污染物，人们设想利用下列反应消除其污染。

$$2CO(g) + 2NO(g) \Longrightarrow 2CO_2(g) + N_2(g)$$

试通过热力学计算说明这种设想的可能性。

3-14　白云石的主要成分是 $CaCO_3 \cdot MgCO_3$，欲使 $MgCO_3$ 分解而 $CaCO_3$ 不分解，加热温度应控制在什么范围?

3-15　$CuSO_4 \cdot 5H_2O$ 遇热首先失去 5 个结晶水，如果继续升高温度，$CuSO_4$ 还会分解为 CuO 和 SO_3。试用热力学原理估算这两步的分解温度。

第 4 章　化学平衡和化学反应速率
(Chemical Equilibrium and Chemical Reaction Rate)

学习要求

(1) 掌握标准平衡常数 $K^{\ominus}$的概念及表达式的书写；掌握 $\Delta_r G_m^{\ominus}$与 $K^{\ominus}$的关系及有关计算。

(2) 运用标准平衡常数 $K^{\ominus}$与反应商 Q 判断化学平衡的移动。

(3) 掌握温度对平衡常数 $K^{\ominus}$的影响。

(4) 运用多重平衡规则求算标准平衡常数 $K^{\ominus}$。

(5) 了解反应速率、基元反应、反应级数的概念；理解活化分子、活化能、催化剂的概念；了解影响反应速率的因素及其应用。

对于研究化学反应，第 3 章我们只简单地解决了在标准状态下化学反应自发进行的方向问题。但实际上化学反应不可能都在标准状态下进行，①非标准状态下化学反应进行的方向如何判断？②化学反应的限度如何，即有多少反应物可以最大限度地转化为生成物？③化学反应又是一个非常复杂的系统，在系统中各个参与反应的物质的作用以及它们之间的关系如何？④化学反应达到限度的时间问题是怎样的？前三个问题解决的是化学平衡问题，最后一个问题解决的是反应速率问题。化学平衡仍然属于化学热力学范畴，化学反应速率属于化学动力学范畴，因此研究它们的方法有所不同。

化学平衡和化学反应速率是化学反应中的两个非常重要的问题，它对医学科学的发展也有重大的影响。有关催化剂的研究，特别是有关生物催化剂——酶的研究，是目前最活跃的领域之一。

4.1　化 学 平 衡

4.1.1　可逆反应与化学平衡

对于化学反应，人们习惯把从左向右，即由反应物生成产物的反应称为正反应，反应的方向为正方向；从右向左由产物生成反应物的反应则称为逆反应，反应的方向为逆方向。在一定条件下，既能向正方向进行又能向逆方向进行的反应称为可逆反应。例如，大家熟悉的反应：

$$H_2(g) + I_2(g) \rightleftharpoons 2HI(g)$$

在一定温度下，H_2 和 I_2 能化合生成 HI，同时 HI 又能分解为 H_2 和 I_2。对这样的反应，在强调可逆时，在反应式中常用“$\rightleftharpoons$”代替“$=\!=$”。

原则上所有的反应都有可逆性，只是可逆程度不同而已。对于可逆反应，如上面所举的 HI 合成反应，在一定条件下，反应最终会达到这样一种状态：单位时间内有多少 HI 分子生成，就会有同样数目的 HI 分子分解为 H_2 和 I_2，即正、逆反应的速率相等。可逆反应达到这样的状态时称为化学平衡状态。

许多可逆反应对于人类的生命活动具有重要的意义。其中之一涉及把空气中的氧气从肺部输送到身体的各个部分，这一输送氧气的任务是由血液中的血红蛋白(Hb)承担的。在肺部，O_2的分压较高，Hb 与 O_2结合成氧合血红蛋白(HbO_2)，HbO_2被血液携带至身体各部位，此时由于 O_2的分压降低，HbO_2释放出 O_2，以满足体内各种新陈代谢过程的需要。该可逆反应可表示为

$$Hb + O_2 \underset{\text{脱氧}}{\overset{\text{氧合}}{\rightleftharpoons}} HbO_2$$

4.1.2　化学平衡常数

1. 实验平衡常数

化学反应处于平衡状态时各物质的浓度(气体为分压)称为平衡浓度(气体为平衡分压)。例如，在四个密闭容器中分别加入不同数量的 $H_2(g)$、$I_2(g)$和 HI(g)，发生如下反应：

$$H_2(g) + I_2(g) \rightleftharpoons 2HI(g)$$

表 4-1 列出了 700K 下此反应各物质的平衡分压和平衡常数。

表 4-1　$H_2(g) + I_2(g) \rightleftharpoons 2HI(g)$各物质平衡分压和平衡常数(700K)

编号	起始分压/kPa			平衡分压/kPa			$\frac{p^2(HI)}{p(H_2)p(I_2)}$
	$p(H_2)$	$p(I_2)$	$p^2(HI)$	$p(H_2)$	$p(I_2)$	$p^2(HI)$	
①	66.00	43.70	0	26.57	4.293	78.82	54.47
②	62.14	62.63	0	13.11	13.60	98.10	53.98
③	0	0	26.12	2.792	2.792	20.55	54.17
④	0	0	27.04	2.878	2.878	21.27	54.62

由表 4-1 看出，当反应达平衡时，虽然反应系统内各物质的分压不同，但反应系统内以化学反应计量方程式中的化学计量系数(ν_B)为幂指数的各物质的分压的乘积为一常数，即

$$K_p = \frac{p^2(HI)}{p(H_2)p(I_2)}$$

对任一化学反应，其反应为

$$a\,A + e\,E \longrightarrow d\,D + g\,G$$

写成通式：

$$K_p = \frac{[p(D)]^d[p(G)]^g}{[p(A)]^a[p(E)]^e}$$

任一化学反应：

$$0 = \sum_B \nu_B B$$

对气相反应：

$$K_p = \prod_B (p_B)^{\nu_B} \tag{4-1}$$

若反应系统内各物质为溶液中溶质，则

$$K_c = \prod_{\mathrm{B}} (c_{\mathrm{B}})^{\nu_{\mathrm{B}}} \tag{4-2}$$

K_p、K_c称为实验平衡常数；p_{B}、c_{B}分别为物质B的平衡压力、平衡浓度。

由于该常数由实验测得，故称为实验平衡常数(或经验平衡常数)。实验平衡常数表达式中各组分的浓度(或分压)都有单位，所以实验平衡常数是有单位的，实验平衡常数的单位取决于化学计量方程式中生成物、反应物的单位及相应的化学计量系数。所以生成物、反应物的单位不同及相应的化学计量系数不同的化学反应，实验平衡常数的单位肯定不同，使用不方便，故引入标准平衡常数。

2. 标准平衡常数

对给定反应在一定温度下达平衡时，在标准平衡常数表达式中，有关组分的浓度(或分压)都必须用相对浓度(或相对分压)表示，即反应方程式中各物种的浓度(或分压)均需分别除以其标准状态的量，即浓度除以标准浓度$c^{\ominus}$(1mol · L^{-1})称为相对浓度，分压除以标准压力$p^{\ominus}$(100kPa)称为相对分压，标准平衡常数是量纲为一的量。

任一化学反应：

$$0 = \sum_{\mathrm{B}} \nu_{\mathrm{B}} \mathrm{B}$$

对气相反应：

$$K_p^{\ominus} = \prod_{\mathrm{B}} (p_{\mathrm{B}} / p^{\ominus})^{\nu_{\mathrm{B}}} \tag{4-3}$$

若反应系统内各物质为溶液中溶质，则

$$K_c^{\ominus} = \prod_{\mathrm{B}} (c_{\mathrm{B}} / c^{\ominus})^{\nu_{\mathrm{B}}} \tag{4-4}$$

式中：$\prod_{\mathrm{B}} (p_{\mathrm{B}}/p^{\ominus})^{\nu_{\mathrm{B}}}$、$\prod_{\mathrm{B}} (c_{\mathrm{B}}/c^{\ominus})^{\nu_{\mathrm{B}}}$分别为平衡时化学反应计量方程式中各反应组分的相对浓度$(c_{\mathrm{B}}/c^{\ominus})^{\nu_{\mathrm{B}}}$、相对分压$(p_{\mathrm{B}}/p^{\ominus})^{\nu_{\mathrm{B}}}$的连乘积。由于$c^{\ominus}$=1mol · L^{-1}，为简单起见，$c^{\ominus}$在与$K_c$有关的数值计算中常予以省略。相对浓度或相对分压是量纲为一的量，因此标准平衡常数是量纲为一的量。

应当注意①：对于多相反应，在标准平衡常数表达式中物质B若为溶液中的溶质，用相对浓度($c_{\mathrm{B}}/c^{\ominus}$)；若为气体应用相对分压($p_{\mathrm{B}}/p^{\ominus}$)表示；纯固体、纯液体或参与反应而浓度基本保持不变的溶剂(如H_2O)可省略。例如：

$$MnO_2(s) + 2Cl^-(aq) + 4H^+(aq) \rightleftharpoons Mn^{2+}(aq) + Cl_2(g) + 2H_2O(l)$$

标准平衡常数表达式为

$$K^{\ominus} = \frac{[c(Mn^{2+})/c^{\ominus}][p(Cl_2)/p^{\ominus}]}{[c(Cl^-)/c^{\ominus}]^2[c(H^+)/c^{\ominus}]^4}$$

反应式中的MnO_2(s)、H_2O(l)省略不写。

应当注意②：由于标准平衡常数表达式是根据化学反应计量方程式写出来的，所以标准平衡常数$K^{\ominus}$与化学反应方程式有关。同一化学反应，反应方程式书写不同，其$K^{\ominus}$值也不同。例如：

$$H_2(g) + I_2(g) \rightleftharpoons 2HI(g) \qquad K_1^\ominus = \frac{[p(HI)/p^\ominus]^2}{[p(H_2)/p^\ominus][p(I_2)/p^\ominus]}$$

$$1/2H_2(g) + 1/2\ I_2(g) \rightleftharpoons HI(g) \qquad K_2^\ominus = \frac{[p(HI)/p^\ominus]}{[p(H_2)/p^\ominus]^{1/2}[p(I_2)/p^\ominus]^{1/2}}$$

$$2HI(g) \rightleftharpoons H_2(g) + I_2(g) \qquad K_3^\ominus = \frac{[p(H_2)/p^\ominus][p(I_2)/p^\ominus]}{[p(HI)/p^\ominus]^2}$$

它们之间的关系为

$$K_1^\ominus = (K_2^\ominus)^2 = 1/K_3^\ominus$$

4.1.3　平衡常数与化学反应进行的程度

化学反应达到平衡时，系统中各物质的浓度不再随时间而改变，此时反应物已最大限度地转化为生成物。平衡常数具体反映出平衡时各组分的相对浓度、相对分压之间的关系，通过平衡常数可以计算化学反应进行的最大限度，即化学平衡组成。在化工生产中常用转化率衡量化学反应进行的程度。某反应物的转化率即指该反应物已转化为生成物的百分数，即

$$\varepsilon = \frac{\text{某反应反应物已转化的量}}{\text{反应起始时该反应物的量}} \times 100\%$$

化学反应达平衡时的转化率称平衡转化率。显然，平衡转化率是理论上该反应的最大转化率。但在实际生产中，反应达到平衡需要一定时间，对流动的生产过程，往往系统还没有达到平衡，反应物就离开了反应容器，所以实际的转化率要低于平衡转化率。实际转化率与反应进行的时间有关。工业上所说的转化率一般指实际转化率，而一般教材中所说的转化率是指平衡转化率。

【例 4-1】　在容积为 10.00L 的容器中装有等物质的量的 $PCl_3(g)$和 $Cl_2(g)$。已知在 523K 发生以下反应：

$$PCl_3(g) + Cl_2(g) = PCl_5(g)$$

达平衡时，$p(PCl_5) = 100kPa$，$K^\ominus = 0.57$。求：

(1) 开始装入的 $PCl_3(g)$和 $Cl_2(g)$的物质的量；

(2) $Cl_2(g)$的平衡转化率。

解　(1) 设 $PCl_3(g)$和 $Cl_2(g)$的起始分压为 xkPa

$$PCl_3(g) + Cl_2(g) \rightleftharpoons PCl_5(g)$$

	$PCl_3(g)$	$Cl_2(g)$	$PCl_5(g)$
起始分压/kPa	x	x	0
平衡分压/kPa	$x-100$	$x-100$	100

$$K^\ominus = [p(PCl_5)/p^\ominus][p(PCl_2)/p^\ominus]^{-1}[p(PCl_3)/p^\ominus]^{-1}$$

$$0.57 = \frac{100/100}{\left(\dfrac{x-100}{100}\right)^2} \qquad x = 232$$

起始时

$$n(PCl_3) = n(Cl_2) = \frac{p(PCl_3)\cdot V(PCl_3)}{RT} = \frac{232\times10^3\,Pa\times10.00\times10^{-3}\,m^3}{8.314Pa\cdot m^3\cdot mol^{-1}\cdot K^{-1}\times523K} = 0.534mol$$

(2)

$$\varepsilon(Cl_2) = \frac{n_{转化}(Cl_2)}{n_{起始}(Cl_2)}\times100\% = \frac{p_{转化}(Cl_2)}{p_{起始}(Cl_2)}\times100\% = \frac{100}{232}\times100\% = 43.1\%$$

4.1.4 化学反应等温式

从第 3 章我们得知，在恒温恒压条件下，任一化学反应的吉布斯自由能变ΔG就是其自发方向的判据：

当 $\Delta G<0$ 时，化学反应自发进行；

当 $\Delta G=0$ 时，化学反应平衡状态；

当 $\Delta G>0$ 时，化学反应不能自发进行(其逆过程是自发的)。

但依据第 3 章只能计算出标准摩尔反应吉布斯自由能变 $\Delta_r G_m^\ominus$，只能判断处于标准状态时的化学反应的自发方向。

我们来看表 4-1 涉及的化学反应：

$$H_2(g) + I_2(g) \rightleftharpoons 2HI(g)$$

由附录可知：$\Delta_f G_m^\ominus(HI) = 1.70kJ \cdot mol^{-1}$，$\Delta_f G_m^\ominus(I_2) = 19.33kJ \cdot mol^{-1}$，$\Delta_f G_m^\ominus(H_2) = 0kJ \cdot mol^{-1}$。

$$\Delta_r G_m^\ominus = 2\times1.70kJ \cdot mol^{-1} - (19.33kJ \cdot mol^{-1} + 0kJ \cdot mol^{-1}) = -15.93kJ \cdot mol^{-1} < 0$$

标准状态下反应是自发的。

逆反应：

$$2HI(g) \rightleftharpoons H_2(g) + I_2(g)$$

应是非自发的。但表 4-1 中编号③、④却也是自发的。说明在任意状态下不能用标准状态时的 $\Delta_r G_m^\ominus$ 作为反应进行方向的判据。所以必须引入任意状态下化学反应的摩尔吉布斯自由能变 $\Delta_r G_m$ 来作为任意状态下反应进行方向的判据。

热力学研究证明，对任一化学反应

$$0 = \sum_B \nu_B B$$

在恒温恒压、任意状态下的 $\Delta_r G_m$ 与其标准状态下的 $\Delta_r G_m^\ominus$ 有如下关系：

$$\Delta_r G_m = \Delta_r G_m^\ominus + RT\ln Q \tag{4-5}$$

式(4-5)中的 Q 称为化学反应的反应商，简称反应商。反应商和标准平衡常数表达式完全相同，所不同的是，标准平衡常数只能表达平衡态时系统内参与反应各物质 B 的相对浓度或相对分压之间的数量关系；反应商则能表示反应进行到任意时刻(包括平衡状态)时，系统内各物质 B 的相对浓度或相对分压之间的数量关系。

由式(4-5)我们还可看出任意状态下的化学反应的 $\Delta_r G_m$ 由化学反应的 $\Delta_r G_m^\ominus$ 和 $RT\ln Q$ 两项决定。由于参与反应各物质 B 的浓度或分压随着反应的进行而发生变化，反应商 Q 也是随着反应的进行而变化的，而 $\Delta_r G_m^\ominus$ 在恒温恒压下对某一化学反应来说是恒定的，所以 $\Delta_r G_m$ 是随着反应的进行而变化的。那变化方向如何呢？

我们再来看表 4-1 涉及的化学反应：

$$H_2(g) + I_2(g) \rightleftharpoons 2HI(g)$$

反应商

$$Q = \frac{[p(HI)/p^\ominus]^2}{[p(H_2)/p^\ominus][p(I_2)/p^\ominus]}$$

反应①、②开始时

$$p(\mathrm{HI})=0 \qquad p(\mathrm{H_2})>0 \qquad p(\mathrm{I_2})>0$$

则

$$Q=0 \qquad \ln Q \ll 0 \qquad \Delta_r G_m \ll 0$$

反应正向进行。

随着反应的进行，$p(\mathrm{HI})$增大，$p(\mathrm{H_2})$、$p(\mathrm{I_2})$减小，Q 值增大，$\Delta_r G_m$ 值也增大，最终要达到 $\Delta_r G_m=0$，反应最终要达到平衡。

相反，反应③、④开始时

$$p(\mathrm{HI})>0 \qquad p(\mathrm{H_2})=0 \qquad p(\mathrm{I_2})=0$$

则

$$Q \gg 0 \qquad \Delta_r G_m \gg 0$$

反应逆向进行。

随着反应的进行，$p(\mathrm{HI})$减小，$p(\mathrm{H_2})$、$p(\mathrm{I_2})$增大，Q 值减小，$\Delta_r G_m$ 值也减小，最终要达到 $\Delta_r G_m=0$，反应最终要达到平衡。

我们的结论是：$\Delta_r G_m<0$，反应正向进行；$\Delta_r G_m>0$，反应逆向进行。$\Delta_r G_m$ 的变化方向总是朝着 $\Delta_r G_m=0$ 的方向，因为反应最终要达到平衡状态。这与反应自发方向的判据一致。

当反应达到平衡状态时，反应商 Q 的值又与标准平衡常数 $K^\ominus$ 相等，$\Delta_r G_m=0$，根据式(4-5)得

$$0=\Delta_r G_m^\ominus+RT\ln K^\ominus \quad 或 \quad \Delta_r G_m^\ominus=-RT\ln K^\ominus \tag{4-6}$$

式(4-6)即为化学反应的标准平衡常数与化学反应的标准摩尔吉布斯自由能变之间的关系。因此，只要知道温度 T 时的 $\Delta_r G_m^\ominus$，就可以计算该反应在温度 T 时的标准平衡常数 $K^\ominus$。$\Delta_r G_m^\ominus$ 可查附录中热力学函数表或根据 $\Delta_r G_m^\ominus(T)\approx\Delta_r H_m^\ominus(298.15\mathrm{K})-T\Delta_r S_m^\ominus(298.15\mathrm{K})$计算。所以，任一恒温恒压下的化学反应的标准平衡常数均可以通过式(4-6)计算。

从式(4-6)可以看出，在一定温度下，化学反应的 $\Delta_r G_m^\ominus$ 值越小，则 $K^\ominus$ 值越大，反应就进行得越完全；反之，若 $\Delta_r G_m^\ominus$ 值越大，则 $K^\ominus$ 值越小，反应进行的程度越小。因此，$\Delta_r G_m^\ominus$、$K^\ominus$ 反映了标准状态时化学反应进行的完全程度。

将式(4-6)代入式(4-5)，得

$$\Delta_r G_m=-RT\ln K^\ominus+RT\ln Q \quad 或 \quad \Delta_r G_m=RT\ln\frac{Q}{K^\ominus} \tag{4-7}$$

式(4-7)称为化学反应等温式。它表明了恒温恒压下，化学反应的摩尔吉布斯自由能变 $\Delta_r G_m$ 与反应的标准平衡常数 $K^\ominus$ 及化学反应的反应商 Q 之间的关系。将 $K^\ominus$ 与 Q 进行比较，可以得出判断化学反应进行方向的判据：

$Q<K^\ominus$，$\Delta_r G_m<0$，反应向正方向进行；

$Q=K^\ominus$，$\Delta_r G_m=0$，反应处于平衡状态；

$Q>K^\ominus$，$\Delta_r G_m>0$，反应向逆方向进行。

此判据称为反应商判据，其更为简单，只需 $K^\ominus$ 与 Q。

上述判据的意义：①$K^\ominus$ 在恒温恒压下是一个常数，反映了标准状态下化学反应进行的完全程度，其实就是化学反应趋势的本质所在；②Q 是系统内各物质 B 之间的数量关系。也就是说，化学反应的 $K^\ominus$ 是质，Q 是量。这也是研究化学平衡及其移动的关键所在，本章及后续章节有关化学平衡的内容讨论都是以此为依据。

【例 4-2】 在 2000℃时，反应 $N_2(g) + O_2(g) \rightleftharpoons 2NO(g)$，$K^{\ominus} = 0.10$，判断在下列条件下反应进行的方向：

(1) $p(N_2) = 82.1kPa$，$p(O_2) = 82.1kPa$，$p(NO) = 1.0kPa$；

(2) $p(N_2) = 5.1kPa$，$p(O_2) = 5.1kPa$，$p(NO) = 1.62kPa$；

(3) $p(N_2) = 2.0kPa$，$p(O_2) = 5.1kPa$，$p(NO) = 4.1kPa$。

解 (1)

$$Q_1 = [p(NO)/p^{\ominus}]^2/\{[p(N_2)/p^{\ominus}] \cdot [p(O_2)/p^{\ominus}]\}$$
$$=(1.0/100)^2/[(2.1/100) \cdot (82.1/100)]$$
$$= 1.48\times10^{-4}(kPa)$$

$Q_1 < K^{\ominus}$，反应正向自发。

(2)

$$Q_2 = (1.62/100)^2/[(5.1/100) \cdot (5.1/100)] = 0.10(kPa)$$

$Q_2 = K^{\ominus}$，反应处于平衡状态。

(3)

$$Q_3 = (4.1/100)^2/[(2.0/100) \cdot (5.1/100)] = 1.65(kPa)$$

$Q_3 > K^{\ominus}$，反应正向非自发，逆向自发。

4.1.5　化学平衡的移动

通过上述讨论我们可以得到以下结论：

(1) 化学平衡是 $Q = K^{\ominus}$，$\Delta_r G_m = 0$ 时的状态，当 $Q < K^{\ominus}$，$\Delta_r G_m < 0$ 时，反应有正向进行的驱动力，随着反应的进行，$\Delta_r G_m$ 值增加，最后达到 $Q = K^{\ominus}$，$\Delta_r G_m = 0$，即正向驱动力完全消失；同理，当 $Q > K^{\ominus}$，$\Delta_r G_m > 0$ 时，反应有逆向进行的驱动力，随着逆向反应的进行，$\Delta_r G_m$ 值减小，最后也达到 $Q = K^{\ominus}$，$\Delta_r G_m = 0$，即逆向驱动力完全消失。所以化学平衡是正向和逆向驱动力都完全消失的状态，即 $Q = K^{\ominus}$，$\Delta_r G_m = 0$ 的状态。在适宜的条件下，可逆反应可以达到平衡状态。

(2) 化学平衡时 $Q = K^{\ominus}$，$\Delta_r G_m = 0$ 是有条件的。一旦维持平衡的条件发生了变化(如温度、压力等的变化)，系统的宏观性质和物质的组成都将发生变化，此时 $Q \neq K^{\ominus}$，$\Delta_r G_m \neq 0$，原有旧的平衡被破坏，重新建立新的平衡。这种因条件改变从旧的平衡状态转变到新的平衡状态的过程称为化学平衡的移动。接下来我们将讨论影响化学平衡移动的因素。

(3) 化学平衡是动态平衡。从微观上看，正、逆反应仍在以相同的速率进行着，只是净反应结果为无变化。4.2 节将讨论化学反应速率问题。

1. 浓度(气体分压)对化学平衡的影响

对于一个在一定温度下已达到化学平衡的反应系统(此时 $Q = K^{\ominus}$)：

(1) 增加反应物的浓度或降低生成物的浓度，Q 值将变小，则 $Q < K^{\ominus}$。此时系统不再处于平衡态，反应要向正方向进行，直到 Q 重新等于 $K^{\ominus}$，系统又建立起新的平衡。

(2) 降低反应物的浓度或增大生成物的浓度，Q 值将增大，则 $Q > K^{\ominus}$，此时平衡向逆反应方向移动。例如：

$$H_2S = 2H^+ + S^{2-}$$

在 H_2S 饱和溶液中，$c(H_2S)$保持不变，若增加 $c(H^+)$，Q 值将增大，$Q > K^{\ominus}$，此时平衡向逆反应方向移动，则 $c(S^{2-})$减小，反之亦然。可通过控制 $c(H^+)$来控制 $c(S^{2-})$。

在考虑平衡问题时，应当注意以下几点：

(1) 在实际反应时，人们为了尽可能地充分利用某一种原料，往往使用过量的另一种原料(廉价、易得)与其反应，以使平衡尽可能向正反应方向移动，提高前者的转化率。

(2) 如果从平衡系统中不断降低生成物的浓度(或其分压)，则平衡不断地向生成物方向移动，直至某反应物基本上被消耗完全，使可逆反应进行得比较完全。

(3) 如果系统中存在多个平衡，则必须应用多重平衡规则。

【例 4-3】 在 298.15K 时，$AgNO_3$ 和 $Fe(NO_3)_2$ 溶液发生如下反应：

$$Fe^{2+} + Ag^{+} \rightleftharpoons Fe^{3+} + Ag$$

反应开始时，Fe^{2+}和 Ag^{+}的浓度各为 $0.100mol \cdot L^{-1}$，达到平衡时 Fe^{2+}的转化率为 19.4%。

(1) 求平衡时 Fe^{2+}、Ag^{+}和 Fe^{3+}各离子的浓度及 298.15K 时的平衡常数。

(2) 如果再加入一定量的固体亚铁盐，以增加 $0.100mol \cdot L^{-1}$ 的 Fe^{2+}，则平衡将向什么方向移动？并求再次达到平衡时 Fe^{2+}、Ag^{+}和 Fe^{3+}各离子的浓度及 Ag^{+}的总转化率。

解 (1) 起始浓度：

$$c(Fe^{2+}) = c(Ag^{+}) = 0.100mol \cdot L^{-1} \qquad c(Fe^{3+}) = 0mol \cdot L^{-1}$$

平衡浓度：

$$c(Fe^{3+}) = (0.100 \times 19.4\%)mol \cdot L^{-1} = 0.0194mol \cdot L^{-1}$$

$$c(Fe^{2+}) = c(Ag^{+}) = (0.100 - 0.0194)mol \cdot L^{-1} = 0.0806mol \cdot L^{-1}$$

$$K^{\ominus} = \frac{c(Fe^{3+})/c^{\ominus}}{[c(Fe^{2+})/c^{\ominus}][c(Ag^{+})/c^{\ominus}]} = 0.0194/0.0806^2 = 2.99$$

(2) 欲知平衡向什么方向移动，需将 Q 与 $K^{\ominus}$进行比较。刚加入亚铁盐时，溶液中各种离子的瞬时浓度为

$$c(Fe^{2+}) = (0.100 + 0.0806)mol \cdot L^{-1} = 0.1806mol \cdot L^{-1}$$

$$c(Fe^{3+}) = 0.0194mol \cdot L^{-1} \qquad c(Ag^{+}) = 0.0806mol \cdot L^{-1}$$

$$Q = \frac{c(Fe^{3+})/c^{\ominus}}{[c(Fe^{2+})/c^{\ominus}][c(Ag^{+})/c^{\ominus}]} = \frac{0.0194}{0.1806 \times 0.0806} = 1.333$$

由于 $Q < K^{\ominus}$，所以平衡向右移动。

	Fe^{2+}	+ Ag^{+}	$\rightleftharpoons$	Fe^{3+}	+ Ag
起始浓度($mol \cdot L^{-1}$)	0.1806	0.0806		0.0194	
平衡浓度($mol \cdot L^{-1}$)	$0.1806 - x$	$0.0806 - x$		$0.0194 + x$	

$$K^{\ominus} = \frac{c(Fe^{3+})/c^{\ominus}}{[c(Fe^{2+})/c^{\ominus}][c(Ag^{+})/c^{\ominus}]} = \frac{0.0194 + x}{(0.1806 - x)(0.0806 - x)} = 2.99$$

解得

$$x = 0.0139$$

$$c(Fe^{2+}) = (0.1806 - 0.0139)mol \cdot L^{-1} = 0.1667mol \cdot L^{-1}$$

$$c(Ag^{+}) = (0.0806 - 0.0139)mol \cdot L^{-1} = 0.0667mol \cdot L^{-1}$$

$$c(Fe^{3+}) = (0.0194 + 0.0139)mol \cdot L^{-1} = 0.0333mol \cdot L^{-1}$$

Ag^{+}的转化率：

$$\varepsilon = (0.1000 - 0.0667)/0.1000 \times 100\% = 33.3\%$$

加入 Fe^{2+}后，增加反应物的浓度，Q 值将变小，平衡向右移动。同时 Ag^{+}的转化率由 19.4%提高到 33.3%。

从例 4-3 可以得出：在化工生产中，为了充分利用某一反应物，常常让价格相对较低的另一反应物过量，以提高前者的转化率；还可以通过从平衡系统中不断移出生成物，使平衡向右

移动。

2. 压力对化学平衡的影响

对于一个气体反应，此处考虑已达平衡的气相反应：

$$a\text{A} + b\text{B} \rightleftharpoons g\text{G} + d\text{D}$$

有

$$K_p^{\ominus} = \prod_{\text{B}} (p_{\text{B}} / p^{\ominus})^{\nu_{\text{B}}}$$

(1) T 不变，$K_p^{\ominus}$ 不变，若体积压缩至原体积的 $1/x$，系统总压增大 x 倍，则系统参与反应各物质 B 的分压也增大 x 倍，即 $p_{\text{B}_2} = p_{\text{B}_1}$。

可得

$$K^{\ominus} = \frac{(p_{\text{G}} / p^{\ominus})^g (p_{\text{D}} / p^{\ominus})^d}{(p_{\text{A}} / p^{\ominus})^a (p_{\text{B}} / p^{\ominus})^b} \qquad Q = \frac{(xp_{\text{G}} / p^{\ominus})^g (xp_{\text{D}} / p^{\ominus})^d}{(xp_{\text{A}} / p^{\ominus})^a (xp_{\text{B}} / p^{\ominus})^b} = x^{\Delta n} K^{\ominus}$$

其中 $\Delta n = (g + d) - (a + b)$为反应方程式中气体计量系数之差。

当 $\Delta n < 0$ 时，反应后气体分子数减少，$x^{\Delta n} < 1$，$Q = x^{\Delta n} K^{\ominus} < K^{\ominus}$，平衡右移；

当 $\Delta n > 0$ 时，反应后气体分子数增加，$x^{\Delta n} > 1$，$Q = x^{\Delta n} K^{\ominus} > K^{\ominus}$，平衡左移；

当 $\Delta n = 0$ 时，反应后气体分子数不变，$x^{\Delta n} = 1$，$Q = K^{\ominus}$，平衡不移动。

所以，增加系统总压，平衡向气体分子数减少的方向移动；降低系统总压，平衡向气体分子数增加的方向移动；改变总压，对气体分子数不变的平衡没有影响。

(2) 引入不参与反应的惰性气体时，①恒温恒压：为保持压力不变，p_{B} 必然减小，相当于 $p_{总}$减小，平衡向气体分子数增加的方向移动；②恒温恒容：V 不变，增加气体，$p_{总}$增加，p_{B} 不变，Q 不变，对平衡无影响。

(3) 改变反应物或生成物的分压时，由 $p_{\text{B}} = c_{\text{B}}RT$ 得，与浓度对平衡的影响一致。

通过上述讨论可得出：压力对平衡的影响关键看各组分 p_{B} 是否改变，以及反应前后气体分子数 Δn 的数值。压力对没有气体物质参与的反应系统的平衡的影响不大，一般可不考虑。

【例 4-4】 已知反应 $N_2O_4(g) \rightleftharpoons 2NO_2(g)$在总压为 101.3kPa 和温度为 325K 时达到平衡，N_2O_4 的转化率为 50.2%。试求：

(1) 该反应的 $K^{\ominus}$；

(2) 相同温度，压力为 5×101.3kPa 时的 $N_2O_4(g)$的平衡转化率 ε。

解 (1)

$$\text{平衡转化率}\ \varepsilon = \frac{\text{某反应反应物已转化的量}}{\text{反应起始时该反应物的量}} \times 100\%$$

	$N_2O_4(g) \rightleftharpoons$	$2NO_2(g)$
起始时物质的量/mol	1	0
平衡时物质的量/mol	$1-\varepsilon$	2ε

平衡总物质的量

$$1-\varepsilon + 2\varepsilon = 1 + \varepsilon$$

平衡分压 p 如下：

$$p(N_2O_4) = (1-\varepsilon)/(1 + \varepsilon)\times 101.3\text{kPa}$$

$$p(NO_2) = 2\varepsilon/(1 + \varepsilon)\times 101.3\text{kPa}$$

$$K^{\ominus}=\frac{[p(NO_2)/p^{\ominus}]^2}{p(N_2O_4)/p^{\ominus}}=\frac{\left(\frac{2\varepsilon}{1+\varepsilon}\times\frac{101.3\text{kPa}}{100\text{kPa}}\right)^2}{\left(\frac{1-\varepsilon}{1+\varepsilon}\times\frac{101.3\text{kPa}}{100\text{kPa}}\right)}=\frac{4\varepsilon^2}{1-\varepsilon^2}\times\frac{101.3\text{kPa}}{100\text{kPa}}=\frac{4\times0.502^2}{1-0.502^2}\times\frac{101.3}{100}=1.37$$

(2) 设反应起始时，$n(N_2O_4)=1\text{mol}$，N_2O_4 的平衡转化率为 ε，温度不变，则 $K^{\ominus}$ 不变。

$$K^{\ominus}=\frac{4\varepsilon^2}{1-\varepsilon^2}\times\frac{5\times101.3}{100}=1.37$$

解得 $\varepsilon=0.251$，则转化率为 25.1%。

3. 温度对化学平衡的影响

温度对化学平衡的影响与浓度、压力的影响有本质上的区别。当浓度、压力改变时，$K^{\ominus}$ 不变，通过改变 Q 值，使 $Q\neq K^{\ominus}$，导致平衡移动；而温度改变时，通过改变 $K^{\ominus}$ 值使得 $K^{\ominus}\neq Q$，从而引起平衡的移动。

由
$$\Delta_r G_m^{\ominus}=\Delta_r H_m^{\ominus}-T\Delta_r S_m^{\ominus}=-RT\ln K^{\ominus}$$
得

$$\ln K^{\ominus}=-\frac{\Delta_r H_m^{\ominus}}{RT}+\frac{\Delta_r S_m^{\ominus}}{R}$$

$$\ln K_1^{\ominus}=-\frac{\Delta_r H_m^{\ominus}}{RT_1}+\frac{\Delta_r S_m^{\ominus}}{R}$$

$$\ln K_2^{\ominus}=-\frac{\Delta_r H_m^{\ominus}}{RT_2}+\frac{\Delta_r S_m^{\ominus}}{R}$$

$$\ln\frac{K_1^{\ominus}}{K_2^{\ominus}}=-\frac{\Delta_r H_m^{\ominus}}{R}\left(\frac{1}{T_1}-\frac{1}{T_2}\right)\tag{4-8}$$

需要说明的是：$\Delta_r H_m^{\ominus}$、$\Delta_r S_m^{\ominus}$ 都是温度的函数，但在温度变化不大时，$\Delta_r H_m^{\ominus}$、$\Delta_r S_m^{\ominus}$ 可看作常数。

(1) 对吸热反应($\Delta H>0$)：

T 升高，$T_2>T_1$，$K_2^{\ominus}>K_1^{\ominus}$，$Q<K^{\ominus}$，平衡右移，即平衡向吸热反应方向移动；

T 降低，$T_2<T_1$，$K_2^{\ominus}<K_1^{\ominus}$，$Q>K^{\ominus}$，平衡左移，即平衡向放热反应方向移动。

结论：升高温度，平衡向吸热反应方向移动；降低温度，平衡向放热反应方向移动。

(2) 对放热反应($\Delta H<0$)：

T 升高，$T_2>T_1$，$K_2^{\ominus}<K_1^{\ominus}$，$Q>K^{\ominus}$，平衡左移，即平衡向吸热反应方向移动；

T 降低，$T_2<T_1$，$K_2^{\ominus}>K_1^{\ominus}$，$Q<K_1^{\ominus}$，平衡右移，即平衡向放热反应方向移动。

结论：升高温度，平衡向吸热反应方向移动；降低温度，平衡向放热反应方向移动。与吸热反应结论一致。

【例 4-5】 已知反应 $N_2(g)+3H_2(g)\longrightarrow 2NH_3(g)$ 的 $\Delta_r H_m^{\ominus}=-92.2\text{kJ}\cdot\text{mol}^{-1}$，200℃时 $K^{\ominus}=0.44$，求 300℃的 $K^{\ominus}$。

解
$$\ln\frac{K_1^{\ominus}}{K_2^{\ominus}}=-\frac{\Delta_r H_m^{\ominus}}{R}\left(\frac{1}{T_1}-\frac{1}{T_2}\right)$$

$$\ln\frac{0.44}{K_2^{\ominus}}=-\frac{-92.2}{8.314}\left(\frac{1}{200+273}-\frac{1}{300+273}\right)$$

$$K_2^{\ominus} = 7.4\times10^{-3}$$

$\Delta_r H_m^{\ominus} < 0$，放热反应，$T$ 升高，$K^{\ominus}$减小，平衡向左(吸热反应方向)移动。

4. 勒夏特列原理

1907 年，勒夏特列总结大量实验事实得出平衡移动的普遍原理：任何一个处于化学平衡的系统，当某一确定系统平衡的因素(如浓度、压力、温度等)发生改变时，系统的平衡将发生移动。平衡移动的方向总是向着减弱外界因素的改变对系统影响的方向。

必须指出：勒夏特列原理仅适用于已达平衡的系统；勒夏特列原理也适用于其他平衡，如相平衡。

酸碱平衡中的缓冲溶液的缓冲作用原理就是酸碱浓度对平衡移动的影响，平衡移动的方向总是向着减弱外界加入酸碱浓度的方向，如乙酸-乙酸钠缓冲系统：

$$\underset{\text{大量}}{HAc} + H_2O \rightleftharpoons H_3O^+ + \underset{\text{大量}}{Ac^-}$$

当加入少量的酸时，平衡向左移动，即向减小 $c(H^+)$的方向移动，当加入少量的碱时，平衡向右移动，即向增大 $c(H^+)$的方向移动。而根据平衡常数 $K^{\ominus} = c(H^+)c(Ac^-)/c(HAc)$，HAc、$Ac^-$的大量存在可保持 $c(HAc)$、$c(Ac^-)$几乎不变，则 $c(H^+)$也可保持几乎不变。

4.1.6 多重平衡规则

对于一个给定的化学反应，无论反应分几步完成，其平衡常数表达式完全相同。也就是说，当某总反应为若干个分步反应之和(或之差)时，则总反应的平衡常数为若干个分步反应平衡常数的乘积(或商)。例如：

(1) $SO_2(g) + NO_2(g) \rightleftharpoons SO_3(g) + NO(g)$ $\Delta_r G_{m,1}^{\ominus}$，$K_1^{\ominus}$

(2) $SO_2(g) + 1/2O_2(g) \rightleftharpoons SO_3(g)$ $\Delta_r G_{m,2}^{\ominus}$，$K_2^{\ominus}$

(3) $NO_2(g) \rightleftharpoons 1/2O_2(g) + NO(g)$ $\Delta_r G_{m,3}^{\ominus}$，$K_3^{\ominus}$

反应(1) = 反应(2) + 反应(3)，由赫斯定律可得

$$\Delta_r G_{m,1}^{\ominus} = \Delta_r G_{m,2}^{\ominus} + \Delta_r G_{m,3}^{\ominus}$$

而

$$\Delta_r G_m^{\ominus} = -RT\ln K^{\ominus}$$

则

$$-RT\ln K_1^{\ominus} = -RT\ln K_2^{\ominus} + (-RT\ln K_3^{\ominus})$$

$$K_1^{\ominus} = K_2^{\ominus}\cdot K_3^{\ominus}$$

同理

$$\text{反应(2)} = \text{反应(1)} - \text{反应(3)}$$

可得

$$\Delta_r G_{m,2}^{\ominus} = \Delta_r G_{m,1}^{\ominus} - \Delta_r G_{m,3}^{\ominus}$$

$$K_2^{\ominus} = K_1^{\ominus}/K_3^{\ominus}$$

例如：

(1) $H_2S \rightleftharpoons H^+ + HS^-$ $K_{a,1}^{\ominus}$

(2) $HS^- \rightleftharpoons H^+ + S^{2-}$ $K_{a,2}^{\ominus}$

方程式(1) + (2)得 $H_2S \rightleftharpoons 2H^+ + S^{2-}$

平衡常数为 $K^{\ominus} = K_1^{\ominus}\cdot K_2^{\ominus}$

第 3 章提到如有反应：

$$N_2(g) + 3H_2(g) \xlongequal{} 2NH_3(g) \qquad \Delta_r H_{m,1}^{\ominus}，\Delta_r G_{m,1}^{\ominus}，K_1^{\ominus}$$

$$1/2N_2(g) + 3/2H_2(g) \xlongequal{} NH_3(g) \qquad \Delta_r H_{m,2}^{\ominus}，\Delta_r G_{m,2}^{\ominus}，K_2^{\ominus}$$

$$2NH_3(g) \xlongequal{} N_2(g) + 3H_2(g) \qquad \Delta_r H_{m,3}^{\ominus}，\Delta_r G_{m,3}^{\ominus}，K_3^{\ominus}$$

由赫斯定律可方便得出：

$$\Delta_r H_{m,2}^{\ominus} = 1/2\Delta_r H_{m,1}^{\ominus}，\Delta_r G_{m,2}^{\ominus} = 1/2\Delta_r G_{m,1}^{\ominus}，K_2^{\ominus}=K_1^{\ominus 1/2}$$

$$\Delta_r H_{m,3}^{\ominus} = -\Delta_r H_{m,1}^{\ominus}，\Delta_r G_{m,3}^{\ominus} = -\Delta_r G_{m,1}^{\ominus}，K_3^{\ominus}=1/K_1^{\ominus}$$

应用多重平衡规则理论和反应商判据对后续章节中的平衡移动都可得到圆满的解释。首先来看一个简单的例子。

(1) 反应$[HgCl_4]^{2-} + 4I^- \xlongequal{} [HgI_4]^{2-} + 4Cl^-$可由以下反应而得：

	(1) $Hg^{2+}+4I^- \xlongequal{} [HgI_4]^{2-}$	$K_{(1)}^{\ominus}=K_f^{\ominus}([HgI_4]^{2-})=6.8\times10^{29}$
−	(2) $Hg^{2+}+4Cl^- \xlongequal{} [HgCl_4]^{2-}$	$K_{(2)}^{\ominus}=K_f^{\ominus}([HgCl_4]^{2-})=1.2\times10^{15}$
	(3) $[HgCl_4]^{2-} +4I^- \xlongequal{} [HgI_4]^{2-} + 4Cl^-$	

(1) − (2) = (3)，则

$$K_{(3)}^{\ominus} = \frac{K_f^{\ominus}([HgI_4]^{2-})}{K_f^{\ominus}([HgCl_4]^{2-})} = 5.7\times10^{14}$$

得出反应(3)的 $K^{\ominus}$较大，反应向右进行得比较完全，我们可以认为反应(3)实际上是 I^-、Cl^-对 Hg^{2+}的竞争反应，谁的竞争力强就看反应(1)、(2)的 $K^{\ominus}$的大小。由于 $K_f^{\ominus}([HgI_4]^{2-}) \gg K_f^{\ominus}([HgCl_4]^{2-})$，$I^-$的竞争力强于 Cl^-，反应有利于向生成$[HgI_4]^{2-}$的方向进行，所以反应(3)中 I^-置换出 Cl^-。

再看我们最熟悉的例子。

(2) 化学反应 $AgCl(s) + 2NH_3 \xlongequal{} [Ag(NH_3)_2]^+ + Cl^-$可由以下反应而得：

	(1) $Ag^+ +2NH_3 \xlongequal{} [Ag(NH_3)_2]^+$	$K_{(1)}^{\ominus}=K_f^{\ominus}([Ag(NH_3)_2]^+)=1.1\times10^7$
−	(2) $Ag++Cl^- \xlongequal{} AgCl(s)$	$K_{(2)}^{\ominus}=1/K_{sp}^{\ominus}(AgCl)=5.6\times10^9$
	(3) $AgCl)(s)+2NH_3 \xlongequal{} [Ag(NH_3)_2]^+ +Cl^-$	

(1) − (2) = (3)，则

$$K_{(3)}^{\ominus} = K_{(1)}^{\ominus}/K_{(2)}^{\ominus} = K_f^{\ominus}([Ag(NH_3)_2]^+)\cdot K_{sp}^{\ominus}(AgCl) = 2.0\times10^{-3}$$

同样可以认为反应(3)实际上是 NH_3、Cl^-对 Ag^+的竞争反应，与前一例子不同的是反应(1)、(2)中 $K^{\ominus}$的大小相差不大，竞争力的强弱就在于 NH_3、Cl^-浓度，即反应商的值：

$$Q = \frac{c([Ag(NH_3)_2]^+)c(Cl^-)}{c^2(NH_3)}$$

$c(NH_3)$增大，Q 值减小，反应(3)正向进行，AgCl(s)溶解生成$[Ag(NH_3)_2]^+$，也就是说 AgCl(s)中加足量的 NH_3，沉淀溶解。相反，$c(Cl^-)$增大，Q 值增大，反应(3)逆向进行，$[Ag(NH_3)_2]^+$解

离生成 AgCl(s)，也就是说$[Ag(NH_3)_2]^+$中加足量的 Cl^-则 AgCl(s)沉淀生成。

(3) 再如：

	(1) $2H^+ + S^{2-} \longrightarrow H_2S$	$K^\ominus_{(1)} = 1/[K^\ominus_{a,1}(H_2S) \cdot K^\ominus_{a,2}(H_2S)]$
−	(2) $Fe^{2+} + S^{2-} \longrightarrow FeS$	$K^\ominus_{(2)} = 1/K^\ominus_{sp}(FeS)$
	(3) $FeS(s) + 2H^+ \longrightarrow Fe^{2+} + H_2S$	

$$K^\ominus_{(3)} = K^\ominus_{(1)}/K^\ominus_{(2)} = K^\ominus_{sp}(FeS)/[K^\ominus_{a,1}(H_2S)K^\ominus_{a,2}(H_2S)] = 1.59\times10^{-19}/(1.4\times10^{-21}) = 1.14\times10^2$$

$$Q = \frac{c(Fe^{2+})c(H_2S)}{c^2(H^+)}$$

H^+、Fe^{2+}对 S^{2-}的竞争反应，竞争力相差不大，增大 $c(H^+)$，Q 值减小，即足量的酸可使 $Q < K$，FeS(s)沉淀溶解。但是 CuS(s)用酸就不能溶解。

对反应 $CuS(s) + 2H^+ \longrightarrow Cu^{2+} + H_2S$：

$$K^\ominus = K^\ominus_{sp}(CuS)/[K^\ominus_{a,1}(H_2S)K^\ominus_{a,2}(H_2S)] = 1.27\times10^{-36}/(1.4\times10^{-21}) = 9.07\times10^{-14}$$

$$Q = \frac{c(Cu^{2+})c(H_2S)}{c^2(H^+)}$$

$K^\ominus$太小，H^+、Cu^{2+}对 S^{2-}的竞争反应，H^+竞争力太小，在一定浓度的 Cu^{2+}、H_2S 的情况下要使得 $Q < K^\ominus$，$c(H^+)$要大到实际无法达到的程度，即反应 $CuS(s) + 2H^+ \longrightarrow Cu^{2+} + H_2S$ 不可能正向进行。所以 CuS(s)实际可用硝酸氧化来溶解：

$$3CuS + 8HNO_3 \longrightarrow 3Cu(NO_3)_2 + 2NO + 3S + 4H_2O$$

原因是硝酸氧化性很强，电极反应：$NO_3^- + 4H^+ + 3e^- \longrightarrow NO + 2H_2O$ 的 $K^\ominus$足够大。

类似的平衡移动在后续的章节中还有很多都可以用多重平衡规则理论和反应商判据来解析。

4.2　化学反应速率

由热力学数据可知化学反应 $2H_2 + O_2 \longrightarrow 2H_2O$ 有强烈的自发进行的趋势，并伴随着大量的能量产生。但室温下 H_2、O_2 混合气体长时间静置看不出有反应的迹象。实际上看不出发生变化，即反应速率太慢。若改变条件，如加热、点火或加入催化剂，则反应可以很快进行，甚至发生爆炸，这个条件就是动力学条件。化学动力学研究的就是反应进行的速率，并根据研究反应速率提供的信息探讨反应机理，即研究反应的快慢和反应进行的途径。研究化学反应速率有着十分重要的实际意义。若药物合成反应的速率很慢，就会影响生产效率，甚至失去实际生产价值；相反，如果药物分析迅速，很快失效，那么就没有了使用价值。所以，研究反应速率对药品生产和使用都是不可或缺的。

4.2.1　化学反应的速率及其表示法

化学反应进行的快慢即化学反应的速率，国际上普遍用反应进度 ξ 随时间的变化率来表示

化学反应的速率 $\dot{\xi}$，即对于任一化学反应

$$0=\sum_{B}\nu_{B}B$$

反应速率定义为

$$\dot{\xi}=\frac{d\xi}{dt}=\frac{1}{\nu_{B}}\times\frac{dn_{B}}{dt} \tag{4-9}$$

由反应进度定义的化学反应速率称为转化速率，由于反应进度与反应的物种无关，则用反应式中任一物质表示的反应速率在数值上是一致的。但该反应速率与化学反应计量方程式有关。

若化学反应在恒容条件下进行，反应速率也可用单位体积中反应进度随时间的变化率表示，称为基于浓度的反应速率，用符号 v 表示：

$$v=\frac{\dot{\xi}}{V}=\frac{1}{\nu_{B}}\times\frac{dn_{B}}{Vdt} \tag{4-10}$$

式(4-10)表明，反应速率为单位体积内反应进度随时间的变化率，其单位为 $mol\cdot L^{-1}\cdot s^{-1}$。

恒容条件下体积 V 不变，则

$$v=\frac{1}{\nu_{B}}\times\frac{dc_{B}}{dt} \tag{4-11}$$

式(4-11)表明反应速率为反应物或产物浓度随时间的变化率。

式(4-10)和式(4-11)表示的是瞬时反应速率，其表示化学反应中某时刻的真实反应速率。对于大多数化学反应而言，反应开始后，各物种的浓度在不断地变化着，所以化学反应瞬时速率也随反应的进行在不断改变。而实际反应速率是通过实验测定的。实验中，用化学方法或物理方法测定在不同时刻反应物(或生成物)的浓度，即 t-c 的一系列数据，据此绘出 c-t 曲线(图 4-1)，然后在曲线上求斜率得到不同时刻的瞬时反应速率，也可求得某一时段Δt 的平均反应速率。

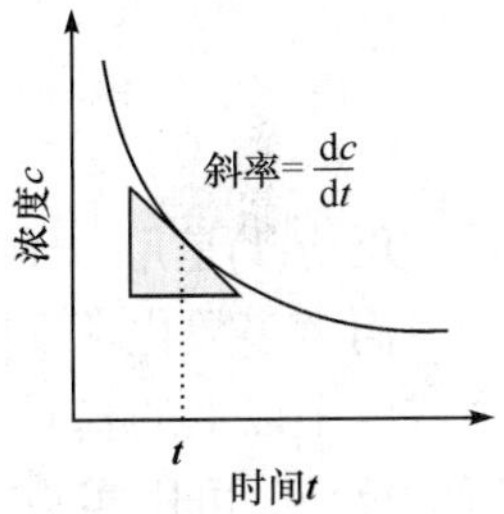

图 4-1　c-t 曲线

【例 4-6】　N_2O_5 的分解反应为：$2N_2O_5(g)\longrightarrow 4NO_2(g)+O_2(g)$，在 340K 测得的实验数据如下：

t/min	0	1	2	3	4	5
$c(N_2O_5)/(mol\cdot L^{-1})$	1.00	0.70	0.50	0.35	0.25	0.17

试计算该反应在 2min 之内的平均速率和 1min 时的瞬时速率。

解　以 $c(N_2O_5)$为纵坐标，以 t 为横坐标作图可得到 N_2O_5 浓度随时间变化的曲线(图 4-2)。从图上可查出：t = 2min，$c(N_2O_5)$ = 0.50mol/L；t = 0，$c(N_2O_5)$ = 1.00mol/L。则 2min 之内的平均速率为

$$v=\frac{(0.50-1.00)mol\cdot L^{-1}}{-2\times(2-0)min}=0.12mol\cdot L^{-1}\cdot min^{-1}$$

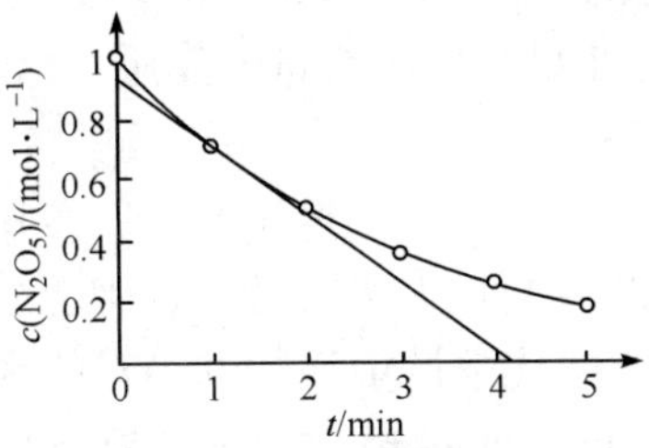

图 4-2　N_2O_5 分解的 c-t 曲线

在 c-t 曲线上任一点作切线，其斜率即为该时刻的 dc/dt。1min 时的斜率为

$$斜率=\frac{-0.50mol\cdot L^{-1}}{2.25min}=-0.22mol\cdot L^{-1}\cdot min^{-1}$$

1min 时的瞬时速率为

$$v = \frac{1}{\nu}\frac{dc}{dt} = -\frac{1}{2} \times (-0.22\text{mol} \cdot \text{L}^{-1} \cdot \text{min}^{-1}) = 0.11\text{mol} \cdot \text{L}^{-1} \cdot \text{min}^{-1}$$

4.2.2 化学反应的机理

1. 基元反应

通常的化学反应计量方程式只是化学反应，表明了热力学中的始态与终态及其计量关系，并没有说明反应物是经历怎样的途径转变为生成物的。许多化学反应从反应物到产物之间的转化所经历的过程往往比较复杂，我们用实验的方法检测到一些反应的中间产物的存在，说明这些反应是分多步进行的。人们把反应物转变为生成物的具体途径、步骤称为反应机理(也称为反应历程)。根据反应机理的复杂程度，可把化学反应分为基元反应和非基元反应两大类。

基元反应是指由反应物分子(或离子、原子及自由基等)直接碰撞发生作用而生成产物的反应。基元反应是组成一切化学反应的基本单元。研究表明，只有少数化学反应是由反应物一步直接转化为生成物的基元反应。例如：

(1) $$SO_2Cl_2 \rightleftharpoons SO_2 + Cl_2$$

(2) $$2NO_2 \rightleftharpoons 2NO + O_2$$

(3) $$2NO + O_2 \rightleftharpoons 2NO_2$$

反应(1)是单分子反应，反应(2)是双分子反应，反应(3)是三分子反应。

而大多数化学反应往往要经过若干个基元反应步骤才能使反应物最终转化为生成物。由两个或两个以上的基元反应组合而成的总反应称为非基元反应或复合反应。复合反应是分多步进行的反应，可用实验方法检测到中间产物的存在。中间产物是反应过程中某一步反应产生的物种，它被后面一步或几步反应消耗掉，因而不出现在总反应方程式中。例如：

$$H_2(g) + Cl_2(g) \longrightarrow 2HCl(g)$$

此反应并非由一个 $H_2(g)$分子与一个 $Cl_2(g)$分子直接反应生成一个 2HCl(g)分子，而是由下列 4 步基元反应完成：

(1) $$Cl_2(g) + M \longrightarrow 2Cl(g) + M$$

(2) $$Cl(g) + H_2(g) \longrightarrow HCl(g) + H(g)$$

(3) $$H(g) + Cl_2(g) \longrightarrow HCl(g) + Cl(g)$$

(4) $$Cl(g) + Cl(g) + M \longrightarrow Cl_2(g) + M$$

式中：M 为惰性物质，可以是器壁或不参与反应的第三种物质，M 只起传递能量的作用。

2. 基元反应的速率方程——质量作用定律

基元反应的反应速率与反应物浓度之间的关系比较简单，对此人们在大量实验的基础上总结出一条规律：“在一定温度下，基元反应的反应速率与以方程式中化学计量系数的绝对值为幂指数的反应物浓度的乘积成正比”，并称为质量作用定律(law of mass action)，“质量”在此处实际上意味着浓度。所以，上述非基元反应 $H_2(g) + Cl_2(g) \longrightarrow 2HCl(g)$的四个基元反应的反应速率可表示为

(1) $$v = k_1c(Cl_2)c(M)$$

(2) $$v = k_2c(Cl)c(H_2)$$

(3) $$v = k_3c(H)c(Cl_2)$$

(4) $$v = k_1c(Cl)^2c(M)$$

若反应 $aA + bB + \cdots \longrightarrow gG + dD + \cdots$为基元反应，则

$$v = k\,c_A^a\,c_B^b\,\cdots \tag{4-12}$$

式(4-12)即为基元反应的速率方程式。

3. 非基元反应速率方程的确定

应当注意的是，质量作用定律仅适用于基元反应，对于非基元反应，从反应方程式中是不能给出速率方程的。它必须通过实验，由实验获得有关的数据后，通过数学处理，才能确定速率方程。例如，非基元反应：

$$2NO + 2H_2 \longrightarrow N_2 + 2H_2O$$

$$v \neq k\,c^2(NO)\,c^2(H_2)$$

而是 $$v = k\,c^2(NO)\,c(H_2) \quad \text{(从实验数据得到)}$$

由实验确定速率方程的方法很多，这里只介绍一种比较简单的方法——改变物质数量比例法。例如，对于反应

$$aA + bB \longrightarrow gG + dD$$

可先假设其速率方程为

$$v = k\,c_A^a\,c_B^b$$

然后通过实验来确定 a 和 b 值。实验时在一组反应物中设法保持 A 的浓度不变，而将 B 的浓度加大一倍，若反应速率比原来加大一倍，则可确定 b=1。在另一组反应物中设法保持 B 的浓度不变，而将 A 的浓度加大一倍，若反应速率增加到原来的 4 倍，则可确定 a=2。这种方法特别适用于较复杂的反应。

4. 反应级数

反应速率方程中反应物浓度项的幂指数之和称为反应级数。对于基元反应，速率方程 $v = k\,c_A^a\,c_B^b\,\cdots$中各浓度项的幂次 a，b，…分别称为反应组分 A，B，…的级数。该反应总的反应级数 n 则是各反应组分 A，B，…的级数之和，即 $n = a + b + \cdots$。反应级数与它们的化学计量系数是一致的，基元反应都具有简单的级数。

零级反应：$n = 0$　(一类特殊的反应，速率与浓度无关)；

一级反应：$n = 1$；

二级反应：$n = 2$；以此类推。

而对于非基元反应，速率方程式中的级数一般不等于 $a + b + \cdots$。例如，前述一氧化氮和氢气的反应

$$2NO + 2H_2 \longrightarrow N_2 + 2H_2O$$

根据实验结果 $v = kc^2(NO)c(H_2)$ （所以为三级反应）

而不是 $v \neq kc^2(NO)c^2(H_2)$ （不是四级反应）

复合反应的级数可以是整数或分数，通常是利用实验测定的。例如：

$$H_2(g) + Cl_2(g) \longrightarrow 2HCl(g)$$

反应速率方程为 $v = kc^{1/2}(Cl_2)c(H_2)$，反应为一级半反应。

反应级数反映了反应物浓度对反应速率的影响程度。反应级数越大，反应物浓度对反应速率的影响就越大。

5. 反应速率常数

给定反应速率方程式中的比例系数 k 即为反应速率常数。不同的反应有不同的 k 值。k 值与反应物的浓度无关，而与温度的关系较大，温度一定，速率常数为一定值，速率常数表示反应速率方程中各有关浓度项均为单位浓度时的反应速率。

因为反应速率的单位是 $mol \cdot L^{-1} \cdot s^{-1}$，当反应为一级反应时，速率常数的单位为 s^{-1}，反应为二级反应时，单位为 $mol^{-1} \cdot L \cdot s^{-1}$，以此类推。同一温度下，比较几个反应的 k，可以大略知道它们反应速率的相对大小，k 值越大，则反应越快。

注意：在书写反应速率方程式时，稀溶液中的溶剂、固体或纯液体参与的化学反应，其速率方程式不必列出它们的浓度项。因为其浓度在反应中近似不变，为常数，可并入常数 k 中。

【例 4-7】 在 298.15K 时，测得反应 $2NO + O_2 \longrightarrow 2NO_2$ 的反应速率及有关实验数据如下：

实验编号	初始浓度/($mol \cdot L^{-1}$)		初始速率/($mol \cdot L^{-1} \cdot s^{-1}$)
	$c(NO)$	$c(O_2)$	
1	0.10	0.10	16
2	0.10	0.20	32
3	0.10	0.30	48
4	0.20	0.10	64
5	0.30	0.10	144

求：(1) 上述反应的速率方程式和反应级数；

(2) 速率常数。

解 (1) 设反应的速率为

$$v = kc^a(NO)c^b(O_2)$$

由实验 1、2、3 得 $v \propto c(O_2)$ $b = 1$

由实验 1、4、5 得 $v \propto c^2(NO)$ $a = 2$

所以速率方程为 $v = kc^2(NO)c(O_2)$

总反应级数 $n = 3$

该反应的速率常数可用表中任一实验数据代入速率方程式，即

$$16mol \cdot L^{-1} \cdot s^{-1} = k \times (0.10mol \cdot L^{-1})^2 \times 0.10mol \cdot L^{-1}$$

$$k = 1.6 \times 10^4\ mol^{-2} \cdot L^2 \cdot s^{-1}$$

(从实验数据求 k，一般至少求三个以上 k 值，再取平均值)。

4.2.3　简单反应级数的反应*

1. 零级反应

零级反应的反应速率与反应物的浓度无关，$v=$ 常数。

对零级反应：

$$\mathrm{B}\longrightarrow \mathrm{P}$$

速率方程：

$$v=-\frac{\mathrm{d}c_{\mathrm{B}}}{\mathrm{d}t}=k_0c_{\mathrm{B}}^0=k_0 \tag{4-13}$$

设反应起始($t=0$)时反应物 B 的浓度为 c_{B_0}，反应进行到 t 时的浓度为 c_{B}，对上式积分：

$$\int_{c_{\mathrm{B}_0}}^{c_{\mathrm{B}}}\mathrm{d}c_{\mathrm{B}}=-k_0\int_0^t\mathrm{d}t$$

由积分公式得

$$c_{\mathrm{B}}-c_{\mathrm{B}_0}=-k_0t \tag{4-14}$$

半衰期 $t_{1/2}$：反应物消耗一半所需的时间。

对零级反应，当 $t=t_{1/2}$ 时，$c_{\mathrm{B}}=c_{\mathrm{B}_0}/2$，则

$$t_{1/2}=\frac{c_{\mathrm{B}_0}}{2k_0} \tag{4-15}$$

$t_{1/2}$ 与初始浓度成正比。

常见的零级反应有表面催化反应和酶催化反应，这时反应物总是过量的，反应速率取决于固体催化剂的有效表面活性位或酶的浓度。还有光化学反应，其反应速率只与光强度有关，与反应物的浓度无关。

零级反应具有如下特征：

(1) 速率常数 k 的量纲为速率单位，即[浓度]·[时间]$^{-1}$：$\mathrm{mol\cdot L^{-1}\cdot s^{-1}}$。

(2) 以 c_{B} 对 t 作图，c_{B}-t 为一直线(图 4-3)，直线的斜率为$-k$，截距为 c_{B_0}。

(3) 反应的半衰期与反应物的起始浓度 c_{B_0} 成正比，与速率常数成反比。

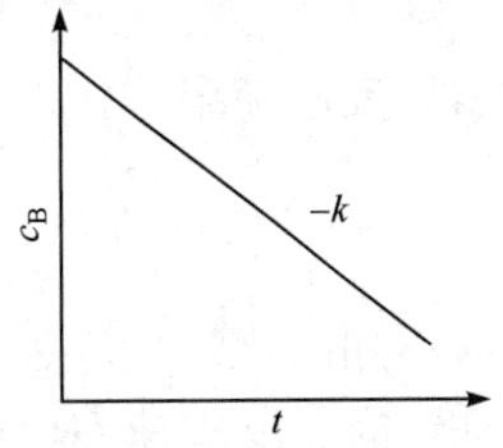

图 4-3　零级反应 c_{B}-t 曲线

2. 一级反应

反应速率只与反应物浓度的一次方成正比的反应为一级反应。对一级反应：

$$\mathrm{B}\longrightarrow \mathrm{P}$$

速率方程：

$$v=-\frac{\mathrm{d}c_{\mathrm{B}}}{\mathrm{d}t}=k_1c_{\mathrm{B}} \tag{4-16}$$

$$-\frac{\mathrm{d}c_{\mathrm{B}}}{c_{\mathrm{B}}}=k_1\mathrm{d}t$$

$$\int_{c_{\mathrm{B}_0}}^{c_{\mathrm{B}}}-\frac{\mathrm{d}c_{\mathrm{B}}}{c_{\mathrm{B}}}=\int_0^t k_1\mathrm{d}t$$

$$-\ln\frac{c_B}{c_{B_0}} = k_1 t$$

$$\ln c_B = \ln c_{B_0} - k_1 t \tag{4-17}$$

将 $c_B = c_{B_0}/2$ 代入，得一级反应半衰期：

$$\ln(c_{B_0}/2) = \ln c_0 - k_1 t_{1/2}$$

$$t_{1/2} = \ln 2/k_1 = 0.696/k_1 \tag{4-18}$$

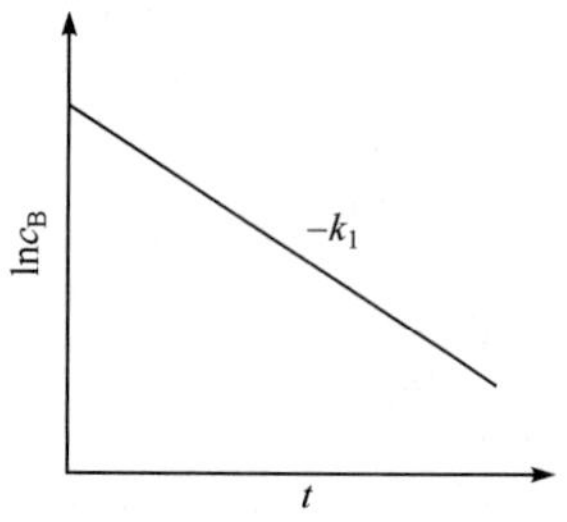

图 4-4　一级反应 c_B-t 曲线

常见的一级反应有有机化合物分解、异构化、放射性衰变。

一级反应具有如下特征：

(1) 速率常数的量纲为[时间]$^{-1}$：s^{-1}。

(2) 以 $\ln c_B$ 对 t 作图得一直线(图 4-4)，直线的斜率为$-k_1$，截距为 $\ln c_{B_0}$。

(3) 反应的半衰期与速率常数成反比，与反应物的起始浓度无关。

3. 二级反应

二级反应有两类：

$$2B \longrightarrow P$$

$$A + B \longrightarrow P$$

二级反应较为复杂，本书不在此介绍。

4.2.4　反应速率理论

1. 碰撞理论简介

不同的化学反应，反应速率的差别可能很大；同样的反应，当反应的条件(如温度和浓度)不一致时，反应速率也可能不同。碰撞理论最早对这些现象做出了解释。碰撞理论认为发生化学反应的前提是反应物分子必须相互碰撞。反应速率与单位体积、单位时间内分子间的碰撞次数成正比，但并不是每次碰撞都能发生反应，否则，反应将在瞬间完成。反应物分子间的大多数碰撞都没有发生反应，是什么原因导致这样的现象呢？碰撞理论认为可归结为以下两个原因。

1) 能量因素

碰撞理论把那些能够发生反应的碰撞称为有效碰撞。碰撞理论认为能发生有效碰撞的分子与普通分子的差异在于它们具有较高的能量。分子无限接近时，要克服斥力。这就要求分子具有足够的运动速度，即能量。具备足够的能量是有效碰撞的必要条件。碰撞理论把那些具有足够高的能量、能够发生有效碰撞的分子称为活化分子。

反应系统中，大量分子的能量彼此是不相等的。因为气体分子运动的动能与其运动速度有关，所以气体分子的能量分布类似于分子的速度分布。图 4-5 中的横坐标为能量，纵坐标 $(\Delta N/N)_{\Delta E}$ 表示能量在 $E \sim (E + \Delta E)$范围内单位能量区间的分子数ΔN 与分子总数 N 的比值(分子分数)。E_K 为气体分子的平均能量，E_0 为活化分子的最低能量。曲线下的面积表示分子分数总和为 100%，阴影部分的面积表示能量不小于 E_0 的分子分数。

活化能就是使普通分子(具有平均能量的分子)转变成活化分子所需的能量。由于反应物分子的能量各不相同，活化分子的能量彼此也不同，只能从统计平均的角度比较反应物分子和活化分子的能量。因此活化能可定义为要使普通分子成为活化分子所需的最小能量，即要使 1mol 具有平均能量的分子转化成活化分子所需吸收的最低能量，用 E_a 表示，单位为 $kJ \cdot mol^{-1}$。

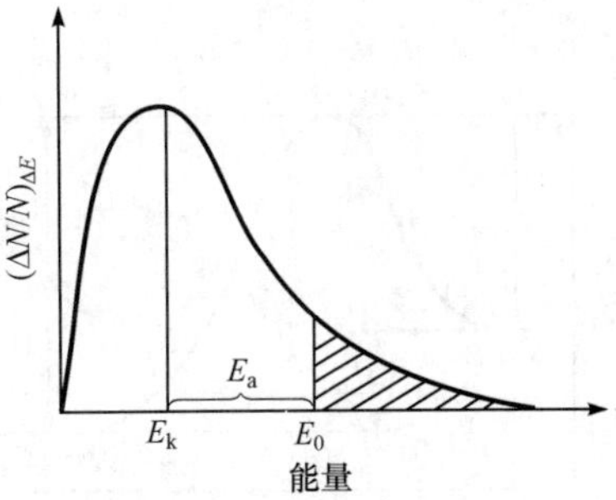

图 4-5　气体分子的能量分布示意图

在一定温度下，反应的活化能越大，其活化分子分数越小，反应速率就越小；反之，反应的活化能越小，其活化分子分数越大，反应速率就越大。

2) 方位因素

由于反应物分子由原子组成，分子有一定的几何构型，分子内原子的排列有一定的方位。碰撞理论认为分子通过碰撞发生化学反应，不仅要求分子有足够的能量，而且要求这些分子要有适当的取向(或方位)。例如，反应：

$$NO_2(g) + CO(g) \longrightarrow NO(g) + CO_2(g)$$

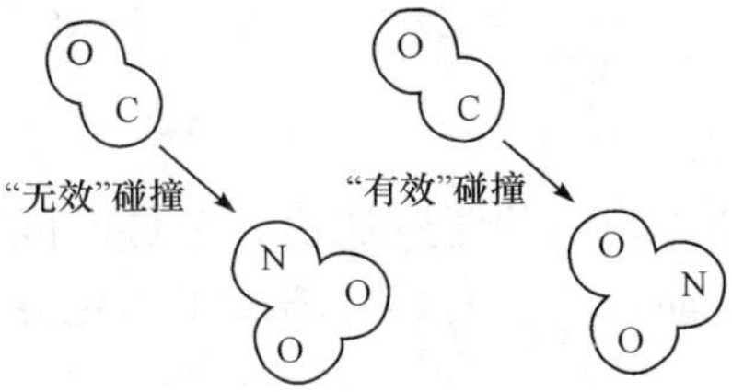

图 4-6　分子碰撞时的不同取向

若分子碰撞时的几何方位不适宜，如图 4-6 所示，CO 中的 C 与 NO_2 中的 N 迎头相碰，尽管碰撞的分子有足够的能量，反应也不能发生。只有方位适宜，CO 中的 C 与 NO_2 中的 O 迎头相碰，才是有效碰撞，可能导致反应的发生。反应物分子的构型越复杂，方位因素(或概率因素)的影响越大。

总之，根据碰撞理论，反应物分子必须有足够的能量，并以适宜的方位碰撞，才能发生反应。碰撞理论比较直观地解释了一些简单的气体双原子反应的反应速率与活化能的关系，以及反应物浓度、反应温度对反应速率的影响等，但没有从分子内部的结构及运动揭示活化能的意义，因而具有一定的局限性。

2. 过渡状态理论简介

过渡状态理论又称为活化配合物理论。该理论认为化学反应不是只通过简单碰撞就生成产物，而是要经过一个反应物分子以一定的构型存在的过渡状态。当具有足够动能的分子彼此以适当的取向发生碰撞时，动能转变为分子间相互作用的势能，引起分子和原子内部结构的变化，使原来以化学键结合的原子间的距离变长，而没有结合的原子间距离变短，形成了过渡状态的构型。埃林(Eyring)等提出过渡状态的构型。

对于反应 A + BC ══ AB + C，其实际过程是

$$A + BC \underset{快}{\rightleftharpoons} A\cdots B\cdots C \longrightarrow AB + C$$

A 与 BC 反应时，A 与 B 接近并产生一定的作用力，同时 B 与 C 之间的键减弱，生成不稳定的[A…B…C]，称为过渡态(transition state)，或活性复合物(activated complex)。图 4-7 表明反应物 A+BC 和生成物 AB+C 均是能量低的稳定状态，过渡态是能量高的不稳定状态。在反应物

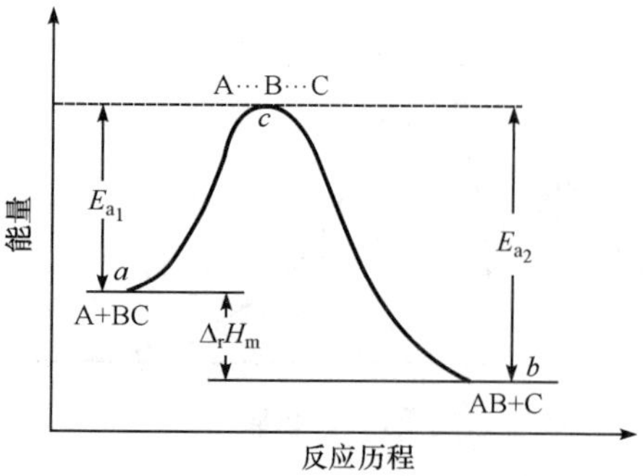

图 4-7　反应途径能量变化示意图

和生成物之间有一道能量很高的势垒，过渡态是反应历程中能量最高的点。

反应物 A＋BC 吸收能量 E_{a_1} 成为过渡态[A···B···C]，E_{a_1} 为正反应的活化能，就是翻越势垒所需的能量，正反应的活化能与逆反应的活化能之差可认为是反应的热效应，即

$$\Delta_rH_m = E_{a_1} - E_{a_2}$$

过渡态极不稳定，很容易分解成原来的反应物(快反应)，也可能分解得到生成物(慢反应)。从原则上讲，只要知道过渡态的结构，就可以运用光谱数据及量子力学和统计力学的方法，计算化学反应的动力学参数，如速率常数 k 等。过渡态理论考虑了分子结构的特点和化学键的特征，较好地揭示了活化能的本质，这是该理论的成功之处。然而对于复杂的反应系统，过渡态的结构难以确定，而且量子力学对多质点系统的计算也是至今尚未彻底解决的困难问题。这些因素造成了过渡态理论在实际反应系统中应用的困难。

4.2.5　影响化学反应速率的因素

1. 温度对反应速率的影响

一般来说，温度升高，反应速率加快。温度升高，分子的运动速度加快，单位时间内的碰撞频率增加；系统的平均能量增加，分子的能量分布曲线明显右移，增加了活化分子百分数。

(1) 1884 年，范特霍夫提出：对于反应物浓度（或分压）不变的一般反应，温度每升高 10K，反应速率一般增加 2～4 倍，即

$$\frac{v_{t+10}}{v_t} = \frac{k_{t+10}}{k_t} = 2\sim4 \tag{4-19}$$

式中：v_t、v_{t+10} 分别为温度 t℃、$(t+10)$℃时的反应速率；k_t、k_{t+10} 分别为温度 t℃、$(t+10)$℃时的反应速率常数。在温度变化不大或不需精确数值时，可利用式(4-19)粗略地估计温度对速率的影响。

(2) 1889 年，阿伦尼乌斯在大量实验事实的基础上，建立了速率常数与温度之间的定量关系式——阿伦尼乌斯公式，即

$$k = A\mathrm{e}^{-E_a/RT} \tag{4-20}$$

式中：A 为常数，称指前因子，它与温度、浓度无关，不同反应的 A 值不同，其单位与 k 值相同；R 为摩尔气体常量；T 为热力学温度；E_a 为活化能，对某一给定反应，E_a 为定值，在反应温度区间变化不大时，E_a 和 A 不随温度而改变。由式(4-20)可见，k 与温度 T 呈指数关系，温度微小的变化将导致 k 值较大的变化。

对式(4-20)取对数，阿伦尼乌斯方程也可表示为

$$\ln k = -\frac{E_a}{RT} + \ln A \quad 或 \quad \lg k = -\frac{E_a}{2.303RT} + \lg A$$

$\lg k$-$1/T$ 曲线如图 4-8 所示。

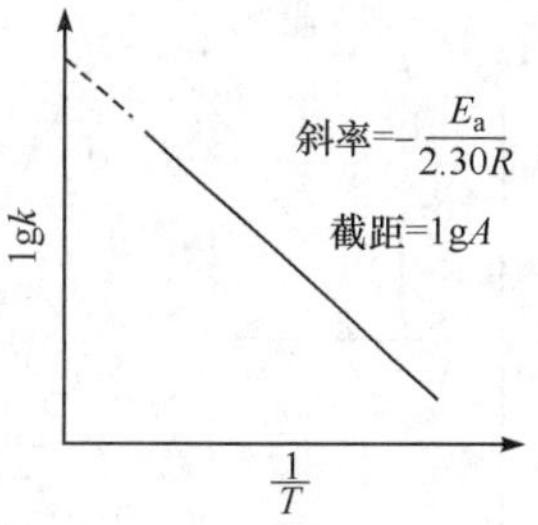

图 4-8　$\lg k$–$1/T$ 曲线

若已知反应的活化能，在温度 T_1 时：$\ln k_1 = -E_a/RT_1 + \ln A$；在温度 T_2 时：$\ln k_2 = -E_a/RT_2 + \ln A$。

两式相减得

$$\ln\frac{k_1}{k_2} = -\frac{E_a}{R}\left(\frac{1}{T_1} - \frac{1}{T_2}\right) \tag{4-21}$$

【例 4-8】 某反应温度从 27℃升至 37℃时，其速率常数增加一倍，求此反应的活化能。

解

$$\ln\frac{1}{2} = -\frac{E_a}{8.314\text{J}\cdot\text{mol}^{-1}\cdot\text{K}^{-1}}\left(\frac{1}{300\text{K}} - \frac{1}{310\text{K}}\right)$$

$$E_a = 5.36\times10^4\text{J}\cdot\text{mol}^{-1} = 53.6\text{kJ}\cdot\text{mol}^{-1}$$

2. 浓度对反应速率的影响

(1) 根据反应速率方程式：

$$v = k\,c_A^a\,c_B^b$$

一般化学反应(除零级反应外)的反应速率随反应物浓度的增大而增大。

(2) 根据反应速率理论，对于一确定的化学反应，一定温度下，反应物分子中活化分子所占的百分数是一定的，因此单位体积内的活化分子的数目与单位体积内反应分子的总数成正比，也就是与反应物的浓度成正比。当反应物浓度增大时，单位体积内分子总数增加，活化分子的数目相应也增多，单位体积、单位时间内的分子有效碰撞的总数也就增多，因而反应速率加快。

3. 催化剂对反应速率的影响

催化剂是一种只要少量存在就能显著改变化学反应速率，但不改变化学反应的平衡位置，而且在反应结束时，其自身的质量、组成和化学性质都保持不变的物质。能加快反应速率的催化剂称正催化剂，简称催化剂；减慢反应速率的催化剂称负催化剂，或阻化剂、抑制剂。催化剂对化学反应的作用称为催化作用。虽然催化剂并不消耗，但是实际上它参与了化学反应，并改变了反应机理。催化反应都是复合反应，催化剂在其中的一步基元反应中被消耗，在后面的基元反应中又再生。

1) 催化剂的特点

(1) 催化剂只能改变反应历程，不能改变反应的始态和终态，即只能加速化学平衡的到达，不能改变化学平衡的状态或位置。催化剂之所以能改变反应速率，是因为参与了反应过程，改变了原来反应的途径，因而改变了活化能，同时改变了正、逆反应速率。例如，反应：

$$A + B \longrightarrow AB$$

当有催化剂 Z 存在时，改变了反应的途径，使之分为两步：

$$A + Z \longrightarrow AZ \qquad \text{活化能为 } E_1$$

$$AZ + B \longrightarrow AB + Z \qquad \text{活化能为 } E_2$$

由于 E_1、E_2 均小于 E_a(图 4-9)，所以反应速率加快了。

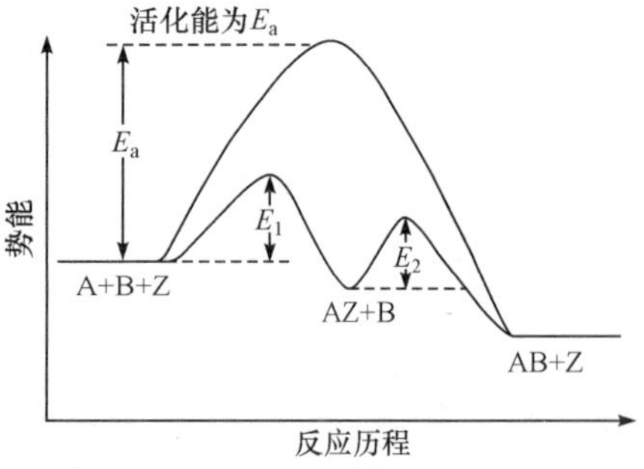

图 4-9　催化剂改变反应途径示意图

催化剂加速反应速率往往是很惊人的。例如，在 503K 时分解 HI 气体，若无催化剂，E_a为 184kJ · mol^{-1}；以 Au 作催化剂时，E_a降至 104.6kJ · mol^{-1}。由于E_a降低了 80kJ · mol^{-1}，可使反应速率增大 1 亿多倍。

(2) 催化剂不改变反应系统的热力学状态，不影响化学平衡。从热力学的观点看，反应系统中始态的反应物和终态的生成物，它们的状态不因为是否使用催化剂而改变。所以反应的$\Delta_r G_m$不受影响，即“状态函数的变化与途径无关”。使用催化剂不改变平衡常数，只能加快反应的速率，缩短达到平衡所需的时间。

从图 4-9 可以清楚地看出，非催化历程和催化历程的热效应是一样的。使用催化剂后，逆反应的活化能也同样降低了，催化剂可以同时提高正反应与逆反应的速率。

热力学上不可能发生的反应，使用任何催化剂都不能使之发生。

(3) 催化剂具有一定的选择性。每种催化剂都有其使用的范围，只能催化某一种类或某几个反应，有的甚至只能催化某一个反应，不存在万能的催化剂。

(4) 反应过程中催化剂本身会发生变化。尽管反应前后催化剂的质量和某些化学性质不变，但催化剂的某些物理性状，特别是表面性状会发生变化。例如，MnO_2在催化$KClO_3$分解放出氧的反应完成后，其虽仍为MnO_2，但其晶体变为细粉。另外，某些杂质对催化剂的性能有很大的影响。有些物质可增强催化功能，在工业上用作“助催化剂”；有些物质则减弱催化功能，称为“抑制剂”；还有些杂质严重阻碍催化功能，甚至使催化剂“中毒”，完全失去催化功能，这种杂质称为“毒物”。所以工业生产中使用的催化剂必须经常“再生”或补充。

2) 酶及其催化作用

几乎所有的生物反应都是被酶催化的。当前对酶的结构和酶反应机理的研究是生物化学最重要的研究领域之一。酶是一类结构和功能特殊的蛋白质，存在于动物、植物和微生物中。生物体内各种各样的生物化学变化几乎都要在不同的酶催化下才能进行。例如，食物中蛋白质的水解(消化)，在体外需在强酸(或强碱)条件下煮沸相当长的时间，而在人体内正常体温下，在胃蛋白酶的作用下短时间内即可完成。

酶催化作用有以下特点：

(1) 高度的专一性。酶催化作用选择性很强，一种酶往往只对一种特定的反应有效，而非酶催化剂没有这样严格的选择性。例如，淀粉酶只能水解淀粉，脲酶只能将尿素转化为NH_3和CO_2。酶催化的选择性甚至达到原子水平，只要底物(在讨论酶催化作用时常将反应物称为底物)分子中有一个基团、一个原子的增减或空间取向不同，某些酶就能将其区分开来，从而表现出对底物有无催化作用。

(2) 高的催化效率。酶催化效率比通常的无机或有机催化剂高出10^8～10^{12}倍。其高效催化在于它能大大降低反应的活化能。例如，过氧化氢酶催化H_2O_2分解为O_2和H_2O的效率是Fe^{3+}催化的10^{10}倍。凭借着过氧化氢酶的高效催化作用，可保证H_2O_2不在体内积蓄，从而对基体起到保护作用。又如，存在于血液中的碳酸酐酶能催化H_2CO_3分解为CO_2和H_2O，1 个碳酸酐酶分子 1min 可以催化1.9×10^7个H_2CO_3分解。正是因为血液中存在如此高效的催化剂，才能及时完成排放CO_2的任务，维持血液的正常生理 pH。

(3) 温和的催化条件。一般化工生产常用高温高压条件、强酸性或强碱性介质等。酶催化反应条件温和，在生物体内进行时，通常是在常温常压下，中性或近中性介质中反应。例如，根瘤菌在常温常压下，在田间土壤中固定空气中的氮，使之转化为氨态氮。

(4) 特殊的酸碱环境需求。酶具有许多极性基团，因此溶液的 pH 对酶的活性影响很大。酶只在一定的 pH 范围内才表现出其活性。若溶液偏离最佳 pH 时，酶的活性就降低或完全消失。

酶也可以结合一些非底物的分子，导致酶的失活，这些分子称为酶的抑制剂。许多药物就是生物酶的特异性抑制剂。例如，减肥药物赛尼克(Xenical)就是人胃肠道脂肪酶的特异性抑制剂。如果脂肪不能分解成单酰基甘油和脂肪酸，就不能被人吸收。因此，服用赛尼克可以有效降低人体吸收的脂肪量，使人体减肥，同时对肥胖有关的疾病也会有一些良好的效果。不过有一利也有一弊，抑制脂肪吸收会同时降低对脂溶性维生素(如维生素 D、维生素 E 和β-胡萝卜素)的吸收，因此肥胖患者在服用赛尼克时，医生也建议在服用 2 小时后，再服用一些复合维生素制剂，以补充被药物减少吸收的维生素。

3) 降低化学反应速率的方法

当想保存或保持某些物质时，我们希望这些物质发生化学反应的速率越慢越好，如食物变质、药品失效、材料老化、书画褪色、文物腐朽等。那么有没有方法减缓反应的速率呢？前面说过，影响反应速率的因素包括：①反应物的浓度；②反应温度；③反应途径的选择和该途径的活化能。我们能够控制这些因素吗？

首先，关于反应物浓度，降低反应物的浓度可以有效降低反应速率。因此，在保存一个物质时，我们应该尽量降低这个物质或者与这个物质发生反应的物质的浓度。例如，食物和药物的氧化是变质的一个重要原因，在保存时，可以将它们装入密封包装中隔绝空气，并在包装中加入铁粉作脱氧剂。铁粉自身被氧化后可以把密封包装中的氧气消耗殆尽，因此大大延长食物和药物的保存时间。

其次，降低反应温度可以有效降低反应速率。现在，我们已经普遍地将食物和药品保存在冰箱中，将生物样品保存在液氮甚至液氦条件下。不过，某些物质在低温下会发生一些意想不到的物理变化。例如，橡胶在低温会变得易脆等；低温下溶剂水结冰，这些细小的冰晶会划伤正在冷冻保存的细胞或活的生物样品。

最后，关于反应的途径控制。一个反应的发生可能有不同的途径，有些途径反应快，但是却需要催化剂或其他引发条件。对于这些反应，如果适当控制条件，使可以引发快速反应的催化剂中毒，也就能够实现使反应不能发生或发生速率较慢的目的。使用抗氧化剂阻止衰老过程正是应用了这一策略。

阻止人体衰老一直是人们不断努力的一个梦想。人体衰老有两个主要原因：一是由基因控制的过程，目前还不知道如何干预基因的表达，使人类的寿命延长；二是在生命过程中不断受到的氧化损伤，导致基因突变和人体的各种代谢性、退行性病变，如癌症、心脑血管疾病、老年痴呆症和糖尿病等。因此，阻止机体受到氧化损伤可以有效地预防癌症和各种退行性病变的发生。导致氧化损伤的主要是一些活性氧(ROS)物种，主要包括 $\cdot O_2^-$，H_2O_2 和 $\cdot OH$。人体中存在一些保护性的酶，如超氧化物歧化酶(SOD)和过氧化物酶等，它们可以催化 $\cdot O_2^-$和 H_2O_2 的分解，使它们的浓度降到很低的水平。但是 $\cdot OH$ 是一个非常活泼的自由基，一旦生成必然导致某种分子的氧化损伤。而导致 $\cdot OH$ 产生的是一个靠铁离子催化的反应——芬顿(Fenton)反应和

哈伯 · 韦斯(Haber-Weisz)反应：

$$Fe^{2+} + H_2O_2 \longrightarrow Fe^{3+} + \cdot OH + OH^-$$

$$Fe^{3+} + e^-(\text{细胞内的还原剂提供}) \longrightarrow Fe^{2+}$$

因此，一旦人体细胞内出现铁的异常积累，就会导致细胞氧化损伤的发生。一些金属配合剂，如水杨酸可以和铁离子结合，使之失去引发 · OH 自由基生成的能力。此外，一些植物抗氧化剂分子，如番茄红素(番茄)、白藜芦醇(葡萄)和姜黄素(姜黄、咖喱粉的主要成分)等，可以诱导人体细胞Ⅱ相代谢酶的表达。这些Ⅱ相代谢酶中，一部分酶可以催化 ROS 自由基分解，另一部分可以将细胞因氧化而形成的有毒分子排出体外。番茄红素、白藜芦醇和姜黄素等抗氧化剂分子已被证明可有效地预防前列腺癌、肝癌等癌症的发生。

习　题

4-1　已知下列反应在 298.15K 的平衡常数：

(1) $SnO_2(s) + 2H_2(g) \rightleftharpoons 2H_2O(g) + Sn(s)$　　$K_1^\ominus = 21$

(2) $H_2O(g) + CO(g) \rightleftharpoons H_2(g) + CO_2(g)$　　$K_2^\ominus = 0.034$

计算反应 $2CO(g) + SnO_2(s) \rightleftharpoons Sn(s) + 2CO_2(g)$在 298.15K 时的平衡常数 $K^\ominus$。

4-2　在 317K，反应 $N_2O_4(g) \rightleftharpoons 2NO_2(g)$的平衡常数 $K^\ominus$=1.00。分别计算当系统总压为 400kPa 和 800kPa 时 $N_2O_4(g)$的平衡转化率，并解释计算结果。

4-3　在 2033K 和 3000K 的温度条件下混合等物质的量的 N_2 和 O_2，发生如下反应：

$$N_2(g) + O_2(g) \rightleftharpoons 2NO(g)$$

平衡混合物中 NO 的体积分数分别是 0.80%和 4.5%。计算两种温度下反应的 $K^\ominus$，并判断该反应是吸热反应还是放热反应。

4-4　在糖酵解过程中的一个关键反应为

$$\text{葡萄糖} + ATP \rightleftharpoons \text{葡萄糖-6-磷酸} + ADP + H^+$$

假设此反应在 pH = 7.0 的条件下进行，已知此反应的 $\Delta_r G_m^\ominus$ =–4.0kJ · mol^{-1}。现将 1.0mmol · L^{-1} 葡萄糖和 1.0mmol · L^{-1}ATP 混合，在 25℃时达到平衡。求此条件下平衡时各物种的浓度和葡萄糖的转化率。

4-5　373K 时，光气分解反应 $COCl_2(g) \rightleftharpoons CO(g) + Cl_2(g)$的平衡常数 $K^\ominus$=8.0×10^{-9}，$\Delta_f H_m^\ominus$ ($COCl_2$, g) =104.6kJ · mol^{-1}，试求：

(1) 373K 下反应平衡后，总压力为 202.6kPa 时 $COCl_2(g)$的解离度；

(2) 反应的 $\Delta_r S_m^\ominus$。

4-6　25℃时，反应 $2H_2O_2(g) \rightleftharpoons 2H_2O(g) + O_2(g)$的$\Delta_r H_m^\ominus$为–210.9kJ · mol^{-1}，$\Delta_r S_m^\ominus$为 131.8J · mol^{-1} · K^{-1}。试计算该反应在 25℃和 100℃时的 $K^\ominus$，计算结果说明什么问题？

4-7　292K 时血红蛋白(Hb)的氧合反应 $Hb(aq) + O_2(g) \rightleftharpoons HbO_2(aq)$的 $K_1^\ominus$=85.5。若 292K 时，空气中 $p(O_2)$=20.2kPa，O_2 在水中的溶解度为 2.3×10^{-4}mol · L^{-1}，试求反应 $Hb(aq) + O_2(aq) \rightleftharpoons HbO_2(aq)$的 $K_2^\ominus$和 $\Delta_r G_{m,2}^\ominus$。

4-8　已知下列物质在 298K 时的标准摩尔生成吉布斯自由能变分别为：

物质	$NiSO_4 \cdot 6H_2O(s)$	$NiSO_4(s)$	$H_2O(g)$
$\Delta_r G_m^\ominus$/(kJ · mol^{-1})	–2221.7	–773.6	–228.4

(1) 计算反应 $NiSO_4 \cdot 6H_2O(s) \rightleftharpoons NiSO_4(s) + 6H_2O(g)$在 298K 时的标准平衡常数 $K^\ominus$。

(2) 求算 298K 时水在固体 $NiSO_4 \cdot 6H_2O(s)$上的平衡蒸气压。

4-9　已知反应 $2SO_2(g) + O_2(g) \longrightarrow 2SO_3(g)$在 427℃和 527℃时的 $K^{\ominus}$ 值分别为 1.0×10^5 和 1.1×10^2，求该温度范围内反应的 $\Delta_r H_m^{\ominus}$。

4-10　某基元反应 $A + B \longrightarrow C$ 在 1.20L 溶液中发生，当 A 为 4.0mol，B 为 3.0mol 时，v 为 $0.0042\text{mol} \cdot L^{-1}s^{-1}$，计算该反应的速率常数，并写出该反应的速率方程式。

4-11　在 301K 时鲜牛奶大约 4.0h 变酸，但在 278K 的冰箱中可保持 48h。假定反应速率与变酸时间成反比，求牛奶变酸反应的活化能。

4-12　已知青霉素 G 的分解反应为一级反应，37℃时其活化能为 $84.8\text{kJ} \cdot \text{mol}^{-1}$，指前因子 A 为 $4.2\times10^{12}h^{-1}$，求 37℃时青霉素 G 分解反应的速率常数。

4-13　某患者发烧至 40℃时，体内某一酶催化反应的速率常数增大为正常体温(37℃)时的 1.25 倍，求该酶催化反应的活化能。

4-14　反应 $C_2H_5Br(g) = C_2H_4(g) + HBr(g)$在 650K 时 k 为 $2.0\times10^{-5}s^{-1}$，在 670K 时 k 为 $7.0\times10^{-5}s^{-1}$，求 690K 时的 k。

4-15　$(CH_2)_2O$ 分解反应$(CH_2)_2O \longrightarrow C_2H_4 + H_2O$ 的实验数据如下：

t/s	0	200	400	600	800
$c[(CH_2)_2O]/(\text{mol} \cdot L^{-1})$	0.01000	0.00916	0.00839	0.00768	0.00703

(1) 计算反应在 200～600s 的平均速率。

(2) 用浓度对时间作图，求反应 400s 时的瞬时速率。

第 5 章　电解质溶液
(Electrolyte Solution)

学习要求

(1) 熟悉弱电解质解离平衡。
(2) 了解近代酸碱理论的基本概念。
(3) 了解强电解质离子相互作用理论、活度系数、离子强度等概念。
(4) 掌握各种平衡的计算原理与方法。
(5) 掌握缓冲溶液的缓冲原理与配制方法。
(6) 掌握溶度积的概念及溶度积与溶解度的换算。
(7) 了解影响沉淀溶解平衡的因素，利用溶解度原理判断沉淀的生成与溶解。
(8) 掌握沉淀溶解平衡的相关计算。

电解质(electrolyte)是指溶于水中或熔融状态下能导电的化合物。通过溶液的导电性实验可以区分电解质溶液与非电解质溶液。

由于电解质的种类不同，它们在溶液中的状态和性质就有所不同。人体体液和组织中含有许多电解质离子，如 Na^+、K^+、Ca^+、Mg^{2+}、CO_3^{2-}、HCO_3^-、$H_2PO_4^-$、HPO_4^{2-}、Cl^-、SO_4^{2-}等，它们在体液中的状态及含量，关系到体内的渗透平衡、体液的酸碱度及无机盐代谢平衡，并对神经、肌肉等组织的生理和生物化学功能起着重要的作用。人体的许多疾病的病理生理变化与酸碱平衡有关。因此，学习有关电解质溶液中的解离平衡规律以及有关计算等知识，对医学专业的学生具有重要意义。

5.1　强电解质溶液理论

电解质可分为强电解质和弱电解质两类。强电解质(strong electrolyte)是指在水溶液中能完全解离成离子的化合物，包括离子型(如 NaCl、$CuSO_4$ 等)或强极性分子(如 HCl 等)化合物。弱电解质(weak electrolyte)则指在水溶液中部分解离成离子的化合物，如 HAc、NH_3 等。它们在水溶液中只有很少部分解离成离子，大部分还是以分子的形式存在于溶液中。解离生成的离子又可重新组合成分子，因此解离过程是可逆的，在溶液中存在动态的解离平衡。

电解质的解离程度可用解离度表示，解离度(degree of dissociation)是指电解质溶液达到解离平衡时，已解离的分子数和原有的分子总数之比。

$$\text{解离度}(\alpha)=\frac{\text{已解离的分子数}}{\text{原有分子总数}} \tag{5-1}$$

解离度α的量纲为一，习惯上用百分率来表示，其大小与电解质的本性、浓度、溶剂性质及温度有关，可通过测定电解质溶液的依数性，如ΔT_f、ΔT_b或Π等求得。

不同电解质的解离度差别很大。一般将 $0.1\text{mol}\cdot\text{kg}^{-1}$ 的电解质溶液中解离度大于 30%的称为强电解质，解离度小于 5%的称为弱电解质，而解离度为 5%～30%的称为中强度电解质。

实验证明，强电解质在水溶液中都是以离子形式存在的，理论上它们的解离度应为 100%，但实验事实表明并非如此。表 5-1 列出了 298.15K 时一些电解质的解离度。

表 5-1　强电解质的解离度(298.15K, $0.1\text{mol}\cdot\text{kg}^{-1}$)

电解质	HCl	HNO_3	H_2SO_4	NaOH	$Ba(OH)_2$	KCl	$ZnSO_4$
解离度/%	92	92	61	91	81	86	40

由表 5-1 可见，这些强电解质的解离度都不到 100%。为了解释实验测得的强电解质解离度小于 100%，1923 年德拜(Debye)和休克尔(Hückle)提出了强电解质溶液离子相互作用理论(ion interaction theory)。

5.1.1　离子相互作用理论

离子相互作用理论的要点是：强电解质在水中是全部电离的，溶液中离子浓度较大；离子间由于静电力相互作用，每一个离子周围都被较多的电荷相反的离子和较少的电荷相同的离子包围着，形成球形对称分布的离子氛(ion atmosphere)，而且每一个离子氛的中心离子同时又是相近离子的离子氛成员(图 5-1)。离子在不断地运动着，离子氛不断形成，又不断拆散，结果使离子自由活动的能力降低。由于离子氛的存在，离子间作用加强，离子互相牵制，使得每个离子不能完全发挥其作为独立的自由离子的作用。当外电场作用时，中心离子向一极运动而离子氛向另一极运动，使得离子运动速度减慢，故由电导测得的解离度就相应地减小。

另外，在强电解质溶液中，特别是浓度不低时，还存在离子缔合现象，即正、负两种离子结合形成离子对(ion pair)，它们是独立的、电中性的单元。离子对存在的时间很短，会因热运动而被冲散。

强电解质溶液的浓度越大，离子氛作用越强，解离度下降得越显著，可见强电解质的解离度与弱电解质的解离度意义不同，后者反映电解质解离的百分数，而前者表示溶液中离子间互相牵制作用的大小，因此这种解离度称为表观解离度(degree of apparent dissociation)。只有在无限稀释的溶液中，强电解质溶液中的离子才能完全自由，因为溶液浓度越稀，相反电荷的离子分离得越远，这种相互作用也就越小。由于离子氛和离子对的存在，强电解质溶液中的离子并不是独立的自由离子，不能完全自由运动，因而不能百分之百地发挥离子应有的效能。实验测得强电解质溶液的依数性、电导率等数值比理论上以自由离子存在时要小。

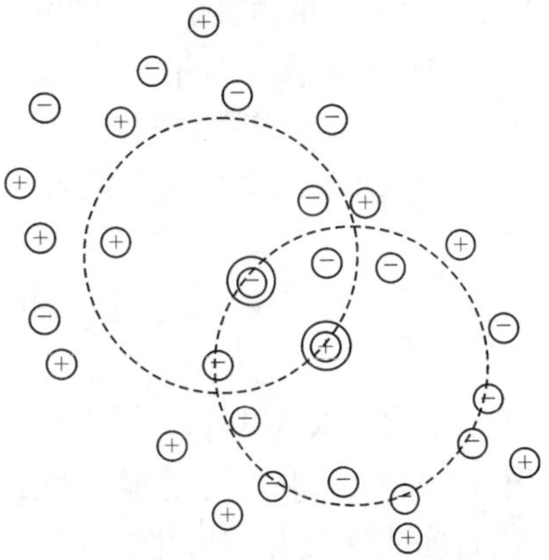

图 5-1　离子氛示意图

5.1.2　离子的活度和活度系数

由于强电解质溶液中离子间的相互牵制作用，溶液中能起作用的离子浓度，即离子的有效浓度总比理论浓度要小，我们将离子的有效浓度称为活度(activity)，用 a 表示。液态和固态的

纯物质以及稀溶液中的水，活度视为 1。活度 a_B 与溶液的浓度 c_B 的关系为

$$a_B = \gamma_B \cdot c_B / c^{\ominus} \quad (5\text{-}2)$$

式中：γ_B 称为溶液中溶质 B 粒子的活度系数(activity coefficient)，$c^{\ominus}$ 为溶质 B 的标准态浓度(即 $1 mol \cdot L^{-1}$)。活度和活度系数的单位为 1。一般来说，数值上 $a_B < c_B$，故 $\gamma_B < 1$。溶液越稀，离子间的距离越大，离子间的牵制作用越弱，离子氛和离子对出现的机会越少，活度与浓度间的差别越小。可见活度因子反映了溶液中离子间相互牵制作用的大小。当强电解质溶液中的离子浓度很小，且离子所带的电荷数也少时，活度接近浓度，即 $\gamma_B \approx 1$；溶液中的中性分子也有活度与浓度的区别，但不像离子差别那么大，通常把中性分子的 γ_B 视为 1；对于弱电解质，因其离子浓度很小，一般把弱电解质的 γ_B 也视为 1。

5.1.3 离子强度和活度系数

离子的活度系数是溶液中离子间作用力的反映，与溶液中所有离子的浓度和所带电荷有关。这种影响可用离子强度(ionic strength)概念表达，其定义为

$$I = \frac{1}{2} \sum c_i z_i^2 \quad (5\text{-}3)$$

式中：c_i 和 z_i 分别为溶液中第 i 种离子的浓度和该离子的电荷数；I 的单位为 $mol \cdot L^{-1}$。

离子强度反映了离子间作用的强弱，值越大，离子间的作用力越大，活度系数就越小；反之，值越小，离子间的作用力越小，活度系数就越大。德拜和休克尔从理论上导出稀溶液中某离子的活度系数与溶液的离子强度的关系为

$$\lg \gamma_i = -A z_i^2 \sqrt{I} \quad (5\text{-}4)$$

式中：z_i 为离子 i 的电荷数，在 298.15K 的水溶液中 A 值为 0.509。

在生物的体液中含有一定量的多种电解质离子。例如，人的血液中离子强度约为 $0.16 mol \cdot L^{-1}$。离子强度对酶、激素和维生素的功能的影响不能忽视。但本书除特别注明外，对稀溶液一般不考虑活度因子的校正，直接用浓度代替活度。

5.2 酸碱质子理论与酸碱平衡

人们对酸、碱的认识经历了一个由浅入深、由感性到理性、由低级到高级的认识过程。17 世纪中叶，波义耳从实际观察中提出，酸有酸味，并能使蓝色石蕊试液变红；碱有涩味，并能使红色石蕊试液变蓝。18 世纪后期，化学研究使人们从物质的内在性质来认识酸碱，拉瓦锡提出氧元素是酸的必要成分。19 世纪初，盐酸、氢碘酸、氢氰酸等均已发现，研究表明，它们均不含氧而皆含氢，于是戴维(David)又提出氢是酸的基本元素。到了 19 世纪 80 年代，瑞典化学家阿伦尼乌斯第一次提出了酸碱电离理论，该理论认为：在水溶液中，凡是电离(ionization)时所产生的阳离子(cation)全部是氢离子的物质就是酸，而凡是电离时所生成的阴离子(anion)全部是氢氧根(hydroxide radical)离子的物质就是碱；酸与碱反应得到的产物是盐(salt)和水；弱酸盐或弱碱盐在水中能发生水解(hydrolysis)，生成相应的弱酸或相应的弱碱。酸碱中和反应的实质就是 H^+ 和 OH^- 结合为 H_2O 的反应。酸碱的相对强弱可以根据它们在水溶液中解离出 H^+ 或 OH^- 程度的大小来衡量，在水中能全部电离的酸和碱称为强酸和强碱，只有部分电离的酸和碱称为

弱酸和弱碱。当然，各种理论都有其自身一定的局限性，酸碱电离理论也不例外，它把酸、碱仅限于水溶液，又把碱限制为氢氧化物等。本章为了能够更好地说明酸、碱以及酸碱平衡的有关规律，将主要以酸碱质子理论来讨论酸碱平衡及有关应用。

5.2.1　酸、碱与酸碱反应的实质

根据酸碱质子理论，酸和碱不是彼此孤立的，而是统一在一个质子的关系上。凡是能给出质子(H^+, proton)的物质就是酸，而凡是能接受质子的物质就是碱。当一种酸给出质子之后，它的剩余部分就是碱，其关系为

$$\text{酸} \rightleftharpoons \text{碱} + H^+$$

1. 酸、碱的共轭关系与酸碱半反应

乙酸(HAc)能给出质子，按照质子理论，HAc 就是酸，而它的剩余部分 Ac^-由于对质子具有一定的亲和力，还能够接受质子而成为 HAc，故 Ac^-就是碱。两者的对应关系为

$$HAc \rightleftharpoons H^+ + Ac^-$$

这种因一个质子的得失而相互转变的每一对酸碱称为共轭酸碱对(conjugate acid-base pair)。

又如，NH_3 在水溶液中能接受质子，故按照酸碱质子理论，它就是碱；NH_4^+可以失去质子而成为 NH_3，所以 NH_4^+就是 NH_3 的共轭酸(conjugate acid)：

$$NH_3 + H^+ \rightleftharpoons NH_4^+$$

这种酸及其共轭碱(或碱及其共轭酸)相互转变的反应就称为酸碱半反应。再看以下一些酸碱半反应：

$$H_2CO_3 \rightleftharpoons H^+ + HCO_3^-$$

$$HCO_3^- \rightleftharpoons H^+ + CO_3^{2-}$$

$$^+NH_3—CH_2—CH_2—^+NH_3 \rightleftharpoons H^+ + ^+NH_3—CH_2—CH_2—NH_2$$

从以上这些例子可以看出，根据酸碱质子理论，酸或碱可以是中性分子，也可是阴离子或阳离子。酸碱质子理论中没有盐的概念，酸碱电离理论中的盐，在质子理论中都变成了离子酸和离子碱，如 NH_4Cl 中的 NH_4^+是酸，Cl^-是碱。总之，酸比它的共轭碱(conjugate base)多一个质子；或者说碱比它的共轭酸少一个质子。

需要注意的是：

(1) 酸、碱是相对的。同一种物质在不同的介质(medium)或溶剂(solvent)中常具有不同的酸碱性。例如，HCO_3^-在 $HCO_3^- \rightleftharpoons H^+ + CO_3^{2-}$半反应中表现为酸，但是在 $HCO_3^- + H^+ \rightleftharpoons H_2CO_3$ 半反应中，HCO_3^-就成了碱。

(2) 共轭酸碱体系是不能独立存在的。由于质子的半径特别小，电荷密度很大，它只能在水溶液中瞬间出现。因而当溶液中某一种酸给出质子后，必定要有一种碱来接受。例如，HAc 在水溶液中给出质子时，溶剂 H_2O 就是接受质子的碱：

$$HAc(aq) \rightleftharpoons H^+(aq) + Ac^-(aq)$$

酸 1　　　　　　碱 1

$$+)\quad H_2O(l) + H^+(aq) \rightleftharpoons H_3O^+(aq)$$

碱 2　　　　　　酸 2

$$HAc(aq) + H_2O(l) \rightleftharpoons H_3O^+(aq) + Ac^-(aq)$$

酸 1　　碱 2　　　酸 2　　碱 1

反应式中的 H_3O^+称为水合质子(hydrated proton)。此式就是乙酸在水中的解离(dissociation)平衡，平时书写时可以简化为

$$HAc \rightleftharpoons H^+ + Ac^-$$

但不能忽视其中溶剂水分子的作用。另外，考虑到在此所讨论的酸碱平衡大多为在水中的单相离子平衡，为简便起见，平衡关系式中均略去物态符号。若有气体或固体产生，则分别用“↑”和“↓”表示。

2. 酸碱反应的实质

1) 酸碱解离反应

例如，HAc 在水中的解离反应：

$$\overset{H^+}{\longrightarrow}$$

$$HAc \quad + \quad H_2O \rightleftharpoons H_3O^+ \quad + \quad Ac^-$$

酸 1　　碱 2　　酸 2　　碱 1

再如，NH_3 在水中的解离反应：

$$\overset{H^+}{\longleftarrow}$$

$$NH_3 \quad + \quad H_2O \quad \rightleftharpoons \quad OH^- \quad + \quad NH_4^+$$

碱 1　　酸 2　　碱 2　　酸 1

可见，酸碱解离反应是质子的转移反应。

2) 酸碱电离理论中的水解反应

例如，NaAc 在水中的水解反应：

$$\overset{H^+}{\longleftarrow}$$

$$Ac^- \quad + \quad H_2O \quad \rightleftharpoons \quad OH^- \quad + \quad HAc$$

碱 1　　酸 2　　碱 2　　酸 1

再如，NH_4Cl 在水中的水解反应：

$$\overset{H^+}{\longrightarrow}$$

$$NH_4^+ \quad + \quad H_2O \quad \rightleftharpoons \quad H_3O^+ \quad + \quad NH_3$$

酸 1　　碱 2　　酸 2　　碱 1

也可看出，酸碱电离理论中的水解反应同样是质子的转移反应。所以，这种反应在酸碱质

子理论中也属于酸碱解离反应。

3) 酸碱中和反应

例如，NaOH 与 HCl 的中和(neutralization)反应：

$$\overset{H^+}{\overbrace{H_3O^+ + OH^-}} \rightleftharpoons H_2O + H_2O$$

酸 1　　碱 2　　　酸 2　　碱 1

再如，HAc 与 NH_3 的中和反应：

$$\overset{H^+}{\overbrace{HAc + NH_3}} \rightleftharpoons NH_4^+ + Ac^-$$

酸 1　　碱 2　　　酸 2　　碱 1

很明显，前一个反应是由 H_3O^+-H_2O 与 OH^--H_2O 两个共轭酸碱对组成，而后一个反应则是由 HAc-Ac^-与 NH_3-NH_4^+两个共轭酸碱对组成。因此，根据酸碱质子理论，酸碱中和反应实际上是由两个共轭酸碱对共同作用的结果，反应的实质就是两个共轭酸碱对之间质子传递的反应。

3. 溶剂的质子自递反应与水的离子积

在以上例子中可以看到，对于水体系，在酸的解离过程中，水分子接受质子，起了碱的作用；而在碱的解离过程中，溶剂水分子释放质子，起了酸的作用。因此，H_2O 是一种两性溶剂。

由于 H_2O 的两性作用，一个水分子可以从另一个水分子中夺取质子而形成 H_3O^+和 OH^-，即

$$H_2O + H_2O \rightleftharpoons H_3O^+ + OH^-$$

这种仅仅在溶剂分子之间发生的质子传递作用就称为溶剂的质子自递反应，反应的平衡常数称为溶剂的质子自递常数，一般以 $K_s^{\ominus}$表示。对于溶剂水分子来说，水的质子自递常数又称为水的离子积(ionic product)，以 $K_w^{\ominus}$表示：

$$K_w^{\ominus} = \left\{\frac{[H_3O^+]}{c^{\ominus}}\right\} \cdot \left\{\frac{[OH^-]}{c^{\ominus}}\right\} \tag{5-5}$$

式中：$[H_3O^+]$、$[OH^-]$分别表示质子传递作用达到平衡时 H_3O^+、OH^-的平衡浓度；$c^{\ominus}$为标准态浓度，即 $c^{\ominus} = 1mol \cdot L^{-1}$。

为简便起见，本书在平衡常数表示式中常省去 $c^{\ominus}$，故上式可以简写为

$$K_w^{\ominus} = [H_3O^+][OH^-] \tag{5-6}$$

进一步可以用 H^+代表水合质子 H_3O^+：

$$K_w^{\ominus} = [H^+][OH^-] \tag{5-7}$$

298.15K 时，$K_w^{\ominus} = 1.0\times10^{-14}$。

由于水的质子自递反应是吸热反应，则 $K_w^{\ominus}$随温度的升高而增大(表 5-2)。

表 5-2　不同温度时的 $K_w^{\ominus}$

温度/K	273.15	283.15	298.15	323.15	373.15
$K_w^{\ominus}$	1.14×10^{-15}	2.92×10^{-15}	1.00×10^{-14}	5.47×10^{-14}	5.50×10^{-13}

5.2.2 酸碱平衡与酸、碱的相对强度

根据酸碱质子理论，酸或碱的强弱取决于其给出质子或接受质子的能力大小。物质给出质子的能力越强，其酸性也就越强，反之就越弱。同样，物质接受质子的能力越强，其碱性就越强，反之也就越弱。

在水中，酸给出质子或碱接受质子能力的大小可以用酸或碱的解离常数(dissociation constant)$K_a^{\ominus}$或$K_b^{\ominus}$来衡量。

1. 酸碱解离平衡与解离平衡常数

1) 一元弱酸(或弱碱)

例如，HAc 这种一元弱酸，在水溶液中的解离平衡为

$$\mathrm{HAc} \rightleftharpoons \mathrm{H^+ + Ac^-}$$

解离反应的平衡常数为

$$K_a^{\ominus}(\mathrm{HAc}) = \frac{[\mathrm{H^+}]/c^{\ominus} \cdot [\mathrm{Ac^-}]/c^{\ominus}}{[\mathrm{HAc}]/c^{\ominus}} \tag{5-8}$$

$K_a^{\ominus}$(HAc)称为 HAc 的浓度解离常数(或称为浓度平衡常数)。

为简便起见，在平衡常数表示式中省去 $c^{\ominus}$，故上式可以简写为

$$K_a^{\ominus}(\mathrm{HAc}) = \frac{[\mathrm{H^+}][\mathrm{Ac^-}]}{[\mathrm{HAc}]} \tag{5-9}$$

若溶液浓度较大，或离子强度较大，就应采用活度解离常数 $K_a^{\ominus\prime}$(HAc)(或称为活度平衡常数)，即

$$K_a^{\ominus\prime}(\mathrm{HAc}) = \frac{a(\mathrm{H^+})a(\mathrm{Ac^-})}{a(\mathrm{HAc})} \tag{5-10}$$

根据活度与浓度之间的关系得

$$K_a^{\ominus\prime}(\mathrm{HAc}) = \frac{a(\mathrm{H^+})a(\mathrm{Ac^-})}{a(\mathrm{HAc})} = \frac{\gamma(\mathrm{H^+})[\mathrm{H^+}]\gamma(\mathrm{Ac^-})[\mathrm{Ac^-}]}{\gamma(\mathrm{HAc})[\mathrm{HAc}]}$$

由于 γ(HAc)≈1，则

$$K_a^{\ominus\prime}(\mathrm{HAc}) = \gamma(\mathrm{H^+})\gamma(\mathrm{Ac^-})\frac{[\mathrm{H^+}][\mathrm{Ac^-}]}{[\mathrm{HAc}]} = \gamma(\mathrm{H^+})\gamma(\mathrm{Ac^-})K_a^{\ominus}(\mathrm{HAc}) \tag{5-11}$$

可见，只有当溶液浓度较稀或离子强度较小时，$K_a^{\ominus\prime}(\mathrm{HAc}) \approx K_a^{\ominus}(\mathrm{HAc})$。因此，当溶液离子强度较小时可以采用活度解离常数代替浓度解离常数，不加以区分，一般以 $K_a^{\ominus}$表示。本章讨论中若未加以说明，在浓度平衡常数表达式中所代入的常数值都是活度平衡常数的值。注意，本书所附的解离常数都是活度解离常数。

一般 $K_a^{\ominus}$越大，表明该弱酸的解离程度越大，给出质子的能力就越强。

再如氨这种一元弱碱，在水溶液中的解离平衡为

$$\mathrm{NH_3 + H_2O} \rightleftharpoons \mathrm{NH_4^+ + OH^-}$$

解离反应的平衡常数(浓度解离常数)为

$$K_b^{\ominus}(\mathrm{NH_3}) = \frac{[\mathrm{NH_4^+}][\mathrm{OH^-}]}{[\mathrm{NH_3}]} \tag{5-12}$$

同样，$K_b^\ominus$越大，表明该弱碱的解离平衡正向进行的程度越大，接受质子的能力就越强。

一般认为，$K^\ominus>1$ 的酸(或碱)为强酸(strong acid)(或强碱，strong base)；$K^\ominus$在 10^{-3}～1 的酸(或碱)为中强酸(或碱)；$K^\ominus$在 10^{-7}～10^{-4} 的酸(或碱)为弱酸(weak acid)(或弱碱，weak base)；若酸(或碱)的 $K^\ominus<10^{-7}$，则称为极弱酸(或极弱碱)。当然，这种划分也不是绝对的。

根据 $K^\ominus$值的大小可以比较酸(或碱)的相对强弱。

例如，25℃时，HAc 在水中的 $K_a^\ominus = 1.74\times10^{-5}$；而 HCN 的 $K_a^\ominus = 6.17\times10^{-10}$。显然 HCN 在水体系中给出质子的能力较 HAc 弱，故相对而言 HAc 的酸性较 HCN 的强。

再如，25℃时，NH_3 在水中的 $K_b^\ominus = 1.79\times10^{-5}$；而苯胺($C_6H_5NH_2$)的 $K_b^\ominus = 3.98\times10^{-10}$。显然 NH_3 在水体系中接受质子的能力较苯胺强，故相对而言，苯胺的碱性较 NH_3 的弱。

对于一定的酸、碱，$K_a^\ominus$或 $K_b^\ominus$的大小同样与浓度无关，只与温度、溶剂等有关。由于酸碱解离平衡过程的焓变较小，因而在室温范围内，一般可以不考虑温度的影响。对于溶剂来说，酸、碱这类电解质在不同的溶剂中，其酸、碱性强弱会有所不同。例如，乙酸在水中为弱电解质，而在液氨中为强电解质。

酸、碱的 $K_a^\ominus$或 $K_b^\ominus$可以通过实验测得，也可以根据有关热力学数据求得，数据可见书末附录 2。

【例 5-1】 试求出 298.15K、标准状态下下列解离平衡的 $K_a^\ominus$及 $pK_a^\ominus$：

$$HF \rightleftharpoons H^+ + F^-$$

$$\Delta_f G_m^\ominus/(kJ\cdot mol^{-1}) \qquad -296.82 \qquad 0 \qquad -278.79$$

解 因为

$$\lg K_a^\ominus(HF) = \frac{-\Delta_r G_m^\ominus}{2.303RT}$$

$$\Delta_r G_m^\ominus = -278.79-(-296.82) = 18.03(kJ\cdot mol^{-1})$$

所以

$$\lg K_a^\ominus(HF) = \frac{-18.03\times10^3}{2.303\times8.314\times298.15} = -3.16$$

$$K_a^\ominus(HF) = 6.9\times10^{-4}$$

因为

$$pK_a^\ominus = -\lg K_a^\ominus$$

所以

$$pK_a^\ominus(HF) = 3.16$$

2) 多元弱酸(或弱碱)

多元弱酸(或弱碱)在水中的解离是逐级进行的。例如，H_2CO_3 的一级解离平衡为

$$H_2CO_3 \rightleftharpoons H^+ + HCO_3^-$$

一级解离的平衡常数：

$$K_{a_1}^\ominus = \frac{[H^+][HCO_3^-]}{[H_2CO_3]} \tag{5-13}$$

二级解离平衡为

$$HCO_3^- \rightleftharpoons H^+ + CO_3^{2-}$$

二级解离的平衡常数：

$$K_{a_2}^\ominus = \frac{[H^+][CO_3^{2-}]}{[HCO_3^-]} \tag{5-14}$$

由于 CO_3^{2-}对 H^+的吸引力强于 HCO_3^-对 H^+的吸引力，再加上一级解离对二级解离的抑制作用(后面将讨论)，故多元弱酸(或弱碱)的逐级解离常数间的关系为

$$K_1^{\ominus} > K_2^{\ominus} > K_3^{\ominus} > \cdots$$

再如 Na_2CO_3 在水中的解离反应，一级解离平衡为

$$CO_3^{2-} + H_2O \rightleftharpoons OH^- + HCO_3^-$$

一级解离的平衡常数(酸碱电离理论中称为水解常数)：

$$K_{b_1}^{\ominus} = \frac{[OH^-][HCO_3^-]}{[CO_3^{2-}]} \tag{5-15}$$

二级解离平衡为

$$HCO_3^- + H_2O \rightleftharpoons OH^- + H_2CO_3$$

二级解离的平衡常数：

$$K_{b_2}^{\ominus} = \frac{[OH^-][H_2CO_3]}{[HCO_3^-]} \tag{5-16}$$

总的解离平衡为

$$CO_3^{2-} + 2H_2O \rightleftharpoons 2OH^- + H_2CO_3$$

根据多重平衡规则，多元弱酸(或多元弱碱)总解离平衡的平衡常数为

$$K^{\ominus} = K_1^{\ominus}K_2^{\ominus}K_3^{\ominus} \tag{5-17}$$

2. 解离度

酸或碱这类电解质在水中的解离程度还可以用解离度(degree of dissociation)的大小表征，或者说，解离度的大小也可以用于比较弱酸(或弱碱)的相对强弱。

如前面所述，解离度一般用 α 表示，是指某电解质在水中解离达到平衡时，已解离的溶质分子数与溶质分子总数之比。由于解离前后溶液体积不变，故也可以表示为已解离的电解质浓度与电解质的原始浓度之比，即

$$解离度(\alpha) = \frac{解离部分的弱电解质浓度}{未解离前弱电解质浓度} \tag{5-18}$$

在水中，温度、浓度相同的条件下，解离度大的酸(或碱)，$K^{\ominus}$就大，该酸(或碱)的酸性(或碱性)相对就强。

【例 5-2】 已知 25℃时，$0.200 mol \cdot L^{-1}$ 氨水的解离度为 0.95%，求溶液的$[H^+]$以及氨的解离常数。

解 $NH_3 + H_2O \rightleftharpoons NH_4^+ + OH^-$

平衡浓度/($mol \cdot L^{-1}$)　　0.200×(1−0.95%)　　0.200×0.95%　　0.200×0.95%

$$[OH^-] = 0.200 \times 0.95\% = 1.90 \times 10^{-3} (mol \cdot L^{-1})$$

$$[H^+][OH^-] = K_w^{\ominus} = 1.00 \times 10^{-14}$$

$$[H^+] = \frac{1.00 \times 10^{-14}}{1.90 \times 10^{-3}} = 5.26 \times 10^{-12}\ (mol \cdot L^{-1})$$

$$K_b^{\ominus} = \frac{[NH_4^+][OH^-]}{[NH_3]} = \frac{(1.90 \times 10^{-3})^2}{0.200 \times (1 - 0.95\%)} = 1.82 \times 10^{-5}$$

【例 5-3】 HAc 在 25℃时，$K_a^{\ominus} = 1.74 \times 10^{-5}$，求 $0.20 mol \cdot L^{-1}$ HAc 的解离度。

解 $HAc \rightleftharpoons H^+ + Ac^-$

平衡浓度/($mol \cdot L^{-1}$)　　$0.20(1-\alpha)$　　0.20α　　0.20α

$$K_a^{\ominus}(HAc)=\frac{[H^+][Ac^-]}{[HAc]}$$

$$1.74\times10^{-5}=\frac{(0.20\alpha)^2}{0.20\times(1-\alpha)}$$

一般来说，在化学平衡计算中，由于平衡常数本身就有百分之几的测定误差，故允许有 5%左右的计算误差，可以进行相关的近似处理。对此例，$\frac{c}{K_a^{\ominus}}\geqslant 500$，即体系浓度较大，而弱酸或弱碱的解离常数又较小，那么，弱酸或弱碱的解离就很少，计算时就可以忽略解离部分的贡献，$1-\alpha\approx1$。

解得　$\alpha=0.93\%$

3. 共轭酸碱对的 $K_a^{\ominus}$ 与 $K_b^{\ominus}$ 的关系

1) 一元弱酸及其共轭碱

对 Ac^-，在水中有以下酸碱解离平衡存在：

$$Ac^- + H_2O \rightleftharpoons HAc + OH^-$$

相应的解离平衡常数为

$$K_b^{\ominus}(Ac^-)=\frac{[HAc][OH^-]}{[Ac^-]}$$

将 HAc 的解离平衡常数表达式与 Ac^- 的解离平衡常数表达式相乘，有

$$K_a^{\ominus}(HAc)\cdot K_b^{\ominus}(Ac^-)=\frac{[H^+][Ac^-]}{[HAc]}\cdot\frac{[HAc][OH^-]}{[Ac^-]}=[H^+][OH^-]$$

再如，NH_4^+ 在水中的解离平衡为

$$NH_4^+ + H_2O \rightleftharpoons NH_3 + H_3O^+$$

$$K_a^{\ominus}(NH_4^+)=\frac{[H^+][NH_3]}{[NH_4^+]}$$

同样将 NH_3 的 $K_b^{\ominus}$ 与其共轭酸 NH_4^+ 的 $K_a^{\ominus}$ 两个平衡常数表达式相乘，有

$$K_b^{\ominus}(NH_3)\cdot K_a^{\ominus}(NH_4^+)=\frac{[NH_4^+][OH^-]}{[NH_3]}\cdot\frac{[H^+][NH_3]}{[NH_4^+]}=[H^+][OH^-]$$

因此，对一元弱酸及其共轭碱，$K_a^{\ominus}$ 与 $K_b^{\ominus}$ 之间具有以下关系：

$$K_a^{\ominus}K_b^{\ominus}=K_w^{\ominus}=1.0\times10^{-14}(25℃) \tag{5-19}$$

可见，对于某种弱酸，若 $K_a^{\ominus}$ 较大，它给出质子的能力较强，酸性较强，则其共轭碱的 $K_b^{\ominus}$ 就会较小，说明该弱酸的共轭碱接受质子的能力相对就较弱，碱性相对也就较弱。

例如，$K_a^{\ominus}(HAc)>K_a^{\ominus}(HCN)$，故 HAc 的酸性比 HCN 的酸性强；根据 $K_a^{\ominus}$ 与 $K_b^{\ominus}$ 的关系：

$$K_b^{\ominus}(Ac^-)=\frac{1.0\times10^{-14}}{K_a^{\ominus}(HAc)}=\frac{1.0\times10^{-14}}{1.74\times10^{-5}}=5.7\times10^{-10}$$

$$K_b^{\ominus}(CN^-)=\frac{1.0\times10^{-14}}{6.17\times10^{-10}}=1.6\times10^{-5}$$

很显然，Ac^- 的碱性要比 CN^- 的碱性弱。

2) 多元弱酸及其共轭碱

以 H_2CO_3 及 CO_3^{2-} 各级解离常数之间的关系为例。

将 $K_{a_1}^{\ominus}(H_2CO_3)$ 与 $K_{b_2}^{\ominus}(CO_3^{2-})$ 两个平衡常数表达式相乘：

$$K_{a_1}^{\ominus}(H_2CO_3)\cdot K_{b_2}^{\ominus}(CO_3^{2-})=\frac{[H^+][HCO_3^-]}{[H_2CO_3]}\cdot\frac{[H_2CO_3][OH^-]}{[HCO_3^-]}=[H^+][OH^-]$$

将 $K_{a_2}^{\ominus}(H_2CO_3)$ 与 $K_{b_1}^{\ominus}(CO_3^{2-})$ 两个平衡常数表达式相乘：

$$K_{a_2}^{\ominus}(H_2CO_3)\cdot K_{b_1}^{\ominus}(CO_3^{2-})=\frac{[H^+][CO_3^{2-}]}{[HCO_3^-]}\cdot\frac{[HCO_3^-][OH^-]}{[CO_3^{2-}]}=[H^+][OH^-]$$

可见，二元酸及其共轭碱的解离常数之间具有以下关系：

$$K_{a_1}^{\ominus}\ K_{b_2}^{\ominus}=K_{a_2}^{\ominus}\ K_{b_1}^{\ominus}=[H^+][OH^-]=K_w^{\ominus} \tag{5-20}$$

利用共轭酸碱对相应酸或碱的解离常数就能求得对应共轭碱或共轭酸的解离常数，并用于有关酸碱平衡的讨论。

【例 5-4】 求 $H_2PO_4^-$ 的 $K_{b_3}^{\ominus}$ 及 $pK_{b_3}^{\ominus}$，并判断 NaH_2PO_4 水溶液是呈酸性还是碱性。

解 $H_2PO_4^-$ 是 H_3PO_4 的共轭碱，H_3PO_4 又是一种三元酸。根据三元酸及其共轭碱解离常数之间的关系：

$$K_{a_1}^{\ominus}\ K_{b_3}^{\ominus}=K_{a_2}^{\ominus}\ K_{b_2}^{\ominus}=K_{a_3}^{\ominus}\ K_{b_1}^{\ominus}=[H^+]\,[OH^-]=K_w^{\ominus}$$

因此

$$K_{b_3}^{\ominus}=\frac{K_w^{\ominus}}{K_{a_1}^{\ominus}}$$

查表得 H_3PO_4 的 $K_{a_1}^{\ominus}=6.92\times10^{-3}$，所以

$$K_{b_3}^{\ominus}=\frac{1.0\times10^{-14}}{6.92\times10^{-3}}=1.4\times10^{-12}$$

因为 $pK_{b_3}^{\ominus}=-\lg K_{b_3}^{\ominus}$

所以 $pK_{b_3}^{\ominus}=11.84$

对于 NaH_2PO_4 来说，它在水溶液中的解离主要有以下两个解离平衡存在：

酸式解离，即给出质子的解离反应：$H_2PO_4^- \rightleftharpoons H^+ + HPO_4^{2-}$，$K_{a_2}^{\ominus}$；

碱式解离，即接受质子的解离反应：$H_2PO_4^- + H_2O \rightleftharpoons OH^- + H_3PO_4$，$K_{b_3}^{\ominus}$。

这种在水溶液中既能给出质子，又能接受质子的物质称为两性物质。除 NaH_2PO_4 外，还有 $NaHCO_3$、$(NH_4)_2CO_3$ 以及邻苯二甲酸氢钾等物质。对于这类物质，其水溶液是呈酸性还是碱性，可以根据不同解离过程相应的解离常数的相对大小来判断。本例中，$H_2PO_4^-$ 的酸式解离相应的 $K_{a_2}^{\ominus}=6.23\times10^{-8}$，碱式解离已求得 $K_{b_3}^{\ominus}=1.4\times10^{-12}$。显然，$K_{a_2}^{\ominus}>K_{b_3}^{\ominus}$，说明 $H_2PO_4^-$ 在水溶液中酸式解离的能力要比其碱式解离的能力强。因此，NaH_2PO_4 溶液将以酸式解离为主，从而使溶液呈现弱酸性。

5.3 影响酸碱解离的主要因素

酸碱平衡的移动及其控制具有十分重要的实际意义。例如，H_2S 常用于一些离子的沉淀分离，主要原理是利用不同硫化物的溶解度不同，通过控制 S^{2-} 浓度来实现硫化物的沉淀与不沉淀。而 H_2S 是一种二元酸，在水溶液中有以下平衡存在：

$$H_2S \rightleftharpoons H^+ + HS^-$$

$$HS^- \rightleftharpoons H^+ + S^{2-}$$

那么，怎样才能控制 S^{2-}浓度呢？这就有必要首先搞清影响酸碱解离的主要因素。

5.3.1　稀释定律

浓度为 c(mol · L^{-1})的 HA 弱酸溶液加水稀释时，HA 的解离平衡会发生相应的移动，使 HA 的解离程度发生改变。

HA 弱酸水溶液存在以下解离平衡：

	HA	$\rightleftharpoons$	H^+	+	A^-
平衡浓度/(mol · L^{-1})	$c(1-\alpha)$		$c\alpha$		$c\alpha$

$$K_a^\ominus(\text{HA}) = \frac{[H^+][A^-]}{[\text{HA}]}$$

$$K_a^\ominus(\text{HA}) = \frac{c\alpha \cdot c\alpha}{c(1-\alpha)} = \frac{c\alpha^2}{1-\alpha}$$

若弱酸浓度不算太低，弱酸的酸性不算太强，按近似处理条件，$1-\alpha \approx 1$，则

$$K_a^\ominus(\text{HA}) \approx c\alpha^2$$

可求得

$$\alpha = \sqrt{\frac{K_a^\ominus(\text{HA})}{c}} \tag{5-21}$$

式(5-21)表明，HA 弱酸的解离度是随着水溶液的稀释而增大的，这一规律就称为稀释定律(dilution law)。

【例 5-5】　求 2.0×10^{-2}mol · L^{-1} HAc 的解离度，并与例 5.3 比较。

解　因为

$$\alpha = \sqrt{\frac{K_a^\ominus(\text{HAc})}{c}}$$

所以

$$\alpha = \sqrt{\frac{1.74\times10^{-5}}{2.0\times10^{-2}}}$$

解得

$$\alpha = 2.9\%$$

与例 5.3 比较可见，HAc 浓度由 2.0×10^{-1}mol · L^{-1}稀释到 2.0×10^{-2}mol · L^{-1}，而解离度却从 0.93%增大为 2.9%。

计算结果说明，对于一定的弱酸或弱碱，在一定的温度条件下，其解离度的大小与浓度有关，是随溶液的稀释而增大的。不过需要注意的是，解离度随溶液的稀释而增大，并不意味着溶液中离子的浓度也相应增大。

由上例可见，解离度与电解质的浓度有关，这点与解离常数显然不同。因此，在用解离度来衡量不同电解质的相对强弱时必须指明它们的浓度。

5.3.2　同离子效应

含有共同离子的易溶强电解质的加入或存在，使弱酸(或弱碱)解离度降低的现象，称为同离子效应(common ion effect)。

【例 5-6】　在 0.20mol · L^{-1} 的 HAc 水溶液中加入 NaAc 固体，使 NaAc 的浓度为 0.10mol · L^{-1}。计算 HAc

的解离度，并与例 5.3 比较。

解　　　HAc $\rightleftharpoons$ H^+ + Ac^-

平衡浓度/($mol\cdot L^{-1}$)　　$0.20(1-\alpha)$　　0.20α　　$0.10+0.20\alpha$

$$K_a^\ominus(HAc)=\frac{[H^+][Ac^-]}{[HAc]}$$

$$1.74\times10^{-5}=\frac{0.20\alpha(0.10+0.20\alpha)}{0.20(1-\alpha)}$$

式中 α 同样可以忽略，解得 $\alpha=0.017\%$。

计算结果表明，当 $0.20mol\cdot L^{-1}$ 的 HAc 水溶液中加入 NaAc 固体，使 NaAc 的浓度为 $0.10mol\cdot L^{-1}$ 时，HAc 的解离度由不加 NaAc 时的 0.93%降低到 0.017%。

同样，在弱碱水溶液中加入与弱碱具有共同离子的强电解质时，也会使弱碱的解离度降低。

5.3.3　盐效应

如果在弱电解质溶液中加入一定量的强电解质，还会产生另一种现象。例如，在 HAc 溶液中若加入 NaCl 之类的强电解质，就会使 HAc 的解离度增大。原因就在于当离子强度较大时，H^+及 Ac^-碰撞重新结合成 HAc 的机会减小。这种在弱电解质溶液中，加入易溶强电解质时，该弱电解质解离度增大的现象就称为盐效应(salt effect)。盐效应显然是一种与同离子效应完全相反的作用。

例如，对于 HA 弱酸水溶液，若有其他强电解质存在，溶液离子强度较大的情况下：

$$K_a^\ominus(HA)=\frac{K_a^{\ominus\prime}(HA)}{\gamma(H^+)\gamma(A^-)}$$

由于$\gamma(H^+)$、$\gamma(A^-)$均小于 1，因此 $K_a^\ominus(HA)>K_a^{\ominus\prime}(HA)$。在例 5.5 中忽略了离子强度，用活度解离常数直接代入表达式中进行计算，而实际上表达式中的解离常数应为浓度解离常数，即 $\alpha=\sqrt{\frac{K_a^\ominus(HAc)}{c}}$。在离子强度较大的情况下，代入浓度平衡常数与活度平衡常数的关系式，可以得到：

$$\alpha=\sqrt{\frac{K_a^\ominus(HA)}{c}}=\sqrt{\frac{K_a^{\ominus\prime}(HA)}{\gamma(H^+)\cdot\gamma(A^-)\cdot c}}$$

显然，在有其他强电解质存在时，HA 这种弱酸的解离度就会增大。

当然，在发生同离子效应的同时，也存在盐效应，只不过在具有共同离子的强电解质存在下，同离子效应的影响大于盐效应。

一般来说，只有在离子强度较大的场合或要求较高的情况下才需要考虑盐效应。

5.4　酸碱平衡中的组分分布及浓度计算

既然是酸碱平衡，体系中必然会有多种组分形式同时存在。例如，在 HAc 平衡体系中，HAc、Ac^-同时存在，只是在一定酸度条件下各种存在形式的浓度大小不同而已。

对于弱酸或弱碱来说，当酸度改变时，溶液中各种存在形式的浓度会随之发生变化，这种变化对某些化学反应的进行及其限度有一定的影响。例如，以下反应：

$$Ca^{2+} + C_2O_4^{2-} \rightleftharpoons CaC_2O_4\downarrow$$

当 Ca^{2+}浓度一定时，能否得到 CaC_2O_4 沉淀，或 CaC_2O_4 沉淀得是否完全，都与 $C_2O_4^{2-}$的浓度有关。$C_2O_4^{2-}$是一种二元碱，溶液中会同时存在 $C_2O_4^{2-}$、$HC_2O_4^-$以及 $H_2C_2O_4$。只有了解这些组分在不同酸度条件下的分布，才能控制一定的酸度，保证溶液中具有一定浓度的 $C_2O_4^{2-}$，使沉淀反应能够进行，并进行得完全。

5.4.1　酸度、初始浓度、平衡浓度与物料等衡

严格来说，酸度(acid degree)是指溶液中 H_3O^+的活度，常用 pH 表示，$pH = -\lg a(H_3O^+)$，但在稀溶液中可以简写为

$$pH = -\lg[H^+] \tag{5-22}$$

这里还应注意总浓度与平衡浓度的区分。平时所表示的溶液的浓度一般都是指总浓度(或初始浓度，在分析化学中又称为分析浓度)。例如，$0.20\text{mol} \cdot L^{-1}$ HAc 溶液，$0.20\text{mol} \cdot L^{-1}$就是初始浓度，表示了 HAc 溶液中已解离的 Ac^-和未解离的 HAc 两种存在形式的总浓度，本书以 $c(HAc)$表示。而平衡浓度是指某物质在溶液中解离达到平衡时，某种存在形式(或某组分)的浓度。对于 HAc 溶液，本书以[HAc]表示在水中解离达到平衡时，溶液中未解离部分的 HAc 的平衡浓度，$[Ac^-]$表示 HAc 在水中解离达到平衡时，溶液中 Ac^-的平衡浓度。本例中：

$$c(HAc) = [HAc] + [Ac^-] = 0.20\text{mol} \cdot L^{-1}$$

某物质在溶液中解离达到平衡时，各种存在形式的平衡浓度之和等于该物质的总浓度，这种关系就称为物料等衡关系，其数学表达式称为物料等衡式(material balance equation，缩写为 MBE)。

例如，浓度为 $c(Na_2CO_3)$的 Na_2CO_3 溶液，组分 CO_3^{2-}的物料等衡式为

$$c(Na_2CO_3) = [H_2CO_3] + [HCO_3^-] + [CO_3^{2-}]$$

而组分 Na^+的物料等衡式为

$$2c(Na_2CO_3) = [Na^+]$$

5.4.2　分布系数与分布曲线

分布系数(distribution coefficient)是指溶液中某种组分存在形式的平衡浓度占其总浓度的分数，一般以δ表示。当溶液酸度改变时，组分的分布系数会发生相应的变化。组分的分布系数与溶液酸度的关系曲线就是分布曲线(distribution curve)。分布系数及分布曲线的讨论将有助于深入理解有关具体平衡移动的条件。

对于一元弱酸，如 HAc 溶液，HAc 和 Ac^-的分布系数分别为

$$\delta(HAc) = \frac{[HAc]}{c(HAc)} \qquad \delta(Ac^-) = \frac{[Ac^-]}{c(HAc)}$$

为简便起见，下面分别用δ_1、δ_0表示含有一个质子、无质子组分的分布系数，并将解离常数中所标注的具体物质略去。

根据物料等衡关系：$c(HAc) = [HAc] + [Ac^-]$，得

$$\delta_1 = \frac{[HAc]}{[HAc]+[Ac^-]} = \frac{1}{1+\frac{[Ac^-]}{[HAc]}}$$

因为
$$K_a^{\ominus} = \frac{[H^+][Ac^-]}{[HAc]}$$

所以
$$\frac{[Ac^-]}{[HAc]} = \frac{K_a^{\ominus}}{[H^+]}$$

代入以上δ_1表达式中可得

$$\delta_1 = \frac{1}{1+\frac{K_a^{\ominus}}{[H^+]}} = \frac{[H^+]}{[H^+]+K_a^{\ominus}} \tag{5-23}$$

同样可得

$$\delta_0 = \frac{K_a^{\ominus}}{[H^+]+K_a^{\ominus}} \tag{5-24}$$

将 δ_1 与 δ_0 相加，得

$$\delta_1 + \delta_0 = \frac{[H^+]}{[H^+]+K_a^{\ominus}} + \frac{K_a^{\ominus}}{[H^+]+K_a^{\ominus}} = 1$$

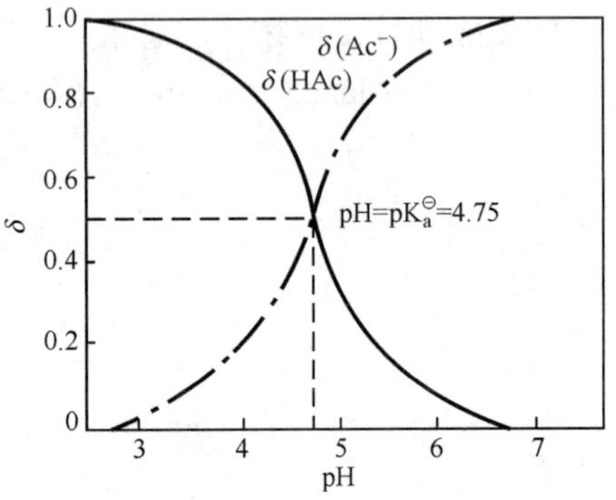

图 5-2　HAc 的δ -pH 图

显然，某物质水溶液中各种存在形式的分布系数之和等于 1。

如果以 pH 为横坐标，乙酸各存在形式的分布系数为纵坐标，可得如图 5-2 所示的分布曲线。从图中可以看到，当 pH = p$K_a^{\ominus}$时，δ(HAc) = δ(Ac^-)= 0.5，溶液中 HAc 与 Ac^-两种形式各占 50%；当 pH ≪ p$K_a^{\ominus}$时，δ(HAc) ≫ δ(Ac^-)，即溶液中以 HAc 为主要的存在形式；而当 pH ≫ p$K_a^{\ominus}$时，δ(HAc) ≪ δ(Ac^-)，则溶液中主要以 Ac^-形式存在。

对于二元酸，如草酸($H_2C_2O_4$)，溶液中的存在形式有 $H_2C_2O_4$ 以及 $HC_2O_4^-$、$C_2O_4^{2-}$等。

$$\delta(H_2C_2O_4) = \frac{[H_2C_2O_4]}{c(H_2C_2O_4)}$$

$$\delta(HC_2O_4^-) = \frac{[HC_2O_4^-]}{c(H_2C_2O_4)}$$

$$\delta(C_2O_4^{2-}) = \frac{[C_2O_4^{2-}]}{c(H_2C_2O_4)}$$

同样为了简便起见，用δ_2、δ_1、δ_0 分别表示含有两个质子、一个质子、无质子组分的分布系数，并将解离常数中所标注的具体物质略去。

草酸溶液的物料等衡式为

$$c(H_2C_2O_4) = [H_2C_2O_4] + [HC_2O_4^-] + [C_2O_4^{2-}]$$

因此

$$\delta_2=\frac{[H_2C_2O_4]}{[H_2C_2O_4]+[HC_2O_4^-]+[C_2O_4^{2-}]}=\frac{1}{1+\frac{[HC_2O_4^-]}{[H_2C_2O_4]}+\frac{[C_2O_4^{2-}]}{[H_2C_2O_4]}}$$

其中 $\frac{[HC_2O_4^-]}{[H_2C_2O_4]}=\frac{K_{a_1}^{\ominus}}{[H^+]}$，而 $\frac{[C_2O_4^{2-}]}{[H_2C_2O_4]}$ 可由以下解离平衡，根据多重平衡规则求出：

$$H_2C_2O_4 \rightleftharpoons C_2O_4^{2-}+2H^+$$

$$K_{a_1}^{\ominus}K_{a_2}^{\ominus}=\frac{[C_2O_4^{2-}][H^+]^2}{[H_2C_2O_4]}$$

将以上两个关系式代入 δ_2 表达式中，并整理得

$$\delta_2=\frac{[H^+]^2}{[H^+]^2+[H^+]K_{a_1}^{\ominus}+K_{a_1}^{\ominus}K_{a_2}^{\ominus}} \tag{5-25}$$

同理可得

$$\delta_1=\frac{[H^+]K_{a_1}^{\ominus}}{[H^+]^2+[H^+]K_{a_1}^{\ominus}+K_{a_1}^{\ominus}K_{a_2}^{\ominus}} \tag{5-26}$$

$$\delta_0=\frac{K_{a_1}^{\ominus}K_{a_2}^{\ominus}}{[H^+]^2+[H^+]K_{a_1}^{\ominus}+K_{a_1}^{\ominus}K_{a_2}^{\ominus}} \tag{5-27}$$

同样有

$$\delta_2+\delta_1+\delta_0=1$$

于是可以得到图 5-3 所示的分布曲线。

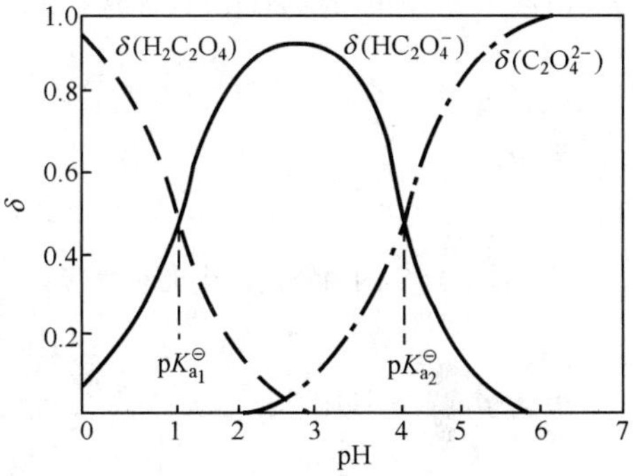

图 5-3　$H_2C_2O_4$ 的 δ-pH 图

由图 5-3 可知：

当 $pH \ll pK_{a_1}^{\ominus}$ 时，$\delta_2 \gg \delta_1$，溶液中 $H_2C_2O_4$ 为主要存在形式；

当 $pK_{a_1}^{\ominus} \ll pH \ll pK_{a_2}^{\ominus}$ 时，$\delta_1 \gg \delta_2$ 和 $\delta_1 \gg \delta_0$，溶液中 $HC_2O_4^-$ 为主要存在形式；

当 $pH \gg pK_{a_2}^{\ominus}$ 时，$\delta_0 \gg \delta_1$，这时溶液中的主要存在形式为 $C_2O_4^{2-}$。

由于草酸 $pK_{a_1}^{\ominus}=1.23$，$pK_{a_2}^{\ominus}=4.19$，相差不大，因此在 $HC_2O_4^-$ 的优势区内，各种形式的存在情况比较复杂。计算表明，在 pH = 2.2～3.2 时，出现三种组分同时存在的情况，而在 pH = 2.71 时，虽然 $HC_2O_4^-$ 的分布系数达到最大(0.94)，但 δ_2 与 δ_0 的数值也各占 0.03。

5.4.3　组分平衡浓度计算的基本方法

1. 直接由解离平衡求算

可以根据酸碱解离常数，特别是多元酸、多元碱的 $K_{a_1}^{\ominus}$ (或 $K_{b_1}^{\ominus}$)及 $K_{a_2}^{\ominus}$ (或 $K_{b_2}^{\ominus}$)等以及已知条件求得相应组分的平衡浓度。

【例 5-7】 常温、常压下 H_2S 在水中的饱和溶解度为 $0.10mol \cdot L^{-1}$，(1) 试求 H_2S 饱和溶液中$[HS^-]$、$[S^{2-}]$；(2) 找出 S^{2-}浓度与溶液酸度的关系。

解 (1) H_2S 是一种二元弱酸，在水溶液中分两步解离：

$$H_2S \rightleftharpoons H^+ + HS^- \qquad K_{a_1}^{\ominus}$$

$$HS^- \rightleftharpoons H^+ + S^{2-} \qquad K_{a_2}^{\ominus}$$

已知 25℃时，$K_{a_1}^{\ominus} = 1.07\times10^{-7}$，$K_{a_2}^{\ominus} = 1.30\times10^{-13}$。

设一级解离所产生的 HS^-浓度为 $x mol \cdot L^{-1}$，二级解离所产生的 S^{2-}浓度为 $y mol \cdot L^{-1}$，则有

$$H_2S \rightleftharpoons H^+ + HS^-$$

平衡浓度/$(mol \cdot L^{-1})$　　$0.10-x$　　$x+y$　　$x-y$

$$HS^- \rightleftharpoons H^+ + S^{2-}$$

平衡浓度/$(mol \cdot L^{-1})$　　$x-y$　　$x+y$　　y

由于 $K_{a_1}^{\ominus} \gg K_{a_2}^{\ominus}$，再加上一级解离对二级解离的抑制作用，故一般多元酸(或多元碱)二级以上的解离均较为困难。因而 H_2S 二级解离所产生的 H^+浓度 y 很小，体系中$[H^+] \approx x$；同样溶液中$[HS^-] \approx x$，所以 HS^-的平衡浓度可以直接根据 H_2S 的一级解离求得。

因为

$$K_{a_1}^{\ominus} = \frac{[H^+][HS^-]}{[H_2S]}$$

所以

$$K_{a_1}^{\ominus} \approx \frac{x \cdot x}{0.10 - x} = \frac{x^2}{0.10 - x} \approx 1.07 \times 10^{-7}$$

$\frac{c}{K_{a_1}^{\ominus}} \gg 500$，故 $0.10 - x \approx 0.10$，可解得

$$x = 9.4\times10^{-5}(mol \cdot L^{-1})$$

溶液中 S^{2-}浓度可以通过二级解离求出：

$$K_{a_2}^{\ominus} = \frac{[H^+][S^{2-}]}{[HS^-]}$$

因为

$$[H^+] \approx [HS^-]$$

所以

$$y \approx K_{a_2}^{\ominus} = 1.30\times10^{-13}(mol \cdot L^{-1})$$

(2) 对于 H_2S 两级解离平衡的总反应：

$$H_2S \rightleftharpoons 2H^+ + S^{2-} \qquad K^{\ominus}$$

根据多重平衡规则，$K^{\ominus} = K_{a_1}^{\ominus} K_{a_2}^{\ominus}$，因此

$$K_{a_1}^{\ominus} K_{a_2}^{\ominus} = \frac{[H^+]^2[S^{2-}]}{[H_2S]}$$

$$[H^+] = \sqrt{\frac{K_{a_1}^{\ominus} K_{a_2}^{\ominus}[H_2S]}{[S^{2-}]}}$$

对于 H_2S 饱和溶液，由于 H_2S 的解离程度不大，$[H_2S] \approx c(H_2S)$，所以

$$[H^+] = \sqrt{\frac{1.07\times10^{-7} \times 1.30\times10^{-13} \times 0.10}{[S^{2-}]}} = \sqrt{\frac{1.39\times10^{-21}}{[S^{2-}]}}\ (mol \cdot L^{-1})$$

根据上例所得出的关系，H_2S 饱和溶液中$[S^{2-}]$会随着$[H^+]$的改变而改变。因此，通过调节 H_2S 溶液的酸度，就可以有效地控制溶液中的 S^{2-}浓度。

2. 由分布系数求算

根据某种物质的总浓度以及组分在一定酸度条件下的分布系数就可以求得相应组分的平

衡浓度。

【例 5-8】 常温常压下，CO_2饱和水溶液中，$c(H_2CO_3) = 0.04mol \cdot L^{-1}$。求(1) pH = 5.00 时溶液中各种存在形式的平衡浓度；(2) pH = 8.00 时，溶液中的主要存在形式。

解 CO_2饱和水溶液中主要有 3 种存在形式，分别为H_2CO_3、HCO_3^-、CO_3^{2-}。

根据平衡浓度与分布系数的关系，可得

$$[H_2CO_3] = \delta_2 c(H_2CO_3)$$

$$[HCO_3^-] = \delta_1 c(H_2CO_3)$$

$$[CO_3^{2-}] = \delta_0 c(H_2CO_3)$$

(1) pH = 5.00 时，得

$$\delta_2 = \frac{[H^+]^2}{[H^+]^2 + [H^+]K_{a_1}^\ominus + K_{a_1}^\ominus K_{a_2}^\ominus}$$

$$= \frac{(10^{-5.00})^2}{(10^{-5.00})^2 + 10^{-5.00} \times 10^{-6.35} + 10^{-6.35} \times 10^{-10.33}}$$

$$= 0.96$$

同样可求得

$$\delta_1 = 0.04$$

$$\delta_0 \approx 0$$

所以

$$[H_2CO_3] = 0.04 \times 0.96 = 3.8 \times 10^{-2}(mol \cdot L^{-1})$$

$$[HCO_3^-] = 0.04 \times 0.04 = 2 \times 10^{-3}(mol \cdot L^{-1})$$

(2) pH = 8.00 时，同理可求得

$$\delta_2 = 0.02$$

$$\delta_1 = 0.97$$

$$\delta_0 = 0.01$$

可见 pH = 8.00 时，溶液中的主要存在形式是HCO_3^-。

5.5　溶液酸度的计算

溶液的酸度可以通过测试或测量以及计算获得，计算的方法主要有代数法和图解法两种。前面所讨论的组分平衡浓度计算的第一种方法，即通过解离平衡的分析以及解离平衡常数表达式就可以求得溶液的酸度。在此主要讨论用酸碱质子理论求解溶液酸度的基本方法。

质子条件是指酸碱反应中质子转移的等衡关系，它的数学关系式称为质子条件式或质子等衡式(proton banlance equation，缩写为 PBE)。

5.5.1　质子条件式的确定

质子条件式的确定主要有两种方法，即零水准法及综合法。

零水准法有代数法和图示法，其中图示法通过溶液中得失质子关系列出质子条件式，该法直观、易于掌握，故本书着重介绍如何应用图示法书写各类酸碱溶液的质子条件式。

图示法直接书写质子条件式的方法要点如下：

(1) 选好质子参考水准。

质子条件式表示在质子传递反应中得失质子数相等，显然在构成质子条件时，必须选择适当的物质作为参考物质，称为质子参考水准(或称质子基准态物质或零水准)。质子参考水准就是溶液中大量存在的并参与质子转移的物质，通常是原始酸碱组分和溶剂分子(绘出示意图，

将质子参考水准列入图中方框内)。

(2) 以质子参考水准为基准，列出得失质子后的产物及得失质子的数目。

与质子参考水准相比，质子数多的就是得质子产物(标在示意图方框的左边，用箭头连接起来)，质子数少的就是失质子产物(标在示意图方框的右边，用箭头连接起来)。在箭头上方标明各个质子参考水准转化为产物时得失质子的个数。

(3) 根据得失质子等衡原理，写出质子条件式。

所有得质子后的产物写在左端，所有失质子后的产物写在右端，再加上等号即得质子条件式。

说明两点：① 正确的质子条件式中应不含有质子参考水准本身的有关项；②处理多级解离关系的物质时，有些酸碱物质与质子参考水准相比，质子转移数可能大于 1，这时，应在其浓度之前乘以相应的系数。

【例 5-9】 写出 HA(A^-代表 Ac^-、CN^-等)溶液的质子条件式。

解 用图示法书写质子条件式。首先，要了解溶液中的酸碱平衡情况，写出有关酸碱平衡式。在 HA 溶液中质子转移情况如下：

HA 与 H_2O 间质子转移　　$HA + H_2O \rightleftharpoons H_3O^+ + A^-$

H_2O 分子间质子转移　　$H_2O + H_2O \rightleftharpoons H_3O^+ + OH^-$

其次，选出 HA 溶液中大量存在并参与质子转移的物质，即质子参考水准为 HA 和 H_2O，HA 失质子而生成 A^-；H_2O 既可得质子而生成 H_3O^+，也可以失质子而生成 OH^-，于是质子转移情况可图示如下：

(得质子产物)　(质子参考水准)　(失质子产物)

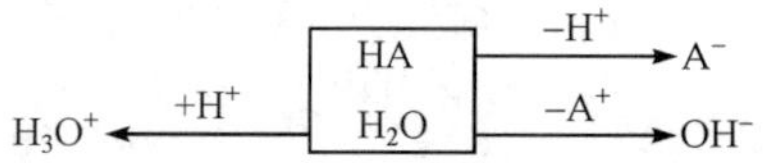

最后，根据得失质子数相等原理，可按下法写出 HA 溶液的质子条件式：

左边各项相加 = 右边各项相加

得质子各项相加 = 失质子各项相加

即
$$[H_3O^+] = [A^-] + [OH^-]$$

或
$$[H^+] = [A^-] + [OH^-] \quad ([H_3O^+]\text{简化为 }H^+])$$

式中：$[H_3O^+]$为水得质子后的产物的浓度，$[A^-]$和$[OH^-]$分别为 HA 和 H_2O 失去质子后的产物的浓度。若两端乘以溶液体积，就表示得失质子的物质的量相等。

由上可见，质子条件式中不出现质子参考水准。

【例 5-10】 写出 NH_4Cl 溶液的质子条件式。

解 在 NH_4Cl 溶液中存在如下平衡：

$$NH_4Cl \longrightarrow NH_4^+ + Cl^-$$

$$NH_4^+ + H_2O \rightleftharpoons NH_3 + H_3O^+$$

$$H_2O \rightleftharpoons H^+ + OH^-$$

$$H_2O + H^+ \rightleftharpoons H_3O^+$$

选 NH_4^+、H_2O 为质子参考水准，Cl^-虽然大量存在，但不参与质子传递，不能作为质子参考水准，故 NH_4Cl 可按一元弱酸处理，溶液中质子转移情况如下：

(得质子产物)　(质子参考水准)　(失质子产物)

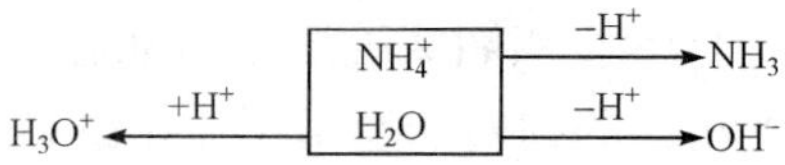

质子条件式为　$[H^+] = [NH_3] + [OH^-]$

从上式得知，质子条件式中各项既可以是带电荷的离子的平衡浓度，如$[H^+]$和$[OH^-]$，也可以是不带电荷的分子的平衡浓度，如$[NH_3]$，这就有别于电荷平衡式(不能含有不带电荷的分子的平衡浓度项)。

5.5.2　各类溶液酸度的计算

1. 一元弱酸(碱)溶液酸度的计算

下面就以一元弱酸 HA 水溶液为例，讨论酸碱质子理论中溶液酸度计算的基本方法。

选择 H_2O、HA 为质子参考水准，参照上述的一元弱酸溶液的质子条件，此溶液的质子条件式可写为

$$[H^+] = [OH^-] + [A^-]$$

上式表明，一元弱酸水溶液中的$[H^+]$来自两个方面，一方面是弱酸本身解离的贡献，即

$$[A^-] = \frac{K_a^\ominus [HA]}{[H^+]}$$

另一方面是水解离的贡献，即

$$[OH^-] = \frac{K_w^\ominus}{[H^+]}$$

将以上两个平衡关系代入 HA 溶液的质子条件式中，整理可得

$$[H^+] = \sqrt{K_a^\ominus [HA] + K_w^\ominus} \tag{5-28}$$

式中：$[HA] = \delta_1 c$，而$\delta_1 = \dfrac{[H^+]}{[H^+] + K_a^\ominus}$；或$[HA] = c - [H^+]$。式(5-28)就是计算一元弱酸水溶液酸度的精确式。

显然，精确式的求解较为麻烦，而且在实际工作中也常常没有必要，完全可以按计算的允许误差作适当的近似处理。

(1) 如果 $cK_a^\ominus \geqslant 20K_w^\ominus$，就可以忽略 $K_w^\ominus$，即不考虑水解离的贡献，且$[HA] = c - [H^+]$，则

$$[H^+] = \sqrt{K_a^\ominus (c - [H^+])} \tag{5-29}$$

式(5-29)就是计算一元弱酸水溶液$[H^+]$的近似式，计算误差≤5%。

(2) 如果再满足 $\dfrac{c}{K_a^\ominus} \geqslant 500$，即弱酸的总浓度较大，弱酸的解离程度不大，则$[HA] \approx c$，那么

$$[H^+] = \sqrt{K_a^\ominus c} \tag{5-30}$$

或

$$pH = \frac{1}{2}(pK_a^\ominus + pc) \tag{5-31}$$

式中：$pc = -\lg c$。

式(5-30)、式(5-31)就是计算一元弱酸水溶液$[H^+]$的最简式。

(3) 如果只满足 $\dfrac{c}{K_a^\ominus} \geqslant 500$，但不满足 $cK_a^\ominus \geqslant 20K_w^\ominus$，这时就不能忽略水解离的贡献：

$$[H^+] = \sqrt{K_a^\ominus c + K_w^\ominus} \tag{5-32}$$

式(5-32)也属于计算的近似式。

对于一元弱碱，处理方法、计算公式以及使用条件与一元弱酸相似，只需把相应公式及判断条件中的 $K_a^\ominus$ 换成 $K_b^\ominus$，将$[H^+]$换成$[OH^-]$即可。

【例 5-11】 计算 $c(NH_4Cl) = 0.10mol \cdot L^{-1}$ 的 NH_4Cl 溶液的 pH(已知 NH_3 的 $K_b^\ominus=1.79\times10^{-5}$)。

解 由于 NH_4Cl 为 NH_3 的共轭酸，则

$$K_a^\ominus(NH_4^+) = \frac{K_w^\ominus}{K_b^\ominus(NH_3)} = \frac{1.0\times10^{-14}}{1.79\times10^{-5}} = 5.59\times10^{-10}$$

因为 $cK_a^\ominus > 20\,K_w^\ominus \qquad \frac{c}{K_a^\ominus} > 500$

所以 $[H^+] = \sqrt{K_a^\ominus c} = \sqrt{5.59\times10^{-10}\times0.10} = 7.5\times10^{-6}(mol\cdot L^{-1})$

$$pH = 5.12$$

【例 5-12】 计算 $c(NH_3) = 0.10mol \cdot L^{-1}$ 的 NH_3 溶液的 pH(已知 NH_3 的 $K_b^\ominus= 1.79\times10^{-5}$)。

解 因为 $cK_b^\ominus > 20\,K_w^\ominus \qquad \frac{c}{K_b^\ominus} > 500$

所以 $[OH^-] = \sqrt{K_b^\ominus c} = \sqrt{1.79\times10^{-5}\times0.10} = 1.3\times10^{-3}(mol\cdot L^{-1})$

$$pOH = 2.89$$

$$pH = pK_w^\ominus - pOH = 14.00 - 2.89 = 11.11$$

由以上讨论可以看出，酸碱质子理论中溶液酸度计算的基本方法是从质子条件式出发，根据有关的解离平衡以及解离平衡常数推测溶液的酸碱性，并按允许计算误差的要求近似处理，忽略次要组分或次要的计算项，从而获得计算式。

对于一般的酸碱体系，通常有现成的公式，可以根据条件直接套用。在实际工作中，大多数情况下可以采用最简式计算，只有在对酸度要求较高的场合才需要考虑用近似式。

2. *两性物质溶液酸度的计算*

在此以 NaHA 这种两性物质为例，计算该物质水溶液的酸度。

选择 H_2O、HA^-为质子参考水准，参照上述此类溶液的质子条件，此溶液的质子条件式可写为

$$[H^+] = [OH^-] + [A^{2-}] - [H_2A]$$

可见这种溶液的酸度是由三方面贡献的，按质子条件式，等号右边的各项分别是水的解离、HA^-的酸式解离、HA^-的碱式解离。式中，$[OH^-] = \frac{K_w^\ominus}{[H^+]}$，$[A^{2-}] = K_{a_2}^\ominus\frac{[HA^-]}{[H^+]}$，$[H_2A] = \frac{[HA^-][H^+]}{K_{a_1}^\ominus}$。

将这些平衡关系代入 NaHA 溶液的质子条件式中并整理得

$$[H^+] = \sqrt{\frac{K_{a_1}^\ominus(K_{a_2}^\ominus[HA^-] + K_w^\ominus)}{K_{a_1}^\ominus + [HA^-]}} \tag{5-33}$$

上式就是计算 NaHA 水溶液酸度的精确式。在计算时同样可以从具体情况出发，作合理的简化处理：

(1) 由于一般的多元酸，$K_{a_1}^\ominus$ 与 $K_{a_2}^\ominus$ 都相差较大，因而 HA^-的二级解离以及 HA^-接受质子的

能力都比较弱，可以认为$[HA^-]\approx c$，所以

$$[H^+]=\sqrt{\frac{K_{a_1}^\ominus(K_{a_2}^\ominus c+K_w^\ominus)}{K_{a_1}^\ominus+c}} \tag{5-34}$$

(2) 若$cK_{a_2}^\ominus>20K_w^\ominus$，这时就可以忽略水解离的贡献，则

$$[H^+]=\sqrt{\frac{K_{a_1}^\ominus K_{a_2}^\ominus c}{K_{a_1}^\ominus+c}} \tag{5-35}$$

此式就是计算 NaHA 溶液$[H^+]$的近似式。

(3) 若体系还满足$c>20K_{a_1}^\ominus$，这时就可忽略分母中的$K_{a_1}^\ominus$项：

$$[H^+]=\sqrt{K_{a_1}^\ominus K_{a_2}^\ominus} \tag{5-36}$$

或

$$pH=\frac{1}{2}(pK_{a_1}^\ominus+pK_{a_2}^\ominus) \tag{5-37}$$

式(5-36)或式(5-37)就是计算 NaHA 溶液酸度的最简式。

(4) 同样，若体系只满足$c>20K_{a_1}^\ominus$，而不满足$cK_{a_2}^\ominus>20K_w^\ominus$，那么就不能忽略水解离的贡献：

$$[H^+]=\sqrt{\frac{K_{a_1}^\ominus(K_{a_2}^\ominus c+K_w^\ominus)}{c}} \tag{5-38}$$

【例 5-13】 计算$c(NaHCO_3)=0.10mol\cdot L^{-1}$ $NaHCO_3$溶液的 pH。已知$pK_{a_1}^\ominus=6.35$，$pK_{a_2}^\ominus=10.33$。

解 因为　　$cK_{a_2}^\ominus>20K_w^\ominus$　　$c>20K_{a_1}^\ominus$

所以　　$pH=\frac{1}{2}\times(pK_{a_1}^\ominus+pK_{a_2}^\ominus)=\frac{1}{2}\times(6.35+10.33)=8.34$

【例 5-14】 分别计算$c(NaH_2PO_4)=0.050mol\cdot L^{-1}$ NaH_2PO_4溶液以及$c(Na_2HPO_4)=1.0\times10^{-2}mol\cdot L^{-1}$ Na_2HPO_4溶液的 pH。已知 25℃时$K_{a_1}^\ominus=6.92\times10^{-3}$，$K_{a_2}^\ominus=6.23\times10^{-8}$，$K_{a_3}^\ominus=4.8\times10^{-13}$。

解 对于NaH_2PO_4，它是H_3PO_4失去一个质子的产物。因此溶液酸度的计算公式与 NaHA 溶液的相同。

因为　　$cK_{a_2}^\ominus>20K_w^\ominus$　　$c<20K_{a_1}^\ominus$

所以

$$[H^+]=\sqrt{\frac{K_{a_1}^\ominus K_{a_2}^\ominus c}{K_{a_1}^\ominus+c}}$$
$$=\sqrt{\frac{6.92\times10^{-3}\times6.23\times10^{-8}\times0.050}{6.92\times10^{-3}+0.050}}$$
$$=1.9\times10^{-5}(mol\cdot L^{-1})$$
$$pH=4.72$$

对于Na_2HPO_4，由于它是H_3PO_4失去两个质子的产物，所以溶液酸度的计算公式改为

$$[H^+]=\sqrt{\frac{K_{a_2}^\ominus(K_{a_3}^\ominus c+K_w^\ominus)}{K_{a_2}^\ominus+c}}$$

近似处理的条件也相应调整。对于本例：

因为　　$cK_{a_3}^\ominus<20K_w^\ominus$　　$c>20K_{a_2}^\ominus$

所以

$$[H^+]=\sqrt{\frac{K_{a_2}^{\ominus}(K_{a_3}^{\ominus}c+K_w^{\ominus})}{c}}$$

$$=\sqrt{\frac{6.23\times10^{-8}\times(4.8\times10^{-13}\times1.0\times10^{-2}+1.0\times10^{-14})}{1.0\times10^{-2}}}$$

$$=3.0\times10^{-10}(\text{mol}\cdot\text{L}^{-1})$$

$$\text{pH}=9.52$$

3. 多元酸(或多元碱)水溶液酸度的计算

由于一般多元酸(或多元碱)在水溶液中二级解离的程度不是很大，再加上一级解离对二级解离的抑制，因此这类物质水溶液的酸度主要由一级解离贡献，大多数情况下可以作为一元弱酸(或一元弱碱)处理。

【例 5-15】 室温时饱和 H_2CO_3 溶液的浓度约为 0.040mol · L^{-1}，计算该溶液的 pH(已知 $pK_{a_1}^{\ominus}=6.35$，$pK_{a_2}^{\ominus}=10.33$)。

解 因 $K_{a_1}^{\ominus}\gg K_{a_2}^{\ominus}$，故可以作为一元弱酸处理。

因为

$$cK_{a_1}^{\ominus}>20K_w^{\ominus}\qquad c/K_{a_1}^{\ominus}>500$$

所以

$$[H^+]=\sqrt{cK_{a_1}^{\ominus}}=\sqrt{0.040\times10^{-6.35}}=1.3\times10^{-4}\ (\text{mol}\cdot\text{L}^{-1})$$

$$\text{pH}=3.89$$

5.6　缓 冲 溶 液

溶液中 H^+浓度对于生物大分子的功能是非常关键的。不同组织维持正常功能的pH不一样，表 5-3 列出了正常人各种体液的 pH 范围。胃蛋白酶需要较高的酸度(pH=1～2)才能发挥消化功能，而正常人血液的 pH 范围为 7.35～7.45，大于 7.8 或小于 7.0 就会有生命危险。总之，pH 的稳定对于生命体生理功能的正常运转至关重要，对于生命体以外的大量化学反应同样是必要条件。怎样才能使溶液(或体液)的 pH 基本恒定，是一个在化学和医学上同样重要的问题。这个问题的解决是通过缓冲溶液实现的。

表 5-3　人体各种体液的 pH

体液	pH
血清	7.35～7.45
成人胃液	1～2
婴儿胃液	5.0
唾液	6.35～6.85
胰液	7.5～8.0
小肠液	6.5～7.6
大肠液	8.3～8.4
乳汁	6.0～6.9
泪水	≈7.4
尿液	4.8～7.5
脑脊液	7.35～7.45

5.6.1　缓冲溶液及缓冲机制

1. 缓冲溶液的组成

1990 年，费恩巴赫(Fernbach)和胡伯特(Hubert)两位微生物学家发现，向微生物培养液(肉料)里添加 1mL 0.01mol · L^{-1} 的盐酸，溶液的 pH 几乎没有变化，而相比之下，将同量的盐酸加进纯水里，pH 会从 7.0 降至 5.0，这个实验表明肉汁培养液对使溶液的 pH 发生变化的强酸有抵御作用。实验指出，用强碱或水（稀释）代替强酸，情况也一样。他们借用汽车缓冲器(buffer)的称呼，把这种抗御 pH 变化的作用称为缓冲作用。

表 5-4 是关于不同性质的溶液中加入酸、碱或水前后 pH 变化的对照试验结果。

表 5-4　HAc-NaAc 溶液和 H_2O 中分别加入 HCl 或 NaOH 前后的 pH 及ΔpH

实验组	实验对象	pH	加入酸、碱或水	pH	ΔpH
1	溶液 1L，含 0.1mol HAc + 0.10mol NaAc	4.76	0.01mol HCl	4.67	−0.09
			0.01mol NaOH	4.85	+0.09
			1L H_2O	4.76	0
2	1L H_2O	7.00	0.01mol HCl	2.00	−5.00
			0.01mol NaOH	12.00	+5.00

表 5-4 的对照试验说明，HAc 和 NaAc 这种由弱酸及其共轭碱组成的混合溶液有抵抗外来少量强酸、强碱或稍加稀释而保持 pH 基本不变的能力，我们把这种溶液称为缓冲溶液(buffer solution)。缓冲溶液对强酸、强碱或稀释的抵抗作用称为缓冲作用(buffer action)。

常用的缓冲溶液是由足够浓度的弱酸(弱碱)及其共轭碱(共轭酸)组成。组成缓冲溶液的共轭酸碱对也称为缓冲系(buffer system)或缓冲对(buffer pair)。

2. 缓冲机制

现以浓度均为 0.10mol · L^{-1} 的 HAc 和 NaAc 缓冲系为例来说明缓冲溶液的缓冲机制。

NaAc 是强电解质，在溶液中几乎完全以 Na^+和 Ac^-状态存在；HAc 是弱电解质，在溶液中只部分电离，并且因来自 NaAc 的 Ac^-的同离子效应，HAc 几乎完全以分子状态存在于溶液中。所以在 HAc-NaAc 缓冲溶液中存在大量的 HAc 和 Ac^-，且二者是共轭酸碱对。它们之间的质子传递平衡关系如下：

$$\boxed{HAc} + H_2O \rightleftharpoons \boxed{Ac^-} + H_3O^+$$

$$+ NaAc \rightleftharpoons Ac^- + Na^+$$

大量　　　　大量

当向其中加入少量强酸(H_3O^+)时，会消耗原来解离平衡中的碱(Ac^-)，生成弱酸(HAc)，使解离平衡逆向移动。因溶液中的 Ac^-的量足够大，所以，解离平衡仍然存在，溶液中的 H_3O^+浓度没有明显的变化，溶液的 pH 基本不变。

当向其中加入少量强碱(OH^-)时，会消耗原来解离平衡中的酸(H_3O^+)，使解离平衡正向移动，生成弱碱(Ac^-)。因溶液中的 HAc 的量足够大，所以，解离平衡仍然存在，溶液中的 H_3O^+浓度没有明显变化，溶液的 pH 基本不变。

综上所述，缓冲溶液能够抵抗少量外加的强酸或强碱保持其 pH 基本不变的根本原因，是弱酸弱碱的解离平衡没有被破坏。

缓冲对中的弱酸称为抗碱组分，弱碱称为抗酸组分。共轭酸碱对浓度之和称为缓冲溶液的总浓度。

当缓冲溶液被稍加稀释时，共轭酸碱对的解离平衡仍然存在，所以缓冲溶液的 pH 也基本保持不变。

浓度较高的强酸(如 HCl)或强碱(如 NaOH)溶液也有较强的抵抗少量外加的强酸或强碱及稍加稀释保持 pH 基本不变的能力，是由于在其溶液中，$[H_3O^+]$或$[OH^-]$本来就很高，外加的少量强酸或强碱不会使溶液中的 H_3O^+、OH^-的浓度有明显的变化，故溶液中的 pH 不会发生明显的变化，并不是存在像弱酸弱碱那样的解离平衡导致的 pH 基本不变。强酸和强碱的缓冲机制本质上不同于弱酸弱碱的缓冲机制。因用强酸强碱作缓冲溶液的情况比较少，所以，本章仅讨论弱酸及其共轭碱所形成的缓冲溶液的有关问题。

5.6.2　缓冲溶液的 pH

以 HA 代表弱酸，NaA 代表其弱酸盐，两者组成缓冲溶液。溶液中 HA 和 H_2O 建立质子传递平衡

$$HA + H_2O \rightleftharpoons A^- + H_3O^+$$

$$NaA \longrightarrow A^- + Na^+$$

有

$$[H_3O^+] = K_a^\ominus \frac{[HA]}{[A^-]}$$

等式两边各取负对数，则得

$$pH = pK_a^\ominus + \lg\frac{[A^-]}{[HA]} \tag{5-39}$$

此式是计算缓冲溶液 pH 的亨德森-哈塞尔巴赫(Henderson-Hasselbalch)方程式。式中的$pK_a^\ominus$为弱酸的解离常数的负对数，[HA]和$[A^-]$均为平衡浓度。$[A^-]$与[HA]的比值称为缓冲比。

在上述缓冲溶液中，设 HA 的初始浓度为 c_a，A^-的初始浓度为 c_b，已解离的 HA 的浓度为 $c'(HA)$，则 HA 和 A^-的平衡浓度分别为

$$[HA] = c_a - c'(HA)$$

$$[A^-] = c_b + c'(HA)$$

由于缓冲溶液中已存在大量的 A^-，同离子效应使 HA 的解离很少，$c'(HA)$可忽略，故$[HA] \approx c(HA)$，$[A^-] \approx c(A^-)$，式(5-39)又可表示为

$$pH = pK_a^\ominus + \lg\frac{c_b}{c_a} \tag{5-40}$$

式(5-40)可以用于计算配制完毕的缓冲溶液的 pH。

因 $c_b = \dfrac{n_b}{V}$，$c_a = \dfrac{n_a}{V}$，n_b 和 n_a 是在同一缓冲溶液中所含共轭酸碱的物质的量，V 是缓冲溶

液的体积，将这一关系代入式(5-40)，可得

$$\mathrm{pH}=\mathrm{p}K_{\mathrm{a}}^{\ominus}+\lg\frac{n_{\mathrm{b}}}{n_{\mathrm{a}}} \tag{5-41}$$

式(5-41)是缓冲溶液 pH 计算公式的又一种形式。此式在使用不同浓度、不同体积的共轭酸碱配制缓冲溶液时，方便快捷。由于 n_b 和 n_a 的量确定以后，由其将要配制或已配制的缓冲溶液的 pH 都已经确定，所以，式(5-41)适合计算共轭酸碱对混合前后的 pH。因式(5-41)是用物质的量进行计算，会使解题思路比较清晰。

若使用相同浓度的弱酸及其共轭碱来配制缓冲溶液，即 $c_a = c_b$，分别量取 NaA 的体积 V_b 和 HA 的体积 V_a，将两者混合，$n_b = c_bV_b$，$n_a = c_aV_a$，则式(5-41)可改写为

$$\mathrm{pH}=\mathrm{p}K_{\mathrm{a}}^{\ominus}+\lg\frac{V_{\mathrm{b}}}{V_{\mathrm{a}}} \tag{5-42}$$

式(5-42)是储备液浓度相等时，由混合前的储备液的体积计算缓冲溶液的 pH。

由上面各式可知：

(1) 缓冲溶液的 pH 首先取决于缓冲系中弱酸的酸常数值，而此值又与温度有关，所以温度对缓冲溶液的 pH 也是有影响的。

(2) 同一缓冲系的缓冲溶液，pK_a一定，其 pH 随着缓冲比的改变而改变。当缓冲比等于 1 时，缓冲溶液的 pH 等于 p$K_a^{\ominus}$。

(3) 缓冲溶液加水稀释时，n_a 与 n_b 的比值不变，则由式(5-41)计算的 pH 也不变。所以缓冲溶液具有抗稀释的能力。但稀释会引起离子强度改变，使 HA 和 A^-的活度因子受到不同程度的影响，因此缓冲溶液的 pH 也会随之有微小的改变。若过分稀释，不能维持缓冲系物质的足够浓度，缓冲溶液将丧失缓冲能力。

5.6.3　缓冲能力与缓冲范围

需要注意的是任何酸碱缓冲溶液的缓冲能力都是有限的，若向体系中加入过多的酸或碱，或是过分稀释，都有可能使酸碱缓冲溶液失去缓冲作用。当指定 pH 时，酸碱缓冲溶液缓冲能力的大小一般可以用缓冲指数 β 来衡量。

对于 HA-A^-所构成的缓冲系，溶液 $\mathrm{pH} = \mathrm{p}K_a^{\ominus}\pm1$ 范围内，$\beta = 2.3\delta(\mathrm{HA})\delta(\mathrm{A^-})c(\mathrm{HA})$。当 $\mathrm{p}K_a^{\ominus}\approx$ pH，或$[\mathrm{HA}] = [\mathrm{A^-}]$时，$\beta_{max} = 0.58c(\mathrm{HA})$。

因此，酸碱缓冲溶液的总浓度越大，构成缓冲系的两组分的浓度比值越接近 1，其缓冲能力也就越强。

外加一定量的强酸或强碱所引起的缓冲溶液 pH 改变的多少可以用缓冲容量 α 来衡量。对于 HA-A^-所构成的缓冲系，缓冲容量 α 在缓冲范围 $\mathrm{pH_1}\sim\mathrm{pH_2}$ 的表达式为

$$\alpha=(\delta_2^{\mathrm{A^-}}-\delta_1^{\mathrm{A^-}})c_{\mathrm{HA}} \tag{5-43}$$

式中：$\delta_2^{\mathrm{A^-}}$、$\delta_1^{\mathrm{A^-}}$分别为 A^-在 $\mathrm{pH_2}$ 和 $\mathrm{pH_1}$ 时的分布系数。

例如，1L 总浓度为 $0.1\mathrm{mol\cdot L^{-1}}$ 的 HAc-Ac^-缓冲溶液，可求得当 pH 从 3.74 改变到 5.74 时的缓冲容量为 $0.082\mathrm{mol\cdot L^{-1}}$。表明若要将这一缓冲系的 pH 从 3.74 调整到 5.74，需加 NaOH 的量为 0.082mol。

另外，通常一个酸碱缓冲系能起有效缓冲作用的范围也是有限的。这点从 HAc-Ac^-的分布曲线图中可以看得很明显。当 $\mathrm{pH} = \mathrm{p}K_a^{\ominus}$时，$[\mathrm{Ac^-}]/[\mathrm{HAc}] = 1$，$\delta_1 = \delta_0 = 0.5$；只有在 pH = 3.74～

5.74 时，即使[Ac⁻]/[HAc]有较大变化，pH 才可能变化很小，即在这个范围内，HAc-Ac⁻缓冲溶液才具有较好的缓冲效果。因此，一般来说，HA−A⁻酸碱缓冲溶液的缓冲范围(buffer range)为

$$pH \approx pK_a^{\ominus} \pm 1$$

5.6.4 酸碱缓冲溶液的分类及选择

酸碱缓冲溶液根据用途的不同可以分成两大类，即普通酸碱缓冲溶液和标准酸碱缓冲溶液。标准酸碱缓冲溶液简称标准缓冲溶液，主要用于校正酸度计。普通酸碱缓冲溶液主要用于化学反应或生产过程中酸度的控制，在实际工作中应用很广，在生物学上也有重要意义。例如，人体血液的 pH 能维持在 7.35～7.45，就是靠血液中所含有的 H_2CO_3-$NaHCO_3$ 以及 NaH_2PO_4-Na_2HPO_4 等缓冲系，这样才能保证细胞的正常代谢以及整个机体的生存。

酸碱缓冲溶液选择时主要考虑以下三点：

(1) 对正常的化学反应或生产过程尽量不构成干扰，或干扰易于排除。

(2) 应具有较强的缓冲能力。为了达到这一要求，所选择体系中两组分的浓度比应尽量接近 1，且浓度适当大些为好。

(3) 所需控制的 pH 应在缓冲溶液的缓冲范围内。若酸碱缓冲溶液是由弱酸及其共轭碱组成，则所选弱酸的 $pK_a^{\ominus}$应尽量与所需控制的 pH 一致。

另外，在实际工作中，有时只需要对 H^+或对 OH^-有抵消作用即可，这时可以选择合适的弱碱或弱酸作为酸或碱的缓冲剂，加入体系后与 H^+或 OH^-作用产生共轭酸或共轭碱，与之组成缓冲系。例如，在电镀等工业中，常用 H_3BO_3、柠檬酸、NaAc、NaF 等作为缓冲剂。

表 5-5 列举了一些常见的酸碱缓冲系，可供选择时参考。

表 5-5　一些常见的标准酸碱缓冲系

缓冲体系	$pK_a^{\ominus}$(或 $pK_b^{\ominus}$)	缓冲范围（pH）
HAc-NaAc	4.75	3.6～5.6
NH_3-NH_4Cl	4.75	8.3～10.3
$NaHCO_3$-Na_2CO_3	10.25	9.2～11.0
KH_2PO_4-K_2HPO_4	7.21	5.9～8.0
H_3BO_3-$Na_2B_4O_7$	9.2	7.2～9.2

5.6.5 缓冲溶液的计算与配制

对于标准缓冲溶液，它们的 pH 一般都是严格通过实验测得，若需要进行理论计算，就需要校正溶液离子强度的影响，有关这方面内容可参阅“分析化学”有关参考书。而普通酸碱缓冲溶液的计算则较为简单，一般都可以采用最简式。

【例 5-16】 对于 HAc-NaAc 及 HCOOH-HCOONa 两种缓冲系，若要配制 pH 为 4.8 的酸碱缓冲溶液，应选择何种体系为好？现有 $c(HAc) = 6.0mol \cdot L^{-1}$ HAc 溶液 12mL，要配成 250mL pH = 4.8 的酸碱缓冲溶液，应称取固体 NaAc · 3H₂O 多少克？

解 据 $pH = pK_a^{\ominus} + \lg\frac{c_b}{c_a}$，若选用 HAc-NaAc 体系，则

$$\lg\frac{c_b}{c_a} = pH - pK_a^{\ominus} = 4.8 - 4.76 = 0.04$$

$$\frac{c_b}{c_a}=1.10$$

若选用 HCOOH-HCOONa 体系：

$$\lg\frac{c_b}{c_a}=4.8-3.75=1.05 \qquad \frac{c_b}{c_a}=11.2$$

由于 HAc 的 $pK_a^{\ominus}$ 与所需控制的 pH 接近，HAc 和 Ac^- 两组分的浓度比值也接近 1，它的缓冲能力就比 HCOOH-HCOONa 体系强。因而应选择 HAc-NaAc 缓冲系。

根据以上计算及选择，若要配制 250mL pH = 4.8 的酸碱缓冲溶液，由 $c(HAc)=\frac{12\times6.0}{250}=0.288(mol\cdot L^{-1})$，以及 $\frac{c_b}{c_a}=1.10$ 得

$$c_b=1.10\times0.288=0.317(mol\cdot L^{-1})$$

所以称取 $NaAc\cdot3H_2O$ 的质量

$$m(NaAc\cdot3H_2O)=c_bM(NaAc\cdot3H_2O)\times\frac{250}{1000}=0.317\times136\times\frac{250}{1000}=11(g)$$

5.6.6　血液中的缓冲系

人体内的酸碱性物质来源于食物、机体的代谢和消化液的吸收。机体每时每刻都会产生不同种类和不同浓度的酸性或碱性食物，食物和机体中的糖、脂肪、蛋白质的消化和代谢的最终产物 CO_2 是酸的主要来源之一。但是，由于人体内存在着多种生理缓冲系，因此人体内各种体液都保持在一定的 pH 范围。例如，胃液的 pH 范围为 1.0～3.0，尿液的 pH 范围为 4.7～8.4，血液的 pH 范围为 7.35～7.45。

血液能保持 pH 范围在 7.35～7.45，主要原因是血液中存在可保持 pH 基本恒定的多种缓冲系。血液中存在的主要缓冲系如下：

血浆中：$NaHCO_3$-H_2CO_3、H_nP-$H_{n-1}P^-$(H_nP 为蛋白质)、Na_2HPO_4-NaH_2PO_4；

红细胞中：Hb^--H_2b(H_2b 为血红蛋白)、HbO_2^--H_2bO_2(H_2bO_2 为氧合血红蛋白)、K_2HPO_4-KH_2PO_4、$KHCO_3$-H_2CO_3。

在这些缓冲系中，以碳酸缓冲系在血液中的浓度最高，缓冲能力最强，在维持血液正常 pH 中发挥的作用最重要。碳酸在血液中主要是以溶解状态的 $CO_2(aq)$ 形式存在，在 $CO_2(aq)$- HCO_3^- 缓冲系中存在如下平衡

$$CO_2(aq)+H_2O \rightleftharpoons H_2CO_3 \xrightleftharpoons{K'_{a_1}(H_2CO_3)} H^+ + HCO_3^-$$

25℃时，$pK'_{a_1}(H_2CO_3)=6.35$，而在人体内，CO_2 是溶解在 37℃、离子强度为 $0.16mol\cdot L^{-1}$ 的血浆中，解离平衡常数校正后为 $pK'_{a_1}(H_2CO_3)=6.10$，所以血浆中的碳酸缓冲系 pH 的计算方程式为

$$pH=pK'_{a_1}(H_2CO_3)+\lg\frac{[HCO_3^-]}{[CO_2(aq)]}=6.10+\lg\frac{[HCO_3^-]}{[CO_2(aq)]} \tag{5-44}$$

正常人血浆中$[HCO_3^-]$和$[CO_2(aq)]$分别为 $0.024mol\cdot L^{-1}$ 和 $0.0012mol\cdot L^{-1}$，将其代入式(5-44)，可得到血液的正常 pH：

$$pH=6.10+\lg\frac{0.024}{0.0012}=6.10+\lg\frac{20}{1}=7.40$$

在体内，HCO_3^-是血浆中含量最多的抗酸成分，在一定程度上可以代表血浆对体内所产生非挥发性酸的缓冲能力，所以将血浆中的HCO_3^-称为碱储。

人体内正常血浆中HCO_3^--$CO_2(aq)$缓冲系的缓冲比为 20∶1，已超出前面讨论的体外缓冲溶液有效缓冲比(1∶10～10∶1)的范围，似乎应该是缓冲能力很小，但是由于人体是一个“敞开系统”，与外界既有物质的交换又有能量的交换，当机体内$CO_2(aq)$或HCO_3^-的浓度改变时，可由肺的呼吸作用和肾的生理功能获得补偿或调节，使得血浆中的HCO_3^-或$CO_2(aq)$的浓度保持相对稳定。因此，血浆中的碳酸缓冲系总能保持相当强的缓冲能力，特别是抗酸的能力。

血液对$CO_2(aq)$的转运，主要是靠红细胞中的血红蛋白和氧合血红蛋白缓冲系来实现的。代谢过程产生的大量$CO_2(aq)$与血红蛋白离子反应

$$CO_2(aq) + H_2O + Hb^- \rightleftharpoons H_2b + HCO_3^-(aq)$$

产生的HCO_3^-由血液运输至肺，并与氧合血红蛋白反应

$$HCO_3^-(aq) + H_2bO_2 \rightleftharpoons H_2O + CO_2(g) + HbO_2^-$$

生成的CO_2经肺呼出。也可以看出，由于Hb^--H_2b和HbO_2^--H_2bO_2的缓冲作用，血液中大量CO_2从组织细胞运送至肺的过程中，其 pH 基本不变。

倘若血液中主要缓冲对的缓冲比$\frac{[HCO_3^-]}{[CO_2(aq)]}$超出 18∶1～22∶1，也就是超出了血浆 pH 的正常范围 7.35～7.45，将导致酸中毒(acidosis)或碱中毒(baseosis)。

总之，由于血液中多种缓冲系的缓冲作用和肺、肾的调节作用，正常人体血液的 pH 维持在 7.35～7.45 的狭小范围内。

5.7　难溶电解质的沉淀平衡

根据在水中溶解度(solubility)的大小，强电解质可分为易溶强电解质和难溶强电解质。一般将 298.15K 时在水中溶解度小于$0.1g \cdot L^{-1}$的强电解质称为难溶强电解质。在难溶强电解质的饱和溶液中，存在难溶电解质(固相)与其解离的离子(液相)之间的平衡，这种平衡称为沉淀溶解平衡。

5.7.1　沉淀溶解平衡及溶度积原理

1. 沉淀溶解平衡的建立

在一定温度下，将难溶强电解质 AgCl 固体放入水中，固体表面的Ag^+和Cl^-在水分子的作用下，不断从固体表面溶解到水中而形成水合离子，这一过程称为溶解过程。同时，水溶液中的Ag^+和Cl^-由于分子的热运动而不断相互碰撞，重新结合形成 AgCl 固体，从而重新回到固体表面，这一过程称为沉淀过程。当溶解和沉淀的速度相等时，就建立了 AgCl 固体和溶液中的Ag^+和Cl^-之间的动态平衡，称为沉淀溶解平衡。这是一种多相平衡，它可表示为

$$AgCl(s) \rightleftharpoons Ag^+(aq) + Cl^-(aq)$$

按照化学平衡定律则有

$$K^{\ominus} = ([Ag^+]/c^{\ominus}) \cdot ([Cl^-]/c^{\ominus}) = K_{sp}^{\ominus} \tag{5-45}$$

为简便起见，在平衡常数表示式中省去 $c^{\ominus}$，故上式可以简写为

$$K^{\ominus} = [Ag^+][Cl^-] = K_{sp}^{\ominus} \tag{5-46}$$

由平衡常数表达式可知，当反应达到平衡时，反应标准平衡常数即为溶解于溶液中离子浓度的乘积，故称为溶度积常数，以 $K_{sp}^{\ominus}$ 表示。一定温度下，当反应到达平衡时，$K_{sp}^{\ominus}$ 为常数。

$K_{sp}^{\ominus}$ 的值可根据第 3 章中的热力学公式，利用热力学参数进行计算求得。

当反应未达到平衡时：

$$\Delta_r G_m = -RT\ln K_{sp}^{\ominus} + RT\ln Q_i \tag{5-47}$$

式中：Q_i 为未到达平衡时的离子积。

当达到沉淀溶解平衡时，$\Delta_r G_m^{\ominus} = 0$，$Q_i = K_{sp}^{\ominus}$，则

$$\Delta_r G_m^{\ominus} = -RT\ln K_{sp}^{\ominus} \tag{5-48}$$

2. 溶度积常数、溶解度及两者间的相互换算

根据溶度积的表达式，难溶电解质的溶度积和溶解度是可以相互换算的。由溶解度求算溶度积时，先要把溶解度换算成物质的量浓度。

【例 5-17】 AgCl 在 25℃时溶解度为 $0.000192g \cdot (100g\ H_2O)^{-1}$，求它的溶度积常数。

解 因为 AgCl 饱和溶液极稀，可以认为 1g H_2O 的体积和质量与 1mL AgCl 溶液的体积和质量相同，所以在 1L AgCl 饱和溶液中含有 AgCl 0.00192g，AgCl 的摩尔质量为 $143.4g \cdot mol^{-1}$，将溶解度用物质的量浓度表示为

$$c(AgCl) = \frac{0.00192g \cdot L^{-1}}{143.4g \cdot mol^{-1}} = 1.34 \times 10^{-5} mol \cdot L^{-1}$$

溶解的 AgCl 完全电离，故

$$AgCl(s) \rightleftharpoons Ag^+(aq) + Cl^-(aq)$$

$$[Ag^+] = [Cl^-] = 1.34 \times 10^{-5}(mol \cdot L^{-1})$$

所以

$$K_{sp}(AgCl) = [Ag^+][Cl^-] = (1.34 \times 10^{-5})^2 = 1.8 \times 10^{-10}$$

【例 5-18】 在 25℃时，Ag_2CrO_4 的溶解度是 $0.0217g \cdot L^{-1}$，试计算 Ag_2CrO_4 的 $K_{sp}^{\ominus}$。

解

$$c(Ag_2CrO_4) = \frac{s(Ag_2CrO_4)}{M(Ag_2CrO_4)} = \frac{0.0217g \cdot L^{-1}}{331.8g \cdot mol^{-1}} = 6.54 \times 10^{-5} mol \cdot L^{-1}$$

由 Ag_2CrO_4 的沉淀溶解平衡

$$Ag_2CrO_4(s) \rightleftharpoons 2Ag^+(aq) + CrO_4^{2-}(aq)$$

平衡时浓度/$(mol \cdot L^{-1})$　　$2c$　　c

可得

$$K_{sp}^{\ominus} = [Ag^+]^2[CrO_4^{2-}] = (2c)^2 c = 4c^3 = 4 \times (6.54 \times 10^{-5})^3 = 1.12 \times 10^{-12}$$

注意：溶解度与溶度积进行相互换算是有条件的：

(1) 难溶电解质的离子在溶液中应不发生水解、聚合、配位等反应。

(2) 难溶电解质要一步完全解离。

溶解度的比较：比较电解质间的溶解能力大小时，首先应该认清电解质组成是否为同一类型的电解质，对于同类型的电解质可直接通过比较其溶度积数据推断其溶解度的大小。对于不同类型的电解质，则要将溶度积数据换算为溶解度后再推断其溶解度的大小。例如：

	$CaCO_3$	AgCl	Ag_2CrO_4
$K_{sp}^{\ominus}$	2.8×10^{-9}	1.8×10^{-10}	1.1×10^{-12}
$c/(mol\cdot L^{-1})$	5.3×10^{-5}	1.34×10^{-5}	6.5×10^{-5}

3. 溶度积原理

溶度积原理是根据溶液中非平衡态时离子浓度的乘积与平衡时离子积常数($K_{sp}^{\ominus}$)的大小来判断沉淀能否生成或溶解。

$$A_nB_m(s) \rightleftharpoons nA^{m+}(aq) + mB^{n-}(aq)$$

$$K_{sp}^{\ominus} = [A^{m+}]^n [B^{n-}]^m$$

$$Q_i = [A^{m+}]^n [B^{n-}]^m \tag{5-49}$$

$K_{sp}^{\ominus}$与Q_i的意义：$K_{sp}^{\ominus}$与Q_i均表示溶液中离子浓度的乘积。$K_{sp}^{\ominus}$表示难溶电解质沉淀溶解平衡时饱和溶液中离子浓度的乘积，在一定温度下$K_{sp}^{\ominus}$为常数；Q_i则表示任何情况下离子浓度的乘积，其值不定。

当$Q_i > K_{sp}^{\ominus}$时，溶液为过饱和溶液，沉淀析出；

当$Q_i = K_{sp}^{\ominus}$时，溶液为饱和溶液，处于平衡状态；

当$Q_i < K_{sp}^{\ominus}$时，溶液为未饱和溶液，沉淀溶解。

5.7.2 沉淀的生成

1. 沉淀生成条件

当溶液中的$Q_i > K_{sp}^{\ominus}$时，即可生成沉淀。

【例 5-19】 将等体积的$4.0\times10^{-3}mol\cdot L^{-1}$的$AgNO_3$和$4.0\times10^{-3}mol\cdot L^{-1}$ K_2CrO_4混合，有无Ag_2CrO_4沉淀产生?已知$K_{sp}^{\ominus}(Ag_2CrO_4) = 1.12\times10^{-12}$。

解 等体积混合后，离子浓度变为原来的一半。

$$[Ag^+] = 2.0\times10^{-3}mol\cdot L^{-1} \qquad [CrO_4^{2-}] = 2.0\times10^{-3}mol\cdot L^{-1}$$

$$Q_i = [Ag^+]^2[CrO_4^{2-}] = (2.0\times10^{-3})^2\times2.0\times10^{-3}$$

$$= 8.0\times10^{-9} > K_{sp}^{\ominus}(Ag_2CrO_4)$$

所以有沉淀析出。

2. 沉淀的完全程度

一定温度下，$K_{sp}^{\ominus}$是常数，溶液中的沉淀溶解平衡始终存在，溶液中的任何一种离子的浓度都不会为零。“沉淀完全”是指溶液中的某种离子的浓度极低。在定性分析中，一般要求溶液中的离子浓度小于$1.0\times10^{-5}mol\cdot L^{-1}$，在定量分析中，离子浓度小于$1.0\times10^{-6}mol\cdot L^{-1}$即可认为沉淀完全。以下是几种使沉淀完全的方法。

1) 同离子效应

因加入含有与难溶电解质相同离子的易溶强电解质，而使难溶电解质溶解度降低的效应称为同离子效应。

【例 5-20】 已知室温下$BaSO_4$在纯水中的溶解度为$1.0\times10^{-5}mol\cdot L^{-1}$，$BaSO_4$在$0.010mol\cdot L^{-1}$ Na_2SO_4溶液中的溶解度比在纯水中小多少? 已知$K_{sp}^{\ominus}(BaSO_4) = 1.07\times10^{-10}$。

解　设 $BaSO_4$ 在 0.010mol · L^{-1} Na_2SO_4 溶液中的溶解度为 x mol · L^{-1}，则溶解平衡时：

$$BaSO_4(s) \rightleftharpoons Ba^{2+} + SO_4^{2-}$$

平衡时浓度/(mol · L^{-1})　　x　　$0.010+x$

$$K_{sp}^{\ominus}(BaSO_4) = [Ba^{2+}][SO_4^{2-}] = x(0.010 + x) = 1.07\times10^{-10}$$

因为溶解度 x 很小，所以

$$0.010 + x \approx 0.010$$

$$0.010x = 1.07\times10^{-10}$$

所以

$$x = 1.07\times10^{-8}\text{mol} \cdot L^{-1}$$

计算结果与 $BaSO_4$ 在纯水中的溶解度相比较，溶解度为原来的 $1.07\times10^{-8}/(1.00\times10^{-5})$，即约为 0.0010 倍。

2) 酸效应

对于难溶弱酸盐或难溶氢氧化物，通过控制溶液的 pH 可使它们溶解。

【例 5-21】　计算欲使 0.010mol · L^{-1} Fe^{3+}开始沉淀和沉淀完全时溶液的 pH。已知：$K_{sp}^{\ominus}(Fe(OH)_3)=2.79\times10^{-39}$。

解

$$Fe(OH)_3(s) \rightleftharpoons Fe^{3+}(aq) + 3OH^-(aq)$$

开始沉淀时

$$[Fe^{3+}][OH^-]^3 = K_{sp}^{\ominus}[Fe(OH)_3]$$

$$[OH] = \sqrt[3]{\frac{K_{sp}^{\ominus}[Fe(OH)_3]}{[Fe^{3+}]}} = \sqrt[3]{\frac{2.79\times10^{-39}}{0.01}} = 6.5\times10^{-13}(\text{mol} \cdot L^{-1})$$

$$pH = 14 - pOH = 14 - 12.19 = 1.81$$

沉淀完全时$[Fe^{3+}] \leqslant 1.0\times10^{-6}$mol · L^{-1}，则

$$[OH] = \sqrt[3]{\frac{K_{sp}^{\ominus}[Fe(OH)_3]}{[Fe^{3+}]}} = \sqrt[3]{\frac{2.79\times10^{-39}}{1.0\times10^{-6}}} = 1.41\times10^{-11}(\text{mol} \cdot L^{-1})$$

$$pH = 14 - pOH = 14-10.85 = 3.15$$

显然，Fe^{3+}开始沉淀时，溶液的 pH 为 1.81；完全时，pH 为 3.15。

3) 盐效应

因加入强电解质，难溶电解质的溶解度增大的效应称为盐效应。

KNO_3 溶解后完全电离为 K^+和 NO_3^-，结果使溶液中的离子总数骤增，由于 SO_4^{2-}和 Ba^{2+}被众多带不同电荷的离子(K^+、NO_3^-)包围，活动性降低，因而 Ba^{2+}和 SO_4^{2-}的有效浓度降低，使 $BaSO_4$ 进一步溶解，即溶解度增大(图 5-4)。

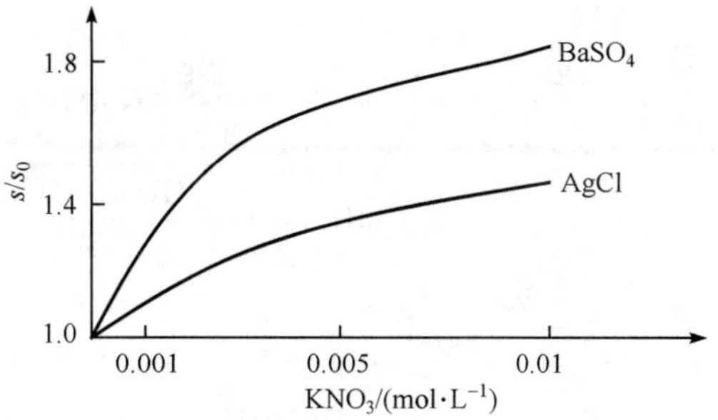

图 5-4　盐效应举例

s_0：纯水中的溶解度；s：在 KNO_3 溶液中的溶解度

5.7.3　沉淀的溶解

沉淀溶解条件：当溶液中的 $Q_i<K_{sp}^{\ominus}$ 时，沉淀即溶解。因此，只要创造条件降低难溶电解质饱和溶液中的离子浓度，即 Q_i，就能使沉淀溶解。通常采用以下几种方法。

1. 生成弱电解质使沉淀溶解

难溶的金属氢氧化物，如 $Mg(OH)_2$、$Mn(OH)_2$、$Fe(OH)_3$、$Al(OH)_3$ 等都能溶于酸：

$$M(OH)_n + nH^+ \rightleftharpoons M^{n+} + nH_2O$$

$$K^\ominus = \frac{[M^{n+}]}{[H^+]^n} = \frac{[M^{n+}][OH^-]^n}{[H^+]^n[OH^-]^n} = \frac{K_{sp}^\ominus}{(K_w^\ominus)^n}$$

室温时，$K_w^\ominus=10^{-14}$，而一般 MOH 的 $K_{sp}^\ominus$ 大于 $10^{-14}(K_w^\ominus)$，$M(OH)_2$ 的 $K_{sp}^\ominus$ 大于 $10^{-28}[(K_w^\ominus)^2]$，$M(OH)_3$ 的 $K_{sp}^\ominus$ 大于 $10^{-42}[(K_w^\ominus)^3]$，所以反应平衡常数都大于 1，表明金属氢氧化物一般都能溶于强酸。

例如，在含有固体 $CaCO_3$ 的饱和溶液中加入盐酸后，体系中存在着下列平衡的移动。

$$CaCO_3(s) \rightleftharpoons Ca^{2+} + CO_3^{2-}$$

$$HCl \longrightarrow Cl^- + H^+$$

$$H^+ + CO_3^{2-} \rightleftharpoons HCO_3^-$$

$$HCO_3^- + H^+ \rightleftharpoons H_2CO_3 \rightleftharpoons CO_2\uparrow + H_2O$$

又如，ZnS 的酸溶解：

$$\begin{array}{rcl} ZnS(s) & \rightleftharpoons & Zn^{2+} + S^{2-} \\ & & \quad\quad + \\ HCl & \longrightarrow & Cl^- + H^+ \\ & & \quad\quad \Updownarrow \\ & & HS^- + H^+ \rightleftharpoons H_2S \end{array}$$

在饱和 H_2S 溶液中(H_2S 的浓度为 $0.1mol \cdot L^{-1}$)S^{2-}和 H^+ 浓度的关系是

$$[H^+]^2[S^{2-}] = K_{a_1}^\ominus K_{a_2}^\ominus [H_2S] = 1.1 \times 10^{-7} \times 1.25 \times 10^{-13} \times 0.1 = 1.4 \times 10^{-21}$$

【例 5-22】 要使 0.1mol FeS 完全溶于 1L 盐酸中，求所需盐酸的最低浓度。

解 当 0.1mol FeS 完全溶于 1L 盐酸时，有

$$c(Fe^{2+}) = 0.1mol \cdot L^{-1} \qquad c(H_2S) = 0.1mol \cdot L^{-1}$$

$$K_{sp}^\ominus(FeS) = [Fe^{2+}][S^{2-}]$$

$$[S^{2-}] = \frac{K_{sp}^\ominus(FeS)}{[Fe^{2+}]} = \frac{1.59\times10^{-19}}{0.1} = 1.59\times10^{-18}(mol\cdot L^{-1})$$

根据

$$K_{a_1}^\ominus(H_2S)\cdot K_{a_2}^\ominus(H_2S) = \frac{[H^+]^2[S^{2-}]}{[H_2S]}$$

$$c(H^+) = \sqrt{\frac{K_{a_1}^\ominus(H_2S)K_{a_2}^\ominus(H_2S)[H_2S]}{[S^{2-}]}} = \sqrt{\frac{1.4\times10^{-21}}{1.59\times10^{-18}}} = 0.030(mol\cdot L^{-1})$$

另一解法：

$$FeS + 2H^+ \rightleftharpoons Fe^{2+} + H_2S$$

$$K = \frac{c(Fe^{2+})c(H_2S)}{c^2(H^+)} = \frac{c(Fe^{2+})c(H_2S)}{c^2(H^+)}\cdot\frac{c(S^{2-})}{c(S^{2-})} = \frac{K_{sp}^\ominus(FeS)}{K_{a_1}^\ominus K_{a_2}^\ominus} = \frac{1.59\times10^{-19}}{1.4\times10^{-20}} = 11.4$$

$$c(H^+) = \sqrt{\frac{c(Fe^{2+})c(H_2S)}{K}} = \sqrt{\frac{0.1^2}{11.4}} = 0.030(mol\cdot L^{-1})$$

显然第二种解法更简便。

生成 H_2S 时消耗掉 0.2mol 盐酸，故所需盐酸的最初浓度为 $0.03 + 0.2 = 0.23(mol \cdot L^{-1})$。

2. 通过氧化还原反应使沉淀溶解

通过氧化还原反应使构成沉淀的离子形成不同价态，从而降低溶液的 Q_i 值，使其小于 $K_{sp}^{\ominus}$，从而使沉淀溶解。

例如，CuS($K_{sp}^{\ominus}$ 为 1.27×10^{-36})溶于硝酸：

$$CuS(s) \rightleftharpoons Cu^{2+} + S^{2-}$$

$$+$$

$$HNO_3 \rightleftharpoons S\downarrow + NO\uparrow + H_2O$$

HgS($K_{sp}^{\ominus}$ 为 6.44×10^{-53})需用王水来溶解：

$$3HgS + 2HNO_3 + 12HCl = 3H_2[HgCl_4] + 3S + 2NO + 4H_2O$$

3. 生成配合物使沉淀溶解

当构成沉淀的离子与其他配体形成配合物时，该离子在溶液中的平衡浓度降低，即 Q_i 值减小，使 $Q_i < K_{sp}^{\ominus}$，则沉淀开始溶解。例如，AgCl 不溶于酸，但可溶于 NH_3 溶液：

$$AgCl(s) \rightleftharpoons Ag^{+} + Cl^{-}$$

$$+$$

$$2NH_3$$

$$\Updownarrow$$

$$[Ag(NH_3)_2]^{+}$$

难溶卤化物还可以与过量的卤素离子形成配离子而溶解：

$$AgI + I^{-} \longrightarrow AgI_2^{-}$$

$$PbI_2 + 2I^{-} \longrightarrow PbI_4^{2-}$$

$$HgI_2 + 2I^{-} \longrightarrow HgI_4^{2-}$$

$$CuI + I^{-} \longrightarrow CuI_2^{-}$$

5.7.4　分步沉淀和沉淀转化

1. 分步沉淀

通常溶液中同时存在着几种离子，当加入某种沉淀剂时，由于溶度积不同，依据溶度积原理沉淀时将按照一定的先后次序进行，这种先后沉淀的现象称为分步沉淀(fractional precipitation)。利用该方法可将一种或一组离子从离子混合物中分离出来。

在浓度均为 $0.010mol \cdot L^{-1}$ 的 I^-和 Cl^-溶液中，逐滴加入 $AgNO_3$ 试剂，开始只生成黄色的 AgI 沉淀，加入到一定量的 $AgNO_3$ 时，才出现白色的 AgCl 沉淀。

开始生成 AgI 和 AgCl 沉淀时所需要的 Ag^+浓度分别是

$$\text{AgI:}c(\text{Ag}^+) = \frac{K_{sp}^{\ominus}(\text{AgI})}{[\text{I}^-]} = \frac{8.3\times10^{-17}}{0.010} = 8.3\times10^{-15}(\text{mol}\cdot\text{L}^{-1})$$

$$\text{AgCl:}c(\text{Ag}^+) = \frac{K_{sp}^{\ominus}(\text{AgCl})}{[\text{Cl}^-]} = \frac{1.8\times10^{-10}}{0.010} = 1.8\times10^{-8}(\text{mol}\cdot\text{L}^{-1})$$

计算结果表明，沉淀I^-所需Ag^+浓度比沉淀Cl^-所需Ag^+浓度小得多，所以AgI先沉淀。当Ag^+浓度刚超过1.8×10^{-8}mol · L^{-1}时，AgCl开始沉淀，此时溶液中存在的I^-浓度为

$$[\text{I}^-] = \frac{K_{sp}^{\ominus}(\text{AgI})}{[\text{Ag}^+]} = \frac{8.3\times10^{-17}}{1.8\times10^{-8}} = 4.6\times10^{-9}(\text{mol}\cdot\text{L}^{-1})$$

可以认为，当AgCl开始沉淀时，I^-已经沉淀完全。如果我们能适当地控制反应条件，就可使Cl^-和I^-分离。

【例 5-23】 在1.0mol · L^{-1} Co^{2+}溶液中，含有少量Fe^{3+}杂质。则应如何控制pH，才能达到除去Fe^{3+}杂质的目的? $K_{sp}^{\ominus}[Co(OH)_2] = 1.09\times10^{-15}$，$K_{sp}^{\ominus}[Fe(OH)_3] = 2.64\times10^{-39}$。

解 (1) 使Fe^{3+}定量沉淀完全时的pH：

$$\text{Fe(OH)}_3(\text{s}) \rightleftharpoons \text{Fe}^{3+} + 3\text{OH}^-$$

$$K_{sp}^{\ominus}[\text{Fe(OH)}_3] = [\text{Fe}^{3+}][\text{OH}^-]^3$$

$$[\text{OH}^-] \geqslant \sqrt[3]{\frac{K_{sp}^{\ominus}[\text{Fe(OH)}_3]}{[\text{Fe}^{3+}]}} = \sqrt[3]{\frac{2.64\times10^{-39}}{10^{-6}}} = 1.38\times10^{-11}(\text{mol}\cdot\text{L}^{-1})$$

$$\text{pOH} = 10.86$$

$$\text{pH} = 14 - \text{pOH} = 3.14$$

(2) 使Co^{2+}不生成$Co(OH)_2$沉淀的pH：

$$\text{Co(OH)}_2(\text{s}) \rightleftharpoons \text{Co}^{2+} + 2\text{OH}^-$$

$$K_{sp}^{\ominus}[\text{Co(OH)}_2] = [\text{Co}^{2+}][\text{OH}^-]^2$$

不生成$Co(OH)_2$沉淀的条件是

$$c(\text{Co}^{2+})\,c^2(\text{OH}^-) < K_{sp}^{\ominus}[\text{Co(OH)}_2]$$

$$[\text{OH}^-] \leqslant \sqrt{\frac{K_{sp}^{\ominus}[\text{Co(OH)}_2]}{[\text{Co}^{2+}]}} = \sqrt{\frac{1.09\times10^{-15}}{1.0}} = 3.30\times10^{-8}(\text{mol}\cdot\text{L}^{-1})$$

$$\text{pOH} = 7.50 \qquad \text{pH} = 14 - \text{pOH} = 6.50$$

控制溶液的pH，就可以使不同的金属硫化物在适当的条件下分步沉淀出来。

【例 5-24】 某溶液中Zn^{2+}和Mn^{2+}的浓度都为0.10mol · L^{-1}，向溶液中通入H_2S气体，使溶液中的H_2S始终处于饱和状态，溶液pH应控制在什么范围可以使这两种离子完全分离?

解 根据$K_{sp}^{\ominus}(ZnS) = 1.6\times10^{-24}$，$K_{sp}^{\ominus}(MnS) = 2.5\times10^{-13}$可知，ZnS比较容易生成沉淀。

先计算Zn^{2+}沉淀完全时，即$c(Zn^{2+}) < 1.0\times10^{-6}$mol · L^{-1}时的$[S^{2-}]$和$[H^+]$。

$$[\text{S}^{2-}] = \frac{K_{sp}^{\ominus}(\text{ZnS})}{[\text{Zn}^{2+}]} = \frac{1.6\times10^{-24}}{1.0\times10^{-6}} = 1.6\times10^{-18}(\text{mol}\cdot\text{L}^{-1})$$

$$[\text{H}^+] = \sqrt{\frac{K_{a_1}^{\ominus}K_{a_2}^{\ominus}[\text{H}_2\text{S}]}{[\text{S}^{2-}]}} = \sqrt{\frac{1.4\times10^{-21}}{1.6\times10^{-18}}} = 3.0\times10^{-2}(\text{mol}\cdot\text{L}^{-1})$$

$$\text{pH} = 1.7$$

然后计算Mn^{2+}开始沉淀时的pH：

$$[\text{S}^{2-}] = \frac{K_{sp}^{\ominus}(\text{MnS})}{[\text{Mn}^{2+}]} = \frac{2.5\times10^{-13}}{0.1} = 2.5\times10^{-12}(\text{mol}\cdot\text{L}^{-1})$$

$$[H^+]=\sqrt{\frac{1.4\times10^{-21}}{2.5\times10^{-12}}}=2.4\times10^{-5}(mol\cdot L^{-1})$$

$$pH=4.62$$

因此只要将 pH 控制在 1.7～4.62，就能使 ZnS 沉淀完全，而 Mn^{2+} 不产生沉淀，从而实现 Zn^{2+}和 Mn^{2+}的分离。

2. 沉淀转化

在含有沉淀的溶液中加入适当的试剂，使沉淀转化为更难溶的沉淀，这一过程称为沉淀的转化。例如：

$$\underset{\text{白}}{PbCl_2}+2I^-\rightleftharpoons \underset{\text{黄}}{PbI_2\downarrow}+2Cl^-$$

$$K_{sp}^{\ominus}(PbCl_2)=1.6\times10^{-5}\qquad K_{sp}^{\ominus}(PbI_2)=1.39\times10^{-8}$$

锅炉中的锅垢主要成分为 $CaSO_4$，$CaSO_4$ 不溶于酸，难以除去。若用 Na_2CO_3 溶液处理，可转化为疏松的、溶于酸的 $CaCO_3$，便于清除锅垢。

【例 5-25】 1L 0.1mol · L^{-1} 的 Na_2CO_3 可使多少克 $CaSO_4$ 转化成 $CaCO_3$?

解 设平衡时 $c(SO_4^{2-})=x$。

沉淀的转化反应为

$$CaSO_4(s)+CO_3^{2-}\rightleftharpoons CaCO_3(s)+SO_4^{2-}$$

平衡时相对浓度/(mol · L^{-1})　　0.1−x　　x

反应的平衡常数为

$$K^{\ominus}=\frac{[SO_4^{2-}]}{[CO_3^{2-}]}=\frac{[SO_4^{2-}][Ca^{2+}]}{[CO_3^{2-}][Ca^{2+}]}=\frac{K_{sp}^{\ominus}(CaSO_4)}{K_{sp}^{\ominus}(CaCO_3)}=\frac{9.1\times10^{-6}}{2.8\times10^{-9}}=3.25\times10^{3}$$

$$K^{\ominus}=\frac{[SO_4^{2-}]}{[CO_3^{2-}]}=\frac{x}{0.1-x}=3.25\times10^{3}$$

解得

$$x=0.10$$

即

$$[SO_4^{2-}]=0.10mol\cdot L^{-1}$$

故转化掉的 $CaSO_4$ 的质量为 136.141×0.1 = 13.6(g)。

【例 5-26】 $BaSO_4$ 是 X 射线检查胃肠的造影剂，试述如何溶解 $BaSO_4$?

解 由于 $BaSO_4$ 不溶于水也难溶于酸，如果用 Na_2CO_3 溶液反复处理，沉淀可以转化为 $BaCO_3$ 沉淀：

$$BaSO_4(s)+CO_3^{2-}\rightleftharpoons BaCO_3(s)+SO_4^{2-}$$

最后加入强酸，即可溶解 $BaCO_3$ 沉淀。

5.7.5 生物体内的重要矿物及其形成

经过 30 亿年的物竞天择的优化，生物体结构几乎是完美无缺的。被生物摄入的金属离子，除构成一些具有生物活性的配合物外，还通过形成生物矿物，构成骨骼等硬组织。这些硬组织所包含的矿物质，如羟基磷灰石、方解石等，从组成上看，与自然界岩石相同，因此称为“生物矿物”。

自然界选择了钙来构建岩石圈，并利用钙所形成的难溶于水的盐类支撑生物体。至今已知生物体内的矿物有 60 多种，含钙矿物约占总数的一半，其中碳酸盐是最广泛利用的无机矿物，磷酸盐次之。磷酸钙(包括羟基磷灰石、磷酸八钙和无定形磷酸钙)主要构成脊椎动物的内骨骼和牙齿；碳酸钙主要构成无脊椎动物的外骨骼。和组成相同的天然矿物相比，由于生物矿物受控于特殊的生物过程和特殊的生物环境，常具有极高的选择性和方向性，因而所生成的晶体表现出特殊的性能(如极高的强度、良好的断裂韧性、减震性能)以及特殊的功能等。生物矿物除了具有保护和支持两大基本功能外，还有很多其他的特殊功能，例如，同是碳酸钙矿物，方解石是三叶虫的感光器官，而在哺乳动物内耳里则作为重力和运动感受器；文石在头足类动物的贝壳里作为浮力装置，但大多数情况下和方解石一样存在于软体动物的外骨骼中。

除了构成生物体外，一些生物矿物还是生物病理过程的产物。例如，草酸钙是人体尿结石的主要矿物成分。只有了解了草酸钙在体内形成结石的过程，才能发现治疗乃至预防尿结石的方法。

生物矿物的形成非常复杂，许多机制特别是动物学过程人们都还不清楚。下面我们用上述沉淀反应的原理对羟基磷灰石和草酸钙的形成反应进行一些讨论。

1. 羟基磷灰石：骨骼和牙齿的组成成分

1) 羟基磷灰石从溶液中沉淀出来的原因

生理条件为弱碱性，pH = 7.4。在此条件下，磷酸根离子的主要存在形式为 HPO_4^{2-} 和 $H_2PO_4^-$：

$$H_2PO_4^- \rightleftharpoons H^+ + HPO_4^{2-}$$

在体系中，HPO_4^{2-}是主要的物种形式，因此在生物化学中 HPO_4^{2-}常被称为正磷酸根，简写成 Pi。其与 Ca^{2+}的可能反应包括：

$$Ca^{2+} + HPO_4^{2-} + 2H_2O \rightleftharpoons CaHPO_4 \cdot 2H_2O\downarrow$$

$$3Ca^{2+} + 2HPO_4^{2-} + 2OH^- \rightleftharpoons Ca_3(PO_4)_2\downarrow + 2H_2O$$

$$8Ca^{2+} + 6HPO_4^{2-} + 4OH^- + H_2O \rightleftharpoons Ca_8(HPO_4)_2(PO_4)_4 \cdot 5H_2O\downarrow$$

$$10Ca^{2+} + 6HPO_4^{2-} + 8OH^- \rightleftharpoons Ca_{10}(OH)_2(PO_4)_6\downarrow + 6H_2O$$

根据沉淀的 $K_{sp}^{\ominus}$ 可以计算出各种形式的沉淀在不同 pH 条件下的溶解度(以 Ca^{2+}浓度计)(图 5-5)。

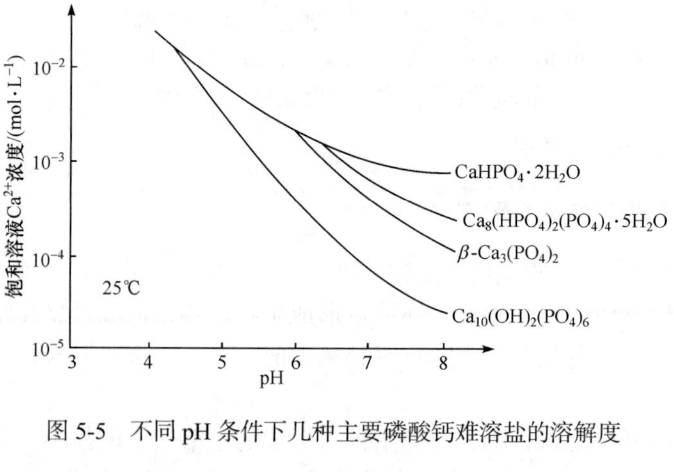

图 5-5　不同 pH 条件下几种主要磷酸钙难溶盐的溶解度

从图 5-5 可以看到，羟基磷灰石[$Ca_{10}(OH)_2(PO_4)_6$]的溶解度是最小的，从热力学意义上是最稳定相。然而，热力学稳定性仅仅是形成沉淀的一个基本前提。前面我们说过，如果一个分子可以同时发生几种不同反应，恰恰是哪个反应快，哪个反应将占主导地位。因此，从生理条件下，究竟会主要生成哪种沉淀类型，不仅要考虑它们的 $K_{sp}^{\ominus}$，更要考虑它们的沉淀生成速率。如果一个溶液对几种盐都呈过饱和状态，先析出的并不一定是热力学上反应趋势最大的，而往往是先析出呈核和晶体生长速率最快的。从上面的沉淀过程的动力学机制看，过饱和度是决定沉淀形成的最重要因素。实验研究发现，在 37℃、pH=7.4 的条件下，当浓度较大的钙离子和磷酸根离子混合时，由于沉淀反应的速率问题，会首先生成动力学上形成沉淀较快但热力学熵相对稳定性较低的磷酸八钙或无定形磷酸钙，而不是羟基磷灰石。然而在放置过程中，磷酸八钙或无定形磷酸钙会自发地经历晶体构型转化，形成羟基磷灰石。

在骨骼形成过程中，一种称为成骨细胞的细胞负责骨骼的生物矿化过程。成骨细胞可以向形成骨组织的部位分泌钙离子和磷酸根离子，此外成骨细胞和其他与形成骨骼有关的细胞也同时分泌一些称为基质蛋白的分子。这些基质蛋白主要有两种作用：一是促进沉淀晶核的形成，使沉淀较快地进行；二是基质蛋白可以自发组装成一些特殊的超分子结构，指导形成的羟基磷灰石晶粒按照一定的方式聚集形成骨骼的结构。在骨骼和牙本质(图 5-6)中，羟基磷灰石晶粒排列形成层状结构，而在牙釉质中，晶粒则纵向排列形成一个个的釉柱。

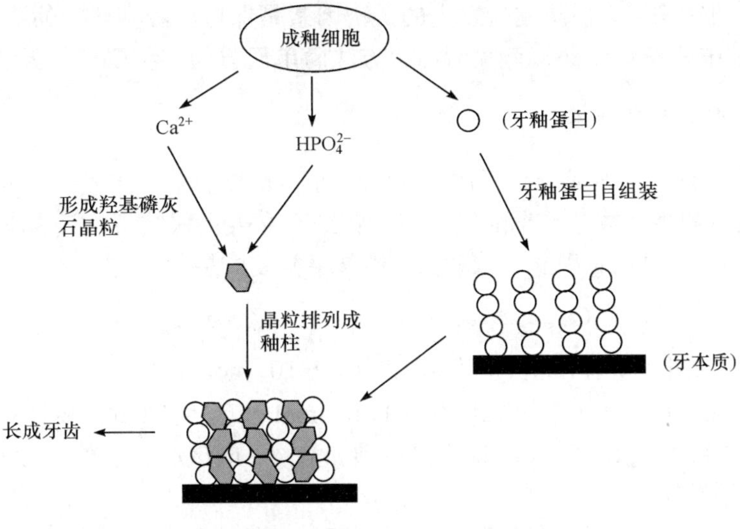

图 5-6　牙釉质形成过程的一个假设机制

2) 影响羟基磷灰石溶解的因素

羟基磷灰石的溶解平衡反应为

$$Ca(OH)_2(PO_4)_6 \rightleftharpoons 10Ca^{2+} + 6PO_4^{3-} + 2OH^- \qquad K_{sp}^{\ominus} = 2.35\times10^{-59}$$

根据沉淀溶解原理，可以知道影响羟基磷灰石溶解的主要因素如下：

(1) 溶液中 Ca^{2+}配体的浓度，如柠檬酸根。Ca^{2+}同各种配体形成配合物可以降低溶液中游离 Ca^{2+}的浓度，从而使平衡向右移动。

(2) 溶液的酸度——pH。这是由于磷酸是弱酸($pK_{a_1}^{\ominus}=2.12$，$pK_{a_2}^{\ominus}=7.21$，$pK_{a_3}^{\ominus}=12.67$)，PO_4^{3-}容易与 H^+结合，因此溶液酸度增加将降低磷酸根的浓度。此外，酸度增加会降低溶液的浓度，因此，溶液酸度增加会显著影响羟基磷灰石的溶解度。如图 5-5 所示，当溶液的 pH 降低到 5.0 以下时，羟基磷灰石的溶解度增加上百倍，因此溶液的酸度是影响羟基磷灰石溶解的最重要的因素。

3) 羟基磷灰石的沉淀和溶解机制对保护骨骼和牙齿的启示

在医学中，羟基磷灰石的沉淀和溶解是非常重要的生理过程，因为骨骼的生长是在不断地沉淀和溶解过程中进行的。此外，羟基磷灰石的溶解涉及很多病理过程，如龋齿和骨质疏松等。龋齿的原因是牙釉质(通常包括一部分的牙本质)的溶解。前面说过，羟基磷灰石溶解的主要原因是酸的腐蚀，而口腔中酸的来源是细菌分解食物残渣特别是食物中的糖分形成的。由于釉柱是竖向排列，因此龋齿的发生是由牙齿表面的一点开始，逐渐深入牙齿内部，而由于牙骨质比牙釉质疏松，更易被酸蚀形成内部空洞，然后空洞由内部向外侵蚀到牙齿表面。

既然侵蚀牙齿的酸是由细菌分解糖分而来，减少吃糖或食用不能被细菌分解的糖类(如木糖醇)就可以有效地降低龋齿的发生概率。也许有人认为，将口腔中的细菌全部杀死应该是预防龋齿的手段，其实这完全没有必要。实际上，健康人口腔中的细菌形成一个多样性的群落，虽然一部分细菌分解糖分产生有机酸，而另一部分细菌则正好利用并分解这些酸性物质，从而使口腔中的 pH 保持在正常的范围内。口腔中残留的糖分过多，产酸量超过了分解这些酸的能力，这才会导致口腔局部或整体的酸度过高，造成牙齿的腐蚀。因此，在正常情况下没有必要使用消毒液漱口来预防龋齿；相反保持口腔中细菌的微环境平衡对于人体健康是有益的。从羟基磷灰石的溶解机制来看，预防龋齿发生的关键因素是保持口腔和牙齿的清洁，不使食物(特别是糖分)在口腔中残留。要保持口腔清洁，方法简单而方便——坚持每天认真刷牙。

2. 草酸钙的形成和尿结石

泌尿系结石(俗称尿结石或肾结石)是一种世界范围的常见病、多发病。尿结石的类型有很多种，多数尿结石的主要成分是草酸钙。草酸钙结石在人类尿结石中最为常见，发达国家中70%～80%的尿结石病例由它引起。草酸钙的溶解平衡反应是

$$CaC_2O_4 \rightleftharpoons Ca^{2+} + C_2O_4^{2-} \qquad K_{sp}^{\ominus} = 2.32\times10^{-9}$$

可见草酸钙的溶解度很小，在水里的溶解度仅为 $1.2\times10^{-5}mol \cdot L^{-1}$。正常的尿液中，$Ca^{2+}$的表观浓度约为 $5\times10^{-3}mol \cdot L^{-1}$，$C_2O_4^{2-}$的浓度约为 $1\times10^{-5}mol \cdot L^{-1}$。按照此浓度计算，则尿中草酸钙的离子积 $Q_i = 5\times10^{-8} > K_{sp}^{\ominus}(CaC_2O_4)$，即它是过饱和溶液，应该形成草酸钙沉淀。那么为什么正常人没有形成尿结石呢?

尿结石成为疾病，其原因是结石附着于肾组织并逐渐长大，难以通过输尿管或尿道。这样造成尿路堵塞或随着结石在尿路移动，引起患者剧烈疼痛。理论上，如果结石的颗粒很小，可以轻易随尿液排出体外，不会引起任何病痛。

前面计算表明，正常人与结石患者的尿液中草酸钙的离子积均超过其溶度积，理应生成草酸钙沉淀。研究发现，在正常人和结石患者尿液中，的确都存在草酸钙沉淀，但是其晶体类型却大不一样。草酸钙沉淀有 3 种形式：一水草酸钙($CaC_2O_4 \cdot H_2O$，COM)、二水草酸钙($CaC_2O_4 \cdot 2H_2O$，COD)、三水草酸钙($CaC_2O_4 \cdot 3H_2O$，COT)。其中 COM 是热力学最稳定的，COD 次之，而 COT 是热力学最不稳定的。在正常人尿液中，草酸钙微晶包括 COM 和 COD 两种类型，但含有较多的 COD 晶体，而在结石患者的尿液中，则多为更稳定的 COM 晶体。COT 晶体在正常人与结石患者的尿液中都非常少见。

从图 5-7 可以看出，正常人尿液中形成的草酸钙结晶小而形状圆钝，而结石患者尿液中形成的草酸钙结晶大而棱角分明，和生理盐水中析出的结晶类似。研究表明，COM 草酸钙结晶比 COD 对细胞膜有更强的亲和力，更容易附着在肾小管细胞表面；此外，COM 由于颗粒较大

和晶形整齐，就更容易聚集和沉淀。现在我们清楚了，正常人尿液中并不是不会形成草酸钙沉淀，而是形成的是小颗粒、容易悬浮并与肾组织亲和力小的晶体，这些小颗粒可以随尿液排出体外。而在结石患者的尿液中，大颗粒的草酸钙结晶容易附着而停留在尿路中，从而逐渐聚集和长大形成可以引起患者巨大痛苦的结石。

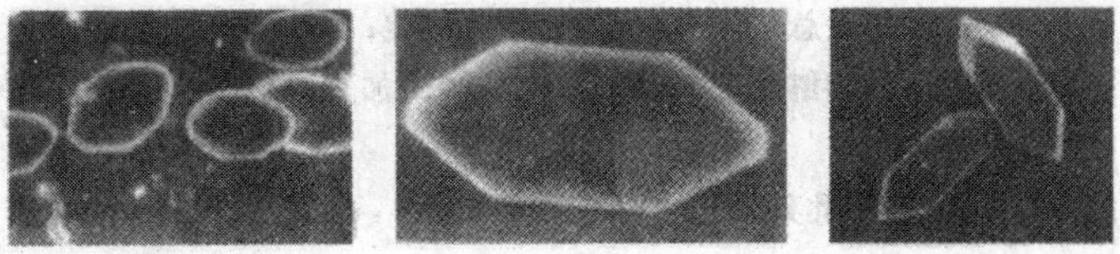

(a)　(b)　(c)

图 5-7　正常人(a)与结石患者(b)的尿液中以及生理盐水(c)中形成的草酸钙晶体的电镜照片

什么条件下容易形成 COM 结晶呢？前面说过，影响晶核形成和晶体生长的一个重要的因素是溶液的过饱和度。实验发现，当初始过饱和度较低时，容易形成 COD 晶体；而过饱和度较大时，有利于形成 COM 晶体。正常人的尿液中含有大量柠檬酸根、焦磷酸根、葡糖胺聚糖(GAGs)和一些蛋白质等阴离子，它们可与钙离子结合，降低游离钙离子的浓度，从而降低草酸钙的过饱和度；此外，这些离子也能稳定小颗粒的草酸钙晶体，使它们容易在尿液中悬浮而不易聚集。因此，正常人尿液中不易形成草酸钙沉淀或形成的是容易排除的 COD 和小颗粒悬浮晶体。而在结石患者尿液中，可能是由于 Ca^{2+}和 $C_2O_4^{2-}$的浓度过高或者缺乏上述溶液阴离子因素，容易形成大量的大颗粒草酸钙结晶。

草酸钙沉淀形成的化学机制对于治疗和预防尿结石有哪些启示呢？首先，对于结石患者和有结石形成倾向的人，应当减少草酸的摄入量(少吃含草酸丰富的食物，如韭菜和菠菜等)，从而降低尿中的草酸浓度和草酸的过饱和度，有利于 COD 晶体的形成。值得说明的是，为预防结石而降低 Ca^{2+}摄入量是没有意义的，因为尿中 Ca^{2+}的浓度已经较高，有限度地增加 Ca^{2+}摄入量对尿中 Ca^{2+}的浓度变化的影响有限；相反，限制 Ca^{2+}的摄入可促进肠道草酸盐的吸收，引起高草酸尿，反而增加尿中草酸钙的过饱和程度。事实表明，减少 Ca^{2+}摄入量反而促进了结石的形成和增加了结石的复发率。其次，要预防结石形成，应当适当补充有利于络合 Ca^{2+}和促进 COD 晶体形成的分子，如柠檬酸盐和一些中草药等。美国食品和药物管理局(FDA)于 1985 年批准了用柠檬酸钾治疗低柠檬酸尿性草酸钙结石、尿酸结石及轻中度高尿酸尿性草酸钙结石。作为临床药物，柠檬酸盐因具有无毒、价廉、副作用小、可长期服用等优点而被广泛应用。

习　题

5-1　用质子理论判断下列物质哪些是酸？并写出它的共轭碱。哪些是碱？也写出它的共轭酸。还有哪些既是酸又是碱？

$$H_2PO_4^-、CO_3^{2-}、NH_3、NO_3^-、H_2O、HSO_4^-、HS^-、HCl$$

5-2　已知 25℃时麻黄碱(一元碱)的 $K_b^\ominus$为 1.4×10^{-4}，试求其共轭酸的 $K_a^\ominus$。

5-3　已知下列各种弱酸的 $K_a^\ominus$值，求它们的共轭碱的 $K_b^\ominus$值，并比较各种碱的相对强弱。

(1) HCN　$K_a^\ominus = 6.2\times10^{-10}$　　(2) HCOOH　$K_a^\ominus = 1.8\times10^{-4}$

(3) C_6H_5COOH(苯甲酸)$K_a^\ominus = 6.2\times10^{-5}$　　(4) C_6H_5OH(苯酚)　$K_a^\ominus = 1.1\times10^{-10}$

(5) $HAsO_2$　$K_a^\ominus = 6.0\times10^{-10}$　　(6) $H_2C_2O_4$　$K_{a_1}^\ominus = 5.9\times10^{-2}$，$K_{a_2}^\ominus = 6.4\times10^{-5}$

5-4　奶油腐败后的分解产物之一为丁酸(C_3H_7COOH)，有恶臭。今有 0.40L 含 0.20mol·L^{-1}丁酸的溶液，pH 为 2.50，求丁酸的 $K_a^\ominus$。

5-5 将 300mL 0.20mol · L^{-1} HAc 溶液稀释到多大体积才能使解离度增加一倍？

5-6 已知琥珀酸$(CH_2COOH)_2$(以 H_2A 表示)的 $pK_{a_1}^{\ominus}=4.19$，$pK_{a_2}^{\ominus}=5.57$。试计算在 pH 为 4.88 时，H_2A、HA^- 和 A^{2-}的分布系数 δ_2、δ_1、δ_0。

5-7 试计算：

(1) $c(H_2S)$ = 0.10mol · L^{-1} H_2S 溶液的 S^{2-}浓度和 pH；

(2) 0.30mol · L^{-1}HCl 溶液中通入 H_2S 并达到饱和时的 S^{2-}浓度。

5-8 写出下列化合物水溶液的质子条件式：

(1) NH_4Cl (2) NH_4Ac (3) $(NH_4)_2HPO_4$ (4) HCOOH

(5) Na_2S (6) $Na_2C_2O_4$

5-9 计算浓度为 0.12mol · L^{-1} 的下列物质水溶液的 pH(括号内为 $pK_a^{\ominus}$)：

(1) 苯酚(9.89) (2) 丙烯酸(4.25)

5-10 求 1.0×10^{-6}mol · L^{-1} HCN 溶液的 pH(提示：此处不能忽略水的解离)。

5-11 H_2SO_4 第一级可以认为完全解离，第二级 $K_{a_2}^{\ominus}=1.2\times10^{-2}$，计算 0.40mol · L^{-1} H_2SO_4 溶液中每种离子的平衡浓度。

5-12 计算下列溶液的 pH：

(1) 0.10mol · L^{-1} KH_2PO_4 (2) 0.05mol · L^{-1} Na_2HPO_4

已知：$K_{a_1}^{\ominus}=7.5\times10^{-3}$，$K_{a_2}^{\ominus}=6.3\times10^{-8}$，$K_{a_3}^{\ominus}=4.3\times10^{-13}$。

5-13 0.20mol 的 NaOH 和 0.20mol 的 NH_4NO_3 溶于足量水中并使溶液最后体积为 1.0L，此时溶液 pH 为多少？

5-14 某药厂生产光辉霉素过程中，取含 NaOH 的发酵液 45L(pH=9.0)，欲调节酸度到 pH=3.0，需加入 6.0mol · L^{-1} HCl 溶液多少毫升？

5-15 欲配制 pH = 10.0 缓冲溶液 1L，用了 16.0mol · L^{-1} 氨水 420mL，需加 NH_4Cl 多少克？

5-16 欲配制 250mL pH=5.0 的缓冲溶液，在 125mL 1.0mol · L^{-1} NaAc 溶液中应加多少 6.0mol · L^{-1} 的 HAc 和多少水？

5-17 现有一份 HCl 溶液，其浓度为 0.20mol · L^{-1}。

(1) 欲改变其酸度到 pH = 4.0，应加入 HAc 还是 NaAc？为什么？

(2) 如果向此溶液中加入等体积的 2.0mol · L^{-1} NaAc 溶液，溶液的 pH 是多少？

(3) 如果向此溶液中加入等体积的 2.0mol · L^{-1} HAc 溶液，溶液的 pH 是多少？

(4) 如果向此溶液中加入等体积的 2.0mol · L^{-1} NaOH 溶液，溶液的 pH 是多少？

5-18 欲配制 pH 为 5.0 的缓冲溶液，请计算说明在下列两种体系中选择哪一种较合适。

(1) HAc-NaAc (2) $NH_3 \cdot H_2O$-NH_4Cl

5-19 今有三种酸$(CH_3)_2AsO_2H$、$ClCH_2COOH$、CH_3COOH，它们的标准解离常数分别为 6.4×10^{-7}、1.4×10^{-5}、1.76×10^{-5}。试问：

(1) 欲配制 pH = 6.50 缓冲溶液，用哪种酸最好？

(2) 需要多少克这种酸和多少克 NaOH 以配制 1.00L 缓冲溶液，其中酸和它的共轭碱的总浓度等于 1.00mol · L^{-1}？

5-20 人体中的 CO_2 在血液中以 H_2CO_3 和 HCO_3^-存在，若血液的 pH 为 7.4，求血液中 H_2CO_3 与 HCO_3^-的摩尔分数 $x(H_2CO_3)$、$x(HCO_3^-)$。

5-21 已知下列物质的溶度积常数，计算在饱和溶液中各种离子的浓度。

(1) CaF_2 $K_{sp}^{\ominus}(CaF_2)=3.9\times10^{-11}$

(2) $PbSO_4$ $K_{sp}^{\ominus}(PbSO_4)=1.6\times10^{-8}$

5-22 $Ba(OH)_2$ 是一种较便宜的碱，但溶解度较小而限制了它的使用，试计算饱和 $Ba(OH)_2$ 溶液的 pH 是多少？

5-23 通过计算说明将下列各组溶液以等体积混合时，哪些可以生成沉淀，哪些不能？各混合溶液中 Ag^+ 和 Cl^-的浓度分别是多少？

(1) 1.5×10^{-6} mol · $L^{-1}$$AgNO_3$ 和 1.5×10^{-5} mol · L^{-1} NaCl

(2) 1.5×10^{-4} mol · L^{-1} $AgNO_3$ 和 1.5×10^{-4} mol · L^{-1} NaCl

(3) 1.0×10^{-2} mol · L^{-1} $AgNO_3$ 和 1.0×10^{-3} mol · L^{-1} NaCl

5-24　用 2.0×10^{-3}mol · L^{-1} $MnCl_2$ 溶液和 0.5mol · L^{-1} $NH_3 \cdot H_2O$ 溶液各 100mL 相互混合，在氨水中应含有多少克 NH_4Cl 才不至于生成 $Mn(OH)_2$ 沉淀？已知 $K_{sp}^{\ominus}(Mn(OH)_2)=1.9\times10^{-13}$。

5-25　往 $Cd(NO_3)_2$ 溶液中通入 H_2S 生成 CdS 沉淀，要使溶液中所剩 Ca^{2+} 浓度不超过 2.0×10^{-6}mol · L^{-1}，计算溶液允许的最大酸度。

5-26　现用两种不同方法洗涤 $BaSO_4$ 沉淀：(1)用 0.10L 蒸馏水；(2)用 0.10L 的 0.010mol · L^{-1} H_2SO_4。假设两种洗涤液都被 $BaSO_4$ 饱和，计算在每次洗涤中损失的 $BaSO_4$ 各为多少克。

第 6 章　氧化还原反应
(Redox Reaction)

学习要求

(1) 掌握氧化还原反应的基本概念和氧化还原方程式的配平方法。

(2) 理解电极电势的概念，利用能斯特公式计算不同条件下的电极电势。

(3) 掌握电极电势在有关方面的应用。

(4) 掌握原电池电动势与吉布斯自由能变之间的关系。

(5) 掌握元素电势图及其应用。

所有的化学反应均可被划分为两大类：一类是在反应过程中，反应物之间没有电子的转移，为非氧化还原反应，如酸碱反应、沉淀反应以及配位反应等；另一类是在反应过程中，反应物之间发生了电子转移，相应地，某些元素的氧化值发生了改变，为氧化还原反应(redox reaction)。氧化还原反应是一类普遍存在并且非常重要的化学反应，它不仅存在于无机化合物的反应中，也存在于有机化合物的反应中。同时它还在生物氧化过程中扮演着十分重要的角色，如光合作用、呼吸过程、能量转换、新陈代谢、神经传导等。生命的基础是活的细胞，而细胞能够存活，必须不断地吸收能量，而能量是靠食物成分的氧化产生的。例如，糖类的氧化如下：

$$C_nH_{2n}O_n + nO_2 \longrightarrow nCO_2 + nH_2O + \text{能量}$$

从某种意义上说，生命过程就是氧化还原反应。

6.1　氧化还原反应的基本概念

6.1.1　氧化值

1970 年，国际纯粹与应用化学联合会(IUPAC)严格地定义了元素的氧化值(又称氧化数，oxidation number)：某元素一个原子的表观电荷数(apparent charge number)。通过把每一个化学键中的电子指定给电负性更大的原子而求得。

根据此定义，确定氧化值的一般规则如下：

(1) 单质中元素的氧化值为零，如 H_2、O_2 等物质中元素的氧化值为零。

(2) 中性分子中各元素的正负氧化值代数和为零，复杂的离子中各元素原子正负氧化值代数和等于离子电荷数。

(3) 在共价化合物中，共用电子对偏向于电负性大的元素的原子，原子的“形式电荷数”即为它们的氧化值。在离子化合物中，元素的氧化值等于该元素离子的电荷数。例如，在 $MgCl_2$ 中，镁的氧化值是+2，氯的氧化值是−1。

化合物中，氧的氧化值一般为−2，但在过氧化物(如 H_2O_2、Na_2O_2 等)中为−1，在超氧化合物(如 NaO_2)中为−1/2，在臭氧化物 KO_3 中为−1/3，在 O_2F_2 中为+1，在 OF_2 中为+2。化合物中，氢的氧化值一般为+1，仅在与活泼金属生成的离子型氢化物(如 NaH、CaH_2)中为–1。所有卤化物中卤素的氧化数均为–1；碱金属、碱土金属在化合物中的氧化数分别为+1、+2。氧化值可为正或负，可以是整数、分数或小数。

根据以上规则，可确定出化合物中任一元素的氧化值。

【例 6-1】 求 NH_4^+中 N 的氧化值。

解 已知 H 的氧化值为+1。设 N 的氧化值为 x。

根据多原子离子中各元素氧化值代数和等于离子的总电荷数的规则可以列出：

$$x+(+1)\times 4=+1$$

$$x=-3$$

所以 N 的氧化值为–3。

【例 6-2】 求 Fe_3O_4 中 Fe 的氧化值。

解 已知 O 的氧化值为–2。设 Fe 的氧化值为 x，则

$$3x+4\times(-2)=0$$

$$x=+8/3$$

所以 Fe 的氧化值为+8/3。

提示：在共价化合物中，判断元素的氧化值时，不要与共价数(某元素原子形成的共价键的数目)相混淆。例如：

	CH_4	CH_3Cl	CH_2Cl_2	$CHCl_3$	CCl_4
C 的共价数	4	4	4	4	4
C 的氧化值	–4	–2	0	+2	+4

6.1.2 氧化还原反应

在反应过程中，反应前后元素的氧化值发生了变化的一类反应称为氧化还原反应。列举一个较简单的氧化还原反应：

$$Cu^{2+}+Zn = Cu+Zn^{2+}$$

氧化：失去电子，元素氧化值升高的过程，如 $Zn = Zn^{2+}+2e^-$(氧化半反应)。

还原：得到电子，元素氧化值降低的过程，如 $Cu^{2+}+2e^- = Cu$(还原半反应)。

还原剂：反应中氧化值升高的物质，如 Zn。

氧化剂：反应中氧化值降低的物质，如 Cu^{2+}。

氧化态物质：氧化值高的物质，如 Cu^{2+}、Zn^{2+}。

还原态物质：氧化值低的物质，如 Cu、Zn。

氧化剂和还原剂也可以是同一种物质，这样的反应称为自身氧化还原反应。例如：

$$2KClO_3 \rightleftharpoons 2KCl+3O_2\uparrow$$

某物质中同一元素同一氧化态的原子部分被氧化、部分被还原的反应称为歧化反应。歧化反应是自身氧化还原反应的一种特殊类型。例如：

$$Cl_2+H_2O \rightleftharpoons HClO+HCl$$

6.2 氧化还原反应的配平

氧化还原反应往往比较复杂，反应方程式也较难配平。最常用的配平方法主要有离子-电子法、氧化值法等，这里只介绍离子-电子法。其中配平氧原子的经验规则见表 6-1。

表 6-1 配平氧原子的经验规则

介质种类	反应物中	
	多一个原子(O)	少一个原子(O)
酸性介质	$+2H^+ \xrightarrow{结合[O]} +H_2O$	$+H_2O \xrightarrow{提供[O]} +2H^+$
碱性介质	$+H_2O \xrightarrow{结合[O]} +2OH^-$	$+2OH^- \xrightarrow{提供[O]} +H_2O^+$
中性介质	$+H_2O \xrightarrow{结合[O]} +2OH^-$	$+H_2O \xrightarrow{提供[O]} +2H^+$

【例 6-3】 写出酸性介质中，高锰酸钾与草酸反应的方程式。

解 (1) 写出未配平的离子方程式。

$$MnO_4^- + H_2C_2O_4 \longrightarrow Mn^{2+} + CO_2$$

(2) 将反应改为两个半反应。

氧化反应 $$H_2C_2O_4 \longrightarrow CO_2$$

还原反应 $$MnO_4^- \longrightarrow Mn^{2+}$$

(3) 配平半反应的原子数。

$$H_2C_2O_4 \longrightarrow 2CO_2 + 2H^+$$

$$MnO_4^- + 8H^+ \longrightarrow Mn^{2+} + 4H_2O$$

(4) 用电子配平电荷数。

$$H_2C_2O_4 \longrightarrow 2CO_2 + 2H^+ + 2e^-$$

$$MnO_4^- + 8H^+ + 5e^- \longrightarrow Mn^{2+} + 4H_2O$$

(5) 根据氧化剂和还原剂得失电子总数相等的原则，合并两个半反应，消去式中的电子，即得到配平的反应式

$$2MnO_4^- + 5H_2C_2O_4 + 6H^+ = 2Mn^{2+} + 10CO_2\uparrow + 8H_2O$$

6.3 电 极 电 势

6.3.1 原电池

一切氧化还原反应均为电子从还原剂转移给氧化剂的过程。例如，把一块锌放入 $CuSO_4$ 溶液中，锌开始溶解，而铜从溶液中析出。反应的离子方程式为

$$\overset{2e^-}{\overbrace{Zn(s) + Cu^{2+}}}(aq) = Zn^{2+}(aq) + Cu(s)$$

上述反应中电子从 Zn 直接转移到 Cu^{2+}，但没有形成有秩序的电子流，反应的化学能没有转变成电能，而变成了热能释放出来，导致溶液温度升高。如果在两个烧杯中分别放入 $ZnSO_4$ 和 $CuSO_4$ 溶液，在盛有 $ZnSO_4$ 溶液的烧杯中放入 Zn 片，在盛有 $CuSO_4$ 溶液的烧杯中放入 Cu 片，将两个烧杯的溶液用一个充满电解质溶液(一般用饱和 KCl 溶液，为使溶液不致流出，常用琼脂与 KCl 饱和溶液制成胶冻。胶冻的组成大部分是水，离子可在其中自由流动)的倒置 U 形管作桥梁(称为盐桥，salt bridge)，以连通两杯溶液，如图 6-1 所示。当用一个灵敏电流计(A)将铜片和锌片连接起来时，就会发现电流表指针发生偏移，说明有电流产生。同时在铜片上有金属铜沉积上去，而锌片逐渐被溶解。取出盐桥，电流表指针回至零点；放入盐桥时，电流表指针又发生偏移。说明了盐桥具有使整个装置构成通路的作用。这种借助于氧化还原反应产生电流的装置称为原电池(primary cell)。

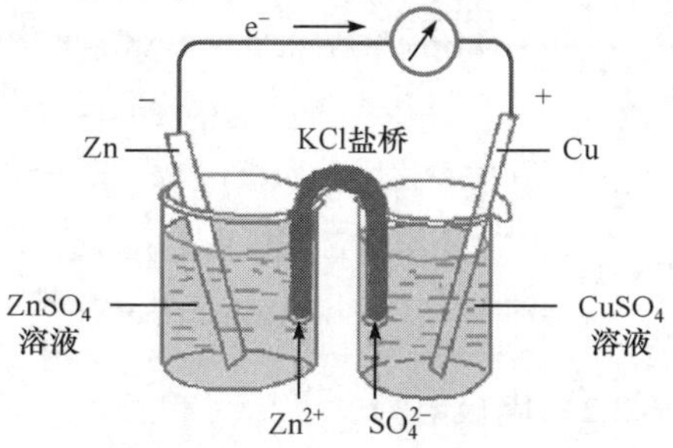

图 6-1　铜-锌原电池装置示意图

在原电池中，组成原电池的导体(如铜片和锌片)称为电极。电子流出的电极称为负极(negative electrode)，负极上发生氧化反应，如锌电极；电子进入的电极称为正极(postive electrode)，正极上发生还原反应，如铜电极。

在 Cu-Zn 原电池中：

负极(Zn)发生氧化反应：$Zn(s) \rightleftharpoons Zn^{2+}(aq) + 2e^-$

正极(Cu)发生还原反应：$Cu^{2+}(aq) + 2e^- \rightleftharpoons Cu(s)$

为了书写方便，通常用电池符号来表示一个原电池的组成。例如，Cu-Zn 原电池的电池符号为

$$(-)Zn(s)\,|\,ZnSO_4(c_1)\,\|\,CuSO_4(c_2)\,|\,Cu(s)(+)$$

电池符号的书写有如下规定：

(1) 一般把负极(–)写在左边，正极(+)写在右边。

(2) 用“|”表示金属和溶液两相之间的接触界面，“‖”表示盐桥。

(3) 用化学式表示原电池物质的组成，并要注明物质的状态，气体要注明其分压，溶液要注明其浓度。如不注明，一般指 $1mol \cdot L^{-1}$ 或 100kPa。

(4) 当某些电极的电对自身不是金属导体时，则需外加一个能导电而又不参与电极反应的惰性电极，通常用铂(Pt)作惰性电极。

半电池：由同一种元素不同氧化值的两种物质构成。一种是处于低氧化值的物质(还原态物质)；另一种是处于高氧化值的物质(氧化态物质)。原电池是由两个半电池组成的。

氧化还原电对(oxidation-reduction couples)：由同一种元素的氧化态物质和其对应的还原态物质所构成的整体，常用符号[氧化态]/[还原态]来表示。例如，氧化还原电对可写成 Cu^{2+}/Cu、Zn^{2+}/Zn 和 $Cr_2O_7^{2-}/Cr^{3+}$。电极的分类方法有所不同，列举四类常见的电极(表 6-2)。

表 6-2　四类常见电极

电极类型	电对	电极
金属-金属离子电极	Zn^{2+}/Zn	$Zn \mid Zn^{2+}$
气体电极	H^+/H_2	$H^+ \mid H_2 \mid Pt$

续表

电极类型	电对	电极
氧化还原电极	Fe^{3+}/Fe^{2+}	Fe^{3+}，Fe^{2+} | Pt
金属-金属难溶盐电极	AgCl/Ag	Ag | AgCl | Cl^-

【**例 6-4**】 将下列氧化还原反应设计成原电池，并写出它的原电池符号。

(1) $Sn^{2+} + Hg_2Cl_2 \rightleftharpoons Sn^{4+} + 2Hg + 2Cl^-$

(2) $Fe^{2+}(0.10mol \cdot L^{-1}) + Cl_2(100kPa) \rightleftharpoons Fe^{3+}(0.10mol \cdot L^{-1}) + 2Cl^-(2.0mol \cdot L^{-1})$

解 (1) 氧化反应(负极)：$Sn^{2+} \rightleftharpoons Sn^{4+} + 2e^-$

还原反应(正极)：$Hg_2Cl_2 + 2e^- \rightleftharpoons 2Hg + 2Cl^-$

$$(-)\ Pt(s) \mid Sn^{2+}(c_1),\ Sn^{4+}(c_2) \parallel Cl^-(c_3) \mid Hg_2Cl_2(s) \mid Hg(s)(+)$$

(2) 氧化反应(负极)：$Fe^{2+} \rightleftharpoons Fe^{3+} + e^-$

还原反应(正极)：$Cl_2 + 2e^- \rightleftharpoons 2Cl^-$

$$(-)\ Pt(s) \mid Fe^{2+}(0.1mol \cdot L^{-1}),\ Fe^{3+}(0.1mol \cdot L^{-1}) \parallel Cl^-(2.0mol \cdot L^{-1}) \mid Cl_2(100kPa) \mid Pt(s)(+)$$

6.3.2 电极电势

1. 电极电势的产生

在图 6-1 原电池中，把两个电极用导线连接后就有电流产生，可见两个电极之间存在一定的电势差，即构成原电池的两个电极的电势是不相等的。那么电极电势是如何产生的呢?

早在 1889 年，德国化学家能斯特(Nernst)提出了双电层理论，可以用来说明金属和其盐溶液之间的电势差。金属晶体是由金属原子、金属离子和自由电子组成的，如果把金属放在其盐溶液中，在金属与其盐溶液的接触界面上就会发生两个不同的过程：一个是金属表面的阳离子受极性水分子的吸引而进入溶液的过程；另一个是溶液中的水合金属离子在金属表面，受到自由电子的吸引而重新沉积在金属表面的过程。当这两种方向相反的过程进行的速率相等时，即达到动态平衡：

$$M(s) \rightleftharpoons M^{n+}(aq) + ne^-$$

如果金属越活泼或金属离子浓度越小，金属溶解的趋势就越大，金属离子沉积到金属表面的趋势越小，达到平衡时金属表面因聚集了自由电子而带负电荷，溶液带正电荷，由于正、负电荷相互吸引，在金属与其盐溶液的接触界面处就建立起双电层[图 6-2(a)]。相反，如果金属越不活泼或金属离子浓度越大，金属溶解趋势就越小，达到平衡时金属表面因聚集了更多的金属离子而带正电荷，而附近的溶液由于金属离子沉淀，负电荷过剩，也构成了相应的双电层[图 6-2(b)]。这种双电层之间存在一定的电势差。

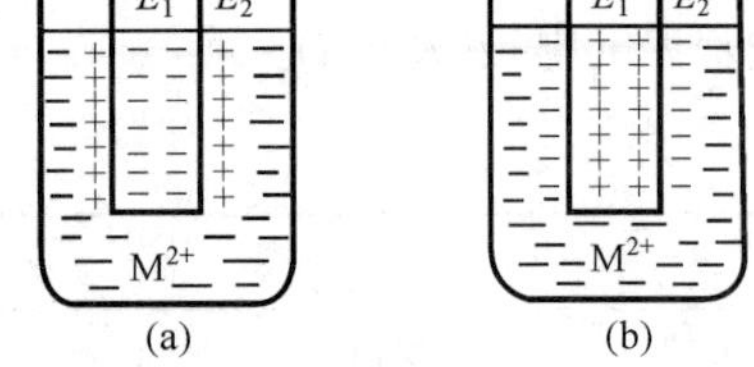

图 6-2　金属电极双电层示意图

(a) 电势差 $E = E_2 - E_1$；(b) 电势差 $E = E_2' - E_1'$

金属与其盐溶液接触界面之间的电势差，简称为该金属的电极电势。当氧化还原电对不同或对应的电解质溶液的浓度不同时，它们的电极电势就不同。若将两种不同电极电势的氧化还原电对以原电池的方式连接起来，两极之间有一定的电势差，导线中会产生电流。

2. 标准氢电极和标准电极电势

电极处于标准状态时的电极电势称为标准电极电势，符号为$\varphi^{\ominus}$。事实上，电极电势的绝对值无法测定，只能选定某一电对的电极电势作为参比标准，将其他电对的电极电势与之比较而求出各电对平衡电势的相对值，一般采用标准氢电极(standard hydrogen electrode，SHE)作标准。标准氢电极如图 6-3 所示，其电极可表示为

$$Pt(s) \mid H_2(100kPa) \mid H^+(1mol \cdot L^{-1})$$

将镀铂片镀上一层蓬松的铂(称铂黑)，浸入 H^+浓度为 $1mol \cdot L^{-1}$ 的硫酸溶液中，在 298.15K 时不断通入压强为 100kPa 的纯氢气流，使铂黑吸附氢气达到饱和，这时溶液中的氢离子与铂黑所吸附的氢气建立如下的动态平衡：

$$H_2(g) \rightleftharpoons 2H^+(aq) + 2e^-$$

在 298.15K 时，标准氢电极的电极电势是指 100kPa 标准压力下的氢气和 $1mol \cdot L^{-1}$ H^+之间的电极电势。电化学上规定标准氢电极的电极电势为零，即 $\varphi^{\ominus}(H^+/H_2) = 0.0000V$。

在原电池中，当无电流通过时，两电极之间的电势差称为电池的电动势，用 E 表示。当两电极均处于标准状态时称为标准电动势，用 $E^{\ominus}$表示，即

$$E = \varphi(+) - \varphi(-) \quad 或 \quad E^{\ominus} = \varphi^{\ominus}(+) - \varphi^{\ominus}(-)$$

标准电极电势的测定按以下步骤进行：①将待测的标准电极与标准氢电极组成原电池；②用电势差计测定原电池的电动势；③用检流计确定原电池的正、负极。

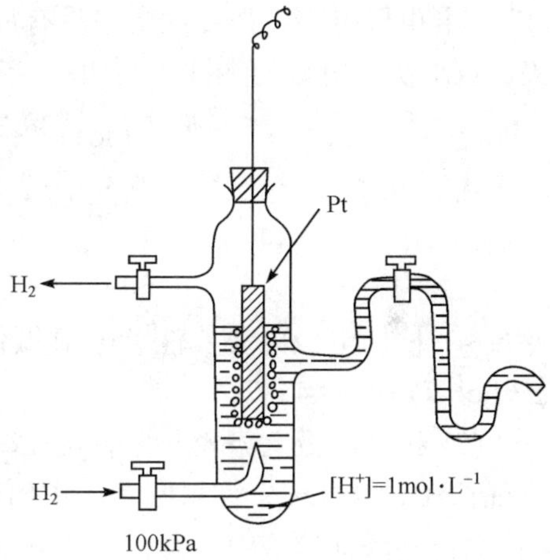

图 6-3　标准氢电极的装置

例如：将标准锌电极与标准氢电极组成原电池，测得其标准电动势 $E^{\ominus}= 0.763V$，由检流计的方向判断锌电极为负极，氢电极为正极。由 $E^{\ominus} = \varphi^{\ominus}(H^+/H_2) - \varphi^{\ominus}(Zn^{2+}/Zn)$可得

$$\varphi^{\ominus}(Zn^{2+}/Zn)=0.00 - 0.763 = - 0.763(V)$$

运用同样的方法，理论上可测得各种电极的标准电极电势，但有些电极能与水剧烈反应，不能直接测得，可通过热力学数据间接求算出。常见电极的标准电极电势见附表，标准电极电势表为研究氧化还原反应带来了很大的方便，使用时应注意以下几点：

(1) 为便于比较，电极反应一般写成：

$$氧化型+ne^- \rightleftharpoons 还原型$$

例如，$MnO_4^- + 8H^+ + 5e^- \rightleftharpoons Mn^{2+} + 4H_2O$，$MnO_4^-$为氧化态，$MnO_4^- + 8H^+$为氧化型，$Mn^{2+}$为还原态，$Mn^{2+} + 4H_2O$ 为还原型，即氧化型和还原型均包括相关介质。

(2) $\varphi^{\ominus}$值越小，电对中的氧化态物质得电子的能力越小，是越弱的氧化剂，而其还原态物质越易失电子，是越强的还原剂。$\varphi^{\ominus}$值越大，电对中的氧化态物质越易得电子，是越强的氧化剂。较强的氧化剂容易与较强的还原剂反应，$\varphi^{\ominus}$值较大的电对中的氧化态物质能和$\varphi^{\ominus}$值较小的

电对中的还原态物质反应，存在对角线规律。

电对	电极反应	$\varphi^\ominus$/V
Na^+/Na	$Na^+(aq) + e^- \rightleftharpoons Na(s)$	–2.714
Zn^{2+}/Zn	$Zn^{2+}(aq) + 2e^- \rightleftharpoons Zn(s)$	–0.763
H^+/H_2	$2H^+(aq) + 2e^- \rightleftharpoons H_2(g)$	0.0000
Cu^{2+}/Cu	$Cu^{2+}(aq) + 2e^- \rightleftharpoons Cu(s)$	0.342
O_2/OH^-	$O_2(g) + 2H_2O + 4e^- \rightleftharpoons 4\,OH^-(aq)$	0.401
F_2/F^-	$F_2(g)+2e^- \rightleftharpoons 2F^-(aq)$	2.866

还原能力逐渐增强（↑）

氧化能力逐渐增强（↓）

(3) 电极电势是强度性质，没有加和性。因此，$\varphi^\ominus$值与电极反应的书写形式和计量系数无关，仅取决于电极的本性。例如：

$$Cu^{2+}(aq) + 2e^- \rightleftharpoons Cu(s) \qquad \varphi^\ominus = +0.342V$$

$$2Cu^{2+}(aq) + 4e^- \rightleftharpoons 2\,Cu(s) \qquad \varphi^\ominus = +0.342V$$

$$Cu(s) - 2e^- \rightleftharpoons Cu^{2+}(aq) \qquad \varphi^\ominus = +0.342V$$

(4) 使用电极电势要注意电对氧化态和还原态的价态。例如，$\varphi^\ominus(Fe^{3+}/Fe^{2+}) = 0.77V$，而$\varphi^\ominus(Fe^{2+}/Fe) = -0.44V$。

(5) 标准电极电势表分为酸表和碱表，如果电极反应中出现 H^+，查酸表；如果电极反应中出现 OH^-，查碱表；如果两者均不出现，可以从存在的状态来分析，如电对 Fe^{3+}/Fe^{2+}，Fe^{3+}和Fe^{2+}只能在酸性溶液中出现，故查酸表，而电对 ZnO_2^{2-}/Zn 应查碱表。

(6) $\varphi^\ominus$是水溶液体系的标准电极电势。对于非标准态、非水溶液体系，不能用$\varphi^\ominus$比较物质的氧化还原能力。

6.3.3 原电池电动势与吉布斯自由能变

根据热力学原理，在恒温恒压下，反应体系吉布斯自由能变($\Delta_r G$)的降低值等于体系所能做的最大有用功，即$-\Delta_r G = W_{max}$。将一个能自发进行的氧化还原反应设计成一个原电池，在恒温恒压条件下，就可实现从化学能到电能的转化，原电池所做的最大有用功即为电功。电功($W_{电}$)等于电动势(E)与通过的电量(Q)的乘积。

$$W_{电} = EQ = EnF \tag{6-1}$$

若电池反应的电子转移数为 n，反应进度为ξ mol，则电路中共有 $n\xi$ mol 电子流过；已知 1mol 电子所带电量为 96500C，即 F(法拉第常量) = 96500C · mol^{-1} = 96500J · V^{-1} · mol^{-1}，所以有

$$Q = n\xi F \tag{6-2}$$

$$\Delta_r G = -EQ = -n\xi FE \tag{6-3}$$

式中：n 为电池反应中转移的电子数。

当反应进度ξ= 1mol 时，有

$$\Delta_r G_m = -nFE \tag{6-4}$$

若原电池处于标准状态，则

$$\Delta_r G_m^\ominus = -nFE^\ominus = -nF[\varphi^\ominus(+) - \varphi^\ominus(-)] \tag{6-5}$$

所以

$$\varphi^\ominus(+) = \varphi^\ominus(-) - \Delta_r G_m^\ominus / nF \tag{6-6}$$

由上式可知，标准电极电势可利用热力学函数 $\Delta_r G_m^\ominus$ 求得，并不是一定要通过测量原电池电动势的方法得到。

【例 6-5】 若把下列反应设计成电池，求电池的电动势 $E^\ominus$及反应的 $\Delta_r G_m^\ominus$。

$$Cr_2O_7^{2-} + 6Cl^- + 14H^+ \rightleftharpoons 2Cr^{3+} + 3Cl_2 + 7H_2O$$

解 正极的电极反应

$$Cr_2O_7^{2-} + 14H^+ + 6e^- \longrightarrow 2Cr^{3+} + 7H_2O \qquad \varphi^\ominus(+) = 1.33V$$

负极的电极反应

$$Cl_2 + 2e^- \longrightarrow 2Cl^- \qquad \varphi^\ominus(-) = 1.36V$$

$$E^\ominus = \varphi^\ominus(+) - \varphi^\ominus(-) = 1.33V - 1.36V = -0.03V$$

$$\Delta_r G_m^\ominus = -nE^\ominus F = -6\times96500C\cdot mol^{-1}\times(-0.03V) = 2\times10^4 J\cdot mol^{-1}$$

【例 6-6】 利用热力学函数数据计算$\varphi^\ominus(Zn^{2+}/Zn)$的值。

解 把电对 Zn^{2+}/Zn 与另一电对(最好选择 H^+/H_2)组成原电池。电池反应式为

$$Zn + 2H^+ \rightleftharpoons Zn^{2+} + H_2$$

$\Delta_f G_m^\ominus/(kJ\cdot mol^{-1})$ 0 0 −147 0

则 $\Delta_r G_m^\ominus = -147kJ\cdot mol^{-1}$

由 $\Delta_r G_m^\ominus = -nFE^\ominus = -nF[\varphi^\ominus(+) - \varphi^\ominus(-)] = -nF[\varphi^\ominus(H^+/H_2) - \varphi^\ominus(Zn^{2+}/Zn)]$

得

$$\begin{aligned}\varphi^\ominus(Zn^{2+}/Zn) &= \varphi^\ominus(H^+/H_2) + \Delta G^\ominus/nF \\ &= 0.000 + (-147\times10^{-3}J\cdot mol^{-1})/(2\times96500C\cdot mol^{-1}) \\ &= -0.762V\end{aligned}$$

6.3.4 影响电极电势的因素——能斯特方程

1. 能斯特方程

标准电极电势是在标准状态下测定的，通常参考温度为 298.15K。如果条件改变，电对的电极电势也会随之改变，德国化学家能斯特将影响电极电势的主要因素，如电极的本性、氧化态物质和还原态物质的浓度(或压力)、温度、介质等，概括为一数学表达式，称为能斯特方程(Nernst equation)。

对于任意电极反应

$$a\,\text{氧化态} + ne^- \rightleftharpoons b\,\text{还原态}$$

$$\varphi = \varphi^\ominus + \frac{RT}{nF}\ln\frac{c(\text{氧化态})^a}{c(\text{还原态})^b} \tag{6-7}$$

式中：R 为摩尔气体常量，其值为 $8.314J\cdot mol^{-1}\cdot K^{-1}$；$F$ 为法拉第常量；T 为热力学温度；n 为电极反应得失的电子数。另外，c 为平衡时的相对浓度(量纲为一)，与标准平衡常数中的书写方法一致。当氧化态和还原态物质为溶液时，由于标准态浓度为 $1mol\cdot L^{-1}$，相对浓度在数

值上等于原来浓度；当氧化态和还原态物质为气体时，标准态压力为 100kPa，相对浓度= $\frac{p_i}{100\text{kPa}}$ (又称相对分压)，p_i 为 i 组分气体的分压，单位为 kPa。

在温度为 298.15K 时，将各常数值代入式(6-7)得

$$\varphi = \varphi^{\ominus} + \frac{0.0592}{n}\lg\frac{c(\text{氧化态})^a}{c(\text{还原态})^b} \tag{6-8}$$

式(6-7)和式(6-8)为电极电势的能斯特方程式。

应用能斯特方程式时，应注意以下问题：

(1) 若电极反应式中氧化态或还原态物质的化学计量数不是 1，则该物质的相对浓度的幂要升到相应的方次。

(2) 组成电对的物质为固体、纯液体或稀溶液中的 H_2O 时，它们的浓度为常数，不写入方程式中。例如：

$$Cu^{2+}(aq) + 2e^- \rightleftharpoons Cu(s)$$

298.15K 时
$$\varphi(Cu^{2+}/Zn) = \varphi^{\ominus}(Cu^{2+}/Zn) + \frac{0.0592}{2}\lg\frac{[Cu^{2+}]}{c^{\ominus}}$$

$$Br_2(l) + 2e^- \rightleftharpoons 2Br^-(aq)$$

298.15K 时
$$\varphi(Br_2/Br^-) = \varphi^{\ominus}(Br_2/Br^-) + \frac{0.0592}{2}\lg\frac{1}{([Br^-]/c^{\ominus})^2}$$

(3) 如果在电极反应中，除氧化态、还原态物质外，还有其他物质如 H^+、OH^-参加，则应把这些物质的浓度也表示在能斯特方程式中。例如：

$$MnO_4^-(aq) + 8H^+(aq) + 5e^- \rightleftharpoons Mn^{2+}(aq) + 4H_2O$$

298.15K 时
$$\varphi(MnO_4^-/Mn^{2+}) = \varphi^{\ominus}(MnO_4^-/Mn^{2+}) + \frac{0.0592}{5}\lg\frac{\left[\frac{c(MnO_4^-)}{c^{\ominus}}\right]\left[\frac{c(H^+)}{c^{\ominus}}\right]^8}{\frac{c(Mn^{2+})}{c^{\ominus}}}$$

2. 浓度对电极电势的影响

对一个指定的电极，由能斯特方程可以看出，氧化型物质的浓度越大，则电极的φ值越大，即电对中氧化态物质的氧化性越强。相反，还原型物质的浓度越大，则电极的φ值越小，即电对中还原态物质的还原性越强。电对中氧化态或还原态物质的浓度或分压常因有弱电解质、沉淀物或配合物等的生成而发生改变，导致电极电势变化。

【例 6-7】 $Fe^{3+}(aq) + e^- \rightleftharpoons Fe^{2+}(aq)$，$\varphi^{\ominus} = +0.771V$，求$[Fe^{3+}]=1.0mol \cdot L^{-1}$，$[Fe^{2+}]= 0.0001mol \cdot L^{-1}$时的$\varphi(Fe^{3+}/Fe^{2+})$。

解
$$\varphi(Fe^{3+}/Fe^{2+}) = \varphi^{\ominus}(Fe^{3+}/Fe^{2+}) + \frac{0.0592}{1}\lg\frac{\frac{[Fe^{3+}]}{c^{\ominus}}}{\frac{[Fe^{2+}]}{c^{\ominus}}}$$

$$= 0.771 + \frac{0.0592}{1}\lg\frac{1.0}{0.0001} = 1.008(V)$$

提示：溶液中溶质的标准状态是指在标准压力 $p^{\ominus}$下溶质的浓度为 $c^{\ominus}$($c^{\ominus} = 1.0mol \cdot L^{-1}$) 的溶液，在计算时

常会简化。

【例 6-8】 已知电极反应 $Ag^+ + e^- \rightleftharpoons Ag$，$\varphi^\ominus = +0.799V$，现往电极中加入 KI，使其生成 AgI 沉淀，达到平衡时，使$[I^-] = 1.0mol \cdot L^{-1}$，求此时的$\varphi(Ag^+/Ag)$。已知 $K_{sp}(AgI) = 8.3\times10^{-17}$。

解 因 $Ag^+(aq) + I^-(aq) \rightleftharpoons AgI(s)$，当$[I^-] = 1.0mol \cdot L^{-1}$时，则 Ag^+的浓度降为

$$[Ag^+] = \frac{K_{sp}^\ominus(AgI)}{[I^-]} = \frac{8.3\times10^{-17}}{1.0} = 8.3\times10^{-17}(mol \cdot L^{-1})$$

$$\varphi(Ag^+/Ag) = \varphi^\ominus(Ag^+/Ag) + \frac{0.0592}{1}\lg\frac{[Ag^+]}{c^\ominus}$$

$$= 0.799 + \frac{0.0592}{1}\lg 8.3\times10^{-17}$$

$$= -0.153(V)$$

3. 酸度对电极电势的影响

由能斯特公式可知，如果 H^+或 OH^-参与了电极反应，则溶液的酸度变化会引起电极电势的变化。

【例 6-9】 计算电极 $NO_3^-(aq) + 4H^+(aq) + 3e^- \rightleftharpoons NO(g) + 2H_2O$ 在下列条件下的电极电势(298.15K)。

(1) pH=1.0，其他物质均处于标准状态；

(2) pH=7.0，其他物质均处于标准状态。

解 查附表得

$$NO_3^- + 4H^+ + 3e^- \rightleftharpoons NO + 2H_2O \qquad \varphi^\ominus(NO_3^-/NO) = 0.96V$$

$$\varphi(NO_3^-/NO) = \varphi^\ominus(NO_3^-/NO) + \frac{0.0592}{3}\lg\frac{\left[\frac{c(NO_3^-)}{c^\ominus}\right]\left[\frac{c(H^+)}{c^\ominus}\right]^4}{\frac{p(NO)}{p^\ominus}}$$

(1) pH=1.0，$[H^+] = 0.10mol \cdot L^{-1}$，则

$$\varphi(NO_3^-/NO) = 0.96 + \frac{0.0592}{3}\lg\left(\frac{0.10}{1.0}\right)^4 = 0.88(V)$$

(2) pH=7.0，$[H^+] = 1.0\times10^{-7}\ mol \cdot L^{-1}$，则

$$\varphi(NO_3^-/NO) = 0.96 + \frac{0.0592}{3}\lg\left(\frac{1.0\times10^{-7}}{1.0}\right)^4 = 0.41(V)$$

计算结果表明，NO_3^-的氧化能力随酸度的降低而减弱。浓 HNO_3 表现出强的氧化性，而中性的硝酸盐氧化能力很弱。这种现象较普遍，多数氧化物、含氧酸盐的氧化性在强酸性条件下才表现出来。

4. 条件电极电势

严格地说，式(6-7)和式(6-8)中氧化态和还原态物质的浓度应以活度表示，而标准电极电势是在一定温度下(通常为 298.15K)，氧化还原半反应中各组分都处于标准状态，即离子或分子的活度等于 $1mol \cdot L^{-1}$(若反应中有气体参加，则分压等于 100kPa)的电极电势。在应用能斯特方程式时，为简化起见，往往忽略溶液中离子强度的影响，以浓度代替活度来进行计算，但在离子强度较大时，其影响不可忽略。另外，氧化态或还原态物质可能与溶液中的其他组分发生各种副反应(如沉淀和配合物的形成)，常改变电对的氧化态和还原态的存在形式，从而影响电极电势。

因此在很多实际工作中，用能斯特方程式计算有关电对的电极电势时，如果采用该电对的

标准电极电势，则计算时的结果与实际情况就会相差较大。例如，计算 298.15K 下，HCl 溶液中 Fe(Ⅲ)/Fe(Ⅱ)体系的电极电势时，由能斯特方程式得到

$$\varphi(Fe^{3+}/Fe^{2+}) = \varphi^{\ominus}(Fe^{3+}/Fe^{2+}) + \frac{0.0592}{1}\lg\frac{a(Fe^{3+})}{a(Fe^{2+})}$$

活度(a)与浓度(c)间存在关系：$a = \gamma\frac{c}{c^{\ominus}}$，其中 γ 为活度系数。

$$\varphi(Fe^{3+}/Fe^{2+}) = \varphi^{\ominus}(Fe^{3+}/Fe^{2+}) + \frac{0.0592}{1}\lg\frac{\gamma(Fe^{3+})\frac{[Fe^{3+}]}{c^{\ominus}}}{\gamma(Fe^{2+})\frac{[Fe^{2+}]}{c^{\ominus}}} \tag{6-9}$$

式中：$[Fe^{3+}]$和$[Fe^{2+}]$分别为 Fe^{3+}和 Fe^{2+}的平衡浓度。

Fe^{3+}易与 H_2O、Cl^-等发生如下副反应：

$$Fe^{3+} + H_2O \longrightarrow FeOH^{2+} \longrightarrow Fe(OH)_2^+ \ \cdots$$

$$Fe^{3+} + Cl^- \longrightarrow FeCl^{2+} \longrightarrow FeCl_2^+ \ \cdots$$

Fe^{2+}也可以发生类似的副反应。因此系统中除存在 Fe^{3+}和 Fe^{2+}外，还存在 $FeOH^{2+}$、$FeCl^{2+}$、$FeCl_6^{3+}$、$FeCl^+$、$FeCl_2$ 等形式。若用 $c(Fe^{3+})$表示溶液中 Fe^{3+}的总浓度，则

$$c(Fe^{3+}) = [Fe^{3+}] + [FeOH^{2+}] + [FeCl^{2+}] + \cdots$$

定义$\alpha(Fe^{3+})$为 Fe^{3+}的副反应系数

$$\alpha(Fe^{3+}) = \frac{c(Fe^{3+})}{[Fe^{3+}]} \tag{6-10}$$

同样定义$\alpha(Fe^{2+})$为 Fe^{2+}的副反应系数

$$\alpha(Fe^{2+}) = \frac{c(Fe^{2+})}{[Fe^{2+}]} \tag{6-11}$$

将式(6-10)和式(6-11)代入式(6-9)得

$$\varphi(Fe^{3+}/Fe^{2+}) = \varphi^{\ominus}(Fe^{3+}/Fe^{2+}) + \frac{0.0592}{1}\lg\frac{\gamma(Fe^{3+})\alpha(Fe^{2+})c(Fe^{3+})}{\gamma(Fe^{2+})\alpha(Fe^{3+})c(Fe^{2+})} \tag{6-12}$$

式(6-12)是考虑了离子强度和副反应两个因素后的能斯特方程式的表示式。当溶液的离子强度很大，副反应很多时，γ 和 α 值不易求得，式(6-12)的应用是很复杂的。为此，将此式改写为

$$\varphi(Fe^{3+}/Fe^{2+}) = \varphi^{\ominus}(Fe^{3+}/Fe^{2+}) + \frac{0.0592}{1}\lg\frac{\gamma(Fe^{3+})\alpha(Fe^{2+})}{\gamma(Fe^{2+})\alpha(Fe^{3+})} + \frac{0.0592}{1}\lg\frac{c(Fe^{3+})}{c(Fe^{2+})} \tag{6-13}$$

当 $c(Fe^{3+}) = c(Fe^{2+}) = 1mol \cdot L^{-1}$ 或 $\frac{c(Fe^{3+})}{c(Fe^{2+})} = 1$ 时，得

$$\varphi(Fe^{3+}/Fe^{2+}) = \varphi^{\ominus}(Fe^{3+}/Fe^{2+}) + \frac{0.0592}{1}\lg\frac{\gamma(Fe^{3+})\alpha(Fe^{2+})}{\gamma(Fe^{2+})\alpha(Fe^{3+})}$$

上式中 γ 和 α 值在特定条件下是固定值，因而上式应为一常数，以$\varphi^{\ominus\prime}$表示：

$$\varphi^{\ominus\prime}(Fe^{3+}/Fe^{2+}) = \varphi^{\ominus}(Fe^{3+}/Fe^{2+}) + \frac{0.0592}{1}\lg\frac{\gamma(Fe^{3+})\alpha(Fe^{2+})}{\gamma(Fe^{2+})\alpha(Fe^{3+})}$$

$\varphi^{\ominus\prime}$称为条件电极电势(conditional potential)。它是在特定条件下，氧化态和还原态的总浓度均为 $1mol \cdot L^{-1}$ 或它们的浓度比为 1 时的实际电极电势，它在条件一定时为一常数，此时式(6-13)可

写作

$$\varphi(Fe^{3+}/Fe^{2+}) = \varphi^{\ominus\prime}(Fe^{3+}/Fe^{2+}) + \frac{0.0592}{1}\lg\frac{c(Fe^{3+})}{c(Fe^{2+})} \tag{6-14}$$

对于电极反应

$$a\,氧化态+ne^- \rightleftharpoons b\,还原态$$

298.15K 时，其能斯特方程的一般通式为

$$\varphi = \varphi^{\ominus\prime} + \frac{0.0592}{n}\lg\frac{c(氧化态)^a}{c(还原态)^b} \tag{6-15}$$

式中：c 为氧化态或还原态物质的总浓度(以相对浓度表示，量纲为一)。

条件电极电势的大小反映了在外界因素影响下，氧化还原电对的实际氧化还原能力。因此，应用条件电极电势($\varphi^{\ominus\prime}$)比用标准电极电势($\varphi^{\ominus}$)能更正确地判断氧化还原反应的方向、次序和反应完成的程度。由于实验条件千变万化，条件电极电势不可能一一测定，现有的数据仍较少，若查不到所需的条件电极电势，可采用相近条件下的数据。

6.4　电极电势的应用

电极电势是反映物质在水溶液中氧化还原能力大小的物理量。水溶液中进行的氧化还原反应的许多问题都可以通过电极电势来解决。

6.4.1　计算原电池的电动势

在组成原电池的两个电对中，电极电势数值较大的是原电池的正极，数值较小的是原电池的负极。原电池的电动势(E)等于正极的电极电势减去负极的电极电势：

$$E = \varphi(+) - \varphi(-)$$

【例 6-10】　计算下列原电池的电动势，并指出正、负极。

$$Zn(s) \mid Zn^{2+}(0.100mol\cdot L^{-1}) \parallel Cu^{2+}(2.00mol\cdot L^{-1}) \mid Cu(s)$$

解　先计算两极的电极电势：

$$\varphi(Zn^{2+}/Zn) = \varphi^{\ominus}(Zn^{2+}/Zn) + \frac{0.0592}{2}\lg\frac{[Zn^{2+}]}{c^{\ominus}}$$

$$= -0.763 + \frac{0.0592}{2}\lg\frac{0.100}{1} = -0.793V(作负极)$$

$$\varphi(Cu^{2+}/Cu) = \varphi^{\ominus}(Cu^{2+}/Cu) + \frac{0.0592}{2}\lg\frac{[Cu^{2+}]}{c^{\ominus}}$$

$$= 0.3419 + \frac{0.0592}{2}\lg\frac{2.00}{1}$$

$$= 0.351V(作正极)$$

故

$$E = \varphi(+) - \varphi(-) = 0.351 - (-0.793) = 1.14(V)$$

6.4.2　判断氧化剂和还原剂的相对强弱

根据标准电极电势表中的$\varphi^{\ominus}$值的大小，可以判断氧化剂和还原剂的相对强弱。

【例 6-11】　根据标准电极电势，在下列电对中找出最强的氧化剂和最强的还原剂，并列出各氧化型物质

的氧化能力和各还原型物质的还原强弱次序：MnO_4^-/Mn^{2+}、Fe^{3+}/Fe^{2+}、I_2/I^-。

解　由附录表可查出各电对的标准电极电势为

$$MnO_4^- + 8H^+ + 5e^- \rightleftharpoons Mn^{2+} + 4H_2O \quad \varphi^\ominus=1.507V$$

$$Fe^{3+} + e^- \rightleftharpoons Fe^{2+} \quad \varphi^\ominus=0.771V$$

$$I_2 + 2e^- \rightleftharpoons 2I^- \quad \varphi^\ominus=0.536V$$

电对MnO_4^-/Mn^{2+}的$\varphi^\ominus$最大，说明其氧化态MnO_4^-是最强的氧化剂，而相应的还原态Mn^{2+}是最弱的还原剂。

各氧化态物质的氧化能力为：$MnO_4^- > Fe^{3+} > I_2$。

各还原态物质的还原能力为：$I^- > Fe^{2+} > Mn^{2+}$。

【例 6-12】　从含有Cl^-、Br^-、I^-的混合液中进行I^-的定性鉴定时，常用$Fe_2(SO_4)_3$将I^-氧化为I_2，再用CCl_4将I_2萃取出来呈紫红色。说明其原理。

$$I_2+2e^- \rightleftharpoons 2I^- \quad \varphi^\ominus=0.536V$$

$$Br_2+2e^- \rightleftharpoons 2Br^- \quad \varphi^\ominus=1.065V$$

$$Cl_2+2e^- \rightleftharpoons 2Cl^- \quad \varphi^\ominus=1.358V$$

$$Fe^{3+}+e^- \rightleftharpoons Fe^{2+} \quad \varphi^\ominus=0.771V$$

由标准电极电势可看出，$\varphi^\ominus(Fe^{3+}/Fe^{2+})$大于$\varphi^\ominus(I_2/I^-)$，而小于$\varphi^\ominus(Br_2/Br^-)$和$\varphi^\ominus(Cl_2/Cl^-)$，因此$Fe^{3+}$只能氧化$I^-$，$Br^-$、$Cl^-$仍然留在溶液中，从而达到鉴定的目的。其反应为

$$2Fe^{3+} + 2I^- \rightleftharpoons 2Fe^{2+} + I_2$$

6.4.3　判断氧化还原反应的方向

恒温恒压下，氧化还原反应进行的方向可由反应的吉布斯自由能变来判断。

根据

$$\Delta_r G_m = -nFE = -nF[\varphi(+)-\varphi(-)] \tag{6-16}$$

$\Delta_r G_m < 0$，$E>0$，$\varphi(+) > \varphi(-)$，反应正向进行。

$\Delta_r G_m = 0$，$E=0$，$\varphi(+) = \varphi(-)$，反应处于平衡。

$\Delta_r G_m > 0$，$E<0$，$\varphi(+) < \varphi(-)$，反应逆向进行。

如果在标准状态下，应采用$E^\ominus$或$\varphi^\ominus$进行判断。

在由氧化还原反应组成的原电池中，使反应物中的氧化剂电对电极作正极，还原剂电对电极作负极，比较两电极的电极电势值的相对大小即可判断氧化还原反应的方向。氧化还原反应总是自发地由较强的氧化剂与较强的还原剂反应。

由于电极电势φ的大小不仅与标准电极电势$\varphi^\ominus$有关，还与参加反应的物质的浓度以及溶液的酸度有关。因此，当在非标准状态时，需先按能斯特方程式分别计算各个电极电势，然后根据电池的电动势(E)判断反应进行的方向。但大多数情况下，可以直接用$\varphi^\ominus$值来判断。

当$\varphi^\ominus > 0.2V$时，一般不会因浓度变化而使$\varphi^\ominus$值改变符号；而$\varphi^\ominus < 0.2V$时，浓度变化可能使$\varphi^\ominus$值改变符号。氧化还原反应的方向常因反应物的浓度和酸度的变化产生逆转。

【例 6-13】　判断下列反应能否自发进行：

$$Pb^{2+}(aq,\ 0.10mol \cdot L^{-1}) + Sn(s) \rightleftharpoons Pb(s) + Sn^{2+}(aq,\ 1.0mol \cdot L^{-1})$$

解　查附表可知

$$Pb^{2+} + 2e^- \rightleftharpoons Pb \quad \varphi^\ominus(Pb^{2+}/Pb) = -0.126V$$

$$Sn^{2+} + 2e^- \rightleftharpoons Sn \quad \varphi^\ominus(Sn^{2+}/Sn) = -0.136V$$

在标准状态下，反应式中，Pb^{2+}为较强氧化剂，Sn^{2+}为较强还原剂，因此

$$E^{\ominus} = \varphi^{\ominus}(Pb^{2+}/Pb) - \varphi^{\ominus}(Sn^{2+}/Sn)$$
$$= -0.126 - (-0.136) = 0.0100(V) < 0.2(V)$$

$$E = \left[\varphi^{\ominus}(Pb^{2+}/Pb) + \frac{0.0592}{2}\lg\frac{[Pb^{2+}]}{c^{\ominus}}\right] - \left[\varphi^{\ominus}(Sn^{2+}/Sn) + \frac{0.0592}{2}\lg\frac{[Sn^{2+}]}{c^{\ominus}}\right]$$
$$= E^{\ominus} + \frac{0.0592}{2}\lg\frac{[Pb^{2+}]}{[Sn^{2+}]} = 0.0100 + \frac{0.0592}{2}\lg\frac{0.10}{1.0}$$
$$= 0.0100 - 0.0296 = -0.0196(V) < 0$$

$E<0$，反应自发向逆方向进行。

有 H^+和 OH^-参加的氧化还原反应，溶液的酸度对氧化还原电对的电极电势有影响，从而有可能影响反应的方向。

例如，碘离子与砷酸的反应为

$$H_3AsO_4 + 2I^- + 2H^+ \rightleftharpoons HAsO_2 + I_2 + 2H_2O$$

其氧化还原半反应为

$$H_3AsO_4 + 2H^+ + 2e^- \rightleftharpoons HAsO_2 + 2H_2O \qquad \varphi^{\ominus}(H_3AsO_4/HAsO_2) = +0.56V$$

$$I_2 + 2e^- \rightleftharpoons 2I^- \qquad \varphi^{\ominus}(I_2/I^-) = +0.536V$$

从标准电极电势来看，I_2不能氧化 $HAsO_2$，相反 H_3AsO_4能氧化 I^-。但 $H_3AsO_4/HAsO_2$电对的半反应中有 H^+参加。如果在溶液中加入 $NaHCO_3$使 pH≈8，即$[H^+]$由标准状态时的 $1mol \cdot L^{-1}$降至 $10^{-8}mol \cdot L^{-1}$，而其他物质的浓度仍为 $1mol \cdot L^{-1}$。根据能斯特方程，则

$$\varphi(H_3AsO_4/HAsO_2) = \varphi^{\ominus}(H_3AsO_4/HAsO_2) + \frac{0.0592}{2}\lg\frac{\left(\frac{[H_3AsO_4]}{c^{\ominus}}\right)\left(\frac{[H^+]}{c^{\ominus}}\right)^2}{\frac{[HAsO_2]}{c^{\ominus}}}$$

$$= 0.56 + \frac{0.0592}{2}\lg(10^{-8})^2 = 0.0864(V)$$

而$\varphi^{\ominus}(I_2/I^-)$不受$[H^+]$的影响。

这时$\varphi(I_2/I^-) > \varphi(H_3AsO_4/HAsO_2)$，反应自右向左进行，$I_2$能氧化 $HAsO_2$。

如果水溶液中同时存在多种离子(如 Fe^{2+}、Cu^{2+})，且都能和加入的还原剂(如 Zn)发生氧化还原反应：

$$Zn(s) + Fe^{2+}(aq) \rightleftharpoons Zn^{2+}(aq) + Fe(s)$$

$$Zn(s) + Cu^{2+}(aq) \rightleftharpoons Zn^{2+}(aq) + Cu(s)$$

上述两种离子是同时被还原，还是按一定的次序先后被还原呢？

从标准电极电势数据看：$\varphi^{\ominus}(Zn^{2+}/Zn) = -0.763V$，$\varphi^{\ominus}(Fe^{2+}/Fe) = -0.440V$，$\varphi^{\ominus}(Cu^{2+}/Cu) = +0.337V$。

Fe^{2+}被 Zn 还原的 $E_1^{\ominus}$、Cu^{2+}被 Zn 还原的 $E_2^{\ominus}$分别为

$$E_1^{\ominus} = -0.440 - (-0.763) = 0.323(V)$$

$$E_2^{\ominus} = +0.337 - (-0.763) = 1.100(V)$$

由于 $E_2^{\ominus} > E_1^{\ominus}$，应该是 Cu^{2+}首先被还原。随着 Cu^{2+}被还原，Cu^{2+}浓度不断减小，从而导致

$\varphi(Cu^{2+}/Cu)$也随之减小。当下式成立时：

$$\varphi^{\ominus}(Cu^{2+}/Cu)+\frac{0.0592}{2}\lg\frac{[Cu^{2+}]}{c^{\ominus}}=\varphi^{\ominus}(Fe^{2+}/Fe)$$

此时 Fe^{2+}、Cu^{2+}将同时被 Zn 还原。

当 Fe^{2+}、Cu^{2+}同时被还原时，Cu^{2+}的浓度为

$$\lg\frac{[Cu^{2+}]}{c^{\ominus}}=\frac{2}{0.0592}\left[\varphi^{\ominus}(Fe^{2+}/Fe)-\varphi^{\ominus}(Cu^{2+}/Cu)\right]$$

$$=\frac{2}{0.0592}\times(-0.440-0.337)=-26.25$$

即$[Cu^{2+}]=5.6\times10^{-27}mol\cdot L^{-1}$。

当 Fe^{2+}开始被 Zn 还原时，Cu^{2+}已被还原完全。

提示：在一定条件下，氧化还原反应优先发生在电极电势差值最大的两个电对之间。当体系中各氧化剂(或还原剂)所对应电对的电极电势有较大差别时，可以选择性地氧化或还原，从而达到分离体系中各氧化剂(或还原剂)的目的。

6.4.4　确定氧化还原反应的限度

在一定条件下，当原电池的电动势（两电极电势的差）等于零时，原电池反应达到平衡，即组成该原电池的氧化还原反应达到平衡。

$$E=\varphi(+)-\varphi(-)=0$$

例如：Cu-Zn 原电池的电池反应为

$$Zn(s)+Cu^{2+}(aq)\rightleftharpoons Zn^{2+}(aq)+Cu(s)$$

平衡常数

$$K^{\ominus}=\frac{\dfrac{[Zn^{2+}]}{c^{\ominus}}}{\dfrac{[Cu^{2+}]}{c^{\ominus}}}$$

按上述方法判断这个反应可以自发进行。随着反应的进行，Cu^{2+}浓度不断地减小，而 Zn^{2+}浓度不断地增大。因而$\varphi(Cu^{2+}/Cu)$的代数值不断减小，$\varphi(Zn^{2+}/Zn)$的代数值不断增大。当两个电对的电极电势相等时，反应进行到了极限，最终建立了动态平衡。

平衡时

$$\varphi(Zn^{2+}/Zn)=\varphi(Cu^{2+}/Cu)$$

即

$$\varphi^{\ominus}(Zn^{2+}/Zn)+\frac{0.0592}{2}\lg\frac{[Zn^{2+}]}{c^{\ominus}}=\varphi^{\ominus}(Cu^{2+}/Cu)+\frac{0.0592}{2}\lg\frac{[Cu^{2+}]}{c^{\ominus}}$$

$$\frac{0.0592}{2}\lg\frac{\dfrac{[Zn^{2+}]}{c^{\ominus}}}{\dfrac{[Cu^{2+}]}{c^{\ominus}}}=\varphi^{\ominus}(Cu^{2+}/Cu)-\varphi^{\ominus}(Zn^{2+}/Zn)$$

$$\lg\frac{\dfrac{[Zn^{2+}]}{c^{\ominus}}}{\dfrac{[Cu^{2+}]}{c^{\ominus}}}=\frac{2}{0.0592}\left[\varphi^{\ominus}(Cu^{2+}/Cu)-\varphi^{\ominus}(Zn^{2+}/Zn)\right]$$

因为
$$K^{\ominus}=\frac{\frac{[Zn^{2+}]}{c^{\ominus}}}{\frac{[Cu^{2+}]}{c^{\ominus}}}$$

$$\lg K^{\ominus}=\frac{2}{0.0592}\left[\varphi^{\ominus}(Cu^{2+}/Cu)-\varphi^{\ominus}(Zn^{2+}/Zn)\right]$$

$$\lg K^{\ominus}=\frac{2}{0.0592}\times[(0.342-(-0.763)]=37.33$$

即
$$K^{\ominus}=\frac{\frac{[Zn^{2+}]}{c^{\ominus}}}{\frac{[Cu^{2+}]}{c^{\ominus}}}=2.14\times10^{37}$$

这个反应进行得非常完全。

对一般反应，氧化还原反应的通式为

$$n_2\,氧化剂\,1+n_1\,还原剂\,2 \rightleftharpoons n_2\,还原剂\,1+n_1\,氧化剂\,2$$

$$\varphi(+)=\varphi_1(氧化/还原)=\varphi_1^{\ominus}(氧化/还原)+\frac{0.0592}{n_1}\lg\frac{c(氧化剂1)}{c(还原剂1)}$$

$$\varphi(-)=\varphi_2(氧化/还原)=\varphi_2^{\ominus}(氧化/还原)+\frac{0.0592}{n_2}\lg\frac{c(氧化剂2)}{c(还原剂2)}$$

上两式中，$\varphi_1^{\ominus}$、$\varphi_2^{\ominus}$分别为两个氧化还原电对的电极电势；n_1、n_2 分别为氧化剂、还原剂的电子转移数。反应达平衡时，$\varphi(+)=\varphi(-)$，即

$$\varphi_1^{\ominus}(氧化/还原)+\frac{0.0592}{n_1}\lg\frac{c(氧化剂1)}{c(还原剂1)}=\varphi_2^{\ominus}(氧化/还原)+\frac{0.0592}{n_2}\lg\frac{c(氧化剂2)}{c(还原剂2)}$$

整理得到

$$\lg K^{\ominus}=\lg\left\{\left[\frac{c(还原剂1)}{c(氧化剂1)}\right]^{n_2}\left[\frac{c(氧化剂2)}{c(还原剂2)}\right]^{n_1}\right\}=\frac{n(\varphi_1^{\ominus}-\varphi_2^{\ominus})}{0.0592} \tag{6-17}$$

式中：n 为 n_1、n_2 的最小公倍数。

也可以从化学热力学来推证。

$$\Delta_r G_m^{\ominus}=-RT\ln K^{\ominus}$$

$$\Delta_r G_m^{\ominus}=-nFE^{\ominus}=-nF\,[\varphi^{\ominus}(+)-\varphi^{\ominus}(-)]$$

$$\lg K^{\ominus}=\frac{nF}{2.303RT}\left[\varphi^{\ominus}(+)-\varphi^{\ominus}(-)\right]$$

$$\lg K^{\ominus}=\frac{n}{0.0592}\left[\varphi^{\ominus}(+)-\varphi^{\ominus}(-)\right]$$

当 $T=298.15$K 时，此式与式(6-17)是一致的。

从式(6-17)可知，氧化还原反应平衡常数的大小与 $\varphi_1^{\ominus}-\varphi_2^{\ominus}$ 的差值有关，差值越大，$K^{\ominus}$值越大，反应进行得越完全。如果是引用条件电极电势，求得的是条件平衡常数。

当把氧化还原反应应用于滴定分析时，要使反应完全程度达到 99.9%以上，$\varphi_1^{\ominus}-\varphi_2^{\ominus}$ 应相

差多大呢?

滴定反应为

$$n_2\text{氧化剂}1 + n_1\text{还原剂}2 \rightleftharpoons n_2\text{还原剂}1 + n_1\text{氧化剂}2$$

当反应进行完全时，氧化剂 1 还剩下不到 0.1%，即

$$\left[\frac{c(\text{还原剂1})}{c(\text{氧化剂1})}\right]^{n_2} \geqslant \left(\frac{99.9}{0.1}\right)^{n_2} = (10^3)^{n_2}$$

同理还原剂 2 也剩下不到 0.1%，即

$$\left[\frac{c(\text{氧化剂2})}{c(\text{还原剂2})}\right]^{n_1} \geqslant \left(\frac{99.9}{0.1}\right)^{n_1} = (10^3)^{n_1}$$

当 $n_1 = n_2 = 1$ 时，代入式(6-17)得

$$\lg K^{\ominus} = \lg\left\{\left[\frac{c(\text{还原剂1})}{c(\text{氧化剂1})}\right]\left[\frac{c(\text{氧化剂2})}{c(\text{还原剂2})}\right]\right\} = \frac{\varphi_1^{\ominus} - \varphi_2^{\ominus}}{0.0592}$$

$$\lg K^{\ominus} = \lg(10^3 \times 10^3) \leqslant \frac{\varphi_1^{\ominus} - \varphi_2^{\ominus}}{0.0592}$$

所以 $\varphi_1^{\ominus} - \varphi_2^{\ominus} \geqslant 0.35\text{V}$ 时，反应程度才能达到 99.9%以上。

【例 6-14】 计算下列反应

$$Ag^+(aq) + Fe^{2+}(aq) \rightleftharpoons Ag(s) + Fe^{3+}(aq)$$

(1) 在 298.15K 时的标准平衡常数 $K^{\ominus}$；

(2) 如果在反应开始时，$[Ag^+] = 1.0\text{mol} \cdot L^{-1}$，$[Fe^{2+}] = 0.10\text{mol} \cdot L^{-1}$，求达到平衡时 Fe^{3+}的浓度。

解 (1) 将上述氧化还原反应设计成一个原电池，则 Ag^+/Ag 电对作正极，Ag^+是氧化剂；Fe^{3+}/Fe^{2+}电对作负极，Fe^{2+}是还原剂。标准电极电势可从附表中查得，因为 $n_1 = n_2 = n = 1$，所以有

$$\lg K^{\ominus} = \frac{n}{0.0592}\left[\varphi^{\ominus}(+) - \varphi^{\ominus}(-)\right]$$

$$= \frac{n}{0.0592}[\varphi^{\ominus}(Ag^+/Ag) - \varphi^{\ominus}(Fe^{3+}/Fe^{2+})]$$

$$= \frac{1 \times (0.7996 - 0.771)}{0.0592} = 0.483$$

故

$$K^{\ominus} = 3.04$$

(2) 设达到平衡时$[Fe^{3+}] = x\ \text{mol} \cdot L^{-1}$。

	$Ag^+(aq)$ +	$Fe^{2+}(aq)$ $\rightleftharpoons$	$Ag(s)$ + $Fe^{3+}(aq)$
初始浓度/$(\text{mol} \cdot L^{-1})$	1.0	0.10	0
改变浓度/$(\text{mol} \cdot L^{-1})$	$-x$	$-x$	x
平衡浓度/$(\text{mol} \cdot L^{-1})$	$1.0-x$	$0.10-x$	x

$$K^{\ominus} = \frac{[Fe^{3+}]}{[Ag^+][Fe^{2+}]} = \frac{x}{(1.0-x)(0.10-x)} = 3.04$$

故

$$[Fe^{3+}] = x = 0.074\text{mol} \cdot L^{-1}$$

通过上述讨论可以看出，由电极电势的相对大小能够判断氧化还原反应自发进行的方向、次序和限度。

6.4.5　计算其他反应平衡常数和 pH

弱酸(碱)的电离平衡常数($K_a^\ominus$或 $K_b^\ominus$)、难溶电解质的溶度积常数 $K_{sp}^\ominus$、配合物的稳定常数 $K_f^\ominus$等都可以通过测定电动势的方法来计算得到。

1. 计算电离平衡常数($K_a^\ominus$或 $K_b^\ominus$)和 pH

欲测定标准状况下 0.10mol · L^{-1} 某弱酸 HX 溶液中 H^+的浓度，并计算弱酸 HX 的解离平衡常数 $K_a^\ominus$，可设计构成如下的一个氢电极：

$$\mathrm{Pt} \mid \mathrm{H_2(100kPa)} \mid \mathrm{H^+(0.10mol \cdot L^{-1}\ HX)}$$

并将该电极与标准氢电极组成一个原电池。

实验测得该原电池的电动势为 0.168V，并可以确定此原电池中标准氢电极为正极。则有

$$E = \varphi^\ominus(+) - \varphi^\ominus(-) = \varphi^\ominus(\mathrm{H^+/H_2}) - \varphi(\text{未知})$$

$$\varphi(\text{未知}) = -0.168\mathrm{V}$$

因为
$$\varphi(\text{未知}) = \varphi^\ominus(\mathrm{H^+/H_2}) + \frac{0.0592}{2}\lg\frac{\left(\dfrac{[\mathrm{H^+}]}{c^\ominus}\right)^2}{\dfrac{p(\mathrm{H_2})}{p^\ominus}}$$

$$-0.168 = 0 + 0.0592\lg[\mathrm{H^+}]$$

$$\mathrm{pH}=2.84$$

$$[\mathrm{H^+}] = 1.5\times10^{-3}\mathrm{mol \cdot L^{-1}}$$

考虑 HX 的解离平衡：

	HX $\rightleftharpoons$	H^+	+ X^-
初始浓度/ (mol · L^{-1})	0.10	0	0
改变浓度/ (mol · L^{-1})	-1.5×10^{-3}	1.5×10^{-3}	1.5×10^{-3}
平衡浓度/(mol · L^{-1})	$0.10-1.5\times10^{-3}$	1.5×10^{-3}	1.5×10^{-3}

$$K_a^\ominus = \frac{[\mathrm{H^+}][\mathrm{X^-}]}{[\mathrm{HX}]}$$

$$K_a^\ominus = \frac{(1.5\times10^{-3})^2}{0.10-1.5\times10^{-3}} = 2.3\times10^{-5}$$

2. 计算难溶物的 $K_{sp}^\ominus$

用化学分析方法很难直接准确测定难溶物质在溶液中的离子浓度，所以很难应用离子浓度来计算 $K_{sp}^\ominus$，但可以通过测定原电池的电动势来计算 $K_{sp}^\ominus$。例如，要计算难溶盐 AgCl 的 $K_{sp}^\ominus$，可设计如下原电池

$$\mathrm{Ag(s),\ AgCl(s)} \mid \mathrm{Cl^-(0.010mol \cdot L^{-1})} \parallel \mathrm{Ag^+(0.010mol \cdot L^{-1})} \mid \mathrm{Ag(s)}$$

由实验测得该电池的电动势为 0.34V。

$$\varphi(+) = \varphi^\ominus(\mathrm{Ag^+/Ag}) + \frac{0.0592}{1}\lg\frac{[\mathrm{Ag^+}]}{c^\ominus}$$

$$\varphi(-) = \varphi^{\ominus}(Ag^+ / Ag) + \frac{0.0592}{1}\lg\frac{K_{sp}^{\ominus}(AgCl)}{[Cl^-]/c^{\ominus}}$$

$$E = \varphi^{\ominus}(+) - \varphi^{\ominus}(-) = \frac{0.0592}{1}\lg\frac{[Ag^+][Cl^-]/(c^{\ominus})^2}{K_{sp}^{\ominus}(AgCl)}$$

$$0.34 = \frac{0.0592}{1}\lg\frac{[Ag^+][Cl^-]/1^2}{K_{sp}^{\ominus}(AgCl)}$$

$$K_{sp}^{\ominus}(AgCl) = 1.7\times10^{-10}$$

6.5 元素电势图及其应用

6.5.1 元素电势图

拉蒂莫尔(Latimer)建议把同一元素的不同的氧化态物质，按照从左到右其氧化值降低的顺序，在两种氧化态物质之间的连线上标出对应电对的标准电极电势的数值，得到元素标准电势图，简称元素电势图。如下所示：

$\varphi_A^{\ominus}$ / V :　　$Fe^{3+} \xrightarrow{0.771} Fe^{2+} \xrightarrow{-0.440} Fe$

$\varphi_B^{\ominus}$ / V :　　$ClO_4^- \xrightarrow{0.36} ClO_3^- \xrightarrow{0.33} ClO_2^- \xrightarrow{0.66} ClO^- \xrightarrow{0.40} Cl_2 \xrightarrow{1.36} Cl^-$

（ClO_3^- 至 Cl^-：0.62）

元素电势图清楚地表明同种元素不同的氧化态或还原态物质氧化还原能力的相对大小。

6.5.2 元素电势图的应用

1) 歧化反应

歧化过程(disproportionation)是一种自身氧化还原反应。例如：

$$2Cu^+ \rightleftharpoons Cu + Cu^{2+}$$

在这一反应中，一部分 Cu^+被氧化为 Cu^{2+}，同时另一部分 Cu^+被还原为金属 Cu。当一种元素处于中间氧化态时，它一部分向高氧化态变化(被氧化)，另一部分向低氧化态变化(被还原)，这类反应称为歧化反应。

铜的元素电势图为

$Cu^{2+} \xrightarrow{0.153} Cu^+ \xrightarrow{0.521} Cu$

（Cu^{2+} 至 Cu：0.337）

因为$\varphi^{\ominus}(Cu^+/Cu)$大于$\varphi^{\ominus}(Cu^{2+}/Cu^+)$，即

$$\varphi^{\ominus}(Cu^+/Cu) - \varphi^{\ominus}(Cu^{2+}/Cu^+) = 0.521 - 0.153 = 0.368(V) > 0$$

所以 Cu^+在水溶液中能自发歧化为 Cu^{2+}和 Cu。

发生歧化反应的规律是

$$M^{2+} \xrightarrow{\varphi^{\ominus}_{左}} M^{+} \xrightarrow{\varphi^{\ominus}_{右}} M$$

当电势图中的 $\varphi^{\ominus}_{右} > \varphi^{\ominus}_{左}$ 时，M^{+}容易发生歧化反应：$2M^{+} \rightleftharpoons M^{2+} + M$。

反之当 $\varphi^{\ominus}_{左} > \varphi^{\ominus}_{右}$ 时，M^{+}虽为中间氧化值，但不能发生歧化反应，而逆反应是自发的，即发生如下反应：$M^{2+} + M \rightleftharpoons 2M^{+}$。

根据元素电势图，可以描述某一元素的一些氧化还原的特性。

$$\varphi^{\ominus}_{A} / V: \qquad Fe^{3+} \xrightarrow{0.771} Fe^{2+} \xrightarrow{-0.440} Fe$$

从电势图可以看出$\varphi^{\ominus}(Fe^{2+}/Fe)$为负值，而$\varphi^{\ominus}(Fe^{3+}/Fe^{2+})$为正值，右边电位小于左边，说明$Fe^{2+}$不能发生歧化反应，而逆歧化反应可以进行：

$$Fe + 2Fe^{3+} \rightleftharpoons 3Fe^{2+}$$

在 Fe^{2+}盐溶液中，加入少量的金属铁，能避免 Fe^{2+}被空气中的氧气氧化为 Fe^{3+}。

2) 计算标准电极电势

利用元素电势图，根据相邻电对的已知标准电极电势，可以求算任何一未知电对的标准电极电势。例如：

$$A \xrightarrow[n_1]{\varphi^{\ominus}_1} B \xrightarrow[n_2]{\varphi^{\ominus}_2} C$$

$$A \xrightarrow[n_1 + n_2]{\varphi^{\ominus}_3} C$$

利用标准吉布斯自由能变与原电池标准电极电势的关系求未知电对电势：

$$\Delta_r G^{\ominus}_m = -nFE^{\ominus}$$

由于 $\Delta_r G^{\ominus}_m$是状态函数，具有加和性，可推得

$$\Delta_r G^{\ominus}_{m,3} = \Delta_r G^{\ominus}_{m,1} + \Delta_r G^{\ominus}_{m,2}$$

$$-(n_1 + n_2)FE^{\ominus}_3 = -n_1FE^{\ominus}_1 + (-n_2FE^{\ominus}_2)$$

以标准氢电极作参照，进一步推理可得

$$-(n_1 + n_2)F\varphi^{\ominus}_3 = -n_1F\varphi^{\ominus}_1 + (-n_2F\varphi^{\ominus}_2)$$

推广应用到一般情况则为

$$\varphi^{\ominus}_n = \frac{n_1\varphi^{\ominus}_1 + n_2\varphi^{\ominus}_2 + n_3\varphi^{\ominus}_3 + \cdots}{n_1 + n_2 + n_3 + \cdots} \qquad (6\text{-}18)$$

6.6　生物体内的氧化还原反应

氧化还原反应是生物体内非常重要的反应。一方面，生物分子(如糖、脂肪和蛋白质等)被氧化，最终生成 CO_2 和 H_2O，同时释放能量生成 ATP，为生物体所利用以及维持生物的新陈代谢等生命活动；另一方面，生物分子的氧化会导致这些分子失去应有的功能，从而导致生物体的病变、衰老和死亡。因此，生物体只有有效地控制上面两类不同作用的氧化还原反应，才能维持生命的存在。

生物的氧化还原过程主要在细胞的线粒体中进行，线粒体中的电子传递过程称为线粒体呼吸链。在生物化学课程中，呼吸链电子传递过程是非常重要的内容，这里不作详细介绍，而仅讨论生物氧化还原反应控制策略的化学原理。

1. 酶催化

生物分子的氧化还原反应在热力学上都是自发进行的过程，然而作为电子转移反应，生物分子在中性和常温条件下直接被 O_2 氧化的反应速率是非常慢的，这给予了生物体对氧化还原反应进行有效控制的机会。生物体通过酶来加快生命所需的氧化反应，同时用抗氧化剂淬灭可能引发不利氧化还原反应的活泼分子，将不利氧化还原反应的速率降至最低程度。

生物通过酶催化进行氧化还原反应意味着电子转移不是从生物分子直接给予 O_2，而是通过酶分子来传递电子，即生物分子先将电子传递给酶分子。在这个过程中生物分子被氧化，酶分子被还原，然后酶分子再将电子传递给 O_2，此时酶分子被氧化，回到原始状态，而 O_2 被还原生成 H_2O。这里，酶发挥了运载电子的作用。

2. 分步进行

碳水化合物等生物分子被氧化生成 CO_2 和 H_2O 的电极电势比氢电极低。假如以氢电极单位为生物分子电极电势的代表，在 pH = 7 条件下，$\varphi^{\ominus\prime}(H^+/H_2) = -0.41V$，而 O_2 的 $\varphi^{\ominus\prime}(O_2/H_2O)$= 0.82V，两者的跨度是 $\Delta\varphi^{\ominus\prime} = 1.23V$。实际上，在碳水化合物的氧化过程中，反应分成了许多步骤(表 6-3)。其中电子经过了烟酰胺腺嘌呤二核苷酸(NADH)、辅酶 Q(CoQ)和细胞色素 c(Cyt c)等中间电子载体分子传递给 O_2，3 个主要电势台阶的跨度为 0.2~0.6V。这样不仅大大提高了反应速率，而且增加了过程的可逆性，使反应释放的自由能得到最大的利用。同时，反应过程中可以产生很多有用的中间产物，用来合成其他生物分子。

表 6-3 线粒体生物氧化过程中一些主要中间电子载体的电极电势(pH=7.0)

氧化还原半反应	$\varphi^{\ominus\prime}$/V	氧化还原电势跨度/V
$2H^++2e^- \rightleftharpoons H_2$	−0.41	
$NAD^++2H^++2e^- \rightleftharpoons NADH + H^+$	−0.32	0.09
$CoQ^++2H^++2e^- \rightleftharpoons CoQH_2$	0.05	0.37
$Cyt\ c(Fe^{III})+e^- \rightleftharpoons Cyt\ c(Fe^{II})$	0.25	0.20
$O_2+4H^++4e^- \rightleftharpoons 2H_2O$	0.82	0.57

3. O_2 的还原控制过程

电子最后传递给 O_2 的过程是在线粒体膜上的复合体Ⅳ中进行的，这里 O_2 连续获得 4 个电子而被还原成 H_2O。过程看似简单，其实有许多微妙的问题。O_2 获得第一个电子的 $\varphi^{\ominus\prime}$= −0.45V(表 6-4)，假定体内 O_2 的分压 $p_{O_2}/p^{\ominus} = 0.2$，$\cdot O_2^-$ 的浓度约为 $10^{-11}mol \cdot L^{-1}$，则实际的电极电势 φ 为

$$\varphi = \varphi^{\ominus} + 0.0592lg(0.2/10^{-11}) \approx -0.17(V)$$

表 6-4　O_2的电子还原过程中各步的标准电极电势(pH=7.0)

氧化还原半反应	$\varphi^{\ominus\prime}$/V
$O_2+e^- \rightleftharpoons \cdot O_2^-$	–0.45
$\cdot O_2^- +2H^+ +e^- \rightleftharpoons H_2O_2$	1.05
$H_2O_2+H^+ +e^- \rightleftharpoons \cdot OH + H_2O$	0.32
$\cdot OH + H^+ +e^- \rightleftharpoons H_2O$	1.80
$O_2+2H^+ +2e^- \rightleftharpoons H_2O_2$	0.30
$H_2O_2+2H^+ +2e^- \rightleftharpoons 2H_2O$	1.34
$O_2+4H^+ +4e^- \rightleftharpoons 2H_2O$	0.82

这是理论上 O_2 还原生成 $\cdot O_2^-$ 时的最大电极电势值。而 Cyt c 的标准电势约 0.25V，比 O_2 还原的第一步的电势要略高一些，因此不会自发地将电子给 O_2。因此，O_2 必须一次获得两个电子，这样加合反应的电极电势达到了 0.30V，O_2 才能被顺利还原成 H_2O_2：

$$O_2+2H^+ +2e^- \rightleftharpoons H_2O_2 \qquad \varphi^{\ominus\prime}= 0.30V$$

一旦生成 H_2O_2 后，后面的反应由于有较大的电极电势，能够自发进行。复合体Ⅳ采用的这个双电子转移策略有效避免了活性氧自由基 $\cdot O_2^-$ 的生成。实际上，在线粒体中产生 $\cdot O_2^-$ 的地方主要在复合体Ⅰ中，即由 NADH 还原 CoQ 的过程中。

4. 氧化还原反应释放的能量储存于线粒体的跨膜质子势

碳水化合物氧化释放的能量是用于合成 ATP。化学反应偶联的条件是一个反应的产物是另一个反应的反应物，而碳水化合物的氧化与 ATP 的合成反应没有任何交叉的反应物，是不能直接偶联的。不过，由于电子转移可以改变分子的电荷状态，从而可以改变分子质子化的解离能力。因此，氧化还原反应可以用于推动 H^+的跨生物膜流动。在线粒体中，蛋白质复合体Ⅰ、Ⅲ和Ⅳ都会利用每一步氧化还原反应释放的自由能将 H^+从线粒体内腔基质(matrix)搬运到内膜到外膜的膜间隙(intermembrane space)(图 6-4)，形成跨膜电势$\Delta\varphi_m$和内膜两侧$[H^+]$梯度。

根据电化学原理，跨膜电势和 H^+浓度梯度存储的总自由能变ΔG为

$$\Delta G = \Delta G_{膜电势} + \Delta G_{浓度梯度} = -z_{H^+} F\Delta\varphi_m + RT\ln([H^+]_m/[H^+]_{is}) = -\{F\Delta\varphi_m + RT\ln([H^+]_{is}/[H^+]_m)\}$$

其中，$[H^+]_m$是基质内 H^+浓度，$[H^+]_{is}$是膜间隙内 H^+浓度。上式可以进一步变换为

$$\Delta p = -\Delta G/F = \Delta\varphi_m + (RT/F)\ln([H^+]_{is}/[H^+]_m)$$

在 37℃时

$$\Delta p = \Delta\varphi_m + 0.061\lg([H^+]_{is}/[H^+]_m) = \Delta\varphi_m + 0.061(pH_m - pH_{is}) = \Delta\varphi_m + 0.061\Delta pH$$

Δp 在生物化学中称为跨膜质子势，大小为 200～230mV。这是线粒体用于合成 ATP 的动力。

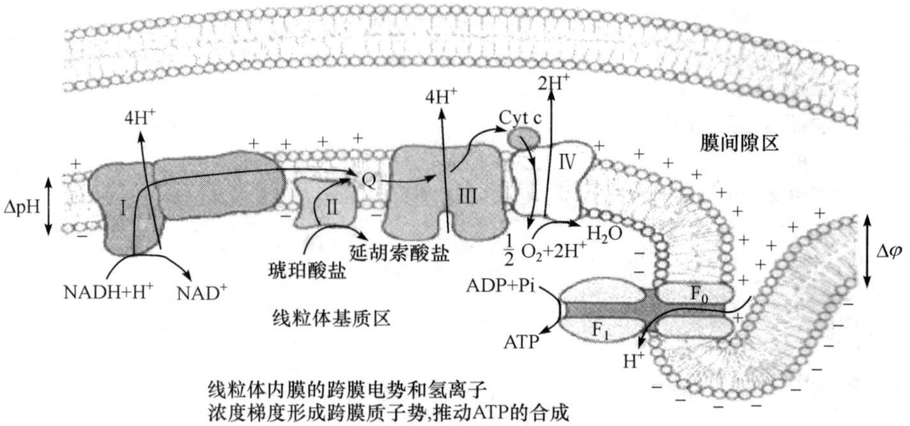

图 6-4　线粒体蛋白质复合体Ⅰ、Ⅲ和Ⅳ利用氧化还原反应释放的能量从基质将 H^+搬运到膜间隙

5. 避免不利的氧化还原反应

生物体内的氧化损伤大都是氧自由基 $\cdot O_2^-$ 和 $\cdot OH$ 造成的，H_2O_2 被单电子还原是产生 $\cdot OH$ 的主要原因。要避免不利的氧化还原反应，必须降低 $\cdot O_2^-$ 的浓度和减少 H_2O_2 被单电子还原的反应。

线粒体中 $\cdot O_2^-$ 主要来自于由 NADH 向 CoQ 传递电子时漏出了一些电子给了 O_2。虽然只有不到 1%的电子漏出来，但是由于电子传递是不断持续进行的，产生的 $\cdot O_2^-$ 的总量还是很大的。$\cdot O_2^-$ 的特点是既有较强的氧化性，又有较强的还原性，容易发生歧化反应：

$$\cdot O_2^- + \cdot O_2^- + 2H^+ \rightleftharpoons H_2O_2 + O_2$$

生物体内重要的 SOD 酶(超氧化物歧化酶)正是利用上述反应，使高度活泼的 $\cdot O_2^-$ 转变成相对稳定的 H_2O_2。

体内 H_2O_2 的浓度约 $10^{-8}mol \cdot L^{-1}$，假如控制体内的 $[\cdot OH]$ 小于 $10^{-9}mol \cdot L^{-1}$，可以算出此时 H_2O_2 的电极电势最小为

$$\varphi = \varphi^{\ominus\prime} + 0.0592\lg([H_2O_2]/[\cdot OH]) = 0.32 + 0.0591 \approx 0.38(V)$$

也就是说，溶液中电极电势小于 0.38V 的物质都可能导致 H_2O_2 还原生成 $\cdot OH$。虽然体内有很多还原剂，如 NADH、$CoQH_2$ 等，它们的电极电势都小于 0.38V，但由于超电势比较大，它们都很少直接产生 $\cdot OH$，体内最主要的导致 H_2O_2 还原的分子是 Fe^{2+} 及其配合物。多数如 Fe^{II} 配合物的电极电势较低(如 Fe^{II}-EDTA，$\varphi^{\ominus\prime} = 0.090V$)，而且氧化反应的超电势很小，容易发生芬顿反应：

$$Fe^{II}L + H_2O_2 \rightleftharpoons Fe^{III}L + \cdot OH + OH^-$$

其中，$Fe^{III}L$ 可以很快地被体内其他还原剂还原成 $Fe^{II}L$，这样便会不断地诱导 $\cdot OH$ 的生成。

并非所有的 Fe^{II} 配合物的电极电势都低于 0.38V。例如，Fe^{II}-水杨酸配合物的 $\varphi^{\ominus\prime}$ 就高于此值。因此，水杨酸可以降低 $\cdot OH$ 的生成。实际上，水杨酸(阿司匹林)具有很好的抗炎作用，可以预防心血管疾病的发生。许多非激素类的抗炎药物都具有类似水杨酸和铁形成稳定配合物的作用。

习　题

6-1　下列反应中，哪些元素的氧化值发生了变化？并标出氧化值的变化情况。

(1) $Cl_2 + H_2O = HClO + HCl$

(2) $Cl_2 + H_2O_2 = 2HCl + O_2$

(3) $Cu + 2H_2SO_4$(浓) $= CuSO_4 + SO_2 + 2H_2O$

(4) $K_2Cr_2O_7 + 6KI + 14HCl = 2CrCl_3 + 3I_2 + 7H_2O + 8KCl$

6-2　用离子-电子法配平碱性介质中下列反应的离子方程式。

(1) $H_2O_2 + Cr(OH)_4^- \longrightarrow CrO_4^{2-} + H_2O$

(2) $Zn + ClO^- + OH^- \longrightarrow Zn(OH)_4^{2-} + Cl^-$

(3) $SO_3^{2-} + Cl_2 \longrightarrow Cl^- + SO_4^{2-}$

(4) $Br_2 + OH^- \longrightarrow BrO_3^- + Br^-$

(5) $Br_2 + Cr(OH)_3 + OH^- \longrightarrow CrO_4^{2-} + Br^-$

6-3　用离子-电子法配平下列在酸性介质中的反应式。

(1) $S_2O_8^{2-} + Mn^{2+} \longrightarrow MnO_4^- + SO_4^{2-}$

(2) $PbO_2 + HCl \longrightarrow PbCl_2 + Cl_2 + H_2O$

(3) $Cr_2O_7^{2-} + Fe^{2+} \longrightarrow Cr^{3+} + Fe^{3+}$

(4) $I_2 + H_2S \longrightarrow I^- + S$

6-4　计算 298.15K 时下列各原电池的标准电动势，并写出每个电池的自发电池反应。

(1) (−) Pt| I^-, I_2 ‖ Fe^{3+}, Fe^{2+}| Pt(+)

(2) (−) Zn| Zn^{2+} ‖ Fe^{3+}, Fe^{2+}| Pt(+)

(3) (−) Pt| HNO_2, NO_3^-, H^+ ‖ Fe^{3+}, Fe^{2+}| Pt(+)

(4) (−) Pt| Fe^{3+}, Fe^{2+} ‖ MnO_4^-, Mn^{2+}, H^+| Pt(+)

6-5　计算 298K 时下列电池的电动势及电池反应的平衡常数。

(1) (−) Pb | Pb^{2+}($0.1mol \cdot L^{-1}$) ‖ Cu^{2+}($0.5mol \cdot L^{-1}$)|Cu(+)

(2) (−) Sn | Sn^{2+}($0.05mol \cdot L^{-1}$) ‖ H^+($1.0mol \cdot L^{-1}$)|H_2(10^5Pa) |Pt(+)

(3) (−) Pt | H_2(10^5Pa)|H^+($1mol \cdot L^{-1}$) ‖ Sn^{4+}($0.5mol \cdot L^{-1}$), Sn^{2+}($0.1mol \cdot L^{-1}$)|Pt(+)

(4) (−) Pt | H_2(10^5Pa)|H^+($0.01mol \cdot L^{-1}$) ‖ H^+($1.0mol \cdot L^{-1}$)|H_2(10^5Pa) | Pt(+)

6-6　已知 $\varphi^{\ominus}_{MnO_4^-/Mn^{2+}}$ =1.507V，求电极反应 $MnO_4^- + 8H^+ + 5e^- \rightleftharpoons Mn^{2+} + 4H_2O$，在 298.15K、pH=5 和 pH=3 的溶液中的电极电势(其他条件同标准状态)，并说明酸度对 MnO_4^-氧化性的影响。

6-7　已知下列电池 Zn | Zn^{2+}($x mol \cdot L^{-1}$) ‖ Ag^+($0.1mol \cdot L^{-1}$)|Ag 的电动势 E = 1.51V，求 Zn^{2+}的浓度。

6-8　已知$\varphi^{\ominus}(Pb^{2+}/Pb) = -0.126V$，$\varphi^{\ominus}(Fe^{3+}/Fe) = 0.771V$，$K_{sp}^{\ominus}(PbCl_2) = 1.6\times10^{-5}$。在金属铅和硝酸铅溶液组成的半电池系统中加入 NaCl(aq)，沉淀完全后，当$[Cl^-]$=$1.0mol \cdot L^{-1}$ 时，该电池的电极电势是多少？将该半电池与 Fe^{3+}/Fe^{2+}标准半电池组成原电池，写出原电池符号及电池反应的离子方程式，并计算此原电池的标准电动势 $E^{\ominus}$。

6-9　$\varphi^{\ominus}(Ag^+/Ag) = 0.799V$，$\varphi^{\ominus}([Ag(NH_3)_2]^+/Ag) = 0.372V$，计算$[Ag(NH_3)_2]^+$的稳定常数。

6-10　已知 298.15K 时$\varphi^{\ominus}(Ni^{2+}/Ni) = -0.25V$，$\varphi^{\ominus}(V^{3+}/V) = -0.89V$。

某原电池：(−)V(s)│ V^{3+} ($0.0011mol \cdot L^{-1}$)‖ Ni^{2+}($0.24mol \cdot L^{-1}$)│Ni(s)(+)

(1) 写出电池反应的离子方程式，并计算其标准平衡常数 $K^{\ominus}$；

(2) 计算电池电动势 E，并判断反应方向。

6-11　已知　$MnO_4^- + 8H^+ + 5e^- = Mn^{2+} + 4H_2O$　$\varphi^{\ominus}$=1.51V

$Fe^{3+} + e^- = Fe^{2+}$　$\varphi^{\ominus}$=0.771V

(1) 判断下列反应的方向：

$$MnO_4^- + 5Fe^{2+} + 8H^+ \longrightarrow Mn^{2+} + 4H_2O + 5Fe^{3+}$$

(2) 将这两个半电池组成原电池，用电池符号表示该原电池的组成，标明电池的正、负极，并计算其标准电动势。

(3) 当氢离子浓度为 10mol · L^{-1}，其他各离子浓度均为 1mol · L^{-1}时，计算该电池的电动势。

6-12　某原电池中的一个半电池是由金属钴浸在 1.00mol · L^{-1} Co^{2+}的溶液中组成的，另一个半电池则由铂片浸入 1.00mol · L^{-1} Cl^-的溶液中，并不断通入 $Cl_2[p(Cl_2) = 100kPa]$组成，实验测得电池的电动势为 1.63V，钴电极为负极。已知$\varphi^\ominus(Cl_2/Cl^-) = 1.36V$，回答下列问题：

(1) 写出电池反应方程。

(2) $\varphi^\ominus(Co^{2+}/Co)$为多少？

(3) $p(Cl_2)$增大时，电池的电动势如何变化？

(4) 当其他浓度分压不变，$[Co^{2+}]$变为 0.01mol · L^{-1}时，电池的电动势是多少？

6-13　为了测定 $PbSO_4$的溶度积，设计了下列原电池

$$(-)Pb \mid PbSO_4 \mid SO_4^{2-}(1.0mol \cdot L^{-1}) \parallel Sn^{2+}(1.0mol \cdot L^{-1}) \mid Sn(+)$$

在 25℃时测得电池电动势 $E^\ominus = 0.22V$，求 $PbSO_4$的溶度积常数 $K_{sp}^\ominus$。

6-14　根据铬元素电势图

$$\varphi_A^\ominus/V: \; Cr_2O_7^{2-} \underline{\;1.33\;} Cr^{3+} \underline{\;-0.40\;} Cr^{2+} \underline{\;-0.89\;} Cr^0$$

(1) 计算$\varphi^\ominus(Cr_2O_7^{2-}/Cr^{2+})$和$\varphi^\ominus(Cr^{3+}/Cr)$。

(2) 在酸性介质中，$Cr_2O_7^{2-}$的还原产物是 Cr^{3+}还是 Cr^{2+}？

6-15　已知下列标准电极电势：

$$Cu^{2+} + 2e^- = Cu \qquad \varphi^\ominus = 0.337V$$

$$Cu^{2+} + e^- = Cu^+ \qquad \varphi^\ominus = 0.153V$$

(1) 计算反应 $Cu + Cu^{2+} = 2Cu^+$的平衡常数。

(2) 已知 $K_{sp}^\ominus(CuCl) = 1.72\times10^{-7}$，试计算下面反应的平衡常数。

$$Cu + Cu^{2+} + 2Cl^- \rightleftharpoons 2CuCl\downarrow$$

6-16　试根据下列元素电势图回答 Cu^+、Ag^+、Au^+、Fe^{2+}等离子哪些能发生歧化反应。

$\varphi_A^\ominus/V$：

$$Cu^{2+} \xrightarrow{0.153} Cu^+ \xrightarrow{0.521} Cu$$

$$Ag^{2+} \xrightarrow{1.98} Ag^+ \xrightarrow{0.799} Ag$$

$$Au^{2+} \xrightarrow{1.40} Au^+ \xrightarrow{1.691} Au$$

$$Fe^{3+} \xrightarrow{0.771} Fe^{2+} \xrightarrow{-0.440} Fe$$

第 7 章 原子结构和元素周期律
(Atomic Structure and Elements Periodic Law)

学习要求

(1) 了解原子结构模型发展历程。

(2) 熟悉原子核外电子运动的特点(量子化特征和波粒二象性)。

(3) 理解波函数、原子轨道、概率密度和电子云的概念。

(4) 掌握原子轨道和电子云的角度分布图。理解四个量子数的物理意义，能运用四个量子数表示核外电子的运动状态。

(5) 理解核外电子排布和元素周期表之间的关系。

(6) 理解有效核电荷、电离能、电子亲合能、电负性、原子半径的概念。

自然界的物质种类繁多，性质变化万千，但它们都是由种类不同的原子组成的。原子以不同的种类、数目和方式结合，形成了无数的化合物。而化学工作者总是希望通过对物质本质的认识，来阐明元素相互化合的原理，把化学事实系统化，使化学成为可以理解的、容易记忆的学科。

科学家可以利用一些化学原理预言并合成出具有新功能的化合物。早在 1971 年前，科学家已经利用等电子体原理(isoelectronic principle)合成得到了羰基、亚硝酰基等离子体化合物，如 $Ni(CO)_4$、$Co(CO)_3(NO)$、$Fe(CO)_2(NO)_2$ 和 $Mn(CO)(NO)_3$，而该系列化合物中的最后一个成员 $Cr(NO)_4$ 并未得到，但按照等离子体原理是一定能合成出 $Cr(NO)_4$ 化合物的，经过科学家的不断努力，在 1972 年，把 NO 气体通入 $Cr(CO)_6$ 溶液中进行光解，制得了 $Cr(NO)_4$。

因此，学习近代化学知识，从原子内部入手是完全必要的。原子结构的知识是了解物质结构和性质的基础。化学变化包含着旧的化学键断裂和新的化学键形成，在此过程中只是核外电子运动状态发生了改变，而不涉及原子核。因此，化学工作者在研究原子结构时，主要研究核外电子的运动状态，即原子的电子结构，特别是它们的价电子构型，这是因为元素与化合物的性质主要是由原子的价电子构型决定的。原子中的电子质量小，运动速度快，属于微观粒子范畴，它的运动不遵守经典物理学规律，不能用研究宏观物体的方法来研究。微观粒子具有如波粒二象性、不确定原理等不同于宏观物体的运动属性。在学习原子结构的过程中，我们应认识宏观物体和微观粒子运动规律的差异。

7.1 原子结构模型发展历程

人类对原子结构的认识过程是长期而曲折的，经历了从肯定到否定，再到否定之否定的波浪式前进的发展进程，具有继承与否定的特点。从古希腊时期人们就开始研究物质的理论，人们对客观世界的研究从神话慢慢过渡到自然哲学的研究中。在这个阶段发展了“物质”的概念并试图去解释纷繁的事物的表象，从这时起，人们由寻找“世界从哪里来”转变成了“世界是由什么组成的”。

原子论的创始人一般认为是同一时期的留基波(Leucippus)和德谟克利特(Demokritos)。留基波认为：“每个整体是由无数粒子组成的，每个粒子刚硬、立体而不可分割。”而德谟克利特首次提出了原子的概念：“物质由原子组成，虚空而真实的空间是原子运动的场所。人类的知识来源于原子对感官的影响。原子是同一的，原子的特殊组合是变换的。”宇宙的一切事物都是由在虚空中运动着的原子构成。所有事物的产生就是原子的结合，它们的形状像水槽或是钩子。它们依靠钩状的和环状的形状相连接。原子的形状和体积不同，但它们的质量是相同的。原子在虚空中只有通过直接接触才能相互作用。但真正的原子结构模型是指从 1803 年道尔顿提出的模型开始的，经过一代代科学家的不断努力，发现和提出了新的原子结构模型。

7.1.1　道尔顿原子模型

19 世纪初(1803 年)，英国科学家道尔顿提出了著名的原子学说，认为物质均由原子组成，原子是微小的实心球体，在一切化学变化中不可再分；同种元素的原子的性质和质量都相同。不同元素原子的性质和质量各不相同，质量是元素原子的基本特征之一；不同元素化合时，原子以简单整数比结合。道尔顿实心球模型从微观的物质结构角度揭示了宏观化学现象的本质。虽然现在看来，这是一个失败的理论模型，但道尔顿第一次将原子从哲学带入化学研究中，对原子认识方面做出了不可磨灭的贡献，明确了今后化学家们努力的方向，化学真正从古老的炼金术中摆脱出来，道尔顿也因此被后人誉为“近代化学之父”。

7.1.2　汤姆孙原子模型

19 世纪末，随着放射性元素逐一被发现，它们裂变的事实打破了原子不可再分割的传统观念。1897 年英国物理学家汤姆孙在研究稀薄气体放电的实验中，证明了电子的存在，测定了电子的荷质比，轰动了整个物理学界。由于汤姆孙发现了电子，他于 1906 年荣获诺贝尔物理学奖。可以说，汤姆孙发现电子的历史意义是深远的。第一，他向世界宣告原子是可分的；第二，他为实验物理学家进行原子结构的研究开创了新的实验技术——高真空技术；第三，电子荷质比测定仪直接分离出三项新技术：示波器、质谱仪、电子显微镜。汤姆孙在测定电子荷质比的基础上，提出了原子模型，他认为原子是一个带正电荷的球，电子镶嵌在里面，原子好似一块“葡萄干布丁”，故名“枣糕模型”或“葡萄干蛋糕模型”；或是像西瓜子分布在西瓜瓤中，所以也称“西瓜模型”。具体表述为：原子中的正电荷分布在整个原子空间，电子则嵌在布满正电荷的原子内，它们的正、负电荷相互抵消；在受到激发时，电子会离开原子，产生阴极射线。汤姆孙原子模型是第一个存在着亚原子结构的原子模型。

7.1.3　卢瑟福原子模型

1911 年，卢瑟福(Rutherford)和他的合作者进行了著名的α粒子散射实验(图 7-1)。实验结果否定了汤姆孙的原子模型，提出了原子的有核模型。

卢瑟福让一束带正电荷的高速α粒子轰击 1000 层金原子厚(约 400nm)的金箔，结果表明，发生大偏转的α粒子出现的概率为 10^{-5}，即十万个α粒子中，只有一个α粒子发生 90°以上的偏转(α粒子的散射角度分布可通过作用在 ZnS 屏上产生的闪光测量)。

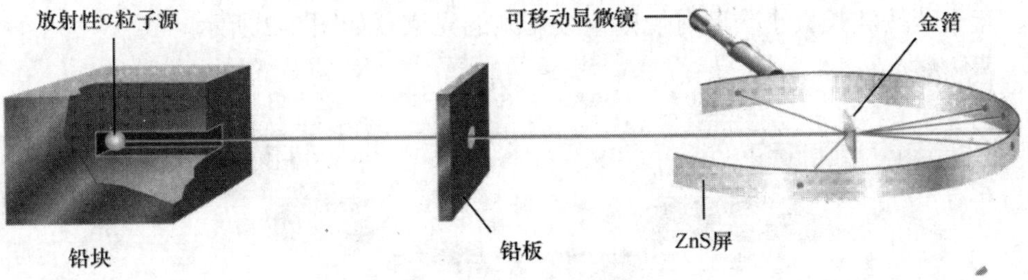

图 7-1 卢瑟福的α粒子散射实验

通过α粒子散射实验认识到原子内部存在一个小而重的、带正电荷的核，建立了一个原子模型：原子由带正电荷的原子核和核周围的带负电荷的电子组成，原子半径约为几百皮米[1pm(皮米) = 10^{-12}m]，核半径为几飞米至几十飞米[1fm(飞米) = 10^{-15}m]；原子核由带正电荷的质子和电中性的中子组成，质子的质量和中子的质量分别为 1.6724×10^{-27}kg 和 1.6749×10^{-27}kg；原子核外电子的质量为 9.1096×10^{-31}kg，电子质量约为质子质量的 1/1836。综上所述，卢瑟福有核原子模型可概括为：原子中心有一个原子核，核的体积只占整个原子体积很小的一部分，它几乎集中了原子全部的正电荷和质量，带负电荷的电子像行星绕着太阳那样绕核运动。

卢瑟福原子模型与经典电磁理论是相矛盾的。根据经典电磁理论，绕核高速运动的电子将不断以电磁波的形式发射出能量，导致两种结果：

(1) 电子不断发射能量，自身能量不断减少，电子运动的轨道半径逐渐缩小，电子很快会落在原子核上，有核原子模型所表示的原子是一个不稳定的体系。

(2) 电子自身能量逐渐减少，电子绕核旋转的频率也要逐渐改变。而原子发射电磁波的频率取决于电子绕核运动时放出的能量，由于放出的能量是连续的，因而原子发射电磁波的频率也应当是连续的。

事实上绝大多数原子是稳定存在的，原子光谱又是线状光谱。这些矛盾是经典电磁理论所不能解释的。

另外，近代原子结构理论——玻尔(Bohr)氢原子模型和薛定谔(Schrödinger)量子力学模型将在后面章节中重点介绍。

7.2 氢原子光谱和玻尔原子模型

7.2.1 氢原子光谱

1. 光谱基础知识

早在 17 世纪，牛顿就发现了日光通过三棱镜后的色散现象，并把在实验中得到的彩色光带称为光谱。按其中所含光波成分不同，光可分为单色光和复合光两大类。光线中若仅含有一种频率的光，称为单色光。而含有两种或两种以上频率不同的光，称为复合光。

透过狭缝的复合光通过三棱镜时，由于棱镜对不同频率光的折射不同，因此通过棱镜后，得到的光谱是各种频率不同的光排列而成的光带，这种光谱称为连续光谱(continuous spectrum)或带状光谱。例如，太阳光或白炽灯光是复合光，通过棱镜后发生折射，可以得到红、橙、黄、绿、青、蓝、紫按波长大小次序有规则连续排列的光谱，如图 7-2 所示。

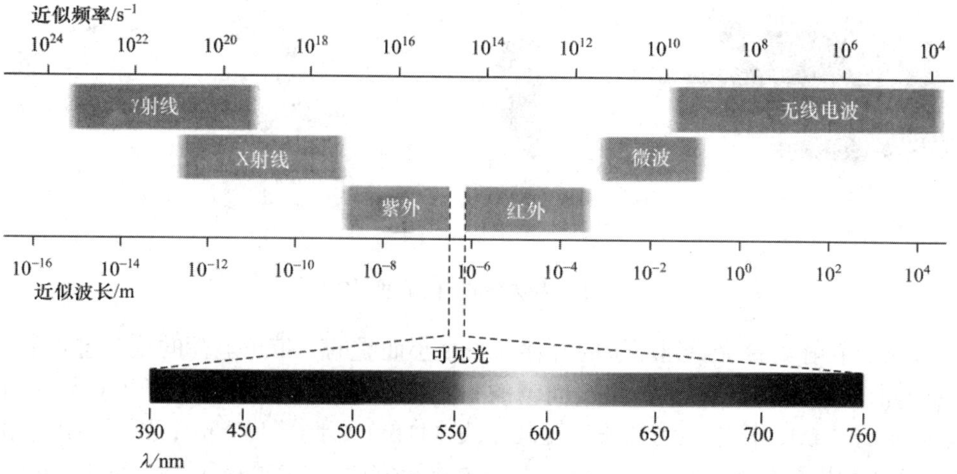

图 7-2　连续光谱

但如果复合光中的频率很不齐全，只存在少数几种频率的光，则会得到由黑暗背景间隔开的一系列孤立的明线所组成的光谱，这种光谱称为线状光谱。线状光谱中每一条明线称为谱线，每一条谱线对应一种频率的光，谱线的位置取决于光的频率。反过来根据谱线的位置，也可以确定谱线对应的光的频率。

2. 氢原子光谱

氢原子光谱是最简单的一种原子光谱，近代原子结构理论就是从研究氢原子光谱开始的。充有高纯度低压氢气的放电管通过高压电流，氢原子受激发，放出玫瑰红色的可见光以及紫外光和红外光，经棱镜分解就得到了氢原子光谱(图 7-3)。

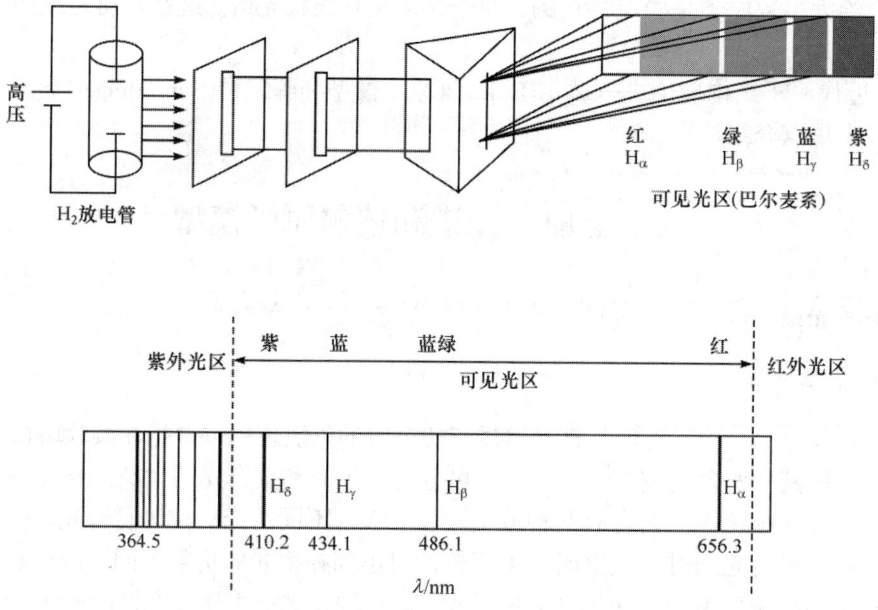

图 7-3　氢原子光谱示意图及氢原子光谱

氢原子光谱在可见光区有四条明显的谱线，分别用 H_α、H_β、H_γ、H_δ 表示，其波长分别为 656.3nm(红色)、486.1nm(蓝绿色)、434.1nm(蓝色)和 410.2nm(紫色)，从长波到短波，H_α～H_δ 等谱线间的距离越来越小，表现出明显的规律性。

化学元素经高温火焰、电火花、电弧或其他方法激发时所产生的光谱，称为原子光谱(atomic spectrum)。原子光谱是不连续光谱(uncontinuous spectrum)，也称线状光谱(1ine spectrum)。这是因为原子光谱的产生是与原子中电子运动状态的变化关联着的。原子中的电子在不同条件下，处于不同的运动状态。电子处在不同的状态时，具有不同的能量。通常情况下，电子总是处于能量最低的状态，这种状态称为基态(ground state)。但是当原子被激发时，原子中的电子就可能获得能量，从而过渡到能量较高的状态，这种状态称为激发态(excited state)。这种从能量较低的状态向能量较高的状态的过渡称为跃迁。而处在能量较高的激发态是不稳定的，它会自发地返回到能量较低的状态，这种过渡也称为跃迁。根据能量守恒定律，这种跃迁必然伴随能量的释放，而能量的释放是通过辐射光的形式进行的，因而就产生了线状光谱。

任何气态原子被激发时都可以产生原子光谱，光谱中一系列按波长排列的亮线的数目和位置则随被激发的气态原子的种类不同而不同。因此，每种元素的原子都具有各自特征的原子光谱。分析化学中的发射光谱分析法就是根据原子所发射的特征光谱谱线的位置与强度进行元素的定性分析和定量分析的。

氢原子光谱是不连续的线状光谱，麦克斯韦(Maxwell)电磁理论和卢瑟福的原子模型都无法给出很好的解释。为了更好地解释氢原子光谱和解决卢瑟福的原子模型在稳定性方面的问题，丹麦物理学家玻尔在普朗克(Planck)量子学说和爱因斯坦(Einstein)光子学说的启发下，提出了著名的玻尔原子模型。

7.2.2　玻尔原子模型

1900 年，普朗克在研究黑体辐射问题时提出了著名的，当时被誉为物理学上一次革命的量子化理论。该理论认为物质吸收或放出的能量是不连续的，像物质微粒一样，只能以单个的、一定分量的能量，一份一份地或按其基本分量的整数倍吸收或放出，即能量是量子化的。该能量的最小值称能量子，简称量子(quantum)。物质吸收或发射的能量总是量子能量的整数倍。

1905 年，爱因斯坦引用普朗克的量子论并加以推广，用于解释光电效应，提出了光子学说。光子学说认为当能量以光的形式传播时，其最小单位是光量子(简称光子，photo)。光子的能量与光的频率成正比，即

$$E = h\nu \tag{7-1}$$

式中：E 为光子的能量；h 为普朗克常量，$6.626\times10^{-34}\text{J}\cdot\text{s}$；$\nu$ 为光的频率。

1913 年，玻尔在普朗克的量子学说和爱因斯坦的光子学说的基础上提出了原子结构模型(后人称玻尔原子模型)，其主要内容如下：

(1) 定态假设。原子系统只能具有一系列的不连续的能量状态，在这些状态中，电子绕核做圆形轨道运动不辐射也不吸收能量。在这些轨道上运动的电子所处的状态称为原子的定态。电子在离核越远的轨道上运动，其能量越大。能量最低的定态称为基态，能量较高的定态称为激发态。

(2) 量子化条件假设。核外电子能量的变化是不连续的，只能按一个基本分量一份一份地

或者按此基本分量的倍数变化，这种情况称为能量的量子化(不连续变化)，量子化的能量状态称为能级。不连续变化的能量最小单位称为光量子(光子)。根据量子化条件，推导出氢原子轨道的能量为

$$E_n = \frac{-2.179\times10^{-18}}{n^2}\text{J} \quad 或 \quad E_n = -\frac{13.6}{n^2}\text{eV} \tag{7-2}$$

式中：负号表示核对电子的吸引，n 为大于 0 的正整数(1、2、3、…)，n=1 即氢原子处于能量最低的状态(称基态)，其余为激发态。n 值越大，表示电子离核越远，能量就越高。$n=\infty$时，电子不再受原子核产生的势场的吸引，离核而去，这一过程称为电离。n 值的大小表示氢原子的能级高低。

(3) 频率假设。通常情况下，原子中的电子总是处于能量最低的基态。当原子受到辐射、加热或通电激发时，电子会离开原来的基态而跃迁到离核较远、能量较高的激发态。当原子由基态跃迁到激发态时，需要吸收一定频率的光。光的能量 $h\nu$ 等于这两个定态的能量差。

$$h\nu = E_2 - E_1 = \Delta E \tag{7-3}$$

式中：E_2、E_1 分别为高能级和低能级的能量；h 为普朗克常量，$6.626\times10^{-34}\text{J}\cdot\text{s}$；$\nu$ 为光的频率。

玻尔还求得氢原子处于基态时($n=1$)电子离核的距离 r=52.9pm，通常称为玻尔半径，以 a_0 表示。氢原子中的电子处于基态时的能量为 $E_1=-2.179\times10^{-18}\text{J}$。

玻尔理论成功地解释了氢原子光谱的产生及光谱的不连续性。氢原子在正常状态时，电子处于基态，因此氢原子不会发光。当氢原子受高压放电激发时，电子由基态跃迁到激发态。处于激发态的电子不稳定，会自发地跃迁回低能量轨道，并以光子的形式释放出能量。因为氢原子轨道的能量是确定的，所以两轨道的能量差$\pm\Delta E(E_2-E_1)$也是定值，因而释放出的光有确定的频率。

但玻尔理论无法解释多电子原子的光谱，也不能解释氢原子光谱的精细结构。例如，氢原子光谱的巴尔麦系实际是波长相差很小的双线。玻尔理论的这一局限性源于其虽然引入了普朗克的量子化概念，却未跳出经典力学的范畴，电子在固定轨道上绕核运动的模型不符合微观粒子的运动特性——波粒二象性，微观粒子的这一运动特性是当时玻尔还没认识到的。

7.3 微观粒子的特性

7.3.1 微观粒子的波粒二象性

1. 光的波粒二象性

光的本质是物理学中曾经长期争论过的问题。直到 19 世纪，人们发现了光的干涉、衍射现象，表现出光的波动性，而光压、光电效应则表现出光的粒子性，说明光既具有波的性质又具有微粒的性质，称为光的波粒二象性(wave-particle dualism)。根据相对论的质能关系 $E=mc^2$ (c 为光速)和光子学说 $E=h\nu$，光子的频率ν、波长λ、动量 p 之间有如下的关系：

$$mc^2 = E = h\nu$$

将上式两边同除以 c，则得到

$$mc = h\nu / c$$

再把 $p = mc$ 和 $\lambda = c/\nu$ 代入上式，即得

$$p = \frac{h}{\lambda} \tag{7-4}$$

式(7-4)通过普朗克常量把光的波动性(波长 λ)和粒子性(动量 p)定量地联系起来，揭示了光的波粒二象性的本质。

2. 微观粒子的波粒二象性

组成物质的结构微粒，如电子、质子、中子、原子等，其质量和体积都很小，运动速度又极大，称为微观粒子。而飞机、人造卫星等日常生活中遇见的一些物体，质量和体积都较大，而运动速度则比光速小得多，称为宏观物体。微观粒子与宏观物体的运动特征差异极大。要了解微观粒子的运动特征和规律，必须从认识微观粒子的属性出发，进行全面考虑。

1924 年法国物理学家德布罗意(de Broglie)在光的波粒二象性启发下，大胆预言一切运动着的实物粒子都具有波粒二象性，并指出质量为 m、运动速度为 v 的微观粒子，其相应的波长为

$$\lambda = \frac{h}{p} = \frac{h}{mv} \tag{7-5}$$

式(7-5)即为著名的德布罗意关系式，虽然它在形式上与式(7-4)相同，但实际上是一个全新的假设，将波粒二象性的概念从光子应用于微观粒子。这种实物微粒所具有的波称为德布罗意波(也称物质波)。

根据式(7-5)，可以计算出电子的波长。电子的质量为 9.11×10^{-31}kg，假设运动速度为 10^6m · s^{-1}，则电子的波长为

$$\lambda = \frac{h}{mv} = \frac{6.626 \times 10^{-34}}{9.11 \times 10^{-31} \times 10^6} = 7.3 \times 10^{-10}\,(\mathrm{m})$$

计算结果显示，电子波的波长在 X 射线的波长范围内。由于晶体可以使 X 射线发生衍射，因此，设想采用类似 X 射线实验的方法获取电子的衍射图，从而证明电子的波动性。表 7-1 列出的是若干粒子的德布罗意波长。

表 7-1　粒子的德布罗意波长

粒子	m/kg	v/(m · s^{-1})	λ/m	粒子直径/m	波动性
电子 1	9.1×10^{-31}	1×10^6	7.3×10^{-10}	2.8×10^{-15}	显著
电子 2	9.1×10^{-31}	1×10^3	6.9×10^{-12}	2.8×10^{-15}	显著
氢原子 1	1.6×10^{-27}	1×10^6	4.1×10^{-10}	7.4×10^{-11}	显著
氢原子 2	1.6×10^{-27}	1×10^3	4.1×10^{-13}	7.4×10^{-11}	不显著
枪弹	$\sim 1 \times 10^{-2}$	1×10^3	6.6×10^{-35}	$\sim 1 \times 10^{-2}$	基本没有

1927 年，德布罗意的大胆预言被美国物理学家戴维逊(Davisson)和盖革(Geiger)的电子衍射实验所证实。图 7-4 是电子衍射实验的示意图，他们发现，当经过电势差加速的电子束入射到镍单晶上时，观察散射电子束的强度和散射角的关系，结果得到完全类似于单色光通过小圆孔那样的衍射图像。

根据电子衍射图计算得到的电子波长，与由德布罗意关系式计算得到的结果表现出惊人的

一致性。电子衍射实验结果证实了德布罗意的预言，表明电子具有波动性。

1928年，实验结果进一步证明，不仅电子，质子、中子、α粒子、分子、原子等一切微观粒子均具有波动性，而且都符合德布罗意关系式。至此完全可以证实微观粒子具有波粒二象性的假说是正确的。

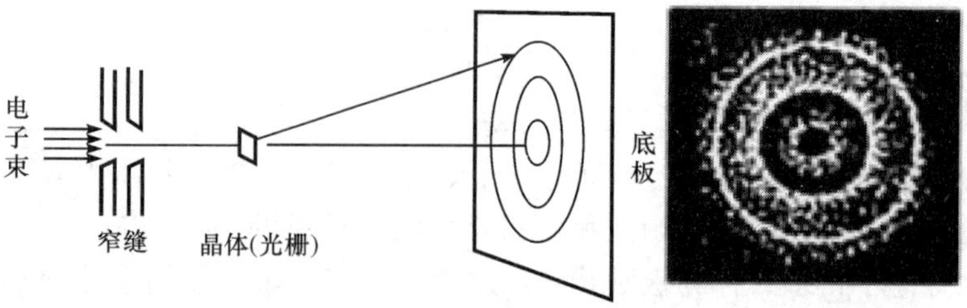

图 7-4　电子衍射实验示意图

但值得注意的是，具有波粒二象性的粒子和宏观物体有很大的区别。在经典力学中，宏观物体在任一瞬间的位置和动量都可以用牛顿定律正确确定。例如，太空中的卫星，人们在任何时刻都能同时准确测知其运动速度(或动量)和空间位置，即它的运动轨道是可测知的。然而对于具有波粒二象性的粒子，情况又如何呢?

7.3.2　测不准原理

具有波粒二象性的微观粒子有着与宏观物体完全不同的运动特点，它们的运动并不服从牛顿定律，不能同时准确确定它们的动量(运动速度)和位置。1927 年，德国物理学家海森堡(Heisenberg)经严格推导提出了测不准原理，即不可能同时测得微观粒子的精确位置和精确动量，其数学表达式为不确定关系式：

$$\Delta x \cdot \Delta p_x \geqslant \frac{h}{4\pi} \tag{7-6}$$

式中：Δx 为粒子的位置测不准值(位置误差)；Δp_x 为粒子的动量测不准值(动量误差)；h 为普朗克常量。

式(7-6)表明，具有波粒二象性的微观粒子的位置确定得越准确(Δx 越小)，则其动量就确定得越不准确(Δp 越大)；反之，微观粒子的动量确定得越准确(Δp 越小)，则其位置就确定得越不准确(Δx 越大)。

从上面的讨论可以看出，测不准原理正是反映了微观粒子具有波粒二象性，是微观粒子的固有属性，并不是因为目前的测量技术不够精确。测不准原理的提出并不表明人类在大自然面前的无奈，而是显示了人类对于自然规律的本质的更深刻认识，在 20 世纪的物理学发展史上具有重要意义。

对于宏观物体的运动，不确定关系的限制完全可以忽略，可以认为同时有确定的坐标和动量(或速度)。例如，质量为 1.0×10^{-2}kg 的子弹的运动，若它的位置能准确测定到 $\Delta x=10^{-6}$m，则速度不确定程度为

$$\Delta v = \frac{h}{4\pi m\Delta x} = \frac{6.626\times10^{-34}}{4\times3.14\times1.0\times10^{-2}\times10^{-6}} = 5.3\times10^{-27}\,(\mathrm{m\cdot s^{-1}})$$

如此小的速度不确定程度显然已在测量允许误差范围之内。

而微观粒子的情况则不同。例如，对于原子中运动的一个电子，其位置的合理准确度至少

要达到 $\Delta x = 10^{-11}$m(因为原子的大小数量级为 10^{-10}m)，而电子的质量等于 9.11×10^{-31}kg，根据测不准原理，可以计算出其速度的测不准值：

$$\Delta v = \frac{h}{4\pi m \Delta x} = \frac{6.626 \times 10^{-34}}{4 \times 3.14 \times 9.11 \times 10^{-31} \times 10^{-11}} = 5.8 \times 10^{6}\,(\mathrm{m \cdot s^{-1}})$$

从计算结果可知，电子运动速度的不确定程度非常大，这说明，人们想在一个合理的准确度下测量电子的位置，那就不可能同时测准电子的运动速度。

海森堡的测不准原理否定了玻尔氢原子模型，具有一定运动速度的电子，其位置是不确定的，不可能沿着固定轨道运动。因此电子的运动规律只能用量子力学来描述。

7.4　氢原子的量子力学模型

7.4.1　氢原子的薛定谔方程

微观粒子的运动具有波粒二象性的特征，根据测不准原理，描述核外电子运动状态时，不可能同时使用坐标和动量进行描述，其运动规律必须用量子力学来描述。由于电子是物质波，可以用波动方程描述其运动状态及规律。

1926 年，奥地利物理学家薛定谔通过与光的波动方程进行类比，提出描述电子运动状态的方程，称为薛定谔方程。其表达式为

$$\frac{\partial^2 \psi}{\partial x^2} + \frac{\partial^2 \psi}{\partial y^2} + \frac{\partial^2 \psi}{\partial z^2} + \frac{8\pi^2 m}{h^2}(E - V)\psi = 0 \tag{7-7}$$

式中：E 为体系中电子的总能量；m 为电子的质量；h 为普朗克常量；V 为体系的总势能；x、y、z 为电子的空间坐标；ψ 为波函数，是薛定谔方程的解。

由于薛定谔方程的求解是一个十分烦琐复杂的过程，需要应用比较高深的数学知识，因此解此方程不是本课程的任务，本课程需要了解的是量子力学处理原子结构的思路和一些重要结论。根据薛定谔方程可以得到以下几点重要结论：

(1) ψ 是薛定谔方程的解，它是空间坐标(x, y, z)的函数。为求解方便，需将直角坐标(x, y, z)转换成球坐标(r, θ, φ)。$\psi(x, y, z)$在球坐标系中可表示为 $\psi(r, \theta, \varphi)$，两者的关系如图 7-5 所示。

(2) 在图 7-5 中，r 是电子离原子核的距离，其变化范围是 0～∞；θ是 r 与 Z 轴的夹角，其变化范围是 0～π；φ是 r 在 XY 平面上的投影与 X 轴的夹角，其变化范围是 0～2π。r, θ, φ与 x, y, z 的数学关系式如下：

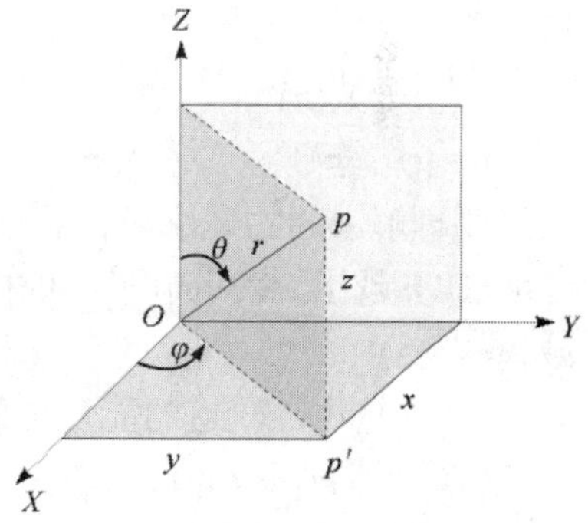

图 7-5　直角坐标与球坐标的关系

$$x = r\sin\theta\cos\varphi$$
$$y = r\sin\theta\sin\varphi$$
$$z = r\cos\theta$$
$$r = \sqrt{x^2 + y^2 + z^2}$$

$$\cos\theta = \frac{z}{\sqrt{x^2 + y^2 + z^2}}$$

(3) 薛定谔方程的解 ψ 是系列解，每个解都有一定的能量 E 与其对应。并且每个解 ψ 都要受到三个常数 n、l、m 的规定。n、l、m 称为量子数(quantum number)。

(4) 每个 $\psi(r, \theta, \varphi)$可表示为两个函数 $R_{n,l}(r)$和 $Y_{l,m}(\theta, \varphi)$的乘积。

$$\psi(r, \theta, \varphi) = R_{n,l}(r) \cdot Y_{l,m}(\theta, \varphi)$$

式中，$R_{n,l}(r)$仅与电子离核的距离 r 有关，由 n 和 l 决定，称为波函数的径向部分，简称径向波函数；$Y_{l,m}(\theta, \varphi)$仅与方位角 θ 和 φ 有关，由 l 和 m 决定，称为波函数的角度部分，简称角度波函数。

综上所述，薛定谔方程是量子力学中描述核外电子空间运动状态的方程，它的解波函数 ψ 是描述核外电子运动状态的函数。量子力学中常把波函数称为原子轨道函数，简称原子轨道。原子轨道是指电子在原子中的轨道，以区别于电子在分子中的轨道。由此可见，波函数 ψ 和原子轨道是同义词，不能把“轨道”理解为宏观物体的运动轨迹，因为从量子力学观点看，原子中的电子并没有真正的轨道，而只有在核外空间一定的概率分布规律。所谓的轨道不过是电子经常出现的某个区域而已。

7.4.2　四个量子数

在求解薛定谔方程时，为使求得的波函数 $\psi(r, \theta, \varphi)$和能量 E 具有一定的物理意义，引入“量子数”这个概念。当 n、l、m 的取值一定时，就确定了一个波函数 $\psi_{n,l,m}(r, \theta, \varphi)$，即确定了一个原子轨道。四个量子数的取值限制和它们的物理意义如下：

1. 主量子数

主量子数 n(principal quantum number)表示电子所处电子层的参数。它决定电子在核外空间出现概率最大的区域离核的距离，并且是决定电子能量高低的主要因素。n 值取为从 1 到∞的任何正整数，n =1, 2, 3, …。其中每一个 n 值代表一个电子层，在光谱学上用拉丁字母表示电子层：

主量子数(n)	1	2	3	4	5	6	7	…
电子层符号	K	L	M	N	O	P	Q	…

要理解 n 的物理意义，需注意以下三点：

(1) n 越小，表示电子出现概率最大的区域离核越近；n 越大，表示电子出现概率最大的区域离核越远。

(2) n 越小，轨道的能量越低；n 越大，轨道的能量越高。

(3) 对于同一 n 值，有时会有几个原子轨道，在这些轨道上运动的电子在几乎相同的空间范围内运动，可认为属于同一电子层。

2. 角量子数

角量子数 l(angular quantum number)表示原子轨道或电子云的形状，并在多电子原子中和 n 一起决定电子的能量。

n 确定后，角量子数 l 可取 0 到 n–1 的正整数，即 l =0、1、2、3、…、n–1。例如，n=1，

l 只能取 0；n=2，l 可取 0、1 两个值。

l 的每一个数值表示一种形状的原子轨道或电子云，代表一个电子亚层或能层。电子亚层或能层常用光谱符号表示。

角量子数 l	0	1	2	3	4	…	n–1
亚层光谱符号	s	p	d	f	g	…	

例如，l = 0，表示球形的 s 电子层或 s 原子轨道；l =1，表示哑铃形的 p 电子云或 p 原子轨道；l = 2，表示花瓣形的 d 电子云或 d 原子轨道。

要理解 l 的物理意义，需注意以下三点：

(1) 氢原子或单电子离子(如 He^+)的原子轨道能量仅与 n 有关。

(2) 多电子原子轨道的能级由 n 和 l 共同决定，一组 n、l 对应于一个能级。

(3) n 不变时，l 越大，轨道能量越高，如 $E_{ns} < E_{np} < E_{nd} < E_{nf}$。

3. 磁量子数

磁量子数 m(magnetic quantum number)表示原子轨道在空间的伸展方向。m 的取值受 l 的限制，当 l 一定时，m 可取 0、±1、±2、…、±l，共有 $2l$ +1 个值。

m 的每一个数值表示具有某种空间方向的原子轨道。每一个亚层中，m 有几个取值，其亚层就有几个不同伸展方向的同类原子轨道。例如，l=0 时，m=0，表明 s 亚层只有 1 个空间伸展方向，即只有 1 个 s 轨道。

当 l =1 时，m=–1、0、+1，有三个值，原子轨道角度分布图均为哑铃形，表明 p 亚层有三个分别以 x、y、z 轴为对称轴的 p_x、p_y、p_z 原子轨道，这三个轨道的伸展方向互相垂直。

当 l =2 时，m=–2、–1、0、+1、+2，有五个值，原子轨道角度分布图均为花瓣形，表明 d 亚层有 5 个空间伸展方向，即 d_{xy}、d_{xz}、d_{yz}、$d_{x^2-y^2}$、d_{z^2} 五个轨道。

磁量子数与电子能量无关。l 相同，m 不同的原子轨道(形状相同，空间取向不同的原子轨道)的能量是相同的。能量相同的各原子轨道称为简并轨道(degenerate orbital)或等价轨道(equivalent orbital)。

综上所述，n、l、m 三个量子数的组合必须满足取值相互制约的条件。它们的每一个合理组合即确定一个原子轨道，其中 n 决定它所在的电子层，l 决定原子轨道的形状，m 决定它的空间取向，n 和 l 共同决定它的能量。

4. 自旋量子数

原子中的电子除了在核外空间做高速运动外，同时还有其本身的自旋运动。用于描述电子自旋方向的量子数称为自旋量子数(spin angular momentum quantum number)，用符号 m_s 表示，m_s =±1/2，m_s =+1/2 或 m_s =–1/2 分别表示电子的两种不同的自旋运动状态，通常用箭头↑、↓表示。“↑↑”表示自旋平行的两个电子，“↑↓”表示自旋相反的两个电子。

因为在每一个轨道中，电子可以有两种不同的自旋状态，所以必须用四个量子数描述一个核外电子的运动状态。它既包括电子的空间运动状态，又有电子的自旋运动状态。n、l、m、m_s 的每一个合理组合，就代表核外电子的一种可能的运动状态。

按四个量子数之间的相互关系，可以确定每个电子层中电子运动的可能状态数或每一电子层所能容纳的最多电子数。在第 n 电子层中有 n^2 个原子轨道，每个原子轨道上可容纳 2 个自旋方向相反的电子，该电子层最多能容纳 $2n^2$ 个电子。核外电子可能的运动状态见表 7-2。

表 7-2 核外电子可能的运动状态

主量子数 n	1	2		3			4			
电子层符号	K	L		M			N			
角量子数 l	0	0	1	0	1	2	0	1	2	3
电子亚层符号	1s	2s	2p	3s	3p	3d	4s	4p	4d	4f
磁量子数 m	0	0	0 ±1	0	0 ±1	0 ±1 ±2	0	0 ±1	0 ±1 ±2	0 ±1 ±2 ±3
亚层轨道数 $2l+1$	1	1	3	1	3	5	1	3	5	7
电子层轨道数	1	4		9			16			
自旋量子数 m_s	±1/2									
各层可容纳的电子数	2	8			18			32		

7.4.3 概率密度和电子云

波函数 ψ 是描述核外电子空间运动状态的数学表达式，其本身并没有明确的物理意义，但从光的波粒二象性研究中得知，波函数绝对值的平方 $|\psi|^2$ 的物理意义与光强度的物理意义相似，而光的强度取决于单位体积内光子的数目，即光子的密度。在电子衍射图中，有明暗交替的条纹，说明有些地方衍射强度大，也就是电子出现的概率密度大，有的地方衍射强度小，也就是电子出现的概率密度小。因此波函数绝对值的平方 $|\psi|^2$ 可代表电子在原子核外空间某处单位微体积内出现的概率，即电子在空间出现的概率密度。

电子在核外空间某一区域出现的概率等于概率密度与该区域体积的乘积。

为了形象化地表示电子出现的概率密度分布，可用小黑点的疏密程度表示核外空间各点概率密度的大小，图中小黑点密集的地方表示电子的概率密度大，小黑点稀疏的地方表示电子的概率密度小。这种以小黑点的疏密程度表示概率密度分布的图形称为电子云。因此，电子云并非众多电子弥散在核外空间，而是用统计的方法对电子的概率密度的形象化描述。

表示电子概率密度分布的方法有多种。图 7-6(a)是 1s 的电子云图。图 7-6(b)是 1s 的电子云等值线图，它是连接在同一平面上 $|\psi|^2$ 值相同的点而成的曲线。将这些曲线绕适当的对称轴旋

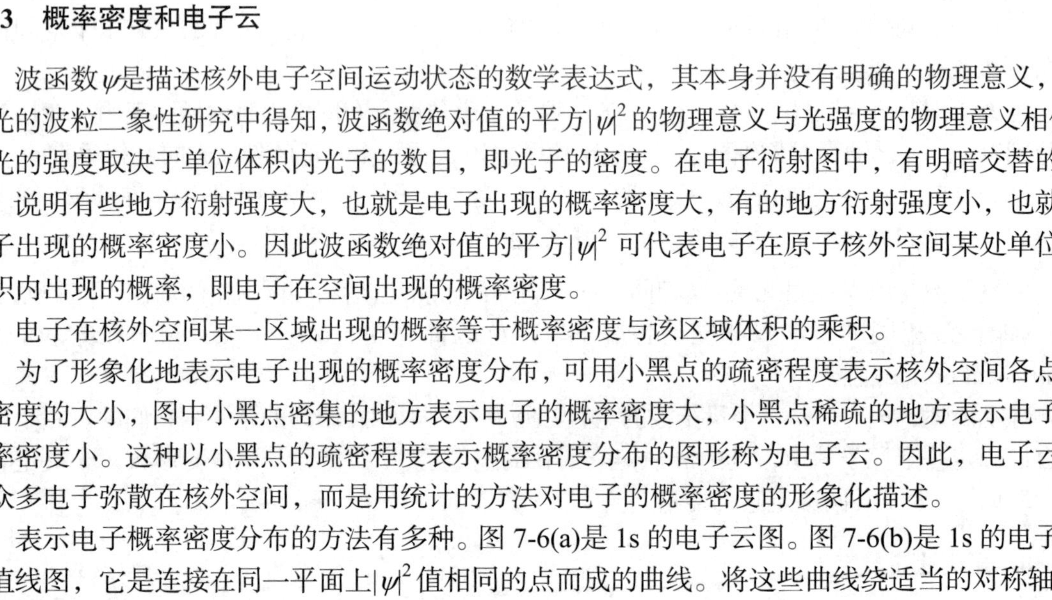

(a) (b) (c)

图 7-6 氢原子的 1s 电子云

(a) 电子云；(b) 电子云等值线图；(c) 电子云界面图

转可得$|\psi|^2$值相同的立体面(等密度面)。对于ψ_{1s}状态来说，概率密度等值线是一系列的同心圆，在原子核附近的球面，电子出现的概率密度最大。

如果做一个等密度面，使核外电子在空间出现的总概率的95%都包括在内，这个等密度面就称为电子云的界面，它把原子轨道的大小与电子在空间出现的概率联系起来。图 7-6(c)为氢原子 1s 的电子云界面图。

7.4.4　原子轨道及其空间图像

1. 原子轨道角度分布图

由于波函数是三维空间坐标 r、θ、φ 的函数，实际上很难用一个空间图像将ψ随 r、θ、ψ变化的情况一起表示出来，但角度波函数 $Y(\theta, \varphi)$的数值随角度θ、φ 的变化可以用图像表示出来，得到波函数角度分布图，或称原子轨道角度分布图。其作法是：先由薛定谔方程解出 $Y(\theta, \varphi)$，借助球坐标，选原子核为原点，引出方向为(θ, φ)的直线，使其长度等于$|Y(\theta, \varphi)|$，连接所有线段的端点，就可在空间得到某些闭合的立体曲面，即为波函数或原子轨道的角度分布图。下面以 p_z 原子轨道为例，讨论原子轨道角度分布图的作法。

求解薛定谔方程，可得 p_z 原子轨道的角度波函数：

$$Y_{p_z} = \sqrt{\frac{3}{4\pi}}\cos\theta$$

此式表明Y_{p_z}值与φ无关，仅随θ变化。

计算得到θ不同时的Y_{p_z}值，见表 7-3。

表 7-3　θ与Y_{p_z}的关系

θ/(°)	0	30	45	60	90	120	135	150	180
Y_{p_z}	+0.489	+0.423	+0.346	+0.244	0	−0.244	−0.346	−0.423	−0.489

据此画出Y_{p_z}在xz平面上的曲线(图 7-7)。由于Y_{p_z}不随φ而变化，故将该曲线绕z轴旋转360°，得到的空间闭合曲面就是Y_{p_z}原子轨道角度分布图。此图形分布在 xy 平面的上下两侧，在 xy 平面上Y_{p_z}值为零，故 xy 平面是 p_z 原子轨道角度分布图的节面。图形呈“8”字形双球面，习惯上称为哑铃形。z 轴是对称轴，在 z 轴上出现极值。图中的正负号为角度波函数Y_{p_z}的符号，它们代表角度波函数的对称性，并不是代表电荷。

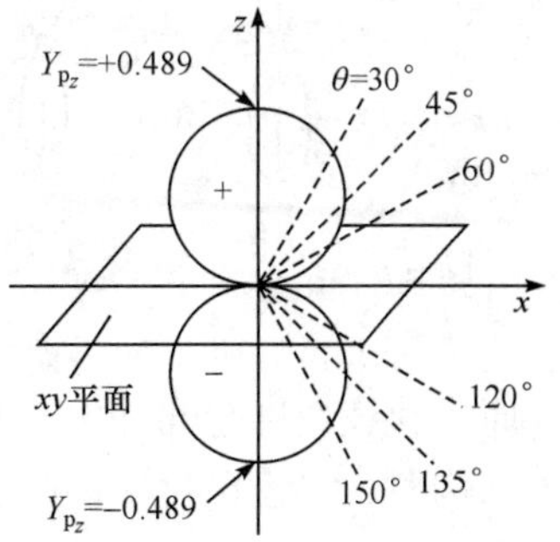

图 7-7　p_z原子轨道的角度分布图

表 7-4 列出了氢原子部分波函数、径向波函数和角度波函数。类似地，根据其原子轨道角度波函数，可以画出各种原子轨道的角度分布图(图 7-8)，可以看到 d 轨道都呈花瓣形。应该指出，图 7-8 只代表波函数的角度部分 $Y(\theta, \varphi)$，它并不代表总的波函数$\psi(r, \theta, \varphi)$。

表 7-4　氢原子部分波函数、径向波函数和角度波函数

轨道	$\psi(r,\theta,\varphi)$	$R(r)$	$Y(\theta,\varphi)$
1s	$\sqrt{\frac{1}{\pi a_0^3}}\mathrm{e}^{-r/a_0}$	$2\sqrt{\frac{1}{a_0^3}}\mathrm{e}^{-r/a_0}$	$\sqrt{\frac{1}{4\pi}}$
2s	$\frac{1}{4}\sqrt{\frac{1}{2\pi a_0^3}}\left(2-\frac{r}{a_0}\right)\mathrm{e}^{-r/2a_0}$	$\sqrt{\frac{1}{8a_0^3}}\left(2-\frac{r}{a_0}\right)\mathrm{e}^{-r/2a_0}$	$\sqrt{\frac{1}{4\pi}}$
$2p_z$	$\frac{1}{4}\sqrt{\frac{1}{2\pi a_0^3}}\left(\frac{r}{a_0}\right)\mathrm{e}^{-r/2a_0}\cos\theta$	$\sqrt{\frac{1}{24a_0^3}}\left(\frac{r}{a_0}\right)\mathrm{e}^{-r/2a_0}$	$\sqrt{\frac{3}{4\pi}}\cos\theta$
$2p_x$	$\frac{1}{4}\sqrt{\frac{1}{2\pi a_0^3}}\left(\frac{r}{a_0}\right)\mathrm{e}^{-r/2a_0}\sin\theta\cos\varphi$	$\sqrt{\frac{1}{24a_0^3}}\left(\frac{r}{a_0}\right)\mathrm{e}^{-r/2a_0}$	$\sqrt{\frac{3}{4\pi}}\sin\theta\cos\varphi$
$2p_y$	$\frac{1}{4}\sqrt{\frac{1}{2\pi a_0^3}}\left(\frac{r}{a_0}\right)\mathrm{e}^{-r/2a_0}\sin\theta\sin\varphi$	$\sqrt{\frac{1}{24a_0^3}}\left(\frac{r}{a_0}\right)\mathrm{e}^{-r/2a_0}$	$\sqrt{\frac{3}{4\pi}}\sin\theta\sin\varphi$

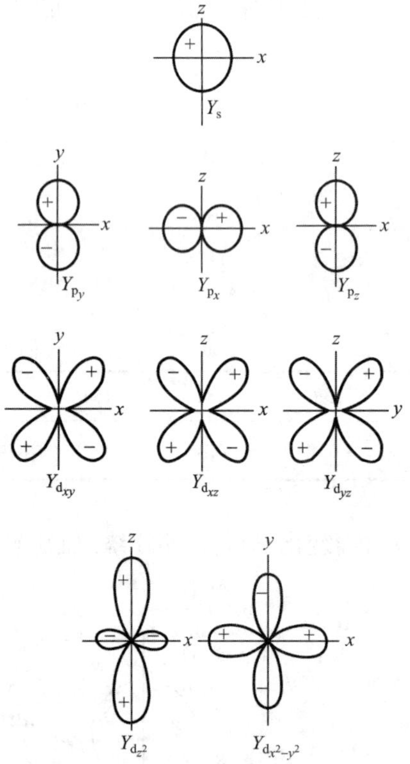

图 7-8　s、p、d 原子轨道的角度分布

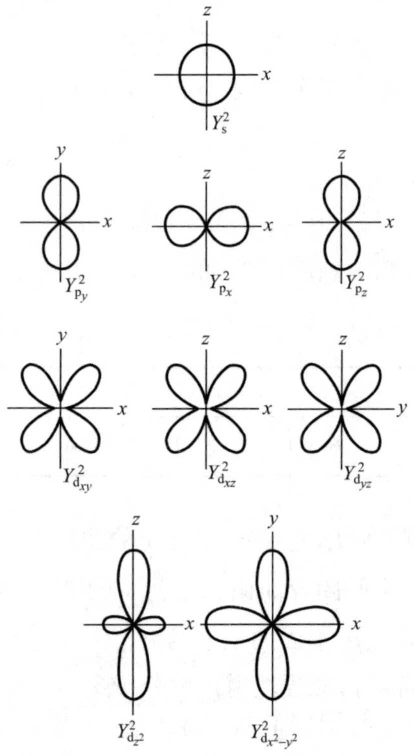

图 7-9　s、p、d 电子云的角度分布

原子轨道角度分布图突出地表示了原子轨道的极大值方向以及原子轨道的对称性，在研究分子结构时，它将在化学键的成键方向、能否成键以及讨论原子轨道组合成分子轨道方面有重要的意义。

2. 电子云角度分布图

电子云角度分布图是波函数角度部分函数 $Y(\theta,\ \varphi)$的平方$|Y|^2$随角度θ、φ变化的图形(图 7-9)，

反映出电子在核外空间不同角度的概率密度大小。电子云的角度分布图与相应的原子轨道的角度分布图是相似的，它们之间的主要区别在于：①原子轨道角度分布图中 Y 有正负之分，而电子云角度分布图中 $|Y|^2$ 则无正负号，这是由于 $|Y|$ 平方后总是正值；②由于 $Y<1$ 时，$|Y|^2$ 一定小于 Y，因而电子云角度分布图要比原子轨道角度分布图稍“瘦”些。

原子轨道、电子云的角度分布图在化学键的形成、分子空间构型的讨论中有重要意义。

3. 电子云的径向分布图

通常用电子云的径向分布图反映电子在核外空间出现的概率离核远近的变化。考虑一个离核距离为 r，厚度为 $\mathrm{d}r$ 的薄球壳(图 7-10)。以 r 为半径的球面面积为 $4\pi r^2$，球壳的体积为 $4\pi r^2\mathrm{d}r$。电子在球壳内出现的概率为

$$\mathrm{d}p = |\psi|^2\,\mathrm{d}V = |\psi|^2 4\pi r^2\mathrm{d}r = R^2(r)4\pi r^2\mathrm{d}r$$

式中：R 为波函数的径向部分。令 $D(r) = R^2(r)4\pi r^2$，$D(r)$ 称径向分布函数。以 $D(r)$ 对 r 作图即可得电子云径向分布图。

由 1s 电子云径向分布图可知，曲线在 r=52.9pm 处有极大值，即 1s 电子在离核半径 r=52.9pm 的球面处出现的概率最大，电子在其他部位都可能出现，但概率较小。52.9pm 恰好是玻尔理论中基态氢原子的半径，与量子力学的结果虽有相似之处，但有本质区别：玻尔理论中氢原子的电子只能在 r=52.9pm 处运动，而量子力学认为电子只是在 r=52.9pm 的薄球壳内出现的概率最大。

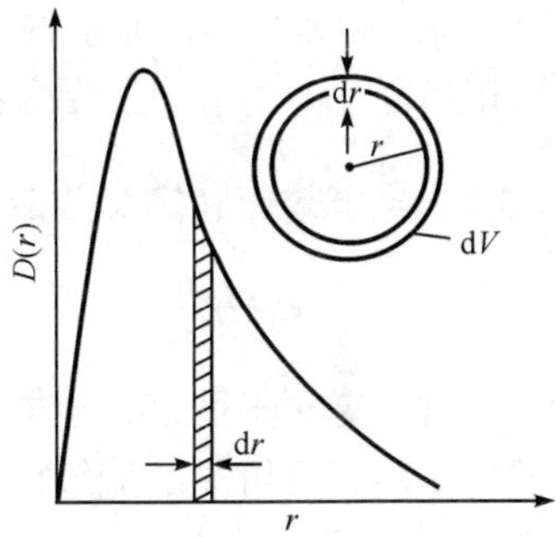

图 7-10　1s 电子云径向分布图

为什么 1s 电子云的概率密度是在原子核附近处最大，而概率的径向分布却是在离核 52.9pm 处最大呢？这是因为在离核很近的地方，虽然概率密度很大，但 r 却趋于零，所以概率 $|\psi|^2 4\pi r^2\mathrm{d}r$ 仍然很小。在离核很远的地方，虽然 r 很大，但由于 $|\psi|^2$ 趋于零，所以概率也不会很大。只有在离核某一距离处，才会出现概率的极大值。由此可见，在概率密度大的薄球壳内，电子在该壳层内出现的概率却不一定很大。

图 7-11 是氢原子电子云径向分布示意图。比较这些图形，可以得出如下结论：

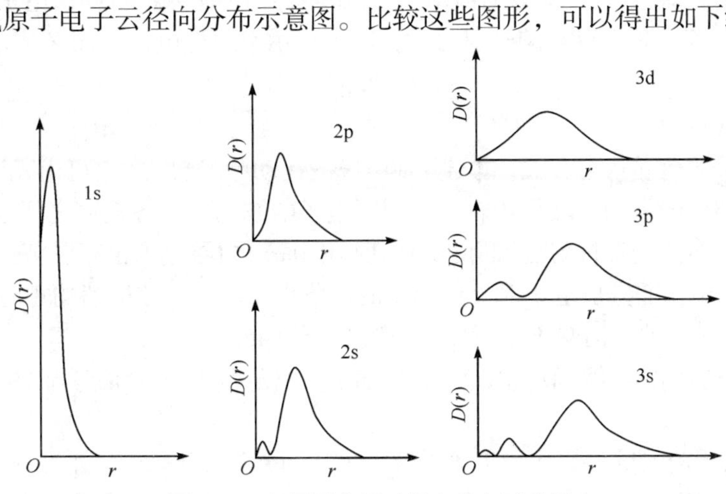

图 7-11　氢原子电子云径向分布示意图

(1) 不同状态下，原子的径向分布图有不同的峰数，其峰数为 $n-l$ 个。例如，3s 有 3 个峰，即在核外有 3 个概率密度较大的区域；3p 有 2 个峰；3d 有 1 个峰。

(2) 角量子数 l 相同，主量子数 n 越大，其最大峰(主峰)离核越远，即电子出现概率最大的区域离核越远；n 相同时，主峰离核距离相近，说明电子距核的距离相近。

(3) 当 n 值相同，l 值不同时，ns 比 np 态，np 比 nd 态……依次多一个离核较近的小峰。第一个峰离核的距离是 ns < np < nd < nf …，这说明各种状态的电子钻到核附近的能力不同，其钻穿能力的顺序是 ns > np > nd > nf …。

上述这些结论对以后要讨论的能级交错现象十分重要。

必须指出，上述电子云的角度分布图和径向分布图都只是反映电子云的两个侧面，应用时需注意它们的适用范围及不同处理方式所解决的问题，综合认识核外电子的运动状态。

7.5 多电子原子结构

除氢以外，其他元素的原子核外都不止一个电子，统称为多电子原子，其电子的运动状态变得相当复杂。本节的主要内容是讨论多电子原子的轨道能级和多电子原子核外电子的排布规律。

7.5.1 屏蔽效应和钻穿效应

1. 屏蔽效应

对于氢原子而言，核电荷 Z=1，核外只有一个电子，它除了受核的吸引外，不会受别的电子的作用，其可能的能级由下式决定：

$$E_n=-2.18\times10^{-18}\times\frac{Z^2}{n^2}=-2.18\times10^{-18}\times\frac{1^2}{n^2}=-\frac{2.18\times10^{-18}}{n^2}(\text{J})$$

即氢原子的能级只由主量子数 n 决定，与角量子数无关。

而在多电子原子中，每个电子不仅要受到原子核对它的吸引力，而且同时要受到其余电子对它的排斥力。多电子原子中某一电子受其余电子排斥作用的结果，可以近似看成其余电子削弱了或屏蔽了原子核对该电子的吸引作用，这种影响称为屏蔽效应。即该电子实际上所受到核的吸引力要比原来核电荷 Z 对它的吸引力小，$Z-\sigma_i$ 表示有效核电荷，用 Z^*表示。

$$Z^*=Z-\sigma_i \tag{7-8}$$

式中：σ_i 为屏蔽常数。

σ_i 与指定电子的运动状态有关，也与其他电子的运动状态有关，它可由光谱实验数据得到。一般外层电子对内层电子的屏蔽作用较小，但因电子的波动性，各轨道之间也发生互相渗透，外层电子的径向分布曲线在核附近也有小峰出现，因而对内层电子也有屏蔽作用，不过近似计算时，可忽略其影响。而内层电子对外层电子的屏蔽作用较大，被抵消的正电荷数可达 0.85～1.00；同层电子之间，被抵消的正电荷数一般为 0.2～0.45。

1930 年美国理论化学家斯莱特(Slater)根据光谱数据归纳出一套估算 σ_i 的经验规则，其内容如下：

(1) 将核外电子按主量子数 n 和角量子数 l 分组，除将 ns 和 np 合并为一组外，其余 n 和 l 不完全相同者均自成一组。这些组分别为：(1s)；(2s, 2p)；(3s, 3p)；(3d)；(4s, 4p)；(4d)；(4f)；(5s, 5p)…。

(2) 外层电子对内层电子没有屏蔽作用，$\sigma_i = 0$。

(3) 1s 组内电子之间的屏蔽常数 $\sigma_i = 0.30$，其余各组内电子之间的屏蔽常数 $\sigma_i = 0.35$。

(4) 对 ns 和 np 电子，n–1 电子层中的电子对它的屏蔽常数σ_i为 0.85，n–2 层及更内层的电子对它的屏蔽常数σ_i为 1.00。

(5) 对 nd 或 nf 电子，同一组中其他电子对它的屏蔽常数σ_i为 0.35，内层电子对它的屏蔽常数σ_i均为 1.00。

利用斯莱特经验规则，可以近似计算原子核作用在某一个电子上的有效核电荷数。

【例 7-1】 计算基态钾原子的最后一个电子是填在 3d 还是 4s 轨道。

解 若钾原子最后一个电子是填在 3d 轨道上，则原子核作用在 3d 电子的有效核电荷数为

$$Z^*_{3d} = 19 - (18 \times 1.00) = 1.0$$

若钾原子最后一个电子是填在 4s 轨道上，则原子核作用在 4s 电子的有效核电荷数为

$$Z^*_{4s} = 19 - (10 \times 1.00 + 8 \times 0.85) = 2.20$$

计算结果表明，原子核作用在 4s 电子上的有效核电荷数比作用在 3d 电子上的大，所以钾原子最后一个电子应该填充在 4s 轨道上。

以 Z^*代替 Z 后，就可把多电子原子看成好像核外只有一个电子受到原子核吸引的类似氢原子的情况，所以 E_n 可近似表示为

$$E_n = -2.18\times10^{-18}\times\frac{(Z-\sigma_i)^2}{n^2}(\text{J}) \tag{7-9}$$

式中虽然不直接含角量子数 l，但 σ_i 与 l 有关。所以多电子原子中电子的能量不但与主量子数 n 有关，而且还与角量子数 l 有关。

屏蔽效应的结果是使电子能量升高。

一般来说，对于角量子数 l 相同的原子轨道，随着主量子数 n 的增加，其内层的电子数越多，内层电子对该层电子的屏蔽作用就越强，因而 σ_i 值越大，$Z-\sigma_i$ 则越小，E 的绝对值(E 为负值)越小，则能量越高。例如，$E_{1s} < E_{2s} < E_{3s} < \cdots$；$E_{2p} < E_{3p} < E_{4p} < \cdots$；$E_{3d} < E_{4d} < E_{5d} < \cdots$。

当 n 相同，l 不同时，l 越大，σ_i 值越大，其能级的能量越高。例如，$E_{ns} < E_{np} < E_{nd} < E_{nf}$ ⋯。而主量子数 n 相同时，电子离核的平均距离相同，为什么能量高低会不同呢?

2. 钻穿效应

从图 7-12 可知，当 n 相同，l 不同时，l 越小的电子在核附近出现的概率越大，电子钻得越深，离核越近，即钻到核附近的能力越强，受到其他电子的屏蔽作用则越弱，因而 σ_i 值越小，其能量越低。这种外层电子为回避其他电子的屏蔽作用而向内层渗透的现象称为电子的钻穿效应(penetration effect)。钻穿效应的结果是使电子的能量降低。

不同电子的钻穿能力不同，其能量降低的程度也不同。钻穿效应的强弱取决于主量子数 n 和角量子数 l。

(1) 当 n 相同，l 不同时，其钻穿能力随 l 增大而递减：ns > np > nd > nf。电子钻得越深，它的能量越低，所以 $E_{ns} < E_{np} < E_{nd} < E_{nf}$。

(2) 当 l 相同，n 不同时，主量子数 n 越大，其径向分布图中主峰离核越远，钻穿效应较弱，则受到其余电子的屏蔽作用也越大，因而能量越高：

$$E_{1s} < E_{2s} < E_{3s} < E_{4s} < \cdots;\quad E_{1p} < E_{2p} < E_{3p} < E_{4p} < \cdots$$

(3) 当 n、l 都不相同时，会发生轨道能级重叠(energy level overlap)，引起能级交错现象。

比较图 7-12 中 3d 和 4s 电子云的径向分布图。虽然 4s 的最高峰比 3d 的最高峰离核要远得多，但 4s 的三个小峰中有两个小峰比 3d 的最高峰离核更近，故 4s 电子的钻穿效应大，受到周

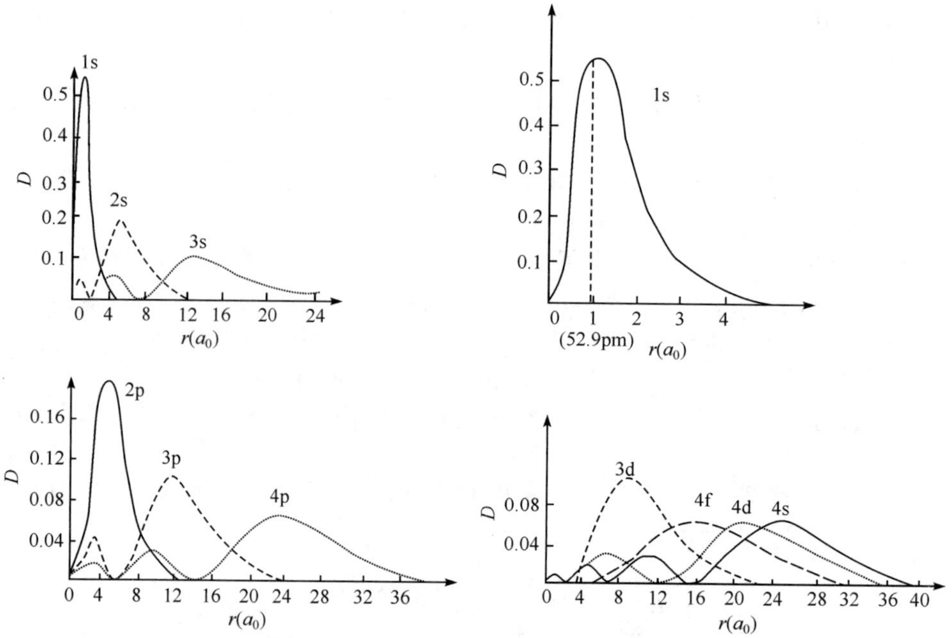

图 7-12　氢原子电子云径向分布示意图比较

围电子的屏蔽作用大大减小，钻穿效应对能量的降低作用超过了主量子数 n 对能量的升高作用，使 $E_{4s} < E_{3d}$。用类似的解释可以很好地说明其他能级的交错现象：

$$4s < 3d < 4p \qquad 5s < 4d < 5p \qquad 6s < 4f < 5d < 6p$$

7.5.2　鲍林近似能级图

美国化学家鲍林(Pauling)根据光谱实验的结果，总结出多电子原子的原子轨道的近似能级顺序，用图表示即称为鲍林近似能级图，如图 7-13 所示。

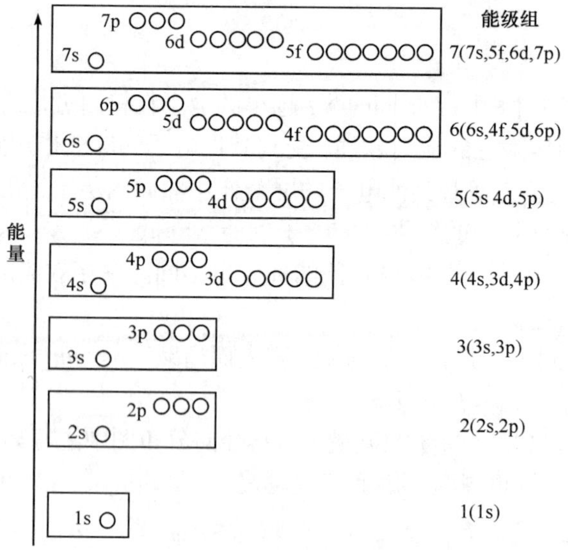

图 7-13　鲍林近似能级图

图 7-13 显示了能级组的划分。图中每一个小圆圈表示一个原子轨道。由下至上，代表原子轨道的能量逐步递增。同一水平位置上的原子轨道为等价轨道。

根据原子中各轨道能量的大小，鲍林把能量接近的若干轨道划分为一个能级组(图中用实线方框框出)。相邻两个能级组之间的能量差比较大，而同一能级组中各原子轨道的能量差较小。能级组与元素周期表中的 7 个周期是相一致的，即元素周期表中元素划分为周期的本质是能量关系。

1956 年，我国化学家徐光宪根据光谱数据归纳出多电子原子的原子轨道能级分组的定量依据，近似的能级公式为 $E_{n,l} = n + 0.7l$，计算时将 $n + 0.7l$ 的结果整数相同的轨道划分为一个能级组。例如，对 3d 轨道，$n = 3$，$l = 2$，则 $E_{3d} = 3 + 0.7 \times 2 = 4.4$，所以 3d 轨道位于第 4 能级组；又如，4f 轨道，$n = 4$，$l = 3$，则 $E_{4f} = 4 + 0.7 \times 3 = 6.1$，所以 4f 轨道位于第 6 能级组。

徐光宪规则得到的能级组划分次序与鲍林近似能级顺序是一致的。但必须说明的是，鲍林近似能级图仅仅反映了多电子原子中原子轨道能量的近似高低，不要误认为所有元素的能级高低都是一成不变的。由于近似能级图并未考虑到原子轨道能量的高低还与原子序数有关，因而不能反映出不同原子的相同原子轨道的能量高低。

英国科学家科顿(Cotton)在 20 世纪 40 年代根据实验结果，绘制出能级与原子序数的关系图，如图 7-14 所示。

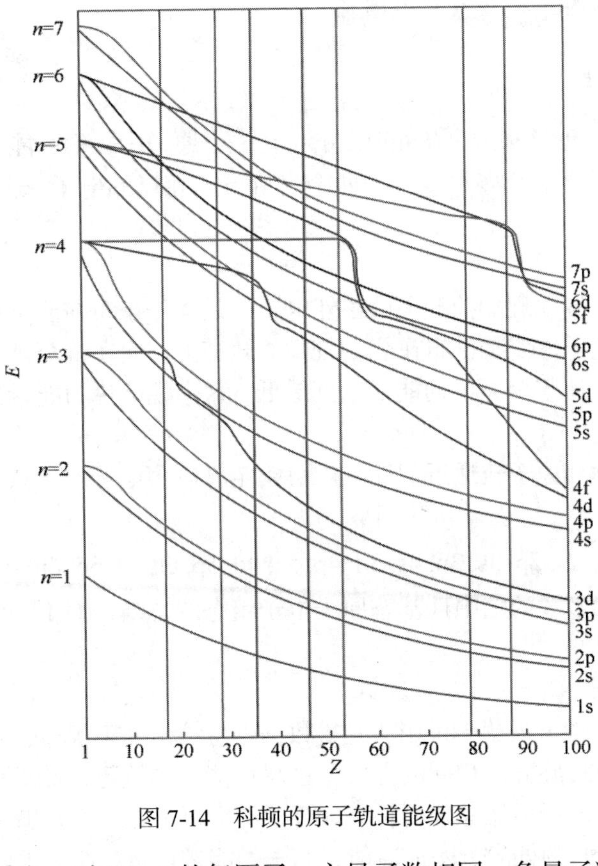

图 7-14　科顿的原子轨道能级图

从科顿能级图可看出，对 $Z = 1$ 的氢原子，主量子数相同、角量子数不同的轨道的能量均相同；在 $Z \geqslant 2$ 的原子中，主量子数相同的轨道的能级发生了分裂，且随原子序数增大，分裂

程度随之增大。多电子原子的 1s、2s、2p、3s、3p 轨道的能量高低顺序为

$$E(1s) < E(2s) < E(2p) < E(3s) < E(3p)$$

由于 4s 电子的穿透作用比 3d 电子的穿透作用强，在 $Z \leqslant 18$ 的原子中，随原子序数增加，3d 轨道的能量基本不变，而 4s 轨道的能量以较大趋势下降；$Z \geqslant 14$ 后，4s 轨道的能量下降到低于 3d 轨道；到 $Z=19$ 时，4s 轨道的能量还是比 3d 轨道低。$Z=21$ 时，3d 轨道的能量降低到稍低于 4s 轨道，并在 $Z=21$～30 范围内保持这种状态；$Z>30$ 后，3d 轨道的能量继续下降，并与 4s 轨道的能量差距拉大，最终下降到与 3p 轨道的能量接近。

4d 轨道与 5s 轨道之间也有类似的现象，在 $Z<24$ 时，5s 轨道的能量高于 4d 轨道；在 $Z=$ 24～36 时，4d 轨道的能量高于 5s 轨道；在 Z = 37～39 时，4d 轨道的能量急剧下降到接近 5s 轨道的能量；在 $Z=39$～49 时，4d 轨道的能量接近并略小于 5s 轨道的能量；到 $Z \geqslant 49$ 时，4d 轨道的能量继续下降，并与 5s 轨道的能量差距拉大，最终下降到与 4p 轨道的能量接近。

7.5.3　核外电子排布规则

了解核外电子的排布，有助于对元素性质周期性变化规律的理解，以及对元素周期表结构和元素分类本质的认识。原子核外电子的运动状态由四个量子数描述。当四个量子数以不同的数值合理组合时，可以确定核外电子的不同运动状态。那么电子究竟是选择哪种状态呢？基态原子核外的电子排布必须遵循三条基本原则。

1. 泡利不相容原理

1925 年，奥地利物理学家泡利(Pauli)提出：在一个原子中，不可能有四个量子数完全相同的电子存在，即一个轨道中最多只能容纳两个自旋方向相反的电子，这就是泡利不相容原理。

2. 能量最低原则

在不违背泡利不相容原理的前提下，核外电子总是优先排布在能量最低的轨道上，当能量最低的轨道排满后，电子才依次排布在能量较高的轨道上。但在整个排布过程中，原子中电子排布的最终结果必定是使整个原子的能量达到最低，这个规律称为能量最低原理。它也是电子排布的总规则。

根据能量最低原理和原子轨道近似能级图可确定基态多电子原子核外电子的填充顺序，即构造原理：

$$1s, 2s, 2p, 3s, 3p, 4s, 3d, 4p, 5s, 4d, 5p, 6s, 4f, 5d, 6p\cdots$$

构造原理只是对大多数的电中性基态原子电子组态的总结，而不是所有原子。

3. 洪德规则

1925 年，德国物理学家洪德(Hund)从光谱数据中总结出一条规律：电子在简并轨道或等价轨道上排布时，总是以自旋方向相同的方式分占尽可能多的轨道，此规律称为洪德规则。

洪德规则实际上是能量最低原理的补充，要使两个电子在一个轨道上成对，需要克服它们之间的斥力，则需要吸收额外的电子成对能，原子的能量自然升高。因此尽可能以单电子形式存在。

例如，基态 $_6C$ 原子的核外电子排布方式为：$1s^2 2s^2 2p^2$。

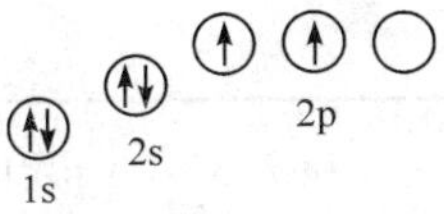

又如，基态 $_7N$ 原子的核外电子排布方式为：$1s^22s^22p^3$。

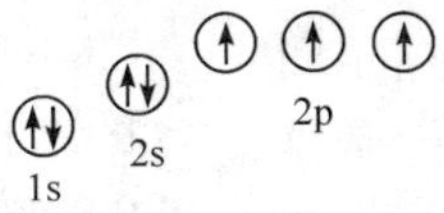

这种用主量子数 n 的数值和角量子数 l 的符号表示的式子称原子的核外电子排布式或电子构型(也称电子组态、电子结构式)，右上角的数字是相应轨道中的电子数目。为了表明这些电子的磁量子数和自旋量子数，可用“○”或“□”或“—”表示 n、l、m 确定的一个轨道，用↑、↓表示电子的两种自旋状态。

作为洪德规则的特例，简并轨道的全充满(p^6、d^{10}、f^{14})、半充满(p^3、d^5、f^7)或全空(p^0、d^0、f^0)的状态都是能量较低的稳定状态。

元素周期表中有约 20 个元素的基态电中性原子的电子组态不符合构造原理，其中的常见元素如下：

元素	按构造原理的组态	实测组态
$_{24}Cr$	$1s^2\,2s^2\,2p^6\,3s^2\,3p^6\,3d^4\,4s^2$	$1s^2\,2s^2\,2p^6\,3s^2 3p^6\,3d^5\,4s^1$
$_{29}Cu$	$1s^2\,2s^2\,2p^6\,3s^2\,3p^6\,3d^9\,4s^2$	$1s^2\,2s^2\,2p^6\,3s^2\,3p^6\,3d^{10}\,4s^1$

铬的组态为$(n-1)d^5ns^1$，而不是$(n-1)d^4ns^2$，这称为“半满规则”——5 个 d 轨道各有一个电子，且自旋平行。

铜、银、金基态原子的电子组态为$(n-1)d^{10}ns^1$，而不是$(n-1)d^9ns^2$，这被总结为“全满规则”。

考察周期表可发现，第 5 周期有较多副族元素的电子组态不符合构造原理。多数具有 $5s^1$ 的最外层构型，尤其是钯($4d^{10}5s^0$)，是最特殊的例子。这表明第 5 周期元素的电子组态比较复杂，难以用简单规则来概括。

为了避免电子排布式书写过繁，常把电子排布已达到稀有气体结构的内层，以相应稀有气体元素符号外加方括号(称原子实)表示。例如，钠原子 $_{11}Na$ 的电子构型 $1s^22s^22p^63s^1$ 也可表示为[Ne] $3s^1$。原子实以外的电子排布称外层电子构型。必须注意，虽然原子中的电子是按近似能级图由低到高的顺序填充的，但在书写原子的电子构型时，外层电子构型应按$(n-2)f$、$(n-1)d$、ns、np 的顺序(按主量子数 n 由小到大的顺序)书写。例如：

$_{22}Ti$ 电子构型为[Ar]$3d^24s^2$　　　$_{50}Sn$ 电子构型为[Kr]$4d^{10}5s^25p^2$

对绝大多数元素的原子来说，按电子排布规则得出的电子排布式与光谱实验的结论是一致的。然而有些副族元素，如 $_{58}Ce$ 等，不能用上述规则予以完满解释，这种情况在第 6、7 周期元素中较多，说明电子排布规则还有待发展完善。元素基态原子的电子构型见表 7-5。

表 7-5　元素基态原子的电子构型

原子序数	元素	电子构型	原子序数	元素	电子构型	原子序数	元素	电子构型
1	H	$1s^1$	5	B	[He]$2s^22p^1$	9	F	[He]$2s^22p^5$
2	He	$1s^2$	6	C	[He]$2s^22p^2$	10	Ne	[He]$2s^22p^6$
3	Li	[He]$2s^1$	7	N	[He]$2s^22p^3$	11	Na	[Ne]$3s^1$
4	Be	[He]$2s^2$	8	O	[He]$2s^22p^4$	12	Mg	[He]$3s^2$

续表

原子序数	元素	电子构型	原子序数	元素	电子构型	原子序数	元素	电子构型
13	Al	$[He]3s^2 3p^1$	47	Ag	$[Kr]4d^{10}5s^1$	81	Tl	$[Xe]4f^{14}5d^{10}6s^2 6p^1$
14	Si	$[He]3s^2 3p^2$	48	Cd	$[Kr]4d^{10}5s^2$	82	Pb	$[Xe]4f^{14}5d^{10}6s^2 6p^2$
15	P	$[He]3s^2 3p^3$	49	In	$[Kr]4d^{10}5s^2 5p^1$	83	Bi	$[Xe]4f^{14}5d^{10}6s^2 6p^3$
16	S	$[Ne]3s^2 3p^4$	50	Sn	$[Kr]4d^{10}5s^2 5p^2$	84	Po	$[Xe]4f^{14}5d^{10}6s^2 6p^4$
17	Cl	$[Ne]3s^2 3p^5$	51	Sb	$[Kr]4d^{10}5s^2 5p^3$	85	At	$[Xe]4f^{14}5d^{10}6s^2 6p^5$
18	Ar	$[Ne]3s^2 3p^6$	52	Te	$[Kr]4d^{10}5s^2 5p^4$	86	Rn	$[Xe]4f^{14}5d^{10}6s^2 6p^6$
19	K	$[Ar]4s^1$	53	I	$[Kr]4d^{10}5s^2 5p^5$	87	Fr	$[Rn]7s^1$
20	Ca	$[Ar]4s^2$	54	Xe	$[Kr]4d^{10}5s^2 5p^6$	88	Ra	$[Rn]7s^2$
21	Sc	$[Ar]3d^1 4s^2$	55	Cs	$[Xe]6s^1$	89	Ac	$[Rn]6d^1 7s^2$
22	Ti	$[Ar]3d^2 4s^2$	56	Ba	$[Xe]6s^2$	90	Th	$[Rn]6d^2 7s^2$
23	V	$[Ar]3d^3 4s^2$	57	La	$[Xe]5d^1 6s^2$	91	Pa	$[Rn]5f^2 6d^1 7s^2$
24	Cr	$[Ar]3d^5 4s^1$	58	Ce	$[Xe]4f^1 5d^1 6s^2$	92	U	$[Rn]5f^3 6d^1 7s^2$
25	Mn	$[Ar]3d^5 4s^2$	59	Pr	$[Xe]4f^3 6s^2$	93	Np	$[Rn]5f^4 6d^1 7s^2$
26	Fe	$[Ar]3d^6 4s^2$	60	Nd	$[Xe]4f^4 6s^2$	94	Pu	$[Rn]5f^6 7s^2$
27	Co	$[Ar]3d^7 4s^2$	61	Pm	$[Xe]4f^5 6s^2$	95	Am	$[Rn]5f^7 7s^2$
28	Ni	$[Ar]3d^8 4s^2$	62	Sm	$[Xe]4f^6 6s^2$	96	Cm	$[Rn]5f^7 6d^1 7s^2$
29	Cu	$[Ar]3d^{10}4s^1$	63	Eu	$[Xe]4f^7 6s^2$	97	Bk	$[Rn]5f^9 7s^2$
30	Zn	$[Ar]3d^{10}4s^2$	64	Gd	$[Xe]4f^7 5d^1 6s^2$	98	Cf	$[Rn]5f^{10}7s^2$
31	Ga	$[Ar]3d^{10}4s^2 4p^1$	65	Tb	$[Xe]4f^9 6s^2$	99	Es	$[Rn]5f^{11}7s^2$
32	Ge	$[Ar]3d^{10}4s^2 4p^2$	66	Dy	$[Xe]4f^{10}6s^2$	100	Fm	$[Rn]5f^{12}7s^2$
33	As	$[Ar]3d^{10}4s^2 4p^3$	67	Ho	$[Xe]4f^{11}6s^2$	101	Md	$[Rn]5f^{13}7s^2$
34	Se	$[Ar]3d^{10}4s^2 4p^4$	68	Er	$[Xe]4f^{12}6s^2$	102	No	$[Rn]5f^{14}7s^2$
35	Br	$[Ar]3d^{10}4s^2 4p^5$	69	Tm	$[Xe]4f^{13}6s^2$	103	Lr	$[Rn]5f^{14}6d^1 7s^2$
36	Kr	$[Ar]3d^{10}4s^2 4p^6$	70	Yb	$[Xe]4f^{14}6s^2$	104	Rf	$[Rn]5f^{14}6d^2 7s^2$
37	Rb	$[Kr]5s^1$	71	Lu	$[Xe]4f^{14}5d^1 6s^2$	105	Db	$[Rn]5f^{14}6d^3 7s^2$
38	Sr	$[Kr]5s^2$	72	Hf	$[Xe]4f^{14}5d^2 6s^2$	106	Sg	$[Rn]5f^{14}6d^4 7s^2$
39	Y	$[Kr]4d^1 5s^2$	73	Ta	$[Xe]4f^{14}5d^3 6s^2$	107	Bh	$[Rn]5f^{14}6d^5 7s^2$
40	Zr	$[Kr]4d^2 5s^2$	74	W	$[Xe]4f^{14}5d^4 6s^2$	108	Hs	$[Rn]5f^{14}6d^6 7s^2$
41	Nb	$[Kr]4d^4 5s^1$	75	Re	$[Xe]4f^{14}5d^5 6s^2$	109	Mt	
42	Mo	$[Kr]4d^5 5s^1$	76	Os	$[Xe]4f^{14}5d^6 6s^2$	110	Ds	
43	Tc	$[Kr]4d^5 5s^2$	77	Ir	$[Xe]4f^{14}5d^7 6s^2$	111	Rg	
44	Ru	$[Kr]4d^7 5s^1$	78	Pt	$[Xe]4f^{14}5d^9 6s^1$	112	Unb	
45	Rh	$[Kr]4d^8 5s^1$	79	Au	$[Xe]4f^{14}5d^{10}6s^1$			
46	Pd	$[Kr]4d^{10}$	80	Hg	$[Xe]4f^{14}5d^{10}6s^2$			

当原子失去电子成为阳离子时，其电子是按 $n\text{p}\rightarrow n\text{s}\rightarrow(n-1)\text{d}\rightarrow(n-2)\text{f}$ 的顺序失去电子的。例如，Fe^{2+}的电子构型为$[Ar]3d^6 4s^0$，而不是$[Ar]3d^4 4s^2$。

7.6　原子的电子层结构与元素周期律

元素的性质随着核电荷数的递增而呈现周期性变化的规律，称为元素周期律(periodic law of elements)。根据元素周期律，将已知的 100 多种元素中电子层数相同的各种元素，按原子序数递增顺序从左到右排成横行，再将不同横行中最外电子层上电子数相同，性质相似的元素，按电子层数递增顺序由上而下排成纵行，这样制成的一张表称为元素周期表。

元素周期表是元素周期性质的表现形式，而原子的电子层结构是构成元素周期表的基础。

7.6.1　能级组与元素周期

元素周期表的每一行构成一个周期，共 7 个周期。一个周期包含价层电子排布的一个完整序列，因此元素的物理化学性质在一个周期内完成一次规律性的变化。

元素在周期表中所属周期数等于该元素基态原子的电子层数。所以元素周期数也等于元素基态原子的最外电子层的主量子数，也等于元素基态原子最外电子层所属能级组的组数。周期与能级组的关系见表 7-6。

表 7-6　周期与能级组的关系

周期名称	周期数	能级组	能级组内原子轨道	元素数目	电子最大容量
特短周期	1	Ⅰ	1s	2	2
短周期	2	Ⅱ	2s　2p	8	8
	3	Ⅲ	3s　3p	8	8
长周期	4	Ⅳ	4s　3d　4p	18	18
	5	Ⅴ	5s　4d　5p	18	18
特长周期	6	Ⅵ	6s　4f　5d　6p	32	32
未满周期	7	Ⅶ	7s　5f　6d　7p　5g	26(未完)	未满

7.6.2　价电子构型与周期表中的族

1. 价电子构型

价电子是原子发生化学反应时易参与形成化学键的电子，价电子层的电子排布称价电子构型。

2. 主族元素

主族元素的价电子构型为最外层电子构型($ns$$n$p)，以符号ⅠA～ⅦA 表示(最后一族稀有气体习惯用 0 表示，称为零族)。零族最外电子层均已填满，达到 8 电子稳定结构。

3. 副族元素

副族元素的价电子构型不仅包括最外层的 s 电子，还包括(n−1)d 亚层，甚至(n−2)f 亚层的电子，即ⅢB～ⅡB。其中ⅧB 族(也称Ⅷ族)元素有 3 列共 9 个元素。副族元素也称过渡元素。

ⅠB、ⅡB 副族元素的族数等于最外层 s 电子的数目，ⅢB～ⅧB 族元素的族数等于最外层 s 电子和次外层$(n-1)$d 亚层的电子数之和，即价电子数。

ⅧB 的情况特殊，其价电子数分别为 8、9 或 10。第六周期元素从 $_{58}$Ce(铈)到 $_{71}$Lu(镥)共 14 个元素称镧系元素，并用符号 Ln 表示或用 RE 表示稀土元素。

7.6.3　价电子构型与元素分区

根据元素的价电子构型不同，可以把周期表中元素所在的位置分为 s、p、d、ds、f 五个区，具体见表 7-7。

表 7-7　元素的价电子构型与元素的分区、族

周期	ⅠA	ⅡA	ⅢB	ⅣB	ⅤB	ⅥB	ⅦB	Ⅷ	ⅠB	ⅡB	ⅢA	ⅣA	ⅤA	ⅥA	ⅦA	0
1																
2																
3																
4	s 区 $ns^{1\sim2}$												p 区 $ns^2np^{1\sim6}$			
5					d 区 $(n-1)d^{1\sim9}ns^{1\sim2}$				ds 区 $(n-1)d^{10}ns^{1\sim2}$							
6																
7																

镧系元素	f 区
锕系元素	$(n-2)f^{0\sim14}(n-1)d^{0\sim2}ns^2$

(1) s 区元素。s 区元素最后一个电子填充在 s 轨道，价电子构型为 ns^1 或 ns^2，包括ⅠA 和ⅡA 族，它们在化学反应中易失去电子形成+1 或+2 价离子，为活泼金属。

(2) p 区元素。p 区元素最后一个电子填充在 p 轨道，价电子构型为 $ns^2np^{1\sim6}$，共有ⅢA～0 族六族元素。

(3) d 区元素。d 区元素最后一个电子基本填充在次外层(倒数第二层)$(n-1)$d 轨道(个别例外)，它们具有可变氧化态，包括ⅢB～Ⅷ族共六族。

(4) ds 区元素。ds 区元素的价电子构型为$(n-1)d^{10}ns^{1\sim2}$(Pd 除外，$4d^{10}5s^0$)，与 d 区元素的区别在于它们的$(n-1)$d 轨道是全满的；与 s 区元素的区别在于它们有$(n-1)d^{10}$ 电子层，即它们的次外层 d 轨道已全充满；ds 区元素的族数等于最外层 ns 轨道上的电子数。

(5) f 区元素。f 区元素最后一个电子填充在 f 亚层，价电子构型为$(n-2)f^{0\sim14}(n-1)d^{0\sim2}ns^2$，指镧系和锕系元素。

综上所述，原子的电子组态与它在元素周期表中的位置有密切关系。所以可以根据元素的原子序数和电子填充顺序，写出该原子的电子组态并推断它在周期表中的位置，或根据元素在周期表中的位置推知它的原子序数和电子组态。

【例 7-2】　已知某元素的原子序数为 25，试写出该元素基态原子的电子组态和价层电子组态，并指出该元素在周期表中所属周期、族和区。

解　该元素的基态原子有 25 个电子，则该元素基态原子的电子组态为 $1s^22s^22p^63s^23p^63d^54s^2$或$[Ar]3d^54s^2$；价层电子组态为 $3d^54s^2$。其中最外层电子的主量子数 n=4，所以它属于第 4 周期，其最外层 4s 电子和次外层 3d 电子总数为 7，所以它属于ⅦB 族。电子填充时，其最后一个电子填充在 3d 轨道，因此位于 d 区。

【例 7-3】　已知某元素位于第 5 周期ⅦA 族，试写出该元素的电子组态和原子序数。

解　由于元素位于第 5 周期，则其最外层电子的主量子数 n 应该等于 5；由于是ⅦA 族，则最外层电子数为 7，价层电子组态为 $5s^25p^5$。其内层电子为全充满状态，所以它的电子组态为 $1s^22s^22p^63s^23p^63d^{10}4s^24p^64d^{10}5s^25p^5$ 或为[Kr] $4d^{10}5s^25p^5$。该元素的原子序数等于核外电子数，应为 $2 + 8 + 18 + 18 + 7 = 53$。

7.7　原子性质的周期性

元素有效核电荷呈现的周期性变化，体现了原子核外电子层的周期性变化，也使得元素的许多基本性质(如原子半径、电离能、电子亲和能、电负性等)呈现周期性的变化。

7.7.1　原子半径

根据量子力学的观点，原子中的电子在核外运动并无固定轨迹，电子云也无明确的边界，因此原子并不存在固定的半径。但是，现实物质中的原子总是与其他原子相邻的，如果将原子视为球体，那么两原子的核间距离即为两原子球体的半径之和。常将此球体的半径称为原子半径(r)。根据原子与原子间作用力的不同，原子半径的数据一般有三种：共价半径、金属半径和范德华半径。

(1) 共价半径(r_c)。同种元素的两个原子以共价键结合时，它们核间距的一半称为该原子的共价半径(covalent radius)。例如，对于 Cl_2 分子，测得两 Cl 原子核间距离为 198pm，则其共价半径为 99pm。

(2) 金属半径(r_M)。金属晶体中相邻两个金属原子的核间距的一半称为金属半径(metallic radius)，如图 7-15 所示。

(3) 范德华半径(r_v)。当两个原子只靠范德华力(分子间作用力)互相吸引时，它们核间距的一半称为范德华半径(van der Waals radius)。

一般来说，$r_v > r_M > r_c$，因为共价半径和金属半径是原子间形成化学键时的半径，形成共价单键时，轨道重叠程度较大，而范德华半径是两原子没有形成化学键时的半径，分子间作用力较小，分子间距离较大。例如，稀有气体均为单原子分子，形成分子晶体时，分子间以范德华力相结合，同种稀有气体的原子核间距的一半即为其范德华半径，如图 7-16 所示。

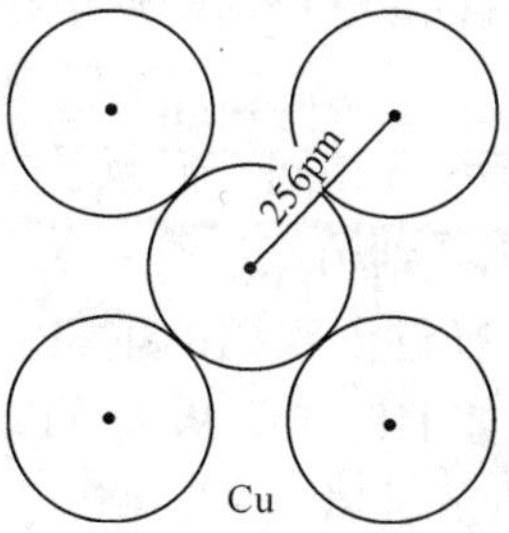

图 7-15　铜原子的金属半径

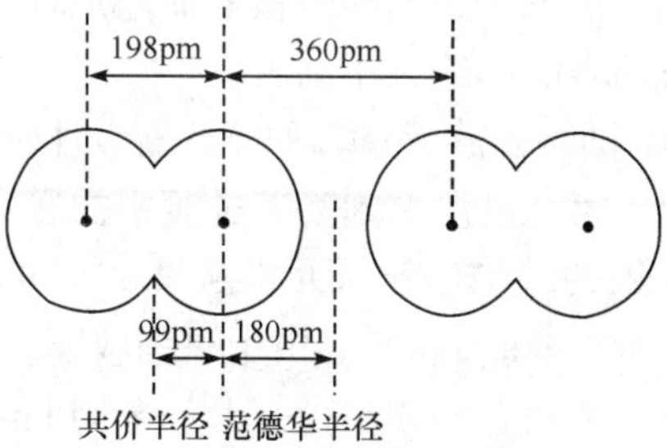

图 7-16　氯原子的共价半径和范德华半径

原子半径的大小主要取决于原子的有效核电荷数 Z^* 和主量子数 n。Z^* 越大，电子受核吸引力越强，半径则越小；主量子数 n 越大，电子离核越远，半径就越大。各元素的原子半径见表 7-8。

表 7-8　元素的原子半径(单位：pm)

ⅠA	ⅡA	ⅢB	ⅣB	ⅤB	ⅥB	ⅦB	Ⅷ			ⅠB	ⅡB	ⅢA	ⅣA	ⅤA	ⅥA	ⅦA	0
H																	He
37																	54
Li	Be											B	C	N	O	F	Ne
156	105											91	77	71	60	67	80
Na	Mg											Al	Si	P	S	Cl	Ar
186	160											143	117	111	104	99	96
K	Ca	Sc	Ti	V	Cr	Mn	Fe	Co	Ni	Cu	Zn	Ga	Ge	As	Se	Br	Kr
231	197	161	154	131	125	118	125	125	124	128	133	123	122	116	115	114	99
Rb	Sr	Y	Zr	Nb	Mo	Tc	Ru	Rh	Pd	Ag	Cd	In	Sn	Sb	Te	I	Xe
243	216	180	161	147	136	135	132	132	138	144	149	151	140	145	139	138	109
Cs	Ba		Hf	Ta	W	Re	Os	Ir	Pt	Au	Hg	Tl	Pb	Bi	Po	At	Rn
265	210		154	143	137	138	134	136	139	144	147	189	175	155	167	145	

La	Ce	Pr	Nd	Pm	Sm	Eu	Gd	Tb	Dy	Ho	Er	Tm	Yb	Lu
187	183	182	181	181	180	199	179	176	175	174	173	173	194	172

原子半径的变化规律如下：

(1) 同一周期主族元素，从左到右，原子半径明显减少。这是由从左到右随原子序数的增加，原子核作用在最外层电子上的有效核电荷显著增加，而电子层数相同，原子核对外层电子的吸引力逐渐增强所致。

(2) 同一周期副族元素，从左到右，原子半径先是比较缓慢地减小，随后略有增大。这是由从左到右随原子序数的增加，原子核作用在最外层电子上的有效核电荷增加较少，且电子层数相同所致。但当次外层的 d 轨道全充满形成 18 电子组态时，原子半径略增大。这是由于$(n-1)$d 轨道全充满后对外层电子的屏蔽作用较大，原子核作用在最外层电子上的有效核电荷数减少引起的。

(3) 同一主族元素，原子半径从上到下逐渐增大。这是因为随着周期数的增加，原子核作用在最外层电子上的有效核电荷增加较少，但电子层数增加后，原子核对外层电子的吸引力减弱，且后者的影响大于前者。

(4) 同一副族元素，原子半径从上到下的变化趋势与主族元素相同，但原子半径递变不是很明显；第一过渡系到第二过渡系的递变较明显；而第二过渡系到第三过渡系基本没变，这是镧系收缩的结果。镧系元素从 La 到 Lu 整个系列的原子半径逐渐收缩的现象称为镧系收缩(lanthanide contraction)。由于镧系收缩，镧系以后的各元素，如 Hf、Ta、W 等的原子半径也相应缩小，致使它们的半径与上一个周期的同族元素 Zr、Nb、Mo 非常接近，相应的性质也非常相似，在自然界中常共生在一起，很难分离。

7.7.2　元素的电离能与电子亲和能

1. 元素的电离能

使基态的气态原子失去一个电子形成+1 氧化态气态离子所需要的能量，称为第一电离能

(ionization energy)，符号为 I_1，表示式如下：

$$M(g) \longrightarrow M^+(g) + e^-$$

$$I_1 = \Delta E_1 = E[M^+(g)] - E[M(g)]$$

从+1 氧化态气态离子再失去一个电子变为+2 氧化态离子所需要的能量称为第二电离能，符号为 I_2，余类推。如无特别说明，电离能即第一电离能。表 7-9 列出了周期系各元素的第一电离能。

表 7-9　各元素原子的第一电离能 I_1(单位：kJ · mol^{-1})

ⅠA	ⅡA	ⅢB	ⅣB	ⅤB	ⅥB	ⅦB	Ⅷ			ⅠB	ⅡB	ⅢA	ⅣA	ⅤA	ⅥA	ⅦA	0
H																	He
1312																	2372
Li	Be											B	C	N	O	F	Ne
520	900											810	1086	1402	1314	1681	2081
Na	Mg											Al	Si	P	S	Cl	Ar
496	738											578	787	1012	1000	1251	1521
K	Ca	Sc	Ti	V	Cr	Mn	Fe	Co	Ni	Cu	Zn	Ga	Ge	As	Se	Br	Kr
419	590	631	658	650	653	711	759	758	737	746	906	579	762	944	941	1140	1350
Rb	Sr	Y	Zr	Nb	Mo	Tc	Ru	Rh	Pd	Ag	Cd	In	Sn	Sb	Te	I	Xe
403	550	616	660	664	685	702	711	720	805	731	868	558	709	832	869	1008	1170
Cs	Ba	La	Hf	Ta	W	Re	Os	Ir	Pt	Au	Hg	Tl	Pb	Bi	Po	At	Rn
376	503	538	654	761	770	760	840	880	870	890	1007	589	716	703	812		1040

La	Ce	Pr	Nd	Pm	Sm	Eu	Gd	Tb	Dy	Ho	Er	Tm	Yb	Lu
538	528	523	530	536	543	547	592	564	572	581	589	597	603	524

电离能的大小反映了原子失去电子的难易程度，即元素的金属性的强弱。电离能越小，原子越易失去电子，元素的金属性越强。例如，铝的电离能数据如下：

电离能	I_1	I_2	I_3	I_4	I_5	I_6
kJ · mol^{-1}	578	1817	2745	11578	14831	18378

$I_1 < I_2 < I_3 < I_4 \cdots$，这是原子失电子后，其余电子受核的吸引力更大的缘故;

$I_3 \ll I_4 < I_5 < I_6 \cdots$，这是因为 I_1、I_2、I_3 失去的是铝原子最外层的价电子，即 3s、3p 电子，而从 I_4 起失去的是铝原子的内层电子，要把这些电子电离需要更高的能量。这正是铝常形成 Al^{3+}的原因。

同周期，从左到右电离能逐渐增大。因元素的有效核电荷逐渐增大，原子半径逐渐减小，电离能逐渐增大；稀有气体由于具有 8 电子稳定结构，在同一周期中电离能最大。

因过渡元素的电子加在次外层，有效核电荷增加不多，原子半径减小缓慢，电离能增加不明显。

同族，自上而下电离能逐渐减小。从上到下，有效核电荷增加不多，而原子半径则明显增大，所以电离能逐渐减小。

2. 电子亲和能

处于基态的气态原子得到一个电子形成气态阴离子所放出的能量，称为该元素原子的第一电子亲和能(electron affinity)，常用符号 A_1 表示， A_1 为负值(表示放出能量)。表示式为

$$X(g) + e^- \longrightarrow X^-$$

第二电子亲和能是指–1 氧化态的气态阴离子再得到一个电子的过程中，系统需吸收能量，所以 A_2 是正值。例如：

$$O\,(g) + e^- \longrightarrow O^- \qquad A_1 = -142\text{kJ}\cdot\text{mol}^{-1}$$

$$O^-\,(g) + e^- \longrightarrow O^{2-} \qquad A_2 = 844\text{kJ}\cdot\text{mol}^{-1}$$

电子亲和能的大小反映了原子得到电子的难易程度，即元素的非金属性的强弱。常用 A_1 值（习惯上用 $-A_1$ 值）来比较不同元素原子获得电子的难易程度，$-A_1$ 值越大表示该原子越容易获得电子，其非金属性越强。表 7-10 为主族元素的第一电子亲和能数据。

表 7-10　主族元素的第一电子亲和能 A_1(单位：kJ · mol^{-1})

H							He
–72.7							+48.2
Li	Be	B	C	N	O	F	Ne
–59.6	+48.2	–26.7	–121.9	+6.75	–141.0	–328.0	+115.8
Na	Mg	Al	Si	P	S	Cl	Ar
–52.9	+38.6	–42.5	–133.6	–72.1	–200.4	–349.0	+96.5
K	Ca	Ga	Ge	As	Se	Br	Kr
–48.4	+28.9	–28.9	–115.8	–78.2	–195.0	–324.7	+96.5
Rb	Sr	In	Sn	Sb	Te	I	Xe
–46.9	+28.9	–28.9	–115.8	–103.2	–190.2	–295.1	+77.2

由表 7-10 可以看出：

(1) 同周期，从左到右，电子亲和能逐渐增大。氮族元素由于其价电子构型为 ns^2np^3，p 亚层半满，根据洪德规则，其较稳定，所以电子亲和能较小。又如，稀有气体，其价电子构型为 ns^2np^6 的稳定结构，所以其电子亲和能为正值。

(2) 同族，自上而下，电子亲和能基本上是减小的趋势。

7.7.3　元素的电负性

电负性(electronegativity)是指元素的原子在分子中吸引电子能力的相对大小，即不同元素的原子在分子中对成键电子吸引力的相对大小。鲍林根据热化学数据和分子的键能提出了以下经验关系式：

$$E_{A—B} = (E_{A—A}E_{B—B})^{1/2} + 96.5(x_A - x_B)^2 \qquad (7\text{-}10)$$

式中：$E_{A—B}$、$E_{A—A}$ 和 $E_{B—B}$ 分别为分子 A—B、A—A 和 B—B 的键能，单位为 kJ · mol^{-1}；x_A、x_B 分别表示键合原子 A 和 B 的电负性；96.5 为换算因子，并指定氟的电负性 x_F =4.0，而后可依次求出其他元素的电负性。

表 7-11 是鲍林电负性标度的元素的电负性。从表中可以看出，金属元素的电负性一般在 2.0 以下，非金属元素的电负性一般在 2.0 以上，因此，可以由元素的电负性的大小来衡量元素金属性与非金属性的强弱。

表 7-11　元素电负性

H																	He
2.18																	—
Li	Be											B	C	N	O	F	Ne
0.98	1.57											2.04	2.55	3.04	3.44	3.98	—
Na	Mg											Al	Si	P	S	Cl	Ar
0.93	1.31											1.61	1.90	2.19	2.58	3.16	—
K	Ca	Sc	Ti	V	Cr	Mn	Fe	Co	Ni	Cu	Zn	Ga	Ge	As	Se	Br	Kr
0.82	1.00	1.36	1.54	1.63	1.66	1.55	1.80	1.88	1.91	1.90	1.65	1.81	2.01	2.18	2.55	2.96	—
Rb	Sr	Y	Zr	Nb	Mo	Tc	Ru	Rh	Pd	Ag	Cd	In	Sn	Sb	Te	I	Xe
0.82	0.95	1.22	1.33	1.60	2.16	1.90	2.28	2.20	2.20	1.93	1.69	1.73	1.96	2.05	2.10	2.66	—
Cs	Ba	La	Hr	Ta	W	Re	Os	Ir	Pt	Au	Hg	Tl	Pb	Bi	Po	At	Rn
0.79	0.89	1.10	1.30	1.50	2.36	1.90	2.20	2.20	2.28	2.54	2.00	2.04	2.33	2.02	2.00	2.20	—

元素的电负性也呈周期性的变化：同一周期中，从左到右电负性逐渐增大；同一主族中，从上到下电负性逐渐减小。过渡元素的电负性都比较接近，没有明显的变化规律。

习　题

7-1　原子中电子的运动有何特点？概率与概率密度有何区别与联系？

7-2　什么是屏蔽效应和钻穿效应？怎样解释同一主层中的能级分裂及不同主层中的能级交错现象？

7-3　写出原子序数为 24 的元素的名称、符号及其基态原子的电子结构式，并用四个量子数分别表示每个价电子的运动状态。

7-4　已知 M^{2+}的 3d 轨道中有 5 个电子，试推出：(1) M 原子的核外电子排布；(2) M 原子的最外层和最高能级组中电子数；(3) M 元素在周期表中的位置。

7-5　根据原子结构的知识，写出 17 号、23 号、80 号元素的基态原子的电子结构式。

7-6　描述原子中电子运动状态的四个量子数的物理意义。它们的可能取值是什么？

7-7　下列各组量子数哪些是不合理的，为什么？

(1) $n=3$，$l=1$，$m=+1$，$m_s=+\frac{1}{2}$

(2) $n=4$，$l=5$，$m=-1$，$m_s=+\frac{1}{2}$

(3) $n=3$，$l=3$，$m=+1$，$m_s=-\frac{1}{2}$

(4) $n=4$，$l=2$，$m=+3$，$m_s=-\frac{1}{2}$

7-8　下列说法是否正确？不正确的应如何改正？

(1) s 电子绕核运动，其轨道为一圆周，而 p 电子是走∞形的。

(2) 主量子数 n 为 1 时，有自旋相反的两条轨道。

(3) 主量子数 n 为 4 时，其轨道总数为 16，电子层电子最大容量为 32。

(4) 主量子数 n 为 3 时，有 3s、3p、3d 三条轨道。

7-9　将氢原子核外电子从基态激发到 2s 或 2p，所需能量是否相等？若是氦原子，情况又会怎样？

7-10　通过近似计算说明，12 号、16 号、25 号元素的原子中，4s 和 3d 哪一能级的能量高？

7-11　说明在同周期和同族中元素的原子半径的变化规律，并讨论其原因。

7-12　有第 4 周期的 A、B、C 三种元素，其价电子数依次为 1、2、7，其原子序数按 A、B、C 顺序增大。已知 A、B 次外层电子数为 8，而 C 次外层电子数为 18，根据结构判断：

(1) C 与 A 的简单离子是什么？

(2) B 与 C 两元素间能形成何种化合物？试写出化学式。

7-13　什么是元素的电负性？电负性在同周期、同族元素中各有怎样的变化规律？

第 8 章　分 子 结 构
(Molecular Structure)

学习要求

(1) 理解化学键的本质、离子键与共价键的特征及它们的区别；理解键参数的意义。

(2) 掌握价键理论、分子轨道理论、杂化轨道理论、价层电子对互斥理论。

(3) 理解分子间作用力的特征与性质；理解氢键的形成及对物质物理性质的影响。

分子是保持物质化学性质的最小微粒，分子是由原子结合而成的，那么原子是怎样结合在一起而形成分子的呢？它们结合的强度有多大？这种结合又如何决定分子的形状以及分子的物理和化学性质？这些问题就是本章要介绍的主要内容。

分子中相邻原子间存在的强烈相互作用称为化学键。按照化学键形成方式与性质的不同，化学键可分为三种基本类型：离子键、共价键和金属键。原子通过化学键结合在一起形成分子，原子中电子核外空间的排布决定了分子的几何形状。分子的几何形状不同，分子的某些性质就不同，若是药物分子，其生物活性或药效也就不同。例如，顺铂 *cis*-$[PtCl_2(NH_3)_2]$是临床上广泛应用的抗肿瘤药物，而它的同分异构体 *trans*-$[PtCl_2(NH_3)_2]$却没有抗肿瘤活性。对于医学、药学专业的学生，通过学习本章内容，有助于从分子水平上认识药物的构效关系，为药物的设计、研发、生产和指导临床用药奠定良好的基础。

8.1　离　子　键

8.1.1　离子键的形成与特点

1. 离子键的形成

离子键(ionic bond)理论是 1916 年德国化学家科赛尔(Kossel)提出来的，他认为原子在反应中失去或得到电子以达到稀有气体的稳定结构，由此形成的正离子(positive ion)和负离子(negative ion)以静电引力相互吸引在一起。离子键的要点如下：

(1) 当活泼金属原子与活泼非金属原子相互化合时，均有通过得失电子而达到稳定电子构型的倾向；对主族元素，稳定结构是指具有稀有气体的电子结构，如钠和氯；对过渡元素，d 轨道一般处于半充满状态，例外较多。

(2) 原子间发生电子转移而形成具有稳定结构的正、负离子，当正、负离子的吸引力和排斥力达到平衡时形成离子键。

以 Na 和 Cl_2 生成 NaCl 为例：

$$
\begin{array}{c}
Na\ (1s^2 2s^2\ 2p^6\ 3s^1) \longrightarrow Na^+\ (1s^2 2s^2\ 2p^6) \\
+ \\
Cl\ (2s^2 3s^2\ 3p^5) \longrightarrow Cl^-(2s^2\ 3s^2\ 3p^6) \\
\downarrow \\
NaCl(s)
\end{array}
$$

活泼金属原子和活泼非金属原子之间通过转移电子形成离子键时，伴随着系统能量的降低。在离子键模型中，正、负离子之间的吸引势能 V_A 为

$$V_A = -\frac{q^+ q^-}{4\pi\varepsilon_0 r} \tag{8-1}$$

式中：q^+和 q^-分别为正、负离子的电量；ε_0 为相对介电常数；r 为正、负离子之间的距离。

当正、负离子充分接近时，除了静电吸引外，还存在外层电子之间以及原子核之间的排斥作用。系统的排斥势能 V_R 为

$$V_R = Ae^{-r/\rho} \tag{8-2}$$

式中：A 和ρ均为常数。正、负离子之间总的势能 V 与核间距 r 的关系是

$$V = V_A + V_R = -\frac{q^+ q^-}{4\pi\varepsilon_0 r} + Ae^{-r/\rho} \tag{8-3}$$

NaCl 的势能曲线如图 8-1 所示。横坐标为核间距 r，纵坐标为体系的势能 V。纵坐标的零点表示，当 r 无穷大时，即两核之间距离无限远时，势能为零。下面考察 Na^+和 Cl^-彼此接近时，势能 V 的变化：

$r > r_0$时，若 r 减小，正、负离子靠静电作用相互吸引，V 减小，体系稳定。

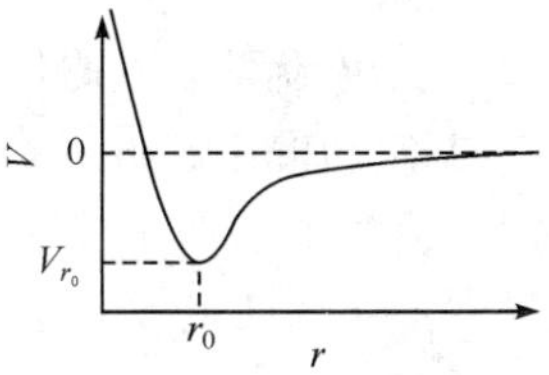

图 8-1　NaCl 的势能曲线

$r = r_0$时，V 有极小值，此时体系最稳定，表明形成了离子键。

$r < r_0$时，V 急剧上升，因为 Na^+和 Cl^-彼此在接近时，相互之间的电子斥力急剧增加，导致势能骤然上升。

因此，离子相互吸引，保持一定距离时，体系最稳定，即形成了离子键。

2. 离子键的本质和特点

离子键的本质是正、负离子的静电作用力，由库仑定律可知作用力的强弱取决于离子所带的电荷与离子间的距离。

离子键的主要特点是无方向性和无饱和性。离子的电场分布是球形对称的，可从各个不同方向上吸引异性离子，故离子键无方向性。而且只要周围空间容许，可以吸引尽量多的异性离子，因此离子键无饱和性。当一个 Na^+与一个 Cl^-相互靠近成键时，阴、阳离子的电荷并没有相互抵消，每个离子仍能继续吸引不同方向的异性电荷离子，但受两个原子核的平衡距离的限制，每个 Na^+(或 Cl^-)周围空间只允许有 6 个 Cl^-(或 Na^+)相结合。距离较远的异性离子不过是引力较弱，并非静电力已饱和。

由于离子型化合物中的离子并不是刚性电荷，正、负离子的原子轨道也有部分重叠。离子化合物中离子键的成分取决于元素的电负性差值，差值大，离子性越大。化合物中不存在百分

之百的离子键，即使是 CsF 的化学键(92%离子性)，其中也有共价键的成分，即离子间除靠静电相互吸引外，尚有共用电子对的作用。一般来说，电负性差值 $\Delta x > 1.7$，实际上是指离子键的成分大于 50%。AB 型化合物单键的离子性百分数与电负性差之间的关系见表 8-1。

表 8-1　AB 型化合物单键的离子性百分数与电负性差之间的关系

电负性差	离子性百分数/%	电负性差	离子性百分数/%
0.2	1	1.8	55
0.4	4	2.0	63
0.6	9	2.2	70
0.8	15	2.4	76
1.0	22	2.6	82
1.2	30	2.8	86
1.4	39	3.0	89
1.6	47	3.2	92

需要注意的是，离子键和共价键并非可以完全区分开，可将离子键视为极性共价键的一个极端，另一极端为非极性共价键。

8.1.2　晶格能

由离子键形成的化合物称为离子型化合物(ionic compound)，相应的晶体为离子晶体。通常用晶格能(lattice energy)来衡量离子键的强弱，它是指在标准状态下(298.15K)，互相远离的气态正、负离子结合生成 1mol 离子晶体时所释放的能量；也可以理解为，将 1mol 离子晶体转化为气态离子所吸收的能量，用符号 U 表示，其单位为 $\text{kJ}\cdot\text{mol}^{-1}$。一般来说，晶格能的数值越大，离子晶体越稳定。

晶格能不能用实验的方法直接测得。1919 年，波恩(Born)和哈伯(Haber)建立了波恩-哈伯循环，利用有关热力学数据通过热化学计算求得晶格能。以 NaCl 为例，波恩-哈伯循环如下：

$$\begin{array}{ccc}
\text{Na(s)} + \frac{1}{2}\text{Cl}_2\text{(g)} & \xrightarrow{\Delta_f H_m^\ominus} & \text{NaCl(s)} \\
\Big\downarrow S+\frac{1}{2}D & & \Big\downarrow U \\
\text{Na(g)} + \text{Cl(g)} & \xrightarrow{I+(-A)} & \text{Na}^+\text{(g)} + \text{Cl}^-\text{(g)}
\end{array}$$

其中，S 为固态金属 Na(s)的升华热，D 为气体 Cl_2(g)的解离能，I 为气体金属 Na(g)的电离能，A 为气态原子 Cl(g)的电子亲和能，$\Delta_f H_m^\ominus$ 为由固态金属 Na(s)和气体 Cl_2(g)生成固态 NaCl(s)的标准摩尔生成焓。根据能量守恒定律，$\Delta_f H_m^\ominus$ 应等于各个步骤的能量变化的总和，即

$$\Delta_f H_m^\ominus = S + \frac{1}{2}D + I + (-A) + (-U)$$

$$U = S + \frac{1}{2}D + I - \text{A} - \Delta_f H_m^\ominus = 109 + 121 + 496 - 349 - (-411) = 788(\text{kJ}\cdot\text{mol}^{-1})$$

式中：$\Delta_f H_m^\ominus$ 可通过热化学实验加以测定，S、D、I 和 A 可从化学数据手册上查到，因此可以由热化学实验间接测定离子晶体的晶格能。波恩-哈伯循环能够计算某些不易直接从实验数据测得的数据。例如，测定原子的电子亲和能的实验很难做，所以许多原子的电子亲和能值就是

如此得来的。

晶格能的大小可以反映物质的宏观性质，晶格能大的离子化合物较稳定，硬度高、熔点高、热膨胀系数小。而晶格能又和正、负离子电荷和离子半径有关：

$$U \propto \frac{Z^+Z^-}{r^+ + r^-} \tag{8-4}$$

式中：Z^+、Z^-分别为正、负离子所带电荷；r^+、r^-分别为正、负离子半径。因此可以用晶格能的变化来解释下列化合物的熔点随离子半径、电荷变化的规律(表 8-2)。

表 8-2 晶格能对离子晶体物理性质的影响

NaCl 型离子晶体	Z^+	Z^-	r^+/pm	r^-/pm	U/(kJ · mol^{-1})	熔点/℃	硬度
NaF	1	1	95	136	920	992	3.2
NaCl	1	1	95	181	770	801	2.5
NaBr	1	1	95	195	733	747	<2.5
NaI	1	1	95	216	683	662	<2.5
MgO	2	2	65	140	4147	2800	5.5
CaO	2	2	99	140	3557	2576	4.5
SrO	2	2	113	140	3360	2430	3.5
BaO	2	2	135	140	3091	1923	3.3

8.1.3 离子的电荷、电子构型和半径

1. 离子的电荷

简单离子的电荷(ionic charge)是由原子得到或失去电子形成的，电荷的绝对值为得到或失去的电子数。一般来讲，元素正离子的正电荷不大于 4，这受各级电离能的支配。半径较大，电离能较小的金属，如钍、铈、锡等，有可能形成 Th^{4+}、Ce^{4+}、Sn^{4+}。元素负离子的负电荷一般不小于−3，这受各级电子亲和能的支配。

复杂离子(称为根)的电荷等于其氧化数。例如，H_3PO_4 分子中的磷酸根带三个负电荷，即 PO_4^{3-}。

离子电荷越大，正、负离子之间的静电引力越大，离子键越牢固。

2. 离子的电子构型

离子的电子构型(electronic contiguration of ion)是指原子得到或失去电子形成离子时的外层电子构型。由不同电子构型的离子形成的离子化合物，其性质、化学键略有不同。

所有简单负离子的电子构型都是 8 电子型，并与其相邻稀有气体相同。例如，F^-、O^{2-}与 Ne 的组态相同，S^{2-}、Cl^-与 Ar 的组态相同，Se^{2-}、Br^-与 Kr 的组态相同，Te^{2-}、I^-与 Xe 的组态相同，Po^{2-}、At^-与 Rn 的组态相同。元素正离子在电离能容许的情况下，依次失去一部分电子生成 M^{n+}($n \leqslant 4$)，但由于外围(包括最外层)组态的差别，虽然惰气组态的正离子为数较多，也还有一些其他形式的组态。正离子电子构型可分为如下几种：

(1) 2 电子型(He 型)。例如，H^-、Li^+、Be^{2+}均为 $1s^2$。

(2) 8 电子型。主族金属原子失去最外层电子后，均能形成 8 电子型。例如，Na^{+}、Mg^{2+}、K^{+}、Ba^{2+}、Ca^{2+}、Sr^{3+}、Al^{3+}等均为 ns^2np^6。

(3) 18 电子型。ds 区元素失去最外层电子后，均能形成 18 电子型。例如，Cu^{+}、Ag^{+}、Au^{+}、Zn^{2+}、Cd^{2+}、Hg^{2+}、Ga^{3+}、In^{3+}、Tl^{3+}均为 $ns^2np^6nd^{10}$。

(4) 18+2 电子型。ⅢA～ⅥA 族的某些元素失去最外层 p 电子后所形成。例如，Ga^{+}、In^{+}、Sn^{2+}、Sb^{3+}、Tl^{+}、Pb^{2+}、Bi^{3+}均为$(n-1)s^2(n-1)p^6(n-1)d^{10}ns^2$。

(5) 9～17 电子型。由 d 区和 ds 区元素失去全部最外层 s 电子和部分次外层 d 电子后所形成。例如，$Ti^{3+}(3s^23p^63d^1)$、$V^{3+}(3s^23p^63d^2)$、$Cr^{2+}(3s^23p^63d^4)$、$Cu^{2+}(3s^23p^63d^9)$等均为 $ns^2np^6nd^{1\sim9}$。

3. 离子的半径

和原子的情况一样，孤立离子的电子云分布范围也是无限的；也就是说，离子并没有确定的半径。因为离子化合物在常温下都是晶体，所以“离子半径”(ionic radius)的意义是这样规定的：在离子晶体中，相互接触的正、负离子中心之间的距离(称为核间距)为两种离子的半径之和。正、负离子的核间距可以通过 X 射线衍射实验测得，但两个离子间的分界线很难判断。通常是先确定某些离子的半径，作为基准，然后计算出其他离子的半径；或依据正、负离子的半径比与半径和求算离子半径。

根据实验数据，归纳出离子半径的规律如下：

(1) 正离子半径小于其原子半径，简单负离子半径大于其原子半径。例如：

$$Na > Na^{+} \quad F^{-} > F$$

(2) 同一周期电子层结构相同的正离子的半径随离子电荷数的增加而减小。例如：

$$Na^{+} > Mg^{2+} > Al^{3+}$$

(3) 主族同族的相同电荷的离子，从上到下，随电子层数增多离子半径增大。例如：

$$Li^{+} < Na^{+} < K^{+} < Rb^{+} < Cs^{+} \qquad F^{-} < Cl^{-} < Br^{-} < I^{-}$$

(4) 同一元素的不同电荷的正离子，电荷高者半径小。例如：

$$Fe^{3+} < Fe^{2+}$$

(5) 过渡金属及内过渡金属带相同电荷的离子的半径均是随 Z^*(有效核电荷)的增大而减小。例如：

$$Ti^{3+}(60pm) > V^{3+}(60pm) > Cr^{3+}(60pm) > Mn^{3+}(60pm) > Fe^{3+}(60pm)$$

Ln^{3+}及 An^{3+}在同系中均是随 Z^*增加而半径依次收缩。

(6) 元素周期表中，相邻族的左上方和右下方对角线的正离子半径比较接近。这是层数增加使半径增大和电荷升高使半径减小的影响部分抵消的结果。例如：

$$Li^{+}(60pm) \approx Mg^{2+}(65pm)$$

8.2　现代价键理论

离子键理论能很好地解释了电负性差较大的离子型化合物的成键与性质。当两个原子的电负性相差较小(或相同)时，很难发生电子得失形成稳定的正、负离子。那么它们又是如何成键的呢？1916 年，美国化学家路易斯(Lewis)认为：分子中的原子可以通过共用电子对来形成稀有气体的稳定电子结构。这种分子中原子间通过共用电子对结合而形成的化学键，称为共价键。例如：

$$:\ddot{\mathrm{Cl}}:\ddot{\mathrm{Cl}}: \qquad :\ddot{\mathrm{O}}::\ddot{\mathrm{O}}: \qquad :\mathrm{N}\vdots\vdots\mathrm{N}:$$

这就是早期的共价键理论，该理论成功地解释了由相同原子组成的分子(H_2、O_2 等)以及性质相近的不同原子组成的分子(HCl、H_2O 等)，并揭示了共价键和离子键的区别。但该理论有自身的局限性：①某些分子的中心原子最外层电子数不是稀有气体结构，但仍能稳定存在，如 BF_3、SF_6、PCl_5 等；②不能解释共价键的特性(如方向性、饱和性等)；③不能解释单电子键 H_2^+ 和 O_2 的磁性；④不能阐明电子共用的本质。

8.2.1　共价键的形成及其本质

1927 年英国物理学家海特勒(Heitler)和德国物理学家伦敦(London)成功地用量子力学处理 H_2 分子的结构，解决了两个氢原子之间化学键的本质问题，使共价键理论从典型的路易斯理论发展到今天的现代价键理论。

当具有自旋状态反平行的未成对电子的两个氢原子相互靠近时，它们之间产生了强烈的吸引作用，形成了共价键，从而形成了稳定的氢分子。

量子力学从理论上解释了共价键的形成原因：当核外电子自旋平行的两个氢原子靠近时，两核间电子云密度小，系统能量 E 始终高于两个孤立氢原子的能量之和 E_a+E_b(图 8-2 中曲线Ⅱ)，称为排斥态[图 8-3(a)]，不能形成 H_2 分子。

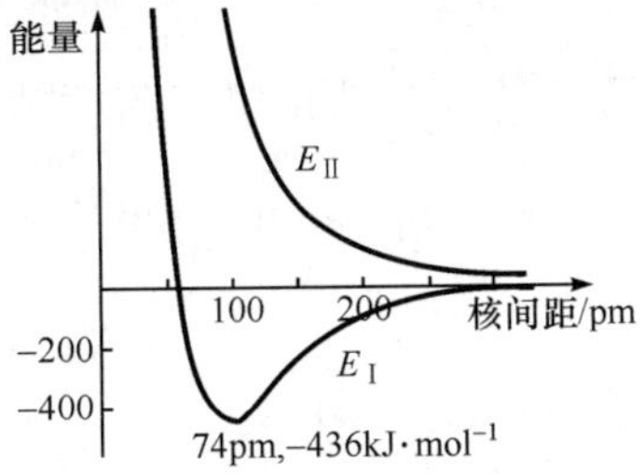

图 8-2　氢分子形成过程的能量变化

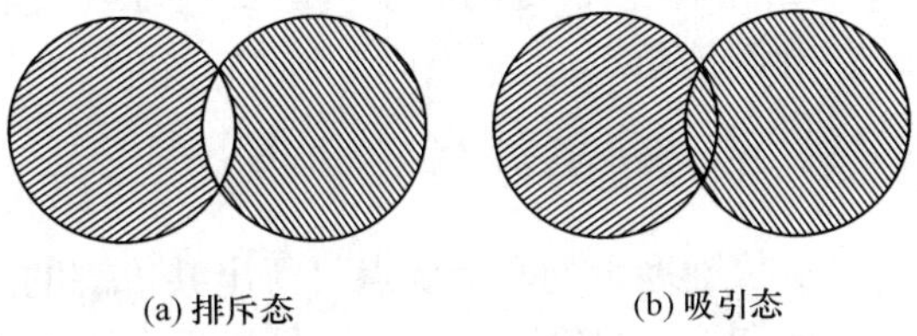

图 8-3　氢分子的两种状态

当电子自旋反平行的两个氢原子靠近时，两核间的电子云密度大，系统的能量 E 逐渐降低，并低于两个孤立氢原子的能量之和(图 8-2 中曲线Ⅰ)，称为吸引态[图 8-3(b)]。当两个氢原子的核间距 $L = 74\mathrm{pm}$ 时，其能量达到最低点，$E_s = -436\mathrm{kJ \cdot mol^{-1}}$，两个氢原子之间形成了稳定的共价键，从而形成氢分子。

量子力学对氢分子结构的处理阐明了共价键的本质是电性的。

由于两个氢原子的 1s 原子轨道互相叠加，两个 ψ_{1s} 都是正值，叠加后使核间的电子云密度加大，称为原子轨道的重叠，此时在两个原子之间出现了一个电子云密度较大的区域[图 8-3(b)]。这一方面降低了两核间的正电排斥，另一方面又增强了两核对电子云密度大的区域的吸引，这都有利于体系势能的降低，有利于形成稳定的化学键。

海特勒和伦敦把对 H_2 分子的处理结果推广到其他分子，建立了现代价键理论，简称 VB 法，又称电子配对法。后来美国化学家鲍林和斯莱特又进一步推广了这一成果。

现代价键理论揭示了共价键的本质。其本质是两个原子自旋方向相反的单电子配对，原子轨道重叠，核间电子云密度增大，系统能量降低，形成稳定的共价键。

8.2.2　价键理论的基本要点

(1) 在成键原子间要有自旋方向相反的未成对价电子进行配对成键。因此每个未成对电子只能与一个自旋相反的未成对电子成键，一个原子有几个未成对电子，就可以形成几个共价键。

例如，H_2分子中，可形成一个共价键；HCl分子中，也形成一个共价键；N_2分子是怎样的呢?已知N原子的电子结构：

$2s^22p^3$

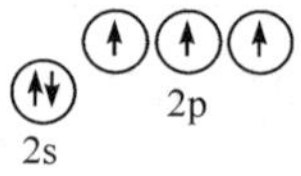

每个N原子有三个单电子，所以形成N_2分子，N与N之间可形成三个共价键。写成：

$$:N\equiv N:\quad 或\quad N\equiv N$$

形成CO分子时，与N_2相仿，同样用了三对电子，形成三个共价键。不同之处是，其中一对电子在形成共价键时具有特殊性：C和O各出一个2p轨道进行重叠，而其中的电子是由O单独提供的。

C　$2s^22p^2$

O　$2s^22p^4$

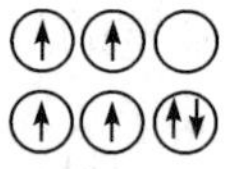

这样的共价键称为共价配位键。于是，CO可表示为$C\equiv O$

配位键形成条件：一个原子中有孤对电子，而另一原子中有可与孤对电子所在轨道相互重叠的空轨道。在配位化合物中，经常见到配位键。

(2) 形成共价键的原子轨道要进行最大重叠，成键原子间电子出现的概率密度越大，形成的共价键越稳定。

8.2.3　共价键的特征

从价键理论的两个要点可得出共价键的两个特征——饱和性与方向性。

饱和性：共价键的饱和性是指每个原子的成键总数或以单键相连的原子数目是一定的。因为共价键的本质是原子轨道的重叠和共用电子对的形成，而每个原子的未成对电子数是一定的，所以形成共用电子对的数目也就一定。

例如，两个H原子的未成对电子配对形成H_2分子后，如有第三个H原子接近该H_2分子，则不能形成H_3分子。

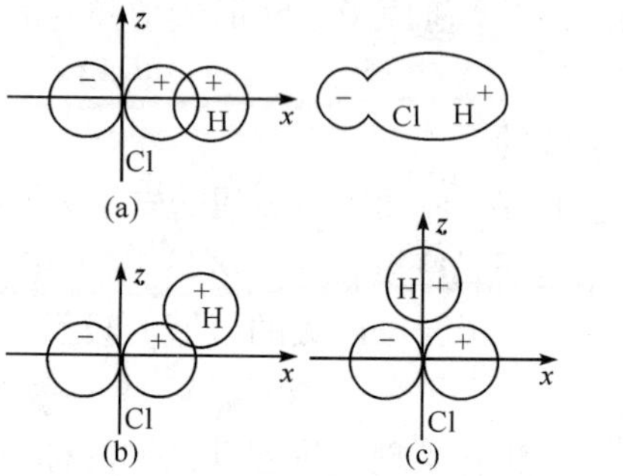

图 8-4　s轨道和p轨道的三种重叠情况

方向性：根据最大重叠原理，在形成共价键时，原子间总是尽可能地沿着原子轨道最大重叠的方向成键。成键电子的原子轨道重叠程度越高，电子在两核间出现的概率密度也越大，形成的共价键就越稳固。

图8-4表示的是H的1s轨道与Cl原子的$3p_x$轨道的三种重叠情况：

(1) H原子的1s轨道沿着x轴方向接近Cl原子的$3p_x$轨道，达到最大重叠，形成稳定的共价键[图 8-4(a)]。

(2) H原子向Cl原子接近时偏离了x轴方向，轨道间重叠小，结合不稳定，Cl原子向x轴方向移动以达到最大重叠的倾向[图 8-4(b)]。

(3) H 原子沿 z 轴方向接近 Cl 原子，两个原子轨道间不发生有效的重叠，因而 H 原子与 Cl 原子在这个方向不能结合形成 HCl 分子[图 8-4(c)]。

8.2.4　共价键的类型

1. 原子轨道的对称性

原子轨道在空间有一定的伸展方向，如 3 个 p 轨道在空间分别向 x、y、z 三个方向伸展可用角度分布图表示。若将它们以 x 轴为对称轴旋转 180°，便会出现以下两种情况：

(1) 旋转前后轨道完全不可区分，即 $Y(\theta,\varphi)$的值和符号均不变(p_x)，如图 8-5(a)所示。

(2) 旋转前后轨道在形状上不可区分，但 $Y(\theta,\varphi)$的符号与旋转前相反(p_y、p_z)，如图 8-5(b)所示。

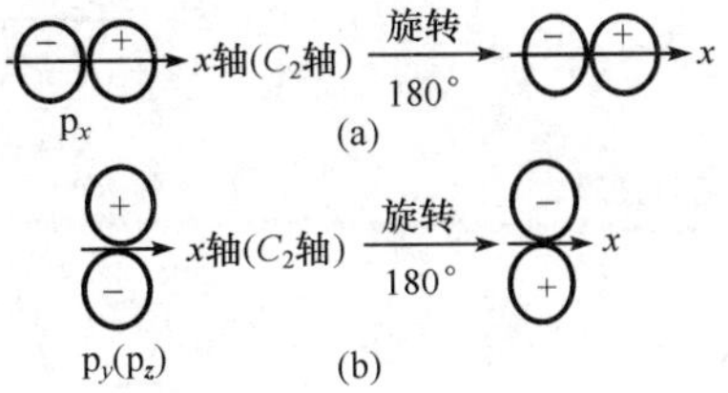

图 8-5　两种对称情况

前者说明该原子轨道有σ对称性，而后者表明原子轨道有π对称性。显然，s 原子轨道属σ 对称。d 轨道则与 p 轨道类似，有σ 对称和π对称之分，以 x 坐标轴为对称轴时，d_{yz} 轨道为σ 对称，d_{xy} 和 d_{xz} 轨道为π对称。

2. 共价键的类型

按照原子轨道重叠方式不同，共价键可分为σ 键和 π 键。

(1) σ 键。如果原子轨道沿核间连线方向进行重叠形成共价键，其具有以核间连线(键轴)为对称轴的σ 对称性，则称为σ 键。它们的共同特点是以“头碰头”方式达到原子轨道的最大重叠。重叠部分集中在两核之间，对键轴呈圆柱形对称。可形成σ 键的轨道有 s-s、s-p_x、p_x-p_x 等，如图 8-6(a)所示。例如，H—H 键、H—Cl 键、Cl—Cl 键均为σ 键。

(2) π 键。形成的共价键若与键轴呈平行对称，则称为 π 键。它们的共同特点是两个原子轨道“肩并肩”地达到最大重叠，重叠部分集中在键轴的上方和下方，对通过键轴的平面呈镜面反对称(轨道改变正、负号)，在此平面上电子的概率密度为零(称为节面)。可形成 π 键的轨道有 p_y-p_y 、 p_z-p_z 等，如图 8-6(b)所示。例如，N 原子的价电子构型为 $2s^2 2p^3$，3 个未成对的 2p 电子分布在三个互相垂直的 $2p_x$、$2p_y$、$2p_z$ 原子轨道上。当两个 N 原子沿 x 方向接近形成 N_2 分子时，两个 $2p_x$ 形成σ 键，而 2 个 N 原子垂直于 p_x 的 p_y-p_y、p_z-p_z 轨道，只能在核间连线两侧形成两个互相垂直的π 键，如图 8-7 所示。

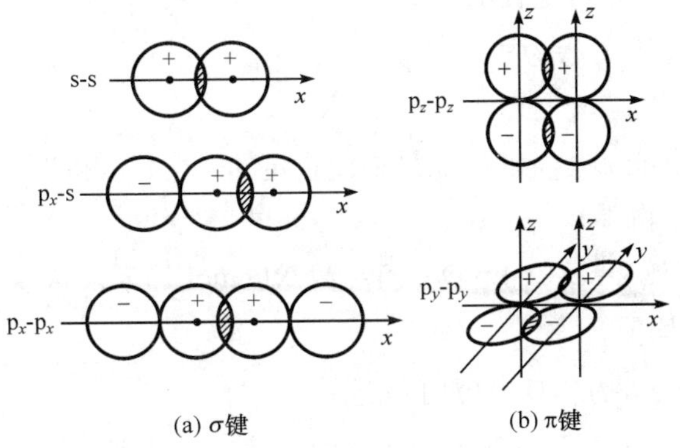

图 8-6　σ键和π 键示意图

(3) 大 π 键。上述 π 键是由两个原子的原子轨道(通常为 p 轨道)“肩并肩”重叠形成的，其 n 个电子属两个原子共有，在两个原子间有最大的概率密度，称为定域 π 键。若有三个或三个以上以σ 键相连的原子处于同一平面，同时每个原子又有一个互相平行的 p 轨道，而这些 p 轨道上的电子总数 m 又小于 p 轨道数 n 的两倍

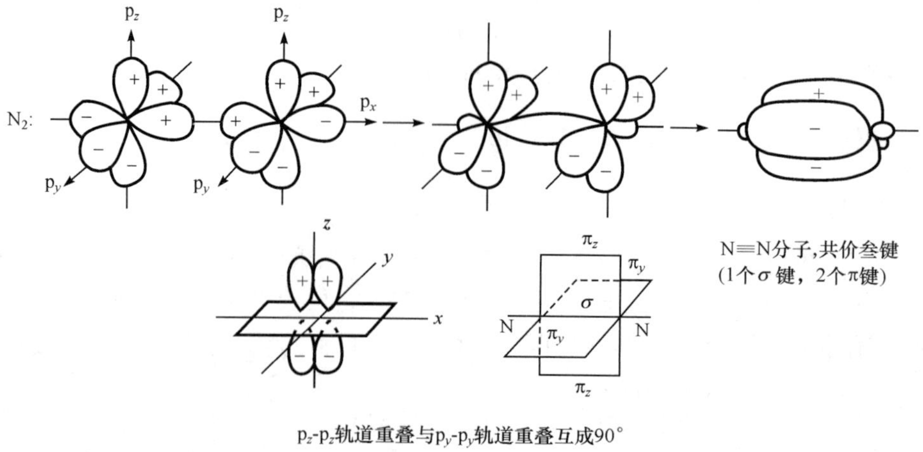

图 8-7　N_2分子的形成示意图

(2*n*)，这些 p 轨道重叠形成的 π 键称为大 π 键，用符号 π_n^m 表示(读作 *n* 中心 *m* 电子大 π 键)。例如，NO_2 分子中，N 原子分别在 *xy* 平面与两个 O 原子各形成一个 σ 键，三个原子各有一个 p_z 轨道，这些轨道互相“肩并肩”重叠形成 π_n^m 键。这些大 π 键上的电子属于构成大 π 键的所有的原子，不是定域在两原子间，因而称为非定域电子。

一般来说，如果原子之间只有一对电子，形成的共价键是单键，通常总是 σ 键；如果原子间的共价键是双键，由一个 σ 键和一个 π 键组成；如果是叁键，则由一个 σ 键和两个 π 键组成。

8.2.5　键参数

1. 键能

键能(bond energy)是衡量共价键强度的物理量。在标准状态下，将 1mol 气态双原子分子 AB(g)解离为气态原子 A(g)、B(g)所需要的能量($kJ \cdot mol^{-1}$)，称为 A—B 键的键能，用 $E_{A—B}$ 表示，其数值通常用一定温度下该反应的标准摩尔反应焓变表示，即

$$AB(g) \longrightarrow A(g) + B(g) \qquad \Delta_r H_m^\ominus = E_{A—B}$$

A 与 B 之间的化学键可以是单键、双键或叁键。

(1) 对于双原子分子，键能 $E_{A—B}$ 等于其解离能 $D_{A—B}$(解离能是指使指定的一个化学键断裂时所需的能量)，可直接从热化学测量中得到。例如：

$$Cl_2(g) \longrightarrow 2Cl(g) \qquad \Delta_r H_m^\ominus(Cl_2, 298.15K) = E(Cl_2) = D(Cl_2) = 247kJ \cdot mol^{-1}$$

(2) 对于多原子分子，键能等于解离能的平均值。

$$H_2O(g) = OH(g) + H(g) \qquad \Delta_r H_m^\ominus(1) = 502kJ \cdot mol^{-1}$$

$$OH(g) = O(g) + H(g) \qquad \Delta_r H_m^\ominus(2) = 424kJ \cdot mol^{-1}$$

$$E_{O—H} = \frac{502 + 424}{2} = 463(kJ \cdot mol^{-1})$$

如果分子中只含有一种键，且都是单键，键能可用解离能的平均值表示。例如，NH_3 含有三个 N—H 键：

$$NH_3(g) = H(g) + NH_2(g) \qquad D_1 = 433.1kJ \cdot mol^{-1}$$

$$NH_2(g) = NH(g) + H(g) \qquad D_2 = 397.5 kJ \cdot mol^{-1}$$

$$NH(g) = N(g) + H(g) \qquad D_3 = 338.9 kJ \cdot mol^{-1}$$

$$E_{N—H} = \overline{D} = \frac{D_1 + D_2 + D_3}{3} = \frac{433.1 + 397.5 + 338.9}{3} = 389.8(kJ \cdot mol^{-1})$$

一般来说，键能越大，共价键强度越强，化学键越牢固，分子越稳定。表 8-3 列出了常见键能的数据。同种原子的键能 E 有

单键 < 双键 < 叁键

例如，$E_{C—C} = 332kJ \cdot mol^{-1}$, $E_{C=C} = 611kJ \cdot mol^{-1}$, $E_{C\equiv C} = 837kJ \cdot mol^{-1}$。

表 8-3　常见键能和键长的数据(298.15K)

化学键	键长/10^{-12}m	键能/($kJ \cdot mol^{-1}$)	化学键	键长/10^{-12}m	键能/($kJ \cdot mol^{-1}$)
H—H	75	436	N—H	101	389
H—Br	142	366	N—N	145	159
H—Cl	127	431	N═N	125	456
H—F	92	565	N≡N	110	946
H—I	161	298	N—O	146	230
C—C	154	332	N═O	114	607
C═C	134	611	O—O	148	146
C≡C	120	837	O═O	120	498
C—O	143	326	O—H	98	464
C═O	120	728	Cl—Cl	199	243
C—H	109	414	Cs—I	337	337
Cl—Cl	199	243	F—F	140	153

2. 键长

键长(bond length)是指分子中成键两原子核间的平衡距离，符号为 l，单位为 m 或 pm。理论上用量子力学近似方法可以算出键长，实际中通过光谱学方法或晶体结构分析方法来测定键长。

相同原子间形成的共价键的数目越多，则键长越短。相同两原子间形成的共价键键长：

单键 > 双键 > 叁键

键长数据越大，表明两原子间的平衡距离越远，原子间相互结合的能力越弱。例如，H—F、H—Cl、H—Br、H—I 的键长依次增长，键的强度依次减弱，分子热稳定性依次下降。

一般来说，键长越短，键越牢固，分子越稳定。表 8-3 列出了某些键能和键长的关系数据。

3. 键角

键角(bond angle)是指多原子分子中相邻的共价键之间的夹角。它是反映分子空间构型的一个重要参数。例如 H_2S 分子，H—S—H 的键角为 92°，决定了 H_2S 分子的构型为“V”字形；又如 CO_2 中，O—C—O 的键角为 180°，则 CO_2 分子为直线形。

一般而言，根据多原子分子中的键角和键长可以确定分子的空间构型。例如，NH_3 的 N—H 键长为 102pm，键角为 107.3°，NH_3 的空间构型为三角锥形。表 8-4 列出了一些分子的化学键的键长、键角和几何构型。

表 8-4　一些分子的化学键的键长、键角和几何构型

分子	键长/pm	键角/(°)	分子构型
NO_2	120	134	V 形(或角形)
CO_2	116.2	180	直线形
NH_3	100.8	107.3	三角锥形
CCl_4	177	109.5	正四面体形

4. 键的极性

键的极性是由成键原子的电负性不同引起的。按共用电子对是否发生偏移，共价键可分为非极性共价键和极性共价键。当两个成键原子的电负性相同时，成键原子对共用电子对的吸引能力相同，共用电子对不偏向于任何一个原子，这种共价键称为非极性共价键，简称非极性键，如 Cl—Cl、O═O、N≡N。

当电负性不同的两个原子间形成化学键时，因其吸引电子的能力不同而使共用的电子对部分地或完全偏向于其中一个原子，其正、负电荷的中心不重合，键具有极性，这种共价键称为极性共价键，简称极性键，如 H—F。

共价键的极性与成键两原子的电负性差有关，电负性差越大，共价键的极性越大。表 8-5 列出了键型与成键原子电负性差的关系。

表 8-5　键型与成键原子电负性差的关系

物质	NaCl	HF	HCl	HBr	HI	Cl_2
电负性差	2.23	1.78	0.96	0.76	0.46	0
键型	离子键	极性共价键				非极性共价键

8.3　分子轨道理论

价键理论较好地说明了共价键的形成，为引入量子力学处理分子结构奠定了基础。但是，该理论把形成共价键的电子只定域在两个相邻原子之间，没有考虑整个分子的情况。因此不能解释某些分子的性质。例如，氧分子(O_2)具有顺磁性，表明氧分子含有未成对电子，而氧分子的路易斯结构式中电子均已成对，显然与实验事实不符。又如，H_2^+和 He_2^+的形成，B_2H_6 等缺电子化合物的结构，也是价键理论无法解释的。1932 年，美国化学家马利肯(Mulliken)和洪德提出了一种新的共价键理论——分子轨道理论，建立了分子的离域电子模型。分子轨道理论与价键理论成为量子化学理论描述分子结构的两大不同的分支。但是分子轨道理论比价键理论的发展更为广泛，在药物设计等领域得到了重要应用。

8.3.1　分子轨道理论的基本要点

(1) 分子中的电子不再属于某个原子，也不再局限于两个相邻的原子间，而是在整个分子范围内运动，电子的运动状态用分子轨道Ψ来描述，$|\Psi|^2$表示分子中电子出现的概率密度。

(2) 分子轨道由原子轨道线性组合而成，分子轨道数目等于组成分子的原子轨道数目。成键分子轨道(Ψ_{I})的能量低于参与组合的原子轨道，反键分子轨道(Ψ_{II})的能量高于参与组合的原子轨道。例如，H_2分子的分子轨道是由两个 H 原子的能量相同的 1s 原子轨道形成的。分子轨道如下：

$$\Psi_{\mathrm{I}} = C_a\psi_a + C_b\psi_b$$

$$\Psi_{\mathrm{II}} = C'_a\psi_a - C'_b\psi_b$$

ψ_a、ψ_b为两个氢原子的原子轨道；C、C'为两个与原子轨道的重叠有关的参数，对同核双原子分子$C_a = C_b$，$C'_a = C'_b$。

Ψ_{I}是能量低于原子轨道的成键分子轨道，是原子轨道同号重叠(波函数相加)形成的，电子出现在核区域的概率密度大，对两个核产生强烈的吸引作用，形成的键强度大(图 8-8)。

Ψ_{II}是能量高于原子轨道的反键分子轨道，是原子轨道异号重叠(波函数相减)形成的，在两核之间出现节面，即电子在核间出现的概率密度小，对成键不利(图 8-8)。

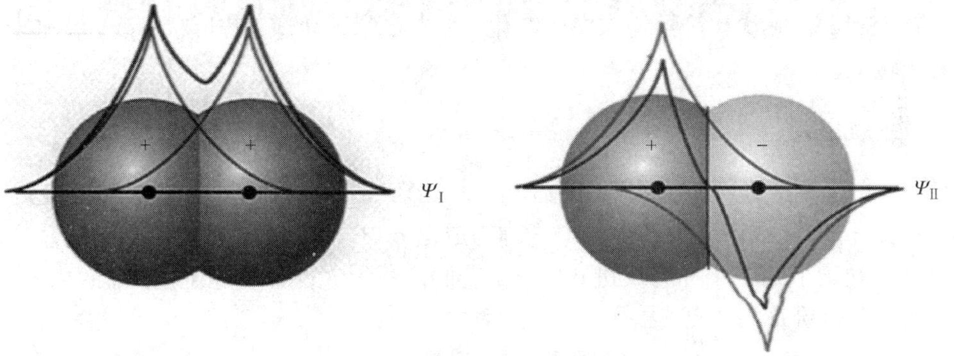

图 8-8　氢原子轨道线性组合

(3) 原子轨道组合成分子轨道必须满足对称性匹配、能量相近和轨道最大重叠三个原则，称为成键原则。

① 对称性匹配。只有对称性匹配的原子轨道才能组合成分子轨道。原子轨道都是具有一定的对称性的，对称性匹配有其特定的物理意义和条件。当进行组合的原子轨道完全相同时，肯定是对称性匹配的。以x轴为键轴，s-s、s-p_x、p_x-p_x等组成的分子轨道绕键轴旋转，各轨道的形状和符号不变，这种分子轨道称为σ轨道。p_y-p_y、p_z-p_z等原子轨道组成的分子轨道绕键轴旋转，轨道的符号发生改变，这种分子轨道称为π轨道。

② 能量相近。只有能量相近的原子轨道才能有效组合成分子轨道。例如，H 的 1s 轨道能量为−1312kJ/mol，O 的 2p 轨道能量为−1314kJ/mol，Na 的 3s 轨道能量为−496kJ/mol，因此 H 原子的 1s 轨道和 O 的 2p 轨道可以组成分子轨道，Na 的 3s 轨道和 O 的 2p 轨道不可以组成分子轨道，只能形成离子键。

③ 轨道最大重叠。在符合对称性匹配和能量相近的原则下，原子轨道的重叠程度越大，成键效应越显著，形成的化学键越稳定。因此两原子轨道进行尽可能大的重叠，以使成键的分

子轨道的能量尽可能降低。

例如，HF 中氢的 1s 轨道和氟的 2p 轨道能量相近，所以发生组合。氟的 $2p_x$ 轨道顺着分子中原子核的连线向氢的 1s 轨道“头碰头”地靠拢而达到最大重叠。氢的 1s 轨道与氟的 $2p_x$ 轨道是对称性匹配的，而与氟的 $2p_y$、$2p_z$ 轨道不匹配。

在上述三个原则中，对称性匹配原则是首要的，它决定原子轨道能否组合成分子轨道，能量相近原则和轨道最大重叠原则是在符合对称性匹配原则的前提下，决定分子轨道组合效率问题。

(4) 电子在分子轨道上的填充遵循三个原则：泡利不相容原理、能量最低原理、洪德规则。

8.3.2 分子轨道的形成

分子轨道理论认为有几个原子轨道参与组合就可以形成几个分子轨道，其中有一部分分子轨道是由对称性匹配的原子轨道叠加而成，两核间电子云密度增大，其能量比原来的原子轨道能量低，有利于成键，这样组合得到的分子轨道称为成键分子轨道；同时这些对称性匹配的原子轨道也会相减形成另一种分子轨道，结果是两核间电子云密度降低，其能量较原来的原子轨道能量高，不利于成键，这样组合得到的分子轨道称为反键分子轨道。

根据原子轨道线性组合的方式不同，分子轨道可分为 σ 分子轨道和 π 分子轨道。分子轨道绕键轴旋转 180°，若形状和符号均未发生变化，称为 σ 分子轨道；若形状不变，符号发生变化，称作 π 分子轨道。

1. σ 分子轨道

两个原子的 s 轨道以“头碰头”的方式组合，形成了一个成键 σ_s 轨道和一个反键 σ_s^* 轨道，如图 8-9 所示。分布在成键 σ 轨道上的电子称为成键 σ 电子，它们使所形成的分子稳定性增强；分布在反键 σ_s^* 轨道上的电子称为反键 σ 电子，它们使所形成的分子稳定性降低。由 σ 电子的成键作用构成的共价键称为 σ 键。

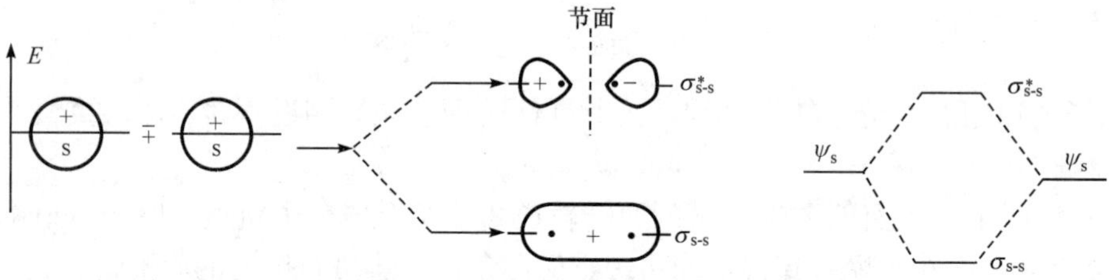

图 8-9 s-s 轨道重叠形成的 σ 分子轨道示意图

两个原子的 p_x 轨道以“头碰头”的方式重叠，形成了一个成键 σ_p 轨道和另一个反键 σ_p^* 轨道，如图 8-10 所示。

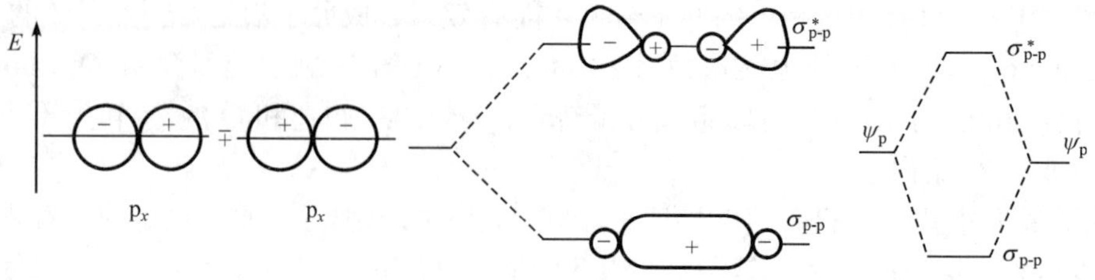

图 8-10 p_x-p_x 轨道重叠形成的 σ 分子轨道示意图

除了 s-s、p_x-p_x 能够组合成分子轨道外，s 轨道和 p_x 轨道对称性匹配，如果两者能量近似，也可以组合成分子轨道。一个 s 轨道与一个 p_x 轨道“头碰头”重叠，形成了一个成键 σ 轨道和一个反键 $σ^*$轨道，如图 8-11 所示。

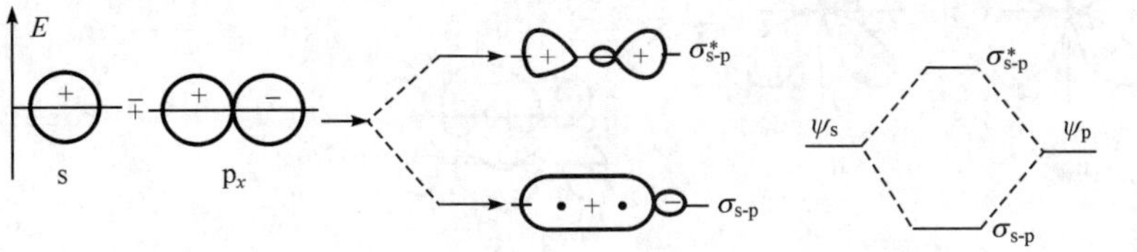

图 8-11　s-p_x 轨道重叠形成的 σ 分子轨道示意图

2. π 分子轨道

如果两个原子的 p_y 轨道(或者两个原子的 p_z 轨道)以“肩并肩”方式组合，将形成一个成键 π 轨道和一个反键 $π^*$轨道，如图 8-12 所示。成键 π 轨道无对称轴，有一个通过键轴与纸面垂直的对称平面，分别置于截面的上、下两侧，截面上电子云密度等于 0。分布在成键 π 轨道上的电子称为成键 π 电子，它们使分子的稳定性增强。反键 $π^*$轨道分别置于截面上、下两侧，能量较高。分布在反键 $π^*$轨道上的电子称为反键 π 电子，它们使分子的稳定性降低。由 π 电子的成键作用构成的共价键称为 π 键。

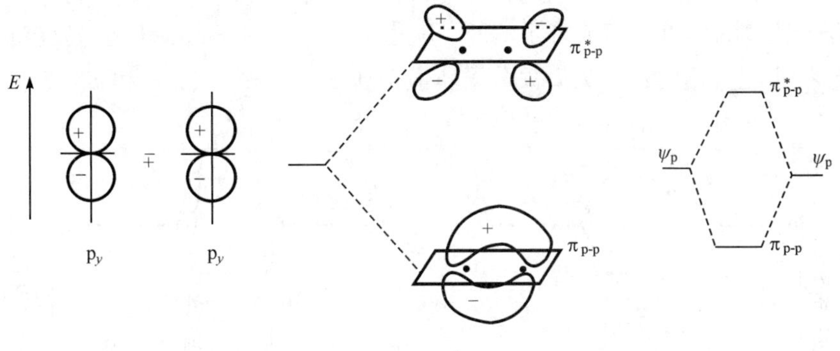

图 8-12　p_y-p_y 轨道重叠形成的 π 分子轨道示意图

另外，p_y-d_{xy}、d_{xy}-d_{xy} 也能以“肩并肩”方式组合成 π 分子轨道，如图 8-13 和图 8-14 所示。

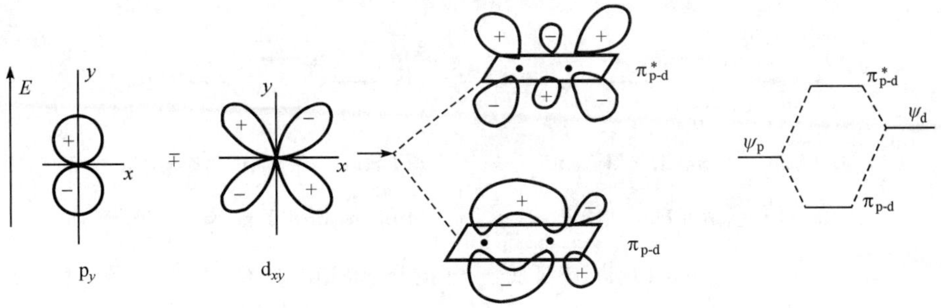

图 8-13　p_y-d_{xy} 轨道重叠形成的 π 分子轨道示意图

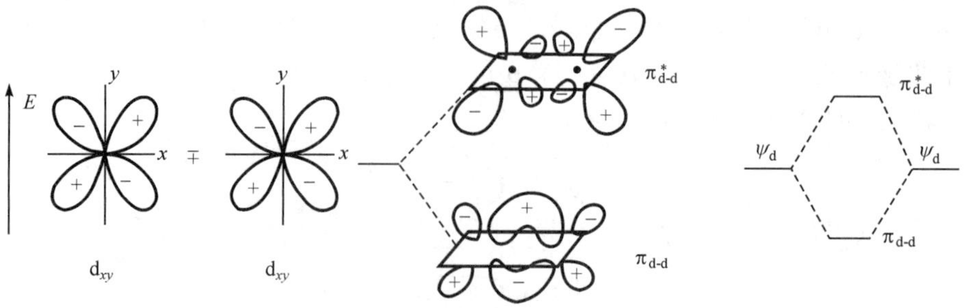

图 8-14　d_{xy}-d_{xy}轨道重叠形成的 π 分子轨道示意图

8.3.3　同核双原子分子的结构

分子轨道的能级顺序目前主要由光谱实验数据确定。将分子轨道按能级的高低排列起来，就可获得分子轨道的能级图，第 2 周期元素形成的同核双原子分子的分子轨道能级示意图如图 8-15 所示。图中(a)、(b)两能级图的差异在于 σ_{2p} 和 π_{2p} 的能级次序不同。图 8-15(a)中 σ_{2p} 能级比 π_{2p} 低，该能级图适用于 O_2、F_2 分子。而在图 8-15(b)中，σ_{2p} 能级比 π_{2p} 能级高，该能级图适用于 N_2、C_2、B_2 等分子。第 2 周期元素同核双原子分子的 2p 轨道和 2s 轨道的能级顺序如图 8-16 所示。能级图中的一个短横表示一个原子轨道或一个分子轨道。分子轨道的名称(σ, π)与分子轨道的对称性有关。图中分子轨道的符号上带“*”号的是反键轨道，不带“*”号的是成键轨道。注意分子轨道的数目和组成分子的原子轨道的数目相同，成键轨道与反键轨道的数目相同。轨道的形状、能量相同，称为简并分子轨道，如 π_{2p_y} 和 π_{2p_z}、$\pi^*_{2p_y}$ 和 $\pi^*_{2p_z}$ 等。

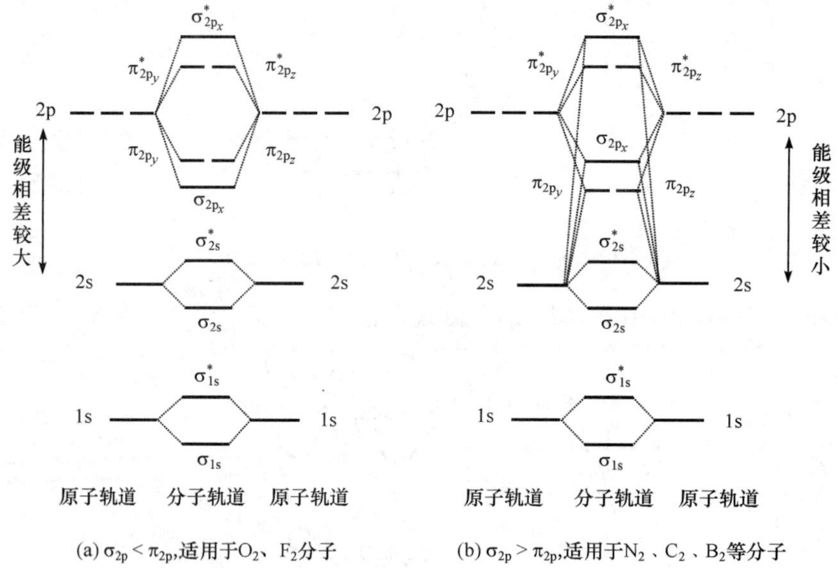

图 8-15　同核双原子分子的分子轨道能级图

分子中的所有电子属于整个分子，在分子轨道中按能量由低到高的次序排布。电子在分子轨道上的排布仍然遵循核外电子排布的规则——泡利不相容原理、能量最低原理、洪德规则。

F 原子的核外有 9 个电子，F_2 共有 18 个电子，这些电子按能级图由低到高排布，则 F_2 分子的电子排布式为

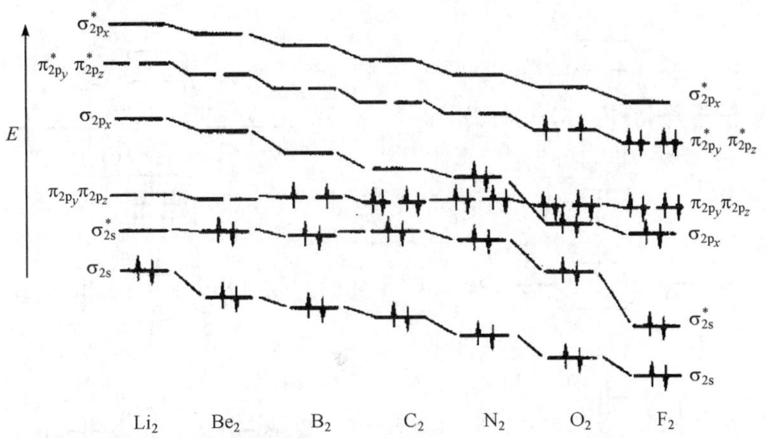

图 8-16　第二周期元素同核双原子分子的 2p 和 2s 轨道能级顺序

$$[(\sigma_{1s})^2(\sigma_{1s}^*)^2(\sigma_{2s})^2(\sigma_{2s}^*)^2(\sigma_{2p_x})^2(\pi_{2p_y})^2(\pi_{2p_z})^2(\pi_{2p_y}^*)^2(\pi_{2p_z}^*)^2]$$

其中，$(\sigma_{1s})^2$ 与$(\sigma_{1s}^*)^2$、$(\sigma_{2s})^2$ 与$(\sigma_{2s}^*)^2$、$(\pi_{2p_y})^2$ 与$(\pi_{2p_y}^*)^2$、$(\pi_{2p_z})^2$ 与$(\pi_{2p_z}^*)^2$ 的成键作用和反键作用相互抵消，对成键没有贡献；对成键有贡献的是$(\sigma_{2p_x})^2$，所以 F_2 分子含有一个σ键，F—F。

O 原子的核外有 8 个电子，O_2 共有 16 个电子，这些电子按能级图由低到高排布，则 O_2 分子的电子排布式为

$$[(\sigma_{1s})^2(\sigma_{1s}^*)^2(\sigma_{2s})^2(\sigma_{2s}^*)^2(\sigma_{2p_x})^2(\pi_{2p_y})^2(\pi_{2p_z})^2(\pi_{2p_y}^*)^1(\pi_{2p_z}^*)^1]$$

其中，$(\sigma_{1s})^2$ 与$(\sigma_{1s}^*)^2$、$(\sigma_{2s})^2$ 与$(\sigma_{2s}^*)^2$ 的成键作用和反键作用相互抵消，对成键没有贡献；$(\sigma_{2p_x})^2$ 对成键有贡献，形成一个σ键；$(\pi_{2p_y})^2$ 和$(\pi_{2p_y}^*)^1$ 的成键作用和反键作用没有完全抵消，形成一个三电子π键；$(\pi_{2p_z})^2$ 和$(\pi_{2p_z}^*)^1$ 的成键作用和反键作用没有完全抵消，形成另一个三电子π键。所以，O_2 分子含有一个σ键，两个三电子π键，O⋮⋮O 。

对三电子π键，由于有一个电子在反键轨道上，对成键起削弱作用，因此三电子π键的键能较小，所以尽管 O_2 分子中存在叁键，其键能比 N_2 分子小(O_2 的键能为 $498\text{kJ}\cdot\text{mol}^{-1}$，$N_2$ 的键能为 $945\text{kJ}\cdot\text{mol}^{-1}$)。按分子轨道理论，$O_2$ 分子中有两个单电子，所以是顺磁性的。O_2 分子轨道示意图如图 8-17(a)所示。

N 原子的核外有 7 个电子，N_2 共有 14 个电子，这些电子按能级图由低到高排布，则 N_2 分子的电子排布式为

$$(\sigma_{1s})^2(\sigma_{1s}^*)^2(\sigma_{2s})^2(\sigma_{2s}^*)^2(\pi_{2p_y})^2(\pi_{2p_z})^2(\sigma_{2p_x})^2$$

其中，$(\sigma_{1s})^2$ 与$(\sigma_{1s}^*)^2$、$(\sigma_{2s})^2$ 与$(\sigma_{2s}^*)^2$ 的成键作用和反键作用相互抵消，对成键没有贡献；$(\sigma_{2p_x})^2$ 对成键有贡献，形成一个σ键；$(\pi_{2p_y})^2$ 对成键有贡献，形成一个π键；$(\pi_{2p_z})^2$ 对成键有贡献，形成另外一个π键。所以，N_2 分子含有一个σ键，两个π键，N≡N。N_2 分子轨道示意图如图 8-17(b)所示。

分子中共价键的强度用键级(bond order)表示，键级的定义为

$$键级 = \frac{成键轨道上的电子数 - 反键轨道上的电子数}{2}$$

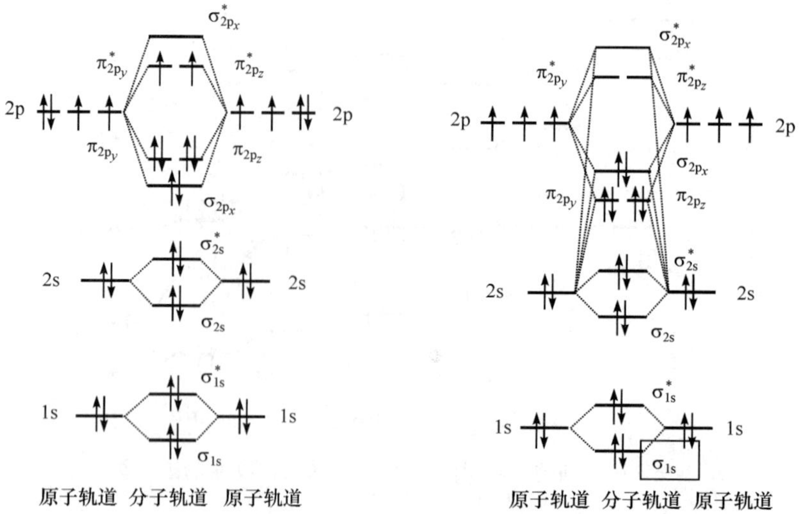

(a) O_2分子轨道填充示意图　　(b) N_2分子轨道填充示意图

图 8-17　分子轨道填充示意图

分子的键级越大，表明共价键越牢固，分子也越稳定。He_2分子的键级$=\dfrac{2-2}{2}=0$，说明它不能稳定存在；而N_2分子的键级$=\dfrac{10-4}{2}=3$，说明它很稳定。

【例 8-1】 写出O_2、O_2^-、O_2^{2-}的分子轨道电子排布式，说明它们是否能稳定存在，并指出它们的磁性。

解

$$O_2：[(\sigma_{1s})^2(\sigma_{1s}^*)^2(\sigma_{2s})^2(\sigma_{2s}^*)^2(\sigma_{2p_x})^2(\pi_{2p_y})^2(\pi_{2p_z})^2(\pi_{2p_y}^*)^1(\pi_{2p_z}^*)^1]$$

从O_2分子中的电子在分子轨道上的分布可知，O_2分子有一个σ键，两个三电子π键，键级为 2，所以该分子能稳定存在。它有两个未成对的电子，具有顺磁性。

$$O_2^-：[(\sigma_{1s})^2(\sigma^*_{1s})^2(\sigma_{2s})^2(\sigma^*_{2s})^2(\sigma_{2p_x})^2(\pi_{2p_y})^2(\pi_{2p_z})^2(\pi_{2p_y}^*)^2(\pi_{2p_z}^*)^1]$$

O_2^-分子离子比O_2分子多一个电子，这个电子应分布在$\pi^*_{2p_y}$分子轨道上，该分子离子尚有一个σ键，一个三电子π键，键级为 1.5，所以也能稳定存在。由于仍有一个未成对电子，具有顺磁性。

$$O_2^{2-}：[(\sigma_{1s})^2(\sigma_{1s}^*)^2(\sigma_{2s})^2(\sigma_{2s}^*)^2(\sigma_{2p_x})^2(\pi_{2p_{y,z}})^4(\pi^*_{2p_{y,z}})^4]$$

O_2^{2-}分子离子比O_2分子多两个电子，使其π^*_{2p}轨道上的电子也都配对，它们与π_{2p}轨道上的电子对成键的贡献基本相抵，该分子离子有一个σ键，键级为 1,不如前述稳定,无未成对电子，为抗磁性。

8.3.4　异核双原子分子的结构

异核双原子分子和同核双原子分子一样，可通过原子轨道的线性组合来构成分子轨道。但因两原子不同，相对应的原子轨道的能量就不同。

例如，对于 CO 分子，C 原子和 O 原子的核电荷数相差较小，虽然 O 原子的 2s 轨道和 2p 轨道的能量比 C 原子的低，但由于 C 原子和 O 原子相应的原子轨道能量相近，可以组合成分子轨道。CO 和N_2的电子数相同，是等电子体，所以 CO 分子的电子排布与N_2相同。CO 分子的电子排布为

$$[(\sigma_{1s})^2(\sigma_{1s}^*)^2(\sigma_{2s})^2(\sigma_{2s}^*)^2(\pi_{2p_y})^2(\pi_{2p_z})^2(\sigma_{2p_x})^2]$$

其中，$(\sigma_{1s})^2$与$(\sigma_{1s}^*)^2$、$(\sigma_{2s})^2$与$(\sigma_{2s}^*)^2$的成键作用和反键作用相互抵消，对成键没有贡献；对

成键有贡献的是$(\pi_{2p_y})^2$、$(\pi_{2p_z})^2$、$(\sigma_{2p_x})^2$，所以 CO 分子含有一个σ键和两个π键。但 CO 分子的叁键与 N_2 分子的叁键不同，有一个是由 C 原子提供空轨道、O 原子提供孤对电子形成的反馈配位键，C ⇄ O。

对于 HF 分子，H 原子和 F 原子的核电荷数相差较大，F 原子的 1s 轨道和 2s 轨道能量很低，它们与 H 原子的 1s 轨道能量相差太多，在与 H 原子作用时，不能形成分子轨道，仍保持 F 原子中的 1s、2s 轨道原貌，对 HF 的形成不起作用，是非键分子轨道，分别为 1σ和 2σ(这种仅由一个原子单方面提供的轨道，称为非键分子轨道，通常用 nb(nonbonding)标注，非键分子轨道不再属于提供轨道的原子)。F 原子的 3 个 2p 轨道与 H 原子的 1s 轨道能量相近，满足分子轨道三原则中的能量相近原则，但 3 个 2p 轨道中只有 $2p_x$ 与 H 原子的 1s 轨道满足对称性相近原则，能组合成分子轨道，分别为 3σ(成键轨道)和 4σ(反键轨道)。$2p_y$ 和 $2p_z$ 由于与 H 原子的 1s 轨道对称性不匹配，仍保留原有的能量状态，形成非键轨道，即 1π。图 8-18 为 HF 分子轨道能级示意图。

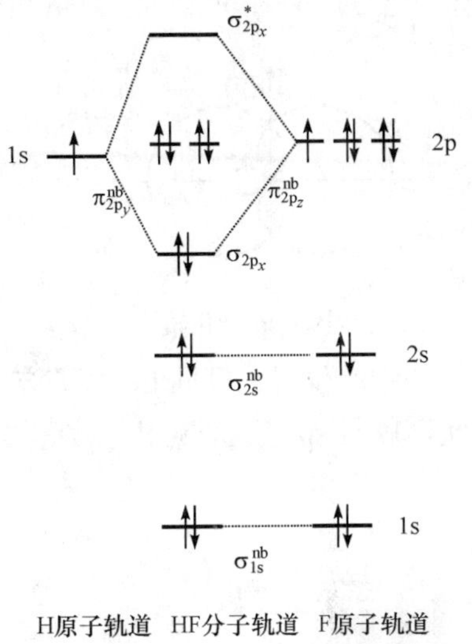

图 8-18　HF 分子轨道能级示意图

HF 分子核外电子排布为$(1\sigma)^2(2\sigma)^2(3\sigma)^2(1\pi)^4$。对成键有贡献的是 3σ上的 1 对电子，所以 HF 分子有一个σ键，H—F。

分子轨道理论和价键理论两者都建立在量子力学基础上，从不同的角度来阐明分子的形成过程，是处理共价键的两个基本理论。20 世纪 50 年代，由于电子计算机的运用，分子轨道理论得到了迅速的发展。量子化学开始了从对分子结构的静态研究逐步深化到对分子结构的动态研究，并在有机化学结构分析和指导有机化合物的合成方面，有着广泛的应用。

8.4　杂化轨道理论

根据价键理论，共价键是成键原子通过电子配对形成的。例如，H_2O 分子的空间构型，根据价键理论，两个 H—O 键的夹角应该是 90°，但实测结果是 104.5°。又如，C 原子，其价电子构型为 $2s^22p^2$，按电子配对法，只能形成两个共价键，且键角应为 90°，显然，与实验事实不符。

1931 年，鲍林和斯莱特提出了杂化轨道理论。

8.4.1　杂化轨道理论要点

(1) 在原子间相互作用形成分子的过程中，为了提高成键的能力，中心原子的若干能量相近的原子轨道重新组合，形成数目相等的一组新轨道，这个过程称为杂化(hybridization)，杂化所产生的新轨道称为杂化轨道(hybrid orbital)。

(2) 杂化轨道的角度波函数在某方向的值比杂化前大得多，更有利于原子轨道间最大程度地重叠，因而杂化轨道比杂化前的原子轨道的成键能力强。

(3) 杂化轨道之间尽可能在空间达到最大夹角分布，使其相互间的排斥力最小，形成的共价键更加稳定。不同类型的杂化轨道有不同的空间取向，从而决定了共价型多原子分子或离子的不同的空间构型。没有参与杂化的轨道仍保持原有的形状。

8.4.2　杂化轨道的类型

1. 等性杂化

形成能量相等、空间分布对称的杂化轨道的过程，每个杂化轨道的 s、p、d 成分相同，这种杂化称为等性杂化。参与杂化的每个原子轨道均有未成对的单电子的体系一般进行等性杂化。

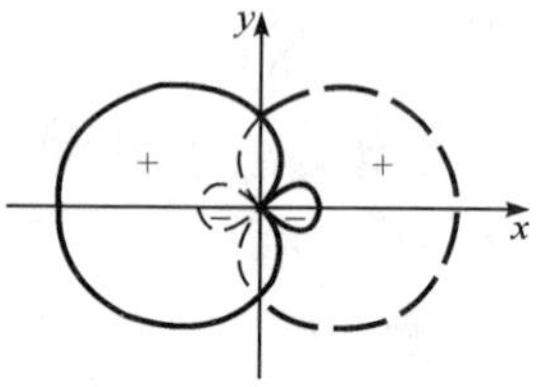

图 8-19　sp 杂化轨道

1) sp 杂化

由同一原子的一个 *n*s 轨道和一个 *n*p 轨道线性组合得到的两个杂化轨道称为 sp 杂化轨道。每个杂化轨道都包含着 1/2 的 s 成分和 1/2 的 p 成分，两个杂化轨道的夹角为 180°，如图 8-19 所示。

例如，实验测得 $BeCl_2$ 是直线形共价分子，Be 原子位于分子的中心位置，可见 Be 原子应以两个能量相等、成键方向相反的轨道与 Cl 原子成键，这两个轨道就是 sp 杂化轨道。

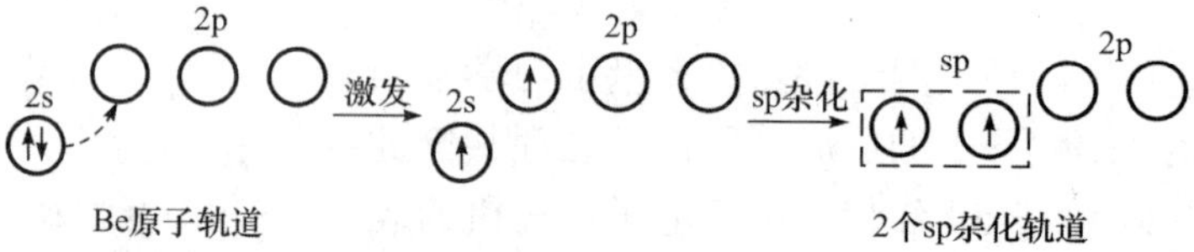

2) sp^2 杂化

sp^2 杂化是一个 *n*s 原子轨道与两个 *n*p 原子轨道的杂化，每个杂化轨道都含 1/3 的 s 成分和 2/3 的 p 成分，轨道夹角为 120°，轨道的伸展方向指向平面三角形的 3 个顶点，如图 8-20(a)所示。BF_3 为典型实例。硼原子的电子层结构为 $1s^22s^22p^1$，为了形成 3 个σ键，硼的一个 2s 电子要先激发到 2p 的空轨道上，然后经 sp^2 杂化形成 3 个 sp^2 杂化轨道。所以 BF_3 分子的空间构型为平面三角形[图 8-20(b)]。

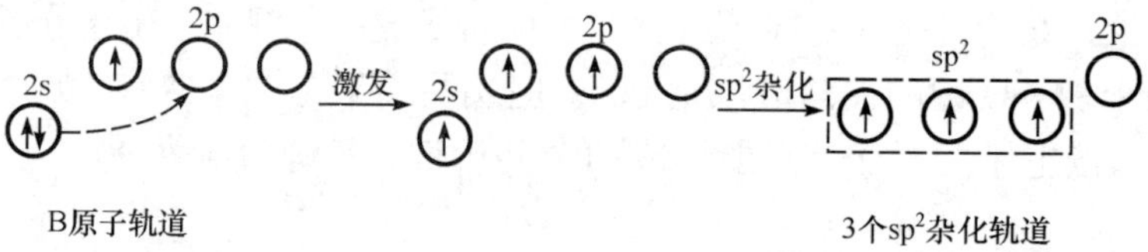

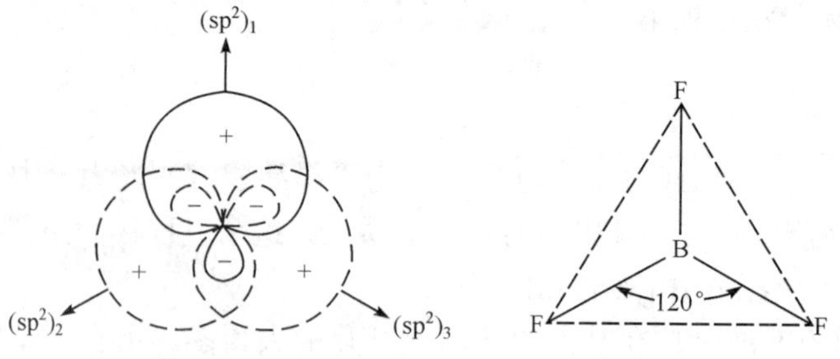

(a) 3个 sp^2 杂化轨道　　(b) BF_3 分子构型

图 8-20　sp^2 杂化轨道与 BF_3 分子构型

3) sp^3 杂化

sp^3 杂化是由一个 *n*s 原子轨道和三个 *n*p 原子轨道参与杂化的过程。CH_4 中碳原子的杂化就属此种杂化。碳原子价电子构型为 $2s^22p^2$，碳原子也经历激发、杂化过程，形成了 4 个 sp^3 杂化轨道：每一个 sp^3 杂化轨道都含有 1/4 的 s 成分和 3/4 的 p 成分，轨道之间的夹角为 109.5°(图 8-21)。

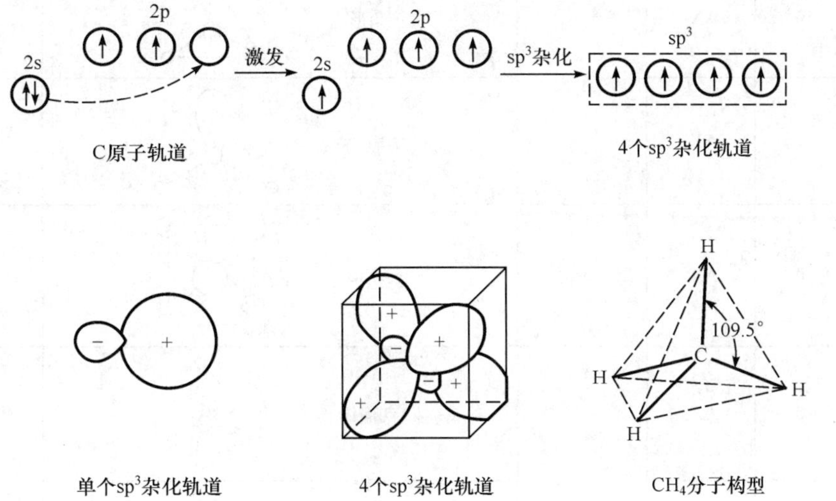

图 8-21　sp^3 杂化轨道与 CH_4 分子结构

2. 不等性杂化

不等性杂化是指形成能量相等、空间分布不完全对称的杂化轨道的过程，对应轨道为不等性杂化轨道。参与杂化的原子轨道除有未成对的单电子原子轨道外，还有成对电子的原子轨道的体系进行不等性杂化，如 N、O 等原子等。

氮原子的价电子层结构为 $2s^22p^3$，在形成 NH_3 分子时，氮的 2s 和 2p 轨道首先进行 sp^3 杂化。因为 2s 轨道上有一对孤对电子，而含孤对电子的杂化轨道对成键轨道的斥力较大，使成键轨道受到挤压，成键后键角小于 109.5°，分子呈三角锥形(图 8-22)。同样氧原子的价电子层结构为 $2s^22p^4$，在形成 H_2O 分子时，有两对孤对电子，斥力更大，键角更小，分子呈 V 形(图 8-23)。

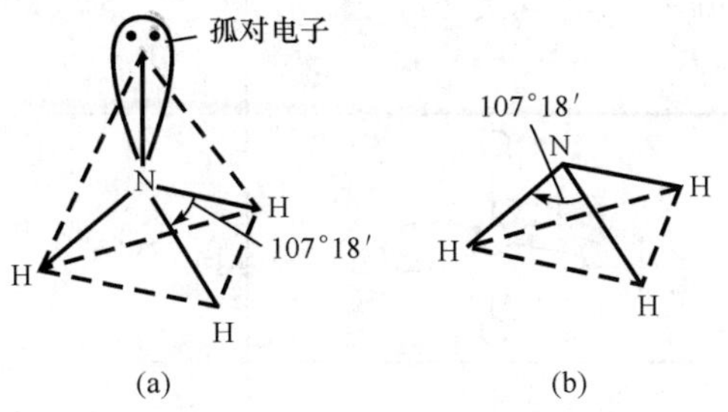

图 8-22　NH_3 分子的空间结构

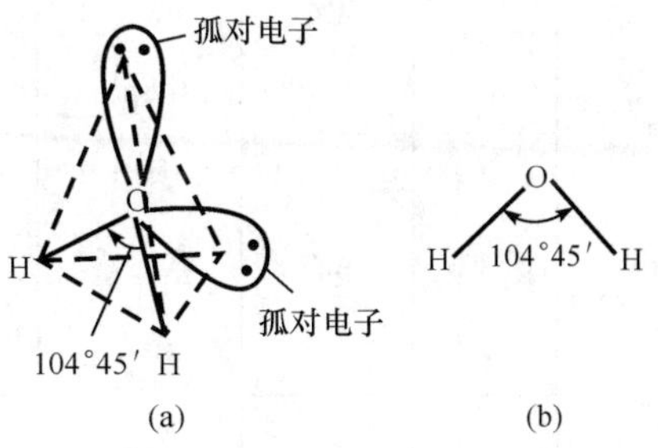

图 8-23　H_2O 分子的空间结构

杂化的原子轨道类型及分子空间构型见表 8-6。杂化轨道在空间有确定的最佳分布，可以依据杂化类型来解释一些分子的空间构型。但是某种分子到底采取哪种类型的杂化轨道，有时很难预言。

表 8-6　常见的分子构型

价层电子对	孤对电子	分子类型	杂化类型	分子空间构型		实例
2	0	AX_2	sp	直线形	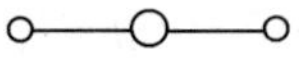	$BeCl_2$,CS_2
3	0	AX_3	sp^2	三角形	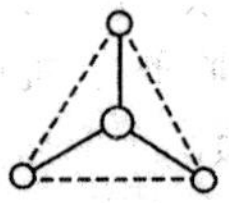	BF_3,SO_3
	1	AX_2		V 形	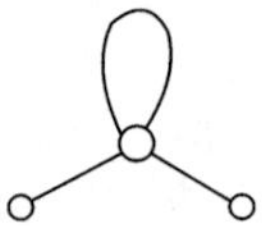	SO_2,NO_2
4	0	AX_4	dsp^2	四边形	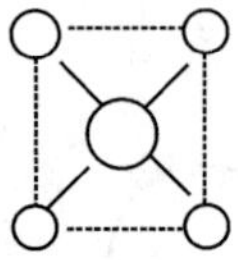	$Cu(NH_3)_4^{2+}$
	0	AX_4	sp^3	四面体	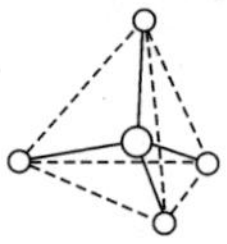	CH_4,SO_4^{2-}
	1	AX_3		三角锥	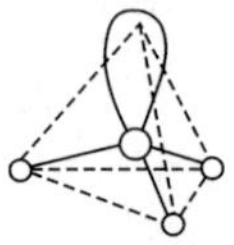	NH_3,SO_3^{2-}
	2	AX_2		V 形	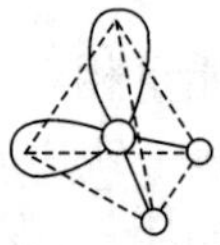	H_2O,H_2S
5	0	AX_5	dsp^3 sp^3d	三角双锥	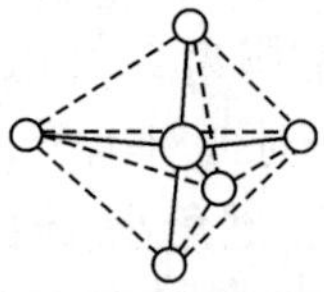	PCl_5,$[Fe(CO)_5]$
	1	AX_4		变形四面体	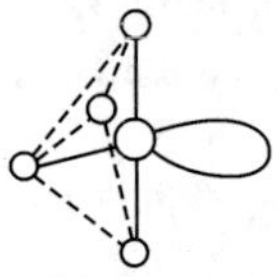	SF_4
	2	AX_3		T 形	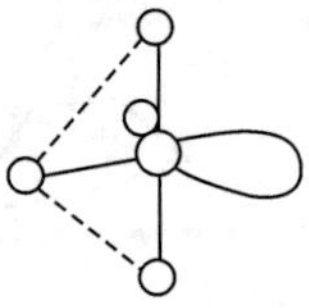	ClF_3,BrF_3
	3	AX_2		直线形	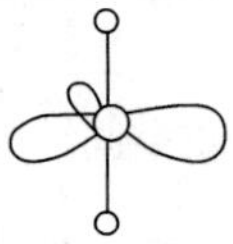	I_3^-,IF_2^-

续表

价层电子对	孤对电子	分子类型	杂化类型	分子空间构型	实例
6	0	AX_6	d^2sp^3 sp^3d^2	八面体 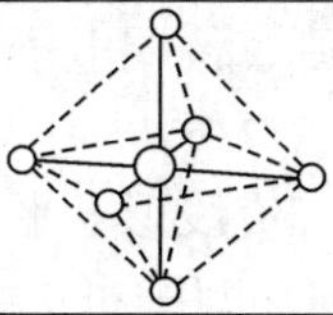	$[Fe(CN)_6]^{3-}$ SF_6,$Fe(H_2O)_6^{2-}$
	1	AX_5		四方锥 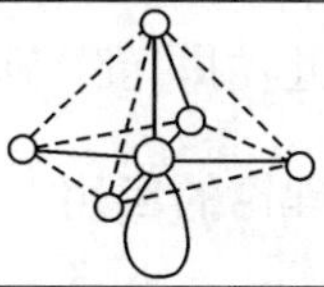	IF_5,BrF_5
	2	AX_4		平行四边形 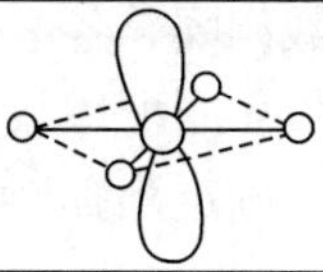	XeF_4,ICl_4^-

8.5　价层电子对互斥理论

1940 年，英国化学家西奇维克(Sidgwick)等在总结大量的实验事实后，提出了价层电子对互斥模型(valence shell electron pair repulsion model, VSEPR)，能够比较简单和比较准确地预测简单分子或简单离子的几何形状。在 20 世纪 60 年代初，该理论经其他科学家加以发展完善，形成了价层电子对互斥理论。这个理论能够很好地推测分子空间构型，从而可以确定分子中中心原子的杂化轨道类型。

8.5.1　价层电子对互斥理论基本要点

(1) 在一个 AB_m 型分子(或离子)中，围绕中心原子 A 的价层电子对(包括成键电子对和孤对电子)之间由于排斥作用而尽可能互相远离，这样电子对之间静电斥力小，分子尽可能采取对称的结构，系统趋于稳定。

(2) 孤对电子只受中心原子核的吸引，比成键电子对接近中心原子，电子云密度大，对相邻电子对的斥力较大。电子对之间斥力大小顺序为

孤对电子-孤对电子 > 孤对电子-成键电子对 > 成键电子对-成键电子对

(3) 如果 AB_m 型分子(或离子)中存在双键或叁键，按生成单键来考虑，即只提供一对成键电子。多重键具有较多的电子而斥力大，其斥力大小顺序是

叁键 > 双键 > 单键

推断分子或离子空间构型的步骤如下：

(1) 计算价层电子对数。

$$M = \frac{1}{2}(\text{中心原子A的价电子数} + \text{配位原子B提供电子数} \pm \text{离子电荷代数值})$$

式中：若是负离子则加上负离子电荷数，正离子则减去离子电荷数，B 原子按都生成单键提供

的电子数(假定氧族元素作配体认为不提供电子；H、卤族元素作配体提供 1 个电子)。

例如，SO_4^{2-}中S的价层电子对数$=\dfrac{6+0+2}{2}=4$。

根据斥力最小的原则，价层电子对数与电子对空间构型的关系表示如下：

z	2	3	4	5	6
构型	直线形	平面三角形	正四面体	三角双锥体	正八面体

(2) 配位原子按几何构型排布在中心原子周围，每一对电子连接一个配位原子，剩余电子对为孤对电子，电子对处在排斥作用小的位置。常见的分子构型见表 8-6。

8.5.2 价层电子对互斥理论的应用

若配体数和电子对数相同，各电子对均为成键电子对，则分子构型和电子对构型一致。配体数不可能大于电子对数。当配体数少于电子对数时，一部分电子对成为成键电子对，另一部分电子对成为孤对电子，确定出孤对电子的位置，分子构型才能确定。

【例 8-2】 利用价层电子对互斥理论判断下列分子和离子的几何构型(电子总数、电子对数、电子对构型和分子构型)：

$$AlCl_3 \quad H_2S \quad SO_3^{2-} \quad NH_4^+ \quad NO_2 \quad IF_3$$

解题思路 根据价层电子对互斥理论，计算单电子个数、价层电子对数、孤对电子数，进而判断分子的构型(注意：必须考虑离子的价态)。

解	$AlCl_3$	H_2S	SO_3^{2-}	NH_4^+	NO_2	IF_3
电子总数	6	8	8	8	5	10
电子对数	3	4	4	4	3	5

电子对构型

三角形	正四面体	正四面体	正四面体	三角形	三角双锥

分子构型

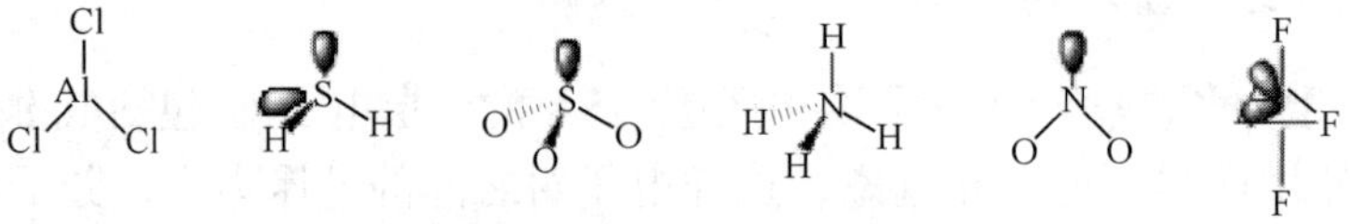

三角形	V 形	三角锥	正四面体	V 形	T 形

8.6 分子间作用力和氢键

分子间作用力是产生于分子或原子之间的静电相互作用力，又称为范德华力。分子间作用力不仅存在于分子晶体中，当分子相互接近到一定程度时，就存在分子间作用力。气体分子能凝聚成液体、固体主要是靠这种作用力，其作用力虽小，但对物质的物理性质(如熔点、沸点、蒸气压、溶解度等)的影响却很大。

8.6.1 分子的极性

1. 极性分子和非极性分子

在任何一个分子中都存在一个正电荷中心和一个负电荷中心，根据两个电荷中心是否重合，可以把分子分为极性分子和非极性分子。正、负电荷中心不重合的分子称为极性分子(polarmole cule)，正、负电荷中心重合的分子称为非极性分子(nonpolar molecule)。

对同核双原子分子，由于两个原子的电负性相同，两个原子之间的化学键是非极性键，分子为非极性分子；如果是异核双原子分子，由于电负性不同，两个原子之间的化学键为极性键，即分子的正电荷中心和负电荷中心不会重合，分子为极性分子，如 HCl、CO 等。

对于复杂的多原子分子来说，如果是相同原子组成的分子，分子中只有非极性键，那么分子通常是非极性分子，单质分子大都属此类，如 P_4、S_8 等。如果组成原子不相同，那么分子的极性不仅与元素的电负性有关，还与分子的空间构型有关。例如，SO_2 和 CO_2 都是三原子分子，都是由极性键组成，但 CO_2 的空间构型是直线形，键的极性相互抵消，分子的正、负电荷中心重合，分子为非极性分子；而 SO_2 的空间构型是 V 形，正、负电荷中心不重合，分子为极性分子。

分子极性的大小常用偶极矩(dipole moment)来量度。在极性分子中，正、负电荷中心的距离称偶极长，用符号 d 表示，单位为米(m)；正、负电荷所带电量为 q^+和 q^-，单位为库仑(C)；分子的偶极矩μ(图 8-24)为

$$\mu = qd$$

偶极矩的 SI 单位是库仑 · 米(C · m)。

偶极矩可通过实验测得，根据偶极矩大小可以判断分子有无极性，偶极矩可帮助判断分子可能的空间构型。

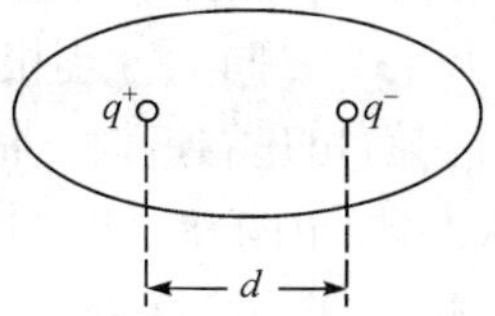

图 8-24 分子的偶极矩

2. 分子变形性

非极性分子在外电场作用下会产生偶极，成为极性分子；极性分子在外电场作用下本来就具有的固有偶极会增大，分子极性进一步增大。这种在外电场作用下，正、负电荷中心距离增大的现象，称为变形极化，所形成的偶极称为诱导偶极(induced dipole)。

诱导偶极与外电场强度 E 成正比：

$$\mu_{诱导} = \alpha E$$

式中：α为比例常数，称为极化率(polarizability)。

如果外电场强度一定，极化率越大，$\mu_{诱导}$越大，分子的变形性也越大，所以极化率可表征分子的变形性。

极性分子受到外电场作用时，要顺着电场方向进行取向，这一现象称为取向极化。

同时电场也使分子正、负电荷中心的距离增大，使分子发生变形，产生诱导偶极。所以此时分子的偶极为固有偶极和诱导偶极之和。

8.6.2 分子间作用力

原子靠化学键结合成分子，化学键的键能一般为 100～600kJ · mol^{-1}，分子聚集成物质靠的是分子间作用力和氢键。稀有气体、H_2、O_2、N_2、Cl_2、NH_3 和 H_2O 等分子能液化或凝固，说明存在分子间作用力。分子间作用力又称为范德华力，包括以下三种。

(1) 色散力。当非极性分子相互靠近时[图 8-25(a)]，由于电子的不断运动和原子核的不断振动，常发生电子云和原子核之间瞬间的相对位移，即要使非极性分子一瞬间正、负电荷重心重合是不可能的，在某一瞬间总会有一个偶极存在，这种偶极称为瞬时偶极。当非极性分子靠近到一定距离时，由于同极相斥，异极相吸，瞬时偶极间总是处于异极相邻的状

态[图 8-25(b)、(c)]。分子间通过瞬时偶极产生的吸引力称为色散力。色散力不仅存在于非极性分子间，同时也存在于非极性分子与极性分子之间和极性分子与极性分子之间。所以色散力是分子间普遍存在的作用力。分子的变形性越大，色散力越大。分子中原子或电子数越多，分子越容易变形，所产生的瞬间偶极矩就越大，相互间的色散力越大。

(2) 诱导力。当极性分子和非极性分子靠近时[图 8-26(a)]，除了色散力外，还存在诱导力。极性分子的固有偶极使非极性分子发生变形，电子云和原子核之间发生相对位移，产生诱导偶极[图 8-26(b)]，固有偶极与诱导偶极之间产生的作用力称为诱导力。同时诱导偶极又作用于极性分子，使其偶极长度增加，从而进一步增强了它们之间的吸引力。

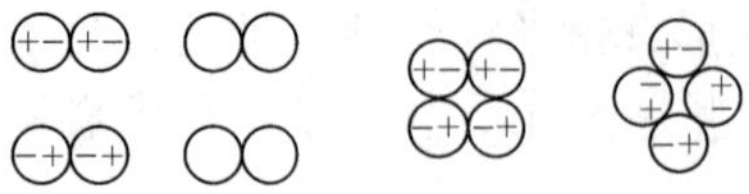

(a)　(b)　(c)

图 8-25　非极性分子间的相互作用

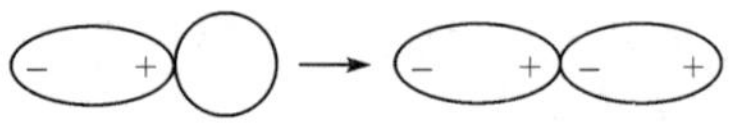

(a)　(b)

图 8-26　极性分子和非极性分子之间的作用

诱导力的大小随极性分子的极性增大而增加，与被诱导的分子的变形性成正比。

(3) 取向力。当极性分子相互靠近时，色散力也起作用。此外，极性分子具有固有偶极，当它们相互靠近时，固有偶极相互作用，同极相斥，异极相吸，分子在空间就按异极相邻的状态取向(图 8-27)，这样可以降低系统能量。固有偶极之间的作用力称为取向力。由于取向力的存在，极性分子更加靠近，在相邻分子的固有偶极的作用下，每个分子的正、负电荷重心更加分开，产生诱导偶极，因此它们之间还存在着诱导力的作用。

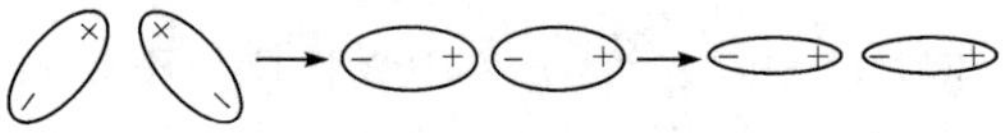

图 8-27　极性分子间的相互作用

取向力的大小取决于分子极性的大小，分子极性越大，取向力越大；取向力与热力学温度成反比。

总之，在非极性分子之间只有色散力；在极性分子和非极性分子之间有色散力和诱导力；在极性分子之间则有色散力、诱导力和取向力。分子间作用力是这三种力的总和。

分子间作用力有以下特点：

(1) 分子间作用力较弱，为 2～30kJ · mol^{-1}，比化学键小 1～2 个数量级，是永远存在于分子之间的一种作用力。

(2) 分子间作用力是静电引力，没有方向性和饱和性，其作用范围为 300～500pm，与分子间距离的 6 次方成反比，即随着分子间距离的增加而迅速减小。

(3) 色散力存在于各种分子之间，一般也是最主要的一种分子间作用力。从表 8-7 列出的一些分子三种作用力的能量分配情况可以看出，像 HCl 这样的极性分子，取向力仅占 16%，色散力则占 80%，只有极性很强的 H_2O 分子间才以取向力为主。

表 8-7　一些分子的分子间作用能的分配(单位：kJ·mol^{-1})

分子	取向力	诱导力	色散力	总和	分子	取向力	诱导力	色散力	总和
H_2	0	0	0.17	0.17	HCl	3.30	1.10	16.82	21.22
Ar	0	0	8.49	8.49	HBr	1.09	0.71	28.45	30.25
Xe	0	0	17.41	17.41	NH_3	13.30	1.55	14.73	29.58
CO	0.003	0.008	8.74	8.75	H_2O	36.36	1.92	9.00	47.28

分子间作用力不影响物质的化学性质，但它和物质的熔点、沸点、聚集状态、气化热、熔化热等物理性质有密切关系，并影响物质的溶解度等性质。一般来说，分子间作用力越大，物质的熔点、沸点越高，聚集状态由气态到固态。例如，F_2、Cl_2、Br_2、I_2都是非极性分子，随着相对分子质量的增加，分子体积增大，变形性增大，分子间色散力依次增大，因此它们的熔点、沸点依次增高。在常温常压下，氟、氯为气体，溴为液体，碘为固体，它们的颜色依次加深。对于相同类型的单质和化合物来说，通常分子的极性对化合物熔点、沸点的影响不大，一般随相对分子质量增加，分子体积增大，其色散力增加，则熔点、沸点也增加，如 HCl、HBr、HI。当相对分子质量相同或相近时，极性分子化合物的熔点、沸点比非极性分子略高。

8.6.3　氢键

因为存在分子间氢键，固体熔化或液体气化时，不仅要破坏分子间作用力，还要提供额外的能量去破坏分子间的氢键。NH_3、H_2O和HF的熔点和沸点与同族氢化物相比反常地升高，就是因为它们都有分子间氢键。图 8-28 是常见氢化物的沸点与周期的关系图。例如，HF 分子气相时为二聚体$(HF)_2$，HCOOH 分子气相时也为二聚体$(HCOOH)_2$。根据甲酸二聚体在不同温度的解离度，可求得它的解离能为 $59.0kJ \cdot mol^{-1}$，这个数据显然远远大于一般的分子间作用力。

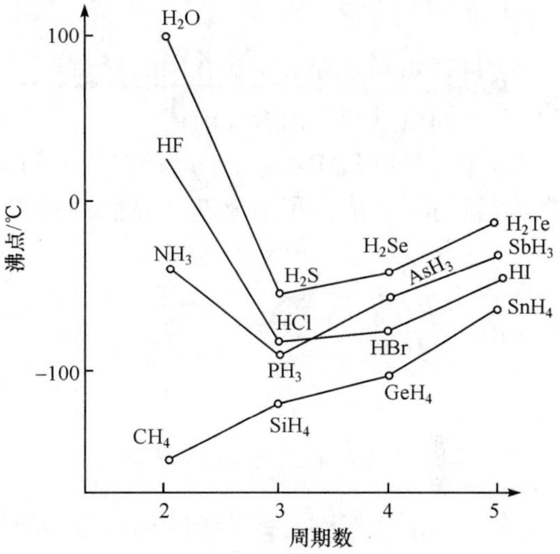

图 8-28　氢化物的沸点

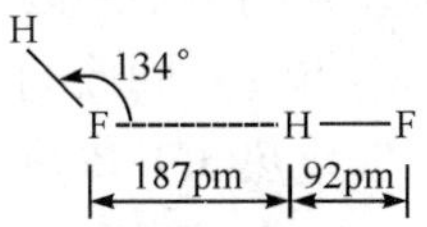

$(HF)_2$

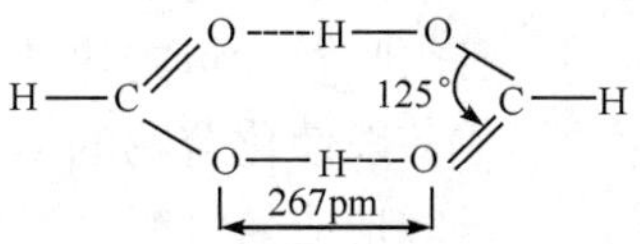

$(HCOOH)_2$

1. 形成氢键的条件

当氢与电负性很大、半径很小的原子 X(X 可以是 F、O、N 等高电负性元素)形成共价键时，共用电子对强烈偏向于 X 原子，因而氢原子几乎成为半径很小、只带正电荷的裸露的质子。这个几乎裸露的质子能与电负性很大的其他原子(Y)相互吸引，也可以和另一个 X 原子相互吸引，形成氢键。因此，形成氢键的条件如下：

(1) 氢原子与电负性很大的原子 X 形成共价键。

(2) 有另一个电负性很大且具有孤对电子的原子 X(或 Y)。一般在 X—H⋯X(Y)中，把“⋯”称作氢键。

易形成氢键的元素有 F、O、N 及 Cl、S。这些元素的电负性越大，氢键越强；原子半径越小，氢键也越强。

氢键的强弱与这些元素的电负性大小、原子半径大小有关，氢键的强弱顺序为

$$F—H\cdots F > O—H\cdots O > N—H\cdots N > O—H\cdots Cl > O—H\cdots S$$

2. 氢键的特点

(1) 键能一般在 40kJ · mol^{-1} 以下，比化学键的键能小得多，与分子间作用力在同一数量级。

(2) 具有饱和性和方向性。氢键的饱和性表示一个 X—H 只能和一个 Y 形成氢键。氢键的方向性是指 Y 原子与 X—H 形成氢键时，其方向尽可能与 X—H 键轴在同一方向，即 X—H···Y 尽可能保持 180°(这样成键可使 X 与 Y 距离最远，两原子的电子云斥力最小，形成稳定的氢键)。

3. 氢键的分类

氢键分为分子间氢键和分子内氢键。

分子间氢键相关内容如前述。

分子内氢键。HNO_3 分子以及在苯酚的邻位上有—NO_2、—COOH、—CHO、—$CONH_2$ 等基团时都可以形成分子内氢键。分子内氢键由于分子结构的原因通常不能保持直线形状。

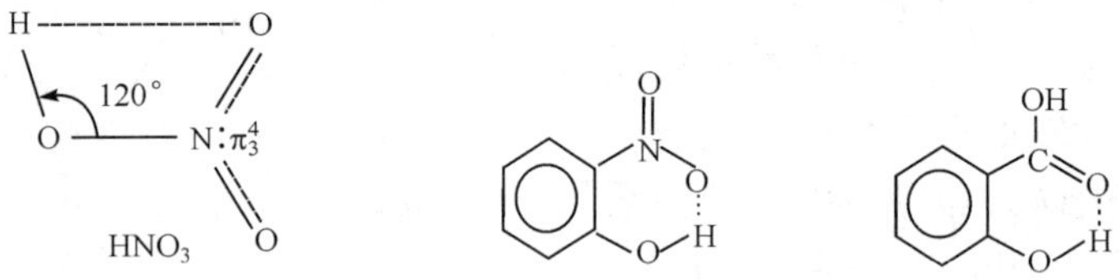

4. 氢键对物质物理性质的影响

分子间形成氢键时，分子间结合力增强，使化合物的熔点、沸点、熔化热、气化热、黏度等增大，蒸气压则减小。例如，HF 的熔、沸点比 HCl 高，H_2O 的熔、沸点比 H_2S 高。甘油的黏度很大，就是因为甘油分子间有氢键。分子间氢键还是分子缔合的主要原因。

因为冰有氢键，必须吸收大量的热才能使其断裂，所以其熔点大于同族的 H_2S。

分子内氢键的形成一般使化合物的熔点、沸点、熔化热、气化热、升华热减小。

当溶质和溶剂分子间形成氢键时，溶质的溶解度增大；当溶质分子间形成氢键时，在极性溶剂中的溶解度下降，而在非极性溶剂中的溶解度增大。例如，邻硝基苯酚易形成分子内氢键，比其间、对硝基苯酚在水中的溶解度更小，更易溶于苯中。

5. 氢键在人类和动植物的生理、生化过程中的作用

氢键在生物大分子(如蛋白质、DNA、RNA 及糖类等)中有重要作用。蛋白质分子的α 螺旋结构就是靠羰基(C═O)上的 O 原子和氨基(—NH_2)上的 H 原子以氢键(C═O···H—N)结合而成。DNA 的双螺旋结构也是靠碱基之间的氢键连接在一起的。

习　题

8-1　化学键的本质是什么？一般有几种类型？原子在分子中吸引电子能力的大小用什么来衡量？

8-2　根据元素的电负性及在周期表中的位置，指出哪些元素间易形成离子键，哪些元素间易形成共价键。

8-3　共价键的强度可用什么物理量来衡量？试比较下列各物质的共价键强度，并按由强至弱排序。

$$H_2\quad F_2\quad O_2\quad HCl\quad N_2\quad C_2\quad B_2$$

8-4　下列叙述是否正确?若不正确则改正。

(1) s 电子与 s 电子间形成的是 σ 键，p 电子与 p 电子间形成的是 π 键；

(2) sp^3杂化轨道指的是 1s 轨道和 3p 轨道混合形成 4 个 sp^3杂化轨道。

8-5　写出 O_2 分子的分子轨道表达式，据此判断下列双原子分子或离子：O_2^+、O_2、O_2^-、O_2^{2-}各有多少成单电子，将它们按键的强度由强到弱的顺序排列，并推测各自的磁性。

8-6　据电负性差值判断下列各对化合物中键的极性大小。

(1) FeO 和 FeS　　(2) AsH_3和 NH_3

(3) NH_3和 NF_3　　(4) CCl_4和 $SiCl_4$

8-7　试说明三种分子 NF_3、BF_3、ClF_3各中心原子的杂化类型、分子的几何构型，并指出各自分子之间可能存在哪些分子间作用力。

8-8　用 VSEPR 理论和杂化轨道理论推测下列各分子的空间构型和中心原子的杂化轨道类型。

PCl_3　SO_2　NO_2^+　SCl_2　$SnCl_2$　BrF_2^+

8-9　离子键无饱和性和方向性，而离子晶体中每个离子有确定的配位数，二者有无矛盾？

8-10　写出下列离子的外层电子排布式，并指出电子构型类型。

Mn^{2+}　Hg^{2+}　Bi^{3+}　Sr^{2+}　Be^{2+}

8-11　试由下列各物质的沸点推断它们分子间作用力的大小，列出分子间作用力由大到小的顺序，并指明这一顺序与相对分子质量的关系。

Cl_2　−34.1℃　　O_2　−183.0℃　　N_2　−198.0℃

H_2　−252.8℃　　I_2　181.2℃　　Br_2　58.8℃

8-12　指出下列各组物质熔点由大到小的顺序。

(1) NaF　KF　CaO　KCl　　(2) SiF_4　SiC　$SiCl_4$

(3) AlN　NH_3　PH_3　　(4) Na_2S　CS_2　CO_2

8-13　已知 NH_3、H_2S、BeH_2、CH_4的偶极矩分别为 $4.90\times10^{-30}C\cdot m$、$3.67\times10^{-30}C\cdot m$、0、0，试说明下列问题：

(1) 分子极性的大小；(2) 中心原子的杂化轨道类型；(3) 分子的几何构型。

8-14　下列化合物中哪些可能有偶极矩？

CS_2　CO_2　CH_3Cl　H_2S　SO_3

8-15　形成氢键必须具备的两个基本条件是什么？

第 9 章　配位化合物

(Coordination Compound)

学习要求

(1) 掌握配位化合物的定义、组成、分类、命名。

(2) 了解配位化合物的类型和配位化合物的异构现象。

(3) 运用价键理论解释和判断配位化合物的形成、稳定性、磁性、空间构型和内外轨型；运用晶体场理论解释中心原子 d 轨道在八面体场中的分裂、晶体场分裂能、晶体场稳定化能。

(4) 掌握配位化合物的稳定常数、不稳定常数、逐级稳定常数、累积稳定常数的概念、意义及其相互关系和计算。

(5) 掌握配位平衡与沉淀平衡、氧化还原平衡、酸碱平衡的相互关系，并会计算。

(6) 了解配位化合物在生物、医药等方面的应用。

配位化合物(coordination compound)简称配合物，也称为络合物(complex)，是一类组成复杂、应用广泛的化合物。早在 1707 年，德国涂料工人迪士巴赫(Diesbach)发现黄血盐$[K_4Fe(CN)_6 \cdot H_2O]$与 Fe^{3+}可生成鲜艳的蓝色沉淀，这就是被称作普鲁士蓝的染料，它是“历史上第一次制出的(组成)确切的”配位化合物。但通常认为配位化合物的研究始于 1789 年法国化学家塔萨厄尔(Tassert)对分子加合物 $CoCl_3 \cdot NH_3$ 的发现。19 世纪上半叶，又陆续发现一些重要的配位化合物，由于当时还不能确定结构，这些物质通常以发现者的名字命名。直到 1893 年，瑞典化学家维尔纳(Werner)在前人和他本人研究的基础上，首先提出了配位化合物的配位理论，揭示了配位化合物的成键本质，使配位化学的研究得到了迅速的发展，他本人也因此在 1913 年获诺贝尔化学奖。20 世纪以来，由于结构化学的发展和各种物理化学方法的采用，配位化学成为化学科学中一个十分活跃的研究领域，并已逐渐渗透到有机化学、分析化学、物理化学、量子化学、生物化学等许多学科中，对近代科学的发展起了很大的作用。

配位化合物与医学的关系日益密切，人体的生理及病理过程涉及许多金属元素的作用，这些金属元素大都与蛋白质、核酸等结合成配位化合物而发挥作用。例如，担负着体内氧气运输作用的血红蛋白是 Fe^{2+}与蛋白质结合而成的配位化合物；体内已知有七十余种含锌的酶(如乳酸脱氢酶、核糖核酸和脱氧核糖核酸合成酶等)均是配位化合物；临床上常用的许多药物，如治疗贫血症的枸橼酸铁铵、治疗血吸虫病的酒石酸锑钾、具有抗癌作用的顺式二氯二氨合铂(Ⅱ)等，都是配位化合物。此外，在生化检验、药物分析、环境监测等方面，配位化合物的应用也很广泛。所以，医学专业的学生必须学习和掌握一些有关配位化合物的基本理论和知识。

9.1　配位化合物的定义和组成

9.1.1　配位化合物的定义

在盛有 $CuSO_4$ 溶液的试管中滴加氨水，边加边摇，开始时有大量天蓝色的沉淀生成，继续滴加氨水时，沉淀逐渐消失，得深蓝色透明溶液，用乙醇处理后，还可以得到深蓝色的晶体，经分析证明为 $[Cu(NH_3)_4]SO_4$。

$$CuSO_4 + 4NH_3 \rightleftharpoons [Cu(NH_3)_4]SO_4$$

在纯的 $[Cu(NH_3)_4]SO_4$ 溶液中，除了水合硫酸根离子和深蓝色的 $[Cu(NH_3)_4]^{2+}$ 外，几乎检测不出 Cu^{2+} 和 NH_3 分子的存在。$Cu(NH_3)_4]^{2+}$、$[Ag(CN_2)]^-$ 等这些复杂离子不仅存在于溶液中，也存在于晶体中。

通常把由一个简单阳离子(或原子)和一定数目的阴离子或中性分子以配位键相结合形成的复杂离子(或分子)称为配离子(或配位单元)，含有配离子的复杂化合物称为配位化合物。这些化合物与简单的化合物的区别在于分子中含有配位单元。

例如，在 $[Cu(NH_3)_4]^{2+}$ 中，每个氨分子中的氮原子提供一对孤对电子，填入 Cu^{2+} 的空轨道，形成四个配位键。这种配位键的形成使 $[Cu(NH_3)_4]^{2+}$ 和 Cu^{2+} 有很大的区别，如与碱不再生成沉淀，颜色也会变深等。类似 $[Cu(NH_3)_4]^{2+}$、$[Ag(NH_3)_2]^+$ 等因为带正电荷，称为配位阳离子，$[Fe(CN)_6]^{4-}$、$[PtCl_6]^{2-}$ 等因为带负电荷，称为配位阴离子。此外，还有一些中性的配位分子，如 $[Ni(CO)_4]$、$[Fe(CO)_5]$ 等。含有配离子的化合物和配位分子统称为配位化合物(习惯上把配离子也称为配位化合物)，如 $[Cu(NH_3)_4]SO_4$、$K_4[Fe(CN)_6$、$H[Cu(CN)_2]$、$[Cu(NH_3)_4](OH)_2$、$[PtCl_2(NH_3)_2]$、$[Fe(CO)_5]$ 都是配位化合物。

9.1.2　配位化合物的组成

1. 内界和外界

配位化合物一般由内界和外界两部分组成。在配位化合物中，把由简单阳离子(或原子)和一定数目的阴离子或中性分子以配位键相结合形成的复杂离子(或分子)，即配离子部分称为配位化合物的内界(inner)，内界为配位化合物的特征部分(配离子)，是一个在溶液中相当稳定的整体，在配位化合物的化学式中以方括号标明。内界既可以是配位阳离子，也可以是配位阴离子。配离子电荷数等于中心原子与配体电荷数的代数和。在配位化合物中除了内界外，距中心离子较远的其他离子称为外界离子，构成配位化合物的外界(outer)，内界与外界之间以离子键

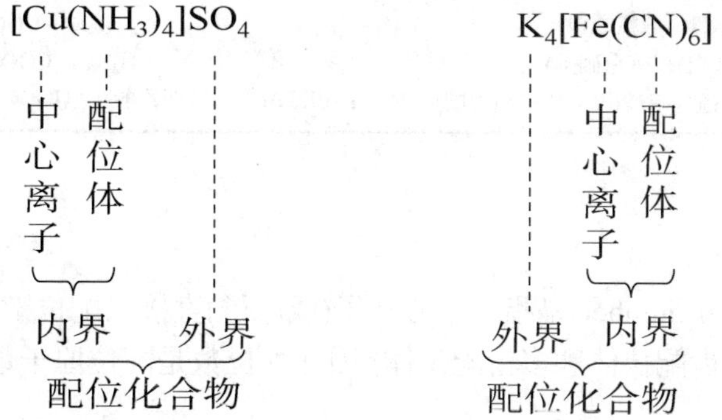

相结合，在水溶液中的行为类似于强电解质。内界与外界离子所带电荷的总量相等，符号相反。

电中性的配位化合物，如$[CoCl_3(NH_3)_3]$、$[Ni(CO)_4]$等，没有外界。

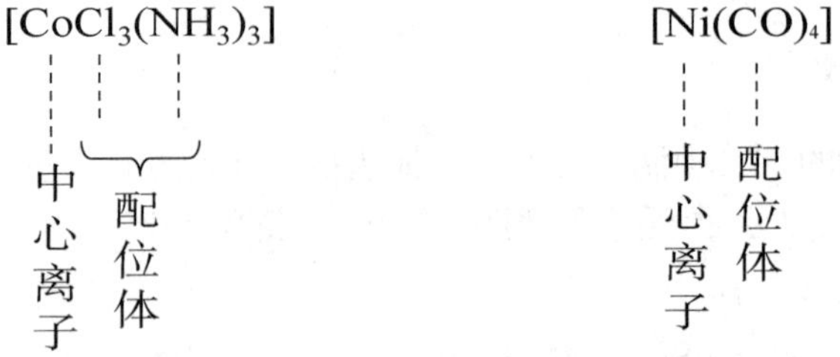

2. 中心离子

中心离子(central ion，用 M 表示，也称为配位化合物的形成体)是指在配位化合物中接受孤对电子的离子或原子，位于配位化合物的中心，具有空的价层电子轨道，能接受孤对电子，一般是金属离子，多为过渡金属离子，如 Cr^{3+}、Fe^{3+}、Cu^{2+}等；也可以是中性原子和高氧化态的非金属元素，如$[Ni(CO)_4]$中的 Ni 原子、$Fe(CO)_5$中的 Fe 原子和$[SiF_6]^{2-}$中的 Si(Ⅳ)。

3. 配位体和配位原子

配位体(ligand，用 L 表示，简称配体)是指在配位化合物中与中心离子(或原子)以配位键相结合，能提供孤对电子的分子或离子，如 NH_3、H_2O 分子和 Cl^-、Br^-、I^-、CN^-、CNS^-等。配位体中提供孤对电子与中心离子(或原子)以配位键相结合的原子称为配位原子。配位体与中心原子形成配离子时，配位原子上的孤对电子授予有空轨道的中心原子形成配位键。配位原子主要是电负性较大的 F、Cl、Br、I、O、S、N、P、C 等非金属元素的原子。

根据一个配位体中所含配位原子的数目不同，可将配位体分为单齿配位体(unidentate ligand)和多齿配位体(multidentate ligand)。

单齿配位体中只含有一个配位原子，如 NH_3、OH^-、X^-、CN^-、SCN^-等。

多齿配位体中含有两个或两个以上的配位原子，如 $C_2O_4^{2-}$、乙二胺($NH_2C_2H_4NH_2$，常缩写为 en)、草酸根 $C_2O_4^{2-}$(简写为 ox)、乙二胺四乙酸根(简称 EDTA)等。多齿配位体的多个配位原子可以同时与一个中心离子结合，所形成的配位化合物特称为螯合物(chelate)。常见的配位体列于表 9-1 中。

表 9-1　常见的配位体

单齿配体	多齿配体
F^-、Cl^-、Br^-、I^-、NH_3、H_2O、CO(羰基)	$H_2NCH_2CH_2NH_2$(乙二胺)
CN^-(氰根)、SCN^-(硫氰酸根)	$^-OOC—COO^-$(草酸根)
NCS^-(异硫氰酸根)、NO_2^-(硝基)	$H_2NCH_2COO^-$(甘氨酸根)
ONO^-(亚硝酸根)、$S_2O_3^{2-}$(硫代硫酸根)、C_5H_5N(吡啶)	EDTA(乙二胺四乙酸)，$(HOOC\ H_2C)_2NCH_2CH_2N(CH_2COOH)_2$

4. 配位数

配位数(coordination number)是指与中心离子(或原子)直接以配位键相结合的配位原子的总数。由于配位体分为单齿配位体和多齿配位体，因此配位数是配位原子数而不是配位体的个数。

中心离子的配位数一般为 2、4、6、8 等，最常见的是 4 和 6。

例如，在$[Ag(NH_3)_2]^+$中，中心离子 Ag^+的配位数为 2；在$[Cu(NH_3)_4]^{2+}$中，中心离子 Cu^{2+}的配位数为 4；在$[Fe(CO)_5]$中，中心原子 Fe 的配位数为 5；在$[Fe(CN)_6]^{4-}$和$[CoCl_3(NH_3)_3]$中，中心离子 Fe^{2+}和 Co^{3+}的配位数皆为 6。

配位化合物中配位体的总数称为配体数，由单齿配位体形成的配位化合物中，配位体数等于配位数；由多齿配位体形成的配位化合物中配位体数小于配位数。在计算中心离子的配位数时，一般是先在配离子中确定中心离子和配位体，接着找出配位原子的数目。如果配位体是单齿的，那么配位体的数目就是该中心离子的配位数。例如，在$[Pt(NH_3)_4]Cl_2$和 $Pt(NH_3)_2Cl_2]$中的中心离子都是 Pt^{2+}，而前者的配位体是 NH_3，后者是 NH_3 和 Cl^-。这些配位体都是单齿的，那么配位数都是 4。如果配位体是多齿的，那么配位体的数目显然不等于中心离子的配位数。例如，$[Pt(En)_2]C1_2$ 中 En(代表乙二胺)是双齿配位体，即每一个 En 有两个氮原子同中心离子 Pt^{2+}配位，因此 Pt^{2+}的配位数不是 2 而是 4。同理在$[Co(En)_3]Cl_3$ 中 Co^{3+}的配位数不是 3 而是 6。

【例 9-1】 指出配位化合物 $K[Fe(en)Cl_2Br_2]$的中心原子、中心原子氧化值、配位体、配位原子、配体数、配位数、配离子电荷、外界离子。

解 中心原子：Fe^{3+} 中心原子氧化值：+3

配体：en、Cl^-、Br^- 配位原子：N、Br、Cl

配位体数：5 配位数：6

配离子电荷：−1 外界离子：K^+

影响配位数的因素很多，主要是中心离子的氧化数、半径和配位体的电荷、半径及彼此间的极化作用，以及配位化合物生成时的条件(如温度、浓度)等。

一般说来，中心离子的电荷高，对配位体的吸引力较强，有利于形成配位数较高的配合物。比较常见的配位数与中心离子的电荷数有如下的关系：

中心离子的电荷：	+1	+2	+3	+4
常见的配位数：	2	4(或 6)	6(或 4)	6(或 8)

中心离子的半径越大，其周围可容纳的配位体就越多，配位数越大。例如，Al^{3+}与 F^-可以形成配离子$[A1F_6]^{3-}$，而体积较小的 B(Ⅲ)原子就只能形成配离子$[BF_4]^-$。但中心离子的半径过大会减小对配位体的吸引力，有时配位数反而减小。

单齿配位体的半径越大，在中心离子周围可容纳的配位体数目就越少。例如，Al^{3+}与 F^-形成$[AlF_6]^{3-}$，与 Cl^-则形成配位数为 4 的$[AlCl_4]^-$。配位体的负电荷越多，在增加中心离子对配位体吸引力的同时，也增加了配位体间的斥力，配位数减小。例如，$[SiO_4]^{4-}$中 Si 的配位数比$[SiF_6]^{2-}$中的小。

此外，配位数的大小还和配位化合物形成时配位体的浓度和溶液的温度有关，一般温度越低，配位体浓度越大，配位数越大。

5. 配离子的电荷数

配离子的电荷等于中心离子电荷与配位体总电荷的代数和。例如，$K_4[Fe(CN)_6]$中，配离子的电荷数为(+2)+(−1)×6=−4，即$[Fe(CN)_6]^{4-}$的电荷数为−4。由于配位化合物必须是中性的，因此也可以从外界离子的电荷来决定配离子的电荷。例如，$[Co(en)_3]Cl_3$ 中，外界有 3 个 Cl^-，所以配离子的电荷一定是+3。

9.2 配位化合物的命名和类型

9.2.1 配位化合物化学式的书写原则及命名

1. 配位化合物化学式的书写

配位化合物化学式的书写应遵循以下两条原则：

(1) 内界与外界之间应遵循无机化合物的书写顺序，即化学式中阳离子写在前，阴离子写在后。

(2) 将整个内界的化学式括在方括号内，在方括号内的中心原子与配位体的书写顺序是：先写出中心原子(形成体)的元素符号，再依次书写阴离子和中性配位体。

对于含有多种配位体的配位化合物，无机配位体列在前面，有机配位体列在后面；若在方括号内含有同类配位体，同类配位体的先后次序是：以配位原子元素符号的英文字母次序为准。例如，NH_3、H_2O 两种中性配位体的配位原子分别为 N 原子和 O 原子，因而 NH_3 写在 H_2O 之前。

两种配位体具有相同的化学式，但由于配位原子不同，要用不同的名称来表示。书写时要把配位原子写在前面。

2. 配位化合物的命名

配位化合物的命名遵循 1979 年中国化学会无机化学专业委员会制定的汉语命名原则，即服从一般无机化合物的命名原则。如果配位化合物的酸根是一个简单的阴离子，则称“某化某”。例如，$[Co(NH_3)_4Cl_2]Cl$ 称氯化二氯四氨合钴(Ⅲ)。如果酸根是一个复杂阴离子，则称为“某酸某”。例如，$[Cu(NH_3)_4]SO_4$ 称为硫酸四氨合铜(Ⅱ)。若外界为氢离子，配阴离子的名称之后用“酸”字结尾。例如，$H[PtCl_3(NH_3)]$称为三氯氨合铂(Ⅱ)酸；它的盐，如 $K[PtCl_3(NH_3)]$则称三氯氨合铂(Ⅱ)酸钾。

1) 内界的命名

配位化合物的命名比一般无机化合物命名更复杂的地方在于配位化合物的内界。处于配位化合物内界的配离子，其命名方法一般依照如下顺序：配位体数→配体名称(不同配位体名称之间以中圆点分开)→“合”→中心离子(原子)名称→中心离子(原子)氧化数(在括号内用罗马数字注明)，中心原子的氧化数为零时可以不标明。例如：

$[Cu(NH_3)_4]^{2+}$　　四氨合铜(Ⅱ)离子

$[Fe(CN)_6]^{3-}$　　六氰合铁(Ⅲ)离子

2) 配位体的命名

配离子中含有两种以上配位体时，配位体之间用“·”隔开。在命名时配位体列出的顺序按如下规定：

(1) 先阴离子，后中性分子，如

$[PtCl_5(NH_3)]^-$　　五氯 · 氨合铂(Ⅳ)

(2) 先无机配位体，后有机配位体，如

$[Co(NH_3)_2(en)_2]^{3+}$　　二氨 · 二(乙二胺)合钴(Ⅲ)

(3) 同类配位体的名称，按配位原子元素符号在英文字母中的顺序排列，如

$[Co(NH_3)_5(H_2O)]^{3+}$　　五氨 · 一水合钴(Ⅲ)

(4) 同类配位体的配位原子相同，则含原子数少的排在前面。

(5) 配位原子相同，配位体中原子数也相同，则按在结构式中与配位原子相连的元素符号在英文字母中的顺序排列，如

$[Pt(NH_2)(NO_2)(NH_3)_2]$　　一氨基 · 一硝基 · 二氨合铂(Ⅱ)

3) 配位化合物的命名

若为配位阳离子化合物，外界是简单的阴离子，则称“某化某”；若外界是复杂的阴离子，则称为“某酸某”。若为配位阴离子化合物，则在配位阴离子与外界之间都用“酸”字连接。

$[Co(NH_3)_6]Br_3$　三溴化六氨合钴(Ⅲ)

$[Co(NH_3)_2(en)_2](NO_3)_3$　　硝酸二氨 · 二(乙二胺)合钴(Ⅲ)

$K_2[SiF_6]$　　六氟合硅(Ⅳ)酸钾

若配位化合物无外界，则按配位体命名，如

$[PtCl_2(NH_3)_2]$　二氯 · 二氨合铂(Ⅱ)

$[Ni(CO)_4]$　　四羰基合镍

某些在命名上容易混淆的配位体，需按配位原子不同分别命名。例如：

—ONO 亚硝酸根，—NO_2 硝基，—SCN 硫氰酸根，—NCS 异硫氰酸根

$[Co(ONO)(NH_3)_5]SO_4$　　硫酸亚硝酸根 · 五氨合钴(Ⅲ)

$[Co(NO_2)_3(NH_3)_3]$　　三硝基 · 三氨合钴(Ⅲ)

9.2.2 配位化合物的类型

配位化合物的范围极其广泛。根据其结构特征，可将配位化合物分为以下几种类型。

1. 简单配位化合物

由单齿配位体与中心原子(离子)直接配位形成的配位化合物称为简单配位化合物。在简单配位化合物的分子或离子中，只有一个中心原子(离子)，且每个配位体只有一个配位原子与中心原子(离子)结合，如$[Ag(SCN)_2]^-$、$[Fe(CN)_6]^{4-}$、$[Cu(NH_3)_4]^{2+}$、$[PtCl_6]^{2-}$等。

2. 螯合物

由多齿配位体(含有 2 个或 2 个以上的配位原子)与同一中心原子(离子)形成的具有环状结构的配位化合物称为螯合物(chelate)，又称内配位化合物。例如，Cu^{2+}与 2 个乙二胺可形成两个五元环结构的二(乙二胺)合铜(Ⅱ)配离子：

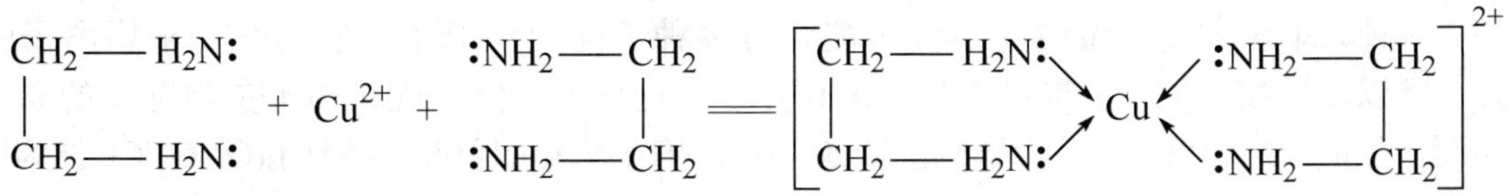

大多数螯合物具有五原子环或六原子环。

3. 多核配位化合物

分子中含有两个或两个以上中心原子(离子)的配位化合物称多核配位化合物。多核配位化合物的形成是由于配位体中的一个配位原子同时与两个中心原子(离子)以配位键结合形成的。

4. 羰基配位化合物

以一氧化碳为配位体的配位化合物称为羰基配位化合物(简称羰合物)。一氧化碳几乎可以和全部过渡金属形成稳定的配位化合物，如 $Fe(CO)_5$、$Ni(CO)_4$、$Co_2(CO)_8$、$Mn_2(CO)_{10}$ 等；一氧化碳通常是中性分子，也有少数是配离子，如$[Co(CO)_4]^-$、$[Mn(CO)_6]^+$、$[V(CO)_6]^-$等，其中金属元素处于低氧化值(包括零氧化值)。

羰基配位化合物用途广泛。例如，利用羰基配位化合物的分解可以制纯金属；$Fe(CO)_5$ 或 $Ni(CO)_4$ 还可以用作汽油的抗震剂替代四乙基铅，以减少汽车尾气中铅的污染；另外，羰基配位化合物在配位催化领域也有广泛的应用。羰基配位化合物熔、沸点一般不高，难溶于水，易溶于有机溶剂，较易挥发、有毒，因此必须警惕，切勿将其蒸气吸入人体。

还有金属簇状配位化合物、夹心配位化合物和大环配位化合物等。

9.2.3 配位化合物的异构现象

分子或离子的化学组成相同而结构不同的现象，称为异构现象。具有相同化学组成但不同结构的分子或离子互称为异构体。互为异构体的分子或离子，在化学和物理性质(颜色、溶解度、化学反应、光谱、光学活性等)上存在不同程度的差别。配位化合物中存在大量的异构现象，通常可分为结构异构和立体异构两大类。

1. 结构异构

由配位化合物中原子间连接方式不同引起的异构现象称结构异构，主要有以下几种类型。

1) 电离异构

当配位化合物在溶液中电离时，由于内界和外界配位体发生交换，生成不同的配离子的异构现象称为电离异构，也称解离异构。一个经典的例子是紫色的$[CoBr(NH_3)_5]SO_4$ 和红色的$[Co(SO_4)(NH_3)_5]Br$。这里 Br^-与 SO_4^{2-}发生相互交换，配位化合物外界的离子可用沉淀剂沉淀出来，如用 $AgNO_3$ 或 $BaCl_2$ 就可以鉴定出这两种异构体。

2) 水合异构

由水分子在配位化合物的内、外界的位置不同而形成的结构异构称为水合异构。水合异构体常常具有不同的颜色，如$[Cr(H_2O)_6]Cl_3$ 为紫色，$[CrCl(H_2O)_5]Cl_2 \cdot H_2O$ 为蓝绿色，$[CrCl_2(H_2O)_4]Cl \cdot 2H_2O$ 为绿色。

3) 键合异构

一种以单齿方式配位的配位体可能含有多种不同配位原子，它与某一金属离子配位时，可以用甲配位原子，也可以用乙配位原子。这种由于同一配位体上参与配位的原子不同而产生的异构现象称为键合异构。例如，$[Co(NH_3)_5NO_2]Cl_2$ 和$[Co(NH_3)_5(ONO)]Cl_2$ 便为键合异构体。

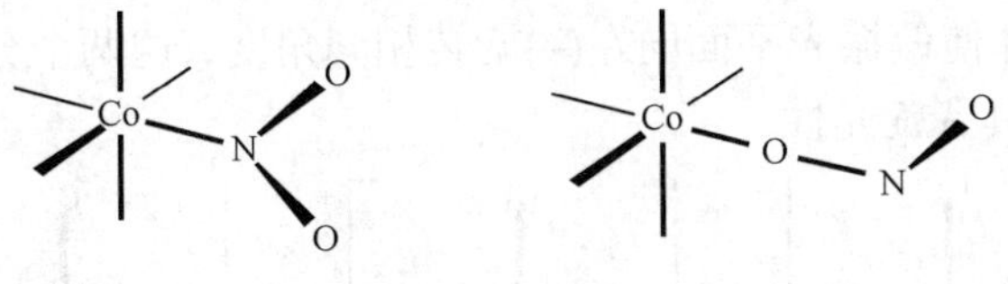

4) 配位异构

含有配位阳离子和配位阴离子的配位化合物盐中，如果在配位阳离子和配位阴离子之间产生中心离子和配位体“搭配”方式不同时，就会出现配位异构现象，如$[Co(NH_3)_6][Cr(C_2O_4)_3]$和$[Cr(NH_3)_6][Co(C_2O_4)_3]$。常见的各种结构异构现象见表 9-2。

表 9-2　常见的各种结构异构现象

异构名称	实例	实验现象
电离异构	$[CoSO_4(NH_3)_5]Br$(红色) $[CoBr(NH_3)_5]SO_4$(紫色)	$AgNO_3 \longrightarrow AgBr$ $BaCl_2 \longrightarrow BaSO_4$
水合异构	$[Cr(H_2O)_6]Cl_3$(紫色) $[CrCl(H_2O)_5]Cl_2 \cdot H_2O$(蓝绿色) $[CrCl_2(H_2O)_4]Cl \cdot 2H_2O$(绿色)	内界所含水分子数随制备时温度和介质不同而异；溶液摩尔电导率随配位化合物内界水分子数减少而降低
配位异构	$[Co(en)_3][Cr(ox)_3]$和$[Co(ox)_3][Cr(en)_3]$	
键合异构	$[CoNO_2(NH_3)_5]Cl_2$ 和$[Co(ONO)(NH_3)_5]Cl_2$	前者为黄褐色，在酸中稳定；后者为红褐色，在酸中不稳定

2. 立体异构

配位体在中心原子(离子)周围因排列方式不同而产生的异构现象，称为立体异构或空间异构。它又分为几何异构(顺反异构)和旋光异构。

1) 几何异构

由内界中两种或多种配位体的几何排列不同而引起的异构现象称为几何异物。相同的配位体可以配置在临近的位置上(顺式，*cis*-)，也可以配置在相对远离的位置上(反式，*trans*-)，故这种异构现象又称为顺反异构。配位数为 2 或 3 的配位化合物或配位数为 4 的四面体配位化合物不存在几何异构，因为在这种结构中，配位体之间都是彼此相邻，毫无区别。然而，对于平面四边形和八面体配位化合物，几何异构却很常见。例如，同一化学式的$[Pt(NH_3)_2Cl_2]$却有下列两种异构体，尽管化学式完全相同，但它们的物理和化学性质却不同，甚至在人体内的生理、病理作用也有所不同。顺式$[Pt(NH_3)_2Cl_2]$是橙黄色，能抑制 DNA 的复制，具有抑制肿瘤的作用，可作抗癌药物，而反式$[Pt(NH_3)_2Cl_2]$是亮黄色，不具抗癌活性。

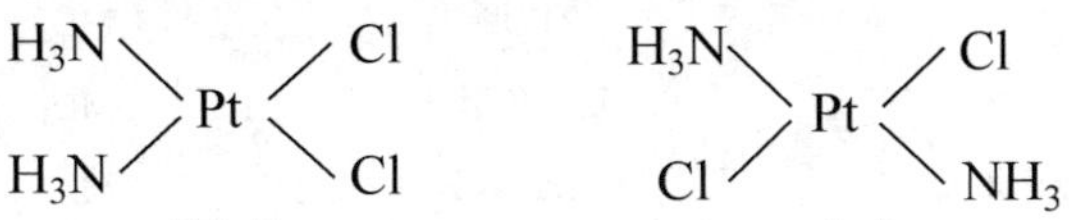

顺式　　反式

2) 旋光异构

旋光异构的两者互成镜像，虽然面对面相似，但不能通过平移和转动操作使彼此叠合，如同我们的左、右手，只相似，不叠合，分子的这种性质称为“手性”。旋光异构体的物理性质、化学性质可能相同，但它们旋转偏振光的性质不同，其中一种异构体使偏振光平面向右(+)旋转一个角度，另一种异构体使偏振光平面向左(–)旋转相同角度，这两个分子具有旋光性。凡能与其镜像叠合的分子就不具有旋光性。

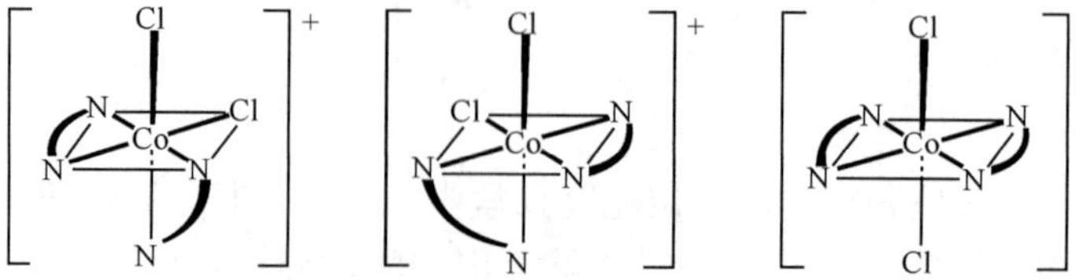

顺式(手性化合物)　　反式

9.3　配位化合物的化学键理论

9.3.1　配位化合物的价键理论

在配位化合物中，中心离子和配体间靠什么力量结合在一起？它们的空间结构如何？为什么有的配位化合物稳定，有的不稳定?这类问题促使人们对其进行研究，从而发展了配位化合物的结构理论。

1. 配位化合物价键理论的基本要点

1931 年鲍林首先将分子结构的价键理论应用于配位化合物，后经他人修正补充，逐步完善成配位化合物的现代价键理论。其要点如下：

(1) 中心离子(或原子)M 与配体 L 形成配位化合物时，中心离子(或原子)以空的价轨道接受配位体中配位原子提供的孤电子对，形成 σ 配键(用 M←L 表示)。

(2) 中心离子(或原子)所提供的空价轨道必须杂化，与配位原子的充满孤对电子的原子轨道相互重叠，形成配位共价键。

2. 中心离子轨道杂化的类型

在配位化合物的形成过程中，中心离子需提供一定数目的经杂化的能量相同的空的价轨道与配位体形成配位键。中心离子所提供的空轨道的数目由中心离子的配位数决定，故中心离子空轨道的杂化类型与配位数有关。其轨道杂化的类型及空间构型见表 9-3。

表 9-3　常见配位化合物的杂化方式、配位数及空间构型

中心原子(或离子)杂化方式	配位数	构型	通式	实例
sp	2	直线形	ML_2	$[Ag(NH_3)_2]^+$
sp^2	3	正三角形	ML_3	$[HgI_3]^-$
sp^3	4	正四面体形	ML_4	$[Zn(NH_3)_4]^{2+}$
dsp^2	4	平面四边形	ML_4	$[Pb(CN)_4]^{2-}$
sp^3d	5	三角双锥	ML_5	PF_5
$d\,sp^3$	5	四方锥	ML_5	SbF_5^{2-}
sp^3d^2	6	八面体	ML_6	AlF_6^{2-}
d^2sp^3	6	八面体	ML_6	$[Fe(CN)_6]^{3-}$

3. 外轨型与内轨型配位化合物

以外层空轨道(ns、np、nd)参与杂化成键，这样的配位键称为外轨(outer orbital)配位键，形成的配位化合物称为外轨型配位化合物。若中心离子的次外层$(n-1)$d 轨道参与了杂化成键，这样的配位键称为内轨(inner orbital)配位键，形成的配位化合物称为内轨型配位化合物。

中心离子的电荷增多，它对配位原子孤对电子的吸引力增强，有利于形成内轨型配位化合物。例如，$[Co(NH_3)_6]^{2+}$为外轨型，而$[Co(NH_3)_6]^{3+}$为内轨型。

若配位原子的电负性较强(如 F、O 等作配位原子时)，则较难给出孤对电子，对中心离子电子分布的影响较小，易形成外轨型配位化合物(如$[FeF_6]^{3-}$、$[Fe(H_2O)_6]^{3+}$等)。若配位原子的电负性较弱，如 C(在 CN、CO 中)，则较易给出孤对电子，将影响中心离子的电子分布，使中心离子空出内层轨道，形成内轨型配位化合物(如$[Fe(CN)_6]^{3-}$、$[Co(CN)_6]^{3-}$等)。

下面就$[FeF_6]^{3-}$和$[Fe(CN)_6]^{3-}$的形成进一步说明。

(1) $[FeF_6]^{3-}$的形成。Fe^{3+}的价电子层结构为

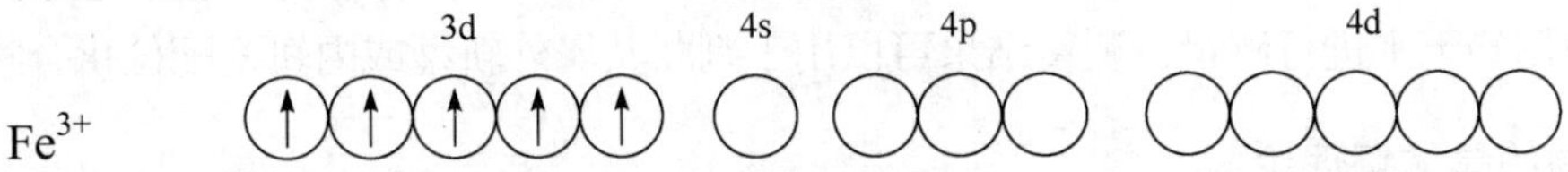

Fe^{3+}和 F^-形成$[FeF_6]^{3-}$时，配位数为 6，Fe^{3+}需提供六个空轨道。Fe^{3+}外层能级相近的一个 4s、三个 4p 和两个 4d 轨道经杂化，形成六个等价的 sp^3d^2 杂化轨道，容纳六个配体 F^-提供的六对孤对电子，形成六个配位键：

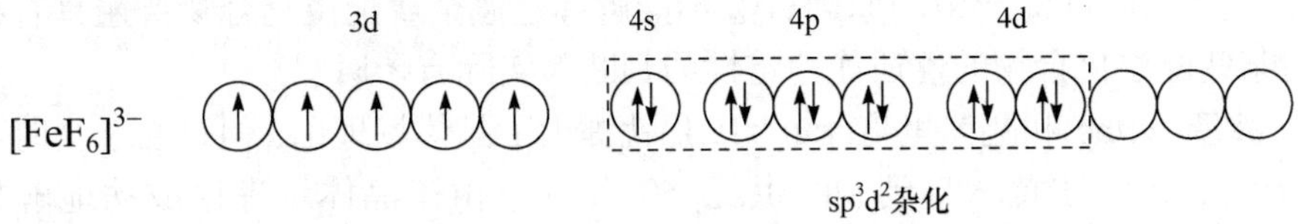

这六个 sp^3d^2 杂化轨道在空间是对称分布的，指向正八面体的六个顶角，各轨道间的夹角为 90°。所以$[FeF_6]^{3-}$的空间构型呈正八面体形。Fe^{3+}位于正八面体的中心，六个 F^-位于正八面体的六个顶角。

(2) $[Fe(CN)_6]^{3-}$的形成。在 Fe^{3+}与 CN^-结合形成$[Fe(CN)_6]^{3-}$时，配位数为 6。Fe^{3+}在配体 CN^-的影响下，其 3d 电子发生归并，重新分布，空出了两个 3d 轨道，这两个 3d 轨道和一个 4s、三个 4p 轨道杂化，形成六个等价的 d^2sp^3 杂化轨道，容纳六个 CN^-配体中的六个配位 C 原子所提供的六对孤对电子，形成六个配位键：

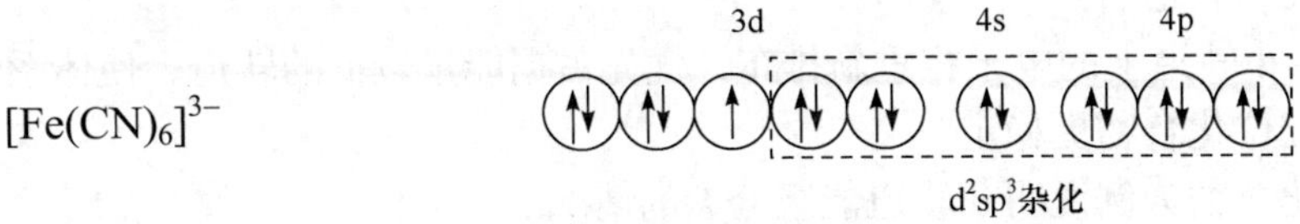

因此，$[Fe(CN)_6]^{3-}$的空间构型呈正八面体形。

可见，在配位数为 6 的配离子中，中心离子也可以采取两种不同杂化类型，sp^3d^2 杂化和 d^2sp^3 杂化。

除了上述杂化类型外，还形成其他的杂化类型，表 9-3 列出了常见配位化合物的杂化方式、配位数及空间构型。

4. 配位化合物的磁性

磁性是物质在外磁场作用下表现出来的性质。如果物质中的电子均已成对，电子自旋所产生的磁效应相互抵消，这种物质不存在磁矩，不被外磁场吸引，但在外磁场作用下，产生诱导磁矩，其方向与外磁场方向相反，这种物质称为反磁性物质。而当物质中有未成对电子时，则总磁效应不能相互抵消，这种物质置于外磁场中时，内部未成对电子在自旋及绕核运动时产生的磁场受外磁场吸引，其方向与外磁场方向一致，使磁场增强，这种物质称为顺磁性物质。所以物质磁性的强弱与物质内部未成对电子数的多少有关。物质的磁性强弱可以用磁矩(μ)来表示：μ=0 的物质，其中电子皆已成对，具有反磁性；μ>0 的物质，其中有未成对电子，具有顺磁性。

磁矩μ与物质中未成对电子数之间有近似关系：

$$\mu = \sqrt{n(n+2)}\mu_B \tag{9-1}$$

式中：μ为磁矩，单位为 $A \cdot m^2$；μ_B 为玻尔磁子(Bohr megneton)，其值为 $9.274\times10^{-24} A \cdot m^2$；$n$ 为未成对电子数。

物质的磁性可用磁天平进行测量，测量结果可以用于判断其属外轨型或内轨型配位化合物。

9.3.2 配位化合物的晶体场理论

配位化合物的价键理论用杂化轨道的方式解释了配离子的空间结构和中心离子的配位数以及某些配位化合物的稳定性和磁性，对内轨型和外轨型配位化合物进行了研究。但其应用的局限是：①无法说明高、低自旋产生的原因；②不能解释过渡金属配位化合物普遍具有特征颜色的现象；③对某些配位化合物的性质如稳定性的判断与实际有矛盾。

早在 1929 年，波塞(Bethe)和范弗里克(van Vleck)就提出了晶体场理论，但是由于当时不了解其重要意义而未引起人们注意。直到 20 世纪 50 年代，由于晶体场理论成功地解释了 $[Ti(H_2O)_6]^{3+}$的光谱特性，这一理论才被用来阐明配位化合物中化学键的本质。后来又进一步发展成为比较完整的配位场理论。

1. 晶体场理论的要点

(1) 在配位化合物中，中心原子(或离子)与配位体(负离子或极性分子)之间的作用，类似于离子晶体中阴、阳离子间的静电作用力，这种作用是纯粹的静电吸引和静电排斥。

(2) 中心原子(或离子)在周围配位体电场的作用下，原来能量相同的 5 个简并 d 轨道发生了分裂，分裂成能级不同的几组轨道。

(3) 由于 d 轨道的分裂，d 轨道上的电子将重新排布，优先占据能量较低的轨道，使体系的总能量有所降低，形成的配位化合物更稳定。

现以八面体构型的配位化合物为例说明 d 轨道能级分裂的情况。

配位化合物的中心原子(或离子)大多为过渡金属离子，它们有五个能量相等、伸展方向不同的 d 轨道。其中，d_{xy}、d_{yz}、d_{xz} 三个 d 轨道处于两个坐标中间，而 d_{z^2} 和 $d_{x^2-y^2}$ 分别在 z 坐标以及 x、y 坐标上。当金属离子处于球形对称的负电场中时，五个 d 轨道受到的电场作用是完全相等的，d 轨道的能级虽然均有升高，但不发生分裂，仍为等价轨道。若六个配位体受到中心原子(或离子)的吸引，沿±x、±y、±z 轴方向接近中心原子，如图 9-1 所示，处在坐标轴上的 d_{z^2} 和 $d_{x^2-y^2}$ 首先受到配位体负电场强烈的静电排斥作用，因此，这两个轨道的能量就会升高，变得不稳定；而夹在坐标

轴之间的 d_{xy}、d_{yz}、d_{xz} 三个轨道处于配位体的空隙之间，受到的斥力就小得多，相对来说能量较低，比较稳定。因此，在八面体场中，配位体的静电场把原来五个能量相等的 d 轨道分裂成两组：能量较高的 d_{z^2} 和 $d_{x^2-y^2}$ 合成为 d_γ轨道(或 e_g 轨道)；能量较低的 d_{xy}、d_{yz}、d_{xz} 合称 d_ε轨道(或 t_{2g} 轨道)。这两组的能量差称为晶体场分裂能。图 9-2 表示这种八面体场中 d 轨道的分裂情况。

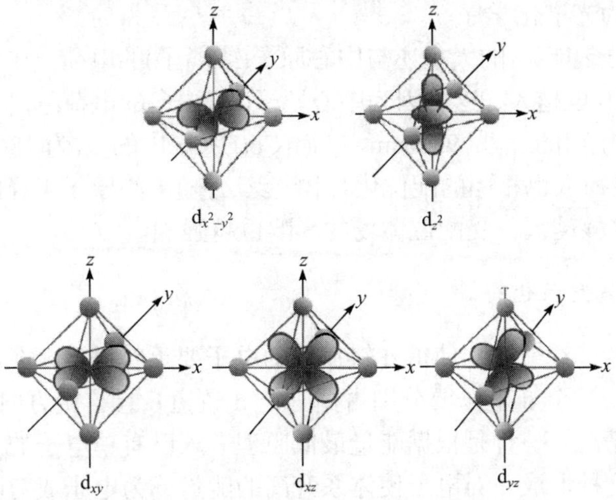

图 9-1　八面体场中的 d 轨道和配位体的分布示意图

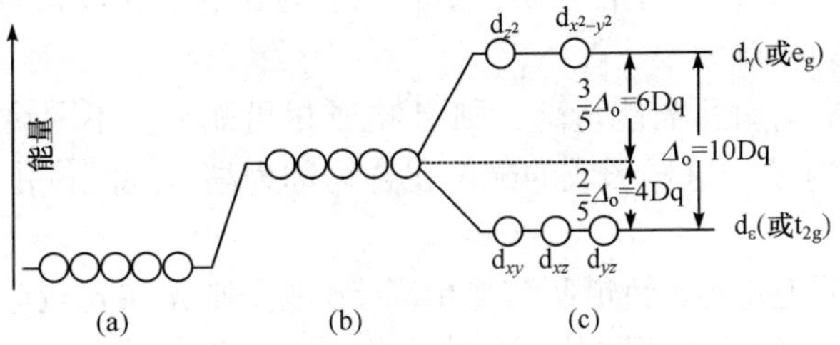

图 9-2　正八面体场中 d 轨道的分裂

(a) 自由离子；(b) 球形对称的静电场；(c) 正八面体场

2. 晶体场分裂能

在八面体场中，d 轨道分裂后，d_γ和 d_ε之间的能量差称为晶体场分裂能，用 Δ_o(下角表示正八面体)或 10Dq 表示。

根据量子力学原理，在外场作用下，d 轨道分裂过程中的总能量是守恒的：

$$\begin{cases} 2E_{d_\gamma} + 3E_{d_\varepsilon} = 0 \\ E_{d_\gamma} - E_{d_\varepsilon} = \Delta_o = 10\text{Dq} \end{cases}$$

解此方程组得

$$\begin{cases} E_{d_\gamma} = \dfrac{3}{5}\Delta_o = 6\text{Dq} \\ E_{d_\varepsilon} = -\dfrac{2}{5}\Delta_o = -4\text{Dq} \end{cases}$$

结果说明每个 d_γ轨道的能量比分裂前升高 6Dq，而每个 d_ε轨道的能量降低了 4Dq。

八面体场的分裂能 Δ_o 的大小主要取决于配位体场的强弱，配位体场越强，Δ_o 值越大。由正八面体配位化合物的光谱数据，可得到配位体场强弱的顺序：

I^- < Br^- (0.76) < Cl^- (0.80) ~ SCN^- < F^-(0.90) ~ 尿素 < OH^- ~ NO_2^- (亚硝酸根) < $C_2O_4^{2-}$(0.98) < H_2O (1.00) < NCS^- < $EDTA^{4-}$ < 吡啶(1.25) ~ NH_3 < en(乙二胺) < SO_3^{2-} < 联吡啶~ 邻二氮菲< NO_2^- (硝基) < CN^- (1.50~3.00) < CO

上述这个顺序称为光谱化学序。

除配位体场外，分裂能 Δ_o 的大小还与中心原子(或离子)的电荷及半径有关。当配位体相同时，电荷越高，通常 Δ_o 也越大，这是因为中心原子(或离子)的电荷越高，对配位体的作用力也越大。例如，$[Co(H_2O)_6]^{2+}$的 Δ_o 为 9300cm^{-1}，而$[Co(H_2O)_6]^{3+}$的 Δ_o 为 18600cm^{-1}。配位体相同、中心原子(或离子)的电荷数也相同的配位化合物，其 Δ_o 随中心原子半径的增大而增大。这是因为半径越大，d 轨道离核越远，受配位体场的影响也越强烈。

3. 高自旋和低自旋配位化合物

中心原子 d 轨道的能级分裂，使得 d 轨道上的电子要重新排布。在八面体场中，根据能量最低原理和洪德规则，三个 d 电子要分别占据三个 d_ε轨道，且自旋方向平行。第 4、5 个电子的排布可能出现两种情况：一种是根据能量最低原理进入已有单电子的 d_ε轨道，这就必须克服电子成对时的斥力，这种形成一对电子使体系升高的能量称为电子成对能，用 P 表示。另一种情况是根据洪德规则，电子吸收能量进入高能级的 d_γ轨道，体系能量升高，这时所需吸收的能量就是晶体场分裂能 Δ_o。在配位化合物中，中心原子的 d 电子究竟如何排布，这要取决于电子成对能 P 和分裂能 Δ_o 的相对大小。

若 $P>\Delta_o$，因电子成对时所需能量高，则 d 电子尽可能分占不同轨道，使配离子的中心原子(或离子)有较多的单电子，这样形成的配位化合物称为高自旋配位化合物，高自旋配位化合物有较强的磁性。

若 $P<\Delta_o$，因电子跃迁进入 d_γ轨道所需能量高，d 电子则先在 d_ε轨道上配对，成单电子数就少，这样形成的配位化合物称为低自旋配位化合物，低自旋配位化合物的磁性较弱。

电子成对能 P 随中心原子(或离子)的变化影响不大，而 Δ_o 值却随中心原子(或离子)和配位体的不同会发生显著变化，所以只要研究 Δ_o 值的变化，就能判断配位化合物是高自旋还是低自旋的。Δ_o 值的大小又主要受配位体场强弱的影响，对于强场配位体，如 NO_2^-(硝基)、CN^-等，配位化合物的 Δ_o 大，使 $P<\Delta_o$，形成的配位化合物常为低自旋配位化合物；对于弱场配位体，如 F^-、H_2O 等，配位化合物的 Δ_o 小，使 $P>\Delta_o$，形成的配位化合物常为高自旋配位化合物。

同时，配位化合物的类型也与中心原子(或离子)的电子构型有关。如果是 d^1～d^3 和 d^8～d^{10} 构型的中心原子(或离子)，无论是强场配位体还是弱场配位体，只能形成一种配位化合物。而 d^4～d^7 构型的中心原子(或离子)，当配位体为弱场时，形成高自旋配位化合物；当配位体为强场时，形成低自旋配位化合物，见表 9-4。

表 9-4　d 电子在 d_ε和 d_γ轨道中的分布

d 电子数	弱场($P>\Delta_o$)		未成对电子数	强场($P<\Delta_o$)		未成对电子数
	d_ε	d_γ		d_ε	d_γ	
1	↑		1	↑		1
2	↑ ↑		2	↑ ↑		2
3	↑ ↑ ↑		3	↑ ↑ ↑		3
4	↑ ↑ ↑	↑	4	↑↓ ↑ ↑		2

续表

d 电子数	弱场($P>\Delta_o$)		未成对电子数	弱场($P<\Delta_o$)		未成对电子数
	d_ε	d_γ		d_ε	d_γ	
5	↑ ↑ ↑	↑ ↑	5	↑↓ ↑↓ ↑		1
6	↑↓ ↑ ↑	↑ ↑	4	↑↓ ↑↓ ↑↓		0
7	↑↓ ↑↓ ↑	↑ ↑	3	↑↓ ↑↓ ↑↓	↑	1
8	↑↓ ↑↓ ↑↓	↑ ↑	2	↑↓ ↑↓ ↑↓	↑ ↑	2
9	↑↓ ↑↓ ↑↓	↑ ↑↓	1	↑↓ ↑↓ ↑↓	↑ ↑↓	1
10	↑↓ ↑↓ ↑↓	↑↓ ↑↓	0	↑↓ ↑↓ ↑↓	↑↓ ↑↓	0

现在 Fe^{3+}为例来说明在八面体配位化合物中 d 轨道电子的分布情况。在 Fe^{3+}中有五个未成对电子，且自旋平行，这五个电子在八面体配位化合物中有两种分布方式：一种是 $d_\varepsilon^5 d_\gamma^0$，另一种是 $d_\varepsilon^3 d_\gamma^2$。当配位体是强场时(如 CN^-)，因 $P<\Delta_o$，五个 d 电子的分布方式为 $d_\varepsilon^5 d_\gamma^0$，为低自旋配位化合物(如$[Fe(CN)_6]^{3-}$)；当配位体是弱场时(如 F^-)，因 $P>\Delta_o$，五个 d 电子的分布方式为 $d_\varepsilon^3 d_\gamma^2$，为高自旋配位化合物(如$[FeF_6]^{3-}$)，如图 9-3 所示。

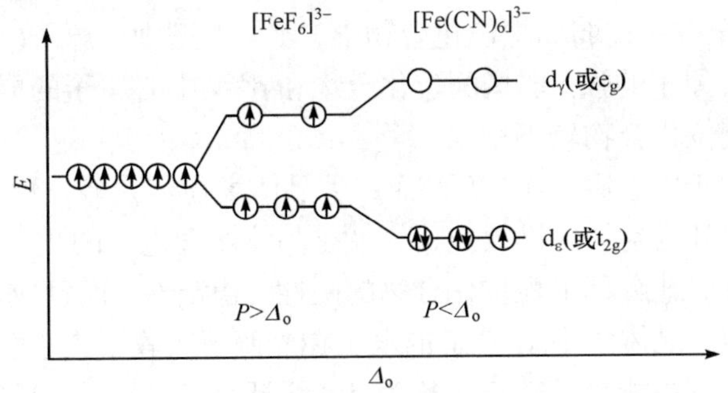

图 9-3　Fe^{3+}结合强场及弱场配位体的 d 电子结构

4. 晶体场稳定化能

由于配位体场的作用，中心原子(或离子)的 d 电子进入能级分裂轨道后，比在未分裂轨道时总能量降低的值，称为晶体场稳定化能(crystal field stabilization energy)，用 CFSE 表示。

$$\mathrm{CFSE} = n_\varepsilon(-4\mathrm{Dq}) + n_\gamma(6\mathrm{Dq}) + (n_2 - n_1)P$$

$$\mathrm{CFSE} = n_\varepsilon(-0.4\Delta_o) + n_\gamma(0.6\Delta_o) + (n_2 - n_1)P$$

式中：n_ε 为填入 d_ε 轨道的电子数；n_γ 为填入 d_γ 轨道的电子数；n_1、n_2 分别为轨道分裂前、后的成对电子数。

一般来说，进入 d_ε 轨道的电子越多，CFSE 值越负，能量降低越多，配位化合物越稳定。表 9-5 为 d^n 型中心原子(或离子)配位化合物在不同情况下的 CFSE 值。

表 9-5　八面体配位化合物的晶体场稳定化能

	弱场		CFSE	强场		CFSE
	构型	未成对电子数		构型	未成对电子数	
d^0	d_ε^0	0	0	d_ε^0	0	0
d^1	d_ε^1	1	$-0.4\Delta_o$	d_ε^1	1	$-0.4\Delta_o$
d^2	d_ε^2	2	$-0.8\Delta_o$	d_ε^2	2	$-0.8\Delta_o$

续表

	弱场		CFSE	强场		CFSE
	构型	未成对电子数		构型	未成对电子数	
d^3	d_ε^3	3	$-1.2\Delta_o$	d_ε^3	3	$-1.2\Delta_o$
d^4	$d_\varepsilon^3 d_\gamma^1$	4	$-0.6\Delta_o$	d_ε^4	2	$-1.6\Delta_o+P$
d^5	$d_\varepsilon^3 d_\gamma^2$	5	$0.0\Delta_o$	d_ε^5	1	$-2.0\Delta_o+2P$
d^6	$d_\varepsilon^4 d_\gamma^2$	4	$-0.4\Delta_o$	d_ε^6	0	$-2.4\Delta_o+2P$
d^7	$d_\varepsilon^5 d_\gamma^2$	3	$-0.8\Delta_o$	$d_\varepsilon^6 d_\gamma^1$	1	$-1.8\Delta_o+P$
d^8	$d_\varepsilon^6 d_\gamma^2$	2	$-1.2\Delta_o$	$d_\varepsilon^6 d_\gamma^2$	2	$-1.2\Delta_o$
d^9	$d_\varepsilon^6 d_\gamma^3$	1	$-0.6\Delta_o$	$d_\varepsilon^6 d_\gamma^3$	1	$-0.6\Delta_o$
d^{10}	$d_\varepsilon^6 d_\gamma^4$	0	0	$d_\varepsilon^6 d_\gamma^4$	0	0

从表 9-5 可知，d^6 型中心原子(或离子)的强场配位化合物是最稳定的，因为 6 个电子全部进入 d_ε 轨道而 d_γ 轨道全空；在弱场配位化合物中，d^3、d^8 型中心原子(或离子)的配位化合物最稳定，而 d^0、d^{10} 型中心原子的强、弱场配位化合物和 d^5 型中心原子的弱场配位化合物的 CFSE 值都为零，说明这些配位化合物较不稳定。

由于配位体场作用于中心原子(或离子)而产生晶体场稳定化能，形成了中心原子与周围配位体之间除静电作用以外的附加成键效应，这就是晶体场理论中的化学键的特点。

晶体场理论不仅较好地解释了配位化合物的磁性、稳定性，而且成功解释了许多配位化合物都显特殊颜色的原因。晶体场中 d 轨道的电子在光照下吸收了大小相当于分裂能 Δ_o 的光能后从低能级 d_ε 轨道跃迁到高能级 d_γ 轨道，称为 d-d 跃迁。若 d-d 跃迁所需能量恰好在可见光能量范围内，即 d 电子在跃迁时吸收了可见光波长的光子，则化合物显示颜色。若 d-d 跃迁吸收的是紫外光或红外光，则化合物不显色。

不同金属的水合离子，虽配位体相同，但 d_γ 与 d_ε 的能级差不同，发生 d-d 跃迁时吸收可见光的波长不同，故显不同颜色。例如，$Ti(H_2O)_6^{3+}$ 中 Ti^{3+} 的电子构型为 $3d^1$，电子排布为 $d_\varepsilon^1 d_\gamma^0$，在自然光的照射下，d 电子跃迁为 $d_\varepsilon^0 d_\gamma^1$。由于电子跃迁主要吸收绿色可见光，故 $Ti(H_2O)_6^{3+}$ 显紫红色。常见的一些水合离子的颜色见表 9-6。

表 9-6　常见水合离子的颜色

d^n	水合离子	颜色	d^n	水合离子	颜色
d^1	$[Ti(H_2O)_6]^{3+}$	紫红色	d^6	$[Fe(H_2O)_6]^{2+}$	浅绿色
d^2	$[V(H_2O)_6]^{3+}$	蓝色	d^7	$[Co(H_2O)_6]^{2+}$	粉红色
d^3	$[Cr(H_2O)_6]^{3+}$	紫色	d^8	$[Ni(H_2O)_6]^{2+}$	苹果绿
d^4	$[Cr(H_2O)_6]^{2+}$	蓝色	d^9	$[Cu(H_2O)_6]^{2+}$	天蓝色
d^5	$[Mn(H_2O)_6]^{2+}$	浅粉红色			

中心离子 d 轨道全空(d^0)或全满(d^{10})，不能发生 d-d 跃迁，其水合离子为无色，如 $[Zn(H_2O)_6]^{2+}$、$[Sc(H_2O)_6]^{3+}$。

9.4 配位解离平衡

在水溶液中，含有配离子的可溶性配位化合物的解离有两种情况：一种是发生在内界与外界之间的解离，为完全解离；另一种是配离子的解离，即中心原子与配位体之间的解离，为部分解离。与多元弱酸(弱碱)的解离相类似，多配体的配离子在水溶液中的解离是分步进行的，最后达到某种平衡状态。配离子的解离反应的逆反应是配离子的形成反应，其形成反应也是分步进行的，最后也达到了某种平衡状态。这种在水溶液中存在的配离子的生成反应与解离反应间的平衡称为配位-解离平衡，简称配位平衡(coordination equilibrium)。本节将讨论配位化合物的稳定性以及影响配位平衡的因素。

9.4.1 配位平衡常数

1. 稳定常数和不稳定常数

在水溶液中，配离子是以比较稳定的结构单元存在的，但是仍然有一定的解离现象。例如，$[Cu(NH_3)_4]SO_4 \cdot H_2O$ 固体溶于水中时，若将少量 NaOH 溶液加入溶液中，这时没有 $Cu(OH)_2$ 沉淀生成，这似乎说明溶液中没有 Cu^{2+}或者可以认为 Cu^{2+}的量不足以和所加的 OH^-生成沉淀。但若加入 Na_2S 溶液，则可得到黑色 CuS 沉淀，显然在溶液中存在着少量游离的 Cu^{2+}。这就说明了在溶液中不仅有 Cu^{2+}与 NH_3 分子的配位反应，同时还存在着配离子$[Cu(NH_3)_4]^{2+}$的解离反应，这两种反应最终会建立平衡：

$$Cu^{2+} + 4NH_3 \rightleftharpoons [Cu(NH_3)_4]^{2+}$$

这种平衡称为配离子的配位平衡。根据化学平衡的原理，其平衡常数表达式为

$$K^{\ominus}_{稳} = \frac{[Cu(NH_3)_4^{2+}]}{[Cu^{2+}][NH_3]^4} \tag{9-2}$$

式中：$K^{\ominus}_{稳}$ 为配位化合物的稳定常数(stability constant)，$K^{\ominus}_{稳}$ 值越大，配离子越稳定，因此配离子的稳定常数是配离子的一种特征常数。一些常见配离子的稳定常数见附录。

上述平衡反应若是向左进行，则配离子$[Cu(NH_3)_4]^{2+}$在水中的解离平衡为

$$[Cu(NH_3)_4]^{2+} \rightleftharpoons Cu^{2+} + 4NH_3$$

其平衡常数表达式为

$$K^{\ominus}_{不稳} = \frac{[Cu^{2+}][NH_3]^4}{[Cu(NH_3)_4^{2+}]} \tag{9-3}$$

式中：$K^{\ominus}_{不稳}$ 为配位化合物的不稳定常数(instability constant)或解离常数。$K^{\ominus}_{不稳}$ 值越大表示配离子在水中的解离程度越大，即配离子越不稳定。很明显，稳定常数和不稳定常数之间是倒数关系：

$$K^{\ominus}_{稳} = \frac{1}{K^{\ominus}_{不稳}}$$

2. 逐级稳定常数和累积稳定常数

配位化合物的形成和解离反应及其关系式代表了配位化合物的总生成和解离反应及总的平衡关系式。实际上像多元弱酸一样，在溶液中配位化合物的形成与解离也是分步进行的，每一步都有稳定常数，称为逐级稳定常数 $K^{\ominus}_{稳,n}$ (stepwise stability constant)。例如，$[Cu(NH_3)_4]^{2+}$的形成和解离分四步来完成，每一步均有相应的标准平衡常数。

$$Cu^{2+} + NH_3 \rightleftharpoons [Cu(NH_3)]^{2+}$$

第一级逐级稳定常数为 $$K^{\ominus}_{稳,1} = \frac{[Cu(NH_3)^{2+}]}{[Cu^{2+}][NH_3]}$$

$$[Cu(NH_3)]^{2+} + NH_3 \rightleftharpoons [Cu(NH_3)_2]^{2+}$$

第二级逐级稳定常数为 $$K^{\ominus}_{稳,2} = \frac{[Cu(NH_3)_2^{2+}]}{[Cu(NH_3)^{2+}][NH_3]}$$

$$[Cu(NH_3)_2]^{2+} + NH_3 \rightleftharpoons [Cu(NH_3)_3]^{2+}$$

第三级逐级稳定常数为 $$K^{\ominus}_{稳,3} = \frac{[Cu(NH_3)_3^{2+}]}{[Cu(NH_3)_2^{2+}][NH_3]}$$

$$[Cu(NH_3)_3]^{2+} + NH_3 \rightleftharpoons [Cu(NH_3)_4]^{2+}$$

第四级逐级稳定常数为 $$K^{\ominus}_{稳,4} = \frac{[Cu(NH_3)_4^{2+}]}{[Cu(NH_3)_3^{2+}][NH_3]}$$

显然各级逐级稳定常数相乘等于总反应 $Cu^{2+} + 4NH_3 \rightleftharpoons [Cu(NH_3)_4]^{2+}$的稳定常数：

$$K^{\ominus}_{稳,1}K^{\ominus}_{稳,2}K^{\ominus}_{稳,3}K^{\ominus}_{稳,4} = \frac{[Cu(NH_3)_4^{2+}]}{[Cu^{2+}][NH_3]^4} = K^{\ominus}_{稳}$$

$K^{\ominus}_{稳}$ 值越大，表示该配离子在水中越稳定。因此，从 $K^{\ominus}_{稳}$ 的大小可以判断配位反应完成的程度，推广到 ML_n 配离子，其逐级稳定常数与总稳定常数之间的关系也是如此。

配离子在水溶液中会发生逐级解离，这些解离反应是配离子各级形成反应的逆反应，解离生成了一系列各级配位数不等的配离子，其各级解离的程度可用相应的逐级不稳定常数 $K^{\ominus}_{不稳}$ 表示。例如，$[Cu(NH_3)_4]^{2+}$在水溶液中的解离：

$$[Cu(NH_3)_4]^{2+} \rightleftharpoons [Cu(NH_3)_3]^{2+} + NH_3 \qquad K^{\ominus}_{不稳,1} = \frac{[Cu(NH_3)_3^{2+}][NH_3]}{[Cu(NH_3)_4^{2+}]}$$

$$[Cu(NH_3)_3]^{2+} \rightleftharpoons [Cu(NH_3)_2]^{2+} + NH_3 \qquad K^{\ominus}_{不稳,2} = \frac{[Cu(NH_3)_2^{2+}][NH_3]}{[Cu(NH_3)_3^{2+}]}$$

$$[Cu(NH_3)_2]^{2+} \rightleftharpoons [Cu(NH_3)]^{2+} + NH_3 \qquad K^{\ominus}_{不稳,3} = \frac{[Cu(NH_3)^{2+}][NH_3]}{[Cu(NH_3)_2^{2+}]}$$

$$[Cu(NH_3)]^{2+} \rightleftharpoons Cu^{2+} + NH_3 \qquad K^{\ominus}_{不稳,4} = \frac{[Cu^{2+}][NH_3]}{[Cu(NH_3)^{2+}]}$$

显然，逐级不稳定常数分别与相对应的逐级稳定常数互为倒数：

$$K^{\ominus}_{不稳,1}=\frac{1}{K^{\ominus}_{稳,4}}\text{，}\quad K^{\ominus}_{不稳,2}=\frac{1}{K^{\ominus}_{稳,3}}\text{，}\quad K^{\ominus}_{不稳,3}=\frac{1}{K^{\ominus}_{稳,2}}\text{，}\quad K^{\ominus}_{不稳,4}=\frac{1}{K^{\ominus}_{稳,1}}$$

同样

$$[Cu(NH_3)_4]^{2+} \rightleftharpoons Cu^{2+} + 4NH_3$$

$$K^{\ominus}_{不稳}=K^{\ominus}_{不稳,1}\cdot K^{\ominus}_{不稳,2}\cdot K^{\ominus}_{不稳,3}\cdot K^{\ominus}_{不稳,4}=\frac{1}{K^{\ominus}_{稳}}=10^{-13.32}$$

将各逐级稳定常数的乘积称为逐级累积稳定常数(cumulative stability constant)，用 β_i 表示。

$$\beta_1^{\ominus}=K_1^{\ominus}=\frac{[ML]}{[M][L]}$$

$$\beta_2^{\ominus}=K_1^{\ominus}K_2^{\ominus}=\frac{[ML_2]}{[M][L]^2}$$

$$\beta_n^{\ominus}=K_1^{\ominus}K_2^{\ominus}\cdots K_n^{\ominus}=\frac{[ML_n]}{[M][L]^n} \tag{9-4}$$

可见最后一级累积稳定常数 β_n 就是配位化合物的总的稳定常数。一些常见配离子的累积稳定常数见附录。利用配位化合物的稳定常数，可计算配位平衡中有关离子的浓度。配离子的形成是逐级的，且逐级稳定常数之间常常差别不大，因此在计算离子浓度时需考虑各级配离子的存在，严格地说，应该用逐级稳定常数进行逐级平衡的计算。在实际中，通常加入的配位剂是过量的，因此金属离子常常处于最高配位数，其他配位数的离子在有关计算中可以忽略，因此，通常可以根据总的标准稳定常数进行有关计算。

【例 9-2】　比较 $0.10mol\cdot L^{-1}$ $[Ag(NH_3)_2]^+$溶液中含有 $0.1mol\cdot L^{-1}$ 的氨水和 $0.10mol\cdot L^{-1}$ $[Ag(CN)_2]^-$溶液中含有 $0.10mol\cdot L^{-1}$ 的 CN^-时，溶液中 Ag^+的浓度。

解　(1) 设在 $0.1mol\cdot L^{-1}NH_3$ 存在下，Ag^+的浓度为 $x mol\cdot L^{-1}$，则

	Ag^+	+ $2NH_3$ ⇌	$[Ag(NH_3)_2]^+$
起始浓度/($mol\cdot L^{-1}$)	0	0.1	0.1
平衡浓度/($mol\cdot L^{-1}$)	x	$0.1+2x$	$0.1-x$

由于 $c(Ag^+)$较小，所以$(0.1-x)mol\cdot L^{-1}\approx 0.1mol\cdot L^{-1}$，$0.1+2x\approx 0.1mol\cdot L^{-1}$，将平衡浓度代入稳定常数表达式得

$$K^{\ominus}_{稳}=\frac{[Ag(NH_3)_2^+]}{[Ag^+][NH_3]^2}=\frac{0.1}{x\cdot 0.1^2}=1.12\times 10^7$$

$$x=8.9\times 10^{-7}mol\cdot L^{-1}$$

(2) 设在 $0.1mol\cdot L^{-1}$ CN^-存在下，Ag^+的浓度为 $y mol\cdot L^{-1}$，则

	Ag^+	+ $2CN^-$ ⇌	$[Ag(CN)_2]^-$
起始浓度/($mol\cdot L^{-1}$)	0	0.1	0.1
平衡浓度/($mol\cdot L^{-1}$)	y	$0.1+2y$	$0.1-y$

由于 $c(Ag^+)$较小，所以$(0.1-y)mol\cdot L^{-1}\approx 0.1mol\cdot L^{-1}$，$0.1+2y\approx 0.1mol\cdot L^{-1}$，将平衡浓度代入稳定常数表达式得

$$K^{\ominus}_{稳}=\frac{[Ag(CN)_2^-]}{[Ag^+][CN^-]^2}=\frac{0.1}{y\cdot 0.1^2}=1.3\times 10^{21}$$

$$y=7.7\times 10^{-21}mol\cdot L^{-1}$$

9.4.2 配位平衡的移动

与其他化学平衡一样，配位平衡也是一种动态平衡，当平衡体系的条件(如浓度、酸度等)发生改变时，平衡就会发生移动，从而改变了配离子的稳定性。例如，某溶液中存在下述平衡：

$$M^{n+} + xL^- \rightleftharpoons ML_x^{n-x}$$

向此溶液中加入某种试剂，使金属离子 M^{n+}生成难溶化合物，或者改变 M^{n+}的氧化态，都可使平衡向左移动。改变溶液的酸度使配位体 L^-生成难电离的弱酸，同样也可以使平衡向左移动。此外，当加入的某种试剂能与 M^{n+}生成更稳定的配离子时，也可以改变上述平衡，使 ML_x^{n-x}遭到破坏。由此可见，配位平衡只是一种相对的平衡状态，溶液的 pH 变化、另一种配位剂或金属离子的加入，氧化剂或还原剂的存在都对配位平衡有影响，下面分别进行讨论。

1. 溶液 pH 对配位平衡的影响

(1) 酸度对配位反应的影响是多方面的，既可以对配位体 L 有影响，也可以对金属离子有影响。常见的配位体，如 NH_3、CN^-、F^-等，都可以认为是碱，因此可与 H^+结合而生成相应的共轭酸，反应的程度取决于配位体碱性的强弱，碱性越强就越易与 H^+结合。当溶液中的 pH 发生变化时，L 会与 H^+结合生成相应的弱酸分子，从而降低 L 的浓度，使配位平衡向解离的方向移动，降低了配离子的稳定性。

例如，在酸性介质中，F^-能与 Fe^{3+}生成$[FeF_6]^{3-}$。但当酸度过大$[c(H^+) > 0.5\text{mol} \cdot L^{-1}]$时，由于 H^+与 F^-结合生成了 HF 分子，降低了溶液中 F^-浓度，使$[FeF_6]^{3-}$大部分解离成 Fe^{3+}，因而被破坏。反应如下：

$$Fe^{3+} + 6F^- \rightleftharpoons [FeF_6]^{3-}$$
$$+$$
$$6H^+ \rightleftharpoons 6HF$$

上式表明，酸度增大会引起配位体浓度下降，导致配位化合物的稳定性降低。这种现象通常称为配位体的酸效应。总反应为

$$[FeF_6]^{3-} + 6H^+ \rightleftharpoons Fe^{3+} + 6HF$$

$$K^{\ominus} = \frac{[Fe^{3+}][HF]^6}{[FeF_6^{3-}][H^+]^6} = \frac{[Fe^{3+}][HF]^6}{[FeF_6^{3-}][H^+]^6} \cdot \frac{[F^-]^6}{[F^-]^6} = \frac{1}{K_{稳}^{\ominus} \cdot (K_a^{\ominus})^6}$$

显然，pH 对配位反应的影响程度与配离子的稳定常数有关，与配位体 L 生成的弱酸的强度有关。

(2) 在配位反应中，通常是过渡金属作为配离子的中心离子。而对大多数过渡元素的金属离子，尤其在高氧化态时，都有显著的水解作用。例如，对于$[CuCl_4]^{2-}$，当酸度降低，即 pH 较大时，Cu^{2+}会发生水解。

$$[CuCl_4]^{2-} \rightleftharpoons Cu^{2+} + 4Cl^-$$
$$+$$
$$H_2O \rightleftharpoons Cu(OH)^+ + H^+$$
$$+$$
$$H_2O \rightleftharpoons Cu(OH)_2 + H^+$$

随着水解反应的进行，溶液中游离 Cu^{2+}浓度降低，使配位平衡朝着解离的方向移动，导致配位化合物的稳定性降低，这种现象通常称为金属离子的水解效应。当溶液中 pH 大于 8.5 时，配离子$[CuCl_4]^{2-}$完全解离。

综上所述，在配位反应中，当溶液的 pH 变化时，既要考虑对配位体的影响(酸效应)，又要考虑对金属离子的影响(水解效应)，但通常以酸效应为主。同时，为了保持配离子的相对稳定性，应综合考虑配位体的碱性、中心原子氢氧化物的溶解度对配位平衡的影响。通常在不产生氢氧化物沉淀的基础上，适当提高溶液的 pH 以保证配离子的稳定性。

2. 沉淀反应对配位平衡的影响

沉淀反应与配位平衡的关系，可看成是沉淀剂和配位剂共同争夺中心离子的过程。在配位化合物溶液中加入某种沉淀剂，它可以与该配位化合物中的中心离子生成难溶化合物，该沉淀剂或多或少地导致配离子的解离，从而在溶液中建立了多重平衡。例如，在$[Cu(NH_3)_4]^{2+}$溶液中加入 Na_2S 溶液，就有 CuS 沉淀生成，配离子被破坏，其过程可表示为

$$[Cu(NH_3)_4]^{2+} \rightleftharpoons Cu^{2+} + 4NH_3$$

$$+$$

$$S^{2-} \rightleftharpoons CuS\downarrow$$

总反应为

$$[Cu(NH_3)_4]^{2+} + S^{2-} \rightleftharpoons CuS\downarrow + 4NH_3$$

$$K^{\ominus} = \frac{[NH_3]^4}{[Cu(NH_3)_4^{2+}][S^{2-}]} = \frac{[NH_3]^4}{[Cu(NH_3)_4^{2+}][S^{2-}]} \cdot \frac{[Cu^{2+}]}{[Cu^{2+}]} = \frac{1}{K^{\ominus}_{稳} K^{\ominus}_{sp}}$$

同样，在沉淀中加入相应的配位剂，也可使沉淀溶解。配位化合物的稳定常数越大，则沉淀越容易被配位反应溶解。

例如，用浓氨水可将氯化银溶解。这是由于沉淀物中的金属离子与所加的配位剂形成了稳定的配位化合物，导致沉淀的溶解，其过程为

$$AgCl(s) \rightleftharpoons Ag^+ + Cl^-$$

$$+$$

$$2NH_3 \rightleftharpoons [Ag(NH_3)_2]^+$$

即

$$AgCl(s) + 2NH_3 \rightleftharpoons [Ag(NH_3)_2]^+ + Cl^-$$

该反应的平衡常数为

$$K^{\ominus} = \frac{[Ag(NH_3)_2^+][Cl^-]}{[NH_3]^2} = \frac{[Ag(NH_3)_2^+][Cl^-]\cdot[Ag^+]}{[NH_3]^2[Ag^+]} = K^{\ominus}_{稳} K^{\ominus}_{sp}$$

由上述两个平衡常数表达式可以看出，配位化合物能否被破坏或沉淀能否被溶解，主要取决于沉淀物的 $K^{\ominus}_{sp}$ 和配位化合物 $K^{\ominus}_{稳}$ 的值，而能否实现还取决于所加的配位剂和沉淀剂的用量。

【例 9-3】 计算完全溶解 0.01mol 的 AgCl 和完全溶解 0.01mol 的 AgBr，至少需要 1L 多大浓度的氨水？已知 AgCl 的 $K^{\ominus}_{sp} = 1.8\times10^{-10}$，AgBr 的 $K^{\ominus}_{sp} = 5.0\times10^{-13}$，$[Ag(NH_3)_2]^+$的 $K^{\ominus}_{稳} = 1.12\times10^{7}$。

解　假定 AgCl 溶解全部转化为$[Ag(NH_3)_2]^+$，则氨一定是过量的。因此可忽略$[Ag(NH_3)_2]^+$的解离产生的 NH_3，所以平衡时$[Ag(NH_3)_2]^+$的浓度为 $0.01mol\cdot L^{-1}$，Cl^-的浓度为 $0.01mol\cdot L^{-1}$，反应为

$$AgCl + 2NH_3 \rightleftharpoons [Ag(NH_3)_2]^+ + Cl^-$$

$$K^\ominus = \frac{[Ag(NH_3)_2^+][Cl^-]}{[NH_3]^2} = \frac{[Ag(NH_3)_2^+][Cl^-]}{[NH_3]^2} \times \frac{[Ag^+]}{[Ag^+]}$$

$$= K^\ominus_{稳}\{[Ag(NH_3)_2]^+\}K^\ominus_{sp}(AgCl)$$

$$= 1.12\times10^7\times1.8\times10^{-10}$$

$$= 2.02\times10^{-3}$$

$$[NH_3] = \sqrt{\frac{[Ag(NH_3)_2^+][Cl^-]}{2.02\times10^{-3}}} = \sqrt{\frac{0.01\times0.01}{2.02\times10^{-3}}} = 0.22(mol\cdot L^{-1})$$

在溶解的过程中与 AgCl 反应需要消耗氨水的浓度为 $2\times0.01=0.02mol\cdot L^{-1}$，所以氨水的最初浓度为

$$0.22 + 0.02 = 0.24(mol\cdot L^{-1})$$

同理，完全溶解 0.01mol 的 AgBr，设平衡时氨水的平衡浓度为 $y$mol · L^{-1}，则

$$AgCl + 2NH_3 \rightleftharpoons [Ag(NH_3)_2]^+ + Cl^-$$

$$K^\ominus = \frac{[Ag(NH_3)_2^+][Br^-]}{[NH_3]^2} = \frac{[Ag(NH_3)_2^+][Br^-]}{[NH_3]^2} \cdot \frac{[Ag^+]}{[Ag^+]}$$

$$= K^\ominus_{稳}\{[Ag(NH_3)_2]^+\}K^\ominus_{sp}(AgBr)$$

$$= 1.12\times10^7\times5.0\times10^{-13}$$

$$= 5.99\times10^{-6}$$

$$c(NH_3) = \sqrt{\frac{[Ag(NH_3)_2^+][Br^-]}{5.99\times10^{-6}}} = \sqrt{\frac{0.01\times0.01}{5.99\times10^{-6}}} = 4.09(mol\cdot L^{-1})$$

所以溶解 0.01mol 的 AgBr 需要氨水的浓度为

$$4.09 + 0.02 = 4.11(mol\cdot L^{-1})$$

从例 9-3 可以看出，同样是 0.01mol 的固体，由于两者的 $K^\ominus_{sp}$ 相差较大，溶解需要的氨水的浓度有很大的差别。

【例 9-4】 向 $0.1mol\cdot L^{-1}$ 的$[Ag(CN)_2]^-$溶液(含有 $0.10mol\cdot L^{-1}$ 的 CN^-)中加入 KI 固体，假设 I^-的最初浓度为 $0.1mol\cdot L^{-1}$，有无 AgI 沉淀生成？已知$[Ag(CN)_2]^-$的 $K^\ominus_{稳} = 1.0\times10^{21}$，AgI 的 $K^\ominus_{sp} = 8.3\times10^{-17}$。

解　设$[Ag(CN)_2]^-$解离所生成的 $c(Ag^+) = x$mol · L^{-1}。

$$Ag^+ + 2CN^- \rightleftharpoons [Ag(CN)_2]^-$$

	Ag^+	$2CN^-$	$[Ag(CN)_2]^-$
初始浓度/($mol\cdot L^{-1}$)	0	0.10	0.10
平衡浓度/($mol\cdot L^{-1}$)	x	$2x + 0.10$	$0.10 - x$

$[Ag(CN)_2]^-$解离度较小，故 $0.10-x\approx0.1$，代入 $K^\ominus_{稳}$ 表达式得

$$K^\ominus_{稳} = \frac{[Ag(CN)_2^-]}{[CN^-]^2[Ag^+]} = \frac{0.10}{x(0.10)^2} = 1.0\times10^{21}$$

解得 $x=1.0\times10^{-20}mol\cdot L^{-1}$，即$[Ag^+]=1.0\times10^{-20}mol\cdot L^{-1}$。

$$[Ag^+][I^-]=1.0\times10^{-20}mol\cdot L^{-1}\times0.1=1.0\times10^{-21} < K^\ominus_{sp}(AgI) = 8.3\times10^{-17}$$

因此，向 $0.1mol\cdot L^{-1}$ 的$[Ag(CN)_2]^-$溶液(含有 $0.10mol\cdot L^{-1}$ 的 CN^-)中加入 KI 固体，没有 AgI 沉淀产生。

3. 氧化还原反应对配位平衡的影响

在配位平衡系统中若加入能与中心离子发生氧化还原反应的氧化剂或还原剂，降低了金属离子的浓度，从而降低了配离子的稳定性。例如，在含配离子$[Fe(SCN)_6]^{3-}$的溶液中加入 $SnCl_2$ 后，溶液的血红色消失，这是由于 Sn^{2+}将 Fe^{3+}还原为 Fe^{2+}，Fe^{3+}浓度减小，从而引起$[Fe(SCN)_6]^{3-}$的解离：

$$[Fe(SCN)_6]^{3-} \rightleftharpoons 6SCN^- + Fe^{3+}$$

$$+$$

$$Sn^{2+} \rightleftharpoons Fe^{2+} + Sn^{4+}$$

总反应为

$$2[Fe(SCN)_6]^{3-} + Sn^{2+} \rightleftharpoons 2Fe^{2+} + 12SCN^- + Sn^{4+}$$

同样地，如果金属离子在溶液中形成配离子，金属离子的氧化还原性往往会发生变化，这主要是因为在氧化还原电对中加入一定的配位剂后，由于氧化型离子或还原型离子与配位剂发生反应生成相应的配离子，减小了相应离子的浓度，从而使电对的电极电势发生变化。例如，金属 Cu 能从 $Hg(NO_3)_2$ 溶液中置换出 Hg 却不能从$[Hg(CN)_4]^{2-}$溶液中置换出 Hg，就是因为在$[Hg(CN)_4]^{2-}$溶液中，由于$[Hg(CN)_4]^{2-}$的稳定常数很大，游离的 Hg^{2+}浓度很小，降低了 Hg^{2+}/Hg 电对的电极电势，使 Hg^{2+}氧化能力降低。

$$Hg^{2+} + 2e^- \rightleftharpoons Hg \qquad \varphi^\ominus(Hg^{2+}/Hg) = 0.851V$$

$$[Hg(CN)_4]^{2-} + 2e^- \rightleftharpoons Hg + 4CN^- \qquad \varphi^\ominus\{[Hg(CN)_4]^{2-}/Hg\} = -0.374V$$

可见，氧化型离子生成配离子后，电对的电极电势降低了。

利用稳定常数，可以计算金属与配离子之间的标准电极电势。

【例 9-5】 计算$[Ag(NH_3)_2]^+ + e^- \rightleftharpoons Ag + 2NH_3$ 的标准电极电势。

解　查表得 $K^\ominus_{稳}[Ag(NH_3)_2^+] = 1.12\times10^7$，$\varphi^\ominus(Ag^+/Ag) = 0.799V$。

(1) 求配位平衡时 $c(Ag^+)$。

$$Ag^+ + 2NH_3 \rightleftharpoons [Ag(NH_3)_2]^+$$

$$K^\ominus_{稳} = \frac{[Ag(NH_3)_2^+]}{[NH_3]^2[Ag^+]}$$

$$[Ag^+] = \frac{[Ag(NH_3)_2^+]}{K^\ominus_{稳}[NH_3]^2}$$

根据题意，要求标准电极电势，此时$[Ag(NH_3)_2^+] = [NH_3]=1mol\cdot L^{-1}$，所以

$$[Ag^+] = \frac{1}{K^\ominus_{稳}[Ag(NH_3)_2^+]} = \frac{1}{1.12\times10^7} = 8.92\times10^{-8}(mol\cdot L^{-1})$$

(2) 求$\varphi^\ominus\{[Ag(NH_3)_2]^+/Ag\}$。

$$\varphi(Ag^+/Ag) = \varphi^\ominus(Ag^+/Ag) + \frac{0.05917}{n}\lg[Ag^+] = 0.799 + 0.05917\lg8.92\times10^{-8} = 0.382(V)$$

根据标准电极电势的定义，$c\{[Ag(NH_3)_2]^+\}=c(NH_3)=1mol\cdot L^{-1}$ 时，$\varphi(Ag^+/Ag)$ 就是电极反应$[Ag(NH_3)_2]^+ + e^- \rightleftharpoons Ag + 2NH_3$ 的标准电极电势，即 $\varphi^\ominus\{[Ag(NH_3)_2]^+/Ag\} = 0.382V$。

从此题看出，由于 Ag^+生成了配离子，电极电势降低了。

4. 配位平衡之间的转化

在配位反应中，一种配离子可以转化成更稳定的配离子，即平衡向生成更难解离的配离子方向移动。两种配离子的稳定常数相差越大，则转化反应越容易发生。

例如，$[HgCl_4]^{2-}$与 I^-反应生成$[HgI_4]^{2-}$，$Fe(NCS)_6]^{3-}$与 F^-反应生$[FeF_6]^{3-}$，其反应式如下：

$$[HgCl_4]^{2-} + 4I^- \rightleftharpoons [HgI_4]^{2-} + 4Cl^-$$

$$[Fe(NCS)_6]^{3-} + 6F^- \rightleftharpoons [FeF_6]^{3-} + 6SCN^-$$

血红色　　　　　　无色

这是由于 $K^{\ominus}_{稳}\{[HgI_4]^{2-}\} > K^{\ominus}_{稳}\{[HgCl_4]^{2-}\}$； $K^{\ominus}_{稳}\{[FeF_6]^{3-}\} > K^{\ominus}_{稳}\{[Fe(NCS)_6]^{3-}\}$。

【例 9-6】 计算反应 $[Ag(NH_3)_2]^+ + 2CN^- \rightleftharpoons [Ag(CN)_2]^- + 2NH_3$ 的平衡常数，并判断配位反应进行的方向。

解 查表得，$K^{\ominus}_{稳}\{[Ag(NH_3)_2]^+\} = 1.12\times10^7$，$K^{\ominus}_{稳}\{[Ag(CN)_2]^-\} = 1.0\times10^{21}$，则

$$K^{\ominus} = \frac{[Ag(CN)_2^-][NH_3]^2}{[Ag(NH_3)_2^+][CN^-]^2} = \frac{[Ag(CN)_2^-][NH_3]^2}{[Ag(NH_3)_2^+][CN^-]^2}\cdot\frac{[Ag^+]}{[Ag^+]}$$

$$= \frac{K^{\ominus}_{稳}\{[Ag(CN)_2]^-\}}{K^{\ominus}_{稳}\{[Ag(NH_3)_2]^+\}} = \frac{1.0\times10^{21}}{1.0\times10^7} = 9.09\times10^{13}$$

反应朝生成 $[Ag(CN)_2]^-$ 的方向进行。

通过以上讨论我们可以知道，形成配位化合物后，物质的溶解性、酸碱性、氧化还原性、颜色等都会发生改变。在溶液中，配位解离平衡常与沉淀溶解平衡、酸碱平衡、氧化还原平衡等发生相互竞争。利用这些关系，使各平衡相互转化，可以实现配位化合物的生成或破坏，以达到科学实验或生产实践的需要。

9.5　螯合物及其特点

螯合物是中心原子与多齿配位体形成的具有环状结构的一类配位化合物。

从图 9-4 $[CaY]^{2-}$ 的结构看出，螯合物中的配位体为多齿位配体，也称螯合剂，即一个配位体含有两个以上参与配位的配位原子。同一配位体的两个配位原子之间相隔两个或三个其他原子，中心原子与配位体间形成五元环或六元环，简称螯合环。当同一配位体中含有多个配位原子时，可同时形成多个螯合环。这种由于形成螯合环而使螯合物具有特殊稳定性的作用称为螯合效应。

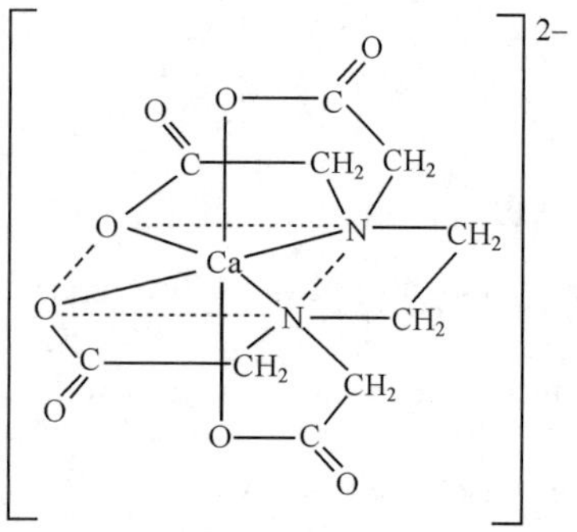

图 9-4　$[CaY]^{2-}$ 的结构

螯合物的稳定性与螯合环的大小有关系，五元环最稳定。五元环的键角为 108°，与 C sp^3 杂化轨道的夹角 109°28′ 接近，环张力小，较稳定。六元环的键角为 120°，还比较稳定。例如，二(乙酰丙酮)合铜(Ⅰ)中配位体共轭双键上的 C 为 sp^2 杂化，键角 120°，与六元环的键角相符。有些配位体中虽有两个或两个以上配位原子，但由于两个配位原子间无间隔或间隔一、四、五个其他原子，即使形成螯合物，其稳定性也不大。

螯合物的稳定性与螯合环的数目也有关。螯合环的数目越多，中心原子脱离配位体的概率越小，所以在可能的情况下形成的螯合环的数目越多，稳定性越大，见表 9-7。

表 9-7　Cu^{2+} 与一些多齿配位体形成螯合物的 lg*K*

中心原子	配位体	配位体数	螯合环数	lg*K*
Cu^{2+}	$H_2NCH_2CH_2NH_2$	1	1	10.67
	$H_2NCH_2CH_2NH_2$	2	2	20.0
	$(H_2NCH_2CH_2)_2NH$	1	2	15.9
	$H_2N(CH_2)_2NH(CH_2)_2NH(CH_2)_2NH_2$	1	3	20.5

一些具有闭合大环的多齿配位体，也能与金属离子形成非常稳定的螯合物。例如，生物体内的血红素分子正是由 Fe^{2+} 与卟啉环形成的大环螯合物。

另外，许多螯合物因具有特殊的颜色，可用于金属离子的定性分析。例如，利用丁二酮肟与 Ni^{2+} 形成玫瑰红的沉淀可以鉴定 Ni^{2+}。

9.6 配位化合物在生物、医药等方面的应用

由于自然界中多数化合物是以配位化合物的形式存在的，因此，配位化合物所涉及的范围和应用是十分广泛的。与配位化合物相联系的学科也很多，如生物无机化学、药物化学、有机化学、分析化学、结构化学等。在生物化学领域中，配位化合物的作用更是十分引人注目。生物机体中有许多金属元素常以配位化合物形式存在。例如，动物体内的血红素是铁的有机配位化合物，近年来，已模拟合成了结构类似于血红素的配位化合物，制得人造血。植物中的叶绿素是镁与有机物质形成的复杂配位化合物。特别是生物体内的各种酶，几乎都是金属元素的复杂配位化合物，它们在生物的生化过程中起着决定性的作用。

9.6.1 生物体内的配位化合物

配位化合物，特别是螯合物在生物体中具有重要作用，至少有九种过渡元素是生命必需元素，即 V、Cr、Mn、Fe、Co、Ni、Cu、Zn 和 Mo。这些金属元素的生物学效应大都是通过与生物配位体发生配位作用而产生的。卟啉类化合物和咕啉类化合物是两类重要的生物配位体，前者含有卟啉环结构，后者含咕啉环结构。卟吩是一类由四个吡咯类亚基的 α-碳原子通过次甲基桥(═CH—)互连而形成的大分子杂环化合物。

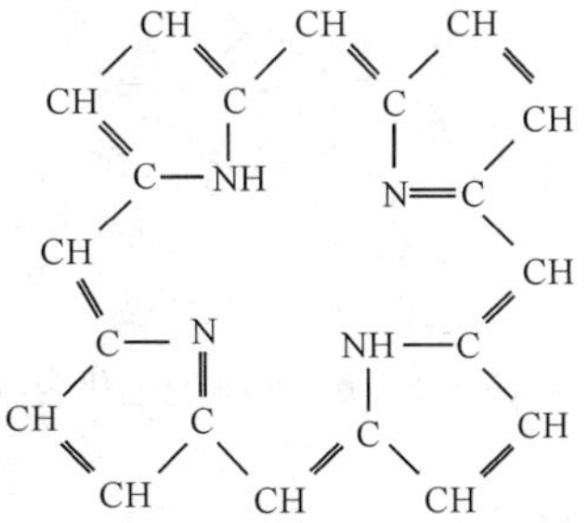

卟吩

卟啉的骨架结构是卟吩。卟吩的所有衍生物总称为卟啉，而它们的金属衍生物称作金属卟啉。事实上，许多卟啉都是以与金属离子配合的形式存在于自然界中。例如，叶绿素是含镁的卟啉化合物，血红素是含铁卟啉化合物,维生素 B_{12} 是含钴的卟啉化合物，它们在生物体内都有重要的生理功能。

人体内输送氧气和 CO_2 的血红蛋白(Hb)是由亚铁血红素和一分子珠蛋白构成。一个亚铁血红素分子是由 Fe^{2+} 同原卟啉大环配位体上四个吡咯 N 原子形成四个配位键，还与珠蛋白中肽键上一个组氨酸残基的咪唑 N 原子形成第五个配位键，Fe^{2+} 的第 6 个配位位置由水分子占据，它能被 O_2 置换形成氧合血红蛋白(HbO_2)，以保证体内对氧的需要。CO 中毒患者是由于吸入被 CO 污染的空气，在肺泡进行气体交换时，CO 就迅速与血红蛋白结合成碳氧合血红蛋白(Hb·CO)，其结合力要比氧与血红蛋白的结合力大 240 倍，使下述平衡向右移动：

$$HbO_2 + CO \rightleftharpoons Hb \cdot CO + O_2$$

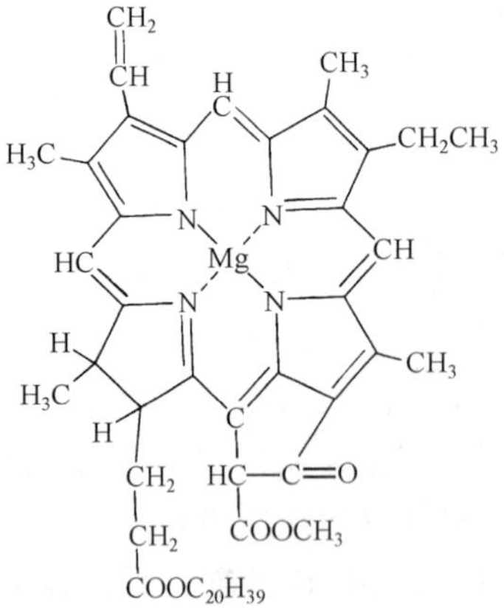

叶绿素a_1

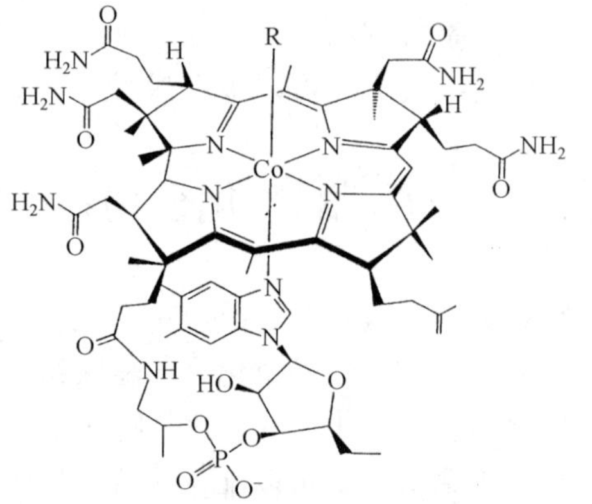

维生素B_{12}

因而血红蛋白输送氧的功能大为降低，减少了对体内细胞的氧气供应，从而造成体内缺氧，如不及时抢救，最终因肌体缺氧而导致死亡。临床上常采用高压氧气疗法抢救CO中毒患者，高压的氧气可使溶于血液的氧气增多，从而导致上述可逆反应向左进行，达到治疗CO中毒的目的。现在已知的1000多种生物酶中，约有1/3是金属配位化合物。这些酶在维持体内的正常代谢活动中起着非常重要的作用。

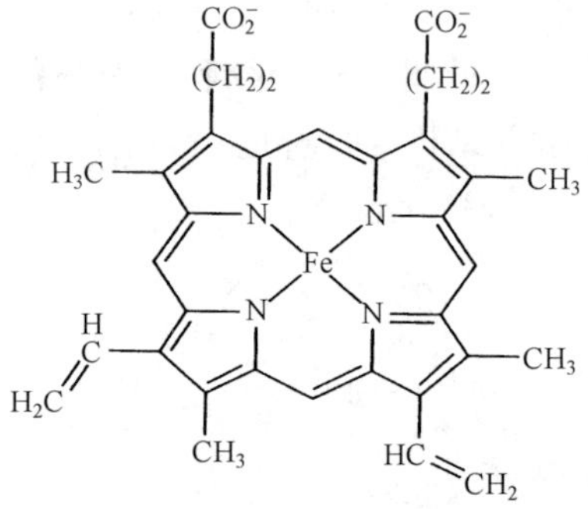

血红蛋白亚单元Fe(Ⅱ)-卟啉配位化合物(血红素)

9.6.2　配位化合物的解毒作用

配位化合物的解毒作用通常是指配位体作为去毒剂，与体内有毒的金属原子（或离子）生成无毒的、可溶的配位化合物排出体外。随着现代工、农业的迅速发展，造成了严重的环境污染。某些非必需甚至有毒的金属可能进入体内，给人类的健康带来严重的危害。例如，重金属Pb、Hg、Cd等，它们能与蛋白质中的—SH相结合，抑制酶的活性。也有具有毒性的金属离子取代必需微量元素。例如，Cd^{2+}能取代Zn^{2+}，从而抑制锌金属酶的活性。某些含汞化合物进入人体后会迅速通过脑屏障，导致对细胞的损害。摄入过量必需金属元素也会引起中毒。利用配位体生成无毒的配位化合物可以除去这些有毒金属。临床上已广泛应用了这类金属的解毒剂。例如，用柠檬酸钠治疗铅中毒，使铅转变为稳定的、无毒的、可溶性的$[Pb(C_6H_5O_7)]^-$，从肾脏排出体外。EDTA的钙盐是排除体内U、Th、Pu、Sr等放射性元素的高效解毒剂。二巯基丙醇是治疗As、Hg中毒的首选药物。

9.6.3　配位化合物在医药中的应用

20 世纪 60 年代末，以金属配位化合物为基础的抗癌药物的研制有明显的进展。例如，1969 年 Rosenberg 发现了顺式二氯二氨合铂(Ⅳ)(顺铂)具有广谱且较高的抗癌活性。顺式二氯二氨合铂(Ⅳ)就是第一代的抗癌药物。该配位化合物具有脂溶性载体配体 NH_3,可顺利地通过细胞膜的脂质层进入癌细胞内，进入癌细胞的顺式二氯二氨合铂(Ⅳ)，由于有可取代配体 Cl^-存在，Cl^-即被配位能力更强的 DNA 中的配位原子所取代，进而破坏癌细胞的 DNA 的复制能力，抑制了癌细胞的生长。该配位化合物作为抗癌药物从 1978 年开始正式应用于临床以来，取得了良好的疗效。在配位化合物顺式二氯二氨合铂(Ⅳ)结构模式的启发下，人们广泛开展了研制抗癌金属配位化合物的探索工作，现在已发现有机锡化合物、金属茂类化合物具有较高的抗癌活性，它们有的已在临床上使用。我们坚信，在不久的将来，抗癌金属配位化合物在防癌、治癌方面将会发挥更大的作用。另外，以生物配位体(包括蛋白质、核酸、氨基酸、微生物等)的配位化合物作为研究对象的新兴的边缘学科——生物无机化学正在蓬勃发展中。还有，以螯合反应为基础的螯合滴定分析法，在生化检验、药物分析及环境检测等领域的应用也很广泛。

习　题

9-1　举例说明什么是配位化合物，什么是中心离子(或原子)。

9-2　什么是中心离子的配位数？它与哪些因素有关？

9-3　指出下列配离子中中心离子的氧化数和配位数。

(1) $[Zn(NH_3)_4]^{2+}$　　(2) $[Cr(en)_3]^{3+}$　　(3) $[Fe(CN)_6]^{3-}$

(4) $[Pt(CN)_4(NO_2)I]^{2-}$　　(5) $[Fe(CN)_5(CO)]^{3-}$　　(6) $[Pt(NH_3)_4(NO_2)Cl]^{2+}$

9-4　命名下列配位化合物和配离子。

(1) $(NH_4)_3[SbCl_6]$　　(2) $Li[AlH_4]$　　(3) $[Co(en)_3]Cl_3$

(4) $[Co(H_2O)_4Cl_2]Cl$　　(5) $[Co(NO_2)_6]^{3-}$　　(6) $[Co(NH_3)_4(NO_2)Cl]^+$

9-5　写出下列配位化合物的化学式。

(1) 硫酸四氨合铜(Ⅱ)　　(2) 氯化二氯 · 一水 · 三氨合钴(Ⅲ)

(3) 六氯合铂(Ⅳ)酸钾　　(4) 二氯 · 四硫氰合铬(Ⅱ)酸铵

9-6　写出下列八面体构型或平面正方形构型的配位化合物的可能几何异构体。

(1) $[Cr(H_2O)_4Br_2]Br \cdot 2H_2O$　　二水合一溴化二溴四水合铬(Ⅲ)

(2) $[Co(NH_3)_3(NO_2)_3]$　　三硝基三氨合钴(Ⅲ)

(3) $[PtPyNH_3ClBr]$　　一溴一氯一氨吡啶合铂(Ⅱ)

9-7　根据价键理论，指出下列配离子的成键情况和空间构型。

$[Fe(CN)_6]^{3-}$、$[Cr(H_2O)_5Cl]^{2+}$、$[Ag(CN)_2]^-$、$[Fe(CO)_5]$

9-8　根据实验测得的磁矩数据判断下列各配离子的未成对电子数、成键轨道，以及哪些属于内轨型，哪些属于外轨型。

(1) $[Fe(H_2O)_6]^{2+}$　　$\mu = 5.3$B.M.

(2) $[Fe(CN)_6]^{4-}$　　$\mu = 0$B.M.

(3) $[Ni(NH_3)_4]^{2+}$　　$\mu = 3.2$B.M.

(4) $[Co(NH_3)_6]^{2+}$　　$\mu = 4.26$B.M.

(5) $[CuCl_4]^{2-}$　　$\mu = 2.0$B.M.

9-9　试用配位化合物的知识解释下列事实。

(1) 为何大多数过渡元素的配离子是有色的，而大多数 Zn(Ⅱ)的配离子为无色的？

(2) 为什么多数的 Cu(Ⅱ)的配离子的空间构型为平面正方形？

(3) HgS 为何能溶于 Na_2S 和 NaOH 的混合溶液，而不溶于$(NH_4)_2S$ 和 $NH_3 \cdot H_2O$ 中？

(4) 为何将 Cu_2O 溶于浓氨水中，得到的溶液为无色？

(5) 为何 AgI 不能溶于过量氨水中，却能溶于 KCN 溶液中？

(6) 为何 AgBr 沉淀可溶于 KCN 溶液中，但 Ag_2S 不溶？

(7) 为何 CdS 能溶于 KI 溶液中？

(8) 为何用简单的锌盐和铜盐的混合溶液进行电镀，锌和铜不会同时析出，如果在此混合溶液中加入 NaCN 溶液就可以镀出黄铜(铜锌合金)？

(9) 化合物 K_2SiF_6、K_2SnF_6 和 K_2SnCl_6 都为已知的，但 K_2SiCl_6 却不存在，试加以解释。

9-10　在 50mL $0.1mol \cdot L^{-1}$ $AgNO_3$ 溶液中加入密度为 $0.932g \cdot L^{-1}$ 含 NH_3 18.24%的氨水 30mL 后，加水冲稀到 100mL，求算此溶液中 Ag^+、$[Ag(NH_3)_2]^{2+}$ 和 NH_3 的浓度，并计算已配位在 $[Ag(NH_3)_2]^{2+}$ 中的 Ag^+ 占 Ag^+ 总浓度的百分数。

9-11　在 1L 原始浓度为 $0.10mol \cdot L^{-1}$ 的 $[Ag(NO_2)_2]^-$ 溶液中，加入 0.20mol 的晶体 KCN，求溶液中 $[Ag(NO_2)_2]^-$、$[Ag(CN)_2]^-$、NO_2^- 和 CN^- 等各种离子的平衡浓度(可忽略体积变化)。已知 $K\{[Ag(CN)_2]^-\} = 1.0 \times 10^{21}$，$K\{[Ag(NO_2)_2]^-\} = 6.7 \times 10^2$。

9-12　判断下列配位反应的方向。

(1) $[Cu(CN)_2]^- + 2NH_3 = [Cu(NH_3)_2]^+ + 2CN^-$

(2) $[Cu(NH_3)_4]^{2+} + Zn^{2+} = [Zn(NH_3)_4]^{2+} + Cu^{2+}$

9-13　计算反应 $CuS(s) + 4NH_3 = [Cu(NH_3)_4] + S^{2-}$ 的 K 值，评述用氨水溶解 CuS 的效果。

9-14　已知 $Au^+ + e^- = Au$ 的 $\varphi^\ominus = 1.68V$，试计算下列电对的电势。

(1) $[Au(CN)_2]^- + e^- = Au + 2CN^-$　　(2) $[Au(SCN)_2]^- + e^- = Au + 2SCN^-$

第 10 章　化学定量分析法
(Chemical Quantitative Analysis Method)

学习要求

(1) 了解滴定分析法的基础知识。

(2) 掌握四大滴定法的基本原理。

(3) 掌握各滴定分析法的实际应用。

10.1　分析化学概述

分析化学是化学学科中的一个重要分支，是研究物质的组成、含量、结构及其多种化学信息的科学。分析化学的任务是分析物质由哪些元素和(或)基团组成；确定物质中每种成分的含量及物质的纯度；分析物质中原子间彼此连接的方式及其空间结构。

分析化学的研究对象涵盖工业生产过程中的各个环节。例如，工业生产的原理、半成品、成品的检验；食品、水、大气等质量指标的控制；废水、废气、废渣等环境污染物的处理；医学上临床分析、药物理化检验等，许多领域都离不开分析化学。分析化学研究的对象从简单的单质到大分子化合物以及复杂的混合物；从无机化合物到有机化合物，乃至 DNA、多肽、蛋白质等；从低相对分子质量的到高相对分子质量的化合物；从气态、液态到固态物质；从取样几吨到几十微克。

10.2　分析化学的方法

分析方法的分类有许多种，根据分析化学的任务可将其分为定性分析、定量分析和结构分析。根据分析原理可分为化学分析法和仪器分析法。

10.2.1　化学分析法

化学分析法是以物质的化学性质和化学反应为依据进行分析的方法，是分析化学的基础，包括定性分析和定量分析两部分。其中定性分析是根据发生化学反应的现象来判断某种组分是否存在；定量分析是根据待测组分和所加的化学试剂能发生有确定计量关系的化学反应，从而达到测定该组分含量的目的。定量分析又可分为重量分析和容量分析，若根据反应产物的质量来确定待测组分的含量称为重量分析法；若根据所消耗滴定剂的浓度和体积来计算待测组分的含量则称为容量分析，又称为滴定分析。

化学分析法多用于含量一般大于 1%的常量分析组分的分析。该法分析结果的准确度较高，所用设备简单、价格便宜，在生产、科研中应用广泛。

10.2.2 仪器分析法

仪器分析法是利用物质的物理性质和物理化学性质并借助于特定仪器来确定待测物质的组成、结构及其含量的分析方法。主要包括光学分析、电化学分析、色谱分析等分析方法。

1. 光学分析法

光学分析法(spectrometric analysis)是利用物质的光学性质进行测定的仪器分析方法。主要包括分子光谱法，如紫外-可见分光光度法、红外光谱法、分子荧光及磷光分析法；原子光谱法，如原子发射光谱法、原子吸收光谱法。

2. 电化学分析法

电化学分析法(electrochemical analysis)是根据物质的电化学性质所建立的分析方法。主要有电重量法(电解)、电容量法(电位法、极谱法、伏安分析法、电导分析法、库仑分析法)和离子选择性电极分析法。

3. 色谱分析法

色谱分析法(chromatographic analysis)是根据物质在两相 (固定相和流动相) 中吸附能力、分配系数或其他亲和作用的差异而建立的一种分离、测定方法。这种分析法最大的特点是集分离和测定于一体，是多组分物质高效、快速、灵敏的分析方法，主要包括气相色谱法、液相色谱法。

4. 其他分析法

随着科学技术的发展，许多新的仪器分析方法也得到不断的发展，如质谱法、核磁共振法、X 射线衍射法、电子显微镜分析、毛细管电泳等大型仪器分析方法，作为高效试样引入及处理手段的流动注射分析法以及为适应分析仪器微型化、自动化、便携化而最新涌现出的微流控芯片毛细管分析等。

与化学分析法相比，仪器分析法操作比较简单、快速，灵敏度和准确度高，更适于微量、超微量(试样质量小于 0.1mg，体积小于 0.01mL)及生产过程中的控制分析等。但通常仪器分析的设备较复杂，价格昂贵，且有些仪器对环境条件的要求比较苛刻，如恒温、恒湿、防震等。

10.3 定量分析的一般过程

定量分析常包括以下步骤：

(1) 取样。所取样品必须要有代表性。试样的采取和制备是定量分析中的重要环节，它直接关系到分析结果的质量。为了对试样中的组分进行定量分析，必须从总体样品中抽取进行实际分析操作的样品(分析试样)，分析试样的组成必须能够正确代表总体样品的组成。

(2) 试样预处理。试样预处理包括试样的分解(干法和湿法分解)、分离及干扰消除过程。分析试样必须分解完全，通常分解试样是使试样中的待测组分以可溶盐的形式进入溶液。在处理复杂样品过程中，分离和干扰消除过程是必不可少的。

(3) 测定。分析过程的关键是选择合适的分析方法，进行准确测定，因此所选方法必须准确可靠。

(4) 计算。根据测定的有关数据计算出待测组分的含量，计算必须准确无误。

(5) 出报告。根据要求以合适形式报出。

10.4　滴定分析法概论

10.4.1　滴定分析法的基本概念和方法分类

一般先将试样制备成溶液，用一种已知准确浓度的试剂溶液即标准溶液(也称滴定剂，titrant)滴加到被测物质的溶液中(或反向滴加)，该过程称为滴定(titration)，再根据所消耗的试剂量按化学计量关系来确定被测物质的量，该分析方法称滴定分析法(titration analysis)或容量分析法。当滴入的标准溶液的物质的量与被测物质的量正好符合滴定反应式中的化学计量关系时，称反应达到了化学计量点(stoichiometric point，sp)或理论终点。到达化学计量点时，反应常无明确易察觉的外部特征。因此，常需在待测溶液中加入指示剂(indicator)，利用指示剂颜色的突变来判断停止滴定点，这一点称为滴定终点(end point of the titration，ep)，但指示剂指示的变色点不一定恰好为化学计量点，因此，在滴定分析法中滴定终点与化学计量点之间的差别称为滴定误差(titration error)或终点误差 (endpoint error)。滴定分析法是定量分析中很重要的一种方法。其特点是适用于常量组分(含量>1%)的测定；准确度较高，相对误差一般约为±0.2%；仪器简单，操作简便、快速；应用范围较广。因此滴定分析法有很大的实用价值。

滴定分析是以化学反应为基础的，根据滴定反应的类型，滴定分析可分为酸碱滴定法、配位滴定法、氧化还原滴定法和沉淀滴定法。

10.4.2　滴定分析法对化学反应的要求和滴定方法

1. 对化学反应的要求

应用于滴定分析的化学反应应满足以下几个条件：

(1) 反应必须按一定方向定量完成，即反应完全程度达 99.9%以上，并可以按一定化学计量关系计算分析结果。

(2) 反应速率要快，或有简便的方法加速反应。如果反应速率慢，会造成滴定终点不准确而产生误差，反应速率可以通过添加催化剂或加热等办法加速。

(3) 有合适的指示化学计量点(或终点)的方法(合适的指示剂)。

(4) 无干扰主反应的杂质存在(无干扰杂质)。

2. 滴定方法

(1) 直接滴定法(direct titration)。凡是能同时满足四个要求的滴定反应，都可用直接滴定法测定。例如，用 HCl 滴定 NaOH、Zn 标定 EDTA 等，将试样处理成溶液，用标准溶液直接滴定待测液，这种滴定方式在滴定分析中最为简便，应用较多。

(2) 返滴定法(back titration)。先准确加入已知过量的标准溶液，使之与试液中的待测物质或固体试样进行反应，待反应完全后，再用另一种标准溶液滴定剩余的标准溶液。根据两标准溶液的用量之差，计算待测物的含量。这种方式通常运用于一些待测物与滴定剂的反应速率较慢或者无适当的方法确定滴定终点的场合。例如，Al^{3+}与 EDTA 配位反应的速率很慢，可向 Al^{3+}溶液中加入已知过量的 EDTA 标准溶液并加热煮沸，待 Al^{3+}与 EDTA 反应完全后，用标准 Zn^{2+}溶液滴定剩余的 EDTA。

(3) 置换滴定法(displacement titration)。有些物质的反应不能按化学计量关系定量进行，可采用先将待测物与另一种物质反应而定量地置换出能被标准溶液滴定的物质，再用标准溶液滴定此物质。例如，Ag^+与 EDTA 的反应不稳定，可先使 Ag^+和$[Ni(CN)_4]^{2-}$反应而定量地转换出能被 EDTA 滴定的 Ni^{2+}，然后用 EDTA 滴定置换出的 Ni^{2+}，根据 EDTA 的消耗量及 Ag^+和 Ni^{2+}的相当量关系即可求出 Ag^+的量。

(4) 间接滴定法(indirect titration)。当被测物不能直接与滴定剂发生化学反应时，可以通过其他反应以间接的方式测定被测物含量。例如，Ca^{2+}不能与 $KMnO_4$ 发生氧化还原反应，可以先使 Ca^{2+}与 $C_2O_4^{2-}$ 定量沉淀为 CaC_2O_4，然后用酸溶解 CaC_2O_4，再以 $KMnO_4$ 标准溶液滴定与 Ca^{2+}结合的 $C_2O_4^{2-}$，从而间接求出 Ca^{2+}的含量。

10.4.3　基准物质和标准溶液

标准溶液(standard solution)就是指已经准确知道浓度的溶液。前面讨论的滴定分析中即以标准溶液滴加到被测物质的溶液中(或反向滴加)，并通过标准溶液的浓度和用量计算待测组分的含量。因此，正确地配制标准溶液、准确地确定其浓度以及对标准溶液进行妥善保存，对于提高滴定分析的准确度是至关重要的。

1. 基准物质

能用来直接配制或标定标准溶液的物质称为基准物质(primary standard substance)。对基准物质的要求如下：

(1) 纯度高，含量在 99.9%以上，易制备和提纯。

(2) 组成(包括结晶水)与化学式相符。

(3) 性质稳定，易保存，不分解，不吸潮，不吸收大气中的 CO_2，不失结晶水等，以便容易保存及称量过程中保证其组成不变。

(4) 有较大的摩尔质量，以减小称量的相对误差。

一些常用的基准物质包括：①用于酸碱滴定：Na_2CO_3(无水)、$Na_2B_4O_7 \cdot 10H_2O$、$H_2C_2O_4 \cdot 2H_2O$、$C_6H_4(COOH)(COOK)$；②用于配位滴定：$CaCO_3$、ZnO 及各种光谱纯金属；③用于沉淀滴定：NaCl、KBr；④用于氧化还原滴定：$K_2Cr_2O_7$、$H_2C_2O_4 \cdot 2H_2O$、$Na_2C_2O_4$。

2. 标准溶液的配制

标准溶液一般有两种配制方法：直接配制法和间接配制法。

(1) 直接配制法。根据所需要的浓度，准确称取一定量的物质，经溶解后，定量转移至容量瓶中并稀释至刻度。通过计算得出该标准溶液的准确浓度。

(2) 间接配制法(标定法)。当欲配制标准溶液的试剂不是基准物时，就不能用直接法配制。可先粗配成近似所需浓度的溶液，然后用基准物通过滴定的方法确定已配溶液的准确浓度，这一过程称为标定(standardization)。这种配制标准溶液的方法即间接配制法。用于配制标准溶液的物质大多不能完全满足上述基准物的条件，这类物质必须用间接法配制标准溶液，如 HCl、NaOH、$KMnO_4$、$Na_2S_2O_3$ 等标准溶液。

3. 浓度的表示方法

(1) 物质的量浓度。物质的量浓度简称浓度，是指单位体积溶液中所含溶质的物质的量。例如，B 物质的浓度以符号 c_B 表示，即 $c_B=\dfrac{n_B}{V}$，此内容在本书第 1 章已详叙。

(2) 滴定度。滴定度(T)指每毫升标准溶液(A)相当于被测物(B)的质量或百分含量，以符号 $T_{B/A}$ 表示，单位为 $g \cdot mL^{-1}$。例如，$T_{Fe/K_2Cr_2O_7}$ =0.002730g · mL^{-1}，表示 1mL $K_2Cr_2O_7$ 标准溶液相当于 0.002730g Fe^{2+}，也就是说 1mL $K_2Cr_2O_7$ 标准溶液恰好能与 0.002730g Fe^{2+} 反应，此种表示法在工厂或科学研究的例行分析中经常使用，计算快捷、直观。

10.4.4 滴定分析结果的计算

1. 滴定剂与被测物质之间的计量关系

假设直接滴定法的滴定反应为

$$tT+bB=\!=\!=cC+dD$$

式中：T 为滴定剂；B 为被测物。则被测物的物质的量 n_B 与滴定剂的物质的量 n_T 间应有如下关系：

$$\frac{n_B}{n_T}=\frac{b}{t}$$

所以

$$n_B=\frac{b}{t}n_T \tag{10-1}$$

这样便可由所消耗的滴定剂的物质的量求得被测物的物质的量。

其他三种滴定法中滴定剂 T 与被测物 B 的关系应称为化学计量关系，要根据滴定的化学反应来确定。

2. 标准溶液浓度的计算

1) 以基准物直接配制标准溶液

准确称取摩尔质量为 M_B 的 B 物质 m_B(g)，并定容至 V_B(L)，则其浓度为

$$c_B=\frac{n_B}{V_B}=\frac{m_B}{M_BV_B} \tag{10-2}$$

【例 10-1】 欲配制浓度为 0.01666mol · L^{-1} 的 $K_2Cr_2O_7$ 溶液 0.500L，需称取基准 $K_2Cr_2O_7$ 多少克?

解 根据公式，所需的 $K_2Cr_2O_7$ 的量可由 $m_B=c_BV_BM_B$ 计算：

$$m_B=0.03512\times0.500\times294.18=5.1658(g)$$

2) 以已知浓度标准溶液标定待测标准溶液

以另一浓度为 c_T(若用去的体积为 V_T)的标准溶液标定一定量(V_B)待测标准溶液时，该待

测标准溶液的浓度为

$$c_B = \frac{b}{t} \times \frac{c_T V_T}{V_B} \tag{10-3}$$

式中：$\frac{b}{t}$ 为反应式中的计量系数比。

3. 待测组分含量的计算

通常以某物质的百分含量或用其在所测样品中的质量分数表示。

(1) 某物质 B 的物质的量 n_B(mol)：

$$n_B=c_B V_B$$

式中：c_B 为某物质 B 的浓度($mol \cdot L^{-1}$)；V_B 为某物质 B 的体积(L)。

(2) 某物质 B 的质量 m_B(g)：

$$m_B=n_B M_B$$

式中：M_B 为 B 物质的摩尔质量($g \cdot mol^{-1}$)。

(3) 被测物质的质量分数 w_B：

$$w_B = \frac{x c_T V_T M_B}{m_s} \tag{10-4}$$

式中：$x = \frac{n_B}{n_T}$，当滴定剂 T 与被测组分 B 之间的化学计量关系为 t_T-b_B 时，$x = \frac{b}{t}$；m_s 为被测物质的质量。质量分数还可以百分数的形式表示。

【例 10-2】 在 1.000g Pb_3O_4 中加入 HCl 放出氯气。此氯气与 KI 溶液反应，析出的 I_2 用 $0.1000mol \cdot L^{-1}$ 的 $Na_2S_2O_3$ 滴定，消耗 25.00mL。试求出 Pb_3O_4 的质量分数。

解 因为有定量关系的物质是样品和 $Na_2S_2O_3$，故必须先找出它们之间的化学计量关系：

$$Pb_3O_4 + 8HCl = Cl_2\uparrow + 3PbCl_2 + 4H_2O$$

$$Cl_2 + 2KI = I_2 + 2KCl$$

$$I_2 + 2S_2O_3^{2-} = 2I^- + S_4O_6^{2-}$$

化学计量关系为　$1Pb_3O_4 \sim 1Cl_2 \sim 1I_2 \sim 2S_2O_3^{2-}$

所以

$$\frac{n(Pb_3O_4)}{n(S_2O_3^{2-})} = \frac{1}{2}$$

$$w(Pb_3O_4) = \frac{\frac{1}{2} \times c(S_2O_3^{2-}) \times V(S_2O_3^{2-}) \times M(Pb_3O_4)}{m_s}$$

$$= \frac{\frac{1}{2} \times 0.1000 \times 0.02500 \times 685.6}{1.000} = 0.8570$$

若以百分数形式表示，则 $w(Pb_3O_4)$=85.70%。

10.5　酸碱滴定法

酸碱滴定法(acid-base titration)是利用酸碱间的中和反应来测定物质含量的滴定分析方法，一般的酸、碱以及能与酸、碱直接或间接进行质子传递的物质，几乎都可以利用酸碱滴定法测定，通常反应速率较快，能满足滴定分析法的要求。

10.5.1　滴定分析结果的计算

通过颜色变化来指示溶液酸碱度的一类试剂称为酸碱指示剂，如酚酞、甲基橙等。它们的主要用途是指示酸碱滴定的终点或测定溶液的 pH。

1. 酸碱指示剂的变色原理

酸碱指示剂(acid-base indicator)一般是弱的有机酸或有机碱，其共轭酸碱对具有不同的结构，从而具有不同的颜色。当溶液 pH 改变时，酸式结构与碱式结构相互可逆地转化，而酸式、碱式对应不同的颜色，故指示剂自身颜色的变化同时改变了滴定溶液的颜色。

例如，酚酞(phenolphthalein)指示剂在水溶液中是一种无色的二元酸，有以下解离平衡存在：

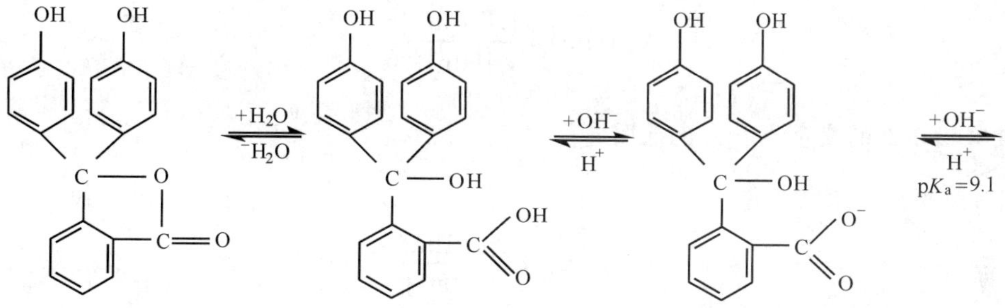

无色分子 (内酯式)　　无色分子　　无色离子

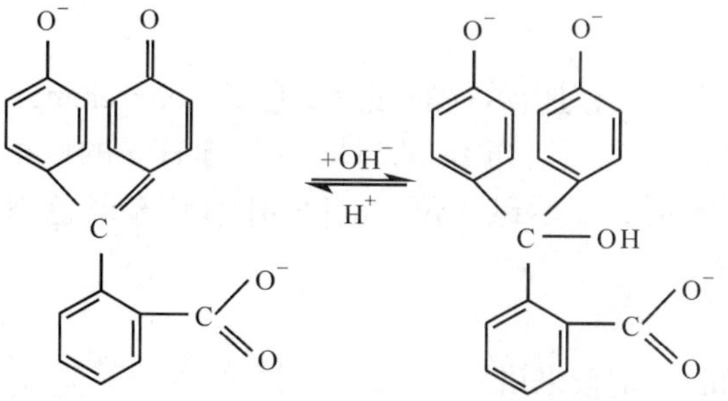

红色离子 (醌式)　　无色离子 (羟酸盐式)
浓的强碱性溶液中

酚酞结构变化的过程也可简单表示为

$$\text{无色分子} \underset{H^+}{\overset{OH^-}{\rightleftharpoons}} \text{无色离子} \underset{H^+}{\overset{OH^-}{\rightleftharpoons}} \text{红色离子} \underset{H^+}{\overset{\text{浓碱}}{\rightleftharpoons}} \text{无色离子}$$

上式表明，这个转变过程是可逆的，当溶液 pH 降低时，平衡向反方向移动，酚酞又变成无色分子。因此，酚酞在 pH<9.1 的酸性溶液中均呈无色，当 pH>9.1 时呈红色，在浓的强碱溶液中又呈无色。酚酞是一种单色指示剂。

再如，另一种常用的酸碱指示剂甲基橙(methyl orange)是一种弱的有机碱，在溶液中有如下解离平衡存在：

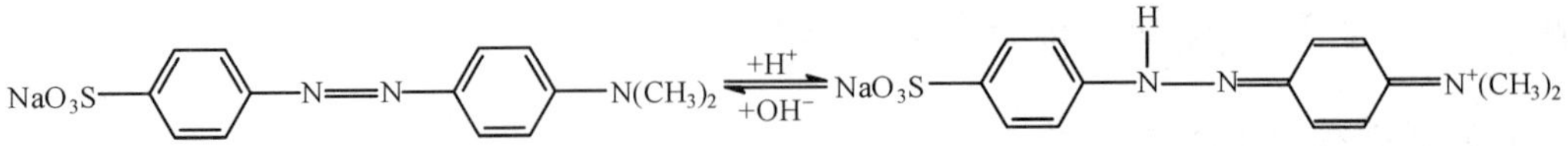

黄色分子(偶氮式)　　　　红色离子(醌式)

显然，甲基橙与酚酞相似，在不同的酸度条件下具有不同的结构及颜色，所不同的是，甲基橙是一种双色指示剂，在 pH<3.3 时呈红色，当 pH>4.4 时显黄色。

正由于酸碱指示剂在不同的酸度条件下具有不同的结构及颜色，因而当溶液酸度改变时，平衡发生移动，酸碱指示剂从一种结构变为另一种结构，从而使溶液的颜色发生相应的改变。

若以 HIn 表示一种弱酸型指示剂，In^-为其共轭碱，指示剂的酸解离平衡为

$$HIn \rightleftharpoons H^+ + In^-$$

酸式色　　　　碱式色

解离平衡方程式为

$$K_a^\ominus(HIn) = \frac{[H^+][In^-]}{[HIn]}$$

2. 酸碱指示剂的变色点和变色范围

根据解离平衡方程式可得

$$[H^+] = K_a^\ominus(HIn) \cdot \frac{[HIn]}{[In^-]}$$

$$pH = pK_a^\ominus(HIn) + \lg\frac{[In^-]}{[HIn]} \qquad (10\text{-}5)$$

1) 理论变色点

当[HIn]=[In^-]时，pH=$pK_a^\ominus$(HIn)为指示剂的理论变色点(color change point)。

酸性溶液中，以 HIn 的颜色为主；当 In^-的量增多至与 HIn 的量相等时，显示酸式、碱式的混合色；当[In^-]大于[HIn]时，显示碱式色。故[HIn]=[In^-]是颜色刚好开始变化的位置，称为变色点。

2) 指示剂的变色范围

由于人眼辨色能力的原因，定量来讲

$\frac{[HIn]}{[In^-]} \geqslant 10$，呈酸色，$pH \leqslant pK_a^\ominus(HIn) - 1$；

$\frac{[HIn]}{[In^-]} \leqslant \frac{1}{10}$，呈碱色，$pH \geqslant pK_a^\ominus(HIn) + 1$；

$\frac{1}{10} \leqslant \frac{[HIn]}{[In^-]} \leqslant 10$，呈中间色，$pK_a^\ominus(HIn) - 1 \leqslant pH \leqslant pK_a^\ominus(HIn) + 1$。

即由酸色变为碱色时，溶液 pH 从 $pK_a^\ominus$(HIn)−1 变为 $pK_a^\ominus$(HIn)+1(或反向变化)才能观察到颜色的变化。

所以指示剂的理论变色范围(color change interval)为

$$pH = pK_a^\ominus(HIn) \pm 1 \qquad (10\text{-}6)$$

不同指示剂的 $K_a^\ominus$(HIn)值不同，其变色范围、理论变色点不同。表 10-1 列出了一些常用

的酸碱指示剂的变色范围。

表 10-1　一些常用的酸碱指示剂

指示剂	pH 变色范围	颜色变化	$pK_a^{\ominus}$ (HIn)	常用溶液	10mL 试液用量/滴
百里酚酞	1.2～2.8	红～黄	1.7	0.1%的 20%乙醇溶液	1～2
甲基黄	2.9～4.0	红～黄	3.3	0.1%的 90%乙醇溶液	1
甲基橙	3.1～4.4	红～黄	3.4	0.05%的水溶液	1
溴酚蓝	3.0～4.6	黄～紫	4.1	0.1%的 20%乙醇溶液或其钠盐水溶液	1
溴甲酚绿	4.0～5.6	黄～蓝	4.9	0.1%的 20%乙醇溶液或其钠盐水溶液	1～3
甲基红	4.4～6.2	红～黄	5.2	0.1%的 60%乙醇溶液或其钠盐水溶液	1
溴百里酚蓝	6.2～7.6	黄～蓝	7.3	0.1%的 20%乙醇溶液或其钠盐水溶液	1
中性红	6.8～8.0	红～黄橙	7.4	0.1%的 60%乙醇溶液	1
苯酚红	6.8～8.4	黄～红	8.0	0.1%的 60%乙醇溶液或其钠盐水溶液	1
酚酞	8.0～10.0	无～红	9.1	0.5%的 90%乙醇溶液	1～3
百里酚蓝	8.0～9.6	黄～蓝	8.9	0.1%的 20%乙醇溶液	1～4
百里酚酞	9.4～10.6	无～蓝	10.0	0.1%的 90%乙醇溶液	1～2

3. 影响酸碱指示剂变色范围的因素

(1) 酸碱指示剂的变色范围是靠人的眼睛观察出来的，人眼对不同颜色的敏感程度不同，不同人对同一种颜色的敏感程度不同，以及酸碱指示剂两种颜色之间的相互掩盖作用，会导致变色范围的不同。例如，甲基橙的变色范围就不是 pH=2.4～4.4，而是 pH=3.1～4.4，这就是由于人眼对红色比对黄色敏感，所以酸式一边的变色范围相对较窄。

(2) 温度、溶剂以及一些强电解质的存在会改变酸碱指示剂的变色范围，主要是因为这些因素会影响指示剂的解离常数 $K_a^{\ominus}$(HIn)的大小。例如，甲基橙指示剂在 18℃时的变色范围为 pH=3.1～4.4，而 100℃时为 pH=2.5～3.7。因此，当用酸碱指示剂显示酸度控制的结果时就应注意这种影响。

(3) 对于单色指示剂，如酚酞，指示剂用量的不同也会影响变色范围，用量过多将会使变色范围向 pH 低的一方移动。另外，用量过多还会影响酸碱指示剂变色的敏锐程度。

4. 混合指示剂

对于需要将酸度控制在较窄区间内的反应体系，可以采用混合指示剂(mixed indicator)指示酸度的变化。

混合指示剂利用颜色的互补来提高变色的敏锐性，其由两种或两种以上的酸碱指示剂按一定的比例混合而成。例如，溴甲酚绿($pK_a^{\ominus}$=4.9)和甲基红($pK_a^{\ominus}$=5.2)两种指示剂，前者的酸色为黄色，碱色为蓝色；后者的酸色为红色，碱色为黄色。当它们按照一定的比例混合后，由于共同作用的结果，溶液在 pH<5.1 时显橙红色，在 pH>5.1 时显绿色。当 pH≈5.1 时，溴甲酚绿的碱性成分较多，显绿色，而甲基红的酸性成分较多，显橙红色，两种颜色互补得到灰色，变色很敏锐。几种常用的混合指示剂见表 10-2。

表 10-2　几种常用的混合指示剂

指示剂溶液的组成	变色时的 pH	颜色		备注
		酸式色	碱式色	
1 份 0.1%甲基橙乙醇溶液， 1 份 0.1%次甲基蓝乙醇溶液	3.25	蓝紫	绿	pH3.2，蓝紫色；3.4，绿色
1 份 0.1%甲基橙水溶液， 1 份 0.25%靛蓝二磺酸水溶液	4.1	紫	黄绿	
1 份 0.1%溴甲酚绿钠盐水溶液， 1 份 0.2%甲基橙水溶液	4.3	橙	蓝绿	pH3.5，黄色；4.05，绿色；4.3，浅绿
3 份 0.1%溴甲酚绿乙醇溶液， 1 份 0.2%甲基红乙醇溶液	5.1	酒红	绿	
1 份 0.1%溴甲酚绿钠盐水溶液， 1 份 0.1%氯酚红钠盐水溶液	6.1	黄绿	蓝紫	pH5.4，蓝绿色；5.8，蓝色；6.0，蓝带紫
1 份 0.1%中性红乙醇溶液， 1 份 0.1%次甲基蓝乙醇溶液	7.0	紫蓝	绿	pH7.0，紫蓝
1 份 0.1%甲酚红钠盐水溶液， 3 份 0.1%百里酚蓝钠盐水溶液	8.3	黄	紫	pH8.2，玫瑰红；8.4，清晰的紫色
1 份 0.1%百里酚蓝 50%乙醇溶液， 3 份 0.1%酚酞 50%乙醇溶液	9.0	黄	紫	从黄到绿，再到紫
1 份 0.1%酚酞乙醇溶液， 1 份 0.1%百里酚酞乙醇溶液	9.9	无	紫	pH9.6，玫瑰红；10，紫色
2 份 0.1%百里酚酞乙醇溶液， 1 份 0.1%茜素黄 R 乙醇溶液	10.2	黄	紫	

10.5.2　酸碱滴定曲线和指示剂的选择

在酸碱滴定过程中，溶液 pH 随滴定剂的加入而变化，以滴定剂的加入量或中和百分数为横坐标，溶液 pH 为纵坐标作图所得曲线称为酸碱滴定曲线(acid-base titration curve)，酸碱滴定曲线的作用在于由曲线可观察滴定过程中溶液 pH 的变化情况，根据曲线的突跃，可判断被测物质能否被准确滴定和选择合适的指示剂。

1. 强酸强碱的滴定

以 $0.1000\text{mol}\cdot\text{L}^{-1}$ NaOH 标准溶液滴定 20.00mL $0.1000\text{mol}\cdot\text{L}^{-1}$ HCl 溶液为例讨论强酸强碱相互滴定时的滴定曲线和指示剂的选择。

1) 滴定曲线的绘制

(1) 滴定前：pH=1.00。

(2) 化学计量点前：溶液的 pH 取决于溶液中未被滴定的剩余 HCl 的量。若加入 19.98mL(99.9%)，即过量 0.02mL HCl 溶液，则

$$[H^+]=\frac{c(HCl)V(HCl)_{余}}{V_{总}}=\frac{0.1000\times 0.02}{19.98+20.00}=5.00\times 10^{-5}(mol\cdot L^{-1})$$

$$pH=4.30$$

(3) 化学计量点时：pH=7.00。

(4) 化学计量点后：溶液的 pH 取决于溶液中过量的 NaOH 的量。若加入 20.02mL (100.1%)，即剩余 0.02 mLNaOH 溶液，则

$$[OH^-]=\frac{c(NaOH)V(NaOH)_{余}}{V_{总}}$$

$$=\frac{0.1000\times(20.02-20.00)}{20.00+20.02}$$

$$=5.00\times 10^{-5}(mol\cdot L^{-1})$$

$$pH=9.70$$

若对滴定过程进行计算，结果列于表 10-3 中。以 NaOH 加入量为横坐标，以 pH 为纵坐标绘出滴定曲线，如图 10-1 所示。

表 10-3　用 $c(NaOH)=0.1000mol\cdot L^{-1}$NaOH 溶液滴定 20.00mL 同浓度 HCl 溶液数据

加入 NaOH 溶液的体积 V/mL	剩余 HCl 溶液的体积 V/mL	过量 NaOH 溶液的体积 V/mL	pH	
0.00	20.00		1.00	
18.00	2.00		2.28	
19.80	0.20		3.30	
19.98	0.02		4.30(A)	突跃范围
20.00	0.00		7.00	
20.02		0.02	9.70(B)	
20.20		0.20	10.70	
22.00		2.00	11.68	
40.00		20.00	12.52	

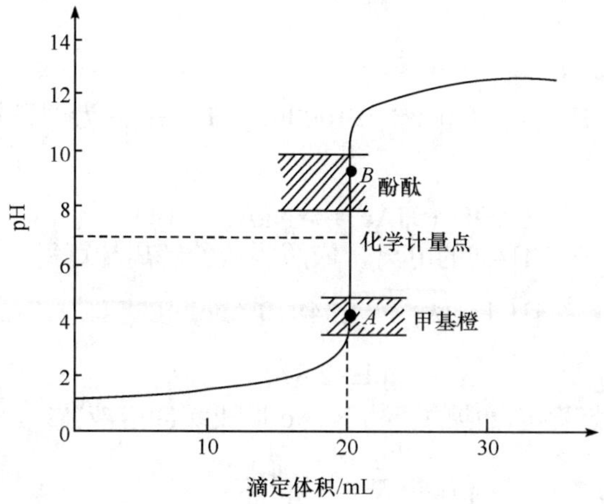

图 10-1　以 $0.1000mol\cdot L^{-1}$ NaOH 标准溶液滴定 20.00mL 0.1000 $mol\cdot L^{-1}$ HCl 溶液滴定曲线

可见，化学计量点前后 0.1% (±0.02mL)误差范围内，溶液的 pH 变化为 4.30→7.00→9.70，数值发生急剧的变化，我们把在滴定过程中，在化学计量点前后±0.1%相对误差范围内 pH 发生的突变称为滴定突跃 (titration jump)。该滴定突跃所在的 pH 范围称为 pH 突跃范围。

2) 指示剂的选择

选择指示剂的原则是指示剂的变色范围全部或部分落在滴定的突跃范围内。所以在上例中，凡是变色范围部分或全部在 pH 4.30～9.70 的指示剂都可使用。例如，酚酞 pH8.0～10.0，甲基红 pH4.4～6.2，甲基橙 pH 3.1～4.4。

若用 HCl 滴定 NaOH，条件同前，滴定曲线的形状相同、方向相反，突跃范围 pH=9.70～4.30，同样可选酚酞、甲基红、甲基橙作指示剂。

另外，还应考虑所选择指示剂在滴定体系中的变色是否易于判断。例如，甲基橙用于碱滴酸滴定时，颜色变化是由红到黄。由于人眼对红色中略带黄色不易察觉，因而一般甲基橙不用于碱滴酸，常用于酸滴碱。

3) 影响滴定突跃的因素

图 10-2 是不同浓度的 NaOH 溶液滴定不同浓度的 HCl 溶液的滴定曲线。由图可见，滴定体系的浓度越小，滴定突跃就越小，滴定突跃的大小还与酸、碱本身的强弱有关。关于这个问题后面还要再详细讨论。

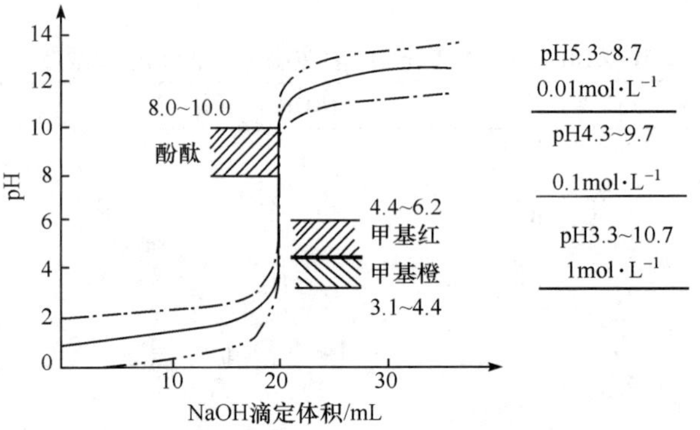

图 10-2　用不同浓度的 NaOH 溶液滴定不同浓度 HCl 溶液的滴定曲线

2. 强碱滴定一元弱酸

以 0.1000mol · L^{-1} NaOH 滴定 20.00mL 0.1000mol · L^{-1} HAc 为例，讨论强碱滴定一元弱酸的滴定曲线和指示剂的选择。

$$NaOH + HAc \rightleftharpoons NaAc + H_2O$$

滴定前，溶液中的 H^+来自 HAc 的电离。依照弱酸的解离计算得

$$[H^+]=\sqrt{K_a^{\ominus}c}=1.34\times10^{-3}mol\cdot L^{-1}$$

$$pH=2.87$$

化学计量点前，HAc 与滴定反应的产物 NaAc 形成缓冲溶液：

$$pH=pK_a^{\ominus}+\lg\frac{[Ac^-]}{[HAc]}$$

当加入 19.98mL NaOH 时，剩余 0.02mL HAc：

$$[HAc]=\frac{(20.00-19.98)\times0.1000}{20.00+19.98}=5.00\times10^{-5}(mol\cdot L^{-1})$$

$$[Ac^-]=\frac{19.98\times0.1000}{20.00+19.98}=5.00\times10^{-2}(mol\cdot L^{-1})$$

$$pH=pK_a^{\ominus}+\lg10^3=7.75$$

化学计量点时，溶液的 pH 由产物 NaAc 的水解决定：

$$[OH^-]=\sqrt{K_b^{\ominus}c}=\sqrt{\frac{K_w^{\ominus}}{K_a^{\ominus}}c}=\sqrt{\frac{1.00\times10^{-14}}{1.8\times10^{-5}}\times0.0500}=5.27\times10^{-6}(mol\cdot L^{-1})$$

$$pH=8.71$$

化学计量点后，溶液的 pH 由过量的 NaOH 决定。加入 20.02mL NaOH 时：

$$[OH^-]=\frac{20.02-20.00}{20.00+20.02}\times0.1000=5.00\times10^{-5}(mol\cdot L^{-1})$$

$$pH=9.70$$

同样若对滴定过程进行计算，结果以 NaOH 加入量为横坐标，以 pH 为纵坐标绘出滴定曲线，如图 10-3 曲线 I 所示。可见滴定曲线的特点如下：曲线起点高，因 HAc 较 HCl 酸性弱，H^+浓度低；滴定突跃明显变小(7.75～9.70)；被滴定的酸越弱，滴定突跃就越小，有些甚至没有明显的突跃；化学计量点前曲线的转折不如前一种类型的明显，原因主要是缓冲体系的形成以及化学计量点时溶液不是中性，而是弱碱性。

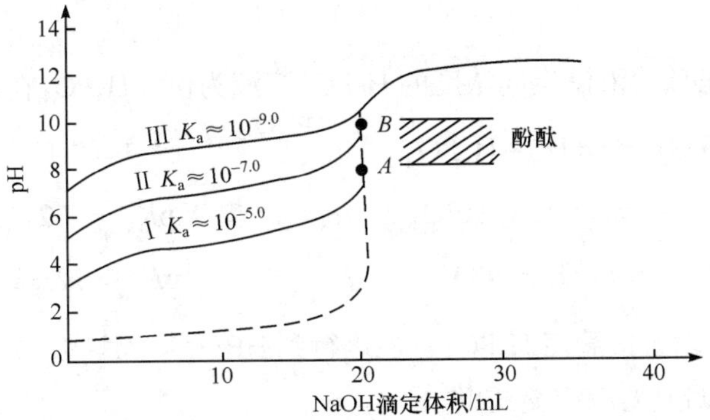

图 10-3　NaOH 溶液滴定不同弱酸溶液的滴定曲线

所以只能选择那些在弱碱性区域内变色的指示剂。例如，可选用酚酞，其变色范围为 pH=8.0～10.0，滴定时溶液由无色变为粉红色。另外，也可选择百里酚蓝。在酸性范围内变色的指示剂(如甲基橙、甲基红)不能用于该滴定。

若用强酸滴定一元弱碱，条件同前，滴定曲线的形状相同、方向相反。

3. 准确滴定的依据

由图 10-3 可见，被滴定的酸越弱，滴定突跃就越小，有的甚至没有突跃。

影响突跃范围的因素：① $K_a^{\ominus}$ 越大，突跃越大；②浓度越大，突跃越大；③两者乘积越大，突跃越大。由于用眼睛来判断终点，一般会有 0.2～0.3 个 pH 单位的不确定性。根据终点误差公式，若要使终点误差≤0.2%，就要求只有 $cK_a^{\ominus}$ ($cK_b^{\ominus}$)≥10^{-8} 时，滴定才有明显的 pH 突跃，才能借助指示剂判断终点。所以，$cK_a^{\ominus}$ ($cK_b^{\ominus}$)≥10^{-8} 是判断弱酸(弱碱) 能否被准确滴定的依据。

4. 多元酸、混酸及多元碱的滴定

常见的多元酸多数是弱酸，在水溶液中分步解离。在多元酸滴定中要解决的问题是有几个 H^+可被准确滴定，能否分步滴定以及如何选择指示剂。

多元酸被滴定时哪一步解离满足 $c_0K_{a_i}^{\ominus} \geqslant 10^{-8}$，哪一级的 H^+就有被准确滴定的可能性；若两个相邻的 H^+都能满足要求，但它们的 $K_{a_i}^{\ominus}$ 值相差不大，当一个 H^+还未被滴定完全，另一个 H^+就开始被滴定了，这样就不能形成两个独立的突跃，而是两个 H^+同时被滴定。一般地，当两个相邻 H^+的 $K_{a_i}^{\ominus}$ 值之比大于 10^4，同时满足 $c_0K_{a_i}^{\ominus} \geqslant 10^{-8}$ 时就可以形成两个独立的突跃，即可以分步被准确滴定。

判断多元酸及混酸能否准确滴定的步骤如下：

(1) 根据 $c_0K_{a_i}^{\ominus} \geqslant 10^{-8}$ 判断各个质子能否被准确滴定。

(2) 根据 $\dfrac{K_{a_i}^{\ominus}}{K_{a_{i+1}}^{\ominus}} \geqslant 10^4$ 判断能否实现分步滴定(欲使滴定误差在 0.1%内，则需≥10^6)。

(3) 由终点 pH 选择合适的指示剂。

例如，草酸 $\dfrac{K_{a_1}^{\ominus}}{K_{a_2}^{\ominus}} = \dfrac{5.6\times10^{-2}}{5.1\times10^{-5}} = 1.1\times10^{-3}$，能用 NaOH 溶液滴定，但不能分步，两个相邻 H^+一步滴定完全。

以 $0.10\text{mol}\cdot\text{L}^{-1}$ NaOH 溶液滴定同浓度的 H_3PO_4溶液为例。H_3PO_4在水中分三级解离：

$$H_3PO_4 \rightleftharpoons H^+ + H_2PO_4^- \qquad pK_{a_1}^{\ominus} = 2.12$$

$$H_2PO_4^- \rightleftharpoons H^+ + HPO_4^{2-} \qquad pK_{a_2}^{\ominus} = 7.21$$

$$HPO_4^{2-} \rightleftharpoons H^+ + PO_4^{3-} \qquad pK_{a_3}^{\ominus} = 12.32$$

显然，$c_0K_{a_3}^{\ominus} \ll 10^{-8}$，所以直接滴定 H_3PO_4 只能进行到 HPO_4^{2-}。其次，$K_{a_1}^{\ominus}/K_{a_2}^{\ominus} > 10^4$，可以分步滴定，有两个较为明显的滴定突跃(图 10-4)。

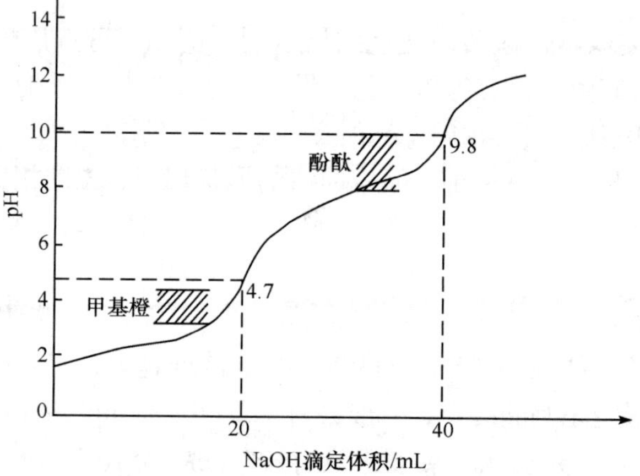

图 10-4　NaOH 溶液滴定 H_3PO_4 的滴定曲线

第一化学计量点形成 NaH_2PO_4，所以由 $[H^+]=\sqrt{K_{a_1}^{\ominus}K_{a_2}^{\ominus}}$ 得

$$pH_{sp1}=\frac{1}{2}(pK_{a_1}^{\ominus}+pK_{a_2}^{\ominus})=\frac{1}{2}\times(2.12+7.21)=4.66$$

这时 $\delta(H_2PO_4^-)$=0.994，$\delta(HPO_4^{2-})$=$\delta(H_3PO_4)$=0.003，显然两步反应有所交叉，可选择甲基橙为指示剂。

第二化学计量点产生 Na_2HPO_4，由 $[H^+]=\sqrt{K_{a_2}^{\ominus}K_{a_3}^{\ominus}}$ 得

$$pH_{sp2}=\frac{1}{2}(pK_{a_2}^{\ominus}+pK_{a_3}^{\ominus})=\frac{1}{2}\times(7.21+12.32)=9.76$$

$\delta(HPO_4^{2-})$=0.995，反应也有所交叉，选择酚酞(变色点 pH≈9)为指示剂，但最好用百里酚酞指示剂(变色点 pH≈10)。

多元碱的滴定与多元酸的滴定类似，只需将计算公式、判别式中的 $K_a^{\ominus}$ 换成 $K_b^{\ominus}$。

例如，用 $0.10mol\cdot L^{-1}$ HCl 溶液滴定同浓度 Na_2CO_3 溶液，由 Na_2CO_3 的 $pK_{b_1}^{\ominus}=3.75$，$pK_{b_2}^{\ominus}=7.63$ 可知，$c_0K_{b_1}^{\ominus}$ 和 $c_0K_{b_2}^{\ominus}$ 均满足准确滴定的要求，且 $K_{b_1}^{\ominus}/K_{b_2}^{\ominus}\approx10^4$，基本上能实现分步滴定。第一个滴定突跃不太理想，第二个滴定突跃较为明显(图 10-5)。

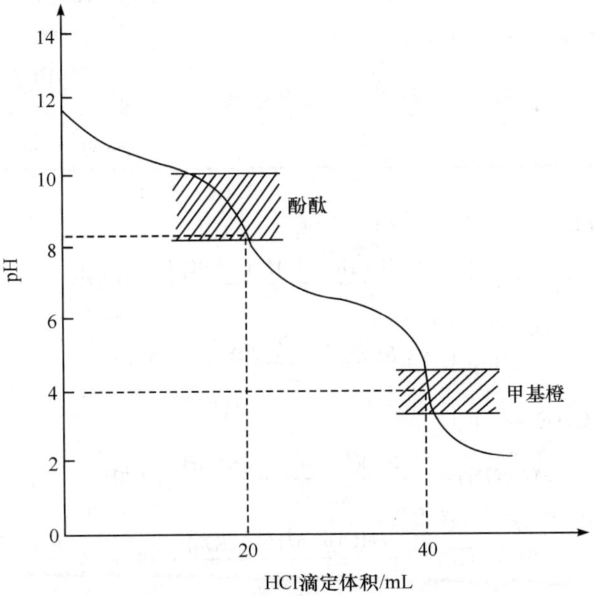

图 10-5　HCl 溶液滴定 Na_2CO_3 的滴定曲线

第一化学计量点时形成 $NaHCO_3$，因此

$$pH_{sp1}=\frac{1}{2}(pK_{a_1}^{\ominus}+pK_{a_2}^{\ominus})=\frac{1}{2}(6.37+10.25)=8.31$$

可选用酚酞为指示剂。采用甲酚红和百里酚蓝混合指示剂时，终点变色明显。

第二化学计量点时形成 H_2CO_3 的饱和溶液($0.040mol\cdot L^{-1}$)，作一元酸处理，求得 pH_{sp2}=3.89，可以甲基橙为指示剂。

滴定过程中生成的 H_2CO_3 转化为 CO_2 较慢，易形成 CO_2 的饱和溶液，使溶液酸度增大，

终点过早出现。在滴定至终点时应剧烈摇动溶液，使 CO_2 尽快逸出。为更准确地确定终点，最好采用为 CO_2 所饱和并有相同浓度的 NaCl 和指示剂的溶液为参比。

10.5.3 酸碱滴定应用示例

1. 直接法

工业纯碱、烧碱以及 Na_3PO_4 等产品的组成大多都是混合碱，它们的测定方法有多种。例如，纯碱组成形式可能是纯 Na_2CO_3 或是 Na_2CO_3+NaOH 或是 Na_2CO_3+$NaHCO_3$，其组成及其相对含量的测定方法可用下例说明。

【例 10-3】 某纯碱试样 1.000g，溶于水后，以酚酞为指示剂，耗用 0.2500mol · L^{-1} HCl 溶液 20.40mL；再以甲基橙为指示剂，继续用 0.2500mol · L^{-1} HCl 溶液滴定，共耗去 48.86mL，求试样中各组分的相对含量。

解 该方法即“双指示剂法”。用 HCl 标准溶液滴定至酚酞的粉红色刚好消失为终点，滴定剂体积为 V_1，此时刚把体系中的 NaOH (如果存在的话) 全部中和，同时(或仅仅)把 Na_2CO_3 中和到 $NaHCO_3$。加入甲基橙作指示剂，继续用 HCl 标准溶液滴定至橙色为终点，滴定剂体积为 V_2。V_2 仅是滴定 $NaHCO_3$ 所消耗的 HCl 体积。然后根据体积数计算出两者的含量。

体积关系	存在的组分
$V_1=0$	$NaHCO_3$
$V_2=0$	NaOH
$V_1=V_2$	Na_2CO_3
$V_1>V_2$	NaOH+Na_2CO_3
$V_1<V_2$	Na_2CO_3+$NaHCO_3$

若 $V_1<V_2$，即组分为 Na_2CO_3+$NaHCO_3$ 时

$$w(NaHCO_3)=\frac{c(HCl)(V_2-V_1)M(NaHCO_3)}{m_s}\times 100\%$$

$$w(Na_2CO_3)=\frac{c(HCl)V_1M(Na_2CO_3)}{m_s}\times 100\%$$

若 $V_1>V_2$，即组分为 NaOH+Na_2CO_3 时

$$w(NaOH)=\frac{c(HCl)(V_1-V_2)M(NaOH)}{m_s}\times 100\%$$

$$w(Na_2CO_3)=\frac{c(HCl)V_2M(Na_2CO_3)}{m_s}\times 100\%$$

本例中，以酚酞为指示剂时，耗去 HCl 溶液 V_1=20.40mL，而用甲基橙为指示剂时，耗用同浓度 HCl 溶液 V_2=(48.86−20.40)mL=28.46mL。显然 $V_2>V_1$，可见试样为 Na_2CO_3+$NaHCO_3$，因此

$$w(NaHCO_3)=\frac{0.2500\times(28.46-20.40)\times 10^{-3}\times 84.0}{1.000}\times 100\%=16.93\%$$

$$w(Na_2CO_3)=\frac{0.2500\times 20.40\times 10^{-3}\times 106.0}{1.000}\times 100\%=54.06\%$$

2. 间接法

许多不能满足直接滴定条件的酸、碱性物质，如 NH_4^+、ZnO、$Al_2(SO_4)_3$ 以及许多有机物

质，都可以考虑采用间接法测定。

(1) NH_4^+ 的 $pK_a^\ominus$=9.25，是一种很弱的酸，在水溶剂体系中是不能直接滴定的，但可以采用间接法。测定的方法主要有蒸馏法和甲醛法，其中蒸馏法是根据以下反应进行的：

$$NH_4^+(aq) + OH^-(aq) \longrightarrow NH_3(g) + H_2O(1)$$

$$NH_3(g) + HCl(aq) \longrightarrow NH_4^+(aq) + Cl^-$$

$$NaOH(aq) + HCl(aq)(\text{剩余}) \longrightarrow NaCl(aq) + H_2O(l)$$

一些含氮有机物质 (如含蛋白质的食品、饲料以及生物碱等)，可以通过化学反应将有机氮转化为 NH_4^+，再以 NH_4^+的蒸馏法进行测定，这种方法称为凯氏(Kjeldahl)定氮法。

将试样与浓 H_2SO_4 共煮，进行消化分解，加入 K_2SO_4 以提高沸点，氮在 $CuSO_4$ 催化下成为 NH_4^+：

$$C_mH_nN \xrightarrow[CuSO_4]{H_2SO_4 \cdot K_2SO_4} CO_2\uparrow + H_2O + NH_4^+$$

溶液以过量 NaOH 碱化后，再以蒸馏法测定。

(2) 二氧化碳结合力 (CO_2 combing power，CO_2CP)实际上就是血浆中 HCO_3^- 的总量。血浆中的 HCO_3^- 称为“碱储”，正常值为 24～27mmol · L^{-1}。CO_2CP 是判断代谢性酸碱中毒的一个参数，在呼吸性酸碱中毒时，CO_2CP 改变不大；而在代谢性酸中毒时，CO_2CP 显著减少，在代谢性碱中毒时，CO_2CP 则显著增加。

测定 HCO_3^- 可以采用酸碱滴定分析法。首先，向血浆样品中加入过量的硫酸标准溶液并适当加热溶液，使 HCO_3^- 全部反应生成 CO_2 释放；然后，根据 NaOH 滴定过量酸的量，计算出血浆中 HCO_3^- 的浓度。滴定反应过程为

$$HCO_3^- + H^+ \longrightarrow CO_2\uparrow + H_2O$$

$$H^+(\text{过量}) + OH^- \longrightarrow H_2O$$

分析中采用一次强酸碱滴定方法进行测定。

【例 10-4】 取 5.000mL 血浆样品，加入 1.00mL 0.1000mol · L^{-1} 的硫酸，加热除去产生的 CO_2。然后用 0.0200mol · L^{-1} 的 NaOH 溶液滴定，至终点时消耗 NaOH 的体积为 3.60mL。请计算血浆中 HCO_3^- 的总浓度。

解 消耗 NaOH 的量为

$$3.60 \times 0.0200 = 0.0720(\text{mmol})$$

血浆中 HCO_3^- 的浓度为

$$(2 \times 1.00 \times 0.1000 - 0.0720)/5.00 = 25.6(\text{mmol} \cdot L^{-1})$$

此血浆样品中 HCO_3^- 的浓度处于正常范围。

用酸碱滴定法测定血浆中的碱储浓度现在已经不常用了，因为这需要较大体积量的血浆。更简单的方法是使用酸碱指示剂进行直接测定。方法是，首先在血浆样品中加入过量的酸，将 HCO_3^- 全部转化成 CO_2 释放，然后将释放的 CO_2 收集吸收到一个含有碱性指示剂(如酚酞钠盐)的溶液中，于是发生下列反应：

$$\text{酚酞} + CO_2 + {}_2 \rightleftharpoons \text{酚酞} + HCO_3^-$$

(醌式，红色，吸收峰 550nm) (酸式，无色)

这样可以通过测定 550nm 的光吸收，监测醌式酚酞的浓度变化，醌式酚酞减少的量就等于释放 CO_2 的量，因此 HCO_3^- 的浓度可以用醌式酚酞的红色吸光度的减少来测定。这种方法需要很少的血浆体积(<10μL)。

10.5.4 滴定分析法的共性

酸碱滴定法是滴定分析法中最基础的方法。概括其基本要点为如下：

(1) 滴定反应：$HA+BOH═══AB+H_2O$。

(2) 滴定曲线：在酸碱滴定过程中溶液的 pH 发生改变，随着滴定剂的不断加入而引起溶液 pH 改变的曲线，即滴定剂–pH 图。

(3) 滴定突跃：在整个滴定过程中，在化学计量点前后±0.1%相对误差范围内溶液的 pH 突变为酸碱滴定突跃。

由化学平衡可知：

酸解离		$HA═══H^+ + A^-$	$K_a^\ominus$
碱解离		$BOH═══B^+ + OH^-$	$K_b^\ominus$
水解离	+)	$H^+ + OH^-═══H_2O$	$1/K_w^\ominus$
酸碱反应		$HA+BOH═══AB+H_2O$	$K_{酸碱}^\ominus$

假设 HA、BOH 为酸碱滴定中的酸和碱，则酸碱反应 $HA+BOH═══AB+H_2O$ 的化学平衡常数为

$$K_{酸碱}^\ominus = \frac{K_a^\ominus K_b^\ominus}{K_w} \tag{10-7}$$

我们知道酸碱滴定突跃范围的大小取决于酸碱的强弱和滴定反应的酸碱浓度的大小。

强碱滴定强酸或强酸滴定强碱的滴定突跃范围很大，而由式(10-7)可得出因为强酸、强碱的 $K_a^\ominus$、$K_b^\ominus$ 很大，酸碱反应的平衡常数 $K_{酸碱}^\ominus$ 也很大。对于强碱滴定一元弱酸(或强酸滴定一元弱碱)，碱的 $K_b^\ominus$ 一定的情况下，弱酸的 $K_a^\ominus$ 越小，酸碱反应的 $K_{酸碱}^\ominus$ 越小，滴定突跃范围越小，反之亦然。

由此可见，酸碱反应的 $K_{酸碱}^\ominus$ 越大，滴定突跃范围越大，反之，酸碱反应的 $K_{酸碱}^\ominus$ 越小，滴定突跃范围越小，甚至有的酸碱反应的 $K_{酸碱}^\ominus$ 太小，几乎没有滴定突跃，不能进行滴定。

酸碱的浓度越大，酸碱反应的反应商 Q 值越小，滴定突跃范围越大，反之亦然。

结论：酸碱滴定突跃范围的大小，表观上取决于酸碱的强弱和酸碱反应的浓度，本质上取决于酸碱反应的 $K_{酸碱}^\ominus$ 值和反应商 Q 值。酸碱反应的 $K_{酸碱}^\ominus$ 值越大，反应商 Q 值越小，正反应方向的趋势越大，滴定突跃范围就越大；反之，酸碱反应的 $K_{酸碱}^\ominus$ 值越小，反应商 Q 值越大，正反应方向的趋势越小，滴定突跃范围就越小。

(4) 酸碱指示剂：一般是指有机弱酸或有机弱碱，其共轭酸碱对具有不同的结构，从而具有不同的颜色。当溶液 pH 改变时，酸式结构与碱式结构相互可逆地转化，而酸式、碱式对应不同的颜色，从而指示滴定终点。指示剂的变色范围部分或全部落在滴定突跃范围内的均可用以指示滴定终点。

氧化还原滴定、配位滴定以及沉淀滴定的滴定曲线、滴定突跃、滴定指示剂的原理与酸

碱滴定的基本原理本质上是一致的。这也就是四大滴定分析的共性。下面我们分别进行讨论。

10.6　氧化还原滴定法

氧化还原滴定法 (oxidation-reduction titration)是以氧化还原反应为基础的滴定分析法。它的应用很广泛，可以用来直接测定氧化剂和还原剂，也可用来间接测定一些能和氧化剂或还原剂定量反应的物质。

10.6.1　基本原理

1. 滴定反应

氧化还原反应的通式为

$$n_2\text{氧化剂 }1+n_1\text{还原剂 }2 = n_2\text{还原剂 }1+n_1\text{氧化剂 }2$$

例如：

$$Ce^{4+}+Fe^{2+} = Ce^{3+}+Fe^{3+}$$

2. 氧化还原滴定曲线

氧化还原滴定过程中，随着滴定剂的不断加入，被滴定物质的氧化态和还原态的浓度逐渐改变，相关电对的电极电势也随之不断变化，并在化学计量点附近出现一个突变。以溶液的电极电势为纵坐标，加入的标准溶液的量为横坐标作图，可得到氧化还原滴定曲线，即滴定剂-φ图。根据能斯特方程式，电极电势与被滴定物质的氧化态和还原态的浓度关系，即滴定剂-φ图本质上还是滴定剂-pM 图，这与酸碱滴定的滴定剂-pH 图是一致的。

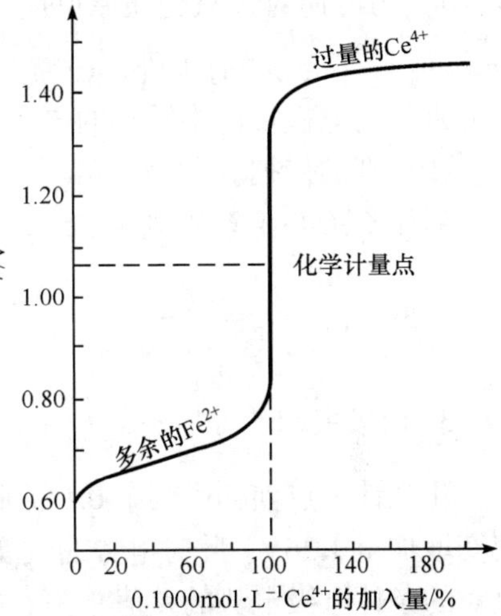

图 10-6　0.1000mol · L^{-1} Ce^{4+}滴定 0.1000mol · L^{-1} Fe^{2+}的滴定曲线

图 10-6 是以 0.1000mol · L^{-1} $Ce(SO_4)_2$ 溶液在 1mol · L^{-1} H_2SO_4溶液中滴定 Fe^{2+}溶液的滴定曲线。滴定反应为

$$Ce^{4+}+Fe^{2+} = Ce^{3+}+Fe^{3+}$$

未滴定前，溶液中只有 Fe^{2+}，因此无法利用能斯特方程式计算溶液的电极电势。这一点与酸碱滴定等其他滴定方法不同。

滴定开始后，溶液中存在两个电对，根据能斯特方程式，两个电对的电极电势分别为

$$\varphi(Fe^{3+}/Fe^{2+}) = \varphi^{\ominus\prime}(Fe^{3+}/Fe^{2+}) + 0.0592\lg\frac{c(Fe^{3+})/c^{\ominus}}{c(Fe^{2+})/c^{\ominus}}$$

$$\varphi(Ce^{4+}/Ce^{3+}) = \varphi^{\ominus\prime}(Ce^{4+}/Ce^{3+}) + 0.0592\lg\frac{c(Ce^{4+})/c^{\ominus}}{c(Ce^{3+})/c^{\ominus}}$$

其中 $\varphi^{\ominus}(Fe^{3+}/Fe^{2+})$=0.68V，$\varphi^{\ominus\prime}(Ce^{4+}/Ce^{3+})$=1.44V。

在滴定过程中，每加入一定量滴定剂，反应达到一个新的平衡，此时两个电对的电极电势相等。因此，溶液中各平衡点的电势可选用便于计算的任何一个电对来计算。

(1) 化学计量点前，溶液中存在过量的 Fe^{2+}，滴入的 Ce^{4+}几乎完全被还原为 Ce^{3+}，Ce^{4+}的浓度极小，不易直接求得，因而用电对 Fe^{3+}/Fe^{2+}计算溶液的电势。此时随 Ce^{4+}的滴入，溶液中 $c(Fe^{3+})/c(Fe^{2+})$ 的值逐渐增加，$\varphi(Fe^{3+}/Fe^{2+})$ 值也随之逐渐增加。当 $c(Fe^{2+})$剩余 0.1%时：

$$\varphi(Fe^{3+}/Fe^{2+}) = \varphi^{\ominus\prime}(Fe^{3+}/Fe^{2+}) + 0.0592\lg\frac{c(Fe^{3+})/c^{\ominus}}{c(Fe^{2+})/c^{\ominus}}$$

$$= 0.68 + 0.0592\lg\frac{99.9}{0.1} = 0.68 + 3\times0.0592 = 0.86(V)$$

(2) 化学计量点后，加入了过量的 Ce^{4+}，因此可利用 Ce^{4+}/Ce^{3+}电对来计算，当 Ce^{4+}过量 0.1%时：

$$\varphi(Ce^{4+}/Ce^{3+}) = \varphi^{\ominus\prime}(Ce^{4+}/Ce^{3+}) + 0.0592\lg\frac{c(Ce^{4+})/c^{\ominus}}{c(Ce^{3+})/c^{\ominus}}$$

$$= 1.44 + 0.0592\lg\frac{0.1}{100} = 1.44 - 3\times0.0592 = 1.26(V)$$

(3) 化学计量点时，根据两电对的电势相等及两个电对氧化态、还原态的浓度可得

$$\varphi_{sp} = \frac{n_1\varphi_1^{\ominus\prime} + n_2\varphi_2^{\ominus\prime}}{n_1 + n_2} \tag{10-8}$$

式(10-8)为可逆对称氧化还原反应化学计量点时的电极电势计算式。若有不对称电对参与反应，φ_{sp}除了与$\varphi^{\ominus\prime}$有关外，还与平衡时组分的浓度有关，这已超出本课程范围。式中的 n_1、n_2分别为两电极反应中转移的电子数，而不是方程式前其对应的系数。式(10-8)也是选择氧化还原指示剂的依据。

对于 $Ce(SO_4)_2$溶液滴定 Fe^{2+}，化学计量点时的电极电势为

$$\varphi_{sp} = \frac{\varphi^{\ominus\prime}(Ce^{4+}/Ce^{3+}) + \varphi^{\ominus\prime}(Fe^{3+}/Fe^{2+})}{2} = \frac{0.68+1.44}{2} = 1.06(V)$$

3. 滴定突跃

化学计量点前 Fe^{2+}剩余 0.1%到化学计量点后 Ce^{4+}过量 0.1%，溶液的电极电势值由 0.86V 突变增加至 1.26V。此时电势的改变为 0.40V，为滴定电势突跃。其大小与氧化剂、还原剂两电对的条件电极电势的差值有关。条件电极电势相差越大，突跃越大。

根据

$$\lg K^{\ominus} = \frac{n}{0.0592}\left[\varphi^{\ominus}(+) - \varphi^{\ominus}(-)\right]$$

条件电极电势相差越大，氧化还原反应平衡常数也越大。也就是说，$K^{\ominus}$值越大，突跃越大。

此外，滴定突跃的大小与反应商 Q 值有关。例如，在 H_3PO_4介质中用 $KMnO_4$标准溶液滴定 Fe^{2+}，由于PO_4^{3-}与 Fe^{3+}形成$[Fe(PO_4)_2]^{3-}$，降低了产物 Fe^{3+}的浓度，反应商 Q 值减小，使滴定突跃增大(也可以说降低了产物 Fe^{3+}的浓度，$\varphi^{\ominus\prime}(Fe^{3+}/Fe^{2+})$降低，而使滴定突跃增大，其实质是一样的)。

结论：氧化还原反应的 $K^{\ominus}$ 值越大、反应商 Q 值越小，正反应方向的趋势越大，滴定突跃范围就越大，反之亦然。这与酸碱滴定突跃也是一致的。

4. 滴定指示剂的原理

与酸碱指示剂的原理几乎一样，氧化还原指示剂(oxidation-reduction indicator)为具有氧化还原性质的有机化合物，它的氧化态和还原态具有不同颜色，能因氧化还原作用而发生颜色变化。如果用 In_{Ox} 和 In_{Red} 分别表示指示剂的氧化型和还原型，氧化还原指示剂的半反应可用下式表示：

$$In_{Ox} + ne^- \rightleftharpoons In_{Red}$$

$$\varphi = \varphi_{In}^{\ominus\prime} + \frac{0.0592}{n}\lg\frac{c(In_{Ox})}{c(In_{Red})} \tag{10-9}$$

式中：$\varphi_{In}^{\ominus\prime}$ 为指示剂的条件电极电势。当溶液中氧化还原电对的电势改变时，指示剂的氧化态和还原态的浓度比也会发生改变，因而使溶液的颜色发生变化。

当 $c(In_{Ox})/c(In_{Red})\geqslant 10$ 时，溶液呈现氧化态的颜色：

$$\varphi \geqslant \varphi_{In}^{\ominus\prime} + \frac{0.0592}{n}\lg 10 = \varphi_{In}^{\ominus\prime} + \frac{0.0592}{n}$$

当 $c(In_{Ox})/c(In_{Red})\leqslant 1/10$ 时，溶液呈现还原态的颜色：

$$\varphi \leqslant \varphi_{In}^{\ominus\prime} + \frac{0.0592}{n}\lg\frac{1}{10} = \varphi_{In}^{\ominus\prime} - \frac{0.0592}{n}$$

故指示剂变色的电势范围为

$$\varphi_{In}^{\ominus\prime} \pm \frac{0.0592}{n} \tag{10-10}$$

当 $n=1$ 时，指示剂变色的电势范围为 $\varphi_{In}^{\ominus\prime} \pm 0.0592$；当 $n=2$ 时，指示剂变色的电势范围为 $\varphi_{In}^{\ominus\prime} \pm 0.0296$。

由于此范围很小，一般就可用指示剂的条件电极电势来估量指示剂变色的电势范围(表 10-4)。

表 10-4　一些氧化还原指示剂的条件电极电势及颜色变化

指示剂	$\varphi_{In}^{\ominus\prime}$ / V [H^+]=1mol · L^{-1}	颜色变化	
		氧化态	还原态
亚甲基蓝	0.53	蓝	无色
二苯胺	0.76	紫	无色
二苯胺磺酸钠	0.84	红紫	无色
邻苯氨基苯甲酸	0.89	红紫	无色
邻二氮杂菲亚铁	1.06	浅蓝	红

滴定电势突跃的范围是选择氧化还原指示剂的依据，指示剂的变色范围部分或全部落在滴定突跃内的均可用以指示滴定终点。

氧化还原滴定还有一些特殊的指示剂。例如，$KMnO_4$ 本身显紫红色，而被还原的产物 Mn^{2+}则几乎无色，所以用 $KMnO_4$ 来滴定无色或浅色还原剂时，一般不必另加指示剂，化学计量点后，MnO_4^- 过量 $2\times10^{-6}\ mol \cdot L^{-1}$，即使溶液呈粉红色。$KMnO_4$ 称为自身指示剂。

又如，可溶性淀粉与 I_3^-生成深蓝色吸附配合物，反应特效而灵敏，蓝色的出现与消失可指示终点。还有以 Fe^{3+}滴定 Sn^{2+}时，可用 KSCN 为指示剂，当溶液出现红色，即生成 Fe(Ⅲ)的硫氰酸配合物时，即为终点。可溶性淀粉和 KSCN 称为专属指示剂。

10.6.2 常见的氧化还原滴定方法

常见的氧化还原滴定方法主要有高锰酸钾法、碘量法、重铬酸钾法、铈量法、溴酸钾法等。

重点介绍两种最常见的氧化还原滴定方法：高锰酸钾法(postassium permanganate method)和碘量法(iodimetry)。

1. 高锰酸钾法

高锰酸钾是一种强氧化剂，其氧化能力及还原产物与反应介质的酸度有关。

酸性介质：　$MnO_4^- + 8H^+ + e^- \rightleftharpoons Mn^{2+} + 4H_2O$　　$\varphi^{\ominus\prime} = 1.51V$

中性或弱酸(碱)性：　$MnO_4^- + 2H_2O + 3e^- \rightleftharpoons MnO_2 + 4OH^-$　　$\varphi^{\ominus\prime} = 0.60V$

强碱性介质：　$MnO_4^- + e^- \rightleftharpoons MnO_4^{2-}$　　$\varphi^{\ominus\prime} = 0.56V$

高锰酸钾法在各种介质条件下均能应用，因其在酸性介质中有更强的氧化性，一般在强酸性条件下使用。但在碱性条件下氧化有机化合物的反应速率较快，故滴定有机化合物常在碱性介质中进行。高锰酸钾作为氧化剂可以用来直接滴定 Fe^{2+}、H_2O_2、$C_2O_4^{2-}$、As^{3+}、Sb^{3+}等。

1) 高锰酸钾法的优缺点

(1) 高锰酸钾法的优点是：氧化能力强，可应用于直接、间接、返滴定等多种滴定分析，可对无机化合物、有机化合物进行滴定，应用很广，且无需另加指示剂，本身为自身指示剂。

(2) 高锰酸钾法的缺点是：其标准溶液的稳定性不够，由于氧化性太强而使滴定的选择性较低。滴定时要严格控制条件。

2) 高锰酸钾法的标定

(1) 配制。一般配制高锰酸钾标准溶液可称取稍过量的 $KMnO_4$ 固体溶于一定体积的蒸馏水中，加热煮沸，冷却后，储藏于棕色瓶中，放置数天，过滤后再进行标定。久置后的 $KMnO_4$ 标准溶液应重新标定。

(2) 标定。$KMnO_4$ 溶液可用还原剂基准物[如 $H_2C_2O_4 \cdot 2H_2O$、$Na_2C_2O_4$、$FeSO_4 \cdot (NH_4)_2SO_4 \cdot 6H_2O$]等来标定。若用 $Na_2C_2O_4$来标定，反应为

$$2MnO_4^- + 5C_2O_4^{2-} + 16H^+ = 2Mn^{2+} + 10CO_2 + 8H_2O$$

3) 注意事项

为使滴定反应能定量、迅速完成，必须注意：

(1) 温度。温度宜控制为 75～85℃，温度太低反应太慢，而温度太高时 $H_2C_2O_4$ 易分解。

(2) 酸度。$[H^+]$宜为 0.5～1mol · L^{-1}，太高 $H_2C_2O_4$ 易分解，太低易生成 MnO_2 沉淀。

(3) 滴定速度。由于 $KMnO_4$ 的滴定反应是一个靠其还原产物 Mn^{2+}催化的自催化反应，

所以开始滴定的速度不能太快。待第一滴 $KMnO_4$ 褪色后再滴下一滴，在滴定数滴之后有 Mn^{2+} 产生时可稍快一点。但也不能太快，否则 $KMnO_4$ 还未反应即在热的酸性溶液中分解，使标定结果偏低。

$$4MnO_4^- + 12H^+ \rightleftharpoons 4Mn^{2+} + 5O_2 + 6H_2O$$

4) 应用示例

以间接滴定法测定 Ca^{2+} 为例进行说明。

H_2O_2 可用 $KMnO_4$ 直接滴定，而 Ca^{2+} 不与 $KMnO_4$ 反应，因而只能采用间接滴定。先用 $C_2O_4^{2-}$ 沉淀 Ca^{2+}：

$$Ca^{2+} + C_2O_4^{2-} = CaC_2O_4\downarrow$$

沉淀经过滤、洗涤后用稀硫酸溶解：

$$CaC_2O_4 + 2H^+ = H_2C_2O_4 + Ca^{2+}$$

再用 $KMnO_4$ 标准溶液滴定溶液中的 $H_2C_2O_4$，根据 $KMnO_4$ 用量间接算出 Ca^{2+} 的含量。凡能与 $C_2O_4^{2-}$ 定量生成沉淀的金属离子均可采用此间接滴定法。

计量关系式：

$$n(Ca^{2+}) = n(C_2O_4^{2-}) = \frac{5}{2}n(MnO_4^-)$$

质量分数：

$$w(Ca^{2+}) = \frac{n(Ca^{2+})M(Ca^{2+})}{m_{样}} = \frac{\frac{5}{2}c(MnO_4^-)V(MnO_4^-)M(Ca^{2+})}{m_{样}}$$

2. 碘量法

碘量法是利用 I_2 的氧化性和 I^- 的还原性进行滴定的分析方法，是常用的氧化还原滴定方法之一，可分为直接碘法与间接碘法。电极反应为

$$I_2 + 2e^- \rightleftharpoons 2I^- \qquad \varphi^{\ominus\prime}(I_2/I^-) = 0.535V$$

由于 $I_2(s)$ 在水中的溶解度很小($0.00133mol \cdot L^{-1}$)，实际应用中常把它溶解在 KI 溶液中，以增大 $I_2(s)$ 的溶解度。

$$I_2 + I^- \rightleftharpoons I_3^-$$

1) 直接碘法

I_2 是一种较弱的氧化剂，能与较强的还原剂(Sn^{2+}、Sb^{3+}、As_2O_3、S^{2-}、SO_3^{2-} 等)直接反应。例如：

$$I_2 + SO_3^{2-} + H_2O = 2I^- + SO_4^{2-} + 2H^+$$

直接碘法以 I_2 为滴定剂，滴定上述较强的还原剂，又称碘滴定法。滴定应在酸性或中性介质中进行，因为碱性条件下 I_2 易歧化：

$$3I_2 + 6OH^- = IO_3^- + 5I^- + 3H_2O$$

由于 I_2 的氧化性不强，能被其氧化的物质不多，所以直接碘法的应用有限。

2) 间接碘法

间接碘法与直接碘法正好相反，它是利用 I^- 的还原性来测定氧化性物质。首先加入过量 I^- 使其与被测物反应，按计量反应方程式定量析出 I_2，而后用 $Na_2S_2O_3$ 标准溶液滴定析出的 I_2，从而间接测出被测物的含量。由于是用 $Na_2S_2O_3$ 标准溶液滴定析出的 I_2，所以又称滴定碘法。滴定反应在中性或弱酸性介质中进行：

$$2S_2O_3^{2-} + I_2 = S_4O_6^{2-} + 2I^-$$

酸性太强会使 $Na_2S_2O_3$ 分解：

$$S_2O_3^{2-} + 2H^+ = S\downarrow + H_2SO_3$$

碱性太强会发生副反应而无法定量：

$$S_2O_3^{2-} + 4I_2 + 10OH^- = 2SO_4^{2-} + 8I^- + 5H_2O$$

$$3I_2 + 6OH^- = IO_3^- + 5I^- + 3H_2O$$

3) 指示剂

碘量法常用淀粉指示剂来确定终点。在少量 I^- 存在下，I_2 与淀粉溶液形成蓝色加合物，从蓝色的出现或消失来指示终点的到达。在室温、少量 I^- ($[I^-] \geqslant 0.001 mol \cdot L^{-1}$)存在时，反应的灵敏度为 I_2 的浓度为$(0.5 \sim 1) \times 10^{-5} mol \cdot L^{-1}$，无 I^- 时灵敏度下降。淀粉溶液应新鲜配制，久置后与 I_2 加合呈紫或红色，变色不敏锐。

4) $Na_2S_2O_3$ 标准溶液的标定

$Na_2S_2O_3$ 不是基准试剂，不能直接配制成浓度准确的溶液，必须先配制成浓度相近的溶液而后标定。$Na_2S_2O_3$ 溶液不稳定，在 $pH<4.6$ 的酸性介质(如含 CO_2 的水溶液) 中易发生下列反应：

$$S_2O_3^{2-} + 2H^+ = SO_2 + S\downarrow + H_2O$$

久置空气中：

$$Na_2S_2O_3 \xrightarrow{\text{细菌}} Na_2SO_3 + S\downarrow$$

为避免上述反应发生，配制 $Na_2S_2O_3$ 溶液须用新煮沸并冷却的蒸馏水，并加少量 Na_2CO_3 (0.02%)以使溶液呈微碱性，再加入少量 $HgCl_2$(杀菌)，储于棕色瓶中避免光照，经 8～12 天后再标定。长期保存的 $Na_2S_2O_3$ 溶液应隔 1～2 个月标定一次，如出现浑浊应重配。

$Na_2S_2O_3$ 溶液的标定可用基准试剂纯碘、KIO_3、$KBrO_3$、$K_2Cr_2O_7$ 及纯铜(配制成 Cu^{2+} 标准溶液)等。除纯碘配制成标准溶液可用直接碘法标定 $Na_2S_2O_3$ 溶液外，其余均用间接碘法标定。用淀粉作指示剂时，应先用 $Na_2S_2O_3$ 溶液滴至溶液呈浅黄色(大部分碘已作用)后，再加淀粉溶液，用 $Na_2S_2O_3$ 溶液继续滴定至蓝色刚好消失即为终点。若淀粉指示剂加入过早，大量 I_2 与淀粉结合生成加合物，不易与 $Na_2S_2O_3$ 反应，产生误差。滴定至终点后过几分钟又会有蓝色复现，这是由空气中的氧气把 I^- 氧化为 I_2 所致。通常只需约半分钟不复现蓝色即认为到达终点。

5) 应用示例

以间接碘法测定硫酸铜中的铜为例进行说明。

Cu^{2+} 与 I^- 反应能定量析出 I_2，而后用 $Na_2S_2O_3$ 标准溶液滴定析出的 I_2。反应为

$$2Cu^{2+} + 4I^- = 2CuI + I_2$$

$$2S_2O_3^{2-} + I_2 = S_4O_6^{2-} + 2I^-$$

滴定中应加入过量 KI，使 Cu^{2+}转化完全。另外，由于 CuI 沉淀强烈吸附 I_2，会使结果偏低，因而滴定中常加入 KSCN，让 CuI 沉淀转化为 CuSCN，使吸附的 I_2 释放出来，提高滴定准确度。必须注意，KSCN 应在临近终点时再加入，否则 SCN^-会还原 I_2 而使结果偏低。此外，滴定时溶液 pH 应控制为 3～4，太高 Cu^{2+}易水解，太低 I^-易被氧化。

此法也可用于铜矿、合金及镀铜液等样品中 Cu^{2+}的测定，样品中的 Fe^{3+}会干扰 Cu^{2+}的测定，可加入 NH_4HF_2 掩蔽剂掩蔽 Fe^{3+}。

10.6.3　氧化还原滴定前的预处理

在氧化还原滴定前常要对样品进行预处理，将被测组分转变为能被准确滴定的状态。例如，测铁矿中总铁时存在 Fe^{2+}、Fe^{3+}，需把 Fe^{3+}全部还原为 Fe^{2+}，才能用 $KMnO_4$ (或 $K_2Cr_2O_7$)滴定。在进行氧化还原滴定前的预处理时，所选用的预氧化剂和预还原剂应符合以下条件：

(1) 能将待测组分定量、完全转化为所需状态。

(2) 反应具有一定的选择性。例如，测铁矿中总铁时，若用 Zn 粉作还原剂则不仅把 Fe^{3+}还原为 Fe^{2+}，而且把 Ti^{4+}还原为 Ti^{3+}，用 $KMnO_4$ (或 $K_2Cr_2O_7$)滴定时则一起氧化，造成滴定误差。

(3) 过量的预氧化剂和预还原剂要易于除去，否则会干扰滴定。

除去方法常用以下几种：

① 加热分解，如 H_2O_2 可借加热煮沸而除去，其反应为

$$2H_2O_2 \xrightarrow{\triangle} 2H_2O + O_2$$

② 过滤，如 $NaBiO_3$ 不溶于水，可过滤除去。

③ 化学反应，如可用 $HgCl_2$ 除去过量的 $SnCl_2$：

$$2HgCl_2 + SnCl_2 = Hg_2Cl_2 + SnCl_4$$

Hg_2Cl_2(白色沉淀)不必过滤，它不易被一般滴定剂氧化。

10.6.4　氧化还原滴定结果的计算

【例 10-5】 用 30.00mL $KMnO_4$ 溶液恰能氧化一定质量的 $KHC_2O_4 \cdot H_2O$，同样质量的 $KHC_2O_4 \cdot H_2O$ 又恰能被 25.20mL 0.2000mol · L^{-1} KOH 溶液中和。$KMnO_4$ 溶液的浓度是多少？

解　$KMnO_4$ 与 $KHC_2O_4 \cdot H_2O$ 的反应为

$$2MnO_4^- + 5C_2O_4^{2-} + 16H^+ = 2Mn^{2+} + 10CO_2\uparrow + 8H_2O$$

$$n(KMnO_4) = \frac{2}{5} n(KHC_2O_4 \cdot H_2O)$$

$KHC_2O_4 \cdot H_2O$ 与 KOH 的反应为

$$HC_2O_4^- + OH^- = C_2O_4^{2-} + H_2O$$
$$n(KHC_2O_4 \cdot H_2O) = n(KOH)$$

因两个反应中 $KHC_2O_4 \cdot H_2O$ 的质量相等，所以有

$$n(KMnO_4) = \frac{2}{5} n(KOH)$$

故

$$c(KMnO_4) = \frac{2c(KOH)V(KOH)}{5V(KMnO_4)} = 0.06720\ (mol \cdot L^{-1})$$

10.7 配位滴定法

配位滴定法(chelatometric titration) 是利用形成配合物进行滴定分析的方法，该方法广泛应用于测定多种金属离子或间接测定其他离子。

配位滴定分析所使用的配位剂主要是有机配位剂中的氨羧配位剂，目前应用最为广泛的氨羧配位剂是乙二胺四乙酸 (简称 EDTA，常用 H_2Y 或 H_4Y^{2-}表示)。EDTA 能与大多数金属离子形成配位比为 1∶1 的、溶于水的稳定配合物，而且几乎是一步形成，所以配位反应很完全。

10.7.1 基本原理

1. 滴定反应

与其他滴定反应不同，在配位滴定分析中，金属离子 M 和配位剂 Y 生成配合物 MY (均省略电荷) 的反应为主反应：

$$M+Y = MY$$

当有其他配体存在和溶液酸度不同时，可能发生一些副反应。所以滴定反应的 $K^{\ominus}$ 和配合物的条件稳定常数 $K_f^{\ominus\prime}$ (conditional stability constant) (不考虑配合物 MY 发生副反应的情况)的关系为

$$\lg K_f^{\ominus\prime}(MY) = \lg K_f^{\ominus}(MY) - \lg\alpha_M - \lg\alpha_{Y(H)} \tag{10-11}$$

2. 滴定曲线

在配位滴定中，溶液中变化的是金属离子的浓度，即随着 EDTA 的加入，金属离子的浓度不断减小，在化学计量点前后 pM (金属离子浓度的负对数)值将发生突变，借此则可利用金属指示剂来指示终点。以溶液的 pM 值为纵坐标，加入的 EDTA 标准溶液的量为横坐标作图，可得到配位滴定曲线，即滴定剂-pM 图。这与氧化还原滴定曲线的滴定剂-φ图，酸碱滴定滴定曲线的滴定剂-pH 图也是一致的。

以 $0.01000\text{mol}\cdot\text{L}^{-1}$ EDTA 溶液滴定 20.00mL $0.01000\text{mol}\cdot\text{L}^{-1}$ Ca^{2+}溶液，pH=10，体系中不存在其他的配位剂。

已知 $\lg K_f^{\ominus}(CaY)=10.7 \qquad \lg\alpha_{Y(H)}=0.45$

$$\lg K_f^{\ominus\prime}(CaY)=\lg K_f^{\ominus}(CaY)-\lg\alpha_{Y(H)}=10.7-0.45=10.25$$

即 $K_f^{\ominus\prime}(CaY)=1.8\times10^{10}$

(1) 滴定前，$c(Ca^{2+})=0.01000\text{mol}\cdot\text{L}^{-1}$，pCa=2.0。

(2) 滴定开始至化学计量点前，加入乙二胺四乙酸标准溶液 18.00mL 时

$$c(Ca^{2+}) = 0.1000\times\frac{2.00}{20.00+18.00} = 5.3\times10^{-4}(\text{mol}\cdot\text{L}^{-1})$$

$$\text{pCa} = 3.3$$

加入乙二胺四乙酸标准溶液 19.98mL 时

$$c(Ca^{2+}) = 0.1000\times\frac{0.02}{20.00+19.98} = 5.0\times10^{-6}(\text{mol}\cdot\text{L}^{-1})$$

$$pCa = 5.3$$

由于 CaY 配合物比较稳定，所以在化学计量点时

$$c(CaY) = 0.1000 \times \frac{2.00}{20.00 + 20.00} = 5.0 \times 10^{-3}\,(mol \cdot L^{-1})$$

(3) 化学计量点时，$c\,(Ca^{2+})=c\,(Y)$，所以

$$K_f^{\ominus\prime}(CaY) = \frac{c(CaY)}{c(Ca^{2+})c(Y)} = \frac{c(CaY)}{c^2(Ca^{2+})}$$

$$c(Ca^{2+}) = \sqrt{\frac{c(CaY)}{K_f^{\ominus\prime}(CaY)}} = \sqrt{\frac{5.0 \times 10^{-3}}{1.8 \times 10^{10}}} = 5.3 \times 10^{-7}\,(mol \cdot L^{-1})$$

$$pCa = 6.3$$

(4) 化学计量点后，当加入的滴定剂为 22.02mL 时

$$c(Y) = 0.1000 \times \frac{20.02 - 20.00}{20.00 + 20.02} = 5.0 \times 10^{-6}\,(mol \cdot L^{-1})$$

同时，可近似认为 $c\,(CaY)=5.0\times10^{-3}\,mol \cdot L^{-1}$

$$c(Ca^{2+}) = \frac{c(CaY)}{K_f^{\ominus\prime}(CaY)c(Y)} = \frac{5.0 \times 10^{-3}}{1.8 \times 10^{10} \times 5.0 \times 10^{-6}} = 5.6 \times 10^{-8}\,(mol \cdot L^{-1})$$

$$pCa = 7.3$$

EDTA 滴定 Ca^{2+}的滴定曲线如图 10-7 所示。

3. 滴定突跃

图 10-7 表明，pH 越大，滴定突跃越大。因为 pH 越大，条件稳定常数 $K_f^{\ominus}$ (CaY)越大，反之亦然。而图 10-8 表明滴定的金属离子浓度越大，反应商 Q 值越小，滴定突跃越大。

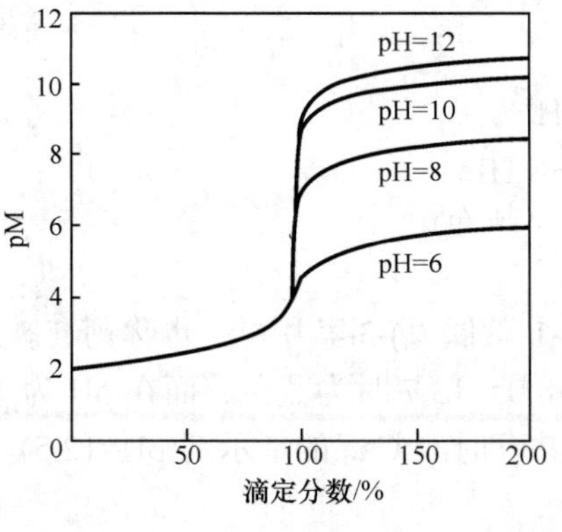

图 10-7　EDTA 滴定 Ca^{2+}的滴定曲线

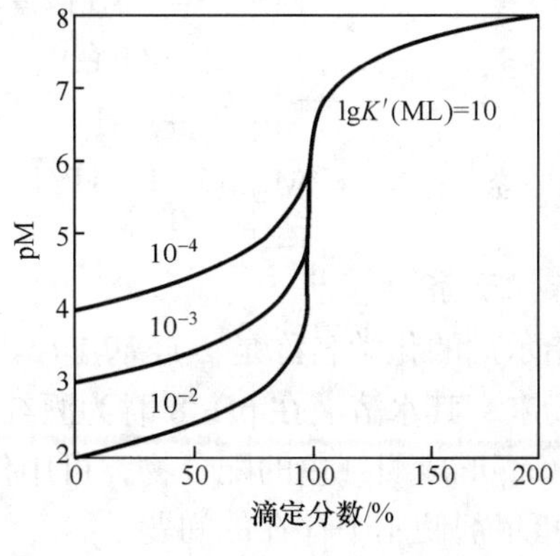

图 10-8　金属离子浓度对滴定曲线的影响

结论与酸碱、氧化还原滴定一样：反应的 $K^{\ominus}$ [$K_f^{\ominus}$ (CaY)]值越大、反应商 Q 值越小，正反应方向的趋势越大，滴定突跃范围就越大。

4. 金属指示剂的原理

pM 值会发生突变，借此则可利用金属指示剂 (metallochromic indicator) 来指示终点。金

属指示剂本身是一种配位剂，金属指示剂的变色原理是在使用的 pH 条件下，它能与金属离子形成与自身颜色有明显差别的有色配合物。

终点前　　M + In ══ MIn

金属离子　(甲色)　(乙色)

终点及终点后　　MIn + Y ══ MY + In

(乙色)　(甲色)

金属离子与指示剂的稳定性应稍小于 Y 与金属离子所生成配合物的稳定性，一般 $K_f^{\ominus}$ (MIn)值要比 $K_f^{\ominus}$ (CaY)小两个数量级。也就是指示剂的变色点要落在滴定突跃内，比酸碱滴定、氧化还原滴定的要求严格一些。

作为金属指示剂还应具备以下条件：

(1) 终点时颜色变化明显，便于眼睛观察。

(2) 显色反应要灵敏、迅速，有一定的选择性。

(3) 指示剂与金属离子配合物应易溶于水，指示剂比较稳定，便于储藏和使用。

5. 常用的金属指示剂

1) 铬黑 T (EBT)

铬黑 T 是弱酸性偶氮染料，其化学名称是 1-(1-羟基-2-萘偶氮)-6-硝基-2-萘酚-4-磺酸钠。

$$H_2In^- \underset{+H^+}{\overset{-H^+}{\rightleftharpoons}} HIn^{2-} \underset{+H^+}{\overset{-H^+}{\rightleftharpoons}} In^{3-}$$

(红色)　(蓝色)　(橙色)

pH<6　pH7～11　pH>12

在 pH 为 7～11 的溶液中指示剂显蓝色，与红色有极明显的色差，pH 为 9～10.5 最合适。

铬黑 T 可作 Zn^{2+}、Cd^{2+}、Mg^{2+}、Hg^{2+}等离子的指示剂。例如：

$$Mg^{2+} + HIn^{2-} = MgIn^- + H^+$$

(蓝色)　(红色)

$$Mg^{2+} + HY^{3-} = MgY^{2-} + H^+$$

$$MgIn^- + HY^{3-} = MgY^{2-} + HIn^{2-}$$

(红色)　(蓝色)

2) 钙指示剂

钙指示剂的化学名称是 2-羟基-1-(2-羟基-4-磺酸基-1-萘偶氮)-3-萘甲酸，也称钙红。其为黑紫色粉末，其水溶液在 pH<8 时为酒红色，在 pH 为 8.0～13.7 时为蓝色，而在 pH 为 12～13 时与 Ca^{2+}形成酒红色的配合物，可用作 Ca^{2+}、Mg^{2+}共存时测 Ca^{2+}的指示剂(pH=12.5)。

3) 指示剂使用中存在的问题

(1) 指示剂的封闭现象。某些金属离子与指示剂形成的配合物(MIn)比相应的金属离子与乙二胺四乙酸形成的配合物(MY)更稳定，在滴定其他金属离子时，若溶液中存在这些金属离子，则溶液一直呈现这些金属离子与指示剂形成的配合物 MIn 的颜色，即使到了化学计量点也不变色，这种现象称为指示剂的封闭现象 (blocking)。例如，在 pH=10，以铬黑 T 为指示剂滴定 Ca^{2+}、Mg^{2+}总量时，Al^{3+}、Fe^{3+}、Cu^{2+}、Co^{2+}、Ni^{2+}会封闭铬黑 T，使终点无法确定。这时就必须将它们分离或加入掩蔽剂以消除干扰。

(2) 指示剂的僵化现象。有些指示剂本身或金属离子与指示剂形成的配合物在水中的溶解度太小，使滴定剂与金属-指示剂的配合物交换缓慢，终点拖长，这种现象称为指示剂的僵化。解决办法是加入有机溶剂或加热以增大其溶解度，从而加快反应速率，使终点变色明显。

(3) 指示剂的氧化变质现象。金属指示剂大多为含有双键的有色化合物，易被日光、氧化剂、空气所分解，在水溶液中多不稳定，日久会变质。例如，铬黑 T 在 Mn(Ⅳ)、Ce(Ⅳ)存在下，会很快被分解褪色。为了克服这一缺点，常配成固体混合物，加入还原性物质如抗坏血酸、羟胺等，或临用时才配制。

6. 配位滴定的条件

同酸碱滴定类似，若允许的终点误差≤0.1%，则可推导出单一金属离子配位滴定的条件：$\lg[c(\mathrm{M})K_f^{\ominus\prime}(\mathrm{MY})] \geqslant 6$。

若只考虑酸效应，从公式$\lg K_f^{\ominus\prime}(\mathrm{MY})=\lg K_f^{\ominus}(\mathrm{MY})-\lg\alpha_{\mathrm{Y(H)}}$可知：pH 越高，$\lg\alpha_{\mathrm{Y(H)}}$值则越小，$K_f^{\ominus\prime}(\mathrm{MY})$值就越大，则配位反应越完全，越有利于滴定。但 pH 过高，金属离子可能发生水解，所以一般滴定单一金属离子时，溶液的 pH 以被滴定的金属离子开始水解的最低 pH 为上限。

反之，pH 越低，$\lg\alpha_{\mathrm{Y(H)}}$值则越大，$K_f^{\ominus\prime}(\mathrm{MY})$值就越小，则配位反应越不完全，越不利于滴定。显然，对于某一金属离子来说，知道溶液的 pH 低到什么程度该金属离子就不能被准确滴定，对实际测定是十分有意义的。利用$\lg[c(\mathrm{M})K_f^{\ominus\prime}(\mathrm{MY})] \geqslant 6$和$\lg K_f^{\ominus\prime}(\mathrm{MY})=\lg K_f^{\ominus}(\mathrm{MY})-\lg\alpha_{\mathrm{Y(H)}}$ $[c(\mathrm{M})=0.01\mathrm{mol\cdot L^{-1}}]$可求算滴定某一金属离子所允许的最低 pH。例如：

$\lg K_f^{\ominus}(\mathrm{MgY})=9.12$，$\lg\alpha_{\mathrm{Y(H)}} \leqslant 9.12-8=1.12$，最低 pH 为 9.7。

$\lg K_f^{\ominus}(\mathrm{CaY})=11.0$，$\lg\alpha_{\mathrm{Y(H)}} \leqslant 11.0-8=3.0$，最低 pH 为 7.3。

$\lg K_f^{\ominus}(\mathrm{FeY})=24.23$，$\lg\alpha_{\mathrm{Y(H)}} \leqslant 24.23-8=16.23$，最低 pH 为 1.3。

若所有的金属离子的浓度均为 0.01mol/L，用上述方法可以求出这些离子所允许的最低 pH。以金属离子的$\lg K_f^{\ominus}(\mathrm{MY})$为横坐标，以金属离子所允许的最低 pH 为纵坐标，描点作图可得酸效应曲线(图 10-9)。从图中不仅可以找出各金属离子滴定的最低 pH，还可以知道在一定的 pH 范围内，哪些离子能被滴定，哪些离子有干扰，从而可以利用控制酸度，达到分别滴定或连续滴定的目的。配位滴定中常加入缓冲剂控制溶液的酸度。

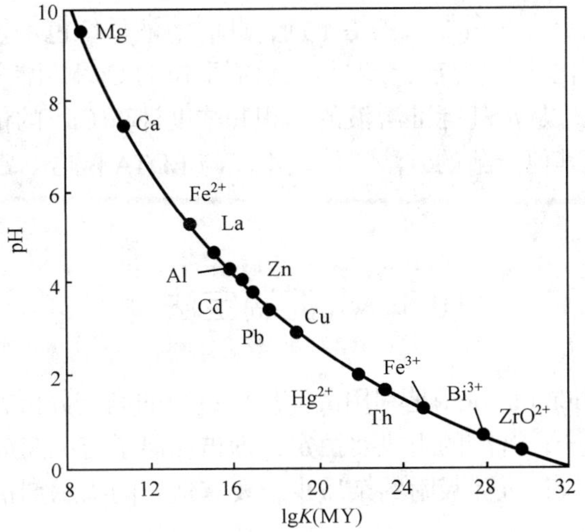

图 10-9　EDTA 的酸效应曲线

10.7.2 配位滴定的应用

常用的乙二胺四乙酸标准溶液的浓度为 0.01～$0.05mol \cdot L^{-1}$。乙二胺四乙酸标准溶液常采用间接法配制。先配成近似所需的浓度，再用基准物质金属锌、ZnO、$CaCO_3$ 或 $MgSO_4 \cdot 7H_2O$ 等来标定它的浓度。

EDTA 是具有广泛配位性能的配位剂，它能与许多金属离子相配合，如果溶液中存在几种金属离子，用 EDTA 滴定时，就很可能相互干扰。因此，如何排除干扰，提高配位滴定的选择性，就成为配位滴定中要考虑和解决的重要问题。

常用的方法是控制酸度分别滴定：当溶液中存在两种金属离子 M 和 N，且 $c(M)=c(N)$时，要想用控制酸度的方法准确滴定 M 而避免 N 的干扰，则要求 $\Delta \lg K_f^\ominus = \lg K_f^\ominus(MY) - \lg K_f^\ominus(NY) \geqslant 5$ 且 $\lg[c(M) K_f^\ominus(MY)] \geqslant 6$ 同时成立。前一个条件表明 M 和 N 的稳定常数需有足够的差距，才能用控制酸度的方法分别滴定，后者则是滴定 M 离子所必须满足的条件。

例如，溶液中有 Bi^{3+}、Pb^{2+}两种离子，查表可得 $\Delta \lg K_f^\ominus = \lg K_f^\ominus(BiY) - \lg K_f^\ominus(PbY) = 27.90-18.30 = 9.60 > 5$，若它们的浓度均为 $0.01mol \cdot L^{-1}$，可以用控制酸度的方法滴定铋，而铅不干扰。经计算，可先将溶液的 pH 控制在 1 左右滴定 Bi^{3+}，滴定完毕后，再将溶液的 pH 调至 4～5，就可滴定 Pb^{2+}。

再如，水中钙镁的测定。用乙二胺四乙酸测定水中钙、镁常用的方法是先测定钙、镁总量，再用沉淀掩蔽法使 Mg^{2+}以 $Mg(OH)_2$ 的形式沉淀析出而单独测定钙量，然后由钙、镁总量和钙的含量，求出镁的含量。

钙、镁总量的测定：取一定体积水样，调节 pH=10，加铬黑 T 指示剂，然后用乙二胺四乙酸滴定。铬黑 T 和 Y^{4-}分别都能和 Ca^{2+}、Mg^{2+}生成配合物。它们的稳定性顺序为

$$CaY^{2-} > MgY^{2-} > MgIn^{-} > CaIn^{-}$$

被测试液中先加入少量铬黑 T，它首先与 Mg^{2+}结合生成酒红色的 $MgIn^{-}$配合物。滴入乙二胺四乙酸时，其先与游离 Ca^{2+}配位，再与游离 Mg^{2+}配位，最后夺取 $MgIn^{-}$中的 Mg^{2+}而游离出 EBT，溶液由红色经紫色到蓝色，指示终点的到达。

钙的测定：取同样体积的水样，用 NaOH 溶液调节到 pH=12，此时 Mg^{2+}以 $Mg(OH)_2$ 沉淀析出，不干扰 Ca^{2+}的测定。然后加入钙指示剂，此时溶液呈红色。再滴入乙二胺四乙酸，它先与游离 Ca^{2+}配位，在化学计量点时夺取与指示剂配位的 Ca^{2+}，游离出指示剂，溶液转变为蓝色，指示终点的到达。从消耗标准溶液的体积和浓度计算 Ca^{2+}的量。

避免干扰还可以采用其他掩蔽的方法，使之不能与 EDTA 配合。常用的掩蔽方法有配位掩蔽和氧化还原掩蔽等。

10.8 沉淀滴定法

沉淀滴定法(precipitation titration)是利用沉淀反应进行的滴定分析方法。要求沉淀的溶解度小，即反应需定量、完全；沉淀的组成要恒定，即被测离子与沉淀剂之间要有准确的化学计量关系；沉淀反应速率快；沉淀吸附的杂质少；要有适当的指示剂指示滴定终点。

10.8.1　基本原理

1. 滴定反应

形成沉淀的反应虽然很多，但要同时满足上述要求的反应并不多。比较常用的是生成难溶的银盐的反应：

$$Ag^+ + X^- \Longrightarrow AgX(s)$$

因此又称银量法 (argentimetry)，它可以测定 Cl^-、Br^-、I^-、Ag^+、SCN^-等，还可以测定经过处理而能定量地产生这些离子的有机氯化物。

2. 滴定曲线

银量法中用 $AgNO_3$ 标准溶液滴定卤素离子 X^-的过程，随 $AgNO_3$ 溶液的滴入，卤素离子的浓度不断变化。以滴入 $AgNO_3$ 溶液体积为横坐标，pX (卤素离子浓度的负对数) 为纵坐标，就可绘得滴定曲线(也可以用 pAg 为纵坐标)，即滴定剂-pX 图。

图 10-10 为 $0.1000mol \cdot L^{-1}$ $AgNO_3$ 溶液分别滴定 20.00mL $0.1000mol \cdot L^{-1}$ Cl^-、Br^-、I^-溶液的滴定曲线。

从滴定开始到化学计量点前，溶液中剩余 X^-的浓度：

$$[X^-] = \frac{0.1000 \times 20.00 - 0.1000V(AgNO_3)}{20.00 + V(AgNO_3)}$$

化学计量点：　$[X^-] = \sqrt{K_{sp}^{\ominus}}$

化学计量点后：$[X^-] = \dfrac{K_{sp}^{\ominus}}{0.1000V(AgNO_3)_{余}}$

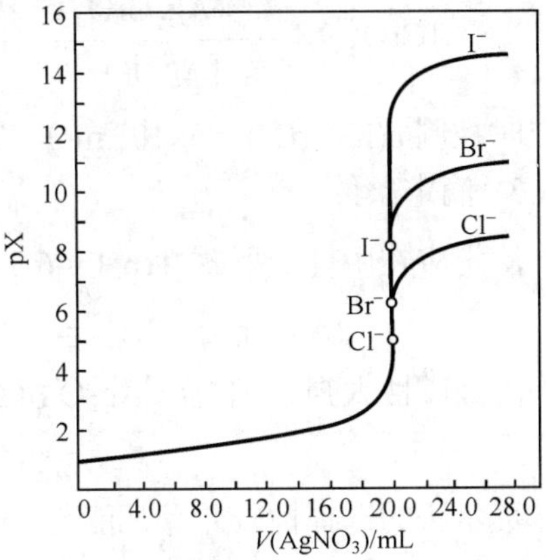

图 10-10　$0.1000mol \cdot L^{-1}$ $AgNO_3$ 溶液分别滴定 20.00mL $0.1000mol \cdot L^{-1}$ Cl^-、Br^-、I^-溶液的滴定曲线

3. 滴定突跃

滴定突跃的大小与其他滴定反应一样，$K^{\ominus}$ 值越大(这里 $K_{sp}^{\ominus}$ 越小)、反应商 Q 值越小(反应溶液的浓度越大)，正反应方向的趋势越大，滴定突跃范围就越大。当被测离子浓度相同时，滴定突跃的大小仅与沉淀溶度积常数 $K_{sp}^{\ominus}$ 有关。由图 10-10 可以看出，$K_{sp}^{\ominus}$ 越小，突跃范围越大。

4. 指示剂原理

在银量法中有两类指示剂。一类是稍过量的滴定剂与指示剂会形成带色的化合物而显示终点；另一类是利用指示剂被沉淀吸附的性质，在化学计量点时通过颜色的改变来指示滴定终点。这与配位滴定指示剂的原理几乎一样。

10.8.2　常见的几种沉淀滴定法

1. 莫尔法

莫尔法(Mohr)是用铬酸钾作指示剂，以 $AgNO_3$ 标准溶液滴定 Cl^-、Br^-的分析方法。

1) 方法原理

在中性或弱碱性溶液中，用硝酸银标准溶液直接滴定 Cl^- (或 Br^-)，出现砖红色的 Ag_2CrO_4 沉淀，指示滴定终点的到达。

滴定反应： $Ag^+ + Cl^- = AgCl\downarrow$ (白色)

指示剂反应： $Ag^+ + CrO_4^{2-} = Ag_2CrO_4\downarrow$(砖红色)

计量点时： $[Cl^-]=[Ag^+]=\sqrt{K_{sp}^{\ominus}}=1.34\times10^{-5}(mol\cdot L^{-1})$

2) 指示剂浓度

以硝酸银溶液滴定 Cl^- 为例：

$$[Cl^-]=[Ag^+]=\sqrt{K_{sp}^{\ominus}(AgCl)}$$

若要 AgCl 沉淀生成的同时也出现 Ag_2CrO_4 砖红色沉淀，所需 CrO_4^{2-} 的浓度则为

$$[CrO_4^{2-}]=\frac{K_{sp}^{\ominus}(Ag_2CrO_4)}{[Ag^+]^2}=\frac{K_{sp}^{\ominus}(Ag_2CrO_4)}{K_{sp}^{\ominus}(AgCl)}=\frac{1.1\times10^{-12}}{1.8\times10^{-10}}=6.1\times10^{-3}(mol\cdot L^{-1})$$

终点时控制 $c(K_2CrO_4)=5\times10^{-3}mol\cdot L^{-1}$ 为宜。

3) 滴定条件

滴定应在中性或弱碱性(pH = 6.5～10.5) 介质中进行。若溶液为酸性，则 Ag_2CrO_4 将溶解：

$$2Ag_2CrO_4 + 2H^+ \rightleftharpoons 4Ag^+ + 2HCrO_4^- \rightleftharpoons 4Ag^+ + Cr_2O_7^{2-} + H_2O$$

如果溶液碱性太强，则析出 Ag_2O 沉淀：

$$2Ag^+ + 2OH^- = Ag_2O + H_2O$$

莫尔法的选择性较差，凡能与 CrO_4^{2-} 或 Ag^+ 生成沉淀的离子都干扰测定，如 Ba^{2+}、Pb^{2+}、Hg^{2+} 以及 PO_4^{3-}、AsO_4^{3-}、S^{2-}、$C_2O_4^{2-}$ 等。

滴定液中不应含有氨，因为易生成 $[Ag(NH_3)_2]^+$ 而使 AgCl 和 Ag_2CrO_4 溶解度增大。能测定 Cl^-、Br^-，在测定过程中要剧烈摇动；但不能测定 I^- 和 SCN^-，因为 AgI 或 AgSCN 沉淀强烈吸附 I^- 或 SCN^-，致使终点过早出现。不能用 Cl^- 滴定 Ag^+，因为 Ag_2CrO_4 转化成 AgCl 很慢。

2. 福尔哈德法

福尔哈德(Volhard)法是以铁铵矾 $[NH_4Fe(SO_4)_2]$ 作指示剂。

1) 方法原理

用 NH_4SCN (或 KSCN) 标准溶液滴定 Ag^+，终点时出现红色的 $[Fe(SCN)]^{2+}$。

滴定反应： $Ag^+ + SCN^- = AgSCN\downarrow$ (白)

指示剂反应： $Fe^{3+} + SCN^- = [Fe(SCN)]^{2+}$ (红)

2) 滴定条件

溶液酸度控制在硝酸浓度为 0.1～$1mol\cdot L^{-1}$，指示剂 Fe^{3+} 浓度一般控制在 $0.015mol\cdot L^{-1}$，强氧化剂、氮的低价氧化物、汞盐等能与 SCN^- 起反应，干扰测定，必须预先除去。

3) 直接滴定法测 Ag^+

$$Ag^+ + SCN^- = AgSCN\downarrow(白色) \qquad K_{sp}^{\ominus}=1.8\times10^{-10}$$

$$Fe^{3+} + SCN^- = [Fe(SCN)]^{2+} \text{(红色)} \qquad K_f^\ominus = 200$$

稍过量的 SCN^- 与 Fe^{3+} 反应生成红色的 $[Fe(SCN)]^{2+}$，指示终点的到达。

4) 返滴定法

$$Ag^+ + Cl^- = AgCl\downarrow$$

$$Ag^+ + SCN^- = AgSCN\downarrow$$

$$Fe^{3+} + SCN^- = [Fe(SCN)]^{2+}$$

向含有卤素离子或 SCN^- 的溶液中，加入一定量过量的 $AgNO_3$ 标准溶液，使卤素离子或 SCN^- 生成银盐沉淀，然后以铁铵矾为指示剂，用 NH_4SCN 标准溶液滴定过量的 $AgNO_3$。用此法测 Cl^- 时，终点的判断会遇到困难，产生较大的误差。在临近化学计量点时，加入的 NH_4SCN 将和 AgCl 发生沉淀的转化反应：

$$AgCl\downarrow + SCN^- = AgSCN\downarrow + Cl^-$$

为了消除这个误差，可把 AgCl 沉淀滤去，或滴加 NH_4SCN 标准溶液前加入硝基苯，用力摇动后，硝基苯将 AgCl 包住，使它与溶液隔开，不再与 SCN^- 反应。

测定碘化物时，指示剂应在加入过量 $AgNO_3$ 后才能加入，否则将发生下列反应，产生误差。

$$2Fe^{3+} + 2I^- = 2Fe^{2+} + I_2$$

3. 法扬司法

法扬司(Fajans)法是以吸附指示剂指示滴定终点的银量法。

吸附指示剂(adsorption indicaton)是一类有机染料，它们的阴离子在溶液中容易被带正电荷的胶状沉淀吸附，当它被吸附在胶粒表面后，可能是由于形成某种化合物而导致指示剂分子结构的变化，因而引起颜色的变化，从而指示滴定终点的到达。

例如，$AgNO_3$ 滴定 Cl^-，用荧光黄作指示剂。

$$HFIn^- = H^+ + FIn^-$$

计量点前，Cl^- 过量：　$AgCl\cdot Cl^- + FIn^-$ (黄绿色)

计量点后，Ag^+ 过量：　$AgCl\cdot Ag^+ + FIn^-$ (黄绿色) $=$ $AgCl\cdot Ag^+\ FIn^-$ (粉红色)

几种常用的吸附指示剂见表 10-5。

表 10-5 常用吸附指示剂

指示剂	被测离子	滴定剂	滴定条件 (pH)
荧光黄	Cl^-、Br^-、I^-	$AgNO_3$	7～10
二氯荧光黄	Cl^-、Br^-、I^-	$AgNO_3$	4～10
曙红	SCN^-、Br^-、I^-	$AgNO_3$	2～10
溴甲酚绿	SCN^-	$AgNO_3$	4～5

采用法扬司法应注意：

(1) 尽量使沉淀的比表面大一些。

(2) 被滴定离子的浓度不能太低。

(3) 避免在强的阳光下进行滴定。

(4) 为使指示剂呈阴离子状态，溶液酸度要适宜。

(5) 胶体微粒对指示剂的吸附能力应略小于对待测离子的吸附能力。卤化银对卤化物和几种吸附指示剂的吸附能力的大小顺序为：I^->SCN^->Br^->曙红>Cl^->荧光黄。

习　题

10-1　已知浓硫酸的相对密度为 1.84，其中 H_2SO_4 含量为 98%，现欲配制 1L 0.1mol · L^{-1} 的 H_2SO_4 溶液，应取这种浓硫酸多少毫升？

10-2　以 500mL 容量瓶配制 $c(K_2Cr_2O_7)$=0.02000mol·L^{-1} $K_2Cr_2O_7$ 标准溶液，应称取 $K_2Cr_2O_7$ 基准物多少克？

10-3　标定 NaOH 溶液，用邻苯二甲酸氢钾基准物 0.5026g，以酚酞为指示剂滴定至终点，用去 NaOH 溶液 21.88mL。求 NaOH 溶液的浓度。

10-4　计算 0.1015mol · L^{-1} HCl 标准溶液对 $CaCO_3$ 的滴定度。

10-5　标定 HCl 溶液时，以甲基橙为指示剂，用 Na_2CO_3 为基准物。称取 Na_2CO_3 0.6136g，用去 HCl 溶液 24.99mL，求 HCl 溶液的浓度。

10-6　将 0.3582g 含 $CaCO_3$ 及不与酸作用的杂质的石灰石与 25.00mL 0.1471mol · L^{-1} HCl 溶液反应，过量的酸用 10.15mL NaOH 溶液回滴。已知 1mL NaOH 溶液相当于 1.032mL HCl 溶液。求石灰石的纯度。

10-7　称取混合碱试样 0.8983g，加酚酞指示剂，用 0.2896mol · L^{-1} HCl 溶液滴定至终点，共耗去酸溶液 31.45mL。再加甲基橙指示剂，滴定至终点，又耗去 24.10mL 酸。求试样中各组分的质量分数。

10-8　已知某试样可能含有 Na_3PO_4、Na_2HPO_4 和惰性物质。称取该试样 1.0000g，用水溶解。试样溶液以甲基橙作指示剂，用 0.2500mol·L^{-1} HCl 溶液滴定，用去了 32.00mL。含同样质量的试样溶液以百里酚酞作指示剂，需上述 HCl 溶液 12.00mL。求试样中 Na_3PO_4 和 Na_2HPO_4 的质量分数。

10-9　称取 2.000g 干肉片试样，用浓 H_2SO_4 煮解(以汞为催化剂) 直至其中的氮素完全转化为硫酸氢铵。用过量 NaOH 处理，放出的 NH_3 吸收于 50.00mL H_2SO_4 (1.00mL 相当于 0.01860g Na_2O)中。过量酸需要 28.80mL 的 NaOH (1.00mL 相当于 0.1266g 邻苯二甲酸氢钾)返滴定。试计算肉片中蛋白质的质量分数(N 的质量分数乘以因数 6.25 得蛋白质的质量分数)。

10-10　有一三元酸，其 $pK_{a_1}^{\ominus}=2.0$，$pK_{a_2}^{\ominus}=6.0$，$pK_{a_3}^{\ominus}=12.0$。用氢氧化钠溶液滴定时，第一和第二化学计量点的 pH 分别为多少？两个化学计量点附近有无 pH 突跃？可选用什么指示剂？能否直接滴定至酸的质子全部被作用？

10-11　某一元弱酸(HA)试样 1.250g，用水溶解后定容至 50.00mL，用 41.20mL 0.0900mol · L^{-1} NaOH 标准溶液滴定至化学计量点。加入 8.24mLNaOH 溶液时，溶液 pH 为 4.30。求：

(1) 弱酸的摩尔质量(g · mol^{-1})　　(2) 弱酸的解离常数

(3) 化学计量点的 pH　　(4) 选用何种指示剂

10-12　下列多元酸或混合酸的溶液能否被准确进行分步滴定或分别滴定？

(1) 0.1mol · L^{-1} $H_2C_2O_4$　　(2) 0.1mol · L^{-1} H_2S

(3) 0.1mol·L^{-1} 柠檬酸　　(4) 0.1mol·L^{-1} 酒石酸

(5) 0.1mol·L^{-1} 氯乙酸+0.1mol · L^{-1} 乙酸　　(6) 0.1mol·L^{-1} H_2SO_4+0.1mol · L^{-1} H_3BO_3

10-13　将含有 PbO 和 PbO_2 的试样 1.234g 用 20.00mL 0.2500mol · L^{-1} $H_2C_2O_4$ 溶液处理，将 Pb(Ⅳ)还原为 Pb(Ⅱ)。溶液中和后，使 Pb^{2+}定量沉淀为 PbC_2O_4，并过滤。滤液酸化后，在酸性介质中用 0.04000mol · L^{-1} $KMnO_4$ 溶液滴定剩余的 $H_2C_2O_4$，用去 $KMnO_4$ 溶液 10.00mL。沉淀用酸溶解后，用同样的 $KMnO_4$ 溶液滴定，用去 $KMnO_4$ 溶液 30.00mL。计算试样中 PbO 和 PbO_2 的质量分数。已知 M(PbO) = 223.2g · mol^{-1}，M(PbO_2) =

$239.2g \cdot mol^{-1}$。

10-14　水中化学耗氧量(COD)是环境保护中检测水质污染程度的一个重要指标，是指在特定条件下用一种强氧化剂(如 $KMnO_4$、$K_2Cr_2O_7$)定量地氧化水中的还原性物质时所消耗的氧化剂用量(折算为每升多少毫克氧，用 $\rho(O_2)$ 表示，单位为 $mg \cdot L^{-1}$)。今取废水样 100.0mL，用 H_2SO_4 酸化后，加入 25.00mL $0.01667mol \cdot L^{-1}$ 的 $K_2Cr_2O_7$ 标准溶液，用 Ag_2SO_4 作催化剂煮沸一定时间，使水样中的还原性物质氧化完全后，以邻二氮菲亚铁为指示剂，用 $0.1000mol \cdot L^{-1}$ 的 $FeSO_4$ 标准溶液返滴，滴至终点时用去 15.00mL。计算废水样中的化学耗氧量。(提示：$O_2 + 4H^+ + 4e^- \longrightarrow 2H_2O$，在用 O_2 和 $K_2Cr_2O_7$ 氧化同一还原性物质时，3mol O_2 相当于 2mol $K_2Cr_2O_7$。)

10-15　大桥钢梁的衬漆用红丹(Pb_3O_4)作填料，称取 0.1000g 红丹，加 HCl 处理成溶液后再加入 K_2CrO_4，使其定量沉淀为 $PbCrO_4$：

$$Pb^{2+} + CrO_4^{2-} \longrightarrow PbCrO_4\downarrow$$

将沉淀过滤、洗涤后溶于酸并加入过量的 KI，析出的 I_2 以淀粉作指示剂，用 $0.1000mol \cdot L^{-1}$ $Na_2S_2O_3$ 溶液滴定用去 12.00mL，求试样中 Pb_3O_4 的质量分数。

10-16　用 KIO_3 作基准物质标定 $Na_2S_2O_3$ 溶液。称取 0.2001g KIO_3 与过量 KI 作用，析出的碘用 $Na_2S_2O_3$ 溶液滴定，以淀粉作指示剂，终点时用去 27.80mL，则此 $Na_2S_2O_3$ 溶液的浓度为多少？每毫升 $Na_2S_2O_3$ 溶液相当于多少克碘？

10-17　用 30.00mL $KMnO_4$ 溶液恰能氧化一定质量的 $KHC_2O_4 \cdot H_2O$，同样质量的 $KHC_2O_4 \cdot H_2O$ 又恰能被 25.20mL $0.2000mol \cdot L^{-1}$ KOH 溶液中和。计算 $KMnO_4$ 溶液的浓度。

10-18　用 $KMnO_4$ 法测定硅酸盐样品中的 Ca^{2+} 含量。称取试样 0.5863g，在一定条件下，将钙沉淀为 CaC_2O_4，过滤、洗涤沉淀。将洗净的 CaC_2O_4 溶解于稀 H_2SO_4 中，用 $0.05052mol \cdot L^{-1}$ $KMnO_4$ 标准溶液滴定，消耗 25.64 mL。计算硅酸盐中 Ca 的质量分数。

10-19　吸取 50.00mL 含有 IO_3^- 和 IO_4^- 的试液，用硼砂调溶液 pH，并用过量 KI 处理，使 IO_4^- 转变为 IO_3^-，同时形成的 I_2 用去 18.40mL $0.1000mol \cdot L^{-1}$ $Na_2S_2O_3$ 溶液。另取 10.00mL 试液，用强酸酸化后，加入过量 KI，需用同浓度的 $Na_2S_2O_3$ 溶液完成滴定，用去 48.70mL。计算试液中 IO_3^- 和 IO_4^- 的浓度。

10-20　称取奶粉 1.000g，灰化后处理成溶液，加 $(NH_4)_2C_2O_4$ 使 Ca^{2+} 形成 CaC_2O_4 沉淀，沉淀经过滤和洗涤后再溶于 H_2SO_4，用 $0.004840mol \cdot L^{-1}$ $KMnO_4$ 标准溶液滴定，消耗 10.00mL，计算奶粉中含多少钙($mg \cdot g^{-1}$)。

10-21　计算在 $1mol \cdot L^{-1}$ HCl 溶液中用 Fe^{3+} 滴定 Sn^{2+} 的电势突跃范围。在此滴定中应选用什么指示剂？若采用所选指示剂，滴定终点是否和化学计量点符合？

10-22　称取分析纯 $CaCO_3$ 0.4206g，用 HCl 溶解后，稀释成 500.0mL，取出 50.00mL，用钙指示剂在碱性溶液中滴定，用去乙二胺四乙酸 38.81mL，计算乙二胺四乙酸标准溶液的浓度。配制该浓度的乙二胺四乙酸 1.000L，应取 $Na_2H_2Y \cdot 2H_2O$ 多少克？

10-23　在 1L 1×10^{-3} $mg \cdot L^{-1}$ $[Cu(NH_3)_4]^{2+}$ 和 $1.5mg \cdot L^{-1}$ NH_3 处于平衡状态的溶液中，用计算说明：

(1) 加入 0.002mol NaOH (忽略体积变化)，有无 $Cu(OH)_2$ 沉淀生成？

(2) 加入 0.002mol Na_2S (忽略体积变化)，有无 CuS 沉淀生成？

10-24　取 100.0mL 水样，以铬黑 T 为指示剂，在 pH=10 时用 $0.01060mg \cdot L^{-1}$ EDTA 溶液滴定，消耗 31.30mL。另取 100.0mL 水样，加 NaOH 使其呈碱性，Mg^{2+} 成 $Mg(OH)_2$ 沉淀，用 EDTA 溶液 19.20mL 滴定至钙指示剂变色为终点。计算水的总硬度(以 CaO $mg \cdot L^{-1}$ 表示) 及水中钙和镁的含量(以 CaO $mg \cdot L^{-1}$ 和 MgO $mg \cdot L^{-1}$ 表示)。

10-25　将氯化锌试样 0.2500g 溶于水，控制溶液的酸度 pH=6，以二甲酚橙为指示剂，用 $0.1024mg \cdot L^{-1}$

EDTA 溶液 17.90mL 滴定至终点。计算 $ZnCl_2$ 的含量。

10-26　称取 1.032g 氧化铝试样，溶解后移入 250mL 容量瓶中稀释至刻度。吸取 25.00mL，加入 $T(Al_2O_3/EDTA)=1.505mg \cdot mL^{-1}$ 的 EDTA 溶液 10.00mL，以二甲酚橙为指示剂，用 $Zn(Ac)_2$ 标准溶液 12.20mL 滴定至终点。已知 20.00mL $Zn(Ac)_2$ 溶液相当于 13.62mL 的 EDTA 溶液。计算试样中 Al_2O_3 的含量。

10-27　有生理盐水 10.00mL，加入 K_2CrO_4 指示剂，以 $0.1043mol \cdot L^{-1}$ $AgNO_3$ 标准溶液滴定至出现砖红色，用去 $AgNO_3$ 标准溶液 14.58mL，计算生理盐水中 NaCl 的质量摩尔浓度。

10-28　称取含银废液 2.075g，加入适量硝酸，以铁铵矾为指示剂，消耗了 $0.04600mol \cdot L^{-1}$ 的硫氰酸铵溶液 25.50mL。计算此废液中 Ag 的质量分数。

第 11 章 人体内的微量元素

学习要求

(1) 了解构成生命体的最基本物质。
(2) 掌握人体内的微量元素及其生理作用。

随着人们生活水平的不断提高，越来越多的人开始重视营养保健，他们不仅注意饮食的卫生和质量，而且讲究营养的均衡搭配，特别是含微量元素的营养品备受青睐。那么，什么是人体内的微量元素？它们在人体内有何作用？人体内的微量元素一定要靠食用营养药品来补充吗?

11.1 构成生命体的最基本物质

11.1.1 构成生命体的化学元素

与自然界的其他物质一样，人体也是由化学元素组成的。到目前为止，人类已知的 112 种元素，在我们的身体中就能找到 60 余种。这些元素在人体内的含量不等，差别很大。如果其含量高于万分之一为常量元素，低于万分之一的则称为微量元素或痕量元素。

常量元素有 11 种，按含量从高到低排列为氧、碳、氢、钙、氮、磷、钾、硫、钠、氯和镁，其中氧占 65%，而镁仅为 0.05%，它们对人体的重要性是不言而喻的。例如，氧、碳、氢是构成人体各种器官的主要元素；钙是骨骼形成的主导元素，青少年发育期间常需补钙以促进骨骼的正常生长，老年人常因缺钙而使骨骼变脆而易折；磷是构成卵磷脂的关键元素，卵磷脂是脑思维活动中的一种重要物质，是制约智力发展的物质因素，它广泛存在于禽蛋和植物的种子中；氮是蛋白质、氨基酸的核心元素，人们通过食入蛋白质来补充所需的氮元素。根据微量元素对人体的重要性，可将其分为四类，见表 11-1。

表 11-1 人体中微量元素分类

类别	元素
必需微量元素	Fe、F、Zn、Cu、Sn、V、Mn、Cr、I、Se、Mo、Ni、As、Co
可能必需微量元素	Ge、Br、Li
非必需微量元素	B、Al、Sr、Sb、Te
有害微量元素	Pb、Hg、Cd、Tl、Be

无论是常量元素还是微量元素，都有着自己特定的作用，它们彼此之间相辅相成，在人体中构成一个化学平衡，维系着人体的生命活力。一般情况下只要人们的饮食起居正常，有着合理的食物结构，不偏食，那么就不会有大的异常。不过，在不同的年龄阶段或不同的居住地

区，适当地、针对性地补充一些元素也是必要的，但切忌进补时“多多益善”，物极必反。

11.1.2 微量元素的生物功能

对于微量元素，虽然人体需要的很少，但不可忽视对它们的摄取，主要是要提倡科学的饮食结构，摄取必需的微量元素。它们在新陈代谢过程中起十分重要的作用。

1. 运载常量元素，把大量元素带到各组织中去

人体的血红蛋白是氧的输送体，血红蛋白的中心是 Fe^{2+}。人体内如没有铁，就不能合成血红蛋白，氧就无法输送。在许多生物氧化还原反应中，酶的金属组分起着传递电子的运载作用。细胞呼吸过程就是通过细胞色素、铁硫蛋白、铜蛋白等金属酶来实现电子传递的。酶中的金属元素交替地被还原与氧化，各自构成一个价态穿梭振荡循环。不同的酶按照氧化还原电势高低顺序组成了一条有效的电子传递链，最终将氧化还原成水(或过氧化氢)。例如，细胞血素 a3 将氧还原为水的作用机理简示如下：

$$Fe^{III}(cyt\ a_3)\xrightarrow{+e^-}Fe^{II}\xrightarrow{+O_2}Fe^{II}O^{2-}\xrightarrow{+2H^++2e^-}$$

$$Fe^{III}O^{2-}+H_2O\xrightarrow{+H^+}Fe^{III}OH^-\xrightarrow{+H^+}Fe^{III}+H_2O$$

2. 充当生物体内各种酶的活性中心，促进新陈代谢

酶在生物体内是许多化学反应必不可少的催化剂，而许多微量元素却是酶的组成部分或激活剂。例如，锌与 200 多种酶的活性或结构有关。已知人体的 1300 多种酶中，大多数酶都含有微量金属元素原子(或离子)。例如，羧酸酶能催化肽和蛋白质分子羧端氨基酸的水解，碳酸酐酶能催化体内代谢产生的二氧化碳的水合反应，这两种酶都是锌酶。实验表明，从酶中除去金属，其活性下降；当金属复原时，酶的活性恢复正常。

3. 参与体内各种激素的作用

铬可促进胰岛的作用。铁在人体中含量为 4～5g。铁在人体中的功能主要是参与血红蛋白的形成而促进造血，在血红蛋白中的含量约为 72%。正常成人体内含铜 100～200mg。其主要功能是参与造血过程，增强抗病能力，参与色素的形成。铜在动物肝脏、肾、鱼、虾、蛤蜊中含量较高；果汁、红糖中也有一定含量。而锌对人体多种生理功能起着重要作用，包括参与多种酶的合成、加速生长发育、增强创伤组织再生能力、增强抵抗力、促进性机能。氟是骨骼和牙齿的正常成分，可预防龋齿，防止老年人的骨质疏松。硒具有抗氧化，保护红细胞的功用，并发现有预防癌症的作用。同时，通过甲状腺素发挥生理作用，如促进蛋白质合成、活化 100 多种酶、调节能量转换、加速生长发育、维持中枢神经系统结构。

4. 维持核酸的正常代谢

核酸是遗传信息的携带者，它含有多种微量元素，如 Co、Zn、Cr、F、Mn、Ca 和 Ni 等。它们对于稳定核酸的构型和性质，以及 DNA 的正常复制有着重要作用，对于遗传信息的表达也有一定作用。应该指出，各种必需元素在体内有着极其严格的适宜浓度范围，过量或缺乏都对机体有害。体内对微量元素的平衡机制能调控其浓度。摄入量不足，机体可动用体内的储存

元素，若缺乏，将耗尽体内的储存，最终因缺乏而引起病症。摄入量偏高时，机体可排泄多余元素，但摄入过量，并超过排泄能力，这些元素可在体内积累而致病，甚至导致死亡，见表 11-2。

表 11-2　与生命元素有关的疾病

元素	缺乏时疾病	积累过量时疾病
Co	贫血	红细胞增多症、冠状衰竭
Zn	侏儒症，阻碍生长发育	胃癌、金属烟雾发烧症
Fe	贫血	血色素沉着症
Cu	贫血、卷毛综合征	血铜蓝蛋白缺乏症
Cr	糖尿病、动脉粥样硬化	致癌
Mn	骨骼畸形	机能失调
Ni	血红蛋白和红细胞减少	致肺癌
Se	肝坏死、白肌症	神经官能症
Na	血浆钠降低钾升高症	
K		血浆钠降低钾升高症
Ca	骨骼畸形	胆结石、动脉粥样硬化
Mg	惊厥	麻木症
F	龋齿	斑釉症
I	甲状腺肿大	中毒

11.2　微量元素的生理作用

11.2.1　锌元素

1. 锌的发展简史

锌作为机体必需的 15 种微量元素之一，位于元素周期表中第 4 周期第 9 位，相对原子质量为 65。锌是 1570 年由 Paracelsus 最早发现的，1869 年 Roulin 报道锌对微生物黑曲霉菌属是必需的。Forchammer 和 Lochartier 等分别在 1860 年和 1877 年从植物和动物体中检出锌的存在。1926 年，Beltrand 和 Javillier 证实锌是高等植物生长所必需的元素。到 1934 年，Todd 等用大鼠试验，首次证明锌是高等动物所必需的营养元素。1955 年，Taker 和 Salmon 发现，Kerneamp 和 Ferin 在 1953 年描绘并命名的猪皮肤不全角化症是由缺锌引起的。1957 年，O'Dell 和 Savage 采用以乳酪为蛋白质来源的纯合饲粮对鸡试验，成功诱发了鸡的锌缺乏症。之后，Edwards 等、Moeller 和 Scott、Morrison 和 Sarett 等进一步证实了这一结果。后来，许多人相继证明了锌也是牛、羊、狗、火鸡、鹌鹑等动物和人的必需微量元素。

2. 锌在动物体内的分布

锌广泛分布于动物体内各种组织中，以骨、肝、皮毛中的浓度最高。动物组织中的含锌量随年龄、性别及日粮含锌量水平不同而异。骨中含锌量随年龄的增长而增加，皮毛含锌量随年龄的增长而下降。血液、肾、肝、胰、性腺、尿液等对饲料锌水平的变化较为敏感。新生犊牛体内含锌约为 500mg，初生仔猪体内含锌 24～25mg，刚出壳小鸡体内含锌 0.35～0.40mg。大多数动物的血浆或血清锌水平为 0.5～1.5μg · mL^{-1}，而全血锌水平为 2.5～6μg · mL^{-1}，表明大多数锌存在于红细胞内。

3. 锌的吸收、代谢和排泄

在单胃动物体内，锌的主要吸收部位在十二指肠、空肠和回肠中，胃中极少吸收，但鸡的前胃能和小肠一样具有较强的吸收能力。成年单胃动物对锌的吸收率低，一般只有 7%～15%。但在牛体内，约三分之一的锌在真胃吸收，锌的吸收率一般为 10%～20%。锌可以通过胎盘从血浆转移到胎儿体内，其从小肠黏膜细胞传递到血浆中受一种低相对分子质量的结合蛋白——金属硫因子的严格控制，其主要储存器官是骨骼，不过骨骼中的锌不能被机体动员和利用。机体内的锌广泛参与各种代谢，一般认为主要通过两种形式：一是构成许多酶的组成成分和作为某些酶的激活剂而发挥其生理功能，二是锌与一些非酶配合基形成复合物，起定位、黏合等生物学功能。锌的排出主要经粪便，排出的锌大部分是饲料中未被吸收的，小部分是内源性锌(主要来自胰液、胆汁及盲肠、结肠分泌物)，由尿排泄的很少。

4. 动物体锌状态的评价

迄今，评价锌状态应用最广的方法是血浆锌的测定。血浆锌的降低是营养性缺锌症的一个早期和持续的症侯。例如，绵羊和牛的正常血锌水平为 0.6～1μg · mL^{-1}，而缺乏症犊牛和羔羊可降至 0.18μg · mL^{-1}。另外，碱性磷酸酶、核糖核酸酶、金属巯基组氨酸三甲内盐、5-核苷硫酸酶也可作为评价锌状态的指标。但目前有倾向认为，血清锌、血清碱性磷酸酶和软组织中锌的存留量等指标不适于作为试验检测指标，因为这些指标与仔鸡锌摄入量的增加不成线性关系，增重和骨骼中锌的沉积可能是锌生物学利用率的最佳评价指标。

5. 锌的生物学功能

目前认为锌与 160 多种酶有关，尤其对金属酶具有催化性、结构性和调节性功能，这些酶类主要包括氧化还原酶(超氧化物歧化酶)、转移酶(RNA 聚合酶)、水解酶(碱性磷酸酶)、裂解酶(碳酸酐酶)及连接酶(tRNA 合成酶)。上述酶主要与机体的代谢，特别是蛋白质和核酸的代谢密切相关。因此，当锌缺乏时，机体的生长、繁殖、糖代谢、被毛系统、免疫系统、胃肠系统、视力和行为等都受到影响。严重者，甚至会引起营养代谢性疾病。国外曾有许多国家，如伊朗、埃及、美国、意大利等，都曾进行过有关方面的报道。在我国新疆、内蒙古、山西等地经测定也发现有大面积的天然缺锌区，长期在此放牧或喂养的畜禽便很容易发病。例如，鸡缺锌时的明显症状便是羽毛生长不良、关节肿大、皮肤形成鳞片状、产软壳蛋、胚胎死亡、骨骼异常等。

6. 锌的作用

除了参与和影响体内蛋白质、碳水化合物、脂类和维生素的代谢过程外，锌还与胰岛素、前列腺素、促肾上腺皮质激素等激素的分泌活动有关，具有促进舌黏膜味蕾细胞迅速增生、调节食欲、抑制肠道某些有害细菌、延长食物在消化道中的停留时间、提高消化系统分泌机能及组织细胞中酶的活性等作用。

锌对动物生长发育的作用。微量元素锌与其他的铜、铁、锰、钴等一样，均有促进生长发育的作用。作用机制为：锌通过形成 RNA、DNA 聚合酶可直接影响核酸及蛋白质的合成。缺锌引起生长发育停滞、生殖器官发育不良、第二性征不出现，甚至出现侏儒症。

7. 锌对动物繁殖机能的影响

研究发现，锌对雄性畜禽的促性腺激素分泌、性机能、生殖腺发育、精子的正常生长都有促进作用，是精液的重要组成部分，因此锌缺乏时可导致动物的性欲减退，精液数量和品质下降，影响配种和繁殖。例如，公猪缺锌时睾丸发育受阻，甚至发生阳萎现象。

8. 锌对动物免疫机能的作用

锌对维持动物中枢免疫器官(胸腺、腔上囊)和外周免疫器官(淋巴结、脾脏、扁桃体)的结构和功能都起着重要作用，畜禽缺锌时，胸腺萎缩，质量减轻 20%～49%，胸腺素含量下降，胸腺素分泌减少，T 淋巴细胞成熟受阻。家禽的腔上囊淋巴小结皮质变薄，髓质疏松，淋巴细胞减少，淋巴结、脾脏和扁桃体等出现萎缩、病变，淋巴细胞数量显著减少，所有上述病变都可导致体液免疫和细胞免疫功能紊乱。

1981 年 Grordon 等指出，在感染疾病时，血锌浓度下降。陆中权研究表明，锌与体液免疫有密切关系。在营养不良时，血清锌水平降低的同时伴有免疫球蛋白的改变，除 IgA 外，均有不同程度的降低，尤其以 IgM 及补体 C3 具有极显著的降低。由此可见，血锌水平高低与免疫球蛋白浓度有密切联系。而免疫球蛋白是直接参与体液免疫反应、具有抗体活性的球蛋白。补体是具有酶活性的球蛋白，也可影响 B 淋巴细胞产生免疫反应。故微量元素锌通过调节免疫球蛋白水平而影响体液免疫。

9. 影响机体内锌吸收利用的因素

影响动物体内锌吸收利用的因素很多，除了动物种类、品种、年龄、性别、生长阶段之外，日粮组分间的相互作用及锌本身的含量水平也很关键。

11.2.2　硒元素

1. 硒在动物体内的分布与存在形式

动物的细胞和组织中都含硒。一般来说，动物的肝、肾、胰腺、垂体及毛发中硒含量较高，肌肉、骨骼和血液中相对较低，脂肪组织中最低。在不同组织中，硒在细胞内的分布不同，且随饲料中硒水平的改变而变化。动物体内的硒以硒蛋白(selenoprotein)和含硒蛋白(Se-containing protein)两种形式存在。

2. 硒在动物体内的吸收、代谢与排泄

硒在人体内分布于除脂肪外的所有细胞和组织中。硒是抗氧化系统(谷胱甘肽过氧化物酶)和免疫系统(硫氧还蛋白还原酶)的基本成分，能起到延缓衰老、抗癌、保护视器官、防治糖尿病和心脑血管疾病、防止血凝块、消除胆固醇和增强人体免疫功能的作用。缺硒是“克山病”、

“大骨节病”两种地方病的主要病因。补硒能防止骨髓端病变，促进修复，对“克山病”、“大骨节病”两种地方性疾病和关节炎都有很好的预防和治疗作用。

硒主要在动物的胃、肠道中被吸收，然后进入血液，与血液中的α、β球蛋白结合，经血浆运载进入各组织。多数研究认为，无机硒和有机硒具有不同的代谢途径。无机硒是在还原态的辅酶Ⅱ、辅酶A、腺苷-5′-三磷酸盐和镁的作用下生成硒化氢，再以硒半胱氨酸的形式合成含硒蛋白或生成甲基化代谢产物排出体外；而对于有机硒，在大剂量给予时可能硫在代谢途径上存在代谢通路，小剂量给予时则有其独立于硫的代谢途径。例如，亚硒酸钠在体内按常规的硒代谢途径代谢，其重要的代谢场所是肝脏，所以添加亚硒酸钠，则肝中硒含量会增加；而硒蛋氨酸主要有两条代谢途径，分别是蛋氨酸途径和硒途径，在蛋白质合成过程中，硒蛋氨酸能作为蛋氨酸的类似物掺入蛋白质中，从而提高了肌肉中硒的含量。关于有机硒的代谢机制，尚需进一步研究。动物体内的硒可经过粪、尿和呼吸等途径排出体外。在正常情况下，粪、尿是动物排泄的主要途径，但当饲料硒水平增加时，呼吸也成为硒排泄的重要途径之一。

3. 硒的生理功能

硒的生理功能：①抗氧化作用；②提高肉品品质；③促进免疫机能；④维护亚细胞结构与功能；⑤提高基础代谢率；⑥增强抗应激能力；⑦促进繁殖性能；⑧减弱微量元素毒性。

4. 硒缺乏症

硒缺乏时，三碘甲状腺原氨酸(T3)浓度降低，阻碍褐脂肪的非寒颤性产热功能的发挥，会降低新生哺乳动物和所有啮齿类动物抵御寒冷的能力，影响其生长发育和存活率。公畜精子内的硒主要存在于线粒体膜中，缺硒导致精细胞受损，释放出谷草转氨酶(GOT)，降低精子活力，从而影响受精能力和胚胎发育。对于种母畜，补硒可以防止妊娠母畜流产，减少胚胎死亡，提高繁殖率。导致细胞膜及亚细胞膜结构损伤、功能紊乱，引起机体发病。

猪的硒或维生素E缺乏症主要表现为肌营养不良(白肌病)、营养性肝病(肝营养不良)、桑葚心和渗出性素质等几种类型。近年来，母猪的产后问题，如无乳、不孕、跛行、皮肤粗糙和新生仔猪体弱，都怀疑与硒和维生素E缺乏有关。

5. 硒缺乏的防治

仔猪日粮中含硒量应达到0.3ppm左右，妊娠母猪日粮中含硒量应达到0.1ppm以上。维生素E的需要量是：4.5～14kg的仔猪以及怀孕母猪和泌乳母猪为每千克饲料22IU，其他猪为每千克饲料11IU。缺硒地区的妊娠母猪在产前15～25天内及仔猪生后第2天起，每30天肌肉注射0.1%亚硒酸钠1次，母猪3～5mL，仔猪1mL。另外，还要注意青饲料与精饲料的合理搭配，防止饲料发霉、变质。

对发病仔猪，肌肉注射亚硒酸钠维生素E注射液1～3mL(每毫升含硒1mg，维生素E 50IU)，也可用0.1%亚硒酸钠溶液进行皮下或肌肉注射，每次2～4mL，隔20天再注射1次。配合应用维生素E 50～100mg进行肌肉注射效果更佳。

6. 硒中毒

畜禽日粮中的硒含量超过 0.5ppm 时可能发生中毒，超过 5～10ppm 就会出现中毒症状。

猪日粮中硒含量超过 7～13ppm，羊超过 5～20ppm，牛超过 5ppm 时，会出现硒中毒。硒中毒导致猪、羊、牛消瘦、脱毛、脱蹄、失禁拉稀、呼吸困难、共济失调、唾液过多、磨牙、失明、麻痹和死亡。剖检时可见心肌萎缩，肝、肺变性坏死等变化。

7. 注意事项

在畜禽饲料中添加硒和使用硒制剂，进行缺硒病防治时应特别谨慎，没有足够根据时不必在畜禽饲料中补加硒(例如，在非缺硒地区，尤其是在高硒地区，盲目添补硒则常见硒中毒发生)。但在缺硒地区或已出现渗出性素质症状及白肌病症状的地区则必须补硒。

由于硒的生理需要量与中毒量之间的范围较窄，故硒或硒制剂在畜禽饲料中添加时，必须以硒预混合料的形式，即事先配制成不高于 0.02%浓度的稀释剂，再加入预混用饲料中，以求混合均匀，保证畜禽有足够的硒摄入量，达到防治缺硒病的目的，又不致发生中毒。

11.2.3　碘元素

1. 碘的作用

碘是人类发现最早的必需微量元素，是甲状腺中必不可少的成分。它的生物化学功能主要是通过甲状腺激素表现出来的，对机体的生物学作用极为广泛，主要为促进机体的物质代谢，维持动物正常的生长发育。增强母畜的生殖机能，提高受胎率和产仔率；提高动物的生长性能与促进机体健康；维持中枢神经的正常结构。此外，碘还可以防止胡萝卜素被破坏，促使体内合成维生素 A，防止甲状腺病发生。

碘有“智力元素”之称，人体内 2/3 的碘存在于甲状腺中。碘在人体中能增强酶的活性，调节能量转换，调节蛋白质合成和分解，调节血清胆固醇和磷脂浓度，调节水盐代谢，促进生物氧化，促进糖和脂肪代谢，促进维生素的吸收利用，促进生长发育。人体严重缺乏碘时，可引起甲状腺肿、克汀病(婴幼儿体内缺少甲状腺素引起的一种病)，还可能出现孕妇流产、儿童智力和体格发育障碍。

2. 碘的缺乏症

碘是生物活性较高的一种微量元素，在严重缺碘地区，牛甲状腺肿的发病率是 50%～80%，而因碘不足引起的流产发病率是 60%。碘是甲状腺激素的组成部分，缺乏可引起母畜发情周期紊乱、生产期拖长、流产、胎儿被吸收或出现死胎、新生犊水肿、成年牛黏液性水肿，对幼牛可引起幼稚病、矮小症、公畜精液品质低劣及低酸度酒精阳性乳。治疗措施为补给碘食盐(1kg 含 250mg 碘化钾)、将 10%碘化钾 1mg 混于水中喂给或将 2～4g 碘化钾拌在精料内，可防止低酸度酒精阳性乳，促进泌乳量增加，又可增强乳腺的免疫功能。

碘缺乏将使机体内碘代谢平衡破坏，导致甲状腺机能及其形态结构发生改变，甲状腺素形成减少。甲状腺素是一种含碘氨基酸，具有调节机体代谢机能和全身氧化过程的作用。甲状腺素分泌不正常，易造成缺碘症。碘缺乏时基础代谢下降，幼鸽生长发育受阻，蛋白质、糖类、脂肪和矿物质代谢紊乱；对传染病的抵抗力降低；中枢神经系统功能紊乱；繁殖力下降，胚胎发育不全，死胚增多；鸽子嗜睡，不愿意活动，无力，易疲劳。治疗与预防措施是补充碘化钾，按比例配制放于保健砂中。动物缺碘对生产性能和繁殖都有很大影响。

3. 碘化酪蛋白在畜禽生产中的应用

碘化酪蛋白是一种具有似甲状腺作用的人工合成甲状腺素添加剂。

1) 基本结构及化学性状

碘化酪蛋白为橘黄色至棕黄色粉末，具有特殊气味，不溶于水及大部分有机溶剂，而溶于正丁醇及碱液中。其基本结构与甲状腺素(T4)相同，分子式为 $C_{15}H_{11}I_4NO_4$，相对分子质量为 776.93。一般要求碘化酪蛋白中总碘量在 6%以上，无机碘量在 0.5%以下，并且其中甲状腺素含量在 1%以上。碘化酪蛋白的应用效果不在于含碘量的高低，主要在于甲状腺素含量的高低。研究表明，碘化酪蛋白中无机碘含量超过 0.5%时，会对甲状腺产生毒性。

2) 生理作用

甲状腺分泌的激素有 3 种：甲状腺素、三碘甲腺原氨酸(T3)和降钙素。甲状腺素产生的量大大超过三碘甲腺原氨酸，但三碘甲腺原氨酸的生物活性比甲状腺素高 5～10 倍。甲状腺是体内吸收碘能力最强的组织，能将体内 70%～80%的碘富集于其中。细胞内，在甲状腺过氧化物酶及过氧化氢的作用下，碘离子被氧化成活性碘。活性碘与酪氨酸作用产生一碘酪氨酸，进而产生 3, 5-二碘酪氨酸。碘化过程不发生在游离酪氨酸上，只发生在甲状腺球蛋白中原球蛋白的酪氨酸残基上。甲状腺球蛋白是相对分子质量约为 660000 的含碘糖，其中含有约 120 个酪氨酸残基。两分子的二碘酪氨酸再作用形成甲状腺素。碘化酪蛋白具有甲状腺素的作用。它可刺激糖、蛋白质、脂肪、盐的代谢，增强机体新陈代谢，引起耗氧量及生热量的增加，并促进智力与体质的发育。幼年动物甲状腺机能减退时，发育迟缓，成年动物则出现厚皮病；此时动物心搏减慢，基础代谢降低，性机能降低。甲状腺素通过细胞的产能体系或增强核糖核酸(RNA)的形成而发挥作用。一般无机碘必须经甲状腺转为甲状腺素储存于甲状腺蛋白，再分解后进入血液循环而发挥作用。正常情况下，多供应无机碘并不能使甲状腺素分泌增加，而碘化酪蛋白可直接被动物吸收，发挥甲状腺素的作用。

11.2.4 铜元素

1. 铜的生物化学功能

微量的铜元素在人体内参与造血过程，催化血红蛋白的合成。人体血液内如果缺少微量的铜，即使铁元素不缺少，血红蛋白仍难形成，从而导致贫血。所以，缺铁性贫血患者适当吃些含铜丰富的食物，可以促进铁的吸收。此外，骨骼中的微量铜参与某些酶的合成，维持骨骼的正常生长发育，因此，人体缺铜还可能导致骨质疏松、骨关节肿大等症。缺铜还会导致胆固醇含量升高，增加动脉粥样硬化的危险。小儿缺铜会导致发育不良。

铜的主要营养生理功能可归纳为：参与造血过程和髓蛋白的合成；促进骨与胶原的形成；发挥类似抗菌素对猪、鸡的促进作用；增强机体的免疫能力；参与色素沉着和毛与羽毛的角化作用；参与形成具有酶功能的含铜蛋白质。

2. 铜对免疫功能的影响

缺铜可引起体液免疫、细胞免疫及非特异性免疫功能下降。大鼠实验性缺铜时，白细胞总数下降(羊正常)，小鼠中性粒细胞数减少，白细胞吞噬能力尤其是吞噬后的杀伤能力下降，血清中补体总浓度降低。铜缺乏也使单核细胞数和 T 细胞数减少，淋巴细胞对抗原反应的能力减退。

3. 铜的缺乏症

铜缺乏症(copper deficiency)是动物体内铜含量不足所致的以贫血、腹泻、运动失调和被毛脱色为特征的一种营养代谢性疾病。动物铜缺乏症常呈地方流行或大群发生，牛、绵羊和山羊最为易感，猪、家禽基本上不出现。各种动物长时间缺铜可表现出贫血，可能是缺铜降低了含铜酶在铁代谢中的作用，使血红蛋白合成和红细胞形成受阻所致。缺铜还常常引起猪和禽骨折或骨畸形，但牛、羊则少见。此外，缺铜还可导致动物出现共济失调、被毛(羽毛)脱色、心血管病变以及繁殖性能降低等症状。

铜缺乏还可引起角化作用的破坏，使皮肤和毛发在生长和外观上都发生改变。羊表现为羊毛的数量和质量下降，羊毛变直、强度降低。

4. 铜中毒

铜中毒(copper poisoning)是动物摄入过量的铜而发生的以腹痛、腹泻、肝功能异常和贫血为特征的中毒性疾病。世界上许多地区的多种动物都有发生急性或慢性铜中毒的报道，其中以绵羊最为易感，其次为牛，它们均为反刍动物。单胃动物对铜有较大的耐受量，这种差异与单胃动物和反刍动物对铜代谢方式的不同有关。

日粮中影响动物生长的铜的最大耐受量分别为：羊 $25mg \cdot kg^{-1}$、牛 $100mg \cdot kg^{-1}$、猪 $250mg \cdot kg^{-1}$、马 $800mg \cdot kg^{-1}$、鸡 $300mg \cdot kg^{-1}$、家兔 $200mg \cdot kg^{-1}$、鼠 $1000mg \cdot kg^{-1}$。随着年龄的增长，动物对铜的耐受量提高。如果铜的摄入量超过上述水平，各种动物均可产生毒性反应，具体表现为：反刍动物产生严重溶血，其他动物可表现出生长受阻、贫血、肌肉营养不良和繁殖障碍等。主要防治是补铜，硫酸铜。防止高铜。

5. 铜的吸收与代谢

动物消化道的各段都能吸收铜，但主要吸收部位是小肠，绵羊的大肠也具有较强的吸收能力。

11.2.5　钴元素

钴(Co)是维生素 B_{12} 和一些酶(如核糖核酸酶等)的组成成分，主要通过维生素 B_{12} 参与机体造血和营养物质的消化、代谢(蛋白质、脂肪和碳水化合物)等过程，促进动物的生长。

1. 钴的理化性质及其代谢状况

钴是顺磁性、银白色金属，其主要物理、化学参数与铁、镍接近，属铁族元素。钴在水及空气中稳定，易溶于硝酸，逐渐溶于稀盐酸和硫酸。容易被氨水和氢氧化钠侵蚀。

钴是动物营养学中一种比较特殊的必需微量元素。动物体内钴的营养代谢作用实质上是维生素 B_{12} 的代谢作用。

2. 钴在动物体内的含量与分布

钴在机体中含量很低，每千克体重为 30～60μg，分布于动物体内的所有器官中，尤以肾、肝、骨、肾上腺、脾脏及胰脏中的含量最多。钴在动物体内的含量，种间差异较小。已有资料表明，无论是在动物的个体组织还是在整体中，钴的含量都有随年龄增长而增加的趋势。

3. 钴的缺乏症

钴缺乏症是由饲料和饲草钴含量不足或缺乏，以及瘤胃内微生物利用摄入的钴合成维生素 B_{12} 受到阻碍所致的慢性代谢性疾病。临床上以食欲减退、生长缓慢、贫血、消瘦和脂肪肝为特征。反刍动物缺钴表现为食欲差、生长慢或失重、严重消瘦、异食癖和极度贫血、死亡。亚临床缺钴，一般表现为生长不良、产奶量下降、初生幼畜体弱和成活率低等。猪、禽无明显的钴缺乏症，但其生殖力和生产性能会下降。缺钴引起的繁殖机能障碍是间接的，因为钴可提高锌的吸收和利用，而锌与钙之间存在拮抗作用，从而减少因日粮中钙的含量过多而导致的缺锌症状。缺锌对动物的繁殖机能有影响。

4. 钴中毒

反刍动物主要表现为肝钴含量升高、采食量和体重下降、消瘦、贫血；非反刍动物主要表现为红细胞增多。

5. 钴的生理功能

参与机体的造血功能，增强动物的消化功能，增强动物的繁殖性能，提高机体免疫力等。

11.2.6　锰元素

1. 锰的作用

锰是人体内许多重要酶的辅助因子，这些酶具有清除导致老化的氧化物的作用。人体缺锰会使机体的抗氧化能力降低，从而加速机体的衰老。我国著名的长寿之乡——广西巴马县，那里的长寿老人头发中锰的含量就高于非长寿地区老人一个数量级。

锰是毒性较小的一种微量元素，是动物生长和合成骨组织过程中所必需的物质。锰参与骨骼形成、机体代谢以及性激素和某些酶的合成，直接影响动物的繁殖性能。此外，锰还对中枢神经系统和免疫系统发生作用。在植物中，它可促进叶绿素的形成，促进抗坏血酸的形成。在动物中，它具有促进生长和提高机体免疫力的作用，是多种酶的重要组成部分。自 1931 年 Orent 与 Kemmer 先后发现锰是动物所必需的微量元素后，大量的研究表明，锰在动物机体中有重要的营养作用，即它是精氨酸激酶、丙酮酸羧化酶的重要组成部分，也是部分激酶、转移酶、水解酶等的激活剂；锰还具有促进生长、增强免疫和提高动物繁殖性能等作用。

2. 锰的生物学功能

(1) 酶的组成成分。

(2) 锰与脂肪代谢。锰具有特殊的促脂肪动员作用，促进机体内脂肪利用，并有抗肝脏脂肪变性的功能。研究结果表明，减少猪背膘厚的方法之一是在饲料中添加锰。

(3) 锰与免疫系统。曾有报道认为锰可以提高某些动物体内抗体的效价，并有利于增加非特异性抵抗因子的量。

(4) 锰与生殖。锰是促进动物性腺发育和内分泌功能的重要因素之一。

(5) 锰与造血及其他功能。锰与造血功能密切相关，在胚胎早期肝脏里就聚集了大量的锰，胚胎期的肝脏是重要的造血器官。

3. 畜禽对锰的需要量及缺乏症

家禽由于自身的生理特点，对锰的需要量比哺乳动物高；种畜的需要量高于肉畜；公畜的需要量高于母畜。家禽缺锰会导致骨骼异常，啄癖现象加重，雏鸡表现为“滑腱症”，运动失调，难以觅食和饮水，逐渐消瘦以致死亡。母鸡表现为产蛋量下降，蛋壳变薄，无壳蛋发生率增加，种蛋受精率和孵化率明显降低。幼猪及生长猪表现为生长迟缓，骨质疏松，运动失调，关节肿大；母猪则出现发情周期不正常，流产及死仔数增加，泌乳量低；公猪睾丸退化，丧失生殖能力。由于饲料中锰的含量较低，奶牛对锰的吸收率也较低，因而在日粮中添加锰是必需的。日粮中补充锰可以提高非特异性免疫中酶的活性，从而增强巨噬细胞的杀伤力。

11.2.7　铁元素

1. 铁的生理功能

铁是人体内含量最高的微量元素，在人体内参与造血，人体内的铁主要以血红蛋白、肌红蛋白的形式存在。血红蛋白可输送氧，肌红蛋白可储存氧。铁还是多种酶(如细胞色素酶类)的活性中心，是体内复杂的氧化还原过程不可缺少的，有了它才能保证代谢的正常进行。人体缺铁会影响血红蛋白的合成，形成缺铁性贫血，导致疲乏、无力、注意力不集中、失眠、食欲不振、皮肤干燥。缺铁时，脱氧核糖核酸(DNA)的合成减少，抗体的产生受到抑制，淋巴细胞对抗原的反应能力降低，因此，缺铁患者易发生感染。

铁对动物有多种功能，主要表现为：铁是构成血红蛋白、肌红蛋白、细胞色素和多种氧化酶的重要成分，作为氧的载体，保证机体组织内氧的正常输送；血红蛋白中的铁，对于维持机体每个器官和每种组织的正常生理作用是不可缺少的；铁在胎盘中以转铁蛋白的形式存在；铁以乳铁蛋白的形式存在于哺乳动物乳汁、胰液、泪液及白细胞胞浆中；以铁蛋白和血红素的形式存在于肝中；在禽卵和爬行类卵蛋白中存在卵转铁蛋白；铁也是构成机体内许多代谢酶的活性成分；铁还影响动物体内的蛋白质合成和免疫机能；铁有造血功能。

2. 铁的缺乏症

缺铁或铁的利用不良，将导致氧的运输、储存、二氧化碳的运输及氧化还原等代谢过程紊乱，影响生长发育，甚至发生贫血等各种疾病。机体若储铁或摄铁不足，或因寄生虫感染缺铁，或红细胞分解速度大于合成速度，则出现缺铁性贫血。贫血可发生于生长的任何阶段，需要人工补铁。

3. 铁中毒

注意防止铁过量中毒。

11.3　微量元素在人体内的化学行为

由于机体的新陈代谢作用，每天都有一定数量的生命元素以无机盐的形式经各种途径排出体外，一般可通过饮食予以补充。无机盐在食物中分布很广，大多数都能满足机体需要。比较容易缺乏的化学元素只有钙、铁和碘，尤其是对正在生长发育的儿童、青少年、孕妇和乳母。某些微量元素还可以通过呼吸或皮肤进入体内，人体从食物中摄入的微量元素，以铁、锌、锰、铜等较多，而铬、锡、钒等较少。这些进入体内的微量元素，通过机体的体液调节作用，被人体吸收利用。进入体内的微量元素并不是均匀分布的，而是各有其特定性地分布在各组织、骨骼和器官中。例如，铁的 70.5%分布于血红素；锌的 65.2%、铜的 34.7%分布于肌肉；氟的 98.9%、锶的 99.0%分布于骨骼和牙齿；碘的 80%分布于甲状腺；铬的 37%分布于皮肤。

许多文章报道了抗病毒、抗细菌、抗结核、抗风湿性关节炎及抗癌的有机配合物和它们在体内代谢产物的配位作用与发病因素、药理作用机制的关系，为药物结构改造和新药设计提供了依据。巧妙地应用配位作用，当体内某种金属离子过量时将其排除，不足时适当引进，从而使机体恢复正常。例如，类风湿关节炎患者用螯合剂青霉胺进行治疗时，由于促进了锌的吸收，从而使病情好转。血色病是一种遗传性疾病，患者体内有大量铁积蓄，其中肝脏积蓄高达 40g(正常人约 4g)，过去唯一的治疗方法是放血，现在可用去铁敏或红酵母酸对铁的强烈配位作用排出过量的铁，对缺铁性贫血患者则可用去铁敏与铁的配合物代替硫酸亚铁，去铁敏能缓慢释放铁，效果较好。在抗风湿炎症方面，抗湿药物，如阿司匹林及水杨酸衍生物等，与铜配位后疗效大增，可能就是通过配位作用实现的：发热患者细胞组织内铜离子减少，而血液中铜离子增加，阿司匹林和血液中的铜离子配位，将其重新输送到组织中；在抗癌作用方面，博来霉素自身并无明显的亲肿瘤性，它与钴离子配位后则活性增强；阿霉素的铜、铁配合物较阿霉素更易被小肠吸收，并渗透进入癌细胞。在抗菌作用方面，铜、铁以及 8-羟基喹啉各自都无抗菌活性，它们的配合物却呈明显的抗菌作用；镁、锰的硫酸盐，钙、铁的氯化物可使四环素对金黄色葡萄球菌、大肠杆菌的抗菌活性大大增强。在模拟胆汁背景条件下，用氨羧螯合剂溶解模拟结石的胆红素钙压片进行动力学研究，表明胆酸钠与螯合剂合用时，溶石效果远大于单独使用时的溶石效果之和，因为胆汁酸既起表面活性剂作用，又可作为配体与钙配位。由此可见，有机药物的抗病作用多是需要元素的配合协同的，这可设想成，药物分子在体内会遇到微量元素，择需而用地选择并发挥其活性作用。

综上所述，对微量元素在生物体内配位化学的研究，必将对治疗各种疾病提供科学依据。随着配位化学、无机生物化学、分子生物学、药理学和临床医学等多学科综合研究的发展，微量元素在人体内的配位化学行为将被揭示得更加清楚，并为医学、药学界对配合物药物的设计奠定良好的基础。

11.4　人体微量元素平衡与健康

随着社会工业化的发展及人们生活方式的改变，人体内微量元素的平衡已经受到了严重的影响，并导致了许多疾病的发生。

11.4.1　地区差异导致机体内微量元素不足

地壳形成时，土壤的结构、组成就因地区差异而有所不同，各地区所含微量元素也会因地域的差别而含量不一样，某一种元素在某个区域是富含元素，但可能在另一个地区是稀少甚至不含的元素。对微量元素缺乏的地区，若食物链不完善，缺乏的微量元素就不能够通过食物链进入人体而被吸收，人体就会出现微量元素缺乏症。例如，有文献报道广州与珠江三角洲地区缺乏锰等微量元素，当地人缺锰与当地的水土缺锰有关。

11.4.2　挑食、偏食引起的微量元素缺乏

人体内微量元素的摄入依靠饮食、呼吸等方式，但主要是依靠饮食，平时饮食时不良的饮食习惯，如挑食、偏食等，会直接影响到微量元素的吸收，进而影响微量元素在体内的含量和功能。

11.4.3　环境污染引起的微量元素中毒

随着工、农业的不断发展，大量的化工产品进入了人们的日常生活中，方便了人们的生活，提高了人们的生活水平。但同时农药、化肥和日用化工品的频繁使用，废水、废气、废渣的任意排放，严重地污染了人们的生活环境，大量的有毒微量元素进入了人体内，部分生命必需元素严重超标，直接威胁着人类的生命安全。

目前我国农作物、畜禽肉、水产品的污染和食品在生产、加工、运输、储存、销售等环节的污染，严重损害了消费者的身体健康，其中食品中有害微量元素及超标微量元素的问题尤为严重。汞、铅、镉、砷等金属元素在摄入量较低的情况下对人体即可产生明显的毒性作用，且有毒微量元素具有强蓄积性、生物富集性以及对人体造成的伤害多表现为慢性中毒等特点，所以，微量元素污染对人类健康的潜在威胁已经成为一个严重的食品安全问题。

由于微量元素对人体的作用极其微妙，人们往往会对其不够重视，常常会由于微量元素的摄入过量、不足或缺乏而不同程度地引起人体生理的异常或发生疾病。铁是地球矿物质中含量居第四位的元素，几乎所有的生命体都需要铁，不少人由于缺铁而引起缺铁性贫血，导致免疫力下降、疲劳无力、头痛、口腔炎、注意力不集中、运动时感到气短和抵抗力下降等疾病。锌能维持正常免疫细胞和免疫器官的功能，抑制和抵抗致癌物质产生的诱癌作用，减少消化系统器官的癌变可能性。研究表明，许多人由于缺乏锌而导致了机体对细菌、病毒和真菌等的易感性增强，机体自身免疫能力下降，不少婴幼儿出现生长和智力发育缓慢等现象。硒是人体代谢不可缺少的微量元素，它参与体内谷胱甘肽过氧化物酶(GSH-Px)的代谢过程，可阻止脂质过氧化反应，维持人体生理平衡，调节人体维生素和脂质代谢过程中的氧化作用，保护人体细胞膜，提高细胞免疫功能。临床发现的多种症状，如高血压、脑血栓、心肌梗死、动脉粥样硬化都与硒的缺乏有关，有些男性的不育症也与缺硒相关，因为缺硒会使精子细胞

受到破坏。人体随着年龄的增长，容易出现骨质疏松软化，这是人体内缺氟的缘故，龋齿的产生也与人体内氟的含量息息相关。由于地区差异，某些地方铜的含量缺乏，人体不能吸收足够量的微量元素铜而引起缺铜性贫血，导致当地人的免疫能力下降、生长缓慢、情绪不稳定，以及出现冠心病、关节炎、白癜风等疾病。钴对蛋白质、脂肪、糖类的代谢以及血红蛋白的合成都具有重要的作用，并对扩张血管、降低血压有作用。心血管病、贫血、脊髓炎、气喘、青光眼等疾病都是由体内缺乏钴而引发的。铬是参与糖类代谢过程和脂肪代谢过程所必需的元素，可协助胰岛素发挥作用，防止动脉硬化，促进蛋白质代谢合成，促进生长发育。临床出现的动脉粥样硬化症、糖尿病、高血脂、胆结石、胰岛素功能失常等症状与体内缺乏铬有很大的关系。钼是人体中某些酶的成分之一，参与细胞能量的转换。人体出现贫血、食欲减退、严重腹泻、关节畸形、骨质疏松、头发变色、性行为减少、心血管病、克山病、食道癌、肾结石等基本上是由于缺钼。胆固醇高、生殖功能低下、贫血和心肌无力等症状是由于机体摄入钒的含量太少。目前，微量元素的缺乏带来了严重的后果。例如，婴儿母乳喂养不足引起的某些微量元素缺乏使婴儿生长发育异常；食物加工得过于精细会丢失某些微量元素，从而导致饮食中微量元素的缺乏；饮食过于单调使体内微量元素失衡引起疾病；由于铝制品炊具的广泛应用，人体内铝元素含量过多及其他微量元素的失衡引起老年性痴呆，等等。

11.4.4　健康饮食，维持体内微量元素平衡

由上可见，微量元素是人体维护正常生理功能必不可少的重要物质，人体许多疾病的发生都与微量元素的缺乏有关，而人类面临的许多怪病、不治之症大多是由于微量元素在体内失去了平衡。一般而言，微量元素在人体组织中的含量是比较恒定的，但有时会因为环境的改变或发病等原因导致含量的变化，一旦不足或缺乏，就可能导致机体的功能紊乱失调，以致发病。所以必须经常不断地补充微量元素，微量元素的补充主要依靠食物，最好的办法就是在日常饮食中注意科学配餐，从食物中摄取，以提高免疫功能，维护身体健康。

1. 养成良好的饮食习惯

饮食习惯对人体健康有很大影响，良好的饮食习惯是保证健康的重要措施。荤、素搭配适当，荤食中特别是一些动物的肝脏等中含有丰富的硒、铜、钴等微量元素，对机体的新陈代谢等功能有重要的意义，而素食中不饱和脂肪酸、维生素和纤维素又优于荤食;平常饮食时也不能挑食和偏食，因为人体必需的微量元素、营养物质是由各种食物供给的，没有任何一种天然食品能包含人体所需要的全部微量元素和营养物质，单吃一种食物，不管吃的数量多大，营养如何丰富，也不能维持人体的健康。因此，在饮食中，荤食与素食要搭配适当，不可挑食或偏食，养成良好的饮食习惯。

2. 有选择地摄食

目前，引起人体内微量元素缺乏的原因有多种。例如，严重地挑食、偏食会引起微量元素在人体中的失衡；还有不少地区发现食物链中缺少某些微量元素，也影响了微量元素在人体内的含量。因此，要维持微量元素在体内的平衡，一方面应重视农业生产中的微量元素的营养问题，在蔬菜生产中科学施用含微量元素的肥料，有效提高蔬菜中微量元素的含量；另一方面在日常饮食中，注意多吃一些富含所缺微量元素的食物。微量元素不能由体内合成，

主要来自食物，因此，饮食疗法是补充和预防微量元素缺乏较为理想的途径。不同的微量元素在不同的食物中的含量是不一样的，可以根据人体所缺少的微量元素，针对性地选择食物，也可以将微量元素含量高的食物与食物的性味功能有机地结合起来，制备出色、香、味俱佳的食品。

根据实验检测结果，各种微量元素在食物中的含量总结如下。

铁在人体中的含量为 4～5g。铁元素在红色瘦肉、蚬子、海藻类、血豆腐、腐竹、蘑菇、油菜、酵母、黄花菜、芝麻、菠菜、蛋黄、禽、鱼及其制品、猪羊血、黑木耳、海带、动物肝脏中含量较高。

锌在鱼类、肉类、动物肝肾、牡蛎、蛋类、豆制品、奶制品、干酪、花生、芝麻、核桃、糙米、粗面粉、可可中含量较高，植物性食品中的蔬菜、面粉含锌量少，而且难吸收。

微量元素硒在沙丁鱼、鸡蛋、鸡肉、瘦猪肉、文蛤、牛奶、大豆及其制品、大葱、蘑菇、橘子、啤酒、酵母、茶叶、海产品、蔬菜、动物肝肾、谷物、小麦、玉米、南瓜和大蒜中含量丰富。

氟含量较多的食物有粮食(小麦、黑麦粉)、海藻、海鱼、茶叶、水果、肉、青菜、西红柿、土豆、鲤鱼等。

铜在动物肝肾、猪肉、蛤蜊、菠菜、淡水螺、虾、柿子、芝麻、坚果、胡椒、谷类(尤其是糙米)、鱼和蟹中含量丰富，而在豆类、糖果类、乳类中含量比较少。

钴在动物肝、小麦、虾、茶叶等中含量丰富。螃蟹、小虾、海米等甲壳类水产品，禽肉类的小鸡、鹌鹑、肉鸽等，根茎类蔬菜的菠菜根、苋菜根等，菌类的蘑菇、黑木耳、酵母等，酒类的啤酒，干果类的核桃、花生仁、杏仁、桃仁、瓜子仁等，均含有大量的钴元素。

钼在咖啡、糙米、粗面、芝麻、牡蛎、菠菜等中含量丰富。

有了这些参照，一旦因某些原因导致微量元素在体内过多或摄取不足或排泄过多而使机体失去稳态时，就应不同程度地通过食物疗法合理地选择食物，针对性地对体内缺乏的微量元素进行补充。

3. 结语

从营养学的角度出发，应讲究合理的膳食结构，既要有充足的能量供应，还需要有足量的维生素和微量元素供给。微量元素在人体生命过程中的各个阶段，从机体组织的建造、修复，到生理代谢，增强免疫功能，甚至到直接防病治病，都不可缺乏。微量元素与人体的多种疾病有着密切的关系。微量元素在体内有一个合适的含量范围，超过或不足都不利于人体健康。因此，在日常饮食中，应特别强调“适量”，并且构成合理的微量元素谱，树立科学的平衡营养观，实现多样化饮食，维持微量元素在体内的平衡，保证微量元素在机体内发挥其正常的新陈代谢等生理功能，这样才能收到良好的防病治病效果。

主要参考文献

胡常伟，李贤均. 2006. 绿色化学原理和应用. 北京：中国石化出版社

胡琴，祁嘉义. 2014. 基础化学. 3 版. 北京：高等教育出版社

贾之慎，张仕勇. 2008. 无机及分析化学. 2 版. 北京：高等教育出版社

李铁福，张乐华. 2014. 基础化学. 2 版. 北京：人民卫生出版社

林三冬，滕文锋. 2008. 基础化学. 3 版. 大连：大连理工大学出版社

刘耘，周磊. 2015. 无机及分析化学. 北京：化学工业出版社

南昌大学. 2013. 大学化学. 北京：化学工业出版社

曲保中，朱炳林，周伟红. 2012. 新大学化学. 3 版. 北京：科学出版社

沈玉龙，曹文华. 2009. 绿色化学. 2 版. 北京：中国环境科学出版社

唐有祺，王夔. 1997. 化学与社会. 北京：高等教育出版社

王嘉霖. 1994. 书写质子条件式的最简方法——图示法. 川北教育学院学报(自然科学版)，4(4)：34～38

吴辉禄. 2010. 绿色化学. 成都：西南交通大学出版社

徐春祥. 2007. 基础化学. 北京：高等教育出版社

徐春祥. 2008. 医学化学. 2 版. 北京：高等教育出版社

徐培珍，赵斌，孙尔康. 2008. 化学实验与社会生活. 南京：南京大学出版社

徐云升，符冠烨，宋维春，等. 2007. 基础化学. 广州：华南理工大学出版社

杨晓达. 2008. 大学基础化学：生物医学类. 北京：北京大学出版社

张天蓝，姜凤超. 2007. 无机化学. 北京：人民卫生出版社

张祖德. 2008. 无机化学. 合肥：中国科学技术大学出版社

钟国清. 2014. 无机及分析化学. 2 版. 北京：科学出版社

钟国清，朱云云. 2006. 无机及分析化学. 北京：科学出版社

周志华. 2009. 化学与生活 · 社会 · 环境. 南京：江苏教育出版社

附　录

附录 1　常用物理化学常数

常数	符号和数值
阿伏伽德罗常量	$N_A=6.022169\times10^{23}mol^{-1}$
电子电荷	$e=1.6021917\times10^{-19}C$
电子静止质量	$m_e=9.109558\times10^{-31}kg$
法拉第常量	$F=9.648670\times10^{4}C\cdot mol^{-1}$
普朗克常量	$h=6.626196\times10^{-34}J\cdot s$
玻耳兹曼常量	$k=1.380622\times10^{-23}J\cdot K^{-1}$
摩尔气体常量	$R=8.314J\cdot mol^{-1}\cdot K^{-1}$
真空中的光速	$c=2.9979250\times10^{8}m\cdot s^{-1}$
原子的质量常数	$u=1.660531\times10^{-27}kg$

附录 2　国际单位制(SI)基本单位

量的名称	量的符号	单位名称	英文名称	单位符号
长度	l	米	metre	m
质量	m	千克	kilogram	kg
时间	t	秒	second	s
电流强度	I	安培	Ampere	A
热力学温度	T	开尔文	Kelvin	K
发光强度	I	坎德拉	candela	cd
物质的量	n	摩尔	mole	mol

附录 3　常用换算关系

1Å = 0.1nm = 100pm

1cal = 4.184J

$1eV = 1.602\times10^{-19}J = 96.485KJ\cdot mol^{-1} = 8065.5cm^{-1}$

$1cm^{-1} = 1.986\times10^{-23}J = 0.124MeV$

$1bar = 10^{5}Pa$

1atm = 101.325KPa　　1mmHg = 1torr = 133.3Pa

$1deb = 3.33564\times10^{-30}C\cdot m$

$R = 1.986cal\cdot K^{-1}\cdot mol^{-1} = 0.082dm^{3}\cdot atm\cdot K^{-1}\cdot mol^{-1}$

$= 8.314J\cdot K^{-1}\cdot mol^{-1} = 8.314kPa\cdot dm^{3}\cdot K^{-1}\cdot mol^{-1}$

附录 4　一些单质和化合物的热力学函数(298.15K, 100KPa)

物质	英文名称	状态	$\Delta_f H_m^\ominus$ / $(kJ \cdot mol^{-1})$	$\Delta_f G_m^\ominus$ / $(kJ \cdot mol^{-1})$	$S_m^\ominus$ / $(J \cdot K^{-1} \cdot mol^{-1})$
Ag	silver	s	0	0	42.6
AgBr	silver(Ⅰ)bromide	s	−100.4	−96.9	107.1
AgCl	silver(Ⅰ)chloride	s	−127.0	−109.8	96.3
AgI	silver(Ⅰ)iodide	s	−61.8	−66.2	115.5
Ag_2O	silver(Ⅰ)oxide	s	−31.1	−11.2	121.3
Al	aluminum	s	0	0	28.3
Al_2O_3	aluminum oxide	s	−1675.7	−1528.3	50.9
As	arsenic(gray)	s	0	0	35.1
As_2O_5	arsenic(Ⅴ)oxide	s	−924.9	−782.3	105.4
As_2S_3	arsenic(Ⅲ)sulfide	s	−169.0	−168.6	163.6
B	boron(rhombic)	s	0	0	5.9
B_2O_3	boron oxide	s	−1273.5	−1194.3	54.0
Ba	barium	s	0	0	62.5
$BaSO_4$	barium sulfate	s	−1473.2	−1362.2	132.2
Be	beryllium	s	0	0	9.5
Bi	bismuth	s	0	0	56.7
Bi_2O_3	bismuth oxide	s	−573.9	−493.7	151.5
Br_2	bromine	l	0	0	152.2
C	carbon(graphite)	s	0	0	5.7
C	carbon(diamond)	s	1.9	2.9	2.4
CO	carbon monoxide	g	−110.5	−137.2	197.7
CO_2	carbon dioxide	g	−393.5	−394.4	213.8
Ca	calcium	s	0	0	41.6
$CaCl_2$	calcium chloride	s	−795.4	−748.8	108.4
CaF_2	calcium fluoride	s	−1228.0	−1175.6	68.5
$CaCO_3$	calcium carbonate(calcite)	s	−1207.6	−1129.1	91.7
$CaCO_3$	calcium carbonate(aragonite)	s	−1207.8	−1128.2	88.0
$Ca(OH)_2$	calcium hydroxide	s	−985.2	−897.5	83.4
CaO	calcium oxide	s	−634.9	−603.3	38.1
$CaSO_4$	calcium sulfate	s	−1434.5	−1322.0	106.5
Cd	cadmium	s	0	0	51.8
CdS	cadmium sulfite	s	−161.9	−156.5	64.9
Cl_2	chloride	g	0	0	223.1
Co	cobalt	s	0	0	30.0

续表

物质	英文名称	状态	$\Delta_f H_m^\ominus$ / (kJ·mol^{-1})	$\Delta_f G_m^\ominus$ / (kJ·mol^{-1})	$S_m^\ominus$ / (J·K^{-1}·mol^{-1})
$Co(OH)_2$	cobalt(Ⅱ)hydroxide	s	−539.7	−454.3	79.0
CoO	cobalt(Ⅱ)oxide	g	−237.9	−214.2	53.0
Cr	chromium	s	0	0	23.8
Cr_2O_3	chromium(Ⅲ)oxide	s	−1139.7	−1058.1	81.2
Cu	copper	s	0	0	33.2
CuCl	copper(Ⅰ)chloride	s	−137.2	−119.9	86.2
Cu_2O	copper(Ⅰ)oxide	s	−168.6	−146.0	93.1
Cu_2S	copper(Ⅰ) sulfide	s	−79.5	−86.2	120.9
$CuCl_2$	copper(Ⅱ)chloride	s	−220.1	−175.7	108.1
CuO	copper(Ⅱ)oxide	s	−157.3	−129.7	42.6
CuS	copper(Ⅱ)sulfide	s	−53.1	−53.6	66.5
F_2	fluorine	g	0	0	202.8
Fe	iron	s	0	0	27.3
$FeCl_2$	iron(Ⅱ)chloride	s	−341.8	−302.3	118.0
FeS	iron(Ⅱ)sulfide	s	−100.0	−100.4	60.3
$FeSO_4$	iron(Ⅱ)sulfate	s	−928.4	−820.8	107.5
$FeCl_3$	iron(Ⅲ)chloride	s	−399.5	−334.0	142.3
FeO	iron(Ⅱ)oxide	s	−272.0		
Fe_2O_3	iron(Ⅲ)oxide	s	−824.2	−742.2	87.4
Fe_3O_4	iron(Ⅱ，Ⅲ)oxide	s	−1118.4	−1015.4	146.4
H_2	hydrogen	g	0	0	130.7
HCl	hydrogen chloride	g	−92.3	−95.3	186.9
HF	hydrogen fluoride	g	−273.3	−275.4	173.8
HI	hydrogen iodide	g	26.5	1.7	206.6
HNO_2	nitrous acid	g	−79.5	−46.0	254.1
HNO_3	nitric acid	l	−174.1	−80.7	155.6
H_2O	water	l	−285.8	−237.1	70.0
H_2O	water	g	−241.8	−228.6	188.8
H_2O_2	hydrogen peroxide	l	−187.8	−120.4	109.6
H_2O_2	hydrogen peroxide	g	−136.3	−105.6	232.7
H_3PO_4	phosphorous acid	s	−1284.4	−1124.3	110.5
H_3PO_4	phosphorous acid	l	−1271.7	−1123.6	150.8
H_2SO_4	sulfuric acid	l	−814.0	−690.0	156.9
H_2S	hydrogen sulfide	g	−20.6	−33.4	205.8
H_2SiO_3	metasilicic acid	s	−1188.7	−1092.4	134.0

续表

物质	英文名称	状态	$\Delta_f H_m^\ominus$ /(kJ·mol⁻¹)	$\Delta_f G_m^\ominus$ /(kJ·mol⁻¹)	$S_m^\ominus$ /(J·K⁻¹·mol⁻¹)
H_4SiO_4	orthosilicic acid	s	−1481.1	−1332.9	192.0
Hg	mercury	l	0	0	75.9
Hg_2Cl_2	mercury(Ⅰ)chloride	s	−265.4	−210.7	191.6
Hg_2I_2	mercury(Ⅰ)iodide	s	−121.3	−111.0	233.5
$HgCl_2$	mercury(Ⅱ)chloride	s	−224.3	−178.6	146.0
HgI_2	mercury(Ⅱ)iodide	s	−105.4	−101.7	180.0
HgO	mercury(Ⅱ)oxide	s	−90.8	−58.5	70.3
HgS	mercury(Ⅱ)sulfide	s	−58.2	−50.6	82.4
I_2	iodine(rhombic)	s	0	0	116.1
K	potassium	s	0	0	64.7
KBr	potassium bromide	s	−393.8	−380.7	95.9
KCl	potassium chloride	s	−436.5	−408.5	82.6
KF	potassium fluoride	s	−567.3	−537.8	66.6
KI	potassium iodide	s	−237.9	−324.9	106.3
KCN	potassium cyanide	s	−113.0	−101.9	128.5
K_2CO_3	potassium carbonate	s	−1151.0	−1063.5	155.5
KIO_3	potassium iodate	s	−501.4	−418.4	151.5
KNO_2	potassium nitrite	s	−369.8	−306.6	152.1
KNO_3	potassium nitrate	s	−494.6	−394.9	133.1
$KMnO_4$	potassium permanganate	s	−837.2	−737.6	171.7
K_2SO_4	potassium sulfate	s	−1437.8	−1321.4	175.6
KSCN	potassium thiocyanate	s	−200.2	−178.3	124.3
KOH	potassium hydroxide	s	−424.6	−378.7	78.9
Li	lithium	s	0	0	29.1
Mg	mangesium	s	0	0	32.7
$MgCl_2$	mangesium chloride	s	−641.3	−591.8	89.6
$MgCO_3$	mangesium carbonate	s	−1095.8	−1012.1	65.7
$Mg(OH)_2$	mangesium hydroxide	s	−924.5	−833.5	63.2
$Mg(NO_3)_2$	mangesium nitrate	s	−790.7	−589.4	164.0
MgO	mangesium oxide	s	−601.6	−569.3	27.0
$MgSO_4$	mangesium sulfate	s	−1284.9	−1170.6	91.6
Mn	manganese	s	0	0	32.0
$MnCl_2$	manganese(Ⅱ)chloride	s	−484.3	−44.05	118.2
MnO_2	manganese(Ⅳ)oxide	s	−520.0	−465.1	53.1
MnS	manganese(Ⅱ)sulfide	s	−214.2	−218.4	78.2
N_2	nitrogen	g	0	0	191.6

续表

物质	英文名称	状态	$\Delta_f H_m^\ominus$ / $(kJ \cdot mol^{-1})$	$\Delta_f G_m^\ominus$ / $(kJ \cdot mol^{-1})$	$S_m^\ominus$ / $(J \cdot K^{-1} \cdot mol^{-1})$
NO	nitric oxide	g	91.3	87.6	210.8
NO_2	nitrogen dioxide	g	33.2	51.3	240.1
N_2O	nitrous oxide	g	81.5	103.7	220.0
N_2O_4	nitrogen tetroxide	l	−19.5	97.5	209.2
NH_3	ammonia	g	−45.9	−16.4	192.8
N_2H_4	hydrazine	g	95.4	159.4	238.5
NH_4Cl	ammonia chloride	s	−314.4	202.9	94.6
NH_4NO_3	ammonia nitrate	s	−365.6	−183.9	151.1
NH_3H_2O	ammonia hydroxide	l	−361.2	−254.0	165.6
Na	sodium	s	0	0	51.3
NaCl	sodium chloride	s	−411.2	−384.1	59.3
NaOH	sodium hydroxide	s	−425.6	−379.5	64.5
Na_2SO_4	sodium sulfate	s	−1387.1	−1270.2	149.6
Na_2CO_3	sodium carbonate	s	−1130.7	−1044.4	135.0
$NaHCO_3$	sodium hydrogen carbonate	s	−950.8	−851.0	101.7
Ni	nickel	s	0	0	29.9
$Ni(OH)_2$	nickel(Ⅱ)hydroxide	s	−529.7	−447.2	88.0
NiS	nickel(Ⅱ)sulfide	s	−82.0	−79.5	53.0
O_2	oxygen	g	0	0	205.2
O_3	ozone	g	142.7	163.2	238.9
P	phosghorus(white)	s	0	0	41.1
P	phosghorus(red)	s	−17.6	—	22.8
PCl_3	phosghorus(Ⅲ)chloride	g	−287.0	−267.8	311.8
PCl_5	phosghorus(Ⅴ)chloride	g	−374.9	−305.0	364.6
Pb	lead	s	0	0	64.8
$PbCl_2$	lead(Ⅱ)chloride	s	−359.4	−314.1	136.0
PbI_2	lead(Ⅱ)iodide	s	−175.5	−173.6	174.9
PbO	lead(Ⅱ)oxide(massicot)	s	−217.3	−187.9	68.7
PbO	lead(Ⅱ)oxide(litharge)	s	−219.0	−188.9	66.5
PbO_2	lead(Ⅳ)oxide	s	−277.4	−217.3	68.6
PbS	lead(Ⅱ)sulfide	s	−100.4	−98.7	91.2
$PbSO_4$	lead(Ⅱ)sulfate	s	−920.0	−813.0	148.5
S	sulfur(rhombic)	s	0	0	32.1
SO_2	sulfur dioxide	g	−296.8	−300.1	248.2
SO_3	sulfur trioxide	g	−395.7	−371.1	256.8
Si	silicon	s	0	0	18.8

续表

物质	英文名称	状态	$\Delta_f H_m^\ominus$ / ($kJ \cdot mol^{-1}$)	$\Delta_f G_m^\ominus$ / ($kJ \cdot mol^{-1}$)	$S_m^\ominus$ / ($J \cdot K^{-1} \cdot mol^{-1}$)
$SiCl_4$	silicon tetrachloride	l	−687.0	−619.8	239.7
$SiCl_4$	silicon tetrachloride	g	−657.0	−617.0	330.7
SiF_4	silicon tetrafluoride	g	−1615.0	−1572.8	282.8
SiO_2	silicon dioxide(α)	s	−910.7	−856.3	41.5
Sn	tin(white)	s	0	0	51.2
Sn	tin(gray)	s	−2.1	0.1	44.1
SnO	tin(Ⅱ)oxide	s	−280.7	−251.9	57.2
SnO_2	tin(Ⅳ)oxide	s	−577.6	−515.8	49.0
Sr	strontium	s	0	0	55.0
$SrCO_3$	strontium carbonate	s	−1220.1	−1140.1	97.1
Ti	titanium	s	0	0	30.7
TiO_2	titanium(Ⅳ) oxide	s	−944.0	−888.8	50.6
Zn	znic	s	0	0	41.6
$ZnCl_2$	znic chloride	s	−415.1	−369.4	111.5
ZnO	znic oxide	s	−350.5	−320.5	43.7
$ZnSO_4$	znic sulfate	s	−982.8	−871.5	110.5
ZnS	znic sulfide(wurtzite)	s	−192.6	—	—
ZnS	znic sulfide(sphalerite)	s	−206.0	−201.3	57.7
$ZnCO_3$	znic carbonate	s	−812.8	−731.5	82.4

注：本表数据摘自 Lide R R. CRC Handbook of Chemistry and Physics. 80th ed. 1999～2000。

附录 5　一些弱电解质的解离常数(298.15K)

1. 弱酸

中文名称	英文名称	分子式	级数	$K_a^\ominus$	$pK_a^\ominus$
硼酸	boric acid	H_3BO_3	1	5.8×10^{-10}	9.24
			2	1.8×10^{-13}	12.74
			3	1.6×10^{-14}	13.80
碳酸	carbonic acid	H_2CO_3	1	4.2×10^{-7}	6.38
			2	5.6×10^{-11}	10.25
氢氰酸	hydrocyanic acid	HCN		6.2×10^{-10}	9.21
氢氟酸	hydrofluoric acid	HF		6.6×10^{-4}	3.18
过氧化氢	hydrogen peroxide	H_2O_2	1	2.2×10^{-12}	11.66
硫化氢	hydrogen sulfide	H_2S	1	1.1×10^{-7}	6.97
			2	1.3×10^{-13}	12.90

续表

中文名称	英文名称	分子式	级数	$K_a^\ominus$	$pK_a^\ominus$
次溴酸	hypobromous acid	HBrO		2.4×10^{-9}	8.62
次氯酸	hypochlorous acid	HClO		3.2×10^{-8}	7.49
次碘酸	hypoiodous acid	HIO		2.3×10^{-11}	10.64
碘酸	iodic acid	HIO_3		1.58×10^{-1}	
亚硝酸	nitrous acid	HNO_2		5.1×10^{-4}	3.29
高碘酸	periodic acid	HIO_4		2.8×10^{-2}	1.56
磷酸	phosphoric acid	H_3PO_4	1	7.5×10^{-3}	2.12
			2	6.3×10^{-8}	7.20
			3	4.3×10^{-13}	12.36
硅酸	silicic acid	H_4SiO_4	1	2.51×10^{-10}	
			2	1.55×10^{-12}	
硫酸	sulfuric acid	H_2SO_4	2	1.2×10^{-2}	1.92
亚硫酸	sulfurous acid	H_2SO_3	1	1.3×10^{-2}	1.90
			2	6.3×10^{-8}	7.20
硫氰酸	thiocyanic acid	HSCN		1.4×10^{-1}	0.85
甲酸	formic acid	HCOOH		1.8×10^{-4}	3.74
乙酸	acetic acid	CH_3COOH		1.8×10^{-5}	4.74
乳酸	lactic acid	CH_3CHOH COOH		1.38×10^{-4}	
草酸	oxalic acid	$H_2C_2O_4$	1	5.4×10^{-2}	1.27
			2	6.4×10^{-5}	4.19
苯酚	phenol	C_6H_5OH		1.1×10^{-10}	9.96
氨	ammonia(+1)	NH_3		5.62×10^{-10}	

2. 弱碱

中文名称	英文名称	分子式	级数	$K_b^\ominus$	$pK_b^\ominus$
氢氧化铝	aluminum hydroxide	$Al(OH)_3$		1.38×10^{-9}	8.86
氢氧化铍	beryllim hydroxide	$Be(OH)_2$	1	1.78×10^{-6}	5.75
			2	2.51×10^{-9}	8.60
氢氧化铅	lead hydroxide	$Pb(OH)_2$	1	9.55×10^{-4}	3.02
			2	3.0×10^{-8}	7.52
氢氧化锌	zinc hydroxide	$Zn(OH)_2$		9.55×10^{-4}	3.02
氨水	Ammonia	NH_3		1.8×10^{-5}	4.74
联氨(肼)	hydrazine	$N_2H_4+H_2O$		9.8×10^{-7}	6.01
羟氨	oxyammonia	H_2NOH		9.1×10^{-9}	8.04

续表

中文名称	英文名称	分子式	级数	$K_b^\ominus$	$pK_b^\ominus$
甲胺	aminomethane	CH_3NH_2		4.17×10^{-4}	3.38
尿素(脲)	carbamide	$CO(NH_2)_2$		1.5×10^{-14}	13.85
乙胺	aminoethane	$CH_3CH_2NH_2$		4.27×10^{-4}	3.37
乙醇胺	aminoethyl alcohol	$H_2N(CH_2)_2OH$		3.16×10^{-5}	4.50
乙二胺	ethylenediamine	$H_2NCH_2CH_2NH_2$	1	8.5×10^{-5}	4.07
			2	7.1×10^{-8}	7.15
吡啶	pyridine	C_5H_5N		1.5×10^{-9}	8.82
六亚甲基四胺	methenamine	$(CH_2)_6N_4$		1.4×10^{-9}	8.85
苯胺	aminobenzene	$C_6H_5NH_2$		3.98×10^{-10}	9.40
二苯胺	diphenylamine	$(C_6H_5)_2NH$		7.94×10^{-14}	13.1

注：本表数据摘自 Dean J A. Lange's Handbook of Chemistry.15th ed. 1999。表中化合物英文名称后括号内的数字代表质子化的 H^+ 的个数，表中的 $K_a^\ominus$ 和 $pK_a^\ominus$ 即为质子化了的化合物的酸式数据，由此可以计算出化合物的碱式数据。

附录 6　常见难溶电解质的溶度积(298.15K)

分子式	英文名称	$K_{sp}^\ominus$
$Al(OH)_3$	aluminium hydroxide	1.3×10^{-33}
$AlPO_4$	aluminium phosphate	9.84×10^{-21}
Al_2S_3	aluminium sulfide	2.00×10^{-7}
$BaCO_3$	barium carbonate	2.58×10^{-9}
$BaCrO_4$	barium chromate	1.17×10^{-10}
BaF_2	barium fluoride	1.84×10^{-7}
$Ba(OH)_2\cdot8H_2O$	barium hydroxide 8-hydrate	2.55×10^{-4}
$BaC_2O_4\cdot H_2O$	barium oxalate hydrate	2.3×10^{-8}
$Ba(NO_3)_2$	barium niterate	4.46×10^{-3}
$BaSO_4$	barium sulfate	1.08×10^{-10}
$BaSO_3$	barium sulfite	5.00×10^{-10}
$Ba(OH)_2$	barium hydroxide	6.92×10^{-22}
$Bi(OH)_3$	bismuth hydroxide	6.0×10^{-31}
Bi_2S_3	bismuth sulfide	1.00×10^{-97}
$CdCO_3$	cadmium carbonate	1.0×10^{-12}
CdF_2	cadmium fluoride	6.44×10^{-3}
$Cd(OH)_2$(新生成)	cadmium hydroxide	7.4×10^{-15}
CdS	cadmium sulfide	8.0×10^{-27}
$CaCO_3$	calcium carbonate	2.80×10^{-9}
$CaCrO_4$	calcium chromate	7.1×10^{-4}

续表

分子式	英文名称	$K_{sp}^{\ominus}$
CaF_2	calcium fluoride	5.30×10^{-9}
$Ca(OH)_2$	calcium hydroxide	5.50×10^{-6}
$CaC_2O_4\cdot H_2O$	calcium oxalate water	2.32×10^{-9}
$Ca_3(PO_4)_2$	calcium phosphate	2.07×10^{-29}
$CaSO_4$	calcium sulfate	4.93×10^{-5}
$CaSO_3$	calcium sulfite	6.8×10^{-8}
$Cr(OH)_2$	chromium(Ⅱ)hydroxide	2×10^{-16}
$Cr(OH)_3$	chromium(Ⅲ)hydroxide	6.3×10^{-31}
$CoCO_3$	cobalt carbonate	1.4×10^{-13}
$Co(OH)_2$(新生成)	cobalt(Ⅱ)hydroxide	5.92×10^{-15}
$Co(OH)_3$	cobalt(Ⅲ)hydroxide	1.6×10^{-44}
$Co_3(PO_4)_2$	cobalt phosphate	2.05×10^{-35}
α-CoS	cobalt sulfide	4.0×10^{-21}
β-CoS		2.0×10^{-25}
CuN_3	copper(Ⅰ)azide	4.9×10^{-9}
CuBr	copper(Ⅰ)bromide	6.27×10^{-9}
CuCl	copper(Ⅰ)chloride	1.72×10^{-7}
CuCN	copper(Ⅰ)cyanide	3.47×10^{-20}
CuOH	copper(Ⅰ)hydroxide	1×10^{-14}
CuI	copper(Ⅰ)iodide	1.27×10^{-12}
Cu_2S	copper(Ⅰ)sulfide	2.5×10^{-48}
CuSCN	copper(Ⅰ)thiocyanate	1.77×10^{-13}
$Cu_3(AsO_4)_2$	copper(Ⅱ)arsenate	7.95×10^{-36}
$Cu(N_3)_2$	copper(Ⅱ)azide	6.3×10^{-10}
$CuCO_3$	copper(Ⅱ)carbonate	1.4×10^{-10}
$CuCrO_4$	copper(Ⅱ)chromate	3.6×10^{-6}
$Cu(OH)_2$	copper(Ⅱ)hydroxide	2.2×10^{-20}
$CuIO_3$	copper(Ⅱ)iodate	6.94×10^{-8}
CuC_2O_4	copper(Ⅱ)oxalate	4.43×10^{-10}
$Cu_3(PO_4)_2$	copper(Ⅱ)phosphate	1.40×10^{-37}
CuS	copper(Ⅱ)sulfide	6.30×10^{-36}
$FeCO_3$	iron(Ⅱ)carbonate	3.13×10^{-11}
FeF_2	iron(Ⅱ)fluoride	2.36×10^{-6}

续表

分子式	英文名称	$K_{sp}^{\ominus}$
$Fe(OH)_2$	iron(Ⅱ)hydroxide	4.87×10^{-17}
FeS	iron(Ⅱ)sulfide	6.30×10^{-18}
$Fe(OH)_3$	iron(Ⅲ)hydroxide	2.79×10^{-39}
$FePO_4\cdot2H_2O$	iron(Ⅲ)phosphate dihydrate	9.91×10^{-16}
$PbBr_2$	lead bromide	6.60×10^{-6}
$PbCO_3$	lead carbonate	7.40×10^{-14}
$PbCl_2$	lead chloride	1.70×10^{-5}
PbF_2	lead fluoride	3.30×10^{-8}
$Pb(OH)_2$	lead hydroxide	1.43×10^{-15}
PbI_2	lead iodide	9.80×10^{-9}
PbC_2O_4	lead oxalate	4.8×10^{-10}
$Pb_3(PO_4)_2$	lead phosphate	8.0×10^{-43}
$PbSO_4$	lead sulfate	2.53×10^{-8}
PbS	lead sulfide	8.00×10^{-28}
$MgCO_3$	magnesium carbonate	6.82×10^{-6}
MgF_2	magnesium fluoride	5.16×10^{-11}
$Mg(OH)_2$	magnesium hydroxide	5.61×10^{-12}
$Mn(OH)_2$	manganese hydroxide	1.90×10^{-13}
MnS (crystalline)	manganese sulfide	2.50×10^{-13}
Hg_2Br_2	mercury bromide	6.40×10^{-23}
Hg_2CO_3	mercury carbonate	3.60×10^{-17}
Hg_2Cl_2	mercury chloride	1.43×10^{-18}
Hg_2F_2	mercury fluoride	3.10×10^{-6}
Hg_2I_2	mercury iodide	5.20×10^{-29}
$Hg_2C_2O_4$	mercury oxalate	1.75×10^{-13}
Hg_2SO_4	mercury sulfate	6.50×10^{-7}
Hg_2S	mercury sulfide	1.00×10^{-47}
$HgBr_2$	mercury bromide	6.20×10^{-20}
HgI_2	mercury iodide	2.90×10^{-29}
HgS(red) HgS(black)	mercury sulfide	4.00×10^{-53} 1.60×10^{-52}
$NiCO_3$	nickel carbonate	1.42×10^{-7}
$Ni(OH)_2$	nickel hydroxide	5.48×10^{-16}
AgBr	silver bromide	5.35×10^{-13}
Ag_2CO_3	silver carbonate	8.46×10^{-12}
AgCl	silver chloride	1.77×10^{-10}
Ag_2CrO_4	silver chromate	1.12×10^{-12}

续表

分子式	英文名称	$K_{sp}^{\ominus}$
AgCN	silver cyanide	5.97×10^{-17}
AgI	silver iodide	8.52×10^{-17}
$Ag_2C_2O_4$	silver oxalate	5.40×10^{-12}
Ag_3PO_4	silver phosphate	8.89×10^{-17}
Ag_2SO_4	silver sulfate	1.20×10^{-5}
Ag_2SO_3	silver sulfite	1.50×10^{-14}
AgSCN	silver thiocyanate	1.03×10^{-12}
Ag_2S	silver sulfide	6.30×10^{-50}
$ZnCO_3$	zinc carbonate	1.46×10^{-10}
$Zn(OH)_2$	zinc hydroxide	3.00×10^{-17}
α-ZnS	zinc sulfide	1.60×10^{-24}
β-ZnS		2.50×10^{-22}

注：本表数据摘自 Dean J A. Lange's Handbook of Chemistry. 15th ed. 1999。

附录 7　标准电极电势(298.15K)

1. 在酸性溶液中

电对	电极反应 氧化型 + ze^- ⇌ 还原型	$\varphi^{\ominus}$/V
Li^+/Li	$Li^+ + e^- \rightleftharpoons Li$	−3.0401
K^+/K	$K^+ + e^- \rightleftharpoons K$	−2.931
Ca^{2+}/Ca	$Ca^{2+} + 2e^- \rightleftharpoons Ca$	−2.868
Na^+/Na	$Na^+ + e^- \rightleftharpoons Na$	−2.71
Mg^{2+}/Mg	$Mg^{2+} + 2e^- \rightleftharpoons Mg$	−2.372
Al^{3+}/Al	$Al^{3+} + 3e^- \rightleftharpoons Al$	−1.662
Ti^{3+}/Ti	$Ti^{3+} + 3e^- \rightleftharpoons Ti$	−1.37
Mn^{2+}/Mn	$Mn^{2+} + 2e^- \rightleftharpoons Mn$	−1.185
V^{2+}/V	$V^{2+} + 2e^- \rightleftharpoons V$	−1.175
Cr^{2+}/Cr	$Cr^{2+} + 2e^- \rightleftharpoons Cr$	−0.913

续表

电对	电极反应 氧化型 + ze^- $\rightleftharpoons$ 还原型	$\varphi^\ominus$/V
Ti^{3+}/Ti^{2+}	$Ti^{3+} + e^- \rightleftharpoons Ti^{2+}$	−0.9
Zn^{2+}/Zn	$Zn^{2+} + 2e^- \rightleftharpoons Zn$	−0.7618
Cr^{3+}/Cr	$Cr^{3+} + 3e^- \rightleftharpoons Cr$	−0.744
TiO_2/Ti^{2+}	$TiO_2 + 4H^+ + 2e^- \rightleftharpoons Ti^{2+} + 2H_2O$	−0.502
Fe^{2+}/Fe	$Fe^{2+} + 2e^- \rightleftharpoons Fe$	−0.447
Cr^{3+}/Cr^{2+}	$Cr^{3+} + e^- \rightleftharpoons Cr^{2+}$	−0.407
Cd^{2+}/Cd	$Cd^{2+} + 2e^- \rightleftharpoons Cd$	−0.4030
$Cd^{2+}/Cd(Hg)$	$Cd^{2+} + 2e^- \rightleftharpoons Cd(Hg)$	−0.3521
Co^{2+}/Co	$Co^{2+} + 2e^- \rightleftharpoons Co$	−0.28
Ni^{2+}/Ni	$Ni^{2+} + 2e^- \rightleftharpoons Ni$	−0.257
AgI/Ag	$AgI + e^- \rightleftharpoons Ag + I^-$	−0.15224
Sn^{2+}/Sn	$Sn^{2+} + 2e^- \rightleftharpoons Sn$	−0.1375
Pb^{2+}/Pb	$Pb^{2+} + 2e^- \rightleftharpoons Pb$	−0.1262
Fe^{3+}/Fe	$Fe^{3+} + 3e^- \rightleftharpoons Fe$	−0.037
H^+/H_2	$2H^+ + 2e^- \rightleftharpoons H_2$	0.000
$AgBr/Ag$	$AgBr + e^- \rightleftharpoons Ag + Br^-$	0.07133
S/H_2S	$S + 2H^+ + 2e^- \rightleftharpoons H_2S(aq)$	0.142
Sn^{4+}/Sn^{2+}	$Sn^{4+} + 2e^- \rightleftharpoons Sn^{2+}$	0.151
Cu^{2+}/Cu^+	$Cu^{2+} + e^- \rightleftharpoons Cu^+$	0.153
$SO_4{}^{2-}/H_2SO_3$	$SO_4^{2-} + 4H^+ + 2e^- \rightleftharpoons H_2SO_3 + H_2O$	0.172
$AgCl/Ag$	$AgCl + e^- \rightleftharpoons Ag + Cl^-$	0.22233
Hg_2Cl_2/Hg	$Hg_2Cl_2 + 2e^- \rightleftharpoons 2Hg + 2Cl^-$	0.26808
Cu^{2+}/Cu	$Cu^{2+} + 2e^- \rightleftharpoons Cu$	0.3419
$[Fe(CN)_6]^{3-}/[Fe(CN)_6]^{4-}$	$[Fe(CN)_6]^{3-} + e^- \rightleftharpoons [Fe(CN)_6]^{4-}$	0.358
H_2SO_3/S	$H_2SO_3 + 4H^+ + 4e^- \rightleftharpoons S + 3H_2O$	0.449

续表

电对	电极反应 氧化型 + $ze^- \rightleftharpoons$ 还原型	$\varphi^\ominus$/V
Cu^+/Cu	$Cu^+ + e^- \rightleftharpoons Cu$	0.521
I_2/I^-	$I_2 + 2e^- \rightleftharpoons 2I^-$	0.5355
MnO_4^-/MnO_4^{2-}	$MnO_4^- + e^- \rightleftharpoons MnO_4^{2-}$	0.553
O_2/H_2O_2	$O_2 + 2H^+ + 2e^- \rightleftharpoons H_2O_2$	0.695
Fe^{3+}/Fe^{2+}	$Fe^{3+} + e^- \rightleftharpoons Fe^{2+}$	0.771
Hg_2^{2+}/Hg	$Hg_2^{2+} + 2e^- \rightleftharpoons 2Hg$	0.7973
Ag^+/Ag	$Ag^+ + e^- \rightleftharpoons Ag$	0.7996
Hg^{2+}/Hg	$Hg^{2+} + 2e^- \rightleftharpoons Hg$	0.851
Hg^{2+}/Hg_2^{2+}	$2Hg^{2+} + 2e^- \rightleftharpoons Hg_2^{2+}$	0.920
Br_2/Br^-	$Br_2(l) + 2e^- \rightleftharpoons 2Br^-$	1.066
MnO_2/Mn^{2+}	$MnO_2 + 4H^+ + 2e^- \rightleftharpoons Mn^{2+} + 2H_2O$	1.224
O_2/H_2O	$O_2 + 4H^+ + 4e^- \rightleftharpoons 2H_2O$	1.229
$Cr_2O_7^{2-}/Cr^{3+}$	$Cr_2O_7^{2+} + 14H^+ + 6e^- \rightleftharpoons 2Cr^{3+} + 7H_2O$	1.232
Cl_2/Cl^-	$Cl_2 + 2e^- \rightleftharpoons 2Cl^-$	1.358
ClO_4^-/Cl^-	$ClO_4^- + 8H^+ + 8e^- \rightleftharpoons Cl^- + 4H_2O$	1.359
PbO_2/Pb^{2+}	$PbO_2 + 4H^+ + 2e^- \rightleftharpoons Pb^{2+} + 2H_2O$	1.4555
$HClO/Cl^-$	$HClO + H^+ + 2e^- \rightleftharpoons Cl^- + H_2O$	1.482
HO_2/H_2O_2	$HO_2 + H^+ + e^- \rightleftharpoons H_2O_2$	1.495
MnO_4^-/Mn^{2+}	$MnO_4^- + 8H^+ + 5e^- \rightleftharpoons Mn^{2+} + 4H_2O$	1.507
$HClO_2/Cl^-$	$HClO_2 + 3H^+ + 4e^- \rightleftharpoons Cl^- + 2H_2O$	1.570
NiO_2/Ni^{2+}	$NiO_2 + 4H^+ + 2e^- \rightleftharpoons Ni^{2+} + 2H_2O$	1.678
MnO_4^-/MnO_2	$MnO_4^- + 4H^+ + 3e^- \rightleftharpoons MnO_2 + 2H_2O$	1.679
H_2O_2/H_2O	$H_2O_2 + 2H^+ + 2e^- \rightleftharpoons 2H_2O$	1.776
Co^{3+}/Co^{2+}	$Co^{3+} + e^- \rightleftharpoons Co^{2+}$(2mol H_2SO_4)	1.83
$S_2O_8^{2-}/HSO_4^-$	$S_2O_8^{2+} + 2H^+ + 2e^- \rightleftharpoons 2HSO_4^-$	2.123

2. 在碱性溶液中

电对符号	电极反应 氧化型 + ze^- $\rightleftharpoons$ 还原型	$\varphi^{\ominus}$/V
$Ca(OH)_2/Ca$	$Ca(OH)_2 + 2e^- \rightleftharpoons Ca + 2OH^-$	−3.02
$Mg(OH)_2/Mg$	$Mg(OH)_2 + 2e^- \rightleftharpoons Mg + 2OH^-$	−2.69
$Al(OH)_4^-/Al$	$Al(OH)_4^- + 3e^- \rightleftharpoons Al + 4OH^-$	−2.328
SiO_3^{2-}/Si	$SiO_3^{2-} + 3H_2O + 4e^- \rightleftharpoons Si + 6OH^-$	−1.697
$Cr(OH)_3/Cr$	$Cr(OH)_3 + 3e^- \rightleftharpoons Cr + 3OH^-$	−1.48
$Zn(OH)_4^{2-}/Zn$	$Zn(OH)_4^{2-} + 2e^- \rightleftharpoons Zn + 4OH^-$	−1.199
SnO_2/Sn	$SnO_2 + 2H_2O + 4e^- \rightleftharpoons Sn + 4OH^-$	−0.945
SO_4^{2-}/SO_3^{2-}	$SO_4^{2-} + H_2O + 2e^- \rightleftharpoons SO_3^{2-} + 2OH^-$	−0.93
H_2O/H_2	$2H_2O + 2e^- \rightleftharpoons H_2 + 2OH^-$	−0.827
$Fe(OH)_3/Fe(OH)_2$	$Fe(OH)_3 + e^- \rightleftharpoons Fe(OH)_2 + OH^-$	−0.56
S/HS^-	$S + H_2O + 2e^- \rightleftharpoons HS^- + OH^-$	−0.478
S/S^{2-}	$S + 2e^- \rightleftharpoons S^{2-}$	−0.476
NO_2^-/NO	$NO_2^- + H_2O + e^- \rightleftharpoons NO + 2OH^-$	−0.46
O_2/H_2O_2	$O_2 + 2H_2O + 2e^- \rightleftharpoons H_2O_2 + 2OH^-$	−0.146
$CrO_4^{2-}/Cr(OH)_3$	$CrO_4^{2-} + 4H_2O + 3e^- \rightleftharpoons Cr(OH)_3^- + 5OH^-$	−0.13
NO_3^-/NO_2^-	$NO_3^- + H_2O + 2e^- \rightleftharpoons NO_2^- + 2OH^-$	0.01
$[Co(NH_3)_6]^{3+}/[Co(NH_3)_6]^{2+}$	$[Co(NH_3)_6]^{3+} + e^- \rightleftharpoons [Co(NH_3)_6]^{3+}$	0.108
$Co(OH)_3/Co(OH)_2$	$Co(OH)_3 + e^- \rightleftharpoons Co(OH)_2 + OH^-$	0.17
O_2/OH^-	$O_2 + 2H_2O + 4e^- \rightleftharpoons 4OH^-$	0.401

注：本表数据摘自 Lide R R. CRC Handbook of Chemistry and Physics. 80th ed. 1999～2000。

附录 8　一些配位化合物的稳定常数(298.15K)

1. 常见配位化合物的稳定常数

配离子	$K^{\ominus}_{稳}$	配离子	$K^{\ominus}_{稳}$
$[AgCl_2]^-$	1.10×10^{5}	$[Ag(SCN)_2]^-$	3.72×10^{7}
$[AuCl_2]^+$	6.30×10^{9}	$[Cu(SCN)_2]^-$	1.51×10^{5}
$[CdCl_4]^{2-}$	6.33×10^{2}	$[Hg(SCN)_4]^{2-}$	1.70×10^{21}
$[CuCl_3]^{2-}$	5.01×10^{5}	$[Al(EDTA)]^-$	1.29×10^{16}
$[FeCl_4]^-$	1.02×10^{0}	$[Ca(EDTA)]^{2-}$	1.00×10^{11}
$[HgCl_4]^{2-}$	1.17×10^{15}	$[Ag(en)_2]^+$	5.00×10^{7}
$[PtCl_4]^{2-}$	1.00×10^{16}	$[Cu(en)_2]^+$	6.33×10^{10}
$[ZnCl_4]^{2-}$	1.58×10^{0}	$[Zn(en)_3]^{2+}$	1.29×10^{14}
$[AgBr_2]^-$	2.14×10^{7}	$[Ag(NH_3)_2]^+$	1.12×10^{7}
$[AgI_3]^{2-}$	4.78×10^{13}	$[Co(NH_3)_6]^{2+}$	1.29×10^{5}
$[Ag(CN)_2]^-$	1.30×10^{21}	$[Co(NH_3)_6]^{3+}$	1.58×10^{35}
$[Ag(CN)_4]^{3-}$	4.00×10^{20}	$[Cu(NH_3)_2]^+$	7.25×10^{10}
$[Cd(CN)_4]^{2-}$	6.02×10^{18}	$[Cu(NH_3)_4]^{2+}$	2.09×10^{13}
$[Cu(CN)_2]^-$	1.00×10^{24}	$[Ni(NH_3)_6]^{2+}$	5.49×10^{8}
$[Cu(CN)_4]^{3-}$	2.00×10^{30}	$[Ni(NH_3)_4]^{2+}$	9.09×10^{7}
$[Fe(CN)_6]^{4-}$	1.00×10^{35}	$[Cr(OH)_4]^-$	7.94×10^{29}
$[Fe(CN)_6]^{3-}$	1.00×10^{42}	$[Cu(OH)_4]^{2-}$	3.16×10^{18}
$[Hg(CN)_4]^{2-}$	2.50×10^{41}	$[Fe(OH)_4]^{2-}$	3.80×10^{8}
$[Ni(CN)_4]^{2-}$	2.00×10^{31}	$[Ag(S_2O_3)_2]^{3-}$	2.88×10^{13}
$[Zn(CN)_4]^{2-}$	5.00×10^{16}	$[Cu(S_2O_3)_2]^{3-}$	1.66×10^{12}

2. 金属-EDTA 配位化合物的稳定常数

M	Ag^+	Al^{3+}	Ba^{2+}	Be^{2+}	Bi^{3+}	Ca^{2+}	Cd^{2+}	Co^{2+}	Co^{3+}	Cr^{3+}
$K^{\ominus}_{稳}$	7.32	16.5	7.78	9.2	27.8	11.0	16.36	16.26	41.4	23.4
M	Cu^{2+}	Fe^{2+}	Fe^{3+}	Hg^{2+}	Mg^{2+}	Mn^{2+}	Ni^{2+}	Pb^{2+}	Sn^{2+}	Zn^{2+}
$K^{\ominus}_{稳}$	18.70	14.27	24.23	21.5	9.12	13.81	18.5	17.88	18.3	16.36

注：本表数据摘自 Dean J A. Lange's Handbook of Chemistry. 15th ed. 1999。

药用紫珠属植物研究进展

主　　编　董　琳　李海龙　李永辉　张俊清
副主编　宋　芸　龚晶雯　张　华
编　　委（按姓氏汉语拼音排序）
董　琳　龚晶雯　关薇薇　侯　杰
李海龙　李永辉　宋　芸　张　华
张　仲　张俊清

科学出版社
北京

内 容 简 介

紫珠属植物资源丰富，中药紫珠始载于《本草拾遗》，有着悠久的药用历史，历史上其主要作为止血药应用。近年来，国内外对该属植物进行了大量深入的研究。其开发利用也取得了进一步的发展，除了作为止血药应用外，根据其抗菌消炎、保肝护肝等作用，临床上用于治疗宫颈炎、宫颈糜烂、各型病毒性肝炎等。本书以药用紫珠属植物的基础研究和开发利用为主要内容，涵盖了药用紫珠属植物的生物学、栽培技术、药学研究、临床应用、开发利用等方面的研究成果和数据，是一本全面介绍近年来国内外药用紫珠属植物研究与开发利用的专业书籍。

本书对于从事紫珠属植物的药品生产、研发、经营和管理的相关人员和医药院校的师生具有切实的学术参考价值。

图书在版编目(CIP)数据

药用紫珠属植物研究进展 / 董琳等主编. —北京：科学出版社，2018.9

ISBN 978-7-03-058588-2

Ⅰ. ①药… Ⅱ. ①董… Ⅲ. ①紫珠属–药用植物–研究 Ⅳ. ①R282.71

中国版本图书馆 CIP 数据核字(2018)第 193703 号

责任编辑：王 超 胡治国 / 责任校对：郭瑞芝

责任印制：赵 博 / 封面设计：陈 敬

科学出版社 出版

北京东黄城根北街 16 号

邮政编码：100717

http://www.sciencep.com

北京科印技术咨询服务有限公司数码印刷分部印刷

科学出版社发行 各地新华书店经销

*

2018 年 9 月第 一 版 开本：787×1092 1/16

2024 年 8 月第二次印刷 印张：8

字数：225 000

定价：69.80 元

(如有印装质量问题，我社负责调换)

前　言

紫珠属（*Callicarpa* Linn.）为马鞭草科植物，该属植物资源丰富。中药紫珠始载于《本草拾遗》，别名止血草，多种紫珠属植物有着悠久的药用历史，历史上其主要作为止血药应用。紫珠属植物茎叶或全株入药，性凉、味苦涩，具有收敛止血、清热解毒的功效，可用于各种内外出血症，对肺胃出血尤为多用，另外，也可用于治疗烧烫伤及热毒疮疡。近年来，国内外对其种质资源、栽培与种植、鉴别与质量研究、成分与活性、药用剂型等方面进行了大量深入的研究，紫珠属植物的开发利用也取得了进一步的发展。除了作为止血药应用外，根据其抗菌消炎、保肝护肝等作用，临床上用于治疗宫颈炎、宫颈糜烂、各型病毒性肝炎等。此外，紫珠属植物作为主药的中成药制剂也应用于临床，如紫地合剂、裸花紫珠片、宫复康胶囊等。

位于海南医学院药学院的海南省热带药用植物研究开发重点实验室一直致力于海南热带药用植物的研究与开发，自2007年起对紫珠属植物裸花紫珠的药效物质基础、质量标准、规范化种植及产品开发等方面进行了深入研究，并取得了一定的成果。为了对先前的研究成果进行归纳与总结，为紫珠属植物的进一步研究和开发利用提供参考，我们编写了《药用紫珠属植物研究进展》一书。本书内容共分为七章，分别为概述、药用紫珠属植物生物学研究、药用紫珠属植物栽培技术研究、药用紫珠属植物的药学研究、药用紫珠属植物的临床应用、药用紫珠属植物的开发利用、各论（分别介绍紫珠属46种植物的概况），全面总结了近年来国内外对紫珠属植物的相关研究成果和应用情况。对于从事紫珠属植物的药品生产、研发、经营和管理的相关人员和医药院校的师生具有切实的学术参考价值。

本书结构合理、条理清晰，为深入研究紫珠属植物提供了坚实的基础，突出了实际、实用与实践相结合的原则。

本书是在海南省特色重点学科药学（琼教高〔2017〕153 号）和海南医学院校级重点学科药物分析（海医学〔2016〕114号）的资助下完成的，谨此致谢。

由于编者学识有限，疏漏之处在所难免，敬请同行、读者斧正。

编　者

2018年3月

目　录

第一章　概　述

第一节　紫珠属植物概况

紫珠属（*Callicarpa* Linn.）植物归属于马鞭草科，有190余个品种，主要分布于亚洲和大洋洲的热带和亚热带，少数分布于美洲。我国现有46种，主产于长江以南，少数可延伸至华北至东北和西北的边缘。紫珠属植物共同的基本特征是灌木或小乔木，通常具星状毛，叶对生，花形小，聚伞花序腋生，花冠短筒状，雄花4枚，伸出花冠外，花柱不分裂，子房4室，胚珠4枚，果为浆果状核果，形小，近球形。本属植物的主要化学成分有黄酮类、萜及其苷类、苯丙素类及酚酸类等。20世纪80年代全国中药资源普查的结果显示，在我国分布的紫珠属植物中可作药用的有30种，其中24种具有止血作用。其茎叶或全株入药，性平、味苦，归肝脾肺经，具有活血、止血、除热、解毒的作用，主要用于治疗吐血、咯血、便血、崩漏、创伤出血、痈疽肿毒、喉痹、风湿性关节炎、月经不调、烧伤等。常用的紫珠属药用植物有紫珠、杜虹花、华紫珠、裸花紫珠、白棠子树、广东紫珠、大叶紫珠及老鸦糊等。

紫珠属分类检索表

1 植物体被钩状小糙毛；聚伞花序简单，通常有花3朵，稀少简化为单花或有1次分歧有花5～7朵；花序梗纤细如丝状；花萼近截头状。钩毛紫珠 *C. peichieniana* Chun et S. L. Chen……………………………………………………钩毛紫珠亚属

1 植物体被分枝毛、星状毛或单毛，稀近无毛；聚伞花序通常2至多次分歧，花通常多数，花序梗粗壮至细弱，但不纤细如丝状；花萼深裂至截头状。（2）……………………紫珠亚属

2 花萼管状，深4裂至中部以下，裂齿线形或锐尖的狭长三角形，长达2mm以上；果实几完全为花萼所包藏。（3）……………………………………管萼组

2 花萼杯状或钟状，在中部以上具深浅不等4裂至截头状；果实裸露于花萼外。（4）……………………………………紫珠组

3 花近无柄，团集于花序分枝的顶端；侧脉通常多于10对。……………………枇杷叶紫珠（原变种）

3 花有明显的柄，花序较松散；侧脉通常6～8对。……………………散花紫珠

4 花丝通常长于花冠，多至花冠的2倍或更长；花药卵形或椭圆形，较细小（长0.8～1.5mm），药室纵裂；花冠紫色至红色，稀白色。（5）……………………纵裂药系

4 花丝通常短于花冠，稀少等于或略长于花冠，花药长圆形，长1.5～2mm，药室顶端先开裂，裂缝扩大呈孔伏；花冠白色，稀少紫色或红色。（46）……………………孔裂药系

5 聚伞花序通常宽4～9cm，5次以上分歧；花序梗通常超过3cm长，仅大叶紫珠 *C. macrophylla* Vahl 的花序梗有时不及3cm长，但粗壮。（6）

5 聚伞花序宽不过4cm，通常2～5次分歧；花序梗长不超过3cm，通常较纤细。（13）

6 叶全缘；乔木或攀援灌木。（7）

6 叶边缘有锯齿或小齿；灌木，稀少为小乔木。（10）

7 乔木；花序梗四棱形或略呈四棱形。（8）

7 攀援灌木或藤本；花序梗圆柱形。（9）

8 叶片革质，表面有光泽，两面无腺点；花柄长约1.5mm。……………………木紫珠

8 叶片纸质，表面无光泽，两面有红褐色腺点；花柄长约3mm。……………………云南紫珠

9 花柄、花萼被星状毛；叶片背面被星状厚茸毛。……………………………………………………全缘叶紫珠
9 花柄、花萼无毛；叶片背面被星状柔毛。…………………………………………………………………藤紫珠
10 叶片披针形或长椭圆状披针形，基部楔形，背面疏生星状毛，腺点清晰可见。……尖叶紫珠
10 叶片卵状椭圆形或长椭圆形，基部钝或圆形，背面密被星状茸毛，无腺点或腺点隐藏于毛中。（11）
11 子房有毛；聚伞花序宽 4～8cm，花序梗长 2～3cm。……………………………………………………大叶紫珠
11 子房无毛；聚伞花序宽 6～9cm，花序梗长 3～8cm。（12）
12 萼及花冠有毛；萼齿尖，长约 1mm；苞片叶状。………………………………………………………长苞紫珠
12 萼及花冠无毛；萼无齿，近截头状，或有不明显的 4 齿；苞片线形。…………………………………裸花紫珠
13 叶片基部楔形、钝或圆形，中部以上渐狭。（14）
13 叶片基部心形或近耳形，中部以上最宽、倒卵状长椭圆形或倒披针形。（42）
14 叶片背面密被绵状茸毛或紧贴的丝状绢毛，毛显著较表面密。（15）
14 叶片背面被星状短毛或长毛，通常不为绵毛状，少数近于无毛。（18）
15 萼齿尖锐，齿长 0.3～1mm；小枝密被开展的长茸毛；叶片表面的细脉和网脉不下陷。……尖萼紫珠
15 萼齿钝三角形，齿长不超过 0.3mm，或无齿而近截头状；小枝被短茸毛；叶片表面的细脉和网脉明显下陷。（16）
16 叶片背面被紧贴的丝状绢毛；两叶柄之间有明显的横线联合。…………………………………………白背紫珠
16 叶片背面被星状茸毛；两叶柄之间无明显的横线联合。（17）
17 叶片长 8～15cm，宽 4～7cm，边缘锯齿较密；聚伞花序 4～5 次分歧，花多数；花萼被厚茸毛。……白毛紫珠
17 叶片长 3～6cm，宽 2～3cm，边缘疏生小齿；聚伞花序 2～3 次分歧，花较少；花萼疏被柔毛。……湖北紫珠
18 叶片或花的各部分通常有黄色腺点，或因脱落而下陷成小窝状。（19）
18 叶片或花的各部分有粒状红色或暗红色腺点，不脱落或脱落后不下陷。（37）
19 叶片线状披针形或狭披针形，基部钝圆或微心形；小枝、叶片背面和花序被黄褐色单毛。………长毛紫珠
19 叶片多为椭圆形或长椭圆形，稀少披针形；小枝、叶片和花序被星状毛或无毛。（20）
20 花萼有毛；叶片背面被疏密不等的星状毛。（21）
20 花萼无毛；叶片背面无毛，稀少仅脉上疏生星状毛。（30）
21 萼有齿，萼齿尖锐或钝三角形，长不超过 1.5mm；果实浆果状，成熟后无毛；小枝圆柱形，两叶柄之间无横线联合。（22）
21 萼无齿，近截头状；果实干果状，成熟后有星状毛；小枝四棱形，通常在两叶柄之间有横线联合。（28）
22 子房无毛；花序梗长于叶柄的 2 倍或更多。（23）
22 子房有毛：花序梗短于或近等长于叶柄。（25）
23 叶片表面略有柔毛，基部楔形或宽楔形；花较少，花冠有细毛；小枝节间短，花序排列稠密。………拟红紫珠
23 叶片表面被短硬毛而粗糙，基部钝或圆形；花较多，花冠无毛。（24）
24 叶片卵形、卵状椭圆形或椭圆形，背面全部被黄褐色星状毛。……………………………杜虹花（原变种）
24 叶片披针形，背面仅在脉上有星状毛。………………………………………………………………………长叶紫珠
25 萼齿尖锐，齿长 1～1.5mm；聚伞花序 1～2 次分歧；花少数。…………………………………………少花紫珠
25 萼齿钝，齿长不超过 0.5mm；聚伞花序 3～5 次分歧；花较多。（26）
26 叶片基部钝或圆形，表面被短硬毛，粗糙；叶柄长约 0.6cm。…………………………………………缙云紫珠
26 叶片基部楔形或狭楔形，表面有微柔毛或无毛；叶柄长 1～2cm。（27）

27 叶片背面和花萼、花冠均疏被星状毛。……………………………………………………………老鸦糊（原变种）
27 叶片背面和花萼、花冠均密被灰白色星状毛。…………………………………………………………毛叶老鸦糊
28 叶片背面近无毛，狭披针形。……………………………………………………………………………披针叶紫珠
28 叶片背面被星状柔毛，长椭圆形。（29）
29 叶片背面的毛黄褐色，较疏。…………………………………………………………………………………长叶紫珠
29 叶片背面的毛灰白色、粉屑状，较密。………………………………………………………………白毛长叶紫珠
30 小枝通常有明显的层出现象（即在叶腋或花序内抽芽生枝，其上的叶片显较正常枝的叶片为小）。（31）
30 小枝无上述特征。（32）
31 叶片长椭圆状披针形或卵形，边缘波状或疏生小齿；花冠管长约 2mm。……………………………抽芽紫珠
31 叶片椭圆形或长椭圆形，边缘具明显的三角形锐锯齿；花冠管长约 4mm。…………………………屏山紫珠
32 小枝四棱形，疏被单毛，两叶柄之间有横线或毛环；叶片披针形。（33）
32 小枝圆柱形，被星状毛或近无毛，两叶柄之间无横线或毛环；叶片长椭圆形、椭圆形、倒卵形或倒卵状披针形。（34）
33 小枝于两叶柄之间有毛环；叶片表面有毛，背面腺点脱落后呈蜂窝状小洼点。……尖尾枫（原变型）
33 小枝于两叶柄之间有横线而无毛环；叶片表面无毛，背面腺点不脱落，无蜂窝状小洼点。……秃尖尾枫
34 花序梗长不超过 1cm，通常比叶柄短；果实干果状，径约 1mm。……………………………………黄腺紫珠
34 花序梗长 1～2cm，通常比叶柄长，稀少与叶柄近等长，果实浆果状，径 2～4mm。（35）
35 叶片通常倒卵形，长 2～6cm，边缘仅上半部具数对粗锯齿。……………………………………………白棠子树
35 叶片通常椭圆形，长 10～15cm，边缘全部有锯齿或近全缘。（36）
36 叶片背面疏生星状毛，边缘全部有锯齿；花序梗长于叶柄 2 倍。…………………………………………红头紫珠
36 叶片背面无毛，边缘有不明显的疏齿或近全缘；花序梗与叶柄近等长。…………………………………上狮紫珠
37 小枝、花序和叶片背面全部被星状柔毛（变种柳叶紫珠 *C. bodinieri* Levl. var. *iteophylla* C. Y. Wu 可无毛或近无毛）。（38）
37 小枝、花序和叶片背面无毛或仅叶背中脉上疏具星状毛。（40）
38 叶片卵状椭圆形、椭圆形或长椭圆形，长 7～18cm，宽 4～7cm。…………………………………………紫珠
38 叶片披针形、倒披针形或倒卵状长椭圆形，长 6～13cm，宽 2～4cm。（39）
39 叶片背面被毛，基部长下延成狭楔形。……………………………………………………………………南川紫珠
39 叶片背面被疏毛或近无毛，基部楔形；花萼和花冠无毛。…………………………………………………柳叶紫珠
40 叶片多为狭披针形，顶端渐尖，边缘有不明显的小齿。………………………………………………………水金花
40 叶片长椭圆状披针形或卵状长椭圆形，顶端尾尖或渐尖，边缘仅上部疏生尖齿或粗齿。（41）
41 花萼在结果时不增厚。………………………………………………………………………………………红腺紫珠
41 花萼在结果时增厚。…………………………………………………………………………………………厚萼紫珠
42 花序梗长 2cm 以上。（43）
42 花序梗长不超过 1.5cm。（45）
43 萼齿尖锐，齿长 1～2mm；叶柄长 0.5～0.8cm。…………………………………………………………长柄紫珠
43 萼齿钝三角形，齿长不超过 0.5mm；叶柄极短或近柄。（44）
44 小枝、叶片背面和花序均被星状柔毛。……………………………………………………………红紫珠（原变种）
44 小枝、叶片和花序均无毛。……………………………………………………………………………………秃红紫珠
45 植物体全部被单毛。………………………………………………………………………………………钝齿红紫珠
45 植物体全部被星状茸毛。…………………………………………………………………………………狭叶红紫珠
46 叶片及花的各部分密生红色或暗红色腺点。（47）
46 叶片及花的各部分有黄色腺点或无腺点。（48）

47 叶片背面无毛；花萼有星状毛；花冠紫色；花丝与花冠近等长，或花充分开放时略长于花冠。……………………………………………………………………………………………………华紫珠
47 叶片背面脉上有星状毛；花萼无毛；花冠白色，花丝短于花冠。…………………………………多齿紫珠
48 叶片背面全部或至少在中脉上被星状毛。（49）
48 叶片背面无毛或近无毛。（53）
49 花较小，花冠长约 1.8mm。…………………………………………………………………………丘陵紫珠
49 花较大，花冠长在 3mm 以上。（50）
50 花萼、花冠和子房均被毛；果实成熟时被毛；叶片背面全部被星状毛。…………………………鼎湖紫珠
50 花萼、花冠和子房均无毛；果实成熟时无毛；叶片背面被毛或仅在中脉上有毛。（51）
51 叶片边缘密生细锯齿；柱头微 2 裂。………………………………………………………………峦大紫珠
51 叶片边缘仅上半部有锯齿或小齿，有时近全缘；柱头头状，不分裂。（52）
52 叶片披针形，宽 1.5～4cm，顶端渐尖，基部钝，稀楔形或微心形。…………………短柄紫珠（原变种）
52 叶片倒卵形，顶端急尖，基部心形或近圆形。………………………………………………倒卵叶短柄紫珠
53 聚伞花序有花 2～3 朵；果梗长 4mm。……………………………………………………………罗浮紫珠
53 聚伞花序有花 3 朵以上；果梗长 1～2mm。（54）
54 叶无柄或近无柄，基部收窄呈心形。………………………………………………………………光叶紫珠
54 叶有柄，柄长 5～15mm，叶片基部楔形或钝。（55）
55 叶片革质，表面有光泽；花序梗长于叶柄的 2 倍以上。……………………………………………疏齿紫珠
55 叶片纸质或膜质，稀少近乎革质；花序梗通常短于叶柄，若较叶柄长，绝不为其 2 倍。（56）
56 叶片膜质，表面有毛，背面有显著的黄色腺点。……………………………………………………异叶紫珠
56 叶片纸质，表面无毛，稀少近革质，背面有细小的黄色腺点或无腺点。（57）
57 叶片披针形或狭椭圆状披针形，长可达 26cm；聚伞花序 3～5 次分歧，花多数。……………………………………………………………………………………………………广东紫珠
57 叶片倒卵形、卵形、椭圆形至倒披针形，长不超过 18cm；聚伞花序 2～3 次分歧，花较少。（58）
58 叶片倒卵形、卵形或椭圆形。（59）
58 叶片倒披针形或卵状披针形。（60）
59 叶片长 7～12cm，通常倒卵形。……………………………………………………………日本紫珠（原变种）
59 叶片长 12～18cm，通常卵形。…………………………………………………………………………朝鲜紫珠
60 叶片倒披针形、纸质，长 6～10cm，通常略带紫色。…………………………………………………窄叶紫珠
60 叶片卵状披针形，厚纸质，长约 5cm。……………………………………………………………基隆紫珠

第二节　紫珠属植物自然资源分布

中国是紫珠属植物的一个主要产地，尤其是集中在华南一带，在中国已知种类中，过半数见于广东。见于黄河流域的只有紫珠及老鸦糊。本属在中国各省份分布的情形如下：四川及西藏各 1 种；陕西、河南及山东各 2 种；四川 4 种，湖北及江苏各 5 种；安徽 6 种；浙江及福建各 7 种；湖南 8 种；江西 12 种，云南 6 种；贵州 7 种；广西 17 种，广东 22 种；台湾和海南各 10 种。

1998 年，姚振生等发表了《江西省紫珠属药用植物资源》，文中介绍了江西省紫珠属药用植物的种类、地理分布，确认江西省紫珠属植物 23 种，次于广东、广西两省份，位居全国第三位，其中 16 种可供药用（表 1-1）。密溪紫珠 *Callicarpa mixiensis* Z. X. Yu sp. nov.为新种，短柄紫珠 *Callicarpa brevipes*（Benth.）Hance 为江西省地理分布新记录。江西省紫珠属药用植物约占我国该属入药植物总数的 89%，是我国紫珠属植物的分布中心之一。其中，分布广、产量大，可供开发利用的种类有广东紫珠、白棠子树、红紫珠和紫珠；分布区域狭窄、稀有而不宜开发利用的种类有毛叶老鸦糊、光叶紫珠、长柄紫珠、密溪紫珠和少花紫珠。

表 1-1 江西省紫珠属植物的种类及分布

种名	产地	生境
广东紫珠 *C. kwangtungensis* Chun	产于庐山、武宁、宜丰、宜春、高安、南昌、萍乡、安福、遂川、黎川、兴国、石城、南康、安远	海拔 300～800m 山坡林中、灌丛中
红紫珠 *C. rubella* Lindl.	产于庐山、修水、宜丰、万安、遂川、井冈山、崇仁、黎川、大余、安远、寻乌、龙南	海拔 300～1500m 山坡、河谷的林中、灌丛中
白棠子树 *C. dichotoma*（Lour.）K. Koch	产于庐山、宜丰、靖安、永修、新建、南昌、德兴、黎川、宜春、新余、景德镇、遂川、南康	海拔 600m 以下低山丘陵灌丛中
紫珠（珍珠枫）*C. bodinieri* Levl.	庐山、奉新、宜丰、弋阳、宜黄、黎川、德兴、玉山、宁冈、莲花、井冈山	海拔 200～1500m 林中、林缘、灌丛中
秃红紫珠 *C. rubella* Lindl. var. *subglabra*（Pei）H. T. Chang	修水、宜丰、万安、遂川、井冈山、大余、安远、寻乌、龙南	海拔 100～1200m 山坡、溪旁林中、灌丛中
钝齿红紫珠 *C. rubella* Lindl. f. *crenata* Pei	宜丰、修水、遂川、井冈山、万安，安远、大余、龙南、寻乌	海拔 100～1500m 山坡谷地、溪边的林中、灌丛中
枇杷叶紫珠 *C. kochiana* Makino	庐山、宜丰、德兴、井冈山、遂川、信丰、大余、龙南	海拔 100～850m 山坡、谷地、溪旁林中、灌丛中
窄叶紫珠 *C. japonica* Thunb. var. *angustata* Rehd.	庐山、宜丰、武宁、新余、兴国、寻乌	海拔 1300m 以下山坡、溪旁林中、灌丛中
全缘叶紫珠 *C. integerrima* champ.	宜丰、黎川、大余、安远、寻乌、九连山	海拔 200～700m 山坡、谷地林中
华紫珠 *C. cathayana* H. T. Chang	庐山、宜丰、武宁、德兴、黎川、贵溪、遂川	海拔 500～1200m 山坡、谷地的丛林中
杜虹花 *C. formosana* Rolfe	宜丰、黎川、信丰、井冈山、大余、寻乌、九连山	海拔 1500m 以下平地、山坡、溪旁林中、灌丛中
老鸦糊 *C. giraldii* Hesse ex Rehd.	庐山、修水、宜丰、井冈山	海拔 200～1200m 疏林、灌丛中
丘陵紫珠 *C. collina* Diels	资溪、石城、井冈山、龙南	海拔 700～1000m 山坡林下
日本紫珠 *C. japonica* Thunb.	庐山、宜丰、新建、黎川、景德镇	海拔 220～850m 山坡、谷地、溪旁的丛林中
藤紫珠 *C. peii* H.T.Chang	寻乌、大余、安远	海拔 250～1200m 山坡林中、林边、谷地、溪边
毛叶老鸦糊 *C.giraldii* Hesse ex Rehd. var. *lyi*（Levl.）C.Y.Wu	庐山、宜黄	海拔 1 000m 以下林下、林边
尖尾枫 *C. longissima*（Hernsl.）Merr.	宜丰、黎川、寻乌	海拔 1 000m 以下林下、林边灌丛中
秃尖尾枫 *C.longissima*（Hernsl.）Merr. f. *subglabra* Pei	寻乌、龙南	海拔 300～600m 山坡、路旁林下
光叶紫珠 *C. lingii* Merr.	婺源	海拔 300m 丘陵、山坡的灌丛中
长柄紫珠 *C. longipes* Dunn	九连山	海拔 300～500m 山坡灌丛、疏林中
少花紫珠 *C. pauciflora* chun ex H. T. Chang	上饶	海拔 1000m 以下山坡林中、溪边灌丛中
密溪紫珠（新种）*C.mixiensis* Z.X.Yu sp. nov.	瑞金	海拔 300～500m 山坡、谷地丛林中
短柄紫珠(新分布)*C. brevipes*(Benth.)Hance	龙南	海拔 600～1000m 路旁灌丛、林缘、山地疏林中

2012 年，石玲玲等进行了贵州省境内紫珠属药用植物资源种类及地理分布状况的研究。通过野外调查、标本鉴定及文献考证等，基本查清了贵州省有紫珠属药用植物资源 17 种，其中，黔西南州 15 种、黔南州 15 种、黔东南州 12 种、铜仁地区 14 种、毕节地区 10 种、遵义市 13 种、贵

阳市 10 种、六盘水市 8 种、安顺市 6 种（表 1-2）。在以上紫珠属 17 种药用植物中，短柄紫珠 *C. brevipes*、长叶紫珠 *C. longifolia*、白毛长叶紫珠 *C. longifolia* var. *floccose* Schauer、毛叶老鸦糊 *C. giraldii* var. *subcanescens*、窄叶紫珠 *C. menbranacea* 为贵州药用新资源。其分布量依次为紫珠＞红紫珠＞老鸦糊＞大叶紫珠＞广东紫珠＞白棠子树、毛叶老鸦糊、钝齿红紫珠＞日本紫珠＞狭叶红紫珠＞窄叶紫珠、尖萼紫珠、白毛长叶紫珠＞短柄紫珠、华紫珠、杜虹花、长叶紫珠。

表 1-2　贵州省紫珠属药用植物资源种类及地理分布

种名	产地	生境
短柄紫珠 *C. brevipes*（Benth.）Hance	贞丰	海拔 700m 左右的山坡灌丛中
华紫珠 *C. cathayana* H. T. Chang	紫云	山坡、路旁或空旷荒地
窄叶紫珠 *C. menbranacea* H.T. Chang	梵净山、从江	海拔 500～1300m 的山坡灌木丛中
尖萼紫珠 *C. loboapiculata* Metc.	榕江、从江	海拔 350～500m 的山坡灌木丛中
长叶紫珠 *C. longifolia* Lamk.	安龙	海拔约 1700m 的山坡林缘
白毛长叶紫珠 *C. longifolia* var. *floccosa* Schauer	沿河、荔波	海拔 650～900m 的山坡灌木丛中
狭叶红紫珠 *C. rubella* Lindl. f. *angustata* Pei	从江、贞丰、兴仁	海拔 650～1000m 的山坡灌木丛中
钝齿红紫珠 *C. rubella* Lindl. f. *crenata* Pei	梵净山、黎平、从江、贵定、二都、荔波	海拔 650～1300m 的山地林下
毛叶老鸦糊 *C. giraldii* var. *subcanescens* Rehder	沿河、黄平、从江、平坝、安龙和兴仁	海拔 500～1700m 的山坡林缘、沟边或灌木丛中
紫珠 *C. bodinieri* Lev l.，又名珍珠枫	梵净山、铜仁、剑河、镇远、黎平、从江、平坝、安顺、安龙、惠水、独山、二都、荔波、罗甸、道真、瓮安、赤水、遵义、泥潭、息烽、清镇和贵阳	海拔 400～1500m 的林缘、沟边或灌木丛中
白棠子树 *C. dichotoma*（Lour.）K. Koch，又名小叶紫珠	从江、黎平、锦屏、安龙、独山、赤水	海拔 400 ～ 700m 的山坡灌木丛中
杜虹花 *C. formosana* Rolfe，又名粗糠仔	册亨	海拔 1400m 左右的山地灌木丛中
老鸦糊 *C. giraldii* Hesse ex Rehd.，又名鸡米树	梵净山、雷公山、松桃、黎平、榕江、赫章、晴隆、兴义、荔波、惠水、绥阳、赤水、贵阳	海拔 400～1300m 的山坡灌木丛中
日本紫珠 *C. japonica* Thunb.	黎平、从江、荔波、二都、赤水	海拔 350～800m 的山坡灌木丛中
广东紫珠 *C. kwangtungensis* Chun，又名万年青	梵净山、榕江、大方、册亨、普安、贞丰、二都	海拔 400～1400m 的山坡林下或灌木丛中
大叶紫珠 *C. macrophylla* Vahl	黎平、盘县、关岭、晴隆、册亨、独山、二都、罗甸	海拔 400～1300m 的林下、林缘或灌木丛中
红紫珠 *C. rubella* Lindl.，又名对节树、复生药	梵净山、雷公山、黎平、榕江、册亨、晴隆、安龙、兴仁、兴义、瓮安、二都、荔波、赤水、道真和桐梓	海拔 400～1500m 的溪边或山坡灌木丛中

参考文献

石玲玲，何顺志，徐文芬，2012. 贵州省紫珠属药用植物资源种类与地理分布的研究[J]. 安徽农业科学，40（2）：708-709，739.

姚振生，尹学军，姚煜，等，1998. 江西省紫珠属药用植物资源[J]. 国土与自然资源研究，4：65-68.

张宏达，1951. 中国紫珠属植物之研究[J]. 植物分类学报，1（3）：269-312.

中国科学院中国植物志编辑委员会，1982. 中国植物志：第 65 卷（1）[M]. 北京：科学出版社：25，75.

第二章　药用紫珠属植物生物学研究

紫珠是马鞭草科紫珠属植物的通称，主要为藤本或灌木植物，少数可以长成乔木。紫珠属植物多数种类的茎、叶、果等部位可药用，具有较好的药用价值。下面依次对药用紫珠属植物形态、分子鉴别及生殖与遗传特性等分别进行介绍。

第一节　植 物 形 态

紫珠属植物为直立灌木，稀为乔木、藤本或攀缘灌木；小枝圆筒形或四棱形，被分枝的毛、星状毛、单毛或钩毛，稀无毛。叶对生，偶有三叶轮生，有柄或近无柄，边缘有锯齿，稀为全缘，通常被毛和腺点；无托叶。聚伞花序腋生；苞片细小，稀为叶状；花小，整齐；花萼杯状或钟状，稀为管状，顶端 4 深裂至截头状，宿存；花冠紫色、红色或白色，顶端 4 裂；雄蕊 4，着生于花冠管的基部，花丝伸出花冠管外或与花冠管近等长，花药卵形至长圆形，药室纵裂或顶端裂缝扩大成孔状；子房上位，由 2 心皮组成，4 室，每室 1 胚珠；花柱通常长于雄蕊，柱头膨大，不裂或不明显的 2 裂。果实通常为核果或浆果状，成熟时紫色、红色或白色，外果皮薄，中果皮通常肉质，内果皮骨质，熟后形成 4 个分核，分核背部隆起，两侧扁平，内有种子 1 粒；种子小，长圆形，种皮膜质，无胚乳。

紫珠通常株高 1.2～2.0m，聚伞花序腋生，花朵呈粉红、淡紫等色，6～7 月开花，7 月底 8 月初开始结果，果实球形，9～10 月成熟后呈紫色，有光泽，经久不落。紫珠喜阳亦耐阴，耐热、耐寒、耐旱，对土壤的适应性强，病虫害少，易栽易繁，生长速度快，表现了良好的生态适应性。

物候期观察紫珠一般在 3 月中旬开始萌芽展叶，3 月下旬进入新梢生长期。5 月中旬现蕾，5 月底至 6 月初开始开花，花芽着生于当年生枝的叶腋处，一般从中下部向上逐渐开放。7 月中旬开始结果，8 月上中旬进入盛果期，8 月下旬果实膨大，颜色由浅绿转绿，9 月初果实开始由绿变红变紫，10～11 月为最佳观果期。

第二节　分 子 鉴 别

2009 年，生命条形码联盟植物工作组决定将叶绿体 *rbcL* 和 *matK* 2 个基因片段作为植物 DNA 标准条形码的核心条形码，叶绿体 *psbA-trnH* 片段和核基因片段 ITS（internal transcribed spacer，ITS）作为植物 DNA 条形码的补充条码。ITS 序列是核糖体 DNA（rDNA）转录单位的一部分，包括 *ITS1*、*ITS2* 和 5.8S rDNA 基因，在被子植物中 *ITS* 序列具有核苷酸序列的保守性和高度变异性。ITS 序列分析是近年来国际上植物多样性研究的热点，并在药用植物种质资源研究中得到广泛应用，如药用植物品种的鉴定、亲缘关系鉴定、药用植物分类、遗传多样性、药用植物 DNA 条形码分析等。陈士林等通过分析超过 6600 个植物样本，发现核基因组 *ITS2* 序列具有良好的扩增成功率和物种水平的鉴定成功率。

陈科力等考察了 *psbA-trnH*、*rbcL*、*matK*、*ITS2* 和 *ITS* 5 条热点序列在马鞭草科 9 属 32 个药用物种 55 份样本中的应用情况，以期找到适合马鞭草科的通用序列或者序列组合。其中包括了在紫珠属植物杜虹花、尖尾枫、大叶紫珠、红紫珠、紫珠及窄叶紫珠中的应用。研究选择 *psbA-trnH*、*rbcL*、*matK*、*ITS2* 和 *ITS* 序列进行评价，使用各序列的通用引物进行扩增和测序，以扩增及测序成功率，种内、种间差异，barcoding gap 基于 BLAST 1 和 Nearest Distance 方法的鉴定成功率等指标来评价各序列的鉴定能力。对马鞭草科 32 个种 55 份样本的序列分析发现，*matK* 的扩增成功率太低，未纳入后续分析；ITS、*ITS2*、*psbA-trnH* 及 *rbcL* 的扩增及测序成功率分别为 83.6%、83.6%、96.4%、98.2%，其鉴定成功率除 *rbcL* 为 77.8%、75.9%外均为 100%，但 *ITS2* 序列的种内、种间差异及 barcoding gap 较 *psbA-trnH* 和 ITS 有明显优势。*ITS2* 序列进一步纳入网上 163 个样品的数据后，其鉴定成功率依然可以达到 89.5%、87.6%。考虑到 *psbA-trnH* 较高的测序成功率，*ITS2* 和 *psbA-trnH* 是适合马鞭草科植物鉴别的一个较好的 DNA 条形码序列组合。

杨先国等采用 RAPD 分子标记从 DNA 分子水平上对裸花紫珠、大叶紫珠、广东紫珠、杜虹花 4 个同属种展开相关研究，研究发现，4 种紫珠 RAPD 扩增后的聚类分析结果与植物形态学观察分类结果相一致，所得 RAPD 标记可用于紫珠属药用植物的多态性研究，为开发遗传鉴定的分子标记奠定基础。

李家敏等采用ITS序列标记对广东紫珠的rDNA ITS序列进行分子鉴定，构建了其系统发育树，从 DNA 水平上为广东紫珠的分类地位和种间鉴定提供分子证据并为广东紫珠的选育提供试验依据。研究采用改良 CTAB 法提取广东紫珠植物总 DNA，以通用引物 ITS4 和 ITS5 PCR 扩增 rDNA ITS 序列，并运用 MEGA5.2 软件分析 ITS 序列和构建系统发育树。结果表明，广东紫珠的 rDNA ITS 序列长度为 658bp，*ITS1* 和 *ITS2* 的长度分别为 229bp、267bp，G+C 含量分别为 67.39%、70.30%。采用 NJ 法根据 *ITS1* 与 *ITS2* 序列构建系统发育树，ITS 片段种间存在差异，可区分紫珠属中不同的种。测序分析和系统发育树构建，能够对广东紫珠进行准确的分子鉴定，为紫珠属中药材种类的鉴定和种间的分类地位提供分子生物学理论依据。

为建立稳定性、重复性好的广东紫珠 ISSR-PCR 反应体系，房海灵等以广东紫珠总 DNA 为试验材料，通过单因子结合正交试验对模板 DNA 浓度、dNTP 浓度、Mg^{2+} 浓度、引物浓度和 *Taq* DNA 聚合酶用量进行优化，确立了适用于广东紫珠的最佳 ISSR-PCR 反应体系：0.25mol/L dNTP、1.00U *Taq* DNA 聚合酶、0.75μmol/L 引物、2.0mmol/L Mg^{2+}、100ng 模板 DNA，总反应体积为 25μl。同时，建立重复性和稳定性均较好的 ISSR-PCR 扩增程序：预变性 94℃，5min；变性 94℃，30s；退火温度与每个引物相对应，退火 45s；72℃延伸 90s；34 个循环；后 72℃延伸 10min；4℃保存，扩增结束。用来自不同居群的 4 个个体，以 100 个 ISSR 引物进行 PCR 扩增，筛选出扩增效果较好的 20 个引物。

第三节　紫珠生殖生物学及遗传多样性研究

一、紫珠生殖生物学

目前，国内外关于紫珠属植物的研究主要集中于分类学和药材应用，包括药用成分分析和繁育生产研究等方面。很少有紫珠属植物育种方面的报道。许林等为改良紫珠属植物的性状，以白棠子树（*C. dichotoma*）和紫珠（*C. bodinieri*）为亲本，对结实特性、杂种子代性状等进行了研究。

白棠子树小枝细密柔软、杂乱无章，因此株型较为散乱，影响美观，修剪耗费大。为了使之具有更加良好的园林性状，将其与株型较好、直立性强，但果实小的同属植物紫珠之间开展杂交育种，通过种质创新改良不良的园林性状，培育新品种。试验于 2009 年在武汉市林业果树科学研究所野生植物资源圃进行。试验材料为生长健壮的紫珠属植物白棠子树和紫珠 3 年生植株。白棠子树为 2007 年武汉市林业果树科学研究所从野生植物中选育的良种，株高 1～2m，分枝多，叶片长椭圆形至披针形，长 6～10cm，花序长 3～4cm，果实紫色，观果期长，耐热抗旱性好，但其株型较为散乱。紫珠为 2007 年 11 月从湖南会同引种栽培，株高 2.0～2.5m，株型直立，叶片大、深绿，萌枝力强，花序果序大，可达 8～10cm，但果实比白棠子树小。为了综合两者之间的优良特性，以白棠子树和紫珠为亲本进行正反交育种。

1. 结实特性 分别随机选取白棠子树和紫珠各5株，对其天然杂交结实率、自交结实及孤雌生殖情况进行调查。

（1）天然杂交结实率：每株分别选取5个花序，计数小花数量并吊牌标记，每周观察坐果情况。待果实变为紫色后计数每花序果实数量，计算天然杂交结实率（天然杂交结实率＝每花序结实数量/每花序小花总数×100%），以了解天然杂交结实情况。

（2）自交结实：每株分别选取5个开放前1～2d的花序，计数小花数量，并套袋记录。每周观察坐果情况，待果实成熟，摘除套袋，计数每花序果实数量，以了解自交结实情况。

（3）孤雌生殖：每株分别选取5个开放前1d的花序，每花序疏除多余小花，仅保留25朵小花进行去雄操作，去雄后不经授粉立即套袋记录。每周观察坐果情况。待果实成熟，摘除套袋，计数每花序果实数量，以了解孤雌生殖现象的有无。

2. 花粉收集、花朵去雄及杂交 于2010年7月盛花期开展白棠子树和紫珠种间正反交试验。

（1）花粉收集：选取开放前1d的花序，硫酸纸套袋，以防花粉混杂。于次日授粉前打开纸袋，用毛笔抖落已散开的花粉于培养皿中收集。

（2）花朵去雄：杂交当天选取开放前1d的小花，用解剖针小心拨开花瓣，去除花药，此时花瓣处于开张状态，柱头外露。为了保证杂交坐果率，每个花序保留约25朵小花进行去雄，其余疏掉。

（3）杂交操作：将收集的新鲜花粉用毛笔直接涂于当天去雄的母本花朵上，每个花序涂2遍。操作时动作要轻，以免落蕾。处理后套袋并吊牌，记录父本来源、授粉日期及授粉花朵数量。此后，连续2d均进行相同的授粉操作，直至柱头枯萎。授粉2周后子房膨大，去除纸袋，并统计坐果数，以子房明显膨大成直径约1mm的圆球状记为坐果，计算坐果率。以果实呈现深紫色记为果实成熟，统计结实数、计算结实率并采收果实。

3. 杂种子代的性状调查与初步分析 试验共获得杂种子代129株。其中，白棠子树×紫珠组合子代84株，紫珠×白棠子树组合子代45株。于2012年6月对2年生播种成苗的杂种子代进行苗高、冠幅、一级分枝角度、一级分枝数、二级分枝数、开花等性状进行调查、分析。其中，一级分枝角度指一级分枝与垂直于地面之间的夹角。

4. 叶形性状比较 以叶形典型介于父母本性状之间的紫珠×白棠子树32号子代植株为例，说明杂交的成功性。采集亲本和子代植株当年生小枝自上往下第四节叶片，进行叶片长度、叶片宽度测量，亲本和子代各测量10片叶片，取平均值作为该植株的叶片长度、宽度。根据叶形指数确定叶形。叶形指数＞3.0为披针形、2.5～3.0为长椭圆形、2.0～2.5为椭圆形、＜2.0为卵圆形（叶形指数=叶片长度/叶片宽度）。

5. 实验结果 采用SAS 8.1统计软件通过方差分析（ANOVA）、多重比较（Duncan's）对实验结果进行处理，得出的结果如下。

（1）结实特性调查：自然状态下，白棠子树和紫珠的天然杂交结实率分别为93.08%和98.08%；而对未开放花序套袋无果实形成，表明白棠子树和紫珠自交均不结实；对白棠子树和紫珠去雄花朵套袋没有果实形成，表明两者均不存在孤雌生殖的现象。

（2）杂交授粉及坐果情况：分别于2010年7月上旬和下旬进行杂交授粉工作。其中，白棠子树×紫珠组合共授粉410朵，果实发育初期坐果201个，坐果率为49.02%；至果实成熟期，坐果数量有所减少，为152个，坐果率降为37.07%。紫珠×白棠子树组合共授粉328朵，果实发育初期坐果201个，坐果率为61.28%；至果实成熟期，坐果数量有所减少，仅为86个，坐果率为26.21%。

（3）不同杂交组合的主要性状对比：以白棠子树×紫珠记为正交组合，以紫珠×白棠子树记为反交组合。通过对2年生杂种子代主要性状进行分析，发现获得的正交杂种子代除了冠幅大于反交杂种子代外，其他性状包括株高、一级分枝数、分枝角度、二级分枝数均低于反交杂种子代。

而从各性状的变异系数来看，正交杂种子代的株高、冠幅的变异系数分别达到 118.96%、125.06%，远远高于反交杂种子代。结果表明，正交组合子代在这两个主要性状中变异幅度大，有利于获得尽可能多的生长势良好的子代，具有良好的选择基础。

对于株型的几个性状，包括一级分枝数、二级分枝数和分枝角度，正交杂种子代中一级分枝数的变异系数达到 130.62%，具有较大的变异幅度，而分枝角度和二级分枝数，其变异系数分别仅为 18.26%和 22.98%，变异幅度较小。而反交杂种子代中这 3 个性状的变异系数均不高于 40%。因此，利用正交组合培育杂种子代，有利于获得生长势强的优良单株；但从改善株型上来分析，利用杂交育种来改善株型具有一定的可行性。

（4）杂种子代的叶片形态：白棠子树叶片较小，叶长、叶宽分别为 7.23cm、2.54cm，根据叶形指数和实际形态判断，为长椭圆形至披针形，渐尖；紫珠叶片大，叶长、叶宽分别为 13.36cm、6.26cm，是白棠子树叶片的 1.5～2.0 倍，呈椭圆形。紫珠×白棠子树 32 号杂种子代的叶片形态及大小介于父母本之间，叶片形状、叶基形状与母本紫珠的相似度较高，均为椭圆形，叶基均为楔形；叶柄长度、叶尖形态与父本白棠子树具有一定的相似性。子代叶片同时具有父母本特征，因此从形态上证实了杂交方法的可靠性。

以上结果表明，白棠子树和紫珠不存在孤雌生殖现象，自交不结实，天然杂交结实率分别为 93.08%和 98.08%。人工杂交坐果率最高可达 95.24%，但果实在发育过程中易受到外界环境的影响导致结实率降至 26.21%～37.07%。部分杂种子代的叶片形态介于父母本之间，初步证实了杂种的真实性。白棠子树×紫珠正交组合的杂种子代在株高、冠幅及一级分枝数的变异系数分别达到 118.96%、125.06%和 130.62%，远高于反交组合子代。因此，采用白棠子树为母本、紫珠为父本更易获得具有特殊性状的子代，为良种的选育奠定基础。

二、紫珠遗传多样性

遗传多样性是种质资源保护与评价的重要指标，表型多样性作为遗传多样性与环境多样性的综合体现，是了解生物遗传变异的重要线索，也是生物多样性的重要内容。谷衍川以泰山桃花峪和徂徕山的两个野生小紫珠种群为研究对象，选取与观赏价值有密切关系的 5 个表型性状进行调查观测，对调查数据进行了表型分化系数、表型性状遗传多样性程度、表型性状变异特征系数等指标的分析。结果表明，果序小果数、果实横径、果实纵径、果形指数 4 个数量性状在群体内和群体间均存在极显著差异；徂徕山小紫珠群体各表型性状平均变异系数（20.32%）大于泰山桃花峪（16.27%）；各群体表型性状中平均变异系数最小的为果形指数（CV = 9.31%），最大的为果序小果数（CV = 48.28%），说明各性状中果形指数相对遗传稳定，而果序小果数变异相对更为广泛；各群体数量性状中平均变异系数由大到小顺序为小果数＞果实横径＞果实纵径＞果形指数；质量性状中果实颜色的变异通过计算 Shannon-Wiener 指数（H）分析比较，结果表明，分布于桃花峪和徂徕山两地的野生小紫珠群体果实颜色的 H'值都在 0.8 以上，果实颜色变异比较丰富，且徂徕山（$H_{徂徕山}$=1.039 0）小紫珠群体颜色变异比桃花峪（$H_{桃花峪}$=1.025 2）更为广泛；4 个数量性状的平均表型分化系数（V_{ST}）为 97.02%，群体间方差分量百分比（94.84%）远大于群体内（2.79%），说明群体间变异是小紫珠表型性状的主要变异来源。

参 考 文 献

陈倩，刘义梅，刘震，等，2012. ITS2 和 psbA-trnH 序列鉴别马鞭草科药用植物[J]. 中国中药杂志，37（8）：1107-1113.

房海灵，聂韡，卢艳花，等，2014. 广东紫珠 ISSR-PCR 反应体系建立及引物筛选[J]. 中国农学通报，30（16）：164-169.

谷衍川，2013. 小紫珠遗传多样性研究[D]. 山东农业大学.

谷衍川，丰震，李承水，等，2013. 小紫珠种群的表型遗传多样性研究[J]. 山东林业科技，（2）：5-9.

郭宁，杨树华，葛维亚，等，2011. 新疆天山山脉地区疏花蔷薇天然居群表型多样性分析[J]. 园艺学报，238（3）：495-502.

李家敏，姜琼，汪剑鸣，2014. 广东紫珠核糖体 DNA ITS 序列分子鉴定[J]. 湖北农业科学，53（10）：2435-2439.

孙美，王立波，吴立军，2015. 药用紫珠属植物的研究进展[J]. 安徽农业科学，43（13）：101-104.

闻爱民，陈文新，1999. 苜蓿、草木樨、锦鸡儿根瘤菌的表型多样性分析[J]. 生物多样性，7（2）：112-118.

许林，陈法志，谢焰锋，等，2013. 2 种紫珠属植物种间杂交初步研究[J]. 华中农业大学学报，32（4）：23-27.

杨先国，谷陟欣，卢捷，等，2015. 4 种紫珠属药用植物 RAPD 多态性分析[J]. 亚太传统医药，11（7）：28-31.

于华会，杨志玲，杨旭，等，2010. 药用植物种质资源 ITS 序列研究进展[J]. 中草药，41（3）：491-496.

中国科学院中国植物志编辑委员会，1982. 中国植物志：第 65 卷（1）[M].北京：科学出版社：25-30.

CBOL Plant Working Group，2009. A DNA barcode for land plants[J]. Proc Natl Acad Sci USA，106（31）：12794.

Chen SL，Yao H，Han JP，et al，2010. Validation of the ITS2 region as a novel DNA barcode for identifying medicinal plant species [J]. PLoS ONE，5（1）：e8613.

第三章　药用紫珠属植物栽培技术研究

紫珠属植物原本是在山野自然生长的灌木或小型树木，对土壤无严格要求，在山坡林边等边角隙地都能生长。由于药用需求量的逐渐扩大，野生广东紫珠和裸花紫珠曾经历了人们掠夺式采集，一度处于无药可采的境地，也出现过用大叶紫珠替代广东紫珠的情况。这促使科研人员把目光聚焦在广东紫珠和裸花紫珠的野生到家种关键技术的研究上，从而解决了广东紫珠和裸花紫珠的育苗和大面积种植问题，满足了市场的需求。尤其对于广东紫珠，科研人员进行了长达20多年的系统研究，近年来还搭载神舟飞船进行太空育种。如今，广东紫珠栽培不但形成了规模，还带动了地方产业的发展。裸花紫珠栽培起步较晚，但其发展的势头很猛。地方政府和科研人员积极推进和引导种植户大面积推广栽培，一时间居然造成裸花紫珠栽培面积过大，药材价格暴跌，甚至无人收购的局面。所以，紫珠属药用植物栽培仍需深入研究，提高药材品质，降低药材栽培成本。本章仅对广东紫珠和裸花紫珠的栽培进行介绍。

第一节　广东紫珠的栽培

2015年江西省地方标准《广东紫珠药材培育技术规程》颁布施行。标准从栽培基地的环境要求、苗木繁育、栽植与抚育管理、病虫害防治、采收加工及药材质量等方面进行了规范。以下参照该标准，对广东紫珠栽培技术进行介绍。

一、栽 培 环 境

广东紫珠栽培基地首先需要满足其生物学特性要求，具备适合其生长发育的气候、土壤等自然环境条件，同时，广东紫珠作为中药材，其种植基地还需要满足中药材规范化生产所要求的无污染环境条件。

（一）温度

适宜的温度才能使广东紫珠生长良好。过低的温度会造成广东紫珠的冻害。广东紫珠越冬期冻害指标，轻度为日极端最低气温≤−7℃，或日降温幅度≥10℃，日极端最低气温≤−5℃；重度为日极端最低气温≤−9℃，或日降温幅度>10℃，日极端最低气温≤−7℃；特重为日极端最低气温≤−11℃，或日降温幅度≥10℃，日极端最低气温≤−9℃。选择有利地形、充分利用小气候资源，能够有效地避免冻害。例如，在水库四周、河流两岸，利用水体对气温的调节，背风向阳的山坡有利光照也可利用。还可以采取低温防寒措施，例如，喷施浓度为0.4%～5%尿素水溶液或0.2%～3%磷酸二氢钾溶液、灌水等。

（二）光照

广东紫珠属中性偏阴植物，光辐射量过大，易使树势不良，影响产量和质量。研究发现上层林木的郁闭度与广东紫珠的产量关系较大。郁闭度在0.3～0.7，随着郁闭度的增加，产量增加；郁闭度达到0.8时，产量下降；栽植上层林木的最佳郁闭度为0.6～0.7。但不同生长期的需光量也有较大差异。在光照不足，使得热量条件不足的地方，不宜栽培广东紫珠。

（三）湿度

广东紫珠喜温又喜湿，湿度是影响广东紫珠生长发育的主要因素之一，包括土壤湿度和空气湿度。7～10 月广东紫珠新梢生长期和膨大期需水量较大，当日平均气温≥25℃、日最高气温≥30℃、14 时空气相对湿度小于 50%时，产量将受到影响。所以应选择年降水量充沛、降雨量时空分布均匀的地区栽植。对于雨量不均的地区，需要注意补水灌溉，有条件的实行滴灌等防旱措施。

（四）海拔

广东紫珠人工栽培的适宜海拔，与当地气候条件有关。萍乡市自然分布在海拔 100～850m，萍乡市林业科学研究所在对比了广东紫珠人工栽培试验地的产量后发现，在海拔 350m、410m 的试验地产量最高，总产量分别为 583.5kg 和 562.4kg，并得出结论，人工栽培海拔以 350～450m 为宜。

广东紫珠属亚热带植物，中性偏阴，喜光但不宜曝晒，喜温、喜湿、怕风、怕旱，在阴凉环境生长较好，萌发条多，根系极发达，是浅根树种。适宜的气候条件为气候温暖湿润，极端低温 −10℃以上，极端高温 40℃以下，生长温度 12～35℃，最适温度 25～28℃；年降雨量 1400～1700mm 为宜，风小雾多，空气湿润。对土壤要求不严，山地和丘陵地形的农田、旱地、坡地等均可种植，但在疏松、湿润、肥沃、排水良好、土层较厚的沙质土壤中生长最好。土壤 pH 5.5～7.5。选取广东紫珠中药材栽培基地时，需进行栽培基地环境质量评价，基地空气质量、土壤环境质量和灌溉水质等都要达到国家标准。

二、繁殖与育苗

广东紫珠的人工繁殖方式，主要有播种繁殖和扦插繁殖。

（一）播种繁殖

1. 育苗圃地选择　育苗圃地应选择小气候环境适宜，光照充足，无空气污染和重金属污染，地势开阔，交通方便的地带。选择有水源、电源，水质好，地势平坦，排灌方便的旱地、稀疏林坡地或农田，要求地下水位 1m 以下，土层厚 50cm 以上，疏松肥沃的壤土或沙壤土，最好有机质含量在 1.5g/kg 以上。林下栽培则应选择土层厚 80cm 以上，郁闭度不超过 0.5 的地块。

2. 整地　冬季整地较适宜，挖垦后可进行冬晒，以便消灭越冬虫卵和病菌。年前深翻，结合犁耙整地，深耕细整，清除草根、石块，深翻 25～30cm，碎土耙平，并施基肥，以沼渣肥、猪牛粪、枯饼肥、生物菌肥为最佳，可每亩（1 亩≈666.7m^2）施农家肥 1000kg、磷肥 100kg；或用磷肥或复合肥，一般亩施 20～40kg；也可施有机肥每亩 2000～3000kg，或复合肥（25%以上的氮、磷、钾）约 100kg，钙镁磷肥约 100kg，撒施生石灰（每亩 67～100kg）。

播种前将育苗圃地整细作垄床，床宽 100～130cm，床高 15～25cm，沟宽 20～30cm。每平方米床面用福尔马林 30ml，加水 2～3kg 均匀喷洒，并用薄膜覆盖，4～5d 后揭去薄膜，耙松床土，待药味充分散尽后再播种。大田播种育苗圃地，还可以在地床面撒上约 2cm 的经过筛选消毒的黄心土后再播种。

广东紫珠种子细小，整地应反复整细整平。

3. 种子收集与处理　在 10～11 月采取成熟种子。选择优良健壮植株，采集饱满、色深成熟的鲜果；及时脱浆去皮，用清水洗净并晾干种子；然后消毒处理种子，可用 1%高锰酸钾或 1%多菌灵浸种消毒 30min；然后晾干、储藏；用干净河沙沙藏，湿度以手捏有印为宜，储藏时注意保持合适的湿度；第 2 年春播种。

4. 广东紫珠种子发芽特性　广东紫珠种子发芽特性研究发现，野生种子含水量、出种率、千粒重分别为 12.64%、23.94%、1.65g，栽培种子的含水量、出种率、千粒重分别为 12.50%、24.88%、1.77g，野生和栽培广东紫珠种子的含水量、出种率、千粒重没有显著差异。大田发芽试验发现，栽培种子之间发芽率差异显著，最高为 6.48%，最低为 0.32%；野生种子发芽率最高达 7.60%，最低为 0.17%，表现出同样的差异。栽培植株果实和野生果实发芽率差异不大，但不同样方的发芽率差异较大，这种差异可能是个体遗传差异，这为广东紫珠人工选育提供了丰富的遗传材料。大田播种试验表明广东紫珠野生种子和栽培种子的发芽率没有显著差异。

广东紫珠种子控温发芽率为 92.60%，大田播种野生种子和栽培种子发芽率分别为 2%和 2.18%。广东紫珠种子控温发芽试验发芽率是大田播种发芽平均发芽率的 44 倍，差异显著。根据广东紫珠种子大田发芽和控温发芽结果，其发芽特性表现为前 5d 为种子的吸涨期和萌动期；第 6～12 天天种子发芽的高峰期；第 13～15 天为种子发芽的稳定期；第 16～20 天为种子发芽的结束期。大田发芽和控温发芽的主要差异在种子吸涨期和萌动期。种子在萌动期，对外界环境条件特别敏感，此时遇到异常条件，如不良温湿度、缺氧等，就会引起幼苗生长发育失常或活力降低，从而影响种子发芽率。大田发芽试验种子萌动期的昼夜温度波动大，日平均最高、最低气温分别为 17.68℃、10.77℃，比控温试验的温度低，影响了种子萌发。温度是限制广东紫珠发芽的主要因素，恒温是提高广东紫珠发芽率的关键。广东紫珠种子发芽的适合温度在 25℃左右。

5. 播种　以春播为主，一般在 2 月下旬至 3 月上旬开始播种，采取撒播法或条播法。条播法种植时，在整好的苗床按行距 20～25cm 开出深 3～6cm 的浅沟，将种子均匀撒入沟内，覆细土 1～2cm，或覆盖 1cm 左右的过筛消毒黄心土，浇水保持床面湿润，再盖上稻草或铁芒萁保湿保温。在一定的播种量下，对苗木的高度生长没有显著影响，一般播种量为每亩 1～2kg 为宜，也有每亩 3～4kg 播种的。有时也可在春分前后将埋藏的种子取出，浸种催芽 24h，然后与火土灰拌匀或细砂拌匀后，再进行撒播或条播。在播种前，最好用 100mg/kg 的生根粉拌入沙藏种子一起播种。生根粉处理，对苗木生长影响较大。

6. 播后苗期田间管理　播种后一般在 4 月下旬种子相继发芽出土，发芽率一般为 19%～60%，发芽后及时揭去盖草，并及时除草，不能等杂草长高后再去除草。5 月后加强肥水管理，适时适量浇水，保持土壤湿润不得有积水；及时除杂草并分次间苗，最后按株距约 8cm 定苗。也可这样间苗：当幼苗长到 10cm 以上时选择密度大、较粗壮的移栽到大田地，以免影响其他小苗的生长，与除草同时进行。种子在生根和萌芽过程中有较强烈的呼吸作用，需要有通气良好的土壤条件，所以要经常中耕除草，做到除早、除小、除净，控制田间杂草，以减少土壤养分和水分的消耗。还要注意及时追肥，追肥是育苗的关键，以氮肥为主，磷、钾肥为辅，追肥 3～4 次，可施用充分腐熟的稀薄禽畜粪水或喷施磷酸二氢钾、尿素、复合肥等，如在幼苗初期以 5%磷酸二氢钙溶液喷施，中期以 2%尿素溶液喷施，注意少量多次，9 月后停止追肥。7～9 月干旱高温季节注意加强水分管理。苗木封顶后，即可出圃，一般亩产苗木约 4 万株，以每亩 2.5 万～3 万株为合理密度。一年生苗高不低于 30cm，地径不低于 0.3cm 为合格苗木。紫珠有一种特殊的异香气味，易引诱食叶性害虫啃食危害叶子，幼苗期要注意预防苗木猝倒病。

（二）扦插繁殖

广东紫珠扦插繁殖可分为春插繁殖、秋插繁殖。

1. 苗床选择与建立　苗圃地的选择及整地要求与播种繁殖相同。在准备好的苗床上再铺上一层 15cm 经细筛的细沙和黄心土的混合土，配制比例为 7∶3，然后覆盖黑色地膜。也可以细河沙作苗床。

2. 插条选择和处理　春插育苗，在 3 月间选取 1～3 年生生长健壮、性状优良母树的木质化枝条。插穗要求木质化，顶部未木质化的梢头需去掉。以枝条中部最好，其次为基部，梢部愈合速度快，但水分难以控制。一般插穗取基部至中部，剪成长 10～15cm，保留 2～3 个节，将叶剪去 2/3，保留 2～3 片叶，以减少蒸发量、利于成活。上下切口剪平，每 50 或 100 根为一扎，基部对整齐，用 50mg/L 或 100mg/L 的萘乙酸和（或）吲哚丁酸药液浸泡 12～16h。或者用 500mg/kg 的绿色植物生长调节剂（GGR）溶液速蘸插条基部 20s。夏插育苗，在 5～6 月进行。

3. 扦插　插穗经药液处理后立即取出，插入准备好的苗床；先用小竹筷之类在苗床垂直钻洞，再把穗条插入，插条入土深近 2/3，仅留一个节在地上。扦插后圃地灌溉，保持苗床湿润，4～5d 通风检查一次，常喷水保湿，保持 80%的空气相对湿度，一般春插每天浇 2～3 次水，夏插每天浇 10～15 次水。扦插密度为 10cm×10cm 或 8cm×8cm。夏插育苗，需要以双层遮阴网遮阴，遮阴 70%～90%。扦插繁殖，成活率可达 80%以上，甚至常在 90%以上。加强管理次年即可移栽造林。

4. 苗期管理　扦插后要适时适量浇水，保持苗床湿润，不得有积水。当幼苗长粗叶后可用 3%稀薄尿素水喷洒，到 4 月下旬气温高时可将地膜去掉，去地膜后要经常中耕除草，控制田间杂草。追肥以氮肥为主，磷、钾肥为辅，至 9 月之前可追肥 3～4 次，可施用充分腐熟的稀薄禽畜粪水，喷施磷酸二氢钾、尿素、复合肥等。

三、移栽定植

（一）选地和整地

广东紫珠栽培简单，易繁殖，适合于大田、山地和林下栽培。通过对不同种植环境下广东紫珠生长量和产量的调查发现，不同环境下栽培的广东紫珠，生长在土壤条件好的农田、菜园土、旱地的植株生长旺盛，产量高，而较贫瘠土壤环境下的植株明显小，产量较低，差异明显；同一栽培点下坡位产量明显比上坡位高；土壤肥力等环境条件对广东紫珠生长影响很大；栽植密度和施肥是影响广东紫珠药材产量的关键因素。广东紫珠最优种植环境为农田，选择土壤肥沃的沙壤土为宜，土壤 pH 5.5～7.5。

选择和创造一个良好的栽培环境，是获得高产稳产的基础。选地后，应根据地形地势进行规划。可选择具有适宜生长的小气候条件，无空气污染和重金属污染，水质好、交通便利、土壤质地疏松、土层较厚、富含有机质、湿润且排灌方便的大田、旱坡地、丘陵地、山地或稀疏林坡地种植。大田栽培需开好排水沟，周围排水沟要低于田间步道沟。林下栽培要选择地下水位低、土层厚 80cm 以上、郁闭度不超过 0.5 的地块。丘陵坡地要求地势开阔、光照充足、排水良好、土壤疏松、土层厚 50cm 以上、坡度小于 15° 的丘陵黄壤或红壤地。

整地能改善土壤结构，提高苗木成活率，促进幼林生长、减少抚育次数，是速生丰产的基础。整地时先清除造林地的灌木、杂草；全垦或条垦整地，深翻，翻土深度要求达 25～30cm，并打细整平，平地做成畦，坡地做成种植条带，带宽约 1.2m。还要施足基肥，以沼渣肥、猪牛粪、枯饼肥、生物菌肥为最佳。一般施磷肥、复合肥或有机肥。整地当在秋、冬季为佳，翻垦后冬晒，促进土壤熟化，次年栽植利于苗木生长。在有些山区沟谷林下，土层深厚、疏松肥沃，可不翻地，以免雨水冲走表土，只要清除树根、草根即可定植。

广东紫珠还可以间（套）作牧草种植。与单作相比，间（套）作牧草会明显降低广东紫珠产量；但是对广东紫珠有效成分含量的影响因牧草品种而异。牧草品种及播种方式是决定广东紫珠间（套）作纯收入高低的关键。其中，白三叶单播和混播、三得利紫花苜蓿×鸭茅等间（套）作处理的纯收益高于广东紫珠单作，因此可以与广东紫珠间（套）作。这说明在间（套）作中，资源的合理配置、作物种类的组合及品种搭配十分重要。

（二）苗木出圃

起苗根据栽植时间而定，要求随起随栽。一般在育苗当年 12 月至次年 3 月起苗。起苗尽量保持根系完好。

播种苗，分为Ⅰ级和Ⅱ级，Ⅰ级苗地径不小于 0.5cm，高度不小于 50cm；Ⅱ级苗地径不小于 0.3cm，高度不小于 30cm。扦插苗，也分为Ⅰ级和Ⅱ级，Ⅰ级苗地径不小于 0.6cm，高度不小于 50cm；Ⅱ级苗地径不小于 0.4cm，高度不小于 30cm。出圃苗要求一年生苗，色泽正常，顶芽完好，根系发达，健壮，无病虫害，无机械损伤。有条件的地方，出圃前应向当地植物检疫机构申请实施检疫，未发生检疫性病虫害的苗木才可出圃。

（三）栽植

1. 移栽时间 一般春季萌芽前进行移栽，宜选择雨前、阴天、细雨等天气。也可在 10 月后进行移栽，要尽量避开夏天高温季节。移栽后要加强田间管理，及时除草施肥，施尿素和复合肥时应选择雨天进行。也可移栽和间苗同时处理，如当幼苗长到 10cm 以上时，选择密度大、较粗壮的移植到大田地里栽植，以免影响其他小苗的生长，可与除草同时进行。

2. 移栽苗处理 移栽前苗木用少量钙镁磷肥拌黄泥（磷肥浓度 2%～3%）蘸根，调泥浆时也可用浓度 20mg/kg 的 GGR 溶液。苗木栽植前切断过长主根，干枝留约 10cm 处截除（也可在定植后略高出土面处剪取苗干），剪下的枝干可制作成插穗育苗或直插栽植。也可采取不截干栽植。

研究发现，截干栽植与不截干栽植在栽植成活率、优势主干数和产量上具有显著差异，截干有利于提高栽植成活率，促进萌发更多主干，增加植株生物产量。苗木通过截干或平茬处理后，可减少地上部枝叶水分蒸发，并能快速恢复根系吸收功能，从而提高成活率，并促进苗木的萌枝生长。广东紫珠花果期早、持续期长，老株枝条生理成熟早，花果期后营养主要供于生殖生长，极大影响其秋季生长量。在干旱高温季节，截干方式新萌发枝条长势健壮，有利于抵抗高温干旱。广东紫珠顶端优势较强，栽植后萌发新枝干少，限制了生物量的提高。通过截干，使广东紫珠原顶端优势丧失，促进从根茎基部能萌发较多新枝干，提高了植株生物量，同时截干获得的枝条可用于无性扦插育苗，提高了利用价值。

广东紫珠播种苗和扦插苗对产量影响差异不显著。不同繁殖方式来源的苗木对其产量高低无显著影响。

3. 栽植密度 比较肥沃的土壤条件如农田和下坡位良好的旱地，种植株行距宜为 30cm×40cm，一般较瘠薄旱地、新开垦土地株行距为 20cm×30cm。也有采用大田种植株行距为 60cm×30cm，丘陵种植与林下套种株行距为 50cm×40cm 或 55cm×35cm。高产栽植方式都是以宽行窄株为佳。也有文献报道，山田中栽植广东紫珠，栽植密度以 30cm×30cm 为最佳，产量最高。

栽植密度对广东紫珠的产量影响达到极显著水平，栽植密度对广东紫珠产量的影响比施肥量的影响还大。合理密植是提高广东紫珠药材产量的主要措施。栽植密度过大，浪费种苗、增加成本，又影响广东紫珠生长，降低产量；栽植密度过小，单位面积产量低、田间空旷，还容易滋生杂草，增加田间管理成本。合理密植能使土地充分利用，而又不影响广东紫珠正常生长。

4. 移栽方法 一般采用穴植法，在栽植带上按照栽植株行距穴栽，每穴施用约 0.25kg 腐熟的有机肥料（如堆沤腐熟的火土、厩肥）及少量钙镁磷肥或 25g 复合肥，并与土拌匀，每穴栽 1 株。每亩可移栽 3400～3800 株。栽正、舒根、踏实，栽植深度宜略高于苗木出圃土痕。适当深栽，可增强抗旱能力。

四、田间管理

（一）中耕除草

根据杂草滋生情况，春、夏、秋季各中耕除草1～3次；每年在5～6月和8～9月各中耕除草2～3次，使土壤疏松，除草结合中耕同时进行，以减少土壤养分和水分的消耗，有利于苗木对养分的吸收；冬季收割后清园培土1次。

（二）排水与灌溉

雨季要及时清沟排水，降低田间的湿度，积水时间过长会引起烂根死苗。夏秋干旱要及时灌溉，如遇干旱，可在早晚放水灌溉，当土地湿润后，应及时排水。灌溉不要在阳光曝晒和高温下进行。广东紫珠不耐涝，雨季要注意排水。干旱季节灌水能有效提高产量。

（三）追肥

移栽后，一般在4月以氮肥为主追施1次农家肥或化肥，如充分腐熟的禽畜粪水18 000kg/hm^2，或者雨前或雨时撒施尿素约150kg/hm^2；5～6月的阴天或晴天傍晚，用0.2%磷酸氢二钾加0.5%尿素喷施叶面；此后根据植株生长发育具体情况，7月下旬至8月下旬穴施或沟施氮磷钾复合肥1次，用量750kg/hm^2。应当根据栽植园地的土壤肥力和苗木生长情况，确定施肥量及施肥次数。获得高产的关键是在4～6月和7～9月植株生长旺盛期加强肥水管理。

氮、磷、钾是植物生长发育必不可少的3种营养元素，三者配合施用时还具有互作效应。合理的氮磷钾肥配比，不但能提高药材的产量，而且能显著提高药材的有效成分。从广东紫珠农艺性状（株高、地茎、萌发枝数、叶片数）、产量及药材中连翘酯苷B、金石蚕苷和总黄酮等有效成分含量三个方面，研究氮磷钾肥配比对它们的影响发现，氮、磷、钾配比为15∶5∶6、15∶3∶12和15∶3∶3时，可以提高广东紫珠的株高、地径、叶片数和新枝萌发数，提高广东紫珠产量。氮磷钾配比为15∶5∶6时，最有利于广东紫珠叶片中连翘酯苷B含量和产量增加，也最有利于单位面积广东紫珠叶片中金石蚕苷含量和产量增加；氮磷钾配比为15∶5∶6时，总黄酮含量略低于对照，但由于其单位面积干叶重（叶片干物质含量）远大于对照，所以该配方在相同种植面积下总黄酮产量高于对照，且差异显著。氮磷钾配比为15∶5∶6是此次试验中寻找的最佳配方，最利于广东紫珠质量提高。此外，微量元素是植物生长所必需的元素，对药用植物生长发育、产量及药效成分含量的影响也较大。结合微量元素对广东紫珠生长的影响研究，在氮磷钾三元素施肥配方基础上研发广东紫珠种植专用肥料是很有应用前景的开发项目。

对于野生和不同栽培环境及不同施肥情况下，广东紫珠药材总黄酮含量的研究发现，野生广东紫珠药材总黄酮含量略高于栽培，但无显著性差异；栽培在丘陵与农田的广东紫珠药材总黄酮含量无显著性差异；丘陵上下坡位间，下坡略高于上坡，其原因可能是下坡位的广东紫珠叶片量比例稍高；不同栽培年限，丘陵地未施肥的1年、2年、3年生广东紫珠药材，以2年生的总黄酮含量为最高，3年的下降，其原因可能是第3年地力养分不够，枝干比例大，叶片量下降而使药材总黄酮含量减少；栽培施肥的广东紫珠药材总黄酮含量略低于不施肥，但施沼气液肥的广东紫珠药材总黄酮含量与不施肥无显著性差异。由于施肥对广东紫珠产量提高有明显促进作用，可以认为沼气液肥是较好的施肥种类。总体来讲，促进广东紫珠叶片产量增加的栽培措施将有利于提高其药材总黄酮含量，施肥是促进植株生长尤其是增加叶片量的重要栽培措施，虽然试验中施肥略降低了广东紫珠药材的总黄酮含量，但施肥能促进生长量的显著增加而提高产量。而且施用沼气液肥等种类肥料时，药材总黄酮含量与不施肥的比较无显著性差异，因此，使用适当肥料在提高广东紫珠药材产量的同时也保障了较好的质量。

（四）采收后冬季培土施肥

采收后结合冬季清园复垦除草，靠近种植行边深耕开沟施肥并培土 1 次，以有机肥料（堆肥、厩肥）为主，施农家有机肥约 15 000kg/hm^2、钙镁磷肥 375kg/hm^2。

广东紫珠萌芽力强，采用萌芽更新，经过 5 代后，长势逐渐衰退，应重新翻地栽植。

五、病虫害防治

广东紫珠抗病能力较强，发生病虫害较少。如在生长高峰期发生病虫害，应遵循“预防为主、综合防治”原则。使用农药应符合 GB/T 8321 农药合理使用准则（一）～（九）系列现行标准的规定，宜采用生物农药等无公害防治措施。

（一）猝倒病

危害状况：猝倒病是由鞭毛菌亚门腐霉属真菌浸染所致，刺腐霉及疫霉属的一些种也能引发此病。该病多发生在早春育苗床上，常见症状有烂种、死苗和猝倒。播种后，在种子尚未萌发或刚发芽时就遭受病菌侵染，引起子叶、幼根及幼茎变褐腐烂，即为烂种或烂芽。幼苗大多从茎基部感病（亦有从茎中部感病者），初为水渍状，并很快扩展、缢缩变细如“线”样，病部不变色或呈黄褐色，病势发展迅速，在子叶仍为绿色、萎蔫前即从茎基部（或茎中部）倒伏而贴于床面。苗床湿度大时，病残体及周围床土上可生一层絮状白霉。出苗前染病，往往仅个别幼苗发病，条件适合时以这些病株为中心，迅速向四周扩展蔓延，形成一块块病区。

防治办法：病菌主要通过灌水或土壤耕作传播，其生长适温范围较大。在幼苗生育状况不良、抗逆性差时，就易发病。要避免低温高湿条件出现，不要在阴雨天浇水，要设法消除棚膜滴水现象。首先，要加强苗床管理，用肥沃、疏松、无病的新床土，若用旧床土必须进行土壤处理；肥料一定要腐熟并施匀；播种均匀而不过密，盖土不宜太厚；根据土壤湿度和天气情况，需洒水时，每次不宜过多，且在上午进行；床土湿度大时，撒干细土降湿；做好苗床保温工作的同时，多透光、适量通风换气。在病害初发时开始施药，间隔 7～10d，一般防治 2～3 次并及时清除病株及邻近病土。例如，可以喷施 1500 倍的咪鲜胺和 200 倍的农抗 120。为减少苗床湿度，建议在上午施药。

（二）苗期虫害

危害状况：主要有蛴螬、地老虎等咬食幼苗茎部。

防治办法：清洁田园，铲除地边、田埂和路边的杂草；杀灭虫卵、幼虫和蛹。或用毒饵诱杀，每亩地用辛硫磷微胶囊剂 150～200g 拌谷子等饵料 5kg。

（三）夜蛾类食叶虫害

危害状况：幼虫危害叶片。

防治办法：黑光灯诱杀成虫。在幼虫为害期，喷施 20%除虫脲悬浮剂 3000～3500 倍液，或 25%灭幼脲悬浮剂 2000～2500 倍液等杀虫剂。

（四）蚧壳虫

危害状况：主要有白蜡蚧、红蜡蚧，吸食茎干树体汁液。

防治办法：5～6 月注意观察其若虫期，在若虫阶段（1～2 周）施药防治，可用 3%阿克苏 500 倍液或 25%扑虱灵 500 倍液，严重危害可适当选用 40%速扑杀 800 倍液等。

（五）蚜虫

危害状况：秋天聚集于嫩茎和嫩叶上吸取汁液，使植株枯萎。

防治办法：可喷施10%杀灭菊酯乳油3000倍液或50%灭蚜松乳油1000倍液或40%氧化乐果1000倍液杀灭。

（六）红蜘蛛

危害状况：聚集于叶背吸取叶汁，使叶片枯黄，越是干旱天气危害越严重。

防治办法：可喷施10%杀灭菊酯乳油3000倍液或50%灭蚜松乳油1000倍液或40%氧化乐果1000倍液杀灭。

六、采收与产地加工

适时采收非常重要，要重视药材采收时间（包括采收期和采收年限）、采收原则及采收方法。药材采收还要注意采收期与生产区域的关系、采收次数与栽培措施的关系，尤其要注意采收与中药材质量安全之间的关系。药材产地加工是保障药用部位质量并使其符合医疗用药要求的重要环节。

（一）广东紫珠药材最适采收期的研究

对于一年中不同月份广东紫珠药材中连翘酯苷B、金石蚕苷含量季候性动态变化和药材产量季候性动态变化的情况，研究发现，11月中旬两种指标成分总含量最高，在7月中旬两种指标成分总含量也达到一个小高峰，随后开始下降，此时药材产量还处于上升期；10月中旬广东紫珠药材含量高于《中华人民共和国药典》（简称《中国药典》）标准8倍多，而此时广东紫珠果实成熟，叶片还没有脱落，药材产量也达到了全年最高，此时采收药材较为合适。

对于江西萍乡不同生长期广东紫珠的连翘酯苷B和金石蚕苷含量变化的研究发现，广东紫珠中连翘酯苷B和金石蚕苷含量在4～6月均较低且变化不大，7、8月连翘酯苷B含量有明显波动，金石蚕苷含量仍较低，9月开始至11月中旬，连翘酯苷B和金石蚕苷含量均逐渐增大到峰值，然后开始降低。总之，在4～11月总体处于逐渐增加的趋势，是一个不断积累的过程。其中，连翘酯苷B含量在总体趋势中包含波动，可能是受到外界环境等多种因素的影响，虽然对化合物总量有所影响，但仍有一定的规律性。因此，由两者的含量变化规律，可确定7～11月为广东紫珠的最佳采收期，此时其有效成分含量最高。这个研究结果验证了2015年版《中国药典》规定的广东紫珠夏、秋两季采收的合理性。

不同采收期广东紫珠总黄酮含量的研究发现，一年间广东紫珠植株生长末期所含总黄酮高于生长旺盛期，广东紫珠总黄酮含量是随着植物生长逐渐积累或转化增加的。广东紫珠植株不同部位总黄酮含量有很大区别，其含量高低为叶＞小茎枝＞果＞根＞主干茎，总体上表现出植株上部高于植株下部，尤其叶片的总黄酮含量最高。采收期越晚的叶片总黄酮含量越高，而下部叶片总黄酮含量只是略高于上部叶片，总黄酮含量是随着植株生长时间逐渐积累到叶片上，季节越晚，叶片中积累的总黄酮含量越高；而不同部位叶片间，上部嫩叶多，总黄酮含量略低于下部叶片。因此，广东紫珠采收应该尽量在接近落叶而未落叶的时候为好，采收季节宜在生长期的后期。

（二）干燥温度对广东紫珠药材质量的影响

以金石蚕苷和连翘酯苷B作为质量评价指标，进行干燥温度对广东紫珠药材影响的研究发现，常温 25℃ 干燥药材时，干燥时间长，金石蚕苷和连翘酯苷 B 含量低；高温 105℃ 干燥时，干燥时间短，药材干燥完全，但两种成分含量也较低；40～60℃干燥，两种成分含量变化较小，40℃干燥的药材两种成分含量最高，高出常温干燥药材含量一倍多。40℃恒温干燥的广东紫珠药材含水分较低，金石蚕苷和连翘酯苷 B 含量均较高，药材品质最好。因此，40℃快速恒温干燥是广东紫珠药材加工中较优的加工条件。

（三）采收次数和采收方式对广东紫珠药材产量的影响

广东紫珠 1 年采收 2 次比采收 1 次产量高，但提高幅度并不显著。1 年采收 2 次时，7 月左右第 1 次采收药材总黄酮含量较低，因此 1 年 2 次采收方式并不可行。在根茎上 2 个节处采割的方式与一般平地面割取比较，虽然采收当季由于减少了一段根茎作药材而产量降低，但有利于来年枝叶的萌发，次年药材产量将有可能提高；基部主干枝对药材总黄酮贡献很少，所以应在根茎上 2 个节处采割。根茎上 2 个节处 1 年 1 次采收方式是有利于丰产的栽培技术措施。

（四）最佳采收加工方式

一般在每年的 10～12 月，广东紫珠将进入休眠期，应在其即将落叶前采收，离地面 10～15cm 割取广东紫珠地上部分。采收时应注意，在采收前一个月内不得使用农药；要保持药材清洁，不得带入杂草和泥土及其他物质，药材要捆扎整齐，存放在干燥清洁的地方；采收时最好用枝剪和锋利的茅刀割取，不能使枝口或根部散开，影响来年发芽。

采回的鲜药材即可交售药厂以供加工生产药材的浸膏。或将鲜药材晾干、切段，使用编织袋包装或用包装机打包成标准包。

第二节 裸花紫珠的栽培

裸花紫珠繁殖与栽培技术研究随着裸花紫珠药物的热销而于近 10 年间兴起。但是，在裸花紫珠繁育技术、种质资源收集与优选、规范化种植技术、采收加工技术及药材品质评价方面的研究还不深入。以下根据裸花紫珠繁育栽培技术方面的文献报道，对裸花紫珠的栽培技术进行介绍。

一、栽培环境

裸花紫珠属热带、亚热带植物，生于平地至海拔 1200m 的山坡、路旁、谷地、溪边或灌木林丛中。喜光、喜温、喜湿、怕渍水，在年平均气温 15～25℃、湿度较大的环境生长良好。在海南五指山，海拔 1867m，年平均气温 22.5℃，降雨主要集中在 5～10 月，年降水量 2350.7～2488.3mm，土壤主要为铝质常湿淋溶土，植被以常绿阔叶林为主，此类地区最适合裸花紫珠生长。

裸花紫珠生长繁育对土壤条件要求并不苛刻，山地和丘陵地形的农田、旱地、坡地等均可种植，但土层深厚、肥沃的土壤仍是高产的重要因素。在疏松、湿润、肥沃、排水良好、土层较厚、通气性好的壤土中生长最好。在林下种植时，应当尽量减少荫蔽，可选择适宜的光照条件，例如，10 100lx，22 000lx 或 43 000lx 等光照强度。

选取裸花紫珠药材栽培基地时，需进行栽培基地环境质量评价，基地空气质量、土壤环境质量和灌溉水质等都要达到国家标准。

二、繁殖与育苗

裸花紫珠繁育方式常采用种子繁育、扦插繁育、分株繁育及组织培养繁育。裸花紫珠种子结实率较低，种子不宜储藏，出苗率更低；分株繁育苗的繁殖系数又很小。扦插繁殖易操作、繁殖稳定、成本低，在实际生产中一般采用扦插繁育。

（一）种子育苗

一般在12月至次年3月采收成熟的新鲜果实，清水搓洗，去掉种壳，自然风干5d，在7℃低温处理3d后播种。播种前先用1500倍液多菌灵浸泡3h，然后用干沙与种子拌均匀（1000粒种子拌干沙100ml）。苗床采用河沙或河沙+椰糠（体积配比2∶1）作发芽基质为佳。裸花紫珠种子极小，撒播于基质表面，覆沙3mm，浇透水，喷水补湿，喷嘴高度距离基质30cm为宜，不要把喷头对准基质，温度25～30℃（也有说适宜发芽温度为20～25℃），光照1500～8000lx，保持苗床湿润。播种苗床要覆盖遮阳网，避免太阳直射灼伤幼苗。

1. 果实和种子处理对裸花紫珠种子发芽的影响 刚采收的成熟果实可经3种不同方式处理。清水搓洗、去除果皮及果肉的种子，一部分在常温下播种，第11天种子开始发芽，种子平均发芽率为70.6%；另一部分经冷处理（7℃）3d后置于常温下播种，第8天种子就开始萌发，发芽率最高为80.2%，苗株整齐；采集的成熟果实自然晾干后直接常温下播种，第30天才开始发芽，种子平均发芽率仅为23.9%。种子经不同方式处理后，发芽率有明显差异。果皮的去除增强了种子的透水透气性，便于萌发；去皮清洗对种子造成的轻度机械损伤，也可能会促进种子发芽。种子再经7℃低温处理，可能会使其变得容易吸水，从而促进气体交换，加速物质转化，缩短种子发芽时间，提高种子发芽率。吸水充分时8d就能萌发，说明裸花紫珠种子无休眠现象。温度也是影响种子发芽的重要因素之一，对于种子萌发的开端、潜能和萌发率有较大影响。裸花紫珠种子萌发适宜温度为25～30℃。

2. 不同基质配方播种对种子发芽的影响 对比河沙、河沙+椰糠、红壤土3种萌发基质。河沙作萌发基质，播种后8～11d开始发芽，发芽率为82.2%；河沙+椰糠（体积配比2∶1）作基质，播种后8～11d开始发芽，发芽率为80.7%；红壤土作基质，播种后20d发芽，发芽率为56.5%。河沙、椰糠的透气和透水性较强，椰糠也比较疏松，能为种子萌发提供必需的氧气；红壤土黏性大，易出现土壤板结现象，影响了种子正常萌发。此外，种子萌发与土壤基质和埋深有一定关联性，适宜基质是种子萌芽必需的条件。覆土厚度依种子大小、土壤状况而异，一般覆土厚度为种子粒径的2～3倍，裸花紫珠种子粒径小，覆土宜薄，以2～3mm为宜。

3. 不同播种季节对种子发芽的影响 3月份播种，温度25～30℃，光照1500～8000lx，为种子萌发所需的适宜温度及光照，开始发芽时间比较短，播种8～11d开始发芽，发芽率为82.9%。12月下旬播种，温度偏低，光照不足（800～1800lx），播种16d发芽，发芽率仅为75.1%。光照对裸花紫珠种子发芽有促进作用。裸花紫珠种子适宜春季播种。

4. 裸花紫珠种子质量标准 曾琳等提出了海南裸花紫珠种子质量标准，将裸花紫珠种子分为3个等级。

Ⅰ级种子：净度不低于95%，含水量不高于12.86%，千粒重不低于0.49g，生活力不低于90%，发芽率不低于85%；

Ⅱ级种子：净度不低于90%，含水量不高于11.90%，千粒重不低于0.47g，生活力不低于85%，发芽率不低于80%；

Ⅲ级种子：净度不低于80%，含水量不高于11.65%，千粒重不低于0.45g，生活力不低于80%，发芽率不低于75%。

对于大田种苗繁殖成活率、种苗移植后成活率及幼苗后期管理还缺少相关研究。

（二）扦插育苗

1. 苗圃地选择　苗圃地应选择小气候环境适宜，交通方便，有水源、电源，地势平坦、背风、向阳、地力肥沃、富含有机质、排灌方便的水田地或平坡地。

2. 整地作畦　首先在上年12月将田地上杂草清除干净，然后深翻耕冬晒备用。在第2年3～4月选择晴天，每亩撒施磷肥100kg，再次深耕细耙，整成畦面宽1m，畦沟宽、深分别为30cm的垅；也可以在深耕细耙2次后，每亩施腐熟有机肥1000～1500kg、复合肥50kg，然后整成畦面宽1～1.2m、沟深30cm、沟宽40cm的垅畦。扦插前先用水浇透苗床，并用0.1%高锰酸钾溶液进行消毒。

3. 插条选择与处理　在每年4月、7月和9月选择1～2年生无虫病、生长健壮、腋芽饱满、红棕色的中部枝条作为插穗，最好是近木质化或半木质化的嫩枝。以2年生、直径0.6～0.8cm的插穗为好。穗条要求穗长15～20cm，上端平口，下端斜切口，有4～7个饱满的腋芽，插穗剪口必须平滑、无撕裂，最好每片叶剪去叶长的50%～60%，留2片。注意不能损伤腋芽，有花、果的腋芽枝条，应坚决剔除。剪穗应在荫凉地方，并边剪边洒水。剪取好的穗条可用生根粉ABT7号或吲哚丁酸等植物生长素处理后扦插。穗条还可用0.1%高锰酸钾溶液消毒1～2min，然后清水洗净。

也可在落叶前12月上中旬，将1～2年生的枝条剪下后去除净叶片，储藏于湿润细沙中。待来年2月下旬至3月上旬剪成15～20cm长的小段扦插。储藏期间注意控制水分和时常检查枝条是否干枯或霉烂。插穗应当天插完。

4. 扦插　插穗处理好后即可进行扦插，按株行距10cm×20cm规格插下枝条长度的2/3。扦插好后要在畦面浇水1次，并喷施50%多菌灵可湿性粉剂200倍液，水浇透使土壤处于较湿的状态，使插穗与基质充分接触。最好再撒上一层黄土以防生草。然后再用白塑料薄膜进行覆盖保湿。扦插后立即盖上遮阳网遮阴，为扦插苗创造一个良好的生长环境。遮阳网与薄膜之间保持30cm左右的空间，这样可更好地起到遮阴的作用。遮阴棚要提前搭好。棚内可放上1～2支土温计。

5. 苗床管理　揭膜前，要保温保湿。一般膜内空气湿度必须保持在90%以上，温度应保持在28～32℃。注意苗床的排涝情况，防止大水浸没畦面；若天气高温干旱，应在早晨或傍晚浇水。草害严重而地膜内也有杂草，可在撇开膜后用剪刀剪除，不能用手去拔，否则会使苗上新发根系松动，除草后重新覆盖好即可。苗木生长情况可半月检查1次。检查时手指轻弹薄膜，让膜内水珠震落再透过地膜检查苗木。若叶片挺立、嫩叶不勾头则生长正常；如嫩叶上出现黑霉状或畦面土壤出现灰白霉状物，可喷施50%多菌灵800～1000倍液或70%甲基硫菌灵1500倍液灭菌消毒。膜内保湿要持续到10月，遮阳网则要保持到年底方可拆除。

一般选择在阴天揭开地膜、棚网，进行幼苗炼苗，时间不少于15d。揭膜后，应浇透水1次，同时结合施水肥1次。第1个月要隔天浇水1次，以保持土壤湿度在80%以上。按“先稀后浓，淡肥勤施”原则施肥，第1次施肥在浇水后进行，用0.5%～1%复合肥溶液进行浇灌，以后每月施肥1次。还要及时通过叶面喷施复硝酚钠（爱多收）、2%磷酸二氢钾等营养剂补充养分。除草必须做到除早、除小，以不松动穗头为宜，一般每除1次杂草后须浇水1次。最好每月喷洒农药1次，以防治病虫害。

6. 扦插育苗的影响因素　苗床基质决定了插穗的生根环境，其矿质营养、水分保持能力、保温能力和通气状况等直接影响生根的难易和质量。例如，泥炭吸附性好，能为插穗提供充足的水分和营养物质；蛭石保温能力良好，保证生根过程中相关酶促反应的进行；河沙通透性好，利于通气和排出水分。以泥炭+蛭石+河沙（体积配比为2∶1∶1）为基质的插穗在生根率和生根数量上达到最高；3种基质混合处理在生根率、生根数、最大根长及偏根率4个生根指标上优于单一基质和两种基质混合处理；混合基质中泥炭比例提高后，插穗生根率也有一定程度提高。裸花紫珠插穗自身保水能力不强，需要从外界吸收较多水分。

生根率受插条年龄的影响较大，1 年生、2 年生和多年生插条生根率的差异均达到显著水平。多年生插条生根率仅 21.8%，为最低，当年生次之，2 年生生根率达 38.6%，为最高。多年生插条组织开始老化、细胞分裂能力下降；当年生插条木质化较低，插条较易失水，营养物质储藏少，从而影响了生根成效；而对于 2 年生插条的插穗来说，其成熟度适中，细胞分生能力较强，新根容易形成。对海南裸花紫珠进行扦插繁殖时，应选择 2 年生插条为宜。

插穗粗度对扦插生根率影响较大，直径 0.6～0.8cm 插穗生根率表现最好，达 53.6%，与其他粗度水平插穗生根率的差异达到显著水平。0.8～1.0cm 插穗生根率为 36.8%；0.4～0.6cm 插穗生根率为 31.2%；1.0cm 以上插穗生根率仅为 25.5%。粗插穗储存较多营养物质，能为插穗提供生根所需营养物质。过粗的插穗生根率也较低，可能是过粗的穗条已老化、过于木质化进而影响其成活率，也可能是插穗过粗、伤口过大而使其不易生根。而细插穗多采集于枝条顶部，养分储存相对不足，枝条木质化程度较低，容易造成过早失水而影响发芽生根。

同一枝条的上部（芽梢部）、中部和下部（基部）在成熟度、木质化程度、插穗粗度和营养成分含量等方面存在差异。插条上、中部的插穗，其生根率、生根数量和最大根长都显著高于下部插穗，偏根率显著低于下部插穗。木质化程度高的插穗多取自枝条基部，易受顶端优势抑制，制成插穗后，生长素来源被切断；而木质化程度较低的顶部和中部依然积累了较多生长素，仍能产生并运输到插穗基部。插条中部插穗木质化程度最为适中，水分和养分消耗低于嫩枝，具有良好的稳定性，更利于植物扦插生根。

留叶方式的影响。留叶插穗在生根率、生根数量和最大根长 3 个指标上明显优于不留叶插穗。留 2 片剪去一半叶子的插穗，其生根效果均达到最好水平。叶片是植物生根过程中内源激素与碳水化合物的重要来源，根生长发育所需养分的 75%来源于老叶，不留叶插穗的生根率、生根数量、最大根长均较低甚至不能生根。随着留叶数量和留叶面积的提高，插穗最大根长随之提高，适宜的留叶面积利于插穗从老叶中汲取养分，但留叶面积过大使得插穗蒸腾作用增强，引起水分失衡。综合生根效果以留 2 片半叶的插穗为最佳。

不同季节扦插的影响。秋季（9 月）扦插的插穗，其生根率、生根数量和最大根长上均高于春季（4 月）和夏季（7 月），且偏根率最低；夏季扦插，其生根率和生根数量最低，偏根率最高。秋季扦插最利于生根。

不同外源激素及处理浓度的影响。吲哚丁酸（IBA）处理的插穗在生根率、生根数量和最大根长上均有明显优势；在不定根性状（平均根长、表面积、根径、根体积、投影面积）5 个指标上仍然表现出显著优势。用 ABT7 生根粉对海南裸花紫珠进行处理后，可使裸花紫珠扦插的生根率提高至 94.6%，是清水对照的 190.7%，裸花紫珠属于中等难度生根树种。裸花紫珠插穗的生根进程表明，裸花紫珠插穗以皮部生根为主，属于皮部生根型。

（三）组织培养繁育

1. 外植体表面消毒与接种　剪取野生裸花紫珠茎段为外植体，以流水冲洗干净，晾干，用 75%乙醇溶液消毒 10～30s，再用 0.1%氯化汞溶液消毒 10～15min，无菌水冲洗 5 遍，切成 1.5～2.0cm 的单节茎段，接种于诱导培养基：MS+6-苄基腺嘌呤（6-BA）（0.5mg/L）+白糖（30g/L）+卡拉胶（6.0g/L，pH 5.8）中，培养温度（28±1）℃，光照 10h/d，光照强度为 2000lx，诱导培养约 20d。污染率小于 16%，腋芽萌芽率 70%。外植体也可采用无菌苗嫩茎。

2. 诱导培养和继代增殖培养　当诱导出的丛生芽长至 4cm 左右时，将其切割成单节茎段置于增殖培养基：MS+6-BA（1.50mg/L）+萘乙酸（NAA）（0.01mg/L）+ 白糖（30g/L）+ 卡拉胶（6.0g/L，pH 5.8）中，培养温度（28±1）℃，光照 10h/d，光照强度为 2000lx，继代增殖培养约 30d。外植体芽诱导率为 87.5%，增殖系数为 10。

3. 生根培养和炼苗移栽　当增殖培养的无根试管苗长至 1.5cm 左右时，即从基部切下转接到生根培养基：1/2MS＋IBA（1.0mg/L）+ 白糖（20g/L）+ 卡拉胶（6.0g/L，pH 6.8）中，培养温度（28 ± 1）℃，光照 10h/d，光照强度为 2000lx，生根培养 30d，统计生根率；当组织培养苗（以下简称组培苗）健壮、根系发达、苗高 4～6cm、生根 4 条以上时，移入拱棚炼苗 7～10d，洗净根部培养基后，放入 0.2%高锰酸钾浸泡 1～2min，取出晾干，移栽于基质河沙+椰糠+红土[体积配比为（1～2）：1：1]中，栽后浇透定根水，盖遮阳网，20d 揭去遮阳网，30d 统计移栽成活率。生根率 100%，移栽成活率超过 95%。

4. 组织培养繁育的影响因素 不同植物生长调节剂配合有协同作用，比单一生长调节剂更能促进丛生芽或不定芽的形成与增殖。6-BA 1.50mg/L 单独使用时增殖系数为 7.62，与 NAA 0.10mg/L 配合使用增殖系数达 10.62，差异达极显著水平，且丛生芽生长状况良好。6-BA 是裸花紫珠外植体芽诱导的关键激素。

组培苗移栽生根过程中基质理化性质发挥着重要作用，其透气性影响氧气供应，对诱发新根及成活起关键作用。河沙+园土+椰糠+珍珠岩（体积配比为 2：1：1：1）是裸花紫珠组培苗适宜的移栽基质，其成活率高，生长状况佳。在裸花紫珠组培苗移栽过程中，园土吸水性和保水性强，但比较黏结，通气性差，易引起苗木萎蔫；河沙较透气，但不保水，缺营养，易使小苗缺水、缺养分；在园土中加入河沙和珍珠岩，改善园土透气性，使组培苗成活率提高，促进幼苗生长。

三、移栽定植

（一）栽培地选择与整地

裸花紫珠对土壤要求不严，一般土壤都能栽培，但怕渍水。最好选择土层深厚、肥沃的土壤。平地要开排水沟，排水沟深度在 30～40cm，要能雨停水干；坡地要进行翻耕整地，做好畦，畦宽 1～1.2m，可不开排水沟。

（二）移栽时间与移栽苗处理

一般在 2～3 月栽植为宜。移栽苗要求苗高 40～50cm，叶片达 7～10 片，苗木健壮无病虫害，苗根必须带少量土，以保证裸花紫珠移栽后种植的成活率。可以先用水浇透畦面，再用锄头挖起种苗。

（三）栽植密度与移栽方法

种植密度决定了植株个体对空间和养分竞争程度，进而影响植株生物量及单位面积群体产量。研究发现，裸花紫珠个体间竞争相对较弱，从群体产量来看，适度密植可显著提高裸花紫珠单位面积的药材产量。株行距 50cm×80cm，种植密度 25 000 株/hm^2 比较适宜。在栽植前每亩施磷肥 100kg，并以土拌匀。可在种植前先回土 2/3，再回土填满。移栽后，最好进行 30%遮阴处理。

栽植密度对植株单位面积总黄酮、总酚酸、总糖积累量有很大影响，提高密度能够增加 3 种活性成分的积累量；栽植密度对茎生物量及地上部分总生物量也有显著影响；高密度栽植能使裸花紫珠药材产量与活性成分的积累量均达最佳。

遮阴处理显著影响裸花紫珠净光合速率。蒸腾速率和气孔导度日变化曲线呈单峰型，且峰值随着遮阴程度增加而降低。光系统Ⅱ（PSⅡ）最大光化学效率（Fv/Fm）和潜在活性（Fv/Fo）的日变化曲线呈“V”形，且两者均随遮阴程度增加而升高。净光合速率随着遮阴程度加深而减小，全光照和遮阴 30%裸花紫珠在中午会出现“午休”现象，同时伴随 CO_2 浓度呈现下降趋势。这些可能是气孔因素引起，中午温度高，叶片蒸腾速率大，水分散失多，植物为了保持水分而关闭气孔，导致 CO_2 浓度降低，光合速率下降。当遮阴程度继续加大时，裸花紫珠净光合速率日变化曲线由双峰型转变成了单峰型，这主要是遮阴导致叶面温度降低，蒸腾速率下降，水分散失不再成为中午影响光合速率主导因素，气孔导度增大，光合速率增加，“午休”现象消失，呈单峰型。

遮阴条件下裸花紫珠的叶绿素 a、叶绿素 b、类胡萝卜素均显著增加，并随遮阴强度增加逐渐增加，光合色素含量增加有助于植物适应弱光环境。其中，叶绿素 a/叶绿素 b 值呈现下降趋势，光照条件减弱时，植物会增加叶绿素 b 合成。叶绿素 b 含量增加能够吸收漫射光中短波长的蓝紫光，有助于植物捕获更多光能用于植物光合作用。而类胡萝卜素/叶绿素值随着遮阴程度的减小而增大。

裸花紫珠叶片中总黄酮含量随着光照强度增加而呈现先增加后减小的规律，并在遮阴 30%时达到最大值。从光合特性变化规律来看，苗期裸花紫珠适宜全光照条件下生长，遮阴会降低裸花紫珠光合速率而影响生长。但其叶片内黄酮类化合物最佳合成条件是遮阴 30%，这二者相互矛盾，这也是中药材生产上常遇到的产量与质量之间的矛盾关系。裸花紫珠的栽培，从药材质量角度考虑，选择遮阴 30%条件为佳。裸花紫珠黄酮积累量最大的光照条件仍需继续深入研究。

四、田 间 管 理

（一）中耕除草

在杂草较多时，选择晴天进行中耕除草松土。

（二）排水灌溉

雨季及时清沟排水。干旱时及时灌溉。冬季长期干旱，严寒来临前灌 1 次跑马水，以提高裸花紫珠的耐寒性。

（三）追肥

施肥以有机肥为主，在早春 2 月每亩施三元素复合肥 20kg，第 1 次收获后的 7 月上旬，每亩再施三元素复合肥 30kg，以利于下季产量的提高；也可在移栽后每亩施尿素 92kg、钙镁磷肥 82kg，种植后 6 个月和 12 个月追肥 2 次，每次每亩施尿素 46kg、钙镁磷肥 41kg。追肥时，最好在距苗木两侧开挖 20cm×20cm×10cm 小沟，均匀施入，覆土。

氮、磷元素对裸花紫珠有效生物量和活性成分含量起决定作用，高氮、低磷、高密度组合能使药材产量与活性成分积累量均达最佳。

（四）采收后冬季培土施肥

冬季收割后清园，用稻草覆盖，再覆土保温，以便裸花紫珠根部安全越冬。每亩施腐熟有机肥 1500kg 为越冬肥。

五、病虫害防治

裸花紫珠从野生变家种的栽培历史较短，病虫害发生较少，现只发现蝗虫危害。病虫害防治仍需遵循“预防为主、综合防治”原则。使用农药应符合 GB/T 8321 农药合理使用准则（一）～（九）系列现行标准的规定，宜采用生物农药等无公害防治措施。

六、采收与产地加工

裸花紫珠全年均可采收，以夏、秋采收为佳。一般情况下，第 1 次采收在 6 月底 7 月初，第 2 次采收在 11 月下旬。采取截干采收方式，截干高度 15～25cm 为佳。

分别于上、下半年采集的裸花紫珠样品在化学成分含量上有较大差异，尤其是毛蕊花糖苷等苯乙醇苷类活性成分；下半年采集的样品活性成分含量高。这说明在不同生长阶段，药材本身积累的次生代谢产物量有差异，采集时间对裸花紫珠药材质量有明显影响。

第三节　药用紫珠属植物的人工栽培现状

广东紫珠是 20 世纪 60 年代开展中草药普查中发掘而来的中药材，江西心正药业有限责任公司最早用其来生产抗宫炎片。萍乡市林业科学研究所（以下简称林科所）欧阳贵明等于 1985～1989 年对野生广东紫珠进行驯化栽培，对广东紫珠生态生物学特性、人工繁殖栽培技术及栽培效益进行了系统的试验研究。此后几十年间，江西林业科研人员继续深入开展了广东紫珠药材繁育技术、种质资源收集与优选、规范化种植技术、采收加工技术及药材品质评价方面的系列研究。由于当时野生资源丰富，并没有大面积推广栽培。随着各制药生产企业对广东紫珠原料需求量逐步增大，广东紫珠市场缺口开始加大，人工栽培技术的制约，引发了各生产企业对野生资源大量的掠夺性收购，野生资源接近枯竭状态。

2005 年萍乡市林科所进一步对广东紫珠的驯化、繁育、人工栽培技术等方面进行研究。为进一步扩大生产规模，提高栽培经济效益，2009 年完成了对广东紫珠规范化及高效种植技术的研究，其中丘陵高产栽培模式取得了很好的推广效果，亩产由原来的 500 多千克提高到 1500 多千克。萍乡市林科所在荒山造林、林下栽培、大田栽培等方面的研究也都有突破。同时，为将广东紫珠科研成果转化为生产力并产生经济效益，该所采用“科研单位+基地+农户”的生产模式，将技术开发、生产示范、培训指导等科学结合。此外，还实施“科技公司+基地+药企”的产业发展模式，将产、研、销紧密结合。2009 年萍乡市农林科技专家胡冬初建言，广东紫珠可作为生物防火林带建设的新主力树种。萍乡地处江西西部，是赣江和湘江的分水岭，为典型的丘陵山区市，森林资源较为丰富，森林火灾为害严重，建设生物防火林带是森林防火的有效措施。在通往武功山风景区芦万武旅游公路沿线，建设形成了 5000 亩紫珠观光绿化带等示范点。2011 年萍乡市芦溪县万龙山乡茅店村建立的广东紫珠高效种植示范基地是中央财政林业科技推广示范资金项目在江西省建立的众多示范基地之一；2011 年底萍乡市安源区高坑镇彭泉村成立了紫珠草种植专业合作社，目前全社共有 102 个社员，种植面积达 500 亩，自 2011 年至 2013 年，紫珠草为村民年人均增收 700 元以上，通过土地流转，没有种植紫珠草的农户也可以每年获得 600 元/亩的土地租金。2011 年底萍乡市莲花县开始引进萍乡市某农副产品公司，通过公司+基地+农户的形式，在高洲乡种植广东紫珠面积达 1200 亩，其中朱家湖连片面积达 700 亩。2012 年萍乡市武功山风景区万龙山乡共有紫珠草专业合作社 3 个，入社农户 380 多户，紫珠草基地面积达 4200 亩，产值 1300 万元。截至 2013 年 10 月，萍乡市建立了推广示范基地 1500 亩，良种繁育圃 106 亩，推广建立广东紫珠栽培基地 8000 亩，带动成立广东紫珠种植合作社 9 家，参与种植的公司 6 家，种植面积在 100 亩以上的大户 12 户，形成了产业规模，种植范围辐射到江西省内的宜春、赣州、上饶、鹰潭、吉安等地，以及湖南、贵州、福建、广西等地。2012 年 10 月，江西省林科院和萍乡市林科所合作的农业科技成果转化资金项目“江西特色药用林广东紫珠高效种植”顺利通过了验收。苗圃、种植示范基地工程量完成情况较好，达到了优质高产示范效果，建立了一套技术成熟的规范化种植技术体系，制定了广东紫珠药材质量标准，建立了广东紫珠种苗培育与规范化种植示范基地。2015 年 12 月 21 日，江西省地方标准《广东紫珠药材培育技术规程》（DB36/T894-2015）颁布施行。目前，广东紫珠在我国中部和南部地区都有栽培，以江西省和湖南省栽培面积最大。

在广东紫珠育种方面，萍乡市林科所也走在了全国最前列。2011 年，该所筛选的 4200 粒广东紫珠种子搭乘“神舟八号”进行太空诱变育种，并按照太空诱变育种研究实施方案，进行了单株隔离栽培试验，继续对太空诱变进行子代隔离育苗与观测比较，建立了试验圃 2 亩，繁育苗木 1 万余株。2013 年，继续开展《广东紫珠良种选育研究》项目，按实施方案要求进行了自然变异选育、杂交变异选育、化学诱导变异选育与 γ 射线育种等相关调查与试验，选育出的‘萍紫 1 号’并向国家林业局申报了新品种登记。

针对裸花紫珠种苗繁育与栽培技术的研究也逐渐开展，部分企业、科研院所也建立了裸花紫珠良好农业规范（GAP）种植基地，形成了一定规模的种植。聂垚等对裸花紫珠枝条的扦插繁育技术和大田栽培技术进行了研究，并在江西省建立了裸花紫珠 GAP 种植基地，创造了裸花紫珠资源新的地理环境分布；王春梅等探讨了不同环境因子对裸花紫珠种子育苗的影响，并建立了有效的裸花紫珠种子育苗技术方法，为裸花紫珠种子育苗规模化生产提供技术支撑；潘梅等以种子为外植体，MS 为基本培养基，通过比较不同植物生长调节剂种类和浓度配比、培养条件及生根苗移栽基质，建立了裸花紫珠组织培养快速繁殖体系，为实现裸花紫珠工厂化育苗提供了技术支持。

2008 年，罗帅村村民从野外引种裸花紫珠并小面积栽种，喜获成功，拉开了白沙农户种植裸花紫珠的序幕。2012 年白沙县细水乡裸花紫珠种植面积已达到 6800 亩，可收获面积 4000 亩。同年，海南一家公司建立了海南省南药产业化裸花紫珠示范基地。2010 年五指山一家公司在五指山市畅好乡开发试种裸花紫珠获得成功，2011 年扩大种植了 1300 亩裸花紫珠，被省科技厅列为省级星火科技项目，2012 年设立为海南省南药产业化裸花紫珠示范基地。同年，海南省投入 700 万元，在五指山区扶持 7 个贫困乡镇，大面积种植裸花紫珠，整个五指山地区，当年保有种植面积已经高达 16 000 多亩。2012 年，琼中县某农场开始种植裸花紫珠，采取农场引导规划、职工自愿参与的方式，通过专业合作社的形式，采用“公司+基地+种植户”的模式，实行股份制，鼓励职工参股，形成“利益共享，风险共担”的机制；实行“以点带面、先搞试点”“以销定产”的办法，实行最低保护价收购。2012 年 7 月，总场场部周边 45 户种植户领取种苗 15 万株，种植面积达 250 亩。为了加强种植示范基地的管理，整修园间道路 10km，建设水肥池 40 座，可直接供应 500 亩裸花紫珠用地旱季用水和水肥灌溉。2011 年 4 月 16 日，工信部课题“裸花紫珠药材人工栽培技术及规范化种植研究”顺利通过验收。

大叶紫珠可以作为广东紫珠的替代品，湖南省会同县开展了大叶紫珠人工种植。科研人员还对大叶紫珠的组织培养与快速繁殖、扦插繁殖技术、人工栽培及大叶紫珠总黄酮含量动态变化，以及营养元素含量与分布情况等进行研究。紫珠、白棠子树、日本紫珠、窄叶紫珠、杜虹花等作为观赏树种，园林植物科研工作者对这些植物的育苗及栽培技术进行了不同程度的研究。

参考文献

陈颖，许敏，凌嘉伟，等，2014. 不同采收期广东紫珠中两种抗炎活性成分的动态变化[J]. 中医药学报，42（1）：29-31.

房丽琴，2010. 大叶紫珠和小紫珠的扦插繁殖技术[J]. 安徽农业科学，38（24）：13175-13176.

胡利珍，陈小连，韦启鹏，等，2016. 氮磷钾肥配比对广东紫珠生长发育及产量质量的影响[J]. 中国农学通报，32（10）：90-94.

胡利珍，谷德平，钟小军，等，2017. 间（套）作牧草对广东紫珠产量、质量及效益的影响[J]. 江西农业学报，29（2）：49-52.

黄东梅，林妃，许奕，等，2014. 裸花紫珠组培快繁技术研究[J]. 农学学报，4（12）：63-66.

黄赛，潘梅，戚华莎，等，2014. 裸花紫珠试管苗生产技术初探[J]. 湖北农业科学，53（13）：3121-3123，3127.

李晨晨，周再知，张金浩，等，2016. 外源 IBA 对裸花紫珠插穗营养物质含量及抗氧化酶活性的影响[J]. 热带作物学报，37（11）：2113-2118.

李晨晨，周再知，周树平，等，2017. 遮阴对裸花紫珠苗期光合特性及总黄酮含量的影响[J]. 热带亚热带植物学报，25（6）：569-578.

林小凡，朱培林，罗坤水，等，2011. 广东紫珠栽培技术对药材产量的影响[J]. 江西农业大学学报，33（1）：90-95.

刘江华，熊美珍，邹晓祥，等，2007. 广东紫珠播种育苗试验[J]. 江西林业科技，3：16-17.
刘式超，2016. 栽培措施对裸花紫珠生长产量及质量的影响[D]. 北京：中国林业科学研究院.
刘式超，周再知，张金浩，等，2016. 裸花紫珠嫩枝扦插生根影响因子研究[J]. 植物研究，36（5）：739-746.
刘笑蓉，周日宝，唐丽君，等，2010. 大叶紫珠不同采收期总黄酮含量的研究[J]. 湖南中医药大学学报，30（11）：31-36.
刘幼娴，谷陟欣，卢凤来，等，2014. 不同采收期裸花紫珠的 HPLC 指纹图谱研究[J]. 广西植物，34（2）：174-178.
聂韡，房海灵，邓绍勇，等，2016. 不同产地广东紫珠药材苯乙醇苷类成分含量与抗氧化能力的相关性[J]. 江苏农业科学，44（3）：273-275.
聂垚，吴永忠，余宝平，等，2010. 裸花紫珠种苗繁育与栽培技术[J]. 现代园艺，12：23-24.
欧阳贵明，杨笑萍，喻晓林，等，1991. 广东紫珠的栽培技术[J]. 中药材，14（3）：12-13.
潘梅，符瑞侃，黄赛，等，2014. 药用裸花紫珠微繁技术增殖培养基筛选研究[J]. 北方园艺，（4）：96-99.
潘梅，黄赛，王景飞，等，2013. 药用植物裸花紫珠的组织培养与快速繁殖研究[J]. 中国农学通报，29（7）：127-132.
彭益萍，刘江华，伍建红，等，2010. 森林药材-广东紫珠丘陵高产栽培模式初探[J]. 江西林业科技，4：15-17.
孙刚，李开斌，晏晨，等，2015. 干燥温度对广东紫珠药材质量的影响[J]. 北方药学，12（11）：15.
唐燕，2012. 裸花紫珠扦插繁育技术[J]. 农技服务，29（9）：1026.
王春梅，张浪，赵明苑，等，2014. 海南黎药-裸花紫珠种子育苗技术研究[J]. 中国农学通报，30（7）：238-241.
王景飞，吕德任，黄赛，等，2013. 裸花紫珠组培苗移栽基质的筛选研究[J]. 现代农业科技，15：172-173.
谢宜飞，王世金，谢采多，等，2013. 广东紫珠种子发芽特性研究[J]. 江西林业科技，3：5-7.
姚宏，刘南祥，吴华芬，等，2008. 大叶紫珠的组织培养与快速繁殖[J]. 植物生理学通讯，44（1）：135.
曾琳，陈葵，周菁，等，2015. 裸花紫珠种子质量标准研究. 种子，34（5）：120-122.
张金浩，2014. 裸花紫珠扦插繁殖技术及生根机理研究[D]. 北京：中国林业科学研究院.
张浪，姜殿强，翁春雨，等，2013. 海南黎药裸花紫株扦插育苗技术研究[J]. 中国农学通报，29（13）：197-200.
张浪，王春梅，姜殿强，等，2015. 不同基质对黎药裸花紫珠袋苗生长影响研究[J]. 园艺与种苗，12：1-3.
周再知，刘式超，张金浩，等，2016. 外源 IBA 对裸花紫珠扦插生根和内源激素含量变化的影响[J]. 热带作物学报，37（6）：1075-1080.
朱红林，徐靖，陈健晓，等，2015. 裸花紫珠组培快繁技术体系[J]. 贵州农业科学，43（7）：144-117.
朱培林，黄丽莉，林小凡，等，2010. 广东紫珠药材总黄酮含量分析[J]. 江西林业科技，6：12-14.
邹晓祥，刘小艳，2009. 广东紫珠山地丰产栽培试验[J]. 江西林业科技，5：15-16.
DB36/T 894-2015. 江西省地方标准：广东紫珠药材培育技术规程[S]. 2016-03-15.

第四章　药用紫珠属植物的药学研究

第一节　化学成分研究

紫珠属植物化学成分复杂，主要包括萜及其苷类、黄酮类、苯丙素类、酚酸类及挥发油类。根据该属化学成分方面的报道，如下特点值得注意：①该属植物叶、茎和根为发现活性成分的主要研究部位；②萜类特别是二萜及三萜是该属植物中含量最为丰富的化学成分；③多甲基取代黄酮作为黄酮的主要类型分布在许多紫珠属植物中；④该属植物中萜及其苷类和黄酮类有较好活性。

一、萜类及其苷类

萜类是指存在于自然界中，分子式为异戊二烯单位倍数的烃类及其含氧衍生物，萜类化合物不仅是一类重要的香料，还是中草药中一类活性较高的物质。从紫珠属中分离到的萜类化合物有单萜、倍半萜、二萜及三萜类成分。

（一）单萜类

4-松油醇、*α*-松油醇、*α*-蒎烯、*β*-蒎烯、地黄苷、异地黄苷、6-*O*-苯甲酰-phlorigidoside B、6-*O*-trans-肉桂酰-phlorigidoside B、6-*O*-trans-p-香豆酰山栀甘甲酯、4′-*O*-trans-p-香豆酰玉叶金花甙酸甲酯、6*β*-hydroxyipolamiide、phlorigidoside B、nudifloside、8-乙酰基哈帕苷、6-*O*-香草酰筋骨草醇苷、梓醇、益母草苷、婆婆纳苷、3″-methoxy-agnucastoside C、5″-methoxy-ampicoside、6″-*O*-咖啡酰梓醇、6″-*O*-阿魏酰梓醇、6-*O*-阿魏酰梓醇、6-*O*-丁香酰筋骨草醇、agnucastoside C、ampicoside、linearoside、10-*O*-（*E*）-p-coumaroylgeniposidic acid。从木紫珠、杜虹花和裸花紫珠中发现环烯醚萜类成分。nudifloside 和 linearoside 首次从裸花紫珠中分离到。

（二）倍半萜类

倍半萜类化合物出现在大多数紫珠属植物中，如日本紫珠、全缘叶紫珠、大叶紫珠、枇杷叶紫珠等。从紫珠属植物中得到的倍半萜类成分主要有*β*-石竹烯、*γ*-石竹烯、大根香叶烯 B、大根香叶烯 D、aromadendrene Ⅱ、表蓝桉醇、白千层醇、*α*-愈创木烯、*γ*-榄香烯、斯巴醇、elixene、*τ*-cadinene、7-epi-*α*-桉叶油醇、dendrolasin、（1*β*，6*α*）-桉叶烷-4（14）-烯-1，6-二醇、（–）-丁香烷-2*β*，9*α*-二醇，（9*β*）-caryolane-1，9-diol、cendrolasin。

（三）二萜类

从紫珠属植物中分离到的二萜类化合物类型非常丰富，包括松香烷型、克罗烷型、半日花烷型、裂环半日花烷型、右松脂烷型、异右松脂烷型和桃柘烷型等。2009 年从长毛紫珠中得到 5 个新的松香烷型二萜，其中 12-deoxy-11，12-dihydro-seco- hinokiol methyl ester（C-11，12 以单键连接）比 12-deoxy-seco-hinokiol methyl ester（C-11，12 以双键连接）对肺结核分枝杆菌 H37RV 的抗结核效果好。另外，带有 9-羟基的 9*α*-羟基紫珠酸 A 比有 9-*H* 的紫珠酸 A 具有更强的抗结核活性。对尖尾枫茎叶中获得 3 个 3，4-裂环松香烷型二萜和 1 个半日花烷型的类似化合物，分别命名为 callilongisins A、callilongisin B、callilongisin C、callilongisin D。从裸花紫珠中得到一系列 3，4-裂环半日花烷型二萜。大叶紫珠萜酮已经从 8 种紫珠属植物中获得，该成分可为紫珠属植物的一个特征成分。从紫珠属植物中得到的二萜类成分主要有：①松香烷型：kochianic acid A、kochianic acid B、pedunculatic acid A、7*α*，15-二羟基去氢松香酸、脱氢枞酸、7*β*-羟基去氢松香酸、7*α*-羟基去氢松香酸、7-羰基-脱氢枞酸、18-羧基-6，8，11，13-松香烷酸、3-氧代-松香烷-8，11，13-三烯、7-氧代-松香烷-8，11，13-三烯、12-deoxy-seco-hinokiol methyl ester、9*α*-hydroxycallicarpic acid A、callilongisin B、callilongisin C、3*β*-hydroxy- 8，11，13（14），15-abietatetraen-19-oic acid；②克罗烷型：左旋哈氏豆属酸、monomethyl kolavate、echinophyllin C、二萜酸甲酯、15，16-二羟基-15-甲氧基-16-氧-左旋哈氏豆属酸、pentandralactone、pentandranoic acid A、pentandranoic acid B、pentandranoic acid C；③扁枝杉烷型：16，17-二羟基-3-*O*-扁枝杉烷、17-降扁枝烷-3，16-聚酯、phyllocladֹ- 15-en-3，17-dione、3*β*，16*β*-phyllocladane-3，16，17-triol、16*α*，17，19- trihydroxyphyllocladan-3-one、4，16*α*，17-trihydroxy-3，4-secophyllocladan-3-oic acid、16-hydroxy-17-acetoxy-3-oxophyllocladane、大叶紫珠萜酮、大叶紫珠萜酮单乙酸酯、大叶紫珠萜酮-17-乙酸；④半日花烷型：callilongisin D；⑤3，4-裂环半日花烷型：methylcallicarpate、callicarpic acid、callicarpaolide、callicarpic acid A、ent-3，4-seco-14-carbonyl-15，16-epoxy-4（18），8（17），13（14）-labdatrien-3-oic acid、syn-3，4-seco-12*R*-hydroxy-15，16-epoxy-4（18），8（17），13（16），14（15）- labdatetraen-3-oic acid、syn-3，4-seco-12*S*-hydroxy-15，16-epoxy-4（18），8（17），13（16），14（15）-labdatetraen-3-oic acid、ent-3，4-seco-16-hydroxy-12，15-epoxy-4（18），8（17），12，14-labdatetraen-3-oic acid、ent-3，4-seco-12*R*，15-epoxy-4（18），8（17），13-labdatrien- 3-oic acid、3，4-seco-12*R*，13*S*-dihydroxy-4（18），8（17），14（15）-labdatrien-3-oic acid；⑥异海松烷：7*α*-羟基-山达海松酸、calliphyllin、14*α*-hydroxy-7，15 -isopimaradien-18-oic acid、异海松酸。

（四）三萜类

三萜类化合物是紫珠属植物的另一类活性成分，其主要为乌苏烷型、齐墩果烷型和羽扇豆烷型五环三萜。从紫珠属植物中得到的三萜类成分主要有①乌苏烷型：*α*-香树脂醇、2*α*-羟基-乌苏酸、2*α*，3*α*-二羟基-12-烯-28-乌苏酸、2*α*，3*α*，19*α*-三羟基-12-烯-28-乌苏酸、24-ethylcholesta-7，22-dien-3*β*-ol、坡模酸、myrianthic acid、2*β*，3*β*，19*α*-三羟基-12-烯-28-乌苏酸、*α*-香树脂醇-3-*O*-*β*-D-葡萄糖苷、夏枯草苷 A、乌苏酸、2*α*，3*α*，19*α*，24-四羟基-乌苏烷-12-烯-28-*O*-*β*-D-吡喃葡萄糖苷、3-羟基-12-烯-28-乌苏酸、3-氧代-12-烯-28-乌苏酸、3*β*，19*α*-二羟基-12-烯-28-乌苏酸、2*β*，3*β*，19*α*-三羟基-12-烯-28-乌苏酸、乌发醇、乌苏-12 烯-3*β*-醇、arjunglucoside Ⅰ、蔷薇酸、3-*β*-*O*-乙酰乌苏酸、2*α*，3*β*，19*α*，23-四羟基-12-烯-28-乌苏酸、2*α*，19*α*-二羟基乌苏酸、2*α*，3*α*，24-三羟基-12-烯-28-乌苏酸、乌苏-12-烯-3*β*-醇、2*α*，3*α*，19*α*，23-四羟基-乌苏烷-12-烯-28-*O*-*β*-D-葡萄糖苷；②齐墩果烷型：*β*-香树脂醇、齐墩果酸、高根二醇、3-乙酰齐墩果酸、2*α*，3*β*，23-三羟基-齐墩果烷-12-烯-28-*O*-*β*–D-吡喃葡萄糖苷、2*α*，3*α*，24-三羟基-12-烯-28-齐墩果酸、2*α*，3*β*，24-三羟基-12-烯-28-齐墩果酸、2*α*，3*β*，19*α*-三羟基-齐墩果烷-12-烯-28-*O*-*β*-D-吡喃葡萄糖苷、山楂酸、2*α*，3*β*，19*α*，23-四羟基-12-烯-28-齐墩果酸、2*α*-羟基-齐墩果酸、常春藤皂苷、arjunglucoside Ⅱ、2*α*，3*α*，19*α*，23-四羟基-齐墩果烷-12-烯-28-*O*-*β*-D-木糖-（1→2）-*β*-D-吡喃葡萄糖苷、2*α*，3*α*，19*α*，23-四羟基-齐墩果烷-12-烯-28-*O*-*β*-D-葡萄糖苷；③羽扇豆烷型：白桦脂酸、角鲨烯。

二、黄酮类化合物

在日本，20 世纪 60 年代为寻找高效低毒杀鱼剂，对本国分布的紫珠属植物进行了系统研究，从白毛紫珠（*C. candicans* Hochr.）中分离出紫珠草酮，其对鱼的毒性作用与鱼藤酮（rotenone）相似，此后又有其他黄酮类化合物陆续从紫珠属植物中分离出来。印度自 20 世纪 70 年代起对大叶紫珠、木紫珠进行研究，也分离出一些黄酮类化合物。我国从 20 世纪 80 年代从全缘叶紫珠（*C. integerrima* Champ.）和杜虹花叶中提取分离出黄酮之后，近年来又分别从杜虹花和紫珠中获得多个黄酮。黄酮类化合物及其衍生物是紫珠属植物的重要化学成分，它们具有广泛的药理活性，特别是镇痛和止血作用。紫珠属中黄酮类成分包括黄酮、黄酮醇及其苷类成分。从紫珠属植物中得到的黄酮类成分主要有 Velutin、木犀草素-7-*O*-*β*-D-吡喃葡萄糖苷、槲皮素-3，3′-二甲醚、槲皮素-3，3′，4′-三甲醚、5-羟基-3，3，4，7-四甲基黄酮、3，3，4，5，7-五甲基黄酮、3，4，5，7-四甲基黄酮、5-羟基-3，4，7-三甲基黄酮、阿亚黄素、木犀草素-4-O-葡萄糖苷、槲皮素-7-*O*-*α*-L-鼠李吡喃糖苷、3，5-二甲基莰非醇、鼠李秦素、芹菜素-6，8-二-C-*β*-D-葡萄糖苷、岳桦素、木犀草素、矢车菊素、山萘酚-7-*O*-*β*-D-葡萄糖苷、甲基花青素、华良姜素、槲皮素-7-*O*-*α*-L-鼠李糖苷、芹菜素-7-*O*-*β*-D-葡萄糖苷、5，4′-二羟基-3，6，7-三甲氧基黄酮、木犀草素-4′-*O*-*β*-D-吡喃葡萄糖苷、木犀草素-3′-*O*-*β*-D-吡喃葡萄糖苷、5，7，3′，4′-四羟基-3-甲氧基黄酮、5，7，4′-三羟基-3′-甲氧基黄酮、3，5，4′-三羟基-7，3′-二甲氧基黄酮、5，7-二羟基-4′-甲基黄酮、槲皮素-3- *O*-D-葡萄糖-L-鼠李糖苷、碧冬茄定、阿亚黄素、芹菜素、5，4′-二羟基-3，7，3′-三甲氧基黄酮、槲皮素、鼠尾草素、野黄芩素-7，4′-二甲基醚、eupatorin、金合欢素、次大风子素、木犀草素-7，4′-二甲醚、木犀草素-7，3′，4′-三甲醚、木犀草素- 4′-甲醚、芹菜素-7-*O*-*β*-新橙皮糖苷、5，3′，4′-三羟基黄酮-7-*O*-葡萄糖苷、5，7，3′-三羟基黄酮-4′-*O*-*β*-D-葡萄糖苷、5，7-二羟基-3′-甲氧基黄酮-4′-*O*-*β*-D-葡萄糖苷、熊竹山姜素、5-羟基-3，6，7，4′-四甲氧基黄酮、六棱菊亭、山柰酚-3-*O*-*β*-D-葡萄糖醛酸苷、芦丁、木犀草素-3′-*O*-（6″-*E*-咖啡酰）- *β*-D-吡喃葡萄糖苷、金圣草黄素-7-*O*-*β*-D-葡萄糖苷、木犀草素-4′-*O*-（6″-*E*-咖啡酰）- *β*-D-吡喃葡萄糖苷、木犀草素-7- *O*-（6″-*E*-阿魏酰）- *β*-D-吡喃葡萄糖苷、木犀草素-7-*O*-（6″-*E*-咖啡酰）- *β*-D-吡喃葡萄糖苷、木犀草素-7-*O*-（6″-*p*-香豆酰）- *β*-D-吡喃葡萄糖苷、木犀草素-7-*O*-新橙皮苷。

三、苯乙醇苷类和苯丙素类化合物

苯乙醇苷类化合物广泛地存在于紫珠属植物中。在结构上，是由羟基苯乙基部分通过糖苷键与 *α*，*β*-吡喃葡萄糖连接。这类化合物拥有广泛的药理活性，非常低的毒性和好的安全性。从紫珠属植物中得到的该类成分主要有（+）-芝麻素、（+）-芝麻素-2-醇、芝麻素-2，2′-二醇、（9*α*）-9-甲氧基芝麻素-2，2′-二醇、毛蕊花糖苷、异角胡麻苷、去酰化异角胡麻苷、连翘酯苷 B、2′-乙酰基连翘酯苷 B、arenarioside、异毛蕊花糖苷、4-hydroxyphenethyl tetradecanoate、独一味苷 A、肉苁蓉苷 D、肉苁蓉苷 C、肉苁蓉苷 H、肉苁蓉苷 F、callicarposide A、金石蚕苷、antiarol rutinoside、3，4，5-三甲氧基苯基 6-*O*-D-芹糖-beta-D-呋喃糖基-beta-D-葡萄糖苷、samioside、异香草酸、水杨酸、丁香酸、琥珀酸、咖啡酸、香草酸、对羟基桂皮酸、阿魏酸、原儿茶酸、2′-乙酰基毛蕊花糖苷、江藤苷、松果菊苷、管花苷 E、角胡麻苷、alyssonoside、无梗五加苷 B。

四、挥发油类

从紫珠属植物中分到的挥发油包括 3，7，7-三甲基-双环（3，1，1）-2-庚烯、莰烯、*β*-蒎烯、柠檬烯、桉树脑、石竹烯、萘、蓝桉醇、表桉叶油醇、十八炔酸、棕榈酸、二十碳二烯酸等。王治平等采用气相色谱-质谱联用（GC-MS）的方法，鉴定分析裸花紫珠药材挥发油化学成分，发现其主要化学成分有石竹烯氧化物、1，5，5，8-四甲基-12-含氧双环[9，1，0]十二烷-3，7-二烯、桉叶烷-4（14），11-二烯、*α*-石竹烯、石竹烯、异香树素环氧化物、绿花白千层醇、1*β*，14*βH*，10*βH*-愈创-5，11-二烯、杜松-1（10），4-二烯、反式-*Z*-*α*-没药烯环氧化物、（13*S*）-8，13：13，20-二环氧，15，16-二去甲赖白当和香橙烯等。Liang JJ 等从裸花紫珠中分离出葎草烯环氧化合物、*α*-没药稀环氧化合物、（+）-2-菖烯、异松油烯、金合欢醇、长叶蒎烯环氧化合物、聚伞花素、桧烯、*β*-松油醇、芳樟醇等挥发油类成分。王勇等采用水蒸气蒸馏法从海南白沙产裸花紫珠叶中提取挥发油，并通过气相色谱-质谱联用技术对其化学成分进行测定，结果从中分离到的相对百分含量较高

的成分有 β-蒎烯、α-蒎烯、石竹烯氧化物、石竹烯、邻伞花烃、反式-4-侧柏醇和桃金娘烯醇等。

五、其　　他

国内外学者也从紫珠属植物中分离出脂肪酸、氨基酸、甾醇、无机元素等，如（+）-芝麻素、阿克苷、月桂酸、肉豆蔻酸（十四烷酸）、棕榈酸（十六烷酸）、硬脂酸、油酸、亚油酸、花生四烯酸、花生二烯酸、花生酸、山楂酸、丙氨酸、丝氨酸、苏氨酸、天冬氨酸、菜油甾醇、豆甾醇、β-谷甾醇、β-胡萝卜苷、乙酰化羽扇醇、甲基桦木素、降香醇、水杨酸、香荚豆酸、丁香酸、香草醛、香草酸、原儿茶醛、原儿茶酸、金色酰胺醇酯及钙（Ca）、镁（Mg）、钾（K）、铝（Al）、锶（Sr）、铁（Fe）等元素。

参 考 文 献

陈德金，祝晨蔯，林朝展，等，2011. HPLC 法测定裸花紫珠片中毛蕊花糖苷及连翘酯苷的含量[J]. 中成药，33（3）：449-452.

冯世秀，张旻，易博，等，2017. 裸花紫珠化学成分与药理活性研究进展[J]. 中草药，48（5）：1015-1026.

刘小芬，李顺祥，2015. 裸花紫珠研究进展[J]. 中南药学，13（4）：396-402.

聂韡，朱培林，黄丽莉，等，2011. 广东紫珠药材的研究进展[J]. 中国现代中药，13（9）：37-40.

任风芝，栾新慧，屈会化，2001. 紫珠叶的化学成分研究Ⅱ. 中国药学杂志，36（7）：445-447.

宋潇，黄胜，袁莉，等，2017. 裸花紫珠资源、化学成分及药理作用研究近况[J]. 中国医药导报，14（6）：45-48.

孙美，王立波，吴立军，2015. 药用紫珠属植物的研究进展[J]. 安徽农业科学，43（13）：101-104.

王艳晶，杨义芳，高岱，2008. 紫珠属植物的化学成分及生物活性研究进展[J]. 中草药，39（1）：133-137.

王勇，孔杜林，董琳，等，2015. GC-MS 分析海南白沙产裸花紫珠叶挥发油的化学成分[J]. 中国实验方剂学杂志，21（2）：94-98.

王玉梅，王飞，肖怀，2011. 木紫珠化学成分研究[J]. 时珍国医国药，（22）：1341-1342.

王振华，杜勤，1998. 紫珠属化学成分研究及其临床应用. 广东药学，3：5-6.

张珊珊，张丽，陈怀远，等，2016. 江西省药用紫珠属植物化学成分研究进展[J]. 中南药学，14（9）：976-982.

Dong L, Zhang L, Zhang X P, et al, 2014. Two new 3, 4-seco-labdane diterpenoids from *Callicarpa nudiflora* and their inhibitory activities against nitric oxide production[J]. Phytochem Lett，10：127-131.

Dong L, Zhang X P, Liu M S, et al, 2013. Two new ent-3, 4-seco-labdane diterpenoids from *Callicarpa nudiflora*[J]. J Asian Nat Prod Res，15（1）：30-34.

Kobaisy M，Tellez MR，Dayan FE，et al，2002. Phytotoxicity and volatile constituents from leaves of *Callicarpa japonica* Thunb[J] . Phtochemistry，61（1）：37-40.

Koo KA，Sung SH，Park JH，et al，2005. In vitro neuroprotective activities of phenylethanoid glycosides from *Callicarpa dichotoma*[J]. Planta Med，71：778-780.

Lei Zhang，Jian Huang，Mingsheng Liu，et al，2013. Ent-3，4-seco-labdane diterpenoids from *Callicarpa nudiflora* leaves with anti-inflammatory activity[J]. Heterocycles，87（7）：1561-1569.

Liang J J，Han F，Wang Z Y，et al，2009. Chemical composition of the essential oil from leaves of *Callicarpa nudiflora*[J]. Chem Nat Compd，45（2）：267.

Lin, CZ, Zhu, CC, Zhao, ZX, et al, 2012. Two new abietane diterpenoids from the caulis and leaves of *Callicarpa kochiana*[J]. Fitoterapia，83：1-5.

Tu Y H，Sun L N，Guo M L，et al，2013. The medicinal uses of *Callicarpa* L. in traditional Chinese medicine：An ethnopharmacological，phytochemical and pharmacological review[J]. J Ethnopharmacol，（146）：465-481.

Zhang L，Dong L，Huang J，et al，2013. 3，4-seco-labdane diterpenoids from the leaves of Callicarpa nudiflora and their inhibitory effects on nitric oxide production[J]. Fitoterapia，89（2）：218-223.

Zhang L，Liu M S，Huang J，et al，2014. A new 3，4-seco-labdane diterpenoid with potential anti-nflammatory activity from the leaves of *Callicarpa nudiflora*[J]. J Asian Nat Prod Res，16（2）：216-221.

第二节　药理学研究

紫珠属植物在我国有悠久的药用历史，在民间主要用于治疗偏头风痛、吐血、跌打肿痛、外伤出血等，临床还常用于烧伤、烫伤等疾病的治疗。但作为常见的民间用药，其生物活性物质基础和药理作用研究并不深入。现代药理学研究表明，紫珠属植物具有止血、抗炎、镇痛、抗氧化、抑菌、抗病毒等多种药理作用。

一、止血作用

止血作用是紫珠属植物临床应用的主要功效之一，几乎所有紫珠属药用植物都具有止血功效。但其应用主要记载于民间偏方或地方植物志。现代药理实验研究也表明裸花紫珠、白棠子树、杜虹花、广东紫珠、大叶紫珠等具有突出的止血作用。目前已经有裸花紫珠制剂临床应用于止血，且取得了较好的反响。

裸花紫珠止血活性成分主要集中在醇提物经大孔树脂处理的乙醇洗脱部位，而醇洗脱物则主要集中了裸花紫珠次生代谢产物，包括糖苷类成分；并推测可能是通过影响内源性凝血途径发挥止血作用。通过测定裸花紫珠粗提物水洗脱部位、40%甲醇洗脱部位及 60%甲醇洗脱部位对凝血酶原时间（PT）、凝血酶时间（TT）、活化部分凝血活酶时间（APTT）及血浆纤维蛋白原（FIB）4 项指标的影响，发现裸花紫珠 4 个分离部位中，以 40%甲醇洗脱部位凝血效果最好，最接近于裸花紫珠粗提物。毛蕊花糖苷、异毛蕊花糖苷和连翘酯苷 B 3 个单体都有较好凝血效果，它们主要存在于 40%甲醇洗脱部位。

裸花紫珠正丁醇提取物可显著缩短小鼠出血时间和凝血时间。裸花紫珠正丁醇提取物对大鼠 APTT、TT、FIB 及 PT 等四项凝血指标没有显著影响，但其可显著增加血小板计数，还可明显促进 ADP 诱导的血小板聚集。裸花紫珠正丁醇提取物显著增加 P-选择素（P-selectin）表达，这说明其可显著促进血小板活化，且与血小板 α 颗粒内 P-选择素活化有关。裸花紫珠正丁醇提取物还显著刺激磷酸化 Akt 表达，而对 Akt 表达则没有影响，PI3K/Akt 信号转导活化在裸花紫珠诱导的血小板活化中发挥了重要作用。裸花紫珠正丁醇提取物明显的止血活性可能与凝血级联系统激活没有直接关联，促进血小板 PI3K/Akt 信号转导、刺激血小板的增殖与活化可能是其止血作用机制之一。

裸花紫珠乙酸乙酯部位能够明显增强 ADP 诱导的血小板聚集反应（$P<0.05$），还能明显促进血小板释放血栓烷（TX）B2 和 5-HT（$P<0.05$）。另外，裸花紫珠乙酸乙酯部位可显著抑制血小板 cAMP 含量，并可显著刺激血小板 PI3K 磷酸化，这提示裸花紫珠乙酸乙酯部位可促进 P_2Y_{12}受体所诱导的信号传递。裸花紫珠提取物可显著上调 ADP 诱导的血小板活化，其机制可能与其显著增强血小板 ADP 受体（P2Y12）所介导的信号转导有关。裸花紫珠止血作用可能与其增强血小板活性有关，这也许是裸花紫珠止血作用机制之一。

从裸花紫珠叶 80%乙醇提取物得到的三萜类化合物 2*α*，3*β*，19*α*-三羟基乌苏-12-烯-28-羧酸-28-*O*-*β*-D-吡喃木糖基（1→2）-*β*-D-吡喃葡糖苷、2*α*，3*α*，19*α*，23-甲羟基乌苏-12，20（30）-二烯-28-羧酸具有对 ADP 诱导的血小板抗凝集活性，半数效应浓度（EC_{50}）值分别为 9.48、25.31μmol/L，糖的引入降低了抑制活性，增加三萜分子的亲水性。三萜类化合物可能是抗血小板聚集的活性成分。裸花紫珠的苯丙苷类成分为止血活性成分。由此可以认为裸花紫珠起着止血与祛瘀的双向调节作用。

裸花紫珠总黄酮能够明显缩短小鼠断尾出血、凝血时间，初步研究认为黄酮是裸花紫珠抗炎止血的有效成分。从裸花紫珠中分离得到的毛蕊花糖苷等 11 种化合物进行止血活性试验研究发现，毛蕊花糖苷、samioside、2*α*，3*α*，19*α*，23-四羟基-乌索烷-12-烯-28-*O*-*β*-D-葡萄糖苷、5-羟基-3，7，

3′，4′-四甲氧基黄酮具有显著缩短 APTT 的作用，2α，3α，24-三羟基-乌苏烷-12-烯-28-酸呈现出延长 TT 活性，鼠李秦素对 FIB 有显著增加作用，这说明裸花紫珠可能是通过影响内源性凝血途径来发挥止血作用。毛蕊花糖苷和 samioside 含量很高，且均为酚苷类化合物。苯丙素苷类成分很可能是裸花紫珠止血活性成分。

裸花紫珠片为裸花紫珠水提取物干浸膏加辅料制剂而成，具有缩短小鼠出血、凝血时间作用。裸花紫珠片能明显降低急性血瘀大鼠全血黏度、血沉、血沉方程 K、红细胞刚性指数，还能缩短凝血时间，降低纤维蛋白原含量而表现出一定化瘀止血功效。明显降低血瘀大鼠全血黏度的作用机制可能是通过降低血沉、血沉方程 K 和红细胞刚性指数，增强红细胞变形性，降低其聚集性，从而表现出一定的改善血液循环作用。

广东紫珠可明显缩短小鼠断尾出血和凝血时间，止血效果显著。应用止血谱效相关模型评价广东紫珠提取物止血效果，发现从广东紫珠得到 22 个与止血作用显著相关的化合物。其中苯乙醇苷类化合物 12 个，黄酮类化合物 10 个，除了含量高的金石蚕苷与连翘酯苷 B 外，其余苯乙醇苷类化合物也具有一定止血作用；黄酮类成分的止血作用弱于苯乙醇苷类化合物。广东紫珠止血作用的药效物质基础是由以苯乙醇苷类为主、黄酮类为辅的成分组成。

杜虹花水提取部位、乙酸乙酯部位、正丁醇部位及石油醚部位对 APTT 时间影响较大，但对 PT 作用不强，这说明杜虹花提取物凝血机制可能是以内源性凝血途径为主。正丁醇部位和水提物能够显著缩短出血和凝血时间，这两个部位应该是杜虹花发挥止血作用的主要部位。杜虹花水煎液有明显升高血小板作用，这可能是其止血机制之一，也是其治疗血小板减少性出血的药理基础。

用紫珠水提取浓缩液（每 100ml 浓缩液相当于 50g 生药）给小鼠连续灌胃 1 周，小鼠凝血和出血时间明显缩短，血小板计数明显增高。紫珠有明显的止血和升高血小板作用。紫珠升高血小板作用是其止血机制之一，也是其治疗血小板减少性出血的药理基础。

大叶紫珠总黄酮提取物（含量 53.3%）可以剂量依赖性缩短小鼠凝血时间。大叶紫珠水煎液能明显缩短大鼠 PT、TT、APTT，显著增加血浆纤维蛋白原、TXB2 水平，同时能降低 6-酮前列腺素 1α（6-keto-PGF1α）水平。这说明大叶紫珠水煎液可能是通过激活内源性、外源性凝血系统和调节 TXB2、6-keto-PGF1α 水平发挥止血作用。

二、抗 炎 作 用

紫珠属药用植物大多具有较好的抗炎作用。目前裸花紫珠、广东紫珠在临床消炎治疗上已取得较好应用，相继开发出各类产品，如裸花紫珠片、裸花紫珠胶囊、抗宫炎片等。已有文献报道了裸花紫珠、大叶紫珠、广东紫珠等紫珠属植物的抗炎作用并初步探讨了作用机制，对抗炎有效物质亦做了相应研究。

裸花紫珠水提取物能明显抑制二甲苯所致小鼠耳廓肿胀（0.4g/kg）和角叉菜胶所致大鼠足跖肿胀（0.4g/kg）；裸花紫珠水提取物能增加小鼠碳粒廓清指数（0.4g/kg），显示较好的抗炎作用。对裸花紫珠粗提取物经 HP-20 大孔树脂吸附，用水及不同浓度甲醇洗脱，各洗脱部位均能明显抑制二甲苯诱导小鼠耳肿胀和角叉菜胶诱导大鼠足趾肿胀；显著降低炎症组织中（前列腺素 E_2）PGE_2 含量，裸花紫珠粗提物组和 40%甲醇洗物能显著降低炎症组织中丙二醛（MDA）含量。通过细胞实验也证实，对以脂多糖（LPS）诱导巨噬细胞 RAW264.7 生成一氧化氮（NO），裸花紫珠乙酸乙酯部位和石油醚部位显示出较强抑制 NO 活性，可能是其抗炎活性部位，黄酮及黄酮苷类是乙酸乙酯部位的主要成分，黄酮和二萜成分是石油醚部位的主要成分。裸花紫珠总黄酮对二甲苯所致小鼠耳肿胀和冰醋酸所致腹部毛细血管通透性增加均有非常显著的抑制作用。大叶紫珠总黄酮也对二甲苯所致小鼠耳肿胀具有显著抑制作用，呈剂量相关性，其抗炎作用可能与抑制炎症早期反应（毛细血管扩张和通透性增加）有关；广东紫珠对冰醋酸诱导腹腔毛细血管通透性具有抑制作用。

实验结果表明，裸花紫珠片（1.950g/kg、0.975g/kg）可明显抑制二甲苯所致小鼠耳肿胀、大鼠蛋清性足肿胀形成，以及冰醋酸所致小鼠腹部毛细血管通透性增加。从裸花紫珠分离的化合物5-羟基-3，7，3′，4′-四甲氧基黄酮对肿胀有显著抑制作用，但该化合物在50μmol/L对LPS诱导的RAW264.7细胞释放NO只有轻微抑制作用，表明其抗炎作用可能通过其他机制产生。

广东紫珠提取物对实验性炎症早期渗出有明显抑制炎症反应的作用。从中分离的连翘酯苷B能够通过抗炎作用和抗氧化活性恢复缺血/再灌注损伤的心脏功能；连翘酯苷B对COX-2的抑制力高于COX-1，COX-2主要与炎症有关。从广东紫珠中分离的金合欢素-7-*O*-[*β*-D-吡喃葡萄糖醛酸基（1→2）-*O*-*β*-D-吡喃葡萄糖醛酸苷]、芹菜素-7-*O*-[*β*-D-吡喃葡萄糖醛酸基（1→2）-*O*-*β*-D-吡喃葡萄糖醛酸苷]和木犀草素-7-*O*-[*β*-D-吡喃葡萄糖醛酸基（1→2）-*O*-*β*-D-吡喃葡萄糖醛酸苷]对牛源环加氧酶COX-1和人源COX-2都有一定抑制活性，尤其是木犀草素-7-*O*-[*β*-D-吡喃葡萄糖醛酸基(1→2)-*O*-*β*-D-吡喃葡萄糖醛酸苷]有较强抑制。从广东紫珠中分离的5，7，3′，4′-四羟基-8-C-*β*-D-葡萄糖黄酮碳苷、5，7，3′，4′-四羟基-6-C-[*α*-L-鼠李糖-（1→2）]-*β*-D-葡萄糖黄酮碳苷、5，7，3′，4v-四羟基-8-甲氧基-6-C-*β*-D-葡萄糖黄酮碳苷，都对COX-2有较强抑制作用。

从尖尾枫中分离的40种化合物进行了抗炎活性评价，其中苯丙苷类成分15个，木脂素类成分10个，黄酮类成分5个，萜类和甾体类成分10个。化合物米团花苷A、咖啡酸甲酯、拉帕酚F、拉帕酚A、异牛蒡酚A、拉帕酚E、紫花牡荆素、木犀草素-7-*O*-*β*-D-吡喃葡萄糖苷、穿心莲内酯、山楂酸对LPS诱导巨噬细胞释放NO具有明显抑制活性，主要为木脂素、咖啡酰基类、萜类和黄酮类成分。咖啡酸甲酯、拉帕酚F、拉帕酚A、异牛蒡酚A、拉帕酚E、紫花牡荆素、穿心莲内酯在100μmol/L浓度下对LPS诱导巨噬细胞释放TNF-α具有明显抑制活性，主要为木脂素类等成分。其中咖啡酸甲酯、拉帕酚F、异牛蒡酚A在12.5～100μmol/L浓度时无细胞毒性，对LPS诱导巨噬细胞释放TNF-α具有显著抑制活性，且呈现良好剂量依赖关系。

杨璐等研究了尖尾枫、华紫珠、紫珠、木紫珠、白毛杜虹花、白棠子树、裸花紫珠、全缘叶紫珠、枇杷叶紫珠、杜虹花、钩毛紫珠、红紫珠、大叶紫珠、毛叶老鸦糊等14种紫珠属植物的95%乙醇提取物对磷酸二酯酶（PDE）4D2亚型靶标（PDE4D2）的抑制作用，当测试体系的提取物终质量浓度为0.2g/L时，各提取物对PDE4的抑制率达到85%以上。

三、镇痛作用

紫珠属药用植物具有镇痛效果早有报道，紫珠叶在云南民间长期用作镇痛药。大叶紫珠总黄酮具有镇痛作用，呈剂量相关性。紫珠叶粗提物及从中分离的6个单体化合物进行镇痛活性评价发现，紫珠叶95%乙醇提物能明显减少冰醋酸诱发小鼠扭体次数，其中黄酮类化合物3′，5，7-三羟基黄酮-4′-*O*-*β*-D-葡萄糖苷、5，7-三羟基黄酮-4′-*O*-*β*-D-葡萄糖苷、三萜类化合物2*α*，3*α*，24-三羟基-齐墩果-12-烯-28-酸都显示很好的镇痛作用，但其作用机制尚不明确。总之，紫珠叶具有明显镇痛作用。近年来还发现杜虹花总提取物也能显著增加小鼠痛阈，提高百分率。杜虹花乙酸乙酯和正丁醇部位对小鼠快痛及慢性持续性疼痛都有镇痛作用。杜虹花具有良好镇痛效果，且主要药效物质集中在乙酸乙酯和正丁醇部位。

四、抗氧化作用

紫珠属药用植物富含多种酚类和黄酮类成分，具有较强的抗氧化活性，其显著的抗炎效果与抗氧化活性密切相关。紫珠属植物提取物还具有超氧化物歧化酶（SOD）活性，被称为美容护肤产品中的活性氧清除剂，已被制成美容乳霜、沐浴露等。文献报道了红紫珠、裸花紫珠、大叶紫珠、杜虹花、珍珠枫、广东紫珠、枇杷叶紫珠和紫珠均具有较强抗氧化活性。

裸花紫珠富含黄酮类和苯乙醇苷类化学成分，它们已经被证实是天然抗氧化剂的主要来源之一。裸花紫珠醇提物和 4 个不同极性部位（石油醚、乙酸乙酯、正丁醇、水）均表现出较强抗氧化活性，且抗氧化能力随着极性变大逐渐增强：石油醚部位＜乙酸乙酯部位＜正丁醇部位＜水部位，醇提物抗氧化能力介于石油醚部位和乙酸乙酯部位之间。从裸花紫珠中分离的木犀草素、木犀草苷、毛蕊花糖苷具有明显抗氧化活性；从中分离的木犀草素-4′-*O*-*β*-D-吡喃葡萄糖苷、木犀草素-3′-*O*-*β*-D-吡喃葡萄糖苷，具有一定的抗氧化能力；而从中分离的 5-羟基-3，7，3′，4′-四甲氧基黄酮、5，4′-二羟基-3，7，3′-三甲氧基黄酮的抗氧化活性则较弱；这 7 种化合物抗氧化能力也与其分子结构、所含羟基的数量相匹配。裸花紫珠水洗脱部位活性最强，这可能与其含有鞣质、皂苷等成分有关。

采用 DPPH · 法测试红紫珠、裸花紫珠、大叶紫珠、杜虹花、珍珠枫、广东紫珠、枇杷叶紫珠 7 种植物水提物清除自由基能力，并对提取物中总黄酮、总酚酸含量进行分析。其清除自由基能力与总黄酮、总酚酸含量呈正相关性，红紫珠的总黄酮和总酚含量最高，分别为 3.75%、2.93%，清除自由基能力最强，7 种植物水提物清除 DPPH·的半数抑制浓度（IC_{50}）分别为红紫珠 0.24mg/ml、裸花紫珠 0.30mg/ml、大叶紫珠 0.54mg/ml、杜虹花 0.58mg/ml、珍珠枫 0.66mg/ml、广东紫珠 0.85mg/ml、枇杷叶紫珠 1.13mg/ml。

采用清除 O_2^-、DPPH ·、$ABTS^+$ ·、· OH 评价法，Cu^{2+}螯合法，Fe^{3+}还原法及对大豆卵磷脂脂质过氧化抑制效果评价 7 种方法，对裸花紫珠、大叶紫珠、枇杷叶紫珠、广东紫珠、紫珠叶等 5 种常用药材的抗氧化活性测定发现，5 种药材都有较强抗氧化活性，不同抗氧化途径的活性强弱顺序有区别；可能是 5 种药材成分与含量各不相同，不同成分在某一方面抗氧化活性不同所致。DPPH ·、$ABTS^+$ ·、· OH、· O_2^-消除能力，Fe^{3+}还原能力与 5 种药材的总酚量和总黄酮量均呈现高度正相关；Cu^{2+}螯合能力与 5 种药材的总酚量呈现低度正相关，与总黄酮量呈现显著性相关。抗脂质过氧化能力强弱排序为广东紫珠＞枇杷叶紫珠＞大叶紫珠＞紫珠叶＞裸花紫珠，且随着 5 种药材浓度增加，脂质过氧化抑制率会趋于常量，裸花紫珠抗脂质过氧化能力明显弱于其他药材。总体来看，5 种药材富含总酚和总黄酮成分，但其总酚和总黄酮含量相差较大，以裸花紫珠含量最大；除了抗脂质过氧化外，其他方法所得结果均与总酚和总黄酮含量呈正相关；裸花紫珠和广东紫珠抗氧化活性最强。Cu^{2+} 螯合能力与 5 种药材总酚量和总黄酮量相关性较低，决定紫珠属药材 Cu^{2+}螯合能力的主要成分不是酚类和黄酮类成分，影响 Cu^{2+}螯合能力的紫珠属药材成分有待研究。

采用 DPPH · 法与清除 · OH 法对广东紫珠不同溶剂提取部位（水、乙醇、乙酸乙酯与正丁醇）抗氧化活性进行研究。其不同溶剂提取部位都具有一定的抗氧化活性。当浓度达到 5.1mg/ml 时，广东紫珠各提取物抗脂质过氧化能力强弱依次为正丁醇部位＞乙酸乙酯部位＞醇提取物＞水提部位＞石油醚部位。体外抗氧化实验证明广东紫珠正丁醇部位是广东紫珠各萃取部位中抗氧化能力最强部位。

广东紫珠正丁醇部位对四氯化碳（CCl_4）诱导小鼠急性肝损伤和叔丁基过氧化氢（TBHP）诱导 HepG2 细胞损伤具有抗氧化保护作用。MDA 浓度和 SOD 活性是 CCl_4 诱导肝损伤中最重要的两个抗氧化指标。通过检测 MDA 浓度和 SOD 活性来评估广东紫珠正丁醇部位对 CCl_4 诱导肝损伤保护作用发现，模型对照组小鼠肝脏 MDA 浓度是空白对照组小鼠的 2.1 倍。当灌胃给药正丁醇部位后肝脏 MDA 浓度会趋于正常，正丁醇部位对肝脏 MDA 浓度呈现剂量相关抑制；灌胃给药正丁醇部位的肝脏 SOD 活性显著增高；正丁醇部位可减少游离 MDA 浓度和提高 SOD 活力，提高肝脏抗氧化能力。HepG2 细胞给予正丁醇部位表现出对 TBHP 诱导 HepG2 细胞损伤有保护作用；细胞存活率与正丁醇部位浓度大小呈现量效关系。

通过高效液相色谱-紫外（HPLC-UV）半定量法对广东紫珠中分离的抗氧化成分进行筛选，9 种苯乙醇苷类成分（β-羟基-连翘酯苷 B、*β*-羟基-金石蚕苷、连翘酯苷 B、金石蚕苷、毛蕊花糖苷、alyssonoside、2′-乙酰基连翘酯苷 B、江藤苷和鼠李秦素）具有抗氧化活性。连翘酯苷 B 具有抗

$ABTS^+$·、DPPH·和 TEAL·氧化作用，这与苯环上两个邻羟基的存在有关；连翘酯苷 B 具有作为胆碱酯酶抑制剂的潜力，连翘酯苷 B 具有强抗氧化作用，其 RC_{50}=4.97μmol/L（半数反应浓度，指清除一半自由基所需氧化剂浓度）；连翘酯苷 B 还能对 Cu^{2+}诱导的低密度脂蛋白过氧化作用产生抑制作用，其半数有效量（ED_{50}）=1μmol/L。金石蚕苷具有抗 DPPH·氧化作用和强抗氧化作用。广东紫珠的连翘酯苷 B 和金石蚕苷含量与其抗氧化能力有一定正相关性，与自由基清除率和总还原力呈正相关。

研究发现 3 种不同浓度杜虹花叶挥发油均可不同程度地清除 DPPH·，并呈现量-效关系，杜虹花叶挥发油具有显著的抗氧化活性。紫珠水提液可显著抑制大鼠肝、心、肾、脑匀浆脂质的过氧化，尤其是抑制肝脏器官脂质的过氧化，以及由过氧化氢诱导的小鼠红细胞脂质过氧化与溶血过程，能够使小鼠全血谷胱甘肽过氧化酶活性显著提高。

枇杷叶紫珠、紫珠及其果实、日本紫珠、大叶紫珠、华紫珠能抑制大鼠脏器体外孵育时自动发生脂质过氧化（LPO），但药物 IC_{50}差别较大，以紫珠果实 IC_{50}为最小，且药材的 IC_{50}与黄酮含量并不完全一致，紫珠果实对体外自动发生 LPO 反应抑制最强，枇杷叶紫珠则对·OH 引发的 LPO 反应抑制最强。

大叶紫珠总黄酮可通过调节细胞的氧化应激途径，对细胞产生保护作用。在鱼藤酮诱导的 SH-SY5Y 细胞损伤模型中，总黄酮增加损伤细胞存活率，降低细胞凋亡率，提示总黄酮可抑制鱼藤酮诱导的细胞损伤，进一步研究发现其机制可能与氧化应激及上调凋亡相关基因 *Mcl-1*、下调活化型含半胱氨酸的天冬氨酸蛋白水解酶-3（Cleaved caspase-3）的表达有关。

五、抑菌、抗病毒作用

中药在抗菌抗病毒方面有自己独特的优势，也已经有很多成功的经验，如蒲地蓝、金银花、黄芩等。紫珠属植物中也有许多抗菌消炎活性显著的植物，裸花紫珠片就是紫珠属植物中最早以抗菌消炎应用于临床，且效果良好。

裸花紫珠具有明显的广谱抗菌作用，对金黄色葡萄球菌、布鲁菌、大肠杆菌、铜绿假单胞菌、伤寒沙门菌、结核分枝杆菌、肺炎双球菌等多种细菌均有显著的抑菌作用。裸花紫珠叶乙醇和正丁醇提取物对大肠杆菌和枯草芽孢杆菌都有较好的抑菌作用；在相同作用条件下，乙醇和正丁醇提取物的抑菌浓度分别为 0.022g/ml 和 0.033g/ml，但正丁醇提取物比乙醇提取物有较高的抑菌性和毒性。裸花紫珠片对金黄色葡萄球菌、伤寒沙门菌的抑菌作用最强，裸花紫珠挥发油对金黄色葡萄球菌和白念珠菌高度敏感（最小抑菌浓度 MIC 和最小杀菌浓度 MBC 分别为 0.312%、0.312%、1.25%和 0.625%），对大肠杆菌中度敏感。裸花紫珠联合盐酸万古霉素对耐甲氧西林金黄色葡萄球菌（MRSA）有协同抗菌作用，能更好地治疗 MRSA 引起的肺炎，可提高抗生素对耐药菌疗效，缩短疗程。

裸花紫珠对临床分离的非链霉素耐药菌株、临床分离耐链霉素菌株有较好的体外抑菌活性。对裸花紫珠抗菌机制初步研究发现，通过透射电镜可观察到裸花紫珠能改变结核分枝杆菌的形态，低浓度裸花紫珠能部分损坏结核分枝杆菌的细胞壁；高浓度裸花紫珠几乎能完全破坏结核分枝杆菌的细胞壁，最终导致细菌完全破裂。SPD-PAGE 电泳观察裸花紫珠作用前后，结核分枝杆菌蛋白质表达有差异，并从中鉴定出了 84 种细菌蛋白，从这 84 种细菌蛋白中发现了一系列可能与药物作用相关的功能蛋白，这些蛋白大部分存在于细胞壁或细胞膜上，有些可参与细菌细胞壁成分的生物合成，也有些可直接作为膜通道蛋白发挥作用。裸花紫珠抗菌作用机制可能是通过影响细菌细胞壁上某种蛋白表达而影响细菌细胞壁的完整性。从长毛紫珠乙酸乙酯部位中分离的化合物 12-deoxy-11，12-dihydro-seco-hinokiol methyl ester 和 callicarpic acid B 进行体外抗结核分枝杆菌 H37RV 活性测试，结果表明两者均具有抗结核活性。

裸花紫珠乙醇提取物、石油醚部位、去除石油醚部位、乙酸乙酯部位、去除乙酸乙酯部位、正丁醇部位、去除正丁醇部位的体外抗单纯疱疹病毒Ⅰ型（HSV-1）的活性研究发现，裸花紫珠乙醇提取物体外抗 HSV-1 的抑毒指数（TI）为 16，具有较强抗 HSV-1 活性；裸花紫珠乙酸乙酯部位的抑毒指数与全成分组相当，正丁醇部位和去除石油醚部位的抑毒指数略低于全成分组，其他部位无效。乙酸乙酯部位为裸花紫珠抗 HSV-1 的主要药效部位。

用广东紫珠乙醇提取物对伤寒沙门菌、金黄色葡萄球菌、大肠杆菌、肺炎双球菌、乙型溶血性链球菌 5 种菌种进行抗菌实验，发现广东紫珠提取物对伤寒沙门菌、金黄色葡萄球菌及肺炎双球菌等均有不同程度的抑菌作用，其中以伤寒沙门菌和金黄色葡萄球菌的抑菌作用最强。用水蒸气蒸馏法提取广东紫珠挥发油，并用药敏纸片法进行体外抗菌实验，发现广东紫珠挥发油对金黄色葡萄球菌、大肠杆菌及白念珠菌均有较强抑菌活性。超临界 CO_2 萃取法提取广东紫珠低极性成分进行的抗菌活性实验发现，广东紫珠超临界 CO_2 萃取分离釜Ⅰ、Ⅱ提取物及二者 1∶1 混合物对金黄色葡萄球菌、大肠杆菌和白念珠菌有很好的抗菌活性。聂韡等研究广东紫珠药材粉末不同提取部位的抑菌作用，对广东紫珠药材用不同极性大小溶剂（石油醚、二氯甲烷、乙酸乙酯、乙醇、70%乙醇、水）回流提取，获得广东紫珠粗提物，用滤纸片法测定其抑菌圈大小（金黄色葡萄球菌、大肠杆菌、奇异变形杆菌、甲型副伤寒沙门菌、乙型溶血性链球菌、白念珠菌）。结果表明，广东紫珠 70%乙醇提取物对金黄色葡萄球菌、大肠杆菌、奇异变形杆菌、甲型副伤寒沙门菌、乙型溶血性链球菌均表现了不同程度的抑菌活性；石油醚萃取物及二氯甲烷萃取物没有抑菌作用；乙酸乙酯萃取物、正丁醇萃取物及剩余水部分均有不同程度的抑菌作用。

日本紫珠挥发油成分对于 6 种食物传播的微生物都有抑制作用。其提取物的挥发性成分中，1-辛烯-3-醇和 2-己烯醛为其主要抗菌成分；2-己烯醛、2，4-己二烯醛、1-辛烯-3-醇、2，4-庚二烯醛和表蓝桉醇具有较强的抑制微生物生长作用，特别是 2-己烯醛（107.52mg/L）和 1-辛烯-3-醇（678.64mg/L）可以抑制大多数微生物生长。日本紫珠中分离的 5，6，7-三甲基黄酮对 HSV-1、人巨细胞病毒、脊髓灰质炎病毒都有较强抑制作用。其抗 HSV-1 作用不是由于对病毒吸附、进入和病毒蛋白质合成的抑制，可能是由于其杀病毒作用，使病毒在早期复制阶段与宿主细胞的结合受到抑制。在低于正常抑制浓度 50%时，5，6，7-三甲基黄酮和阿昔洛韦相互协同表现出抗 HSV 活性。

华紫珠和杜虹花的抑菌实验表明二者对金黄色葡萄球菌及沙门菌有高度的抑菌作用，对白念珠菌、伤寒沙门菌及福氏布鲁菌也有较强抑菌作用，且二者无明显差异。

六、抗肿瘤作用

紫珠属植物所含多种黄酮类成分均有抗肿瘤作用，裸花紫珠、杜虹花的实验研究表明具有一定抗肿瘤作用，是潜在的抗肿瘤药物。对裸花紫珠醇提物大孔树脂洗脱部位进行抑制肿瘤细胞增殖活性筛选实验发现，裸花紫珠醇提物 50%、70%乙醇洗脱物表现出了明显抑制作用，在给药浓度为 50mg/L 时，其抑制率在 90%左右，在给药浓度为 100mg/L 时，抑制率接近 100%，并且总体呈现一定的浓度依赖性，说明裸花紫珠粗提物存在潜在抑制肿瘤细胞增殖活性。单体化合物细胞毒活性实验发现，从裸花紫珠分离的木犀草苷、木犀草素-4′-*O*-*β*-D-吡喃葡萄糖苷、6-羟基木犀草素-7-*O*-*β*-D-吡喃葡萄糖苷、木犀草素-7-*O*-新橙皮苷、野漆树苷、木犀草素-7，4′-二-*O*-葡萄糖苷对宫颈癌 HeLa 细胞、肺癌 A549 细胞和乳腺癌 MCF-7 细胞有不同程度的抑制作用；6-羟基木犀草素-7-*O*-*β*-D-吡喃葡萄糖苷、野漆树苷和 nudifloside 的细胞毒活性比较突出。黄酮类化合物是裸花紫珠活性部位的主要成分，有抑制肿瘤细胞增殖的潜在功效；裸花紫珠中苯乙醇苷类化合物含量较高，但不表现细胞毒活性；环烯醚萜苷类成分少量存在，表现出微弱的细胞毒活性。有文献报道，木犀草素作为裸花紫珠黄酮类化合物的典型代表，具有较好的抗肿瘤活性，与化疗药物联合使用，可不同程度地抗增殖增敏；木犀草苷对多种肿瘤细胞有抑制作用，呈现浓度和时间依赖性。以芹菜素为苷元的野漆树苷是一类具有发展潜力的抗肿瘤药物，具有高度选择性，对人喉癌上皮细胞 Hep-2 和宫颈癌细胞 Hela 的诱导凋亡作用较为显著，同时也对原发性肝癌细胞 HepG2、人结肠癌细胞 HCT-116 和人胚肺成纤维细胞 MRC-5 等癌细胞株均有不同程度的抑制作用。类叶升麻苷存在于多种药用植物中，表现出良好的体外抗炎作用，并具有广泛的抗恶性细胞增生活性，对小鼠黑色素瘤、人类腺瘤和子宫癌细胞和 HL-60 人类急性髓细胞性白血病细胞的增殖有较强抑制作用。环烯醚萜类化合物在裸花紫珠中含量较低，具有一定的细胞毒活性，其中 nudifloside 和 linearoside 对慢性白血病骨髓瘤 K562 细胞具有一定的抑制作用，其 IC_{50} 值分别为 20.7μg/ml 和 36.0μg/ml。

对女贞子与杜虹花的抗肿瘤活性研究发现,女贞子、紫珠叶及二者混合药液对人胃癌 SG-79014 细胞增殖均有抑制作用；在相同反应条件下，女贞子与紫珠叶联合用药对胃癌 SG-79014 细胞生长增殖抑制率较二者单独使用要高；女贞子与紫珠叶联合用药可以增强抗肿瘤作用效果。另外，杜虹花果实两种提取物在 1mg/L 浓度下对 Hep-2 细胞株的抑制率即可达到 30%～40%，杜虹花果实具有较强的抑制肿瘤细胞生长的作用。

七、其他药理作用

（一）活血化瘀作用

刘维新等就白棠子树对动物耗氧量、耐缺氧、血管灌流及心脏活动等方面的影响进行了初步研究，发现白棠子树提取物可明显增强小鼠耐缺氧能力，降低耗氧量，减慢心率，抑制自发活动；增加离体兔心冠脉流量，减慢麻醉或正常兔心率，扩张离体兔耳血管流量；明确了白棠子树活血化瘀功效的生理学基础。

（二）保肝作用

华紫珠有保肝护肝作用。华紫珠水提物能明显减轻由 D-氨基半乳糖（D-GalN）或 CCl_4 所引起的原代培养大鼠肝细胞损伤，表明出良好的护肝作用。华紫珠在较高浓度时，对肝脏脂质过氧化的抑制作用更为突出。裸花紫珠解酒作用研究发现，通过制备小鼠急性酒精性肝损伤模型，测定血清谷丙转氨酶（ALT）、谷草转氨酶（AST）指标含量，裸花紫珠可明显对抗酒精造成的平衡失调现象，能缩短醉酒引起的睡眠时间；能明显降低酒精急性中毒小鼠死亡率；能显著降低血清中 ALT、AST 含量，表明其对酒精性肝损伤具有一定保护作用。从裸花紫珠中分离的三萜皂苷，2*α*，3*α*，19*α*，24-四羟基-齐墩果-12-烯-28-酸-28-*O*-*β*-D-吡喃葡萄糖酯、2*α*，3*α*，19*α*，23-四羟基-齐墩果-12-烯-28-酸-28-*O*-*β*-D-吡喃木糖基-（1→2）-*β*-D-吡喃葡萄糖酯苷、2*α*，3*α*，19*α*-三羟基-齐墩果-12-烯-28-酸-28-*O*-*β*-D-吡喃木糖基-（1→2）-*β*-D-吡喃葡萄糖酯苷这 3 种成分能抑制 D-半乳糖胺诱导的大鼠肝组织上皮干细胞毒性，提示裸花紫珠有保肝作用，可开发用于各型病毒性肝炎的辅助治疗。

（三）神经保护作用

白棠子树提取物有明显的神经保护作用。从白棠子树叶中分离的洋丁香酚苷，表现出明显的抗谷氨酸导致的神经毒作用，其酸水解产物咖啡酸和 3′，4′-二羟基苯乙醇也都表现出明显的神经保护作用。洋丁香酚苷还可以减轻因东莨菪碱导致的记忆力减退。从白棠子树中分离的连翘脂苷 B、2′-乙酰基洋丁香酚苷、金石蚕苷、江藤苷、紫菊花苷、异洋丁香酚苷、肉苁蓉苷 H，可明显减弱谷氨酸诱导的神经毒作用。裸花紫珠主要活性成分毛蕊花糖苷及其苷元对谷氨酸盐诱导的原代培养大鼠皮质细胞兴奋性中毒具有保护作用。

林朝展等采用避暗和跳台实验研究枇杷叶紫珠苯乙醇苷对东莨菪碱所致小鼠记忆获得障碍，亚硝酸钠所致小鼠记忆巩固障碍及 30%乙醇所致小鼠记忆再现障碍的影响。结果显示，

100mg/kg 和 200mg/kg 苯乙醇苷均明显减少 5min 内错误次数，并显著延长潜伏期；明显减少 3min 内小鼠学习记忆错误次数，延长潜伏期，显著提高学习记忆保持能力；还能显著降低乙酰胆碱酯酶（AChE）活性、丙二醛（MDA）含量及单胺氧化酶（MAO-B）活性。其改善记忆损伤模型动物的学习记忆功能的机制可能与降低脑组织 AChE 活性，降低脑组织中 MDA 和 MAO-B 活力等有关。

裸花紫珠对记忆障碍模型小鼠学习记忆的影响研究发现，裸花紫珠能使小鼠学习记忆训练潜伏期显著缩短，穿越平台次数与目标象限活动时间显著增加。裸花紫珠还能显著减少记忆障碍模型小鼠海马组织 AChE 含量，从而能减少记忆障碍小鼠胆碱能神经递质乙酰胆碱（ACh）的失活；病理切片上更加直观，裸花紫珠能维持神经元细胞的正常形态，使其排列紧密，对细胞膜有较好的保护作用，对小鼠脑部神经元具有保护作用。裸花紫珠还能显著降低氧化应激因子 MDA 含量并提高自由基清除剂 SOD 活性，从而缓解记忆障碍模型小鼠机体的氧化损伤，提高其抗氧化能力。裸花紫珠片还可使记忆障碍模型小鼠海马的抗炎因子 IL-4、IL-10、TGF-β_1 含量显著升高，促炎因子 IL-1β 和 TNF-α 含量降低。实验研究表明，裸花紫珠能显著从记忆获得、再现和巩固三方面改善学习记忆障碍小鼠的学习记忆能力，其作用机制可能与改善胆碱能系统、抗氧化、抗炎作用有关。

（四）治疗烧烫伤、促进伤口愈合、预防术后粘连、治疗哮喘、白斑病等作用

裸花紫珠在治疗烧伤方面，抗感染与收敛作用较强，能促进上皮生长，减少瘢痕形成。裸花紫珠在减少瘢痕形成方面，可能是一方面通过抑制成纤维细胞生长，一方面又促进细胞蛋白质合成，尤其是纤维结合蛋白的合成与释放，提高了细胞的代谢功能，使其在临床应用中能够达到加快创面愈合，减少瘢痕形成的效果。裸花紫珠能促进成纤维细胞合成与释放纤维连接蛋白 Fn，其中膜表面 Fn（细胞型 Fn）的增加非常显著，而培养基中 Fn（血浆型 Fn）的增加相对轻微。说明裸花紫珠所诱导的 Fn 量的增加，细胞型 Fn 比血浆型更为敏感。

术后粘连是外科手术常见并发症，已成为外科手术面临的重要挑战。由于裸花紫珠具有止血、抗炎作用，与现代医学粘连防治策略相符。颜冬兰等进行了裸花紫珠提取物抗大鼠术后腹腔粘连作用实验研究。结果发现，裸花紫珠提取物能显著降低大鼠术后腹腔粘连，具有较好的抗术后腹腔粘连作用。裸花紫珠预防粘连的作用机制可能为促凝，减少创面出血和组织液渗出，减少创面组织局部纤维蛋白沉着；通过抑制成纤维细胞，促进细胞蛋白质合成，尤其是纤维连接蛋白的合成与释放，提高细胞的代谢功能，加快手术创面愈合。

杜虹花鲜汁治疗大鼠实验性烫伤模型实验证实，高、中剂量组的皮肤烫伤面积的图纸质量明显轻于模型对照组；病理切片结果显示，杜虹花各剂量组的愈合程度明显好于模型对照组。杜虹花叶鲜用榨汁能够明显缓和大鼠烫伤创面的伤势，与对照组相比，具有显著促进大鼠烫伤组织愈合作用，但作用机制尚不明确。广东紫珠水提物与乙醇提取物对新西兰兔的深度烫伤创伤均具有愈合效果。

研究证明，大叶紫珠不仅可用于治疗哮喘，对白斑病也有很好的治疗效果。

（五）延缓衰老

裸花紫珠生药浓度在 0.4～1.6mg/ml 时，抑制人胚成纤维细胞 DNA 合成，抑制作用随药物浓度增加而增加；其生药浓度在 0.4～1.2mg/ml 时，细胞生长曲线右移，群落倍增时间及达饱和密度时间均延长；生药浓度在 0.4～1.2mg/ml 时，促进人胚成纤维细胞合成释放蛋白质；人胚成纤维细胞胞质内 LDH 活性增加。裸花紫珠能够抑制细胞 DNA 合成，并使细胞生长曲线右移，却不影响细胞达饱和时细胞数，也不减少细胞蛋白质合成与释放和降低细胞代谢活性，这些结果提示裸花紫珠可能具备延缓衰老功效。

（六）驱虫、化感作用

美洲紫珠挥发油中具有杀虫活性的成分，其中草烯环氧化物Ⅱ、α-律草烯、7-表-α-桉醇、β-蒎烯、1-辛烯-3-醇是其挥发油的主要成分，挥发油对颤藻属 perornata 有选择性毒性作用，在 28.5μg/ml 下可完全抑制其生长。从日本紫珠叶中分离出来的4′，5，6，7-四甲基黄酮和5，6，7-三甲基黄酮对青鳉鱼有毒。从美洲紫珠和日本紫珠的挥发油中分离出来的匙叶桉油烯醇、臭根醇、callicarpenal 对埃及伊蚊和斯氏按蚊有很强的抗叮咬活性。从大叶紫珠分离出来的大叶紫珠萜酮及其衍生物可以促进植物促生根际菌的生长，对单子叶植物和双子叶植物的根、枝及种子都有促生长作用，能够对抗植物生长阻滞剂的异种化作用。

（七）增强免疫活性

陈颖等研究发现，裸花紫珠低剂量（0.4g/kg）、中剂量（0.8g/kg）、高剂量（1.6g/kg）均能提高小鼠炭末吞噬指数和吞噬系数，这说明裸花紫珠水提取液可增强小鼠非特异性免疫功能，从而增强机体免疫能力。

（八）对平滑肌的影响

裸花紫珠提取液对小鼠离体肠管有兴奋作用，兔耳灌流能使血管收缩。

（九）实验性胃溃疡保护作用

广东紫珠在侗苗族地区用于治疗胃痛，推测其可能具有防治胃溃疡的作用。广东紫珠水提物对实验性胃溃疡保护作用及作用机制的研究发现，50mg/kg、100mg/kg、200mg/kg 水提物能显著抑制阿司匹林诱导大鼠胃溃疡模型的溃疡指数，200mg/kg、400mg/kg 水提物能显著抑制水应激所致小鼠胃溃疡模型的溃疡指数；但水提物对胃酸分泌没有影响。1.92～1200mg/L 水提物可剂量依赖性抑制幽门螺杆菌。广东紫珠水提物对阿司匹林型急性大鼠胃溃疡和小鼠束水应激性胃溃疡模型的胃黏膜具有一定保护作用，其机制可能与抑制幽门螺杆菌有关。

（十）毒性研究

将大叶紫珠提取液 200mg 以腹腔注射家兔给药，未见异常变化。将华紫珠和杜虹花浸膏制成混悬液（生药 2.5g/ml），给药后两组小鼠均未见明显的不良反应，48h 后未出现死亡，认为华紫珠与杜虹花的毒性较小，但能够产生较大的局部刺激，静脉注射可能引发血栓形成。文献报道了裸花紫珠片对动物的急性、长期毒性实验，大鼠分为 2.5g/kg、1.25g/kg 给药组和羧甲基纤维素钠（CMC-Na）对照组，灌胃给药，连续 28d，于第 28d 停药后 7d，继续观察大鼠的饮食，检测其体重、血象、肝骨功能、各脏器系数及脏器病理学指标；结果最大耐受量（MTD）＞60g/kg；各组无动物死亡，动物外观、体重、摄食量、血象、肝肾功能均未见异常，各脏器系数及脏器病理学指标未见改变，说明裸花紫珠片临床口服药安全范围较大。

八、药代动力学研究

紫珠属药用植物在民间的应用历史悠久，多记载于植物志及民间偏方当中，其生物活性的物质基础和药理作用研究也不深入，对其活性成分的药代动力学研究更是缺乏关注。紫珠属药用植物的上市药物中，主要有以广东紫珠为原料的抗宫炎片及其系列制剂，还有以裸花紫珠为原料的裸花紫珠片、裸花紫珠胶囊及其系列制剂。对于广东紫珠和裸花紫珠的药代动力学研究也仅有少量文献报道。

裸花紫珠中化学成分主要有黄酮类、萜类、酚类（含酚苷类）及挥发油类。酚苷类成分为止血作用的主要活性成分；苷元咖啡酸与羟基酪醇具有抗炎、抗菌及抗氧化活性；毛蕊花糖苷、异毛蕊花糖苷具有抗氧化和抗溶血、血管紧张素转换酶抑制、抗高血压活性；连翘酯苷 B 具有抗炎、抗菌作用。郑东昆等围绕裸花紫珠中毛蕊花糖苷、异毛蕊花糖苷和连翘酯苷 B 这 3 种酚苷类成分进行了药代动力学的研究。测定了大鼠经口服给予裸花紫珠 80%乙醇提取物（毛蕊花糖苷、异毛蕊花糖苷、连翘酯苷 B 含量分别为 27.57mg/g、10.85mg/g、4.34mg/g，给药量 5g/kg）后，血浆中毛蕊花糖苷、异毛蕊花糖苷及连翘酯苷 B 的浓度变化。结果发现毛蕊花糖苷、异毛蕊花糖苷及连翘酯苷 B 均在 30min 左右达最大血药浓度，说明这 3 种成分在大鼠体内可被迅速吸收，这可能与其相对较大的极性有关。裸花紫珠提取物中连翘酯苷 B 的药代动力学规律与其他提取物中略有不同，其可能是裸花紫珠中众多化合物的相互作用所造成的。

梁纪军选择裸花紫珠总黄酮中含量较高的木犀草素和阿亚黄素作为指标成分，对裸花紫珠总黄酮的大鼠体内药代动力学进行探讨性研究。测定了大鼠灌胃裸花紫珠总黄酮 250mg/kg 后，大鼠血浆中木犀草素和阿亚黄素浓度变化。结果发现，木犀草素和阿亚黄素达峰时间（T_{max}）分别为 0.333h 和 0.667h，半衰期（$t_{1/2}$）分别为 2.87h 和 4.94h，表明该药物吸收较快，生物半衰期较短，宜制成缓释制剂。

大鼠口服裸花紫珠后木犀草素的体内药代动力学研究发现，大鼠灌胃裸花紫珠提取物（含木犀草素 1.37mg/g，给药剂量为 20g/kg）后，大鼠血浆中木犀草素的 $AUC_{0\sim t}$ 为 171.488（μg·min）/ml、$t_{1/2}$ 为 14.355min、达峰浓度（C_{max}）为 5.938μg/ml、T_{max} 为 30min、清除率（CL）为 0.175ml/min。木犀草素在大鼠体内吸收很快，口服后 30min 后血药浓度即达峰值，约 50min 时出现第二个血药浓度峰值，在大鼠体内经肝肠循环有二次吸收。木犀草素吸收、清除均比较快，且半衰期短，体内无蓄积。

苯乙醇苷类化合物是广东紫珠的主要成分及主要药效成分。其中金石蚕苷、连翘酯苷 B 和毛蕊花糖苷含量较高，也是广东紫珠主要抗氧化活性成分，研究这些活性成分的药代动力学行为有助于了解苯乙醇苷类化合物在体内的吸收变化和消除规律，有利于正确评价其安全性和有效性。孙秀漫等对广东紫珠地上部分提取物在大鼠体内的药代动力学进行了研究，测定大鼠灌胃广东紫珠提取液 15.6ml/kg（15.6ml 提取液中含金石蚕苷 360mg、连翘酯苷 B 200mg 和毛蕊花糖苷 26mg），大鼠血浆中金石蚕苷、连翘酯苷 B 和毛蕊花糖苷的浓度变化。结果发现金石蚕苷、连翘酯苷 B 和毛蕊花糖苷在给药后 20min 内即出现达峰浓度，能够从胃肠道迅速吸收入血；三者的 C_{max} 和 $AUC_{0\sim t}$ 都较低；虽然 3 种化合物的 C_{max} 和 $AUC_{0\sim t}$ 大不相同，但 C_{max}/给药剂量和 $AUC_{0\sim t}$/给药剂量值却相近，另外它们的 MRT 值也相近。这些数据都说明 3 种化合物的药代动力学行为和生物利用度相近，具有相似的药代动力学特征。这 3 个苯乙醇苷在灌胃给药后均具有吸收迅速、消除缓慢的特点。

参 考 文 献

蔡灏，吴翠萍，孙秀漫，等，2013. 五种紫珠属药材中总酚、总黄酮与其抗氧化活性的相关性研究[J]. 中国实验方剂学杂志，19（20）：55-60.

曹春芽，肖聪颖，郑钦芳，等，2016. 紫珠对实验性胃溃疡的保护作用及机制研究[J]. 中药药理与临床，32（4）：56-60.

陈铃，夏玉英，林朝展，等，2016. 裸花紫珠对血瘀大鼠血液流变学及凝血时间的影响[J]. 今日药学，26（2）：73-76.

陈铃，夏玉英，林朝展，等，2017. 裸花紫珠改善小鼠学习记忆障碍作用的研究[J]. 中药材，40（4）：909-915.

陈伟，吴一菲，2015. 裸花紫珠的药理活性及临床应用研究进展[J]. 皮肤病与性病，37（4）：210-212，223.

陈颖，杨国才，2007. 裸花紫珠对大鼠血液流变学的影响[J]. 中国药物与临床，7（4）：293-294.

陈颖，杨国才，2006. 裸花紫珠抗炎作用及增强免疫功能的实验研究[J]. 广东微量元素科学，13（8）：39-41.

董琳，张晓菁，刘明生，2014. 裸花紫珠 5-羟基-3，7，3′，4′-四甲氧基黄酮抗炎作用研究[J]. 海南医学院学报，20（11）：1460-1462.

冯世秀，张旻，易博，等，2017. 裸花紫珠化学成分与药理活性研究进展[J]. 中草药，48（5）：1015-1026.

符健，邝少佚，王世雄，2002. 裸花紫珠片的抗菌消炎和止血作用研究[J]. 海南大学学报自然科学版，20（2）：154-157.
付剑江，张舟妙，吕红，等，2017. 裸花紫珠提取物促血小板活化作用及其机制[J]. 中国实验方剂学杂志，23（12）：109-113.
高秀丽，程萍，刘杰麟，2001. 紫珠果实提取成分对 Hep-2 细胞株的抑制作用[J]. 贵阳医学院学报，269（6）：523.
谷陟欣，刘宇靖，颜冬兰，等，2011. 裸花紫珠、大叶紫珠和广东紫珠的研究进展[J]. 中国医药导报，29（8）：11-12，81.
韩宁宁，叶文博，2008. 木犀草素和木犀草苷对 K562 细胞增殖的影响[J].上海师范大学学报（自然科学版），37（6）：622.
何志鹏，张春军，韩婷，2011. 女贞子与紫珠叶联合用药在体外肿瘤细胞增殖抑制作用研究[J]. 牡丹江医学院学报，32（2）：8-9.
黄夏琴，蒋惠娣，徐庆，等，1998. 紫珠草抗脂质过氧化作用的实验研究[J]. 中草药，29（4）：246-249.
贾安，杨义芳，孔德云，等，2012. 广东紫珠超临界提取物的 GC-MS 成分分析及体外抗菌活性[J]. 中国医药工业杂志，43（3）：178-181.
蒋惠娣，季燕萍，张水利，等，1999. 紫珠属药用植物体外抗氧化作用[J]. 中药材，22（3）：139-141.
李德英，袁惠德，1992. 华紫珠和杜虹花的成分、毒性与抑菌作用比较[J]. 中国现代应用药学，（1）：13-15.
李玲娜，马婷，王彬，等，2012. 大鼠口服裸花紫珠后木犀草素的体内药动学研究[J]. 海南医学院学报，18（11）：1541-1543.
李淑兰，李文慧，刘宝生，等，2010. 大叶紫珠草对肾炎血尿模型大鼠尿红细胞和血清 IL-1 影响[J]. 西部医学，22（9）：1584-1585.
梁纪军，2009. 裸花紫珠药效物质基础的研究及其制剂设计[D]. 沈阳药科大学.
林朝展，陈德金，宁娱，等，2013. 枇杷叶紫珠苯乙醇苷对学习记忆功能障碍的影响[J]. 中药药理与临床，（1）：72-74.
林朝展，祝晨蔯，张翠仙，等，2009. 杜虹花叶挥发油化学成分及抗氧化活性研究[J]. 热带亚热带植物学报，17（4）：401-405.
刘维新，李春响，王培忠，等，1983. 白棠子树叶的药理研究[J]. 中药通报，8（6）：32-33.
刘小颖，2015. 大叶紫珠总黄酮抗氧化活性及抗鱼藤酮诱导的 SH-SY5Y 细胞损伤机制的研究[D]. 武汉科技大学.
卢素琳，钟恒亮，夏曙华，1999. 紫珠止血作用的实验研究[J]. 贵阳医学院学报，24（3）：241-242.
鲁合军，2017. 大叶紫珠对大鼠凝血功能及 TXB2、6-keto-PGF1a 表达的影响[J]. 中医学报，32（6）：989-991，995.
马燕春，张旻，徐文彤，等，2014. 裸花紫珠化学成分及细胞毒活性研究[J]. 中国中药杂志，39（16）：3094-3111.
聂韡，房海灵，邓绍勇，等，2016. 不同产地广东紫珠药材苯乙醇苷类成分含量与抗氧化能力的相关性[J]. 江苏农业科学，44（3）：273-275.
聂韡，刘易鑫，房海灵，等，2016. 广东紫珠抑菌有效部位的筛选[J]. 江西林业科技，44（2）：58-61.
宁德生，李典鹏，黄胜，等，2012. 七种紫珠属植物水提物中总黄酮、总酚酸及其抗氧化活性的测定[J]. 广西植物，32（6）：845-848.
潘争红，黄思思，黄胜，等，2016. 裸花紫珠提取物及其主要成分抗氧化活性研究[J]. 广西植物，36（9）：1107-1111.
潘争红，黄思思，宁德生，等，2015. 裸花紫珠抑制 NO 生成活性及其活性部位的 HPLC-DAD-ESI-MS 研究[J]. 中国现代应用药学，（12）：1463-1466.
宋纯，2012. 杜虹花提取物镇痛作用研究[J]. 中国药业，21（22）：31-32.
宋潇，黄胜，袁莉，等，2017. 裸花紫珠资源、化学成分及药理作用研究近况[J]. 中国医药导报，14（6）：45-48.
孙美，王立波，吴立军，2015. 药用紫珠属植物的研究进展[J]. 安徽农业科学，43（13）：101-104.
孙秀漫，2015. 广东紫珠物质基础及其主要活性成分的药代动力学研究[D]. 广州中医药大学.
王洪燕，全康，蒋燕灵，等，2010. 木犀草素抗肿瘤细胞增殖及增敏抗肿瘤药物作用研究[J]. 浙江大学学报（医学版），39（1）：30.
王健，贾凌云，何立华，2009. 紫珠属植物的研究进展[J]. 中国医药导报，6（5）：9-10.
王杰，罗晨媛，王珊，等，2016. 裸花紫珠正丁醇提取物止血作用及其机制研究[J]. 中药药理与临床，32（3）：99-102.
王立明，方瑞英，1994. 10 种中药材对四氯化碳或半乳糖胺损伤的原代培养大鼠肝细胞的作用[J]. 浙江医科大学学报，23（3）：109.
王孟，李昂，赵震宇，等，2017. 裸花紫珠叶抑菌性物质的 ASE 联合牛津杯和微孔刃天青法筛选[J]. 时珍国医国药，01（28）：43-45.
王艳晶，杨义芳，高岱，2008. 紫珠属植物的化学成分及生物活性研究进展[J]. 中草药，39（1）：133-138.
谢彬，蔡尚达，游仕湘，等，1995. 裸花紫珠对纤维母细胞合成与释放纤维结合蛋白的影响[J]. 中山医科大学学报，16（2）：78-79.
谢彬，李鹂，1995. 中草药裸花紫珠的细胞学作用机理[J]. 广东药学院学报，（3）：141-145.
徐颖，2006. 紫珠鲜汁治疗烫伤的实验研究[J]. 重庆医学，35（14）：1309-1310.
许慧，牛莉鑫，李丽，等，2016. 广东紫珠中黄酮二葡萄糖醛酸苷类化合物的分离纯化及其抗炎活性[J]. 中国医药工业杂志，47（5）：548-552.
严枫，邓义德，杨华，等，2013. 杜虹花不同提取部位止血作用的实验研究[J]. 上海中医药杂志，（7）：93-95.

颜冬兰，夏德艳，袁莉，等，2014. 裸花紫珠提取物预防大鼠术后腹腔粘连的实验研究[J]. 中南药学，12（3）：225-227.
杨璐，张天华，白旭，等，2015. 14 种紫珠属植物醇提取物抑制磷酸二酯酶 4 活性初探[J]. 广东药学院学报，31（3）：328-331.
杨子明，谷陟欣，颜小捷，等，2015. 裸花紫珠抗炎活性研究[J]. 时珍国医国药，26（11）：2620-2622.
易博，张旻，林海，等，2015. 黎药裸花紫珠在小鼠体内止血活性部位的研究[J]. 药学实践杂志，33（3）：235-241.
余行，徐诗强，马冬晴，等，2013. 大叶紫珠总黄酮的提取工艺优选及其抗炎、镇痛及止血作用考察[J]. 中国实验方剂学杂志，19（12）：8-11.
余蜻，杨义芳，胡晓，等，2015. 广东紫珠止血谱效相关模式的研究[J]. 中国医药工业杂志，46（5）：467-472.
袁经权，2015. 瑶药粘手风化学成分研究[D]. 暨南大学.
袁莉，黄胜，颜冬兰，等，2013. 裸花紫珠解酒作用的实验研究[J]. 湖南中医药大学学报，33（3）：17-19.
曾祥周，符健，邝少铁，等，2002. 裸花紫珠片急性毒性及长期毒性研究[J]. 中国热带医学，2（4）：447-449.
张洁，李宝泉，冯峰，等，2010. 裸花紫珠的化学成分及其止血活性研究[J]，26：（24）：3297-3301.
张利，黄胜，颜小捷，等，2015. 裸花紫珠提取物凝血有效部位的研究[J]. 环球中医药，8（11）：1359-1362.
郑东昆，陈伟康，马双成，等，2015. UHPLC-MS/MS 同时测定大鼠血浆中裸花紫珠 3 个酚苷类成分及其药动学研究[J]. 中草药，4（23）：3533-3538.
郑钦芳，2012. 广东紫珠药材质量及抗氧化与烫伤愈合活性研究[D]. 湖南农业大学.
中国人民解放军第一六二医院，1972. 裸花紫珠的临床应用[J]. 中草药，3（2）：42-44.
周伯庭，李新中，钟广蓉，等，2006. 广东紫珠地上部位主要药效学试验[J]. 中国现代医学杂志，16（2）：204-206.
周芹芹，侯林，田景振，等，2017. 裸花紫珠不同提取部位体外抗单纯疱疹病毒Ⅰ型作用研究[J]. 山东中医杂志，36（4）：329-330，352.
周覃，谷陟欣，刘翀，等，2013. 裸花紫珠联合万古霉素对耐甲氧西林金黄色葡萄球菌协同抗菌作用的动物实验研究[J]. 中华中医药杂志，（10）：3075-3078.
Cai H, Xie ZY, Liu GH, et al, 2014. Isolation, identification and activities of natural antioxidants from *Callicarpa kwangtungensis* Chun[J]. PloS One，9（3）：93000.
Huang B, Fu HZ, Chen WK, et al, 2014. Hepatoprotective triterpenoid saponins from *Callicarpa nudiflora*[J]. Chem Pharm Bull（Tokyo），62（7）：695-699.
Kim YS，Shin DH，2004. Volatile Constituents from the leaves of *Callicarpa japonica* Thunb. and their antibacterial activities[J]. J Agric Food Chem，52（4）：781-787.
Tabata Y，Iwano H，Sawaki S，2005. *Callicarpa* extracts with SOD activity as active oxygen scavengers in cosmetics kincareproducts [P].JP：2005145938，2005-06-09.
Zhou ZQ，Wei XY，Fu HZ，et al，2013. Chemical constituents of *Callicarpa nudiflora* and their antiplatelet aggregation activity[J]. Fitoterapia，88：91-95.

第三节　质量标准研究

多种紫珠属植物的茎枝及叶可供药用，原植物的形态特征也较为相似，各地有不同的地方习称、别名，易导致误采误用，进而影响临床疗效。目前，2015 年版《中国药典》收载了紫珠属中的大叶紫珠、广东紫珠、紫珠叶 3 种药材；以及裸花紫珠片、裸花紫珠胶囊这 2 种单味制剂。还收载了含有广东紫珠的 3 种成药制剂抗宫炎片、抗宫炎胶囊、抗宫炎颗粒。紫珠药物及其中成药制剂为人类的卫生健康事业做出了较大贡献，其止血化瘀、消炎抗菌等作用疗效确切，在临床上治愈了大量病症，其中裸花紫珠作为单味制剂在抗炎止血的疗效突出。随着国内外对紫珠属植物的深入研究，其质量标准也不断完善。

一、性 状 鉴 别

紫珠类药材性状研究

闫康对紫珠属 6 种植物枇杷叶紫珠、裸花紫珠、大叶紫珠、尖尾枫、杜虹花、红紫珠的药材性状进行了研究，该 6 种植物的药材性状特征区别见表 4-1。

表 4-1　紫珠属 6 种植物药材性状特征区别

药材名称	茎枝	叶
枇杷叶紫珠	表面绿褐色，密被淡黄色茸毛	叶背、叶柄被黄褐色茸毛
裸花紫珠	小枝节部稍膨大，呈类方形，表面灰褐色，小枝可见类圆形皮孔	叶上表面干后呈黑色，叶背、叶柄密被浓厚灰褐色绵毛
大叶紫珠	分枝无毛，绿褐色，略见纵皱，幼枝被灰黄色茸毛	叶上表面绿褐色，叶背被灰白色茸毛，叶柄被浓厚的茸毛
尖尾枫	幼枝四棱形，呈棕黑色，节明显，幼枝上有柔毛	叶展开后呈披针形，主脉表面有稀疏灰白色茸毛
杜虹花	分枝灰白色，有少量毛或无毛，有细小的浅棕色皮孔，较嫩枝密被黄色茸毛	叶上表面被茸毛，下表面被棕黄色茸毛
红紫珠	灰褐色	叶基部心形，上、下表面被茸毛，叶柄短或无柄

二、显 微 鉴 别

（一）紫珠属植物叶的扫描电镜观察

为了对药用紫珠属植物叶做出鉴别，保证药材质量，宓鹤鸣等对 10 余种紫珠叶进行生药学研究，考虑到叶类生药表面特征较为丰富，用扫描电镜对常见 16 种紫珠叶进行了观察比较，找出各种的形态变异特征以供鉴别时参考。

通过观察 16 种紫珠的叶中段主脉旁边的腹、背面、叶缘部及部分叶和叶柄中段横切面（放大倍数 100～10 000），具有鉴别意义的特征有表面角质层纹饰、蜡质、毛状体、气孔器、叶缘锯齿等。各种观察结果分述如下。

1. 裸花紫珠　腹面角质层为“V”或“Y”形粗短纹饰，镶嵌状排列。腺鳞“深碟形”。刚毛稀布，形似“犀角”；背面被较密集的多细胞叠生分枝毛，多 4～6 层，间距明显；叶缘锯齿 90°直角，齿尖不偏斜，齿凹深裂。

2. 大叶紫珠　腹面刚毛散布，1～3 个细胞组成，长锥形，基部不膨大，外壁无疣突；背面密被多细胞叠生分枝毛，1～5 层多见，最上层分枝细胞最多。腺鳞“碗形”，着生处表面凹陷，周围有波曲纹饰的角质层围绕。气孔类圆形，位于突起的角质层纹饰会合处顶端；叶缘锯齿 140°钝圆角，边缘有毛茸。

3. 紫珠　腹面角质层梭形或菱角形扁突纹饰；线形毛 2～4 个细胞组成，长圆锥形，多弯曲，壁上具疣突；背面着生星状毛，并有细小颗粒状物散布。两面着生腺鳞，扁圆形，8～10 个细胞辐射对称排列。腺鳞数（5.84±0.76）个/mm^2（背面）；叶缘锯齿直角，齿尖明显偏斜，边缘有毛茸。

4. 老鸦糊　腹面角质层皱脊状突起；两面有星状毛，细胞常扁平和扭曲，背面角质层为层叠峰峦状。腺鳞方圆形，常由 4 个细胞组成，中间凹陷呈“方盘形”。深凹于表面，周围角质层高出腺鳞平面。短柄腺毛多见，柄单细胞。腺头 4 个细胞并列。腺鳞数（16.1±1.23）个/mm^2；叶缘锯齿 120°钝角。

5. 枇杷叶紫珠 腹面角质层圆丘状突起，顶端被蜡质。单细胞刚毛均匀分布，似“毛笔尖样”，毛基部膨大；背面密被多细胞叠生分枝毛，常多在 6 层以上，层间间隔明显。腺鳞多“碗形”，常由 8 个细胞组成，两面可见。气孔密集，周围角质层环常波曲；叶缘锯齿 100°钝角，齿尖稍偏斜，水孔明显。

6. 杜虹花 腹面角质层为短小的弧形突起，呈鱼鳞状排列；两面着生星状毛，背面有“平碟形”腺鳞，腺毛和单细胞刚毛。刚毛基部极膨大；气孔类圆形，四周具粗条纹饰的角质层带；叶缘锯齿 60°锐角，边缘有刚毛。

7. 红紫珠 腹面角质层呈“圆头铆钉状”突起，表面有细纹理于顶部会合，顶部多少有蜡质。线形毛散布 2～3 个细胞组成，壁薄易断；背面星状毛和线形毛分布较密。星状毛 3～7 个细胞组成，簇生处节部膨大。腺鳞“平碟形”。长柄腺毛头部单细胞圆球形、柄部 3～5 个细胞；叶缘锯齿 35°锐角，边缘着生长柄腺毛及星状毛。

8. 尖尾枫 腹面角质层呈较平坦山丘状突起或粗短条纹镶嵌，表面有平行粗条纹理。线形毛稀布，2～4 个细胞组成，长圆锥形，壁上无疣突；背面角质层为较别致的浮雕状环形突起纹饰。腺鳞于角质层凹窝中多见，不规则球形；气孔两面可见；腺鳞数（29.5±3.98）个/mm^2，叶全缘或具不明显小锯齿，105°钝圆角。

9. 华紫珠 角质层：腹面为覆瓦状大纹饰，背面在腺鳞四周堆积成山峰样，高于腺鳞表面；刚毛稀布于近轴面，2 个细胞组成，外壁多少皱缩，但无疣状突起；腺鳞密布于背面，呈不规则皱缩花朵状；气孔长椭圆形，周围有一圈窄角质层环带，星状毛稀少，5～10 个细胞簇生。腺鳞数（12.5±0.81）个/mm^2。叶缘锯齿直角，齿背中部有一浅凹缺。

10. 白棠子树 腹面角质层小覆瓦状纹饰。线形毛稀布，2～4 个细胞组成，圆锥形，常弯曲，壁上有长圆形小疣突；背面角质层圆丘状纹饰，表面平滑，有小蜡质块散布。星状毛稀少，呈“海星状”。腺鳞 8～16 个细胞辐射状排列成多角形。叶缘锯齿 85°锐角，齿尖不偏斜，齿背、齿腹相似，弧曲。

11. 日本紫珠 两面都为网格状粗条索突起，局部可见细条角质层纹理交织，小颗粒状蜡质块散布；腹面刚毛少见，着生于叶脉上，由 2 个细胞组成，基部膨大，顶部尖锐，微弯，外壁有细小圆形疣突；背面着生腺鳞，似翻转阳帽状，腺鳞着生处表皮凹陷，角质层纹饰粗条于腺鳞基部周围呈放射状；星状毛极少见，5～10 个细胞簇生，壁上具疣状突起雕纹，气孔椭圆形，保卫细胞外有宽角质层环带。腺鳞数（5.56±0.73）个/mm^2。叶缘锯齿 130°钝角，齿尖极偏斜，低于弓曲的齿背，齿腹呈弯钩状凹入。

12. 长叶紫珠 腹面角质层乳头状或半球状大纹饰，顶端有皱褶条纹会合，上被蜡质。刚毛稀布，由 2 个细胞组成，长圆锥形，外壁具疣突。背面散布星状毛及腺鳞，腺鳞由 10 余个细胞不规则辐射状堆积而成，腺鳞数（11.11±0.93）个/mm^2；叶缘无齿或具细锯齿，边缘无毛。

13. 短柄紫珠 腹面角质层覆瓦状纹饰；刚毛稀布，2 个细胞组成，基部膨大，顶部尖细胞壁多少皱缩或扁凹；背面星状毛均匀散布，（3）～5～（9）个细胞组成，细胞尖直；腺鳞呈不规则圆块状，稀少。叶缘锯齿 70°锐角，齿背，腹平直。

14. 光叶紫珠 腹面角质层为均匀而密集的钝圆锥钉样纹饰，表面有皱褶向顶部会合，顶部被蜡质；背面角质层多以气孔为中心呈山丘状突起。星状毛稀少。气孔周围角质层环带明显高出气孔平面。腺鳞类圆形“平碟状”；叶缘锯齿 120°钝角，齿尖极偏斜，齿背、腹区分明显。

15. 全缘叶紫珠 腹面有稀疏星状毛分布，角质层以毛茸基部为中心形成粗条索状纹饰，可见到较为特殊的圆环状断毛残基；背面密被多细胞叠生分枝毛，细胞多相互交织，叠生层间隔不易分清，毛基部膨大，细胞“多列性”，突出于表皮。腺鳞“平碟状”；叶缘无锯齿，边缘有毛茸着生。

16. 毛叶老鸦糊　腹面角质层半球形或不整齐块状突起纹饰，顶端无蜡质；两面均着生星状毛；多 5 个细胞组成；背面气孔多见，着生于突起的角质层顶端，四周有粗条索状角质层纹饰分布。腺鳞“荷叶状”，（9.15±0.8）个/mm^2；叶缘锯齿 75°锐角，边缘有毛茸。

（二）半显微组织特征

邱燕祥等对杜虹花、大叶紫珠、老鸦糊、枇杷叶紫珠、广东紫珠和窄叶紫珠进行了半显微鉴定，采用体视镜 2.0～4.5 倍观察样品紫珠叶上、下表面绒毛颜色类型、叶脉茸毛密集程度、叶脉、腺点等，并记录整理，结果如表 4-2 所示。

表 4-2　六种紫珠属植物叶的半显微（体视镜）鉴定结果

名称	上表面	下表面
杜虹花	叶柄密被灰黄色茸毛。主脉及叶肉疏被灰黄色茸毛	叶柄及主脉密被灰黄色有光泽茸毛，叶肉均匀被毛，具细小黄色腺点
大叶紫珠	叶柄、主脉密生灰白色茸毛。叶肉绿色，疏被灰白色茸毛，密被黄色小腺点	叶柄青绿色、主脉、叶肉密生灰白色茸毛，腺点隐于毛中
老鸦糊	叶柄黑棕色，疏被灰白色茸毛，表面黄绿色，稍有微毛	叶柄黄棕色，叶肉淡绿色，主脉、侧脉及叶肉疏被茸毛和细小黄色腺点。细脉近平行
枇杷叶紫珠	叶柄及主脉密生锈褐色茸毛。表面锈色，叶肉及侧脉几乎无毛	密生灰黄色有光泽茸毛，两面均被不明显的黄色腺点
广东紫珠	叶柄及叶肉均无毛	无毛，密生黄色小腺点
窄叶紫珠	叶脉上被少许茸毛及大量黄色腺点，叶肉几乎无毛	无毛，密生黄色小腺点

（三）显微组织特征

1. 部分紫珠叶的显微构造特征　邱燕祥等用显微镜观察杜虹花、大叶紫珠、老鸦糊、枇杷叶紫珠、广东紫珠和窄叶紫珠叶片的整体透化装片，观察其表面的腺毛、非腺毛的形态及晶体类型等，利用显微图像分析系统测量并比较相关数据，结果如表 4-3 所示。上述这 6 种紫珠的整体透化显微鉴别可看出，叶片上、下表皮着生的毛茸类型可作为显微鉴别的主要依据。

表 4-3　6 种紫珠属植物叶的整体显微鉴定结果

名称	上表面	下表面
杜虹花	分枝毛、星状毛、单细胞非腺毛	分枝毛、星状毛、单细胞非腺毛
大叶紫珠	叶脉密被多轮分枝毛，叶肉被多细胞非腺毛	密被多轮分枝毛
老鸦糊	疏被单细胞非腺毛	疏被单细胞非腺毛、多轮叠生星状毛
枇杷叶紫珠	叶脉及叶肉被单细胞非腺毛	密被多轮分枝毛、星状毛
广东紫珠	无毛	无毛
窄叶紫珠	疏被单细胞非腺毛，星状毛	疏被单细胞非腺毛，星状毛

王红刚等对裸花紫珠、大叶紫珠、枇杷叶紫珠和尖尾枫、红紫珠、杜虹花的中药显微组织特征进行了观察。发现 6 种紫珠叶的显微结构都具备腺鳞，因此腺鳞不宜作为鉴别的依据。叶片上下表皮着生的毛茸类型可作为显微鉴别的主要依据。各紫珠叶片中脉维管束类型可以作为辅助鉴别依据。

闫康对枇杷叶紫珠、裸花紫珠、大叶紫珠、尖尾枫、杜虹花和红紫珠的叶横切面显微特征的研究发现，这些植物的相同点是上表皮有非腺毛，下表皮有非腺毛、腺毛，主脉维管束都为外韧型。不同点主要从上下表皮的茸毛类型、上下表皮细胞类型及主脉叶肉薄壁组织中草酸钙晶体有无、类型、多少来鉴别（表 4-4）。

表 4-4 枇杷叶紫珠等 6 种紫珠植物的叶横切面显微特征区别

项目＼植物	枇杷叶紫珠	裸花紫珠	大叶紫珠	尖尾枫	杜虹花	红紫珠
上表皮茸毛	单细胞非腺毛、分枝状非腺毛、小腺毛	小腺毛、腺鳞及 1～2 个细胞非腺毛	小腺毛、腺鳞、一到多个细胞组成的非腺毛	多细胞非腺毛、小腺毛	多细胞非腺毛、腺鳞	多细胞非腺毛
上表皮细胞	一列类方形或类圆形细胞	两列类长椭圆形、类方形细胞	一列类长方形细胞，具乳头状突起	一列类长方形细胞，略具突起	一列类长方形细胞	一列类长方形细胞，具疣状突起
下表皮茸毛及气孔	单细胞非腺毛、分枝状非腺毛、腺鳞	分枝状非腺毛、腺鳞、小腺毛、气孔、孔下室多	腺鳞、一到多个细胞组成的非腺毛、分枝状非腺毛、小腺毛（少）	可见多细胞非腺毛、腺毛、小腺毛	多细胞非腺毛、腺毛、腺鳞、气孔	小腺毛、单细胞非腺毛、多细胞非腺毛、气孔
下表皮细胞	一列类长方形细胞	一列类方形细胞或类圆形细胞	一列类圆形细胞，较小	一列类圆形细胞	一列类方形细胞	一列类圆形细胞
栅栏组织、海绵组织	栅栏组织一列，海绵组织排列疏松	栅栏细胞两列，海绵组织排列疏松	栅栏细胞两列，海绵组织排列疏松	栅栏细胞两列，海绵组织排列疏松	栅栏组织一列，海绵组织排列疏松	栅栏组织一列，海绵组织排列疏松
主脉维管束	外韧型，排列成环形	外韧型，排列成槽形	外韧型，排列成槽形	外韧型，排列成槽形	外韧型，排列成类圆形	外韧型，排列成槽形
主脉导管	导管 3～5 个排列成行	导管 3～5 个排列成行	导管 3～5 个排列成行	导管 2～4 个排列成行	导管 3～6 个排列成行	导管 3～5 个排列成行
主脉木射线	木射线细胞 1 列	木射线细胞 1 列	木射线细胞 1～2 列	木射线细胞 1 列	木射线细胞 1～2 列	木射线细胞 1 列
主脉叶肉薄壁组织	散在草酸钙簇晶	可见草酸钙簇晶	散在草酸钙簇晶，偶方晶	草酸钙簇晶，棱角不明显	散在草酸钙簇晶	

2. 部分紫珠茎的显微构造特征 闫康对枇杷叶紫珠、裸花紫珠、大叶紫珠、尖尾枫、杜虹花、红紫珠的紫珠茎横切面进行了研究。6 种植物的茎横切片显微特征相同点是韧皮部有环形排列的中柱鞘纤维，木质部有径向排列的导管，髓部由类圆形薄壁细胞组成；不同点主要从木栓层细胞类型、有无附着茸毛及茸毛类型、皮层宽度及细胞形状、木射线细胞宽度、髓部草酸钙晶体来鉴别（表 4-5）。

表 4-5 枇杷叶紫珠等 6 种紫珠属植物的茎横切面显微特征区别

项目＼植物	枇杷叶紫珠	裸花紫珠	大叶紫珠	尖尾枫	杜虹花	红紫珠
木栓层	两列类长方形细胞，可见分枝状非腺毛、腺鳞、腺毛	两列类方形细胞，可见小腺毛、分枝状非腺毛、腺鳞	两列类圆形或类方形细胞，较小，可见腺鳞、小腺毛、分枝状非腺毛（多）	3～4 列类方形细胞	4～5 列类方形或类长方形细胞	2 列类长方形细胞，分枝状非腺毛多

续表

项目\植物	枇杷叶紫珠	裸花紫珠	大叶紫珠	尖尾枫	杜虹花	红紫珠
皮层	近10列类长方形、类长椭圆形细胞	10多列类方形、类椭圆形细胞	类圆形或类椭圆形细胞10列左右	近10列类圆形、类椭圆形细胞	由数列类椭圆形细胞组成	数列类圆形、类椭圆形、不规则形细胞
韧皮部	中柱鞘纤维数量多，排列成环状，散在含方晶细胞	中柱鞘纤维多数，排列成环，散在含方晶细胞	中柱鞘纤维排列成环，可见含方晶细胞	中柱鞘纤维排列成环，可见含方晶细胞	中柱鞘纤维排列成环	中柱鞘纤维排列成环，厚壁组织散在
木质部	导管7～9个排列成行，疏松，木射线1～3列	导管7～13个排列成行，木射线1～3列	导管5～10个排列成行，排列紧密，木射线1～2列	导管8～13个排列成行，较疏松，木射线细胞1～3列	导管5～8个排列成行，木射线细胞1～2列	导管5～8个排列成行，较疏松，木射线细胞1～4列
髓部	类圆形薄壁细胞	类圆形薄壁细胞	宽广，由类圆形薄壁细胞组成，散在草酸钙簇晶，偶方晶	类方形，类圆形薄壁细胞，散在草酸钙簇晶	类圆形薄壁细胞	类圆形薄壁细胞

3. 粉末显微特征　邱燕祥等采用显微镜观察杜虹花、大叶紫珠、老鸦糊、枇杷叶紫珠、广东紫珠及窄叶紫珠原粉末透化装片，观察其腺毛、非腺毛及晶体类型，利用显微图像分析系统测量并比较相关数据，结果见表4-6。可见这6种紫珠叶的显微结构均具备腺鳞；杜虹花具有小腺毛、星状毛、多轮分枝毛及单轮分枝毛；大叶紫珠具有多轮分枝毛及单轮分枝毛，无星状毛；老鸦糊具有星状毛，且呈多轮叠生的状态；枇杷叶紫珠均具有多轮分枝毛、单轮分枝毛及星状毛；广东紫珠具有多细胞非腺毛；窄叶紫珠具有单（或多）细胞非腺毛和星状毛。此外，杜虹花及枇杷叶紫珠均含有方晶，其中杜虹花的方晶极多；大叶紫珠含有簇晶；窄叶紫珠含有方晶、簇晶；老鸦糊无草酸钙晶体，故各紫珠叶片中晶体类型可以作为辅助鉴别依据。

表4-6　杜虹花等6种紫珠属植物的叶粉末组织透化装片鉴定

品种	非腺毛	腺毛（小腺毛及腺鳞）	晶体
杜虹花	多轮分枝状（长104～167μm）、单轮分枝毛、星状毛、单细胞非腺毛（有雕纹）、多细胞非腺毛（2个细胞，长91～143μm，有雕纹）	小腺毛、腺鳞圆球形，直径48～59μm，多个细胞排列成辐射状	方晶（极多）
大叶紫珠	多轮分枝毛（量多，主要存在于叶脉，主枝长180～293μm，分枝长60～93μm，节间距离为18～34μm）、单轮分状毛（主要存在于叶下表面的叶肉里面）、多细胞非腺毛（2个细胞，长150～162μm，主要存在于叶上表面的叶肉里面）	腺鳞圆球形，多个细胞排列成辐射状，直径46～54μm，内含浅黄色油质	簇晶
老鸦糊	多轮迭生星状毛、单细胞非腺毛、多细胞非腺毛（多2～3个细胞组成）	腺鳞扁圆球形，多个细胞排列成辐射状	无
枇杷叶紫珠	多轮分枝毛（量多，主要存在叶下表面叶肉及叶脉，主枝长377～552μm，分枝长200～258μm，节间距离为43～59μm）、单轮分枝毛、星状毛（量多，主要存在于叶下表面，长128～175μm）、单细胞非腺毛（叶肉细胞连一起，呈耙状，长19～37μm，主要存在于叶上表面）、多细胞非腺毛	腺鳞类圆球形或不规则，8个细胞排列成辐射状，内含浅黄色油质；直径53～65μm，头部由6～8个细胞排列成辐射状	方晶

续表

品种	非腺毛	腺毛（小腺毛及腺鳞）	晶体
广东紫珠	单细胞非腺毛	小腺毛	无
窄叶紫珠	星状毛、单细胞非腺毛	小腺毛、腺鳞类圆球形，多个细胞排列成辐射状	方晶、簇晶

闫康也详细研究了枇杷叶紫珠、裸花紫珠、大叶紫珠、尖尾枫、杜虹花和红紫珠叶及茎粉末显微特征。总结了叶及茎的粉末显微特征。这 6 种植物的叶粉末显微特征见表 4-7：相同点是都具有非腺毛、腺毛、腺鳞、韧皮纤维、螺纹导管、草酸钙簇晶；不同点主要从非腺毛、腺毛数量、类型，纤维大小、类型，草酸钙晶体类型、数量，气孔类型方面来区别。这 6 种植物的茎粉末显微特征见表 4-8：相同点是都具有非腺毛、腺鳞、韧皮纤维、木纤维、具缘纹孔导管；不同点主要从非腺毛、腺毛数量、类型，纤维大小、类型，导管类型，石细胞有无、形状等方面区别。

表 4-7　枇杷叶紫珠等 6 种紫珠属植物叶粉末显微特征区别

植物＼项目	非腺毛	腺毛	腺鳞	纤维	导管	晶体	气孔
枇杷叶紫珠	分枝状非腺毛多，单细胞非腺毛	头部 1～2 个细胞，柄多个细胞组成的腺毛	头部 6～8 个细胞组成的腺鳞	韧皮纤维，少，具孔沟，木纤维	可见具缘纹孔导管、螺纹导管，少	草酸钙簇晶多，偶见针晶、方晶	平轴式
裸花紫珠	分枝状非腺毛、丁字毛、星状毛	头部 1～2 个细胞，柄单个细胞组成的腺毛	头部 4 或 6 或 8 个细胞组成的腺鳞	韧皮纤维，多成束	可见螺纹导管	草酸钙簇晶	不定式
大叶紫珠	叠生星状毛、分枝状非腺毛、1～3 个细胞组成的非腺毛	头部 1 个细胞，柄多个细胞组成的腺毛	头部 6～8 个细胞组成的腺鳞	韧皮纤维，多成束，木纤维	可见螺纹导管、梯纹导管	草酸钙簇晶较多，偶见方晶	不定式
尖尾枫	非腺毛较少	头柄都为单细胞的小腺毛较多	头部 6～8 个细胞组成的腺鳞	少，可见韧皮纤维	可见螺纹导管	草酸钙簇晶较多，针晶少，偶见方晶	不定式
杜虹花	叠生星状毛、分枝状非腺毛、1～2 个细胞组成的非腺毛，壁厚、腔窄，有的内含黄绿色物	头部 1 个至多个细胞，柄 1 个至多个细胞组成的腺毛	头部由 4（或 8）～10 个细胞组成的腺鳞	韧皮纤维，有孔沟	可见螺纹导管	草酸钙簇晶较多，针晶可见	不定式
红紫珠	1～2 个细胞组成的非腺毛较多、叠生星状毛少、丁字毛偶见	头部 1～3 个细胞，柄 1 个至多个细胞组成的腺毛多	头部由 8～12 个细胞组成的腺鳞	少见	螺纹导管	可见草酸钙簇晶、针晶、方晶	直轴式

表 4-8　枇杷叶紫珠等 6 种紫珠属植物茎粉末显微特征区别

植物＼项目	非腺毛	腺毛	腺鳞	纤维	导管	晶体	其他
枇杷叶紫珠	分枝状非腺毛多	头部 1 个细胞，柄多个细胞组成的腺毛	头部 8 个细胞组成的腺鳞	可见韧皮纤维，木纤维有的具裂隙状纹孔	可见具缘纹孔导管、螺纹导管	偶见草酸钙簇晶	
裸花紫珠	分枝状非腺毛、迭生星状毛	头部、柄都由单个细胞组成的小腺毛	头部 7～8 个细胞组成的腺鳞	韧皮纤维具孔沟，木纤维，晶纤维有的成束	可见螺纹导管、具缘纹孔导管		
大叶紫珠	迭生星状毛、分枝状非腺毛	头部、柄都为单个细胞组成的小腺毛	头部由 7～8 个细胞组成的腺鳞	韧皮纤维，木纤维，晶纤维	可见具缘纹孔导管、螺纹导管		石细胞类方形
尖尾枫	非腺毛少，偶见分枝状非腺毛	头部 1 个细胞，柄 1 个至多个细胞组成的腺毛，较多	头部 8 个细胞组成的腺鳞	可见韧皮纤维，木纤维，晶纤维	可见具缘纹孔导管、螺纹导管	草酸钙簇晶少，散在	
杜虹花	分枝状非腺毛较少		头部由 8 个细胞组成的腺鳞，少见	可见韧皮纤维，具孔沟，木纤维具裂隙状的单纹孔，晶纤维	见具缘纹孔导管		石细胞类圆形、多角形
红紫珠	非腺毛较少	头部 1～3 个细胞，柄 1 个至多个细胞组成的腺毛，较多	头部由 8 个细胞组成的腺鳞	韧皮纤维具孔沟，木纤维具裂隙状的单纹孔，晶纤维	可见具缘纹孔导管、螺纹导管		

三、理化鉴别

薄层色谱鉴别

薄层色谱法（TLC）广泛应用于中药及其制剂的鉴定检查，一直是制定中药及其质量标准必不可少的手段。在适当的分析条件下，薄层色谱分析可以直观看出中药及其制剂中化学成分的整体面貌。

1. 紫珠属药材的薄层色谱鉴别

（1）闫康对紫珠属植物枇杷叶紫珠、裸花紫珠、大叶紫珠、尖尾枫、杜虹花、红紫珠的乙酸乙酯部位与甲醇部位进行了薄层色谱的定性分析，结果如下。

1）乙酸乙酯部位 TLC 鉴别：取 6 种植物的茎叶粉末（过 40 目筛）各 4.0g，每次 100ml 50% 乙醇回流提取 3 次，每次 1 h，滤过，合并滤液，浓缩至 30ml，加 15ml 石油醚（60～90℃）提取 3 次，加入 0.3ml 盐酸，水浴 4h，放冷，用乙酸乙酯提取 4 次，每次 15ml，合并乙酸乙酯液，挥干，残渣加甲醇 10ml 溶解，作为供试品溶液。另取木犀草素对照品，加甲醇制成每毫升含 0.2mg 的溶液，作为对照品溶液。分别点于同一硅胶 G 薄层板上，以三氯甲烷-甲醇-甲酸（10：2：0.5）为展开剂，展开，取出，晾干，于紫外灯（365nm）下观察荧光斑点。6 种植物仅裸花紫珠叶与木犀草素对照品相应色谱位置上有相同颜色荧光斑。据此可以鉴别裸花紫珠与其他 5 种。

2）甲醇部位 TLC 鉴别：取 6 种植物的茎叶粉末（过 40 目筛）各 3.0g，加 10 倍量甲醇超声提取 1h，滤过，用甲醇洗涤滤渣 2 次，合并滤液，作为供试品溶液。另取齐墩果酸为对照品，加甲醇制成每毫升含 1mg 的溶液，作为对照品溶液。分别点于同一硅胶 G 薄层板上，以三氯甲烷-甲醇（9：1）为展开剂，展开，取出，晾干，10%硫酸-乙醇溶液显色，105℃加热约 10min，取出观察。6 个样品的叶与齐墩果酸对照品相应色谱位置上均有蓝紫色斑点；除裸花紫珠和尖尾枫茎外，其余样品与齐墩果酸对照品相应色谱位置上均无蓝紫色斑点图。

（2）董琳等对裸花紫珠叶进行了薄层色谱鉴别：将制备好的裸花紫珠叶供试品溶液、裸花紫珠叶对照药材溶液及 5-羟基-3，7，3′，4′-四甲氧基黄酮、5，4′-二羟基-3，7，3′-三甲氧基黄酮、木犀草素混合对照品溶液。照薄层色谱法（《中国药典》2010 年版一部附录Ⅵ B）试验，吸取上述 3 种溶液各 10μl，分别点于同一以羧甲基纤维素钠为黏合剂的硅胶 G 薄层板上，以石油醚、丙酮、甲酸（2：1：0.1）为展开剂，展开，取出，晾干，喷以 10%硫酸乙醇溶液，在 100～105℃加热 5min，立即置紫外灯（365nm）下检视。供试品色谱中，在与对照药材色谱相应的位置上，显相同颜色的荧光斑点。

2. 制剂的薄层色谱鉴别

（1）廖春玲对抗宫炎颗粒中的广东紫珠的鉴别进行了研究。吸取制备好的抗宫炎颗粒供试品溶液、广东紫珠对照药材溶液各 5μl，分别点于同一硅胶 G 薄层板（含 0.5% NaOH 的羧甲基纤维素钠溶液制备）上，展开剂为冰醋酸：正丁醇：水=1：7：2，展开后取出并晾干，用 5%$FeCl_3$乙醇溶液做显色剂显色。供试品色谱中，在与对照药材色谱相应的位置上，显相同颜色的斑点。

（2）张小波等用薄层色谱法鉴别抗宫炎片中广东紫珠，利用木犀草素为对照品，三氯甲烷-甲醇-甲酸（20：4：0.8）为展开剂，三氯化铁试液为显色剂，证明了方法的可行性。

（3）王英等在抗宫炎片中广东紫珠的薄层色谱鉴别中，利用广东紫珠为对照药材，乙酸乙酯-甲酸-水为展开剂，365nm 波长下检测，结果样品与对照药材斑点的颜色和位置一致。

四、检　　查

（一）总灰分

闫康按《中国药典》2005 年版一部附录Ⅸ K 灰分测定法之总灰分测定法，对枇杷叶紫珠、裸花紫珠、大叶紫珠、尖尾枫、杜虹花、红紫珠 6 种植物的总灰分进行测定，结果显示以上 6 种植物的总灰分的含量依次为 3.83%、3.84%、4.86%、5.48%、4.88%、4.65%，即紫珠属 6 种植物中尖尾枫总灰分最高，枇杷叶紫珠最低。根据实验结果紫珠药材总灰分平均含量在 3.71%～5.60%。

董琳等参照《中国药典》2010 年版一部附录Ⅸ灰分测定法，测定了裸花紫珠叶 10 个批次的样品（各称取约 2g），测定药材总灰分。结果显示 10 个批次样品测定结果总灰分含量在 5.73%～7.13%，平均值为 6.21%。

（二）酸不溶性灰分

闫康对枇杷叶紫珠、裸花紫珠、大叶紫珠、尖尾枫、杜虹花、红紫珠 6 种植物的酸不溶性灰分进行测定，按《中国药典》2005 年版一部附录Ⅸ K 灰分测定法之酸不溶性灰分测定法，结果显示以上 6 种植物的酸不溶性灰分的含量依次为：0.13%、0.13%、0.14%、0.12%、0.13%、0.10%，即紫珠属 6 种植物中大叶紫珠酸不溶性灰分最高，红紫珠最低。根据实验结果紫珠药材酸不溶性灰分平均含量在 0.09%～0.14%。

董琳等按《中国药典》2010 年版一部附录Ⅸ灰分测定法项下酸不溶性灰分测定法测定裸花紫珠叶 10 个批次样品（各称取约 2g）。10 个批次样品测定酸不溶性灰分测定结果在 0.59%～1.69%。平均值为 1.24%。

（三）水分

闫康按《中国药典》2005年版一部附录Ⅸ H水分测定法之烘干法，对枇杷叶紫珠、裸花紫珠、大叶紫珠、尖尾枫、杜虹花、红紫珠6种植物的水分进行测定，结果显示以上6种植物含水分百分比依次为7.17%、9.54%、9.21%、8.87%、9.47%、9.64%。结果表明红紫珠含水分百分比最高，枇杷叶紫珠含水分百分比最低，初步测定紫珠药材中水分平均含量在7.04%～9.84%。

董琳等参照2010版《中国药典》一部附录Ⅸ水分测定第一法（烘干法），测定了裸花紫珠叶10个批次的样品（各称取约2g），水分测定结果在11.65%～15.98%，平均值为13.13%。

（四）重金属

郑培等建立电感耦合等离子体质谱法（ICP-MS）同时测定裸花紫珠干浸膏中6种重金属元素铬（Cr）、铅（Pb）、镉（Cd）、汞（Hg）、砷（As）、镍（Ni）的含量。采用微波消解法处理样品，以锗（Ge）、铟（In）、铋（Bi）作为内标，紫菜标准物质作为质控，通过ICP-MS同时测定6种重金属元素。依据本方法检验了3批样品，铬（Cr）的含量为0.198 3～0.213 2mg/kg、铅（Pb）的含量为0.498 7～0.706 5mg/kg、镉（Cd）的含量为0.032 5～0.061 3mg/kg、汞（Hg）的含量为0.006 4～0.008 4mg/kg、砷（As）的含量为0.148 6～0.286 3mg/kg、镍（Ni）的含量为0.685 7～0.710 1mg/kg。该方法操作简便、结果准确、重复性好，可用于同时测定裸花紫珠干浸膏中6种重金属元素的含量。

五、含量测定

（一）黄酮类及苯丙素类成分的含量测定

1. 毛蕊花糖苷、木犀草素、木犀草苷的含量测定 柏帆等建立了HPLC法同时测定大叶紫珠中毛蕊花糖苷、木犀草素、木犀草苷3种有效成分的含量测定方法。色谱条件：InertSustain-C_{18}色谱柱（250mm×4.6mm，5μm）；流动相：乙腈（A）-0.1%磷酸（B），梯度洗脱：0～5min，10%A；5～25min，10%～60%A；25～30min 保持 60%A；30～70min，60%～80%A；检测波长：350nm；流速：1.0ml/min；柱温：30℃；通过7个批次广西产大叶紫珠叶中3个黄酮类有效成分的含量可知，大叶紫珠中毛蕊花糖苷含量均符合《中国药典》要求（不少于0.15%）。3个有效成分的含量差异较大，其中毛蕊花糖苷和木犀草苷的质量分数远高于木犀草素含量。通过纵向对比不同批次的成分含量，可以发现3种成分含量略有规律性：毛蕊花糖苷及木犀草素含量在9月含量最高，而木犀草苷含量在10月最高，若以毛蕊花糖苷含量为评价标准，则大叶紫珠的最佳采收期应为9月，与最佳传统采收期相符。

2. 毛蕊花糖苷、木犀草素、芝麻素的含量测定 陈晓庆等以HPLC法同时测定紫珠叶中毛蕊花糖苷、木犀草素、芝麻素3种有效成分含量。色谱条件：ZORBAX Extend-C_{18}色谱柱（250mm×4.6mm，5μm）；流动相：乙腈（A）-0.1%乙酸水（10：90），梯度洗脱：0～5min，10%A；5～25min，10%～60%A；25～30min 保持 60%A；30～70min，60%～80%A；检测波长：330nm；流速：1.0ml/min；柱温：30℃。对6个批次广西所产紫珠叶中3个有效成分的含量进行测定，由结果可知，紫珠叶中毛蕊花糖苷总量符合《中国药典》要求（不少于0.5%）。3个有效成分的含量差异较大，其中毛蕊花糖苷的质量分数远高于其他两个成分。该方法操作简单、准确、重复性好，具有分离效果好、方法重复性好等诸多优点，为紫珠叶质量标准完善提供理论基础。

3. 木犀草素的含量测定

（1）刘成红等测定广东紫珠及其制剂宫复康胶囊中木犀草素，供试品溶液由药材经醇提取后再酸水解获得，色谱柱：Shimpack VP-ODS柱（250nm×4.6mm，5μm），流动相：甲醇-0.3%磷酸水（45：55），检测波长：350nm，流速：1.0ml/min，柱温：40℃。测定 2 批广东紫珠药材中木犀草素的含量分别为 0.388%，0.422%；3 批宫复康胶囊木犀草素的含量分别为 0.280%、0.271%、0.285%。周日宝等测定不同采收期广东紫珠、大叶紫珠中木犀草素的含量并探讨两者含量变化规律，采用色谱柱：Alltech C_{18}（250mm×4.6mm，5μm），柱温：30℃，流动相：甲醇-0.3%磷酸（47：53）检测波长：352nm，流速：1.0ml/min，显示随着生育期延长，木犀草素含量逐渐升高，生长末期含量达到峰值；大叶紫珠中木犀草素含量普遍比广东紫珠高。

（2）胡蓉等用 HPLC 法对裸花紫珠中的木犀草素的含量进行测定，为裸花紫珠的质量控制提供了依据。

4. 芹菜素葡萄糖醛酸苷 洪燕龙测定广东紫珠及有效部位芹菜素葡萄糖醛酸苷的含量，使用 Hypersil ODS 色谱柱（250mm×4.6mm，3.5μm），流动相：甲醇-0.05%磷酸（45：55），流速：1.0ml/min，波长：324nm，柱温：25℃。有效部位为水提取醇沉淀，过大孔树脂制备得到。显示广东紫珠芹菜素葡萄糖醛酸苷含量是 0.098%，有效部位含量是 4.03%。

5. 木犀草素-7-*O*-*β*-D-吡喃葡萄糖苷、木犀草素、5，4′-二羟基-3，7，3′-三甲氧基黄酮和 5-羟基-3，7，3′，4′-四甲氧基黄酮的含量测定 董琳等以 HPLC 法同时测定裸花紫珠中木犀草素-7-*O*-*β*-D-吡喃葡萄糖苷、木犀草素、5，4′-二羟基-3，7，3′-三甲氧基黄酮和 5-羟基-3，7，3′，4′-四甲氧基黄酮的含量。色谱条件：采用 HPLC，Venusil XBP-C_{18} 色谱柱（4.6mm×200mm，5μm），流动相甲醇- 0. 1%磷酸，梯度洗脱，流速 1.0ml/min，柱温室温，检测波长 350nm。该方法精密度高，重复性好，可用于裸花紫珠药材中木犀草素-7-*O*-*β*-D-吡喃葡萄糖苷、木犀草素、5，4′-二羟基-3，7，3′-三甲氧基黄酮和 5-羟基-3，7，3′，4′-四甲氧基黄酮的含量测定。

6. 毛蕊花糖苷、木犀草素的含量测定 蔡金平等测定裸花紫珠药材中毛蕊花糖苷和木犀草素的含量。色谱条件：Phenomenex Gemini C_{18}（4.6mm×250mm，5μm）柱，以甲醇（A）-0. 3%磷酸水溶液（B）为流动相线性梯度洗脱，流速 1.0ml/min，检测波长 350nm，柱温 30℃。样品含量测定结果发现不同产地及采收时间的毛蕊花糖苷和木犀草素含量存在一定的差异，而毛蕊花糖苷的差异相对较大，可能与地理土壤、气候及药材采收后储藏等条件因素有关。

7. 木犀草苷、连翘酯苷 B、毛蕊花糖苷及异毛蕊花糖苷的含量测定 郑东昆等采用超高效液相色谱法（UHPLC），Waters ACQUITY UPLC BEH C_{18} 柱（2.1mm×100mm，1.7μm），同时对裸花紫珠胶囊中木犀草苷、连翘酯苷 B、毛蕊花糖苷及异毛蕊花糖苷进行定量测定。该方法简便快速，准确度高，能够有效控制裸花紫珠胶囊质量。

8. 金石蚕苷、阿克苷和木犀草苷的含量测定 颜祥云等 HPLC 法同时测定裸花紫珠叶中金石蚕苷、阿克苷和木犀草苷含量。色谱条件：色谱柱为 COSMOSIL 5C_{18}-MS-Ⅱ柱（4.6 ID×250mm），检测波长为 330nm，以乙腈-0.1%磷酸水溶液（21：79：0.1）为流动相，体积流量：0.8ml/min。该法简便、快捷、准确，可用于裸花紫珠叶中金石蚕苷、阿克苷和木犀草苷的含量测定。

9. 木犀草苷、毛蕊花糖苷、槲皮素、木犀草素、芦丁的含量测定 郑培等采用超高效液相色谱-串联质谱法同时测定裸花紫珠干浸膏中木犀草苷、毛蕊花糖苷、槲皮素、木犀草素、芦丁的含量，色谱条件：色谱柱为 Zorbax Eclipse Plus C_{18}，流动相为乙腈-水（梯度洗脱），流速为 0.3ml/min，柱温为 40℃，进样量为 2μl；质谱条件：多反应监测离子扫描模式，干燥气/雾化气为氮气，干燥气温度为 325℃，干燥气流量为 6 L/min，雾化气压力为 45 psi，鞘流气温度为 350℃，鞘流气流量为 12L/min，毛细管电压为 4000V（+）、3500V（–），喷嘴电压为 500V。该方法操作简便，精密度、稳定性、重复性好，可用于裸花紫珠干浸膏中以上 5 种有效成分含量的同时测定。

10. 总酚的含量测定 采用 Folin-酚比色法测定裸花紫珠中总酚的含量，确定以没食子酸为对照品的最佳测定条件。该方法简单方便、稳定性好、准确度高，可用于裸花紫珠原料及其制剂的质量控制和定量分析。

（二）三萜类成分的含量测定

1. 齐墩果酸的含量测定　闫康以齐墩果酸为指标，采用高效液相色谱法测定紫珠属枇杷叶紫珠、裸花紫珠、大叶紫珠、尖尾枫、杜虹花、红紫珠 6 种植物中齐墩果酸含量并进行了方法学的研究，比较了紫珠属 6 种植物茎、叶中齐墩果酸含量的差别，比较同一种植物茎、叶中齐墩果酸含量的高低。结果表明，紫珠属 6 种植物间齐墩果酸含量存在差别，裸花紫珠和红紫珠明显高于其他 4 种。同种植物茎、叶的含量，叶中齐墩果酸含量明显高于茎。提示若单纯抗炎、抗病毒、免疫调节和保肝护肝作用考虑，紫珠药材的基原植物应以裸花紫珠和红紫珠为佳，且药材以叶比例高者质佳。

2. 熊果酸、齐墩果酸的含量测定

（1）张光贤等用 HPLC 法测定了广东紫珠中齐墩果酸、熊果酸的含量。采用流动相为甲醇-1.0%冰醋酸水溶液（94∶6），检测波长为 210nm，流速为 0.5ml/min。结果，熊果酸和齐墩果酸分别在 1.010～5.050μg（r=0.9964）和 1.002～5.010μg（r=0.9983）呈线性。

（2）屈霞玲等测定广东紫珠干浸膏中熊果酸、齐墩果酸含量，色谱柱：Hypersil ODS（250nm×4.6mm，5μm），流动相：甲醇-1.0%冰醋酸（94∶6），检测波长：210nm，流速：0.5ml/min。该方法简便、准确、重复性好，适用于广东紫珠干浸膏中熊果酸和齐墩果酸质量控制。

（3）张艳秋等用 HPLC 法测定了裸花紫珠中齐墩果酸与熊果酸的含量。采用乙腈-甲醇-3.5%乙酸胺水溶液（69∶10∶21）为流动相，流速 1ml/min，检测波长为 215nm。结果显示，齐墩果酸与熊果酸的线性范围分别为 1.63～6.53μg（r=0.9996）与 1.20～7.20μg（r=0.9997），回收率分别为 98.11%和 101.64%。

3. 桦木酸的含量测定　潘萍等用 HPLC 法，以乙腈-0.1%磷酸溶液（63∶37）为流动相，测定了大叶紫珠中桦木酸的含量。

（三）鞣质

冯世杰等对包括裸花紫珠在内的 18 种烧伤收敛结痂中草药进行研究，采用高锰酸钾法和国际皮粉法（振荡法）测定每一种药物的鞣质含量，研究结果表明裸花紫珠药材的鞣质含量为 41%。

六、指纹图谱研究

马思遥建立了海南裸花紫珠药材 HPLC 指纹图谱方法，色谱条件：Agilent TC-C_{18}（250nm×4.6mm，5μm）色谱柱；流动相为乙腈-0.30%乙酸梯度洗脱；流速为 1.0ml/min；进样体积为 20μl；柱温为 30℃；检测波长为 254nm。方法学考察符合要求，相似度计算结果都在 0.99 以上，完全符合中药指纹图谱的技术要求。对采集的海南省共 10 批裸花紫珠色谱图进行了分析评价，结果在裸花紫珠药材 HPLC 指纹图谱中，确立了 19 个共有峰。对 11 批海南白沙县不同采收期样品（2010 年的 3 批为野生）之间及海南省共有模式图谱进行相似度评价，结果表明：海南白沙县不同采收期的裸花紫珠样品、野生样品与栽培品存在差异；将海南省另 3 个地区（临高县、海口市、五指山市）的指纹图谱共有模式与海南省共有模式比较，结果这 3 个地区与海南省共有模式相似度都在 0.99 以上，可优先选择临高县、海口市及五指山市建立种植基地。对两种不同气候（即炎热季节和舒适季节）采收样品进行分析研究，发现炎热季节样品较稳定，与海南省裸花紫珠指纹图谱共有模式相似度较高，均在 0.90 以上，故药材采收期可定在炎热季节（3～8 月）。

郑东昆等建立裸花紫珠叶的 HPLC 指纹图谱，同时测定其中 10 种成分含量。采用 Waters Sunfire C_{18} 色谱柱（250mm×4.6mm，5μm），流动相乙腈（A）-0.1%甲酸（B），梯度洗脱，流速为 1ml/min，检测波长 330nm，柱温 30℃。运用中药色谱指纹图谱相似度评价系统（2012）进行分析。各批次裸花紫珠叶的指纹图谱相似度较高，10 种成分分离度良好。裸花紫珠枝及同属 4 种紫珠与裸花紫珠叶对照图谱存在明显差异，定量分析条件通过方法学验证。所建立定性、定量分析方法简便，准确度高，专属性强，可作为裸花紫珠鉴定及质量控制的依据。

蔡灏建立了评价广东紫珠质量的 HPLC 指纹图谱分析方法，采用反相高效液相色谱-二极管阵列法（RP-HPLC-DAD），测定 16 批广东紫珠的指纹图谱，确定了广东紫珠 8 个共有特征色谱峰，建立广东紫珠 HPLC 指纹图谱。该方法应用于 16 批广东紫珠和 10 批基原明确的混淆品的分析。利用系统聚类分析和相似度分析进行评价，并用相似度评价鉴定广东紫珠。由系统聚类分析得，16 批药材共分成 3 类，由相似度评价得，除 L-2（0.879）、L-8（0.843）外，其余 14 批相似度均高于 0.900；10 批其他紫珠属药材与广东紫珠对照图谱间的相似度都在 0.200 以下，均可鉴定为广东紫珠混淆品。

刘幼娴等建立了裸花紫珠药材高效液相指纹图谱研究方法，色谱条件：0.4%磷酸水溶液（A）-乙腈（B）；梯度洗脱为 0-15min，16%～25%B，15～25min，25%～39.7%B；Agilent ZORBAX SB-C_{18} 色谱柱（250mm×4.6mm，5μm）；柱温为 30℃；流速为 1ml/min；检测波长 327nm；检测时间 25min，研究了不同采集时间共 25 批裸花紫珠药材的指纹图谱，获取 14 个共有特征色谱峰，确定了其中的 3 个成分，利用相似度分析、主成分分析及对应分析对它们进行了分析。HPLC 指纹图谱结合计量分析法可有效评价裸花紫珠的质量，该方法可有效应用到裸花紫珠原料及其制品的质量控制中。

蔡灏采用 RP-HPLC-DAD，利用外标法测定不同产地广东紫珠中叶与茎枝中连翘酯苷、金石蚕苷、毛蕊花糖苷 3 种苯乙醇苷的含量；以金石蚕苷为参照物，建立该成分与连翘酯苷 B 和毛蕊花糖苷的相对校正因子，利用“一测多评”法测定上述样品含量；并将一测多评法的计算值与外标法实测值用相对误差进行评价。外标法与“一测多评”法的方法学考察均符合要求（RSD＜5%）；金石蚕苷相对连翘酯苷 B 和毛蕊花糖苷的相对校正因子分别为 1.226 和 1.010；广东紫珠苯乙醇苷类一测多评法的计算结果与外标法的实测值之间没有显著性差异，实验所得的校正因子可信；不同产地、不同部位广东紫珠的成分含量差异较大。

附：2015 年版《中华人民共和国药典》紫珠属药材质量标准

大 叶 紫 珠

Dayezizhu

CALLICARPAE MACROPHYLLAE FOLIUM

本品为马鞭草科植物大叶紫珠 *Callicarpa macrophylla* Vahl 的干燥叶或带叶嫩枝。夏、秋二季采摘，晒干。

【性状】 本品多皱缩、卷曲，有的破碎。完整叶片展平后呈长椭圆形至椭圆状披针形，长 10～30cm，宽 5～11cm。上表面灰绿色或棕绿色，被短柔毛，较粗糙；下表面淡绿色或棕绿色，密被灰白色绒毛，主脉和侧脉突起，小脉伸入齿端，两面可见腺点。先端渐尖，基部楔形或钝圆，边缘有锯齿。叶柄长 0.8～2cm。纸质。气微，味辛微苦。

【鉴别】 （1）本品粉末灰黄色至棕褐色。非腺毛有两种：一种为星状毛，大多碎断，木化，完整者 1 至数轮，每轮 1～6 侧生细胞；另一种非腺毛 1～3 细胞，直径 25～33μm，壁较厚。腺鳞头部 8～11 细胞，扁球形，柄极短。小腺毛头部 2～4 细胞，柄 1～2 细胞。草酸钙簇晶细小，散布于叶肉细胞中。

（2）取本品粉末 1g，加乙醚 30ml，加热回流 30 分钟，滤过，滤液蒸干，残渣加甲醇 2ml 使溶解，取上清液作为供试品溶液。另取熊果酸对照品，加甲醇制成每 1ml 含 1mg 的溶液，作为对照品溶液。照薄层色谱法（通则 0502）试验，吸取供试品溶液 3～5μl，分别点于同一硅胶 G 薄层板上，以环己烷-三氯甲烷-乙酸乙酯-冰醋酸（20：5：8：0.1）为展开剂，展开，取出，晾干，喷以 10%硫酸乙醇溶液，在 105℃加热至斑点显色清晰。供试品色谱中，在与对照品色谱相应的位置上，显相同颜色的斑点。

【检查】　水分　不得过 15%（通则 0832 第二法）。

总灰分　不得过 11.0%（通则 2302）。

【浸出物】　照醇溶性浸出物测定法（通则 2201）项下的热浸法测定，用稀乙醇做溶剂，不得少于 15.0%。

【含量测定】　照高效液相色谱法（通则 0512）测定。

色谱条件与系统适用性试验　以十八烷基硅烷键合硅胶为填充剂；以乙腈-0.5%磷酸溶液（17：83）为流动相；检测波长为 332nm。理论板数按毛蕊花糖苷峰计算应不低于 3000。

对照品溶液的制备　取毛蕊花糖苷对照品适量，精密称定，加 50%甲醇制成每 1ml 含 50μg 的溶液，即得。

供试品溶液制备　取本品粉末（过四号筛）约 0.25g，精密称定，置具塞锥形瓶中，精密加入 50%甲醇 50ml，密塞，称定重量，放置过夜，加热回流 1h，放冷，再称定重量，用 50%甲醇补足减失的重量，摇匀，滤过，取续滤液，即得。

测定法　分别精密吸取对照品溶液与供试品溶液各 10μl，注入液相色谱仪，测定，既得。

本品按干燥品计算，含毛蕊花糖苷（$C_{29}H_{36}O_{15}$）不得少于 0.15%。

饮片

【炮制】　除去杂质，喷淋清水，切断，干燥。

【性味与归经】　辛、苦、平。归肝、肺、胃经。

【功能与主治】　散瘀止血，消肿止痛。用于衄血、咯血、吐血、便血、外伤出血、跌扑肿痛。

【用法与用量】　15～30g。外用适量，研末敷于患处。

【贮藏】　置通风干燥处。

广 东 紫 珠

Guangdongzizhu

CALLICARPAE CAULIS ET FOLIUM

本品为马鞭草科植物广东紫珠 *Callicarpa kwangtungensis* Chun 的干燥茎枝和叶。夏，秋二季采收，切成 10～20cm 的段，干燥。

【性状】本品茎呈圆柱形，分枝少，长 10～20cm，直径 0.2～1.5cm；表面灰绿色或灰褐色，有的具灰白色花斑，有细纵皱纹及多数长椭圆形稍突起的黄白色皮孔；嫩枝可见对生的类三角形叶柄痕，腋芽明显。质硬，切面皮部呈纤维状，中部具较大类白色髓。叶片多已脱落或皱缩、破碎，完整者呈狭椭圆状披针形，顶端渐尖，基部楔形，边缘具锯齿，下表面有黄色腺点；叶柄长 0.5～1.2cm。气微，味微苦涩。

【鉴别】　（1）本品粉末淡绿色至淡棕色。非腺毛为多细胞组成的层叠式及 3～6 细胞平面着生的星状毛，或 1～3 细胞组成的锥形叉状毛。腺鳞有多细胞组成。腺毛头部多细胞，类圆球形，柄单细胞，稍长。纤维狭长梭形或长条形，直径 6～30μm，单一或成束，有的有壁孔，或周围有含方晶的薄壁细胞。

（2）取本品粉末 2g，加甲醇 50ml，加热回流 30min，滤过，滤液蒸干，残渣加水 20ml 加热使溶解，用三氯甲烷振摇提取 2 次，每次 20ml，弃去三氯甲烷液，水液用水饱和正丁醇振摇提取 2 次，每次 20ml，合并正丁醇液，蒸干，残渣加甲醇 1ml 使溶解，作为供试品溶液。另取广东紫珠对照药材 2g，同法制成对照药材溶液。照薄层色谱法（通则 0502）试验，吸取上述两种溶液各 5～10μl，分别点于同一用 0.5%氢氧化钠溶液制备的硅胶 G 薄层板上，使成条状，以正丁醇-冰醋酸-水（7：1：2）为展开剂，展开，取出，晾干，喷以 5%三氯化铁乙醇溶液，晾干。供试品色谱中，在对照药材色谱相应的位置上，显相同颜色的斑点。

【检查】 **水分** 不得过 12.0%（通则 0832 第二法）。

总灰分 不得过 6.0%（通则 2302）。

【浸出物】 照水溶液浸出物测定法（通则 2201）项下的热浸法测定，不得少于 5.0%。

【含量测定】 照高效液相色谱法（通则 0512）测定。

色谱条件与系统适用性试验 以十八烷基硅烷键合硅胶为填充剂；以乙腈-0.5%磷酸溶液（18∶82）为流动相；检测波长为 332nm。理论板数按连翘酯苷 B 峰计算应不低于 3000。

对照品溶液的制备 取连翘酯苷 B 对照品、金石蚕苷对照品适量，精密称定，加 50%甲醇制成每 1ml 各含 50μg 的混合溶液，即得。

供试品溶液的制备 取本品粉末（过三号筛）约 0.25g，精密称定，置具塞锥形瓶中，精密加入 50%甲醇 50ml，称定重量，加热回流 1h，放冷，再称定重量，用 50%甲醇补足减失的重量，摇匀，滤过，取续滤液，即得。

测定法 分别精密吸取对照品溶液与供试品溶液各 10μl，注入液相色谱仪，测定，即得。

本品按干燥品计算，含连翘酯苷 B（$C_{34}H_{44}O_{19}$）和金石蚕苷（$C_{35}H_{46}O_{19}$）的总量不得少于 0.50%。

【性味与归经】 苦、涩，凉。归肝、肺、胃经。

【功能与主治】 收敛止血，散瘀，清热解毒。用于衄血，咯血，吐血，便血，崩漏，外伤出血，肺热咳嗽，咽喉肿痛，热毒疮疡，水火烫伤。

【用法与用量】 9～15g。外用适量，研粉敷患处。

【贮藏】 置干燥通风处。

紫 珠 叶

Zizhuye

CALLICARPAE FORMOSANAE FOLIUM

本品为马鞭草科植物杜虹花 *Callicarpa formosana* Rolfe 的干燥叶。夏、秋二季枝叶茂盛时采摘，干燥。

【性状】 本品多皱缩、卷曲，有的破碎。完整叶片展平后呈卵状椭圆形或椭圆形，长 4～19cm，宽 2.5～9cm。先端渐尖或钝圆，基部宽楔形或钝圆，边缘有细锯齿，近基部全缘。上表面灰绿色或棕绿色，被星状毛和短粗毛；下表面淡绿色或淡棕绿色，密被黄褐色星状毛和金黄色腺点，主脉和侧脉突出，小脉伸入齿端。叶柄长 0.5～1.5cm。气微，味微苦涩。

【鉴别】 （1）本品粉末灰黄色至棕褐色。非腺毛有两种：一种为星状毛，大多碎断，木化，完整者 1 至数轮，每轮 1～6 侧生细胞；另一种非腺毛 1～3 细胞，直径 25～33μm，壁较厚。腺鳞头部 8～11 细胞，扁球形，柄极短。小腺毛头部 2～4 细胞，柄 1～2 细胞。草酸钙簇晶细小，散布于叶肉细胞中。

（2）取本品粉末 1g，加乙醚 30ml，加热回流 30min，滤过，滤液蒸干，残渣加甲醇 2ml 使溶解，取上清液作为供试品溶液。另取熊果酸对照品，加甲醇制成每 1ml 含 1mg 的溶液，作为对照品溶液。照薄层色谱法（通则 0502）试验，吸取供试品溶液 3～5μl、对照品溶液 3μl，分别点于同一硅胶 G 薄层板上，以环己烷-三氯甲烷-乙酸乙酯-冰醋酸（20∶5∶8∶0.1）为展开剂，展开，取出，晾干，喷以 10%硫酸乙醇溶液，在 105℃加热至斑点显色清晰。供试品色谱中，在与对照品色谱相应的位置上，显相同颜色的斑点。

【检查】 **水分** 不得过 15.0%（通则 0832 第二法）。

总灰分 不得过 11.0%（通则 2302）。

【浸出物】 照醇溶性浸出物测定法（通则 2201）项下的热浸法测定，用稀乙醇作溶剂，不得少于 20.0%。

【含量测定】 照高效液相色谱法（通则 0512）测定。

色谱条件与系统适用性试验 以十八烷基硅烷键合硅胶为填充剂；以乙腈-0.5%磷酸溶液（17∶83）为流动相；检测波长为 332nm。理论板数按毛蕊花糖苷峰计算应不低于 3000。

对照品溶液的制备 取毛蕊花糖苷对照品适量，精密称定，加 50%甲醇制成每 1ml 含 50μg 的溶液，即得。

供试品溶液的制备 取本品粉末（过四号筛）约 0.25g，精密称定，置具塞锥形瓶中，精密加入 50%甲醇 50ml，密塞，称定重量，放置过夜，加热回流 1h，放冷，再称定重量，用 50%甲醇补足减失的重量，摇匀，滤过，取续滤液，即得。

测定法 分别精密吸取对照品溶液与供试品溶液各 10μl，注入液相色谱仪，测定，即得。

本品按干燥品计算，含毛蕊花糖苷（$C_{29}H_{36}O_{15}$）不得少于 0.50%。

饮片

【炮制】 除去杂质，洗净，切段，干燥。

【性味与归经】 苦、涩，凉。归肝、肺、胃经。

【功能与主治】 凉血收敛止血，散瘀解毒消肿。用于衄血，咯血，吐血，便血，崩漏，外伤出血，热毒疮疡，水火烫伤。

【用法与用量】 3～15g；研末吞服 1.5～3g。外用适量，敷于患处。

【贮藏】 置通风干燥处。

参 考 文 献

柏帆，洪薇，2016. HPLC 法同时测定大叶紫珠中 3 种有效成分含量[J]. 中医药导报，22（13）：94.

蔡灏，2014. 广东紫珠质量控制方法及其抗氧化物质基础的研究[D]. 广州中医药大学.

蔡金平，董琳，盛琳，等，2013. HPLC 同时测定裸花紫珠药材中毛蕊花糖苷和木犀草素[J].中国实验方剂学杂志，19（1）：81-83.

陈伟波，2004. 紫珠类药材鉴别[J]. 中草药，35（8）：947-951.

陈晓庆，郑少燕，陈庆奇，2016. HPLC 法同时测定紫珠叶中 3 种有效成分含量[J]. 北方药学，13（7）：1-3.

董琳，关薇薇，盛琳，等，2014. HPLC 同时测定裸花紫珠中 4 种黄酮[J]. 中国实验方剂学杂志，20（3）：49-52.

董琳，王勇，陈英，等，2014. 黎药-裸花紫珠叶的生药学研究[J]. 齐齐哈尔医学院学报，35（15）：2187-2188.

杜勤，王振华，2002. 六种紫珠叶的生药比较鉴别[J]. 广州中医药大学学报，19（1）：57-59.

国家药典委员会，2015. 中华人民共和国药典：2015 年版一部[M]. 北京：中国医药科技出版社：19，20，43，341.

海南省食品药品监督管理局，2011. 海南省中药材标准（第一册）[S]. 海口：南海出版公司，147-148.

洪燕龙，2004. 妇炎康泡腾片的制剂工艺、质量标准和广东紫珠化学成分的研究[D]. 北京中医药大学.

胡蓉，姚闽，李玉云，等，2009. HPLC 法测定裸花紫珠药材中木犀草素的含量[J]. 中药新药与临床药理，20（3）：271-272.

梁益敏，武祖发，姚强，等. 1997. 老鸦糊、白棠子树叶的显微鉴定[J]. 中药材，20（10）：499-501.

廖春玲，2015. 抗宫炎系列质量标准研究[D]. 南昌大学.

刘灿黄，刘塔斯，张继，等，2015. 广东紫珠的性状和显微鉴别研究[J]. 药物分析杂志，35（7）：1305-1311.

刘成红，曹红，邢俊波，2006. HPLC 法测定广东紫珠及其制剂宫复康胶囊中木犀草素[J]. 中草药，37（4）：539-541.

刘幼娴，谷陟欣，卢凤来，等，2014. 不同采收期裸花紫珠的 HPLC 指纹图谱研究[J]. 广西植物，34（2）：174-178.

马思遥，2014. 海南裸花紫珠高效液相指纹图谱研究[D]. 广州中医药大学.

宓鹤鸣，张其鸿，苏中武，等，1984. 16 种国产紫珠叶的扫描电镜观察与鉴别[J]. 药学学报，19（5）：381-386.

潘萍，贾凌云，孙启时，2008. RP-HPLC 法测定大叶紫珠中桦木酸的含量[J]. 中国中药杂志，33（7）：753-755.

邱燕祥，曹曼，张丹雁，等，2015. 6 种紫珠属药材的性状·半显微及显微比较鉴别研究[J]. 安徽农业科学，43（16）：43-48.

屈霞玲，蔡其辉，田宏现，等，2009. RP-HPLC 法测定广东紫珠干浸膏中熊果酸、齐墩果酸的含量[J]. 中国医药导刊，（8）：1426-1427.

王红刚，何颖仪，2013. 大叶紫珠及其两种紫珠属中药混淆品的生药学鉴别[J]. 中国药师，16（8）：1256-1258.

王红刚，侯肖冰，2013. 3种紫珠属中药的生药学鉴别[J]. 广东药学院学报，29（4）：382-384.

王英，王路华，付丽萍，等，2008. 抗宫炎片质量标准研究[J]. 光明中医，23（12）：1910-1913.

闫康，2008. 紫珠属六种植物的生药学研究[D]. 广州中医药大学.

颜祥云，毛忠华，黄文新，等，2017. HPLC同时测定裸花紫珠叶中金石蚕苷、阿克苷和木犀草苷含量[J]. 哈尔滨医科大学学报，51（2）：127-129.

张光贤，蔡其辉，田宏现，等，2007. RP-HPLC法测定广东紫珠中熊果酸、齐墩果酸的含量[J]. 中华医学实践杂志，6（8）：721-722.

张小波，毛欣，张文波，等，2008. 抗宫炎片中广东紫珠的薄层色谱鉴别[J]. 中国中医药信息杂志，15（5）：35-36.

张艳秋，洪金波，刘文林，2009. HPLC 法测定裸花紫珠中齐墩果酸与熊果酸的含量[J]. 海南医学院学报，15（1）：5-7.

郑东昆，陈伟康，黄波，等，2015. 裸花紫珠胶囊质量标准研究[J]. 中成药，37（4）：774-777.

郑东昆，陈伟康，马双成，等，2015. 裸花紫珠指纹图谱研究及10种成分的含量测定[J]. 中国中药杂志，40（9）：1776-1782.

郑培，汤兵力，林艳珠，等，2017. UPLC-MS/MS法同时测定裸花紫珠干浸膏中5种有效成分的含量[J]. 中国药房，28(21):2997-2999.

郑培，赵晓野，王素华，等，2017. 应用ICP-MS同时测定裸花紫珠干浸膏中6种重金属元素的含量[J]. 中国热带医学，17（10）：979-987.

中国科学院中国植物志编辑委员会，1982. 中国植物志：第65卷（1）[M]. 北京：科学出版社：25.

中国药材公司编，1994. 中国中药资源志要[M]. 北京：科学出版社：1041.

周日宝，刘笑蓉，唐丽君，等，2011. RP-HPLC 法测定不同采收期广东紫珠、大叶紫珠中木犀草素的含量[J]. 中国药房，(23)：2167-2168.

第五章　药用紫珠属植物的临床应用

第一节　民间传统应用

紫珠属植物药用首载于《本草拾遗》，“解诸毒物，痈疽，喉痹，毒肿，下瘘，蛇虺虫螫，狂犬毒，并煮汁服；亦煮汁洗疮肿，除血长肤”。紫珠性凉、味苦涩、具有收敛止血、消肿镇痛、清热解毒的功效。功能主治活血，止血，除热，解毒。治吐血，咯血，衄血，便血，崩漏，创伤出血，痈疽肿毒，喉痹。《福建民间草药》记载紫珠可“活瘀，止血，消炎，解郁”。《浙江中药资源名录》记载紫珠可“治脾虚，退热。研末搽皮肤痒痛，又杀虫”。《中国药植图鉴》书“对食道静脉出血，肠胃溃疡出血，鼻出血，创伤出血，肺出血以及拔牙出血均有良效”。《闽东草药》则记录紫珠“治崩漏带下，恶寒发热”。紫珠常用水煎服或外用：内服可煎汤，0.5～1 两（鲜者 1～2 两）；或研末，0.5～1 钱。外用可捣敷或研末撒。

我国紫珠属主要药用植物及功能主治见表 5-1，其民间传统用法见表 5-2。

表 5-1　我国紫珠属主要药用植物及功能主治

序号	中文名称	主治功效
1	裸花紫珠	止血消炎药；主要功能为止血、消炎、解郁、退热、杀虫，还可用于崩漏带下、烧烫伤等症
2	大叶紫珠	止血药；主要用于内外伤止血、治跌打肿痛、鼻衄
3	广东紫珠	消炎止血药；用于呼吸道感染、扁桃体炎、肺炎及各种内外伤出血、烧烫伤
4	藤紫珠	主要用于止泻、感冒发热、风湿痛
5	紫珠	清热解毒止血药；解诸毒，用于痈疽、脾虚、高热、皮肤痒痛，还可杀虫
6	老鸦糊	清热解毒止血药；主要功用为止血、祛风，还可用于治风湿关节痛、跌打损伤
7	枇杷叶紫珠	止血祛风湿药；可根治慢性风湿性关节炎及肌肉风湿症，对外伤止血有奇效
8	杜虹花	止血解毒药；主治各种出血症及皮肤紫癜、肿毒、烧伤、毒蛇咬伤
9	尖萼紫珠	用于各种癣疾引起的皮肤瘙痒、脱屑、溃烂、疥疮等皮肤顽疾
10	红紫珠	消炎止血药；用于各种出血症，还可作为妇科消炎用药和接骨药
11	木紫珠	消炎止血药；可用于外伤止血、鼻衄、消化道出血或妇女崩漏
12	尖尾枫	有止血镇痛、散瘀消肿、祛风湿的效用，用于偏瘫、产后风、皮肤瘙痒、创伤出血
13	华紫珠	用于各种内外出血、疖痈
14	云南紫珠	凉血止血药；用于吐血、便血、衄血、崩漏及外伤出血
15	长柄紫珠	止血祛风湿药；可用于风湿痛、各种出血症，有祛风除湿、活瘀解毒之功效
16	白毛紫珠	祛湿止痒杀虫；可用于疥疮、湿疮、顽癣等所致皮肤瘙痒症
17	白棠子树	祛风止血药；可用于关节酸痛、外伤肿痛、气血淤滞等症

表 5-2　紫珠属药材民间传统用法及出处

疾病	传统用法
创伤出血	裸花紫珠叶适量外敷。《黎族医药》
	大叶紫珠叶适量研粉撒患处，治外伤出血。《黎族药志》第一册
	鲜紫珠叶，用冷开水洗净，捣匀后敷创口；或用干紫珠叶研末敷渗，外用消毒纱布包扎之。《福建民间草药》
	煎白棠子树叶（50g）并用粉末同时涂于伤口。《中草药大典》
肺结核咯血、胃出血	裸花紫珠叶 6g，研细，冲水服。《黎族医药》

续表

疾病	传统用法
咯血	干紫珠叶末 5～7 分。调鸡蛋清，每 4h 服一次；继用干紫珠叶末 2 钱，水煎，代茶常饮。《福建民间草药》
肠胃出血	干紫珠叶末 3～5 分。调冷开水，每 4h 服一次；继用紫珠末 2 钱，水煎，代茶常饮。《福建民间草药》
	煎大叶紫珠叶（20g）和贵州鼠尾草（20g）。《新编中草药图谱及常用配方》
衄血	干紫珠叶 2 钱。调鸡蛋清服；外用消毒棉花蘸叶末塞鼻。《福建民间草药》
拔牙后出血不止	用消毒棉花蘸紫珠叶末塞之。《福建民间草药》
	煎白棠子树叶（50g）并用粉末同时涂于伤口。《中草药大典》
跌打内伤出血	鲜紫珠叶和实 2 两，冰糖 1 两。开水炖，分 2 次服。《闽东本草》
内出血	10g 量华紫珠叶用温水兑每 4 小时 3 次。《浙江民间常用草药》
出血	研磨干燥的华紫珠叶子粉末然后把它涂在伤口上。《浙江民间常用草药》
疔疮和痈	煎华紫珠叶（3～6g）和同时把捣碎的新鲜叶子到患部。《浙江民间常用草药》
咯血、鼻出血、便血、子宫出血	煎白棠子树叶。《中草药大典》
烧烫伤	裸花紫珠叶研粉，和鸡蛋调匀，外敷患处。《黎族医药》
扭伤肿痛	大叶紫珠鲜叶捣烂外敷。《黎族药志》第一册
慢性扁桃体炎	裸花紫珠叶、矮地茶各 15g，水煮服。《黎族医药》
上呼吸道感染、扁桃体炎、支气管炎、肺炎	紫珠叶、紫金牛各 15g，秦皮 9g，水煎服。《黎族药志》第一册
咽喉痛	取鲜紫珠叶 1 两。洗净，水二碗，煎一碗服，或煎做茶常服。《闽东民间草药》
枪伤肌肉内留弹、各种创伤流血；皮肤疥疮；妇女月经过多，坐月恶露、崩漏、腰骨痛	根、枝 30～60g，水煎服；叶子捣烂敷患处或洗澡。《黎族药志》第一册
赤眼	取鲜紫珠草头 1 两，洗净切细，水二碗，煎一碗服。《闽南民间草药》
瘰疬和甲状腺肿	煎杜虹花根（60g）和桔梗根（15g）。《中华本草》
血小板减少性紫癜	煎杜虹花叶（15g）；猪殃殃（15g）；鹿茸（15g）；栀子根和地稔根（30g）。《中华本草》
急性结膜炎	煎杜虹花全草。《中华本草》
麻疹	煎广东紫珠（10g）；溪畔落新妇根茎（6g）；云实种子（6g）。《湖南药物志》
偏头痛	煎广东紫珠全草(22g)(如果头痛歪斜向左加女贞果和如果头痛歪斜向右加柑橘果皮)。《湖南药物志》
胃痛	煎广东紫珠草药（3～6g）。《湖南药物志》

第二节　现代临床应用

药用紫珠属植物临床上可用于各种内外出血症，对肺胃出血尤为多用，也可治疗烧烫伤及热毒疮疡；在民间主要用于治疗偏头痛、吐血、跌打肿痛、外伤出血等。目前已制成药品应用于临床的有裸花紫珠、大叶紫珠、广东紫珠、紫珠及白棠子树，其中裸花紫珠剂型较多，包括片剂、胶囊、栓剂、颗粒等，紫珠和大叶紫珠目前仅有医院制剂在临床上使用。本章将根据疾病分类来介绍药用紫珠属植物目前在临床上的应用。

一、皮肤科疾病

裸花紫珠能够有效地杀死痤疮丙酸杆菌、白色葡萄球菌等多种细菌，具有较好的抗炎效果，还能抑制溶脂酶的生成，减少皮脂中甘油三酯产生游离脂肪酸。近年来在皮肤科中的应用非常广泛，在多种皮肤病的治疗中取得了良好的疗效，不仅单独应用疗效好，在联合用药中也取得了很好的疗效。

1. 寻常型痤疮 临床观察表明针对痤疮发病的不同环节，裸花紫珠产品与其他痤疮治疗类药物联用能有效地增加治愈率，减轻炎性皮损，缓解疼痛，抑制局部色素沉积，防止瘢痕形成。此外，采用裸花紫珠片联合其他药物或技术（如阿达帕林凝胶、红蓝光治疗）治疗寻常痤疮，结果显示出更好的疗效和安全性，治疗后患者皮肤屏障功能明显改善。

2. 带状疱疹 裸花紫珠片联用阿昔洛韦、单磷酸阿糖腺苷注射剂等综合治疗带状疱疹起效快、经济、安全，未见明显不良反应，并且疗效明显提高。

此外，临床数据显示单独使用裸花紫珠治疗带状疱疹的效果也很好。研究结果表明裸花紫珠临床疗效虽与阿昔洛韦无明显差异，但水疱收敛时间及疼痛持续时间明显快于阿昔洛韦组，后遗神经痛发病率也少于阿昔洛韦组，且安全性良好，值得进一步推广。

3. 湿疹 裸花紫珠胶囊可联合除湿止痒洗液治疗急性湿疹。氯雷他定联合裸花紫珠片治疗阴囊湿疹安全、有效，对皮肤病患者生活质量影响少。

4. 皮炎 裸花紫珠胶囊联合米诺环素胶囊提高了口周皮炎治疗的临床疗效。此外，裸花紫珠与西替利嗪或依匹斯汀联合治疗能够显著改善对接触性皮炎的疗效，安全性高，值得临床应用。

不仅如此，裸花紫珠胶囊治疗过敏性紫癜疗效满意，复发率低而且安全可靠。裸花紫珠片治疗无脏器损害的浅表性细小血管炎有良好的疗效。裸花紫珠片对过敏性皮炎的辅助治疗也效果显著。

5. 创面愈合 裸花紫珠有收敛、干燥创面、保护肉芽组织，并促进溃疡愈合的作用。临床用于创面感染，化脓性皮肤溃烂和皮肤、黏膜消毒均有满意效果。裸花紫珠良好的消炎作用可替代抗生素对部分外伤患者进行预防感染治疗，有推广使用价值。

6. 烧伤 紫珠属植物对烧烫伤创面也有良好疗效。研究结果认为裸花紫珠在烧伤的治疗中有良好的抗感染作用，其抗菌谱较广；收敛作用较强，能控制创面体液外渗；促进上皮生长，加快创面的愈合；对局部及全身均无明显毒性。

二、妇科疾病

1. 宫颈炎、宫颈糜烂 采用裸花紫珠栓加激光治疗宫颈中、重度糜烂，疗效显著。裸花紫珠栓治疗宫颈炎的临床观察试验表明，裸花紫珠栓能有效地改善临床症状，有效率达 84.7%，且无明显副作用。

此外，裸花紫珠还可用于阴道炎治疗。妇炎灵胶囊是一种治疗妇科阴道炎的常用药，主要由紫珠叶、樟脑、百部等中药组成，具有清热解毒、燥湿止带、杀虫止痒之功效。以紫珠为主药的抗宫炎片在临床中也常用于慢性宫颈炎引起的湿热下注、赤白带下、宫颈糜烂、出血等妇科疾病治疗。在临床使用过程中，根据患者病情轻重，通常采取单独用药和联合用药两种方式，均取得较好疗效。

2. 产后出血 裸花紫珠的止血作用主要是通过植物中的总黄酮影响了内源性凝血系统而实现的，为一种很好的药物流产辅助药物，更利于子宫复旧。

3. 上环后出血 裸花紫珠片用于上环后阴道出血可以缩短出血时间，减少出血量。

三、消化道疾病

1. 消化道出血 临床初步证明紫珠草静脉注射液对中医各证型及轻、中、重度的上消化道出血，均有较快及较高的止血效果。紫珠粉和奥美拉唑注射剂联用能够相互增进疗效，提高对消化性溃疡出血的止血作用，疗效安全可靠。

2. 消化道感染 裸花紫珠联合思连康（双歧杆菌四联活菌片）治疗病毒性腹泻疗效确切。

3. 肠炎 裸花紫珠片治疗放射性肠炎，疗效好，效果显著。运用裸花紫珠分散片联合美沙拉嗪治疗轻中度溃疡性结肠炎效果优于单纯运用美沙拉嗪的疗效。

4. 肛肠出血 裸花紫珠片治疗Ⅰ期内痔出血疗效更好，无明显副作用，且对于大便稀薄、便次较多的患者，临床应用更为适宜，其疗效更佳。

数据显示裸花紫珠片有良好的止血作用，且安全性高，无明显毒副反应，用药简便，可用于治疗肛肠病术后出血。

四、其他出血性疾病

临床观测数据表明，裸花紫珠对肺部出血、上消化道出血和血尿等出血症均有一定的止血效果。此外，裸花紫珠在治疗早期肾综合征出血热中可发挥消炎、解毒、收敛、止血等多种作用。

五、其他感染性疾病

1. 呼吸道感染 呼吸道感染是最为常见的疾病，但是幼儿感染呼吸道疾病后的用药则需要谨慎选择，防止药物毒性作用和抗生素滥用。裸花紫珠片治疗呼吸道感染有较好的疗效，可以考虑替代常规抗生素治疗。

裸花紫珠片对咽炎也有一定疗效。裸花紫珠片治疗慢性单纯性及肥厚性咽炎效果较好且安全，是治疗的理想选择用药之一。临床研究证明裸花紫珠片治疗急性咽炎疗效较好，甚至比常规抗生素治疗有更好的优越性。临床上也应用抗宫炎片进行咽炎治疗。抗宫炎片作为妇科用药能够治疗咽炎的基础主要是根据抗宫炎片中的紫珠具有清热解毒，消肿利咽，对金黄色葡萄球菌、大肠杆菌、链球菌等有抑制作用，从而对咽喉部的病原菌产生直接作用。从组织结构来看，妇科的炎症及咽喉部炎症都属于黏膜的病变，因而抗宫炎片的应用范围不仅局限于妇科炎症的治疗，对于治疗咽喉部炎症不失为一种安全有效的药物。

2. 尿路感染 裸花紫珠片对尿路感染具有较肯定的疗效，其中合并血尿者疗效较为显著。

3. 病毒性肝炎 临床观察表明裸花紫珠具有保肝降酶效果，可促进胆红素及蛋白质代谢，提高肝脏的解毒功能，减轻肝脏的损伤，有利于肝功能的恢复，也适用于各型病毒性肝炎的治疗。

4. 前列腺炎 临床采用中成药抗宫炎片治疗男性慢性前列腺炎 50 例，总有效率为 74%。表明抗宫炎片可以用于前列腺炎症的治疗，安全有效。

5. Epstein-Barr（EB）病毒感染 阿昔洛韦和裸花紫珠胶囊均能有效治疗儿童 EB 病毒感染，但是裸花紫珠胶囊治疗速度快，疗效明显，且相对于阿昔洛韦治疗无不良反应。

6. 结核 裸花紫珠片联合抗结核药物治疗复治肺结核有协同作用，临床认为裸花紫珠片可减少抗结核药物不良反应及细菌的耐药性的产生，是联合治疗复治肺结核的理想药物。

裸花紫珠分散片和止血药合用治疗除大咯血外各种程度的肺结核咯血均比单用止血药疗效好，止血疗程缩短，未见明显的毒副作用；对肺结核病的其他症状也有明显的改善作用。

参考文献

白雪，2003. 裸花紫珠片治疗尿路感染 60 例疗效观察[J]. 贵阳中医学院学报，25：25.

陈晓旭，陈国羽，2011. 裸花紫珠片治疗皮肤血管炎 122 例[J]. 皮肤病与性病，33：276-277.

杜德荣，陆强益，郭庆，2012. 裸花紫珠片联合红蓝光治疗寻常痤疮的疗效观察[J]. 中国医药导报，9：61-62，65.

呼爱萍，2006. 妇炎灵胶囊治疗阴道炎的体会[J]. 延安大学学报：医学科学版，4：61.

胡博，2013. 裸花紫珠与西替利嗪治疗接触性皮炎疗效观察[J]. 中国中西医结合皮肤性病学杂志，12：43-44.

黄国英，2005. 裸花紫珠片联合高频电刀治疗宫颈糜烂 112 例分析[J]. 浙江医学，27：554.

黄煌，岳赛，黄晓敏，等，2001. 抗宫炎片治疗急慢性咽炎的作用探讨[J]. 河北医药，23：829.
黄学勤，程学仕，王俊芳，等，2009. 应用裸花紫珠片治疗慢性咽炎的临床疗效分析[J]. 内蒙古中医药，38-39.
黄业东，2012. 裸花紫珠胶囊在外伤污染伤口清创缝合后的应用[J]. 中国医药指南，10：624.
黄早发，王冰，2013. 裸花紫珠胶囊联合除湿止痒洗液治疗急性湿疹疗效观察[J]. 中国临床医生，41：61-62.
贾忠，马建军，王建云，等，2004. 裸花紫珠片联合治疗复治肺结核临床观察[J]. 卫生职业教育，22：123.
江浩波，石文植，孙志平，等，2014. 米诺环素胶囊联合裸花紫珠胶囊治疗口周皮炎疗效观察[J]. 实用药物与临床，17：930-931.
孔令芳，2013. 宫颈糜烂应用宫颈炎康栓加微波及抗宫炎片治疗的临床分析[J]. 中国实用医药，8：172-173.
李建华，冯丕敏，李婷，等，2007. 裸花紫珠片治疗呼吸道感染 75 例[J]. 中医药临床杂志，19：456.
李岭森，胡德建，李月波，等，2001. 裸花紫珠片辅助治疗早期肾综合征出血热 34 例[J]. 中国中西医结合杂志，21：213-214.
廖丽锦，林如春，莫卓鼎，等，2009. 裸花紫珠分散片和西药合用治疗肺结核咯血的药理分析与临床疗效[J]. 中国当代医药，16：60-61.
刘丹，朱金鸽，2014. 裸花紫珠胶囊联合依匹斯汀片治疗接触性皮炎疗效观察[J]. 中医临床研究，71-72.
刘静瑛，2016. 裸花紫珠胶囊治疗儿童 EB 病毒感染临床观察[J]. 河北医学，22：1217-1218.
罗新霁，2013. 氯雷他定分散片分别联合裸花紫珠片、雷公藤多甙片治疗急性阴囊湿疹疗效及生活质量观察[J]. 医药前沿，110-111.
马丽丽，刘萍，2004. 裸花紫珠栓治疗宫颈炎疗效观察[J]. 中国医师杂志，6：1144.
倪海峰，赵淑英，2012. 裸花紫珠片用于上环后止血的临床观察[J]. 基层医学论坛，16：3426-3427.
丘和明，邱健行，1993. 紫珠草静脉注射液治疗上消化道出血临床疗效的初步观察[J]. 中国中医急症，2：152.
饶瑛，2010. 裸花紫珠胶囊治疗过敏性紫癜的疗效分析[J]. 中国医学创新，7：95-96.
唐慧东，余波，姚宝清，2012. 裸花紫珠片联合阿昔洛韦等综合治疗带状疱疹[J]. 西南国防医药，22：1089-1091.
屠辉辉，赵怀智，2012. 裸花紫珠治疗带状疱疹的临床研究[J]. 健康必读旬刊，11：398.
王彬，赵丽煊，2013. 裸花紫珠片佐治小儿上呼吸道感染并发急性中耳炎疗效观察[J]. 吉林医学，34：3167-3168.
王道俊，2002. 中成药抗宫炎片治疗慢性前列腺炎 50 例[J]. 中国民间疗法，10：47.
徐晶，柳林康，杨春莲，等，2013. 米非司酮联合裸花紫珠胶囊减少药物流产后出血时间的临床观察[J]. 实用中西医结合临床，13：37-38.
颜冬兰，刘珊珊，宁云山，2008. 紫珠属植物化学、药理及临床应用进展[J]. 中成药，30：1361-1363.
杨冬梅，赖登红，孔安礼，2010. 裸花紫珠片联合思连康治疗病毒性腹泻 36 例[J]. 江西中医药，35-36.
一六二医院烧伤研究小组，1975. 裸花紫珠在烧伤创面的应用[J]. 新医学，378-379，381.
张国娜，黎玉萍，血静君，等，2013. 注射用奥美拉唑联合紫珠粉治疗消化性溃疡并出血患者的疗效观察及护理[J]. 中国实用护理杂志，29：22.
张卫刚，2011. 裸花紫珠片治疗Ⅰ期内痔出血 56 例临床观察[J]. 世界中西医结合杂志，06：507-509.
张莹，张瑶，李要星，2016. 裸花紫珠片联合克痤隐酮凝胶治疗痤疮 76 例疗效观察[J]. 皮肤病与性病，38：59-60.
周桑玉，洪茜，陈琳洁，2010. 裸花紫珠分散片治疗溃疡性结肠炎 26 例体会[J]. 中华全科医学，8：337-338.
朱胜娟，2014. 裸花紫珠片治疗过敏性皮炎 48 例疗效观察[J]. 陕西中医，707-708.

第六章　药用紫珠属植物的开发利用

第一节　紫珠属植物药用成方制剂

紫珠属植物药用成方制剂见表 6-1。

表 6-1　紫珠属植物药用成方制剂

剂型	处方
裸花紫珠片	裸花紫珠干浸膏 500g
抗宫炎片	广东紫珠干浸膏 167g，益母草干浸膏 44g，乌药干浸膏 39g
复方木麻黄片	木麻黄干浸膏 200g，裸花紫珠干浸膏 200g，碳酸氢钙 100g，淀粉 50g，滑石粉 15g，硬脂酸镁 5g
止血宁片	三七 111g，紫珠草 370g，马齿苋 370g，槐花（炒）148g，血余炭 37g，花蕊石 74g
三七血伤宁散	三七、重楼、生草乌、大叶紫珠提取物、山药、黑紫黎芦、冰片、朱砂
紫地宁血散	大叶紫珠、地稔
止血宁胶囊	三七、紫珠草、马齿苋、槐花（炒）、血余炭、花蕊石
双金胃肠胶囊	雪胆 42g，金荞麦 32g，大血藤 32g，紫珠 21g，麻布袋 32g，延胡索 32g，仙鹤草 32g，白及 63g，凤凰衣 42g，青木香 32g，核桃仁 40g
三七血伤宁胶囊	三七、重楼、制草乌、大叶紫珠、山药、黑紫黎芦、冰片
裸花紫株胶囊	裸花紫珠干浸膏
抗宫炎胶囊	广东紫珠干浸膏 334g，益母草干浸膏 88g，乌药干浸膏 78g
妇炎灵胶囊	紫珠叶、硼酸、苦参、樟脑、仙鹤草、白矾、百部、冰片、蛇床子、苯扎溴铵
抗宫炎颗粒	广东紫珠 3306.6g，益母草 369. 6g，乌药 421. 2g
痔炎消颗粒	火麻仁 150g，紫珠叶 150g，槐花 75g，山银花 75g，地榆 75g，白芍 50g，三七 5g，白茅根 150g，茵陈 75g，积壳 50g
烧烫宁喷雾剂	虎杖 70g，牡丹皮 20g，黄柏 14g，紫珠叶 14g，忍冬藤 14g，连翘 14g，蒲黄 6.5g，五味子 6.5g，儿茶 6.5g，冰片 6.5g
裸花紫珠栓	裸花紫珠 2000g，聚乙二醇 6000　406g，聚乙二醇 1500　708g
百仙妇炎清栓	苦参 640g，百部 320g，蛇床子 320g，仙鹤草 320g，紫珠叶 320g，白矾 10g，冰片 5g，樟脑 10g，硼酸 60g，甘油 2600g，明胶 950g
罗浮山百草油	两面针 1.0g，徐长卿 1.0g，九里香 1.0g，辛夷花 1.0g，红花 1.0g，水芙蓉 1.0g，还魂草 1.0g，金不换 1.0g，千里光 1.0g，大头陈 1.0g，当归 1.0g，鹅不食草 1.0g，三七 1.0g，肿节风 1.0g，鸡骨香 1.0g，砂仁 0.55g，独活 0.55g，羌活 0.55g，姜皮 0.55g，陈皮 0.55g，香附 0.5g，野菊花 0.5g，山白芷 0.5g，桂枝 0.5g，小罗伞 0.5g，蔓荆子 0.5g，桔梗 0.5g，紫珠叶 0.5g，地胆草 0.5g，细辛 0.5g，五指柑 0.5g，肉豆蔻 0.5g，木防己 0.5g，三叉苦 0.5g，金银花 0.5g，救必应 0.5g，白半枫荷 0.5g，山苍子 0.5g，麻黄 0.5g，地荖 0.5g，防风 0.5g，半枝莲 0.5g，铁包金 0.5g，柴胡 0.5g，鸡骨草 0.5g，荆芥 0.5g，虎杖 0.5g，钩藤 0.5g，人字草 0.25g，山芝麻 0.25g，吊黄 0.25g，石仙桃 0.25g，五月艾 0.25g，皂角刺 0.25g，益母草 0.25g，木香 0.25g，紫苏叶 0.25g，倒扣草 0.25g，侧柏草 0.25g，一朵云 0.25g，樟脑 30g，金钱风 0.25g，金耳环 0.25g，鱼腥草 0.25g，冰片 2.5g，松节油 95g，白花灯笼 0.43g，薄荷油 250g，肉桂油 20g，薄荷脑 7.5g，桉油 40g，一枝黄花 0.45g，樟油 150g，飞天蠄蟒 0.5g，丁香罗勒油 15g，八角茴香油 20g，水杨酸甲醋 250g，白花蛇舌草 0.43g，七叶一枝花 0.25g
跌打伤科酒	九节茶 30g，泽兰 30g，牛大力 30g，毛麝香 30g，大驳骨 30g，徐长卿 40g，两面针 50g，山白芷 30g，宽筋藤 2g，黑老虎根 30g，山桂花根 30g，大叶紫珠 20g
裸花紫珠合剂	裸花紫珠 1000g，蜂蜜 100g，甘油 50g，糖精钠 0.2g，苯甲酸 3g，羟苯乙酯 0.5g
紫珠止血液	紫珠草叶 500g

第二节　药用紫珠属植物的现代开发利用

药用紫珠属植物主要用于治疗各类黏膜炎症、脓肿疥疮和出血感染等疾病。目前上市药物也主要以抗炎和止血两大功能为主。还有一些其他新药也正在研究开发中。刘莉莉等发明了一种用于治疗乳腺炎的中药组合物，以裸花紫珠、三七和牛膝制成，消炎止痛，减少西药治疗对母体的刺激和可能的对婴儿的伤害。赵爱艳发明了一种治疗消化道出血的中西药复方制剂，中药组分中含有大叶紫珠，其具有清热止血、消积化湿、健胃消食的功效，诸药相合能直接到达病变部位，对于治疗消化道出血引起的头晕、心慌、冷汗、乏力、口干等各种症状具有独特疗效，且见效较快，服用方便，安全可靠，成本较低，治愈后不易复发。谭银丰等发明了一种黎药裸花紫珠烫伤膏的制备方法，其组分配比科学合理，性能稳定，具有很好的促进伤口愈合，疗效可靠，安全性好。袁秀華根据多年行医经验发明了一种含紫珠的止血生肌散，用于治疗胃及十二指肠球部溃疡胃出血，疗效显著，未见复发者，治疗方式简单，疗程短，在治疗胃出血的同时修复好溃疡面。甘正作发明了一种止血生肌粉，其中含有大叶紫珠，该止血生肌散具有较强的抗炎性，无副作用，能迅速止血，生肌效果好，生肌速度佳。王日全发明了一种含紫珠的治疗外部创口的药物，无毒副作用，疗效确切，具有止血止痛快，迅速结痂愈合，从而减少渗出，预防休克，并对感染伤口攻毒敛疮、化腐生肌长皮的功效。

此外，也有一些发明将药用紫珠属植物的治疗范围扩展到了新的领域。薛均来等发明了一种治疗痛风的中药膏剂，其中含有紫珠草，制得的膏剂无毒副作用，见效快，不易复发，对痛风引起的红、肿、热、痛等问题具有优异的治疗效果，特别适用于慢性痛风的治疗。胡丽萍等发明了一种治疗男性不育症的组合中药，其中含有大叶紫珠根，能够根本解决生殖器的炎症问题，同时提高精液质量。罗锡山的发明公开广西民间专治白癜风壮药秘方，其中含有多种中草药组分，包含有紫珠草，该药为外用药，对身体肝肾无害，能有效根治大部分白癜风患者，特别是青少年白癜风根治率更高。李姝发明了一种含有紫珠草的妇科逐盘清宫的中药组方，该组方对逐盘清宫具有显著的疗效，而且其安全可靠，无毒副作用。

同时，紫珠属植物也在保健食品和日化用品领域中有着新的应用。尹海全发明了一种主要含有紫珠和杨梅树皮的紫珠活血沐浴露，纯天然、无毒副作用，长期使用具有活血、止血、除热的功效。崔玉合发明了一种含有紫珠叶的用于肩部湿疹的中药枕，该中药枕枕套直接与肩部皮肤接触，使药效直接到达病灶部位，对肩部湿疹疗效显著，长期使用还具有滋养皮肤的效果。尹凤琴等运用裸花紫珠和其他原料制成了一种裸花紫珠清肺化痰酒，长期饮用具有清肺化痰、止血、祛瘀、镇痛的功效。张顺治开发了一种祛风除湿的保健汤，其成分中含有紫珠叶，该保健汤能够治疗身体疾病，改善人体体质，调节身体机能，恢复阴阳平衡，制造一个良性的体内循环环境，使体内五脏六腑恢复机能，恢复人体健康，治疗效果好。

参 考 文 献

崔玉合. 2017. 一种用于肩部湿疹的中药枕及其制备方法：201610876188.5[P].2017-02-15.

甘正作. 2017. 一种止血生肌粉：201710012271.2[P].2017-01-09.

国家药典委员会，2011. 国家药品标准新药转正标准第 88 册[M]. 北京：化学工业出版社：94.

国家药典委员会，2015. 中国药典勘误（一部）. 2015 年版[M]. 北京：中国医药科技出版社：485.

国家药典委员会，2015. 中华人民共和国药典：2015 年版一部[M]. 北京：中国医药科技出版社：952，954，955，1513，1585，1669，1670.

国家药品监督管理局，2002. 国家中成药标准汇编内科脾胃分册[M]. 国家药品监督管理局：134，630.

国家药品监督管理局，2002. 国家中成药标准汇编内科气血津液分册[M]. 国家药品监督管理局：41.

国家药品监督管理局，2002. 国家中成药标准汇编外科妇科分册[M]. 187，285，338.

胡丽萍.一种治疗男性不育症的组合中药：201611211560.7[P]. 201-02-22.
李姝.一种妇科逐盘清宫的中药：201610896966[P]. 2016-10-14.
刘莉莉.用于治疗乳腺炎的中药组合物：201611149160.8[P].2016-12-13.
罗锡山.广西白癜风壮药：201610908219.0[P]. 2016-10-19.
谭银丰.一种黎药裸花紫珠烫伤膏的制备方法：201610971201.5[P].2016-11-07.
王日全.一种治疗外部创口的药物及其制备方法：201611124776.X[P].2016-12-08.
薛均来.一种治疗痛风的中药膏剂及其制备方法：201611257278.2[P].2016-12-30.
尹凤琴，王胜杰.一种裸花紫珠清肺化痰酒及其制备方法：201510503349.1[P].2017-03-01.
尹海全.一种紫珠活血沐浴露及其制备方法：201510513536.8[P]. 2017-03-01.
袁秀犖.止血生肌散治疗胃及十二指肠球部溃疡胃出血：201610398551.7[P].2016-05-15.
张顺治.祛风除湿的保健汤及其制备方法：201610988719.X[P].2016-11-10.
赵爱艳.一种治疗消化道出血的中西药复方制剂及制备方法：201610924060.1[P].2016-10-24.
中华人民共和国卫生部药典委员会，1997. 卫生部药品标准中药成方制剂（第十二册）[M]. 北京：化学工业出版社：187.
中华人民共和国卫生部药典委员会，1998. 卫生部药品标准中药成方制剂（第二十册）[M]. 北京：化学工业出版社：52，179.
中华人民共和国卫生部药典委员会，1998. 卫生部药品标准中药成方制剂（第十九册）[M]. 北京：化学工业出版社：226.
中华人民共和国卫生部药典委员会，1998. 卫生部药品标准中药成方制剂（第十七册）[M]. 北京：化学工业出版社：11，86.

第七章　各　论

一、尖叶紫珠 *Callicarpa acutifolia* H. T. Chang

（一）基原

马鞭草科紫珠属植物尖叶紫珠 *Callicarpa acutifolia* H. T. Chang。

（二）生物学特征

【植物形态特征】

灌木；小枝四棱形，被星状柔毛和稠密的黄色腺点，两叶柄之间有横线联合。叶片披针形或长椭圆状披针形，长 11～16cm，宽 2～5cm，两端尖，表面有柔毛，以脉上较密，背面被星状毛，两面密生黄色腺点，通常不脱落，侧脉 9～13 对，边缘有细齿；叶柄长 1.5cm。聚伞花序宽 7～9cm，7～8 次分歧，花序梗粗壮，长 3～5.5cm；花萼长约 1mm，近截头状，无毛；花冠长约 2.5mm，无毛：花丝长约 4mm，花药卵形，药室纵裂；子房无毛，有腺点。果实球形，径约 1.5mm，干后黑褐色。花期 7～9 月，果期 10 月。

本种和尖尾枫 *C. longissima*（Hemsl.）Merr. 相似，但后者小枝节上有柔毛环，叶片背面无毛，腺点脱落后呈小蜂窝状洼点；花序较小，花序梗也较短。

【生境分布】

一般生于山坡及河边，分布在中国广西（桂林雁山）、广东（广州黄埔、云浮）等地，目前尚未人工引种栽培。中国特有植物。

参 考 文 献

中国科学院华南植物园，2009. 广东植物志：第 3 卷[M]. 广州：广东科技出版社：356.

中国科学院中国植物志编辑委员会，1982. 中国植物志：第 65 卷（1）[M]. 北京：科学出版社：39.

二、异叶紫珠 *Callicarpa anisophylla* C.Y.Wu ex W.Z.Fang

（一）基原

马鞭草科紫珠属植物异叶紫珠 *Callicarpa anisophylla* C.Y.Wu ex W.Z. Fang。

（二）生物学特征

【植物形态特征】

亚灌木或灌木，高达 0.3～1m；小枝圆柱形，稍被灰黄色星状短毛，常有层出现象。叶片薄膜质，狭披针形或线状披针形，两侧略不等宽，向一侧弯曲，长 10～33cm，宽 1.5～4.5cm，顶端渐尖，基部收窄下延成狭楔形，表面疏生短毛，中脉上较多，背面无毛，密生鳞片状黄色腺点，侧脉 9～12 对，弯拱上举，边缘疏生小齿突或近全缘，对生叶可不同大小；叶柄短，长不超过 0.5cm。聚伞花序短小，宽 0.5～1cm，1～2 次分歧，花序梗长约 3mm，被星状短毛和黄色腺点，花柄长约 2mm，花无毛，而有黄色腺点，有披针形苞片；花萼杯状，长约 1.2mm，萼齿钝三角形；花冠白色，长约 3mm；花丝短，仅花药突出花冠外，花药椭圆形，长约 1.5mm，背部被黄色腺点，药室顶端孔裂。果实球形或稍带椭圆形，径约 2mm。花果期 6～8 月。

本种小枝有层出现象，叶片薄膜质，披针形或狭披针形，两侧不等宽，而向一侧弯曲，而且同对叶片可不同大小，叶片、小枝、花序及花的各部分均密被鳞片状黄色腺点，在本组中较为特殊，易与其他种区别。

【生境分布】

生长于海拔 900～1300m 的地区，一般生长在山坡及山顶密林中，分布于中国广西、贵州等地，目前尚未人工引种栽培。中国特有植物。

参考文献

吴德邻，1994. 海南及广东沿海岛屿植物名录[M]. 北京：科学出版社：228.

中国科学院中国植物志编辑委员会，1982. 中国植物志：第 65 卷（1）[M].北京：科学出版社：75.

三、木紫珠 *Callicarpa arborea* Hand.-Mazz

（一）基原

马鞭草科紫珠属植物木紫珠 *Callicarpa arborea* Hand.-Mazz。

（二）生物学特征

【植物形态特征】

乔木，高约 8m；幼枝四棱形，与花序、叶柄都密生黄褐色粉状分枝茸毛。叶片革质，椭圆形或长椭圆形，长 13～37cm，宽 7～13cm，顶端渐尖，基部楔形、宽楔形或钝圆，通常全缘，表面深绿色有光泽，幼时有毛，背面密生黄褐色星状茸毛，侧脉 8～10 对，主脉、侧脉和细脉在叶背隆起；叶柄粗壮，上面有沟槽，长 3～6～（9）cm。聚伞花序宽 6～11cm，6～8 次分歧；花序梗四棱形，长于或等于叶柄，花柄长约 1.5mm；苞片细小，线形；花萼杯状，萼齿钝三角形或不明显，外面密生灰白色星状茸毛；花冠紫色或淡紫色，被细毛，长约 3mm；雄蕊伸出花冠外，花药细小，卵圆形，药室纵裂；子房圆球形，密生星状毛。果实径约 2mm，成熟时紫褐色，干后变黑色。花期 5～7 月，果期 8～12 月。

【生境分布】

产于广西、云南南部和西藏东南部。生于海拔 150～1600m 的向阳山坡或灌丛中。尼泊尔、印度、孟加拉国、缅甸、泰国、越南、马来西亚至印度尼西亚，东至伊里安岛，也有分布。本种为阳性树种，能耐瘠薄土壤，但不耐荫，为次生林的先锋树种。

（三）传统习用

叶研粉常作外伤止血药，亦治鼻衄，消化道出血或妇女崩漏，根同效。

（四）现代研究

2011 年，王玉梅等从木紫珠乙醇提取物中首次分离鉴定了 12 个化合物：antiarol rutinoside、kelampayosides A、地黄苷、异地黄苷、lirioresinol B、丁香酸、antiaiol、桦木醇、乌苏酸、叶黄素、谷甾醇和胡萝卜苷。

参考文献

王玉梅，王飞，肖怀，2011. 木紫珠化学成分研究[J]. 时珍国医国药，22（6）：1341-1342.

吴德邻，1994. 海南及广东沿海岛屿植物名录[M]. 北京：科学出版社：228.

中国科学院中国植物志编辑委员会，1982. 中国植物志：第 65 卷（1）[M]. 北京：科学出版社：32.

四、紫珠 *Callicarpa bodinieri* Lévl.

（一）基原

马鞭草科紫珠属植物紫珠 *Callicarpa bodinieri* Lévl.。

（二）生物学特征

【植物形态特征】

灌木，高约 2m；小枝、叶柄和花序均被粗糠状星状毛。叶片卵状长椭圆形至椭圆形，长 7～18cm，宽 4～7cm，顶端长渐尖至短尖，基部楔形，边缘有细锯齿，表面干后暗棕褐色，有短柔毛，背面灰棕色，密被星状柔毛，两面密生暗红色或红色细粒状腺点；叶柄长 0.5～1cm。聚伞花序宽 3～4.5cm，4～5 次分歧，花序梗长不超过 1cm；苞片细小，线形；花柄长约 1mm；花萼长约 1mm，外被星状毛和暗红色腺点，萼齿钝三角形；花冠紫色，长约 3mm，被星状柔毛和暗红色腺点；雄蕊长约 6mm，花药椭圆形，细小，长约 1mm，药隔有暗红色腺点，药室纵裂；子房有毛。果实球形，熟时紫色，无毛，径约 2mm。花期 6～7 月，果期 8～11 月。

【生境分布】

分布于中国河南、江苏、安徽、浙江、江西、湖南、湖北、广东、广西、四川、贵州、云南。越南也有分布。生于海拔 200～2300m 的林中、林缘及灌丛中。喜温、喜湿、怕风、怕旱，适宜气候条件为年平均温度 15～25℃，年降雨量 1000～1800mm，土壤以红黄壤为好，在阴凉的环境生长较好。紫珠萌发条多，根系极发达，为浅根树种。

（三）传统习用

该种根或全株入药，能通经和血；治月经不调、虚劳、白带、产后血气痛、感冒风寒；调麻油外用，治缠蛇丹毒。

（四）现代研究

紫珠和紫珠果实可抑制大鼠脏器体外孵育时自动发生脂质过氧化作用。紫珠草注射液可使人和兔血小板数均升高，使出血时间、血块收缩时间和凝血酶原时间均缩短。局部滴药、肌内注射或静脉注射对家兔均有良好的止血作用，对纤溶系统有显著抑制作用。

（五）开发利用

紫珠目前仅有医院制剂在临床上使用，以紫珠为主药制成的紫珠草注射剂主要用于上消化道出血、痔疮等症，但中药注射剂安全隐患较多，紫珠草注射剂到目前为止并没有得到进一步开发应用。

参 考 文 献

蒋惠娣，季燕萍，张水利，1999. 紫珠属药用植物体外抗氧化作用[J]. 中药材，22（3）：139-141.

邢福武，周劲松，王发国，等，2012. 海南植物物种多样性编目[M]. 武汉：华中科技大学出版社：406.

中国科学院华南植物，2009. 广东植物志第 3 卷[M]. 广州：广东科技出版社：356.

中国科学院中国植物志编辑委员会，1982. 中国植物志：第 65 卷（1）[M]. 北京：科学出版社：58.

仲浩，薛晓霞，姚庆强，2007. 紫珠属植物的化学成分与药理作用[J]. 国外医药植物药分册，22（1），18-21.

五、短柄紫珠 *Callicarpa brevipes*（Benth.）Hance

（一）基原

马鞭草科紫珠属植物短柄紫珠 *Callicarpa brevipes*（Benth.）Hance。

（二）生物学特征

【植物形态特征】

灌木，高 1～2.5m；嫩枝具黄褐色星状毛，老枝无毛，略呈四棱形。叶片披针形或狭披针形，长 9～24cm，宽 1.5～4cm，顶端渐尖，基部钝，稀楔形或微心形，表面无毛，背面有黄色腺点，叶脉上有星状毛，边缘中部以上疏生小齿，侧脉 9～12 对，弯拱上举；叶柄长约 5mm。聚伞花序 2～3 次分歧，宽约 1.5cm，花序梗纤细，约与叶柄等长，具黄褐色星状毛；花柄长约 2mm，无毛；苞片线形或偶有披针形；花萼杯状，近无毛，具黄色腺点，萼齿钝三角形或近截头状；花冠白色，无毛，长约 3.5mm；花丝约与花冠等长，花药长圆形，基部箭形，背部密生黄色腺点，药室孔裂；子房无毛，柱头略长于雄蕊。果实径 3～4mm。花期 4～6 月，果期 7～10 月。

本种叶型变化很大，由狭披针形、披针形至长椭圆状披针形，基部楔形、钝圆至微心形；本种小枝、叶背中脉、叶柄均被黄褐色星状柔毛，花的各部均无毛，这些特征比较稳定。

【生境分布】

生于海拔 600～1400m 的地区，常生长在林边或杂木丛中。分布于中国广东、广西、浙江（南部）及海南省澄迈、定安、儋州、白沙、昌江、东方、乐东、崖县、陵水、保亭、琼中。印度、越南、马来西亚也有分布。

（三）传统习用

根和叶药用，有止血止痛、散瘀消肿、祛风祛湿的功能，可治创伤出血、呕血、咯血、消化道出血、拔牙出血、跌打损伤、风湿痹痛等症。

参 考 文 献

中国科学院华南植物园，2009. 广东植物志第 3 卷[M]. 广州：广东科技出版社：356.
中国科学院中国植物志编辑委员会，1982. 中国植物志：第 65 卷（1）[M]. 北京：科学出版社：69.

六、白毛紫珠 *Callicarpa candicans*（Burm. f.）Hochr.

（一）基原

马鞭草科紫珠属植物白毛紫珠 *Callicarpa candicans*（Burm. f.）Hochr.。

（二）生物学特征

【植物形态特征】

灌木，高 1～2m；小枝四棱形，密生灰白色星状茸毛。叶片卵状椭圆形、宽卵形或椭圆形，长 8～15cm，宽 4～7cm，顶端渐尖或急尖，基部骤狭呈楔形，边缘有锯齿，表面无毛或叶脉上有毛，绿色，干后变黑褐色，背面密生灰白色星状茸毛，侧脉 9～13 对，中脉、侧脉和细脉在背面隆起，在表面下陷；叶柄长 1～1.5cm。聚伞花序紧密成球，宽 2～3cm，4～5 次分歧，花序梗长 0.5～1cm，被毛与小枝同；苞片细小，线形；花萼密生灰白色星状厚茸毛，萼齿不明显；花冠粉红色或红色，疏生星毛，长约 2mm，花丝长为花冠 2 倍，花药小，卵形，药室纵裂；子房无毛。

果球形，紫黑色，干后黑色，径约 2mm。花果期 4～12 月。

【生境分布】

分布于中国海南各地，产于广东。生于平原、山坡、路旁或空旷荒芜之地。印度、缅甸、泰国、越南、马来西亚、菲律宾、印度尼西亚至澳大利亚的北部也有分布。

（三）传统习用

祛湿止痒杀虫。主治：疥疮、湿疮、顽癣等所致皮肤瘙痒症。

参 考 文 献

邢福武，周劲松，王发国，等，2012. 海南植物物种多样性编目[M]. 武汉：华中科技大学出版社：406.

中国科学院华南植物园，2009. 广东植物志：第 3 卷[M]. 广州：广东科技出版社：356.

中国科学院中国植物志编辑委员会，1982. 中国植物志：第 65 卷（1）[M]. 北京：科学出版社：41.

七、华紫珠 *Callicarpa cathayana* H. T. Chang

（一）基原

马鞭草科紫珠属植物华紫珠 *Callicarpa cathayana* H. T. Chang。

（二）生物学特征

【植物形态特征】

灌木，高 1.5～3m；小枝纤细，幼嫩稍有星状毛，老后脱落。叶片椭圆形或卵形，长 4～8cm，宽 1.5～3cm，顶端渐尖，基部楔形，两面近于无毛，而有显著的红色腺点，侧脉 5～7 对，在两面均稍隆起，细脉和网脉下陷，边缘密生细锯齿；叶柄长 4～8mm。聚伞花序细弱，宽约 1.5cm，3～4 次分歧，略有星状毛，花序梗长 4～7mm，苞片细小；花萼杯状，具星状毛和红色腺点，萼齿不明显或钝三角形；花冠紫色，疏生星状毛，有红色腺点，花丝等于或稍长于花冠，花药长圆形，长约 1.2mm，药室孔裂；子房无毛，花柱略长于雄蕊。果实球形，紫色，径约 2mm。花期 5～7 月，果期 8～11 月。

【生境分布】

生长于海拔 1200m 的地区，多生在谷地、山坡或丛林中，分布于中国安徽、云南、广东、广西、河南、湖北、浙江、福建、江西、江苏等地，目前尚未人工引种栽培。中国特有植物。

（三）传统习用

根和叶均入药，根治跌打损伤和风湿痹痛；叶止血散瘀，祛风逐湿。

参 考 文 献

黄夏琴，蒋惠娣，徐庆，等，1998. 紫珠草抗脂质过氧化作用实验研究[J]. 中草药，29（4）：246-249.

李德英，袁惠德，1992. 华紫珠和杜虹花成分、毒性与抑菌作用比较[J]. 现代应用药学，9（1）：13-15.

王立明，方瑞英，1994. 10 种中药材对四氯化碳或半乳糖胺损伤的原代培养大鼠肝细胞的作用[J]. 浙江医科大学学报，23（3）：109-113.

中国科学院中国植物志编辑委员会，1982. 中国植物志：第 65 卷（1）[M]. 北京：科学出版社：65.

八、缙云紫珠 *Callicarpa chinyunensis* C. Pei & W. Z. Fang

（一）基原

马鞭草科紫珠属植物缙云紫珠 *Callicarpa chinyunensis* C. Pei &W. Z. Fang。

（二）生物学特征

【植物形态特征】

灌木，高约 2m；小枝圆柱形，紫褐色，具垢状星状毛，并有明显皮孔。叶片长圆状椭圆形或倒卵状长椭圆形，长 8～13.5cm，宽 2.5～4.5cm，顶端短尖或渐尖，基部钝或圆形，表面具短硬毛，粗糙，背面被灰棕色星状毛，疏生细小黄色腺点，侧脉 8～12 对，边缘具规则的细锯齿；叶柄长约 0.6cm。聚伞花序团集于叶腋，径 1～2cm，密生黄灰色星状毛，3～4 次分歧，花序梗长 2～4mm，花柄长约 1mm；苞片细小，长约 2mm；花萼杯状，长约 1.5mm，具稠密的星状毛；花冠长约 3mm，稍有星状毛；雄蕊长约 4mm，花药长圆形，长约 1.2mm，药室纵裂；子房具稠密星状毛；花柱略长于雄蕊。果未见。花期 5 月。

本种和老鸦糊 *C. giraldii* Hesse ex Rehd. 相似，但它的小枝紫褐色，有明显的皮孔，叶片背面被毛较密，表面被短硬毛而粗糙，基部钝圆，叶柄较短，花序较紧密，可以区别。

【生境分布】

生于荒地或山坡林中。产于四川。模式标本采自重庆北碚缙云山。

参 考 文 献

中国科学院中国植物志编辑委员会，1982. 中国植物志：第 65 卷（1）[M]. 北京：科学出版社：48.

九、丘陵紫珠 *Callicarpa collina* Diels

（一）基原

马鞭草科紫珠属植物丘陵紫珠 *Callicarpa collina* Diels。

（二）生物学特征

【植物形态特征】

灌木，高 1～2m；小枝圆柱形，被黄褐色星状毛；叶片倒披针形或长椭圆状倒披针形，长 12～19～（25）cm，宽 3～6～（8）cm，顶端渐尖或急尖，基部楔形或宽楔形，表面无毛和腺点，背面疏生黄褐色星状毛，沿主脉较密，腺点黄色，细小，通常不明显；边缘疏生浅齿；叶柄长约 5mm。聚伞花序短小紧密，宽 1～1.5cm，2～3 次分歧；花序梗长约 5mm，疏生黄褐色星状毛；苞片细小，钻形；花柄长约 1.5mm，无毛；花萼长约 1.2mm，无毛，萼齿短；花冠白色或微带淡红紫色，长约 3mm，裂片圆钝；花丝短于花冠，花药长圆形，稍突出花冠外，药室孔裂，子房球形，无毛。果实球形，径约 2mm。花期 5～7 月，果期 6～8 月。

【生境分布】

生长于海拔 700～1000m 的地区，多生于山坡林下，分布在中国江西、广东等地，目前尚未人工引种栽培。中国特有植物。

参 考 文 献

中国科学院中国植物志编辑委员会，1982. 中国植物志：第 65 卷（1）[M]. 北京：科学出版社：67.

十、多齿紫珠 *Callicarpa dentosa*（H. T. Chang）W. Z. Fang

（一）基原

马鞭草科紫珠属植物多齿紫珠 *Callicarpa dentosa*（H. T. Chang）W. Z. Fang。

（二）生物学特征

【植物形态特征】

小灌木；幼枝紫褐色，被星状毛，老枝灰褐色，无毛。叶片椭圆形或长圆状披针形，长 16～25cm，宽 5～7cm，顶端短尖，基部楔形或钝，边缘疏生小齿，表面无毛，或中脉略有微毛，背面常带紫色，密被紫红色粒状腺点，脉上有星状毛，侧脉 8～9 对，弯拱上升；叶柄长约 4mm。聚伞花序紧密，宽约 1cm，2～3 次分歧，花序梗短于叶柄，花柄长约 1.5mm；苞片细小；花萼杯状，近无毛，有紫红色腺点，顶端近截头状；花冠白色，近无毛，有紫红色腺点，长约 3.5mm；花丝短于花冠；花药长圆形，药室孔裂；子房无毛。果实球形，径约 2.5mm。花期 6～7 月，果期 7～9 月。

【生境分布】

多生长于山坡溪边密林中，分布于中国广东等地。目前尚未人工引种栽培。中国特有植物。

参 考 文 献

中国科学院华南植物园，2009. 广东植物志第 3 卷[M]. 广州：广东科技出版社：356.
中国科学院中国植物志编辑委员会，1982. 中国植物志：第 65 卷（1）[M]. 北京：科学出版社：66.

十一、白棠子树 *Callicarpa dichotoma*（Lour.）K.Koch

（一）基原

马鞭草科紫珠属植物白棠子树 *Callicarpa dichotoma*（Lour.）K. Koch。别名有山指甲、紫珠（安徽）、小紫珠、小叶鸦鹊饭，细叶鹊饭（韶关），小米干饭（山东），紫球、细亚锡饭、紫荆花、炮火树（土家族）；明《救荒本草》记载的白棠子树是胡颓子科牛奶子 *Elaeagnus umbellate* Thunb.而非本种。拉丁异名：*Porphyra dichotoma* Lour.、*Callicarpa purpurea* Juss.、*Callicarpa gracilis* Sieb.et Zucc.，植物全株及果实皆可供药用。《民间兽医本草（续编）》记载的别名有白棠子、鸦食饭树（《兽医本草》），朋狗米、老蟹目（《中兽医疗牛集》），鸦鹊饭、马生枝、观香茶、田蟹目、米仔文（《广东中兽医常用草药》）。

（二）生物学特征

【植物形态特征】

多分枝落叶小灌木，高 1～3m；小枝纤细，幼嫩部分有星状毛。叶倒卵形或披针形，长 2～7cm，宽 1～3cm，顶端急尖或尾状尖，基部楔形，边缘仅上半部具数个粗锯齿，表面稍粗糙，背面无毛，密生细小黄色腺点；侧脉 5～6 对；叶柄长不超过 5mm。聚伞花序在叶腋的上方着生，细弱，宽 1～2.5cm，2～3 次分歧，花序梗长约 1cm，略有星状毛，至结果时无毛；苞片线形；花萼杯状，无毛，顶端有不明显的 4 齿或近截头状；花冠紫色，长 1.5～2mm，无毛；花丝长约为花冠的 2 倍，花药卵形，细小，药室纵裂；子房无毛，具黄色腺点。果实球形，紫色，径 2～4mm。花期 5～8 月，果期 6～11 月。

【生境分布】

亚热带树种，原产于我国东部及中南部，华北地区可露地栽培。适应性强，较耐寒、喜光，也能耐阴，根系发达，萌蘖性强。生于海拔 800m 以下低山丘陵灌丛中、沟谷灌丛中、山地疏林中及溪边等地，山溪边更常见。在浙江天目山半月池等处，海拔 1140m 左右林下路边亦有发现。主要分布于我国山东、河北、河南、辽宁、江苏、安徽、浙江、江西、湖北、湖南、福建、台湾、广东、广西、贵州等地区。日本、越南也有分布。海南没有分布。浙江的杭州、临安、淳安、建德、余姚、开化、金华、东阳、武义、天台、临海、遂昌、龙泉、庆元、景宁等地，主产于龙泉和庆元。福建的南靖、龙岩、福州、永安、沙县、建瓯、宁化、连城、长汀、崇安、浦城等地。贵州的赤水、黎平、锦屏、从江、独山、安龙等地。江西的庐山、宜丰、靖安、永修、新建、南昌、德兴、黎川、宜春、新余、景德镇、遂川、南康等地区。安徽的淮河以南各地。山东主要分布于各大山区，济南林场龙洞亦有分布，泉城公园还有栽培。河南各山区均有分布。辽宁主产于大连市，也有栽培。河北、天津苗圃、上海植物园、北京庭院中有栽培。

【栽培要点】

喜阳光充足和温暖湿润的环境，对土壤要求不严，酸性至中性土壤，但也可耐 0.2%的盐碱土，但以湿润肥沃土壤最为适宜；较耐寒、耐阴。其根系发达，萌芽力及萌蘖力均较强，移栽容易成活。在华北地区栽植时要选择背风向阳处。播种、扦插或分株繁殖均可。

（三）传统习用

叶、茎、根、果、全株皆可作药用。苦、涩，凉；有收敛止血，散瘀消炎、清热解毒的功效。主治衄血、呕血、咯血、牙龈出血、胃肠出血、子宫出血、尿、便血、崩漏、紫癜、外伤出血、痈疽肿毒、毒蛇咬伤、烧伤；现代常用于呼吸道感染、扁桃体炎、肺炎、支气管炎。一般取 6～15g 或鲜品 30～60g 煎汤内服；或取 1.5～3.0g，捣敷或研末敷于患处。

《江西草医草药》记载，主要用于感冒、跌打损伤、气血瘀滞、妇女闭经、外伤肿痛的治疗。《中国高等植物图鉴》记载，根可治关节酸痛，外伤肿痛；叶为止血药；其茎、叶还可提取芳香油。《广东药用植物简编》记载本种“甘、苦，凉。凉血解毒，清热利湿。治急性结膜炎，肺结核咯血，指间脓肿，湿热腹泻，大小月风，肝胆郁火，两目红赤胀痛，无名肿毒，疮痈疖肿”。《全国中草药汇编》记载“治肺结核咯血，胃十二指肠溃疡出血：白棠子树叶、白及 2 味等量研末，每服 6g，日服 3 次；治血小板减少性紫癜：白棠子树叶、侧柏各 60g，水煎服，日 1 剂”。《土家医治毒药物集》记载“淡、微辛，凉；败散血毒，止血。主治吐血、咯血、衄血、便血；内服 6～10g，外用适量。皮肤紫斑症：紫珠子 10g、四匹瓦 10g、白茅根 10g、仙鹤根 10g、苎麻根 10g、紫血根 10g。日 1 剂，煎服”。

另外，冯洪钱编著的《民间兽医本草（续编）》中收集了白棠子树在中兽医领域使用情况，详情如下：夏秋季采收，随采随用，或晒干用。味苦，性寒。清热解毒，清肺止咳。猪羊用量 30～60g，牛马用量 60～120g。

【附方】 ①治牛肺热咳嗽症方：朋狗米（白棠子树）500g，崩大碗（积雪草）1000g。共同捣烂，开水冲和，红糖 500g，混合喂服。②治牛肺痈方：老蟹目（白棠子树），夜香牛、粪箕笃各 250g，羊蹄草、鸟不宿、爵床各 500g，银花藤、狗脚迹各 350g。共同捣烂，开水冲服。

（四）现代研究

【化学成分】

含黄酮类、鞣质、糖类及钙、镁、铁、盐等。

黄酮类：矢车菊素、甲基花青素、槲皮素-3-*O*-D-葡萄糖-L-鼠李糖苷、碧冬茄定。

苯乙醇苷类：连翘酯苷 B、毛蕊花糖苷、异毛蕊花糖苷、2′-乙酰毛蕊花糖苷、金石蚕苷、2′-

乙酰金石蚕苷、松果菊苷、肉苁蓉苷 H、E-tubuloside E。

挥发油：福建武夷山产白棠子树的叶、茎、花得油率为 0.07%。

【药理活性】

1. 对神经系统作用 白棠子树提取物有明显的神经保护作用。从白棠子树中分离的连翘脂苷 B、2′-乙酰基洋丁香酚苷、紫菊花苷、异洋丁香酚苷、肉苁蓉苷 H 等约 10 种化合物，在 0.1～10mmol/L 浓度时能显著抑制由谷氨酸诱导的大鼠原代大脑皮质细胞损伤。

2. 活血散瘀作用 白棠子树有明显延长动物耐缺氧时间，减少死亡率，减少耗氧量，减慢心率及减少自发活动等作用，还有增加冠状血管和其他血管流量作用。

3. 抗感染作用 白棠子树（生药浓度为 3.63g/L）对 PDE4 抑制率为 90.55%。

【遗传多样性】

泰山桃花峪和徂徕山两个野生白棠子树种群，其果序小果数、果实横径、果实纵径、果形指数 4 个数量性状在群体内和群体间均存在极显著差异；各性状中果形指数相对遗传稳定，而果序小果数变异相对更为广泛；质量性状果实颜色的变异通过计算 Shannon-wiener 指数（H）分析比较，果实颜色的 H'值都在 0.8 以上，果实颜色变异比较广泛；群体间变异是白棠子树表型性状的主要变异来源。

白棠子树具有十分丰富的遗传多样性。株高、地径、冠幅、节间长、分枝数、叶长、叶宽、叶形指数共 8 个营养型表型性状，花序数、坐果率、果实横径、果实纵径、果形指数 5 个生殖型表型性状，这些性状间显著相关，营养器官对变异的贡献程度要大于生殖器官。

（五）开发利用

【白棠子树复方制剂】

1978 年江西萍乡市中药厂罗春亮等，在发掘民间秘方和验方基础上，制成的白棠子树复方制剂抗宫炎片，对治疗宫颈炎等疾病有一定的疗效。采用的民间验方：白棠子树 93.75g，益母草 9.375g，天台乌 9.375g。过去曾定名为“抗宫癌片”，后发现它对宫颈炎疗效更佳，现改名为“抗宫炎片”。

【白棠子树不同果色的品系研究】

湖北省野生白棠子树群体果实颜色存在着相对比较丰富的变异，按照果色可将白棠子分为 3 种类型，即紫红色果、蓝紫色果、深紫红色果。按照叶色可将白棠子分为 2 种类型，即绿色叶和金黄色叶。以蓝紫色果和绿色叶为最常见的类型。株型既有垂枝型又有直立型，金黄色叶多为直立型，深紫红色果多为垂枝型。筛选出了 4 个优良观赏品系，即深紫红果品系、蓝紫果品系、紫红果品系和金叶品系。扦插繁殖培育的下一代子株，果色遗传稳定性比较强。以白棠子和华紫珠作为父母本进行杂交育种，两者亲和力较高。

【观赏树种】

白棠子树植株低矮，枝繁叶茂，花紫红，夏季繁花簇簇，色彩柔和；果如紫色珍珠，入秋紫果累累，莹润如珠，玲珑剔透，是花果兼美的观赏树种。

参 考 文 献

陈法志，童俊，许林，等，2010. 野生观果植物白棠子的驯化繁育研究[J]. 北方园艺，（21）：64-67.

丁炳扬，2010. 天目山植物志：第 3 卷[M]. 杭州：浙江大学出版社：85.

方精云，王志恒，唐志尧，2009. 中国木本植物分布图集 3 英文版[M]. 北京：高等教育出版社，1551.

冯洪钱，1989. 民间兽医本草（续编）[M]. 北京：科学技术文献出版社：631.

高松主，2010. 辽宁中药志（植物类）[M]. 沈阳：辽宁科学技术出版社：807-808.

谷衍川，2013. 小紫珠遗传多样性研究[D]. 济南：山东农业大学.

广西壮族自治区林业科学研究院，2015. 广西树木志第 3 卷[M]. 中国林业出版社，1726.

蒋斌，2017. 上海白棠子树引种栽培管理技术[J]. 上海建设科技，2：52-53.
练发良，2010. 野生木本地被植物资源开发与应用[M]. 北京：中国林业出版社：162.
彭芳胜，杨光忠，2014. 土家医治毒药物集[M]. 北京：中医古籍出版社：174.
《山东树木志》编写组，1984. 山东树木志[M]. 济南：山东科学技术出版社：804.
石玲玲，何顺志，徐文芬，2012. 贵州省紫珠属药用植物资源种类与地理分布的研究[J]. 安徽农业科学. 40（2）：708-709，739.
童俊，陈法志，周媛，等，2009. 不同果色紫珠品系初探[J]. 湖北农业科学，48（12）：3084-3086.
王羽梅，2015. 中国芳香植物精油成分手册：中册[M].武汉：华中科技大学出版社：1613.
吴修仁，1985. 广东药用植物简编[M]. 广州：广东高等教育出版社：392.
姚振生，尹学军，姚煜，等，1998. 江西省紫珠属药用植物资源[J]. 国土与自然资源研究，4：65-68.
中国科学院中国植物志编辑委员会，1982. 中国植物志：第 65 卷（1）[M].北京：科学出版社：54.

十二、红腺紫珠 *Callicarpa erythrosticta* Merr. et Chun

（一）基原

马鞭草科紫珠属植物红腺紫珠 *Callicarpa erythrosticta* Merr. et Chun。

（二）生物学特征

【植物形态特征】

灌木，高约 2m；小枝灰色，圆柱形，被星状毛和红褐色粒状腺点。叶片椭圆状披针形或卵状长椭圆形，长 4～9cm，宽 1～2.5cm，顶端长尾状尖，基部楔形，表面无毛，背面密生红褐色腺点，主脉有星状毛，侧脉 5～8 对，边缘中部以上疏生尖齿；叶柄长 2～5mm。聚伞花序宽约 1cm，约 2 次分歧，花序梗长约 5mm；苞片线形；花萼长约 1mm，密生红褐色腺点，顶端截头状，花冠白色或带粉红色，长约 2.5mm；雄蕊伸出花冠管外，药室纵裂；子房无毛，有红褐色腺点。果球形，径约 2mm，疏生红褐色腺点。花期 4～5 月，果期 5～11 月。

【生境分布】

生于海拔 425～1400m 的谷地林中、杂木林中。分布于海南省各地，主产于保亭、琼中，为海南特有植物，少见。在云南西畴，广西阳朔、苍梧、凌云、乐业、田林等地亦有分布。

参 考 文 献

吴德邻主编，1996. 红水河上游地区植物调查研究报告集[M]. 北京：科学出版社：223.
中国科学院华南植物园，2009. 广东植物志第 3 卷[M]. 广州：广东科技出版社：356.
中国科学院中国植物志编辑委员会，1982. 中国植物志：第 65 卷（1）[M]. 北京：科学出版社：60.

十三、杜虹花 *Callicarpa formosana* Rolfe

（一）基原

马鞭草科紫珠属植物杜虹花 *Callicarpa formosana* Rolfe，药用部位是叶。嫩茎、茎、根也可入药，花与嫩枝叶功效相同，均能凉血止血，清热解毒。拉丁文异名有 *Callicarpa aspera* Hand. Mazz.，*Callicarpa ningpoensis* Matsum.，*Callicarpa rubella* Lindl. f. *robusta* C. P'ei，*Callicarpa integerrima* Champ. var. *serrulata* H. L. Li。中文别名有粗糠仔（台湾）、老蟹眼（广东）、螃蟹目草、紫珠草、大走马、粗糠柴、止血草、贼子草（厦门）、贼佬药、鸦鹊板、雅目草、白毛紫、台湾紫珠、紫珠、紫式部、紫仁丹、仁丹、大丁黄、毛将军、毛蟹眼、灯黄、白粗糠、白粗糠仔、粗糠树、山槟榔、黄袄婆、美他爸（那坡、上思壮语）。有变种长叶杜虹花 *Callicarpa formosana* Rolfe var.

longifolia Suzuki。本植物茎、叶、根供药用，叶（紫珠叶）收载于1977年版《中国药典》。

（二）生物学特征

【植物形态特征】

灌木，高1～4m；小枝、叶柄和花序均密被灰黄色星状毛和分枝毛，老枝无毛。叶片纸质，叶形变化极大，除了常见的椭圆形或卵状椭圆形，有时还能发现长椭圆形或倒卵形的叶片，长5.5～18cm，宽3～8cm，顶端通常渐尖，基部钝或浑圆，边缘有细锯齿，表面被短硬毛，具柄的星状毛及轮状分枝毛，老后因毛脱落而稍粗糙，背面密被灰黄色星状毛及轮状分枝毛和黄色粒状腺点，侧脉8～12对，主脉、侧脉和网脉在背面隆起；叶柄粗壮，长0.7～2.5cm。聚伞花序宽3～4cm，通常4～7次分歧，花序梗长1.5～3.0cm；苞片细小；花萼杯状，被灰黄色星状毛，萼齿4，钝三角形；花冠紫色或淡紫色，无毛，具腺点，长2～2.5mm，裂片钝圆或长圆形，长1～1.3mm；雄蕊伸出在花冠筒外，为花冠的2～3倍长，长约5mm，花药细小、椭圆形，药室纵裂；子房无毛。果实近球形，无毛，成熟时紫色或蓝紫色，径1.5～2.5mm。花期3～9月，果期5～11月，花果期因所分布的地理位置而有所不同。

长叶杜虹花与原变种区别，叶片长椭圆状披针形，长13～17cm，宽2～3cm，顶端尾尖，基部楔形，背面仅在脉上有细毛，边缘有小齿。过去一些书中将杜虹花拉丁名写作 *Callicarpa pedunculata* R.Br.。杜虹花与原产澳大利亚的 *Callicarpa pedunculata* R. Br.不是同一种。其主要区别为前者叶老后腹面因毛脱落而粗糙，花萼外面被星毛，花冠裂片长圆形，长1～1.3mm；后者叶老后腹面仍被柔毛，基部呈楔形，花萼外面被向外张开的柔毛，花冠裂片卵圆形，长约0.8mm。

1996年台湾省屏东县发现的六龟粗糠树 *C.formosana* var.*glabrata*，其叶片椭圆形、卵形或广卵形，叶片表面近光滑，被分类学家细分为杜虹花又一变种。

【生境分布】

生于海拔2300m以下山区、平地、丘陵、山坡路旁、石灰山、林缘、山谷林中、疏林边、杂木林、溪边林中、沟谷山地灌木丛中。原产中国，分布于福建、广东、广西、云南、海南、台湾、浙江、江西等地区，即我国华东至西南各地。日本及菲律宾也有分布。我国福建各地常见；贵州主产于册亨；浙江主要分布于舟山群岛、象山、天台、临海、龙泉、庆元、云和、景宁、青田、乐清、温州、瑞安、泰顺、平阳、丽水等地；云南主产于广南、富宁、勐腊等地；海南主产于琼海、三亚、乐东、东方、五指山、文昌、白沙、儋州；江西主产于宜丰、黎川、信丰、井冈山、大余、寻乌、九连山；广西内主要分布于乐业、南宁、邕宁、宁明、上思、防城、博白、北流、桂平、岑溪、梧州、贺州、容县、钟山；深圳市内笔架山、马峦山、盐田、三洲田、梅沙尖、沙头角、梧桐山、仙湖植物冈、羊台山、内伶仃岛。江苏、云南、浙江、江西、福建、台湾、广东、广西等地区有栽培。*Callicarpa pedunculata* R.Br.广布于大洋洲、新西兰、波利尼西亚、伊里安岛、印度、马来西亚、越南、菲律宾，与我国产杜虹花不是同一种。

长叶杜虹花 *Callicarpa formosana* Rolfe var. *longifolia* Suzuki 主要分布于台湾北部山区。六龟粗糠树 *C. formosana* var. *glabrata*. 主要分布于台湾南部山区。

【栽培要点】

阳性树种，性强健，稍耐荫；萌蘖性强；喜温暖、湿润及光照充足的环境，耐热，不耐寒。对气候、土壤适应性强，耐干旱瘠薄。生长适温为20～30℃。种子繁殖或扦插法，春、秋两季皆适合育苗。用扦插和播种繁殖，速度慢，增殖率低。采用组织培养可快速获得大量种苗，成苗快且整齐。

（三）传统习用

【药性与功效】

叶味辛、苦、涩；性凉、平。归肺、胃经。苦寒无毒。有凉血、收敛、活血、止血、镇痛、散瘀、消肿、清热、解毒、消炎等功效。用于衄血、咯血、胃肠出血、子宫出血、上呼吸道感染、扁桃体炎、肺炎。外用治外伤出血、烧伤。

根补肾滋水、清血去瘀。治风湿、手足酸软、扭挫伤、下消、白带、喉痛、喉炎、神经痛、眼疾、结膜炎、呼吸道感染、扁桃腺炎、肺炎、支气管炎、吐血、咯血、鼻出血、创伤出血。

【传统用法】

杜虹花的传统用法见表 7-1。

表 7-1　杜虹花传统用法

疾病	传统用法
治咯血、吐血、衄血、紫癜、扁桃体炎、颈淋巴结结核、甲状腺肿大、外伤出血、烧伤	杜虹花根、叶 15～30g，水煎服
治吐血、咯血、衄血、便血、崩漏、胃出血、拔牙出血、创伤出血、痈疽肿毒、喉痹	煎服 15～30g（鲜者 30～60g）；或研末服，1～3g。外用适量，捣敷或研末撒
肺出血、胃肠出血	杜虹花叶 3～5 钱，或根 1～2 两；配鳢肠、龙芽草煎服
主治咯血、呕血、衄血、牙龈出血、尿血、便血、崩漏、皮肤紫癜、外伤出血、痈疽肿毒、毒蛇咬伤、烧伤	内服：煎汤，10～15g，鲜品 30～60g；或研末，1.5～3g，每日 1～3 次。外用：适量，鲜品捣敷；或研末撒
用于肺出血、胃肠出血、子宫出血、外伤出血	用量 15～30g
治咯血	杜虹花根、藕片各 15g，百合、白及各 l0g，水煎服
治吐血	杜虹花叶 30g，侧柏叶、龙芽草各 15g，水煎服
治便血	杜虹花叶 30g，地榆炭 10g，槐花末 10g，白茅根 15g，水煎服
治吐血，咯血	杜虹花叶、土大黄各 30g，水煎服
治胃肠出血、肺出血	杜虹花、墨旱莲、仙鹤草各 30g，水煎服
治肺结核咯血，胃、十二指肠出血	杜虹花叶、白及各等量，共研细末，每服 2 钱，每日 3 次
治血小板减少性出血症（紫癜、咯血、衄血、牙龈出血、胃肠出血）	杜虹花叶、侧柏各 2 两，水煎服，每日 1 剂
治衄血	杜虹花叶、侧柏叶各 30g；水煎服
治功能性子宫出血	杜虹花、地桃花根、地菍各 30g，水煎加红糖 30g 调服；或杜虹花叶（根）、梵天花、地菍各 1 两，水煎取汁，加红糖 1 两，每日 1 剂
治上呼吸道感染、扁桃体炎、肺炎、支气管炎	杜虹花叶、紫金牛各 5 钱，秦皮 3 钱，水煎服，每日 1 剂
治黄疸胁痛	杜虹花叶、田基黄、六月雪各 20g，水煎服
治颈淋巴结结核	杜虹花根 60g，蒲公英 15g，水煎服
治扁桃体炎	杜虹花、紫金牛各 15g，毛冬青 l0g。水煎服；或鲜杜虹花叶 30g，水煎服
治外伤出血	杜虹花叶适量，研细末敷患处；或鲜叶捣敷患处；也可用浓煎液浸无菌纱布外敷
治跌打损伤	杜虹花根 30g，盐肤木 24g，鸡矢藤 20g，水煎服
治瘰疬、甲状腺肿大	杜虹花根 60g，三桠苦根 15g，水煎服
治发热口渴	杜虹花叶、子午莲、竹叶菜各 20g，水煎服
治痢下赤白	杜虹花叶、委陵菜各 30g，水煎服
治疗各种出血、尿血症	杜虹花嫩枝叶（或花）25～50g，小蓟 10g，仙鹤草 30g，茜草 15g，水煎服，每日 1 剂
治胃肠出血及咯血	杜虹花干叶末 3～6g，调冷开水或蛋清液，每 4 小时服 1 次，继用杜虹花干叶末 6g，水煎代茶饮
治一切咽喉痛、肠胃出血	配鸡蛋清服，治咯血、衄血；配冰糖，治跌打内伤出血。煎服 15～30g（鲜者 30～60g）；或研末服，1～3g
治烧烫伤	清创后，将杜虹花嫩枝叶（或花）制成 50%～100%紫珠液，喷创面或浸纱布敷贴，每日 2～3 次

续表

疾病	传统用法
治猪牛皮肤外伤出血	杜虹花鲜叶适量捣烂；或干叶研粉外敷有著效。用量为猪羊 30～60g，牛马 60～120g
治猪牛跌打损伤	粗糠柴（杜虹花）根、接骨金粟兰、朱砂根、落得打、当归、红花共研细末，冲酒喂服。用量：猪羊 30～60g，牛马 60～120g
治淋巴结核和甲状腺肿	杜虹花根 60g、桔梗根 15g，水煎服

（四）现代研究

【化学成分】

杜虹花挥发油：GC-MS 共检出 67 个成分，鉴定了 48 个成分，占总挥发油的 90.14%。挥发油中烃类占 0.38%、烯烃类及其含氧化合物占 61.39%，醇类占 27.41%，醛酮类占 0.42%、脂肪酸占 0.81%。相对含量较大的有（–）斯巴醇、*β*-石竹烯、大根香叶烯、*β*-桉叶烯、榄香烯、马兜铃烯、异香橙烯氧化物及 4-松油醇。

黄酮类：3，5，7，4′-四甲氧基黄酮、3，5，7，3′，4′-五甲氧基黄酮、3，5-二甲基茨非醇、5-羟基-3，4，7，3′-四甲氧基黄酮、3，4，7，3′-四甲氧基黄酮、5-羟基-3，4′，7-甲氧基黄酮。

二萜类：（4*αR*，5*S*，6*R*，8*αR*）-5-[2-（2，5-二氢-2-氧代-1*H*-吡咯-3-基）乙基]-3，4，4*α*，5，6，7，8，8*α*-八氢-5，6，8*α*-三甲基-1-萘甲酸、（–）-5，9-二甲基-17，19-二去甲-8*βH*-赖百当-3，13-二烯-15，18-二酸 15-甲酯、15，16-二氢-15-甲氧基-16-氧代哈氏豆属酸、左旋哈氏豆属酸、二萜酸甲酯、14*α*-羟基-7，15-异松烷二烯十八烷酸、16*α*，17-羟基-3-氧-偏枝杉烷、8，11，13，15-松香烷四烯-十八烷酸、6*α*-羟基尼刀瑞尔醇、pedunculatic acid A、pedunculatic acid B、大叶紫珠萜酮等。

三萜类：熊果酸、2*α*，3*α*-二羟基-12-烯-28-乌索酸、植物甾醇类及其葡萄糖苷。

枝叶中含环烯醚萜糖苷类：6-*O*-苯甲酰环烯醚萜 B、6-*O*-反式肉桂酰环烯醚萜 B、6-*O*-反式香豆酰山栀苷甲酯和 4′-*O*-反式对香豆酰玉叶金花苷酸甲酯。

环烯醚萜类：环烯醚萜 B、2-甲氧基-9-甲基-3-氧杂二环[4.3.0]壬烷-7，9-二醇、6*β*-野芝麻新苷。

还含有 *β*-吲哚酸、乌苏酸、*β*-谷甾醇、肌醇、*β*-香树素、油菜甾醇、豆甾醇、D 葡萄糖、植物固醇、植物固醇苷，以及酚类、氨基酸、缩合鞣质、中性树脂、多糖类、羟基化合物、植物甾醇及其葡萄糖苷、镁、钙、铁盐等。

【药理活性】

1. 止血作用 杜虹花提取物正丁醇部位和水部位为止血作用有效部位。杜虹花还有明显升高血小板作用，升高血小板作用可能是杜虹花的止血机制之一，也是其治疗血小板减少性出血的药理基础。

2. 镇痛作用 杜虹花乙酸乙酯和正丁醇部位能显著提高扭体抑制率与痛阈百分率。

3. 抗氧化作用 杜虹花叶挥发油对 DPPH 自由基有一定清除能力。杜虹花叶挥发油较强的抗氧化活性可能与其具有较高含量的（–）斯巴醇有关。

4. 对实验性大鼠烧烫伤模型的治疗作用 紫珠鲜汁可促进大鼠烫伤皮肤愈合。使用紫珠鲜汁的大鼠伤口表面有较多成纤维细胞生长，表皮、真皮分界不清，并且可见含坏死组织的痂开始脱落，表皮开始生长，与模型对照组比较，愈合程度明显要好。

5. 抗肿瘤作用 杜虹花果实提取物（100mg/L）对 Hep-2 细胞株有很强的抑制作用，抑制率分别为 58.74%和 55.50%。杜虹花果实可能具有较强抑制肿瘤细胞生长的作用。

6. 抑菌作用 杜虹花对金黄色葡萄球菌及沙门菌有高度抑菌作用，对白念珠菌、伤寒沙门菌及痢疾杆菌有较强抑菌作用。

7. 毒性作用 杜虹花的毒性较小，但局部刺激性较大，静脉注射可引起血栓形成。

8. 抗感染作用 杜虹花生药质量浓度为5.33g/L，对PDE4的抑制率为93.94%。

（五）开发利用

【制剂】

1. 紫珠草片 每片含水提取物0.3g，为止血剂；口服或研细外用。

2. 紫珠草溶液 每毫升含紫珠草水提取物2g。每次服3～6ml，一日2～3次，也可作外伤止血。

3. 紫珠草滴鼻剂 每毫升含紫珠草水提取物4g。适用于鼻衄及眼、鼻等外伤出血或其他疾病引起的五官出血。亦可用治鼻炎，有收缩鼻黏膜血管及消炎作用。滴于患处，每日3～4次。

4. 刀伤散 紫珠草、三丫苦叶各等量，烘干，研末混匀。有止血、止痛、消炎作用；治跌打外伤出血，拔牙出血，如伤口不污染，两三天即可愈合。

【园林应用】

杜虹花花色艳丽，果实小巧可爱，挂果时间极长。适合丛植、片植于公园、庭院、绿地、池畔、山石边欣赏，也是庭院一隅绿化的良好材料。

参考文献

《浙江药用植物志》编写组，1980. 浙江药用植物志[M]. 杭州：浙江科学技术出版社：1054.

陈焕镛，1964. 海南植物志：第4卷[M].北京：科学出版社：11.

冯洪钱，2002. 兽医本草拾遗[M]. 北京：科学技术文献出版社，264-265.

高秀丽，程萍，刘杰麟，2001. 紫珠果实提取成分对Hep-2细胞株的抑制作用[J]. 贵阳医学院学报，26（6）：523.

江西省宜春专区教育卫生站革命委员会，1969. 赣中草药[M]. 384.

李德英，袁惠德，1992. 华紫珠和杜虹花的成分、毒性与抑菌作用比较[J]. 现代应用药学，9（1）：13-15.

王艳晶，杨义芳，高岱，2008. 紫珠属植物的化学成分及生物活性研究进展[J]. 中草药，39（1）：133-138.

徐颖，2006. 紫珠鲜汁治疗烫伤的实验研究[J]. 重庆医学，35（14）：1309-1310.

杨卫平，夏同珩，2010. 新编中草药图谱及常用配方[M]. 贵阳：贵州科技出版社：243.

云南省药物研究所，2008. 云南天然药物图鉴[M]. 昆明：云南科技出版社：218.

中国科学院中国植物志编辑委员会，1982. 中国植物志：第65卷（1）[M]. 北京：科学出版社：43.

钟明哲，杨智凯，2012. 台湾民族植物图鉴[M]. 台中：晨星出版有限公司：232-233.

十四、老鸦糊 *Callicarpa giraldii* Hesse ex Rehd.

（一）基原

马鞭草科紫珠属植物老鸦糊（胡）*Callicarpa giraldii* Hesse ex Rehd.。别名鱼胆（四川）、紫珠（陕西、神农架）；小米团花、细米油珠、斑鸠站、紫珠草（云南）；没（波）翻叶（贵州惠水）、大麻雀米（贵州黎平）、鸡米树（贵州剑河）、菜子木（贵州剑河）、红炮果（贵州榕江）、珍珠子（贵州独山）；爆竹子（杭州），路金子（浙江临安）、百子爆（浙江临安）、紫珠树（浙江镇海），大叶珍珠枫（浙江衢县①）、米筛花、米筛子（浙江云和、龙泉）、大叶鲤鱼泻子（浙江云和、龙泉）、毛风（浙江泰顺）；粗糠草、粥香、猴草、舌成（福建）；黄金子（湖北利川）、万年青、

① 2001年国务院关于同意浙江省撤销衢县设立衢州市衢江区及调整衢州市市辖区，衢县的石梁镇、航埠镇、华墅乡、沟溪乡、七里乡、九华乡归柯城区管辖，其余地区设立衢江区。

榧糇给（叶）（壮药名）。有变种毛叶老鸦糊 *Callicarpa giraldii* Hesse ex Rehd. var. lyi（Levl.）C. Y. Wu。老鸦糊和毛叶老鸦糊为中国特有种。根、茎、叶、皮、果、花皆可入药，主要以叶、根或全株入药。

（二）生物学特征

【植物形态特征】

灌木，高 1～3（5）m；小枝圆柱形，灰黄色，疏或密被星状毛，幼枝常带紫色。叶对生，叶片纸质，宽椭圆形至披针状长圆形，长 5～17cm，宽 2～10cm，顶端渐尖，基部楔形或下延成狭楔形或钝圆，边缘有锯齿，表面黄绿色，稍有微毛，背面淡绿色，疏被星状毛和细小黄色腺点，侧脉 8～10 对，主脉、侧脉和细脉在叶背隆起，细脉近平行；叶柄长 1～2cm。聚伞花序，腋生，宽 2～3cm，4～5 次分歧，被毛与小枝同；花萼钟状，疏被星状毛，老后常脱落，具黄色腺点，长约 1.5mm，萼齿钝三角形；花冠紫色，稍有毛，具黄色腺点，长 3～4mm，顶端 4 裂；雄蕊 4，长 6～7mm，花药卵圆形，药室纵裂，药隔具黄色腺点；子房被毛。果实球形，初时疏被星状毛，熟时无毛，紫色，径 2～4mm。花期 4～9 月，果期 7～12 月。

本种叶形大小及被毛疏密差异较大，云南标本通常叶片为宽椭圆形，较大，两面略被毛，叶柄较短，花序也较宽，小枝常被毛，尤其是靠云南南部地区的。四川东部的标本多数较小，常为宽披针形至倒披针形，本种典型者，叶片为椭圆形，被细小黄色腺点，背面通常疏被星状毛，老后常脱落。它和长叶紫珠 *C. longifolia* Lamk.及紫珠 *C.bodinieri* Levl.相似，但前者小枝梢四棱形，两叶柄之间有横线联合，果实较小，成熟后被毛；后者叶片被毛较密，两面被红色或暗红色粒状腺点，花序较宽大而开展。与紫珠 *C.bodinieri* Levl.区别是，叶较宽，边缘具整齐的牙齿，叶背细脉近平行而隆起，密生细小黄色腺点，聚伞花序较小。本种和日本紫珠 *C.japonica* Thunb.也极易混淆，但后者叶片无毛，雄蕊与花冠近等长，花药长圆形，药室孔裂而不同。

毛叶老鸦糊叶宽卵形至椭圆形，长 8～18cm，宽 3.5～11.5cm；小枝、叶背及花各部分均密被灰白色星状柔毛；果径约 2mm。花期 5～6 月，果期 7～10 月。

【生境分布】

生于海拔 200～3400m 稍向阴的山坡、丘陵地、沟谷、溪谷两旁、稀疏的林下、林缘、山野疏林和灌丛中。多生于山坡阴湿处及水沟边。分布于我国黄河以南地区。河南、陕西（南部）、甘肃（东南部）、江苏、安徽、浙江、江西、江苏、福建、湖北、湖南、四川、广东、广西、贵州、云南等地。云南产于云南西部至西北部、西南部、南部（包括西双版纳）；山东产于蒙山、崂山等山区；湖北产于鹤峰、利川、恩施、巴东、五峰、长阳、宜昌、兴山、神农架、房县、通山；河南产于大别山区、桐柏山及伏牛山南部；安徽省产于大别山区、皖南山区；浙江产于全省北起杭州，南至龙泉、泰顺各县，清凉峰国家级自然保护区内茶园里、直源、横源、大明山等地多有分布；贵州梵净山、雷公山、松桃、黎平、榕江、赫章、晴隆、兴义、荔波、惠水、绥阳、赤水、贵阳等地均产；广西产于桂林、兴安、灌阳、南丹、乐业、那坡等地；秦岭南北坡均产，北坡见于陕西周至、长安，南坡见于陕西山阳、镇安、柞水、旬阳、宁陕、石泉、佛坪、洋县、城固、略阳及甘肃陇南地区的康县、文县、武都等地；井冈山国家自然保护区的荆竹山、朱砂冲、大井、蛤蟆落井、梨坪、八面山、茨坪等地多有分布。西安植物园、上海植物园、雷州半岛各地有栽培。青岛市中山公园也有栽培。

毛叶老鸦糊生于海拔 2300m 以下山坡林缘、沟边、林下或灌木丛中。分布于江苏（南部）、河南、安徽、浙江、江西、湖南、四川、贵州、广东、广西、云南、福建。云南产于金平、双柏、富民；贵州产于桂林、龙胜、沿河、黄平、从江、平坝、安龙、兴仁；河南产于大别山；安徽产于大别山区、黄山和清凉峰等地。上海植物园有栽培。

【栽培要点】

性喜光，耐水湿，喜肥沃湿润的土壤。播种、扦插或分株繁殖。

(三) 传统习用

茎、叶、皮、根、花、果实皆可入药。果可杀虫。叶，苦、涩，凉；收敛止血，清热解毒。根、枝叶，辛、苦，凉，祛风除湿，散瘀解毒。叶、果、根：性凉，味涩；收敛止血，祛风除湿。全株入药能清热、和血、解毒。茎、叶可治消化不良和妇女白带症；根和种子为儿科伤寒发汗药。贵州用茎皮或叶治裤带疮。云南、贵州用根止内出血。云南用叶治外伤出血。广西用全株解毒，止血，治“拢沙龙接火”（咽喉肿痛、咳嗽），“拢泵”（水肿），“拢案答勒”（黄疸），“拢匹勒”（产后诸疾），“混越”（子宫脱垂），皆为壮语。

多以全株或叶入药。味辛、苦、涩，性凉。归肝、胃、肺、大肠经。祛风、除湿、清热、解毒、收敛、止血、散瘀、消炎。主治呕血、咯血、衄血、便血、尿血、牙龈出血、胃肠出血、子宫出血、外伤出血、崩漏；类风湿关节炎、风湿关节痛、跌打损伤、皮肤紫癜、扁桃体炎、痈疽肿毒、毒蛇咬伤、烧伤；治小米丹（带状疱疹）、痔漏；还用于治疗慢性肝病之消化道静脉曲张破裂出血及门脉高压性胃病之胃黏膜出血。

老鸦糊的传统用法总结见表 7-2。

表 7-2 老鸦糊传统用法

疾病	传统用法
治风湿痹痛	老鸦糊、大风藤各 15g，水煎服
治跌打损伤	老鸦糊、四块瓦、九龙藤各 10g，泡酒服
治尿血	老鸦糊 20g，水煎服；用量 10～30g
内出血	干叶研粉，每次 1 钱，每天 3 次或 4 次，开水冲服
血尿（原因不明的长期患者）	叶、白茅根、活血丹各 1 两，檵木叶 5 钱，水煎服。此方使用 1 例，连服 5 剂，尿检转阴性
风湿性关节炎	根 2 两，猪蹄半斤，黄酒 2 斤，水炖服
感冒发热	根 2 两，水煎服
治肺结核咯血	胃及十二指肠溃疡出血：紫珠叶、白及各等量，共研细粉，每服 6g，每日 3 次
治子宫功能性出血	紫珠叶、地菍、梵天花根各 30g，水煎，加红糖 30g，在出血的第 1 日服下，连服数日
治跌打内伤出血	鲜紫珠叶 60g，冰糖 30g，开水炖，分 2 次服
治扭伤肿痛	紫珠草叶 30g，鹅不食草 30g，威灵仙 15g，水煎服；或加松节油共捣烂外敷患处
治阴道炎、宫颈炎	150%紫珠叶溶液，每次 10ml，涂抹阴道，或用阴道栓，每日 1 次，1 周为1疗程
治小米丹	溲翻叶皮或叶一把，捣烂允莱油，用消毒棉签或鹅毛蘸搽患处，每日 2 次或 3 次（剑河）。为了防止病后复发，病好后用叶煎水，先喝三日，后洗全身，病就不会复发（惠水）
治血崩	用没翻叶根 2 两煎水服（独山）
治“拢匹勒”	葫芦茶 15g，老鸦糊 15g，小齿椎花 15g。煎汤内服（景洪市傣医波玉思验方）
咯血	珍珠枫（即老鸦糊），煎服；或配白及各等份，研细冲服
扭伤肿痛	可与威灵仙、鹅不食草，同煎服
扁桃体炎、支气管炎	珍珠枫、紫金牛、秦皮，水煎服
治外伤出血、跌打损伤	取叶、果实研末外敷，或鲜叶捣敷
治风湿关节痛	根，15～30g，水、酒煎服
颈淋巴结结核	根，250g，煮鸡蛋 3 个，吃蛋一次吃完。本品水煎剂，在体外对金黄色葡萄球菌、铜绿假单胞菌有抑制作用
咯血、呕血、衄血	单用，或与仙鹤草、大蓟、旱莲草、白及等配伍应用
尿血、血淋	可与小蓟、白茅根等同用
便血、痔血	可与地榆、槐花等配伍

续表

疾病	传统用法
疮痈肿毒、毒蛇咬伤	可单用鲜叶煎汤外洗，或鲜叶捣敷
治疗烧烫伤	可用1∶1紫珠草液调三黄散（大黄、黄芩、黄柏等份研粉），涂布创面煎服：5～9g（鲜品，30～60g），或研粉1～1.5g，每日服3次或4次。外用：适量，鲜品捣敷，或研末撒
咽喉肿痛	水煎代茶频饮
冻疮	叶50g或茎叶一握。煎汤熏洗，不断擦患部，每日洗1～2次
皮下漏血	鲜茎叶250g，煎水洗患处

（四）现代研究

【化学成分】

含黄酮类、三萜类、甾醇类、葡萄糖苷、鞣质、酚类、有机酸、中性树脂、糖类、羟基化合物、镁、钙、铁盐等。叶中成分如下。

黄酮类：5，3′，4′-三羟基黄酮-7-*O*-*β*-D-葡萄糖苷、5，7，3′-三羟基黄酮-4′-*O*-*β*-D-葡萄糖苷、5-羟基-3，6，7，4′-四甲氧基黄酮、5，7-二羟基-3′-甲氧基黄酮-4′-*O*-葡萄糖苷。

三萜类：熊果酸、白桦脂酸、*α*-香树脂醇、2*α*，3*α*，24-三羟基-齐墩果-12-烯-28-酸、2*α*，3*α*，19，24-四羟基-熊果酸-12-烯-28-*O*-*β*-D-葡萄糖苷、2*α*，3*α*，19-三羟基-12-烯-28-熊果酸、2*α*，3*α*-二羟基-12-烯-28-熊果酸、2*α*，3*β*-二羟基-12-烯-28-熊果酸。

还含24-乙基-7，22-胆甾二烯-3*α*-醇、三十五烷、四十五碳酸、豆甾醇、*β*-谷甾醇等。

【药理作用】

1. 止血作用　紫珠草注射液可使人血小板增加，出血时间、血块收缩时间、凝血酶原时间缩短。对蛙肠系膜表现血管收缩，可缩短家兔出血时间。

2. 抗菌作用　本品对金黄色葡萄球菌、伤寒沙门菌、志贺菌属、大肠杆菌、脑膜炎奈瑟菌、福氏布鲁菌、链球菌等有抑制作用。

3. 抗感染作用　毛叶老鸦糊（生药浓度39.9g/L）对PDE4抑制率为86.78%。

（五）开发利用

老鸦糊可作紫珠入药。因果实色彩独特，可作庭园、园林观果花树种。适合配植在林缘、建筑一隅或园路转角。

参考文献

程文亮，李建良，何伯伟，等，2014. 浙江丽水药物志[M]. 北京：中国农业科学技术出版社：508.
方建新，2006. 安徽马鞭草科药用植物资源及开发利用[J]. 中国林副特产，83（4）：80-82.
贵州省中医研究所，1965. 贵州民间药物第一辑[M]. 贵阳：贵州人民出版社：169.
国家中医药管理局《中华本草》编委会，2005. 中华本草傣药卷[M]. 上海：上海科学技术出版社：235.
杭悦宇，1993. 洗浴治病中草药[M]. 北京：商务印书馆有限公司：54.
何顺志，徐文芬，2007. 贵州中草药资源研究[M]. 贵阳：贵州科技出版社：562.
金孝锋，金水虎，翁东明，等，2014. 清凉峰木本植物志：第二卷[M]. 杭州：浙江大学出版社：264.
梁宗锁，舒志明，高文，等，2013. 秦岭药用植物资源及利用[M]. 咸阳：西北农林科技大学出版社：595.
刘文哲，2015. 中国秦岭常见药用植物图鉴：下册[M]. 西安：世界图书出版西安有限公司：167.
石玲玲，何顺志，徐文芬，2012. 贵州省紫珠属药用植物资源种类与地理分布的研究[J]. 安徽农业科学. 40（2）：708-709，739.
滕红丽，梅之南，2014. 中国壮药资源名录[M]. 北京：中医古籍出版社：314.
叶世龙，2000. 头面损容性疾病治疗方[M]. 广州：广东科技出版社：395.

张国珍，张代贵，2009. 湖南壶瓶山植物志[M]. 长沙：湖南科学技术出版社：817-818.
赵汝能，2007. 甘肃中草药资源志[M]. 兰州：甘肃科学技术出版社：1.
浙江省卫生局，1972. 浙江民间常用草药（第三集）[M]. 杭州：浙江人民出版社：272-273.
中国科学院中国植物志编辑委员会，1982. 中国植物志：第 65 卷（1）[M].北京：科学出版社：46.

十五、湖北紫珠 *Callicarpa gracilipes* Rehd

（一）基原

马鞭草科紫珠属植物湖北紫珠 *Callicarpa gracilipes* Rehd. 。别名月月红、月月花（鄂西）。民间以根、茎、叶、花入药。

（二）生物学特征

【植物形态特征】

灌木，高 1～3.5m。小枝圆柱形，叶柄、花序均被灰褐色星状茸毛。叶皮纸质，卵形或卵状椭圆形，长 2～7.5cm，宽 1～3.2cm，顶端渐尖或短尖，基部宽楔形，表面暗绿色，干后变黑褐色，几无毛，背面密生厚灰白色星状茸毛，毛下隐藏细小黄色腺点，侧脉 5～8 对，在表面下陷，边缘疏生小齿或近全缘；叶柄长 4～10mm。聚伞花序 2～3 次分歧，宽 1～1.5cm，花序梗等于或稍长于叶柄，极少有达到 10mm；苞片线形，花萼杯状，4 浅裂，具星状毛或几光滑，长约 1mm，萼齿钝或近于截头状；花未见。果实长圆形，淡紫红色。径 2～3mm，被微毛和黄色腺点。果期 8～10 月。本种叶片背面被毛情况及表面干后黑褐色等特征与大叶紫珠 *C. macrophylla* Vahl 相近，但后者叶片长 10～23cm，宽 5～11cm；花序 5～7 次分歧，花序梗粗壮，长 1.5～3cm 等特征可以区别。

【生境分布】

生于海拔 195～1500m 的沟边、山坡灌丛中、高山阔叶林中（湖北西部）。分布于湖北（西部和西北部竹溪）、四川（东部）、陕西（镇巴县）。赣南树木园有引种栽培。采用种子繁殖。模式标本采自湖北西部。

（三）传统习用

鄂西地区，四季可采挖，其根茎叶花皆可入药，性味为温、甘、苦，具有活血调经、止血功效。主治外伤出血、跌打损伤和月经不调。临床应用：月月红 10g 鲜草捣烂外敷伤处，每日 1 次，可治外伤出血；月月红 10g、破血子 10g、八里麻 10g、白山七 10g，用白酒 2500ml 浸泡，每次服 5ml，每日 2 次，可治跌打损伤；月月红根 10g，水煎服，治月经不调。在鄂西土家谭氏伤科家承传授中，月月红根切片泡酒服能治一切瘀证；兼疗妇女月经不调，末服或丸剂均可。

参 考 文 献

傅书遐，2002. 湖北植物志：第三卷[M]. 武汉：湖北科学技术出版社：432.
黄林海，卜明生，蔡清平，2011. 赣南木本植物图志（上册）[M]. 南昌：江西人民出版社：525.
牛春山，1990. 陕西树木志[M]. 北京：中国林业出版社：1056-1057.
谭祖纯，谭敏枝，2007. 谭氏土家伤科本草[M]. 北京：中国医药科技出版社：154.
中国科学院中国植物志编辑委员会，1982. 中国植物志：第 65 卷（1）[M]. 北京：科学出版社：42.

十六、厚萼紫珠 *Callicarpa hungtaii* C. Pei & S. L. Chen

（一）基原

马鞭草科紫珠属植物厚萼紫珠 *Callicarpa hungtaii* C. Pei & S. L. Chen。

（二）生物学特征

【植物形态特征】

直立亚灌木或灌木；嫩枝被粉屑状星状毛。叶薄革质，长圆状披针形，长3～6cm，宽1～1.6cm，顶端尾状尖，基部楔形，表面深绿色，除主脉外余无毛，背面淡绿色，无毛，具红褐色腺点，侧脉5～6对，与网脉在两面均明晰可见，边缘中部以上具3～6粗齿；叶柄长约2mm。腋生聚伞花序宽约1cm，1～2次分歧，有花1～7朵；花序梗长3～5mm，花柄长约2mm，均被粉屑状星状毛；花萼外面具红褐色腺点，结果时增厚；花未见。果实近球形，径约3mm，内有4分核。本种与红腺紫珠 *C. erythrosticta* Merr. et Chun 近似，但因叶片薄革质，花萼于结果时增厚，果实较大等性状可以区别。

【生境分布】

生于山坡路旁荫湿的密林中。少见。为广东特有植物，见于阳春、封开等地。

参 考 文 献

中国科学院华南植物园，2009. 广东植物志：第3卷[M]. 广州：广东科技出版社：356.
中国科学院中国植物志编辑委员会，1982. 中国植物志：第65卷（1）[M]. 北京：科学出版社：60.

十七、全缘叶紫珠 *Callicarpa integerrima* Champ.

（一）基原

马鞭草科紫珠属植物全缘叶紫珠 *Callicarpa integerrima* Champ.。中文别名鸦鹊饭（《高植图鉴》）、全缘紫珠（《浙江药植志》）、风觅呀（湖南苗药）、月中风（广西容县）、王不留行（广西苍梧）、防丰（湖南苗药）、五爪丰（湖南苗药）。有一变种藤紫珠 *Callicarpa peii* H. T. Chang。

（二）生物学特征

【植物形态特征】

常绿木质藤本或蔓性（攀缘）灌木；小枝棕褐色，圆柱形，嫩枝、叶柄和花序密生黄褐色分枝茸毛。叶革质；叶片宽卵形、卵形或椭圆形，长7～17cm，宽4～9cm，顶端尖或渐尖，通常钝头，基部宽楔形至浑圆，全缘，表面深绿色，幼时有黄褐色星状毛，老后脱落几无毛，背面密生灰黄色厚茸毛，侧脉7～9对；叶柄长1～2.5cm。聚伞花序宽6～11cm，7～9次分歧；花序梗长1.5～5cm；花柄及萼筒密生星状毛，萼齿不明显或截头状；花冠紫色，长约2mm，无毛，雄蕊比花冠约长1倍，药室纵裂；子房有星状毛。果实近球形，径约2mm，紫色，初被星状毛，成熟后脱落。花期5～7月，果期8～11月。

变种藤紫珠习性、叶形与花序等特征均与全缘叶紫珠 *C.integerrima* Champ. 相似，区别在于花梗、花萼、花冠及子房无毛；叶下面被薄黄褐色星状毛。

【生境分布】

生于海拔900m以下山坡、山地沟谷、山谷林中、林缘、溪边、谷地林中或灌丛中。我国特有，分布于浙江、江西、福建、湖北、湖南、广东、广西、香港、云南等地区。广东始兴、新丰、龙门、汕头、和平、从化、花都、大埔、梅州、丰顺、饶平、惠东、新会、罗定、阳春、五华、平远、蕉岭、潮州、连平、佛冈、封开，深圳的排牙山、七娘山和南澳等地；广西融水、金秀、岑溪、容县、苍梧、防城、上思、凌云等地区；浙江建德、仙居、天台、鄞州、临海、遂昌、龙泉、开化、庆元、云和、丽水、缙云、乐清、瑞安、苍南、永嘉、泰顺、文成等地，以及松阳县安民、大东坝等山区。赣南各地均有分布。浙江、广西常见。

藤紫珠生于海拔 200～1500m 山坡林中、林缘及溪边。分布于浙江、江西、湖北、四川东部、湖南、广东西北部及广西东部。广西阳朔、龙胜、平乐、寓川、金秀、三江、环江、凌云、田林。

【栽培要点】

种子繁殖，随采随播。

（三）传统习用

根、叶、茎、果实均可入药。一般常用叶、根入药。味苦、涩，性凉。具有清热、凉血、止血、祛风、除湿、散瘀、消炎等功效。叶主要用于咯血、呕血、衄血、牙龈出血、尿血、便血、痔漏、皮肤紫癜、外伤出血、痈疽肿毒、毒蛇咬伤、烧伤、风湿骨痛、瘰疬、急性肝炎。根用于眼结膜炎、发热、口渴、痢疾、止痒。内服煎汤，15～30g；外用适量，鲜品捣敷或研末撒。在苗药中，用果、根治外感头痛，风湿痛（《湘蓝考》）。在广东地区作紫珠入药使用。

（四）现代研究

【化学成分】

挥发油：检出 52 种化学成分，鉴定出 42 种化学成分，占总挥发油的 97.62%。主要有 *β*-石竹烯、甘香烯、*τ*-杜松烯、（–）-斯巴醇、古巴烯、蓝桉醇、*α*-石竹烯、十氢-*α*，*α*，4a 三甲基-8-亚甲基-[2*R*-（2*α*，4a*α*，8a*α*）]-2 萘醇和 1，6 环癸二烯。

三萜类：2*α*，3*β*，19*α*，23-四羟基齐墩果酸-28-*β*-D-吡喃葡萄糖基-（1→4）-*β*-D-吡喃葡萄糖苷、齐墩果酸、3-乙酰齐墩果酸、3*β*-*O*-乙酰熊果酸，2*α*-羟基熊果酸、2*α*，3*β*，19*α*，23-四羟基-乌苏-12-烯-28-酸、α-香树素-3-*O*-*β*-D-吡喃葡萄糖苷、坡模酸、桦木酸、熊果酸、2*α*，3*β*，19*α*，23-四羟基齐墩果酸、2*α*-羟基齐墩果酸、常春藤皂苷元、2*α*-二羟基熊果酸和夏枯草苷 A。

其他：三十烷、5 羟基-3′，4′，6，7-四甲氧基黄酮、水杨酸、香荚兰酸和丁香酸。

【药理作用】

全缘叶紫珠（生药浓度为 4.13g/L）对 PDE4 的抑制率为 93.77%。

（五）开发利用

有些地方作紫珠入药使用。

参 考 文 献

柴玲，林朝展，祝晨蔯，等，2010. 全缘叶紫珠叶挥发油化学成分分析[J]. 中药材，33（3）：382-385.

程文亮，李建良，何伯伟，等，2014. 浙江丽水药物志[M]. 北京：中国农业科学技术出版社：508.

傅立国，2012. 中国高等植物（修订版）：第九卷[M]. 青岛：青岛出版社：355.

广西林业科学研究院，2015. 广西树木志：第 3 卷[M]. 北京：中国林业出版社：1722-1723.

贾敏如，李星炜，2005. 中国民族药志要[M]. 北京：中国医药科技出版社：121.

刘嘉森，1993. 中药研究文献摘要：第 5 卷（1985-1987）[M]. 北京：中国医药科技出版社：1154.

芮和恺，王正坤，1987. 中国精油植物及其利用[M]. 昆明：云南科技出版社：359.

王羽梅，2015. 中国芳香植物精油成分手册（中册）[M]. 武汉：华中科技大学出版社：1612.

杨璐，张天华，白旭，等，2015. 14 种紫珠属植物醇提取物抑制磷酸二酯酶 4 活性初探[J]. 广东药学院学报，31（3）：328-330.

张国珍，张代贵，2009. 湖南壶瓶山植物志下卷[M]. 长沙：湖南科学技术出版社：817.

中国科学院华南植物园，2009. 广东植物志：第 3 卷[M]. 广州：广东科技出版社：350.
中国科学院中国植物志编辑委员会，1982. 中国植物志：第 65 卷（1）[M].北京：科学出版社：34.
祝晨蔯，高丽，赵钟祥，等，2012. 全缘叶紫珠三萜类成分研究[J]. 药学学报，47（1）：77-83.

十八、日本紫珠 *Callicarpa japonica* Thunb.

（一）基源

马鞭草科紫珠属植物日本紫珠 *Callicarpa japonica* Thunb.的叶及根，果亦可入药。别名山紫珠（《辽宁中药志》），紫珠（《植物分类学报》），鸡丁棍（昆嵛山），水晶桃（蒙山），小米干饭；三个变种，基隆紫珠 *C. japonica* Thunb.f. *kiruninsularis* Masam.，朝鲜紫珠 *C. japonica* Thunb.var. *luxurians* Rehd.，窄叶紫珠 *C. japonica* Thunb.var. *angustata* Rehd.（*C. membranacea* H.T.Chang）。

（二）生物学特征

【植物形态特征】

落叶灌木，高 1～3m；小枝圆柱形，无毛。叶对生；叶片倒卵形、卵形或椭圆形，长（4～7）7～15cm，宽（2～4）3～6cm，顶端急尖或长尾尖，基部楔形，两面通常无毛，边缘上半部有锯齿；叶柄长约 6（5～15）mm。聚伞花序细弱而短小，宽约 2cm，2～3 次分歧，花序梗长 6～10mm；花萼杯状，无毛，萼齿钝三角形；花冠白色或淡紫（红）色，长 3～8mm，无毛；花丝与花冠等长或稍长，花药长约 1.8mm，突出花冠外，药室孔裂。果实球形，亮紫色，径 2～4mm，熟时浆果状，易压扁，紫红色。花期 5～7（8）月，果期 8～12 月。我国山东（崂山）所产者叶片较短，宽椭圆形，辽宁、河北所产者除叶形稍小外，与日本所产本种完全一致，而我国其他各省所产者，叶片多为椭圆形或长椭圆形，顶端常为渐尖，花丝与花冠等长或稍短，而日本标本叶片多为卵状椭圆形或卵状长椭圆形，顶端尾状长尖，花丝微伸出花冠外，与我国所产本种略有差别。本种花序细弱而短小，2～3 次分歧，它与白棠子树 *C. dichotoma*（Lour.）K. Koch 相似，但后者叶片通常较小，边缘仅上半部有数对粗锯齿，花序梗较长，花丝长于花冠约 2 倍许，花药小，药室纵裂而不同。

朝鲜紫珠的叶片较大，长 12～18cm，宽 6～8cm，两面无毛，边缘有粗锯齿；叶柄长 1.5～2cm。聚伞花序 3～5 次分歧，花序梗短于叶柄，花较小。花期 6 月，果期 7～10 月。

窄叶紫珠叶片质地较薄，绿色或略带紫色；叶较狭窄，倒披针形或披针形，长 6～10cm，宽 2～4cm，两面常无毛，有不明显的腺点，侧脉 6～8 对，边缘中部以上有锯齿；叶柄长不超过 0.5cm。聚伞花序宽约 1.5cm，花序梗长约 6mm；萼齿不显著，花冠长约 3.5mm，花丝与花冠约等长，花药长圆形，药室孔裂。果实径约 3mm。花期 5～6 月，果期 7～10 月。本变种与原变种的区别为叶狭窄，倒卵状披针形或披针形，但存在一系列的过渡和中间类型，有时与原种很难区别。但它们的花序均细弱而短小，而且多为 2 次分歧仍可区别。

基隆紫珠未见标本，根据原始记载与原变种区别：叶片厚纸质，卵状披针形，长约 5cm，宽约 2cm，基部渐狭，顶端尖锐。

【生境分布】

生于海拔 1500m 以下谷地、溪旁、山谷、山坡疏林或灌丛中。产于东北南部、华北、华东、华中等地。分布于辽宁、河北、河南、山东、江苏、安徽、浙江、台湾、江西、湖南、湖北西部、四川东部、贵州、广东；日本、朝鲜也有分布。贵州主产于赤水、黎平、从江、荔波、三都；浙江主产于临安、淳安、开化、金华、天台、临海、遂昌、丽水、松阳、清凉峰、天目山等地；安徽产于金寨、岳西、霍山、太湖等地；湖南主产于花垣、凤凰、沅陵、溆浦、浏阳、南岳区；山东产于崂山、昆嵛山、威海、泰山等地；辽宁产于大连、盖州、庄河等地，属于稀有树种；

江西九连山等地有分布；河南各山区，嵩山、栾川等地。天津、北京、西安植物园及河北各公园有栽培。

朝鲜紫珠生于疏林中。产于我国台湾。日本、朝鲜也有分布。

窄叶紫珠生于海拔1800m以下的山地松林下、山坡、山谷、密林中、林缘灌丛、沟溪旁林中或灌丛中。产于陕西（秦岭），河南（大别山、桐柏山和伏牛山），江苏，安徽（黄山），浙江（常山、江山、天台、临海、天目山、龙泉、松阳、瑞安和丽水地区），江西，湖北（兴山、巴东），湖南（全省散见，武陵源、沅陵、溆浦、新晃、洞口、城步、宜章莽山、桑植、龙山、浏阳、张家界、南岳区），广东，广西（全州、永福、龙胜、资源、罗城），贵州（梵净山、从江），四川（东部）。日本也有。模式标本采自湖北兴山。

基隆紫珠特产于我国台湾基隆。

【栽培技术】

喜温暖湿润气候，较耐寒。喜光，耐阴，不耐干燥，喜欢湿度稍大的环境，适宜排水良好、肥沃疏松的土壤。但也不择土壤，无良好光照也能正常生长。播种繁殖，扦插、分株均可，繁殖以扦插、播种为主。移栽时期应以落叶期为宜，2～3月和11～12月都可进行。

（三）传统习用

【药性与功效】

根、茎叶入药，气清香，味苦、涩，性凉，归心、肝、胃经。果实入药，味辛，性温。根、茎叶，散瘀、止血、凉血、祛风、除湿、止痛、清热、解毒、消炎、生肌、抗癌。用于咯血、呕血、衄血、便血、崩漏、胃肠出血、呕吐下血、溃疡内出血、食管静脉曲张破裂大出血、鼻衄、齿龈出血、拔牙后出血、子宫出血、各种创伤出血、紫癜、痈疽肿毒、喉痹、风湿痹痛、关节酸痛、外伤肿痛、毒蛇咬伤、烧伤、痔疮、蛇虺毒、狂犬毒、疮肿、跌打肿痛、感冒、咽喉痛。果实发表散寒，主治风寒感冒。花亦可入药。嫩叶代茶可治眼疾。叶对鱼有毒。

【传统应用】

在产地，被作为紫珠入药。

（四）现代研究

【化学成分】

挥发油：新鲜叶片提取挥发油，出油率0.1%，呈淡黄色。GC-MS法分析鉴定了84种成分，占挥发油的79%，有22个倍半萜烯类碳水化合物（35%），21个氧化单萜烯类化合物（2.14%），18个氧化倍半萜烯类化合物（32%），5个氧化二萜类化合物（2%）。主要有斯巴醇、吉玛烯B、双环吉玛烯、蓝桉醇、绿花白千层醇、*α*-愈创烯、*γ*-橄香烯。

新鲜果实：月桂酸、肉豆蔻酸、棕榈酸、硬脂酸、油酸、亚油酸和花生酸；甘氨酸、丙氨酸、丝氨酸、苏氨酸和天冬氨酸；菜油甾醇、豆甾醇和*β*-谷甾醇；还检出D-葡萄糖。

还有（+）-*α*-蒎烯、（+）-*β*-蒎烯、大牻牛儿烯A、大牻牛儿烯D、丙基乙炔基甲醇、2，6，6-三甲基-2-环己烯-1，4-二酮、4-（1-甲基乙基）-二环[3.1.0]己-2-烯酮、[R-（R^*，R^*）]-6-（1，5-二甲基-4-己烯基）-3-甲基-2-环己烯-1-酮、（s）-（z）-白檀醇、诺蒎酮、乙酸-3*Z*-己烯醇酯、*δ*-榄香烯、1，3-橄香二烯-11-醇、3-辛酮、香茅醇乙酸酯、*α*-小茴香醇、3-甲基丁-2-酮、月桂烯酮、*R*-（-）-莪术酚、*E*-2-癸烯醛、2-乙基呋喃、2-甲基-4-戊烯醛、葎草烯环氧化物Ⅰ、葎草烯环氧化物Ⅱ、苯甲醇和羟乙醛等。

【药理作用】

1. 抗脂质过氧化作用 日本紫珠提取物对·OH引发LPO反应有较强抑制作用。其抑制大鼠脏器体外孵育自动发生脂质过氧化的IC_{50}为0.164g/L。

2. 抗菌、病毒作用 挥发油对于 6 种食物传播的微生物都有抑制作用。1-辛烯-3-醇和 2-已烯醛为其主要抗菌成分；2-已烯醛、2，4-已二烯醛、1-辛烯-3-醇、2，4-庚二烯醛和表蓝桉醇具有较强抑制微生物生长作用，特别是 2-已烯醛和 1-辛烯-3-醇可以抑制大多数微生物生长。

从日本紫珠中分得 5，6，7-三甲氧基黄酮对 HSV-1、脊髓灰质炎及人类巨细胞病毒均有较强抑制作用，其抗 HSV-1 作用可能是在病毒早期复制阶段与宿主细胞的结合受到抑制。

【花粉形态】

光学显微镜下：花粉扁球形，极面观三裂圆形，赤道面观扁球形。大小约 39 μm × 36.5 μm。具 3 沟，沟宽。表面细网状纹饰（×1200）。

（五）开发利用

日本紫珠花粉数量特多，蜜蜂爱采，可作为蜜粉源。秋季果实累累，紫红色，鲜艳，明亮如珠，状如玛瑙，果期长，适合庭院、公园或园路旁丛植。可作园林绿化观果花灌木。果枝可作切花材料。

参 考 文 献

高松，2010. 辽宁中药志植物类[M]. 沈阳：辽宁科学技术出版社：807.

惠永正，2011. 中药天然产物大全 11 下篇中药[M]. 上海：上海科学技术出版社：8299-8300.

李建秀，周凤琴，张照荣，2013. 山东药用植物志[M]. 西安：西安交通大学出版社：556.

刘嘉森，1993. 中药研究文献摘要：第 5 卷 [M]. 北京：中国医药科技出版社：1154.

梅全喜，2011. 广东地产药材研究[M]. 广州：广东科技出版社：611.

乔秉善，2014. 中国气传花粉和植物彩色图谱. 第 2 版[M].北京：中国协和医科大学出版社：321.

石玲玲，何顺志，徐文芬，2012. 贵州省紫珠属药用植物资源种类与地理分布的研究[J]. 安徽农业科学. 40（2）：708-709，739.

汪家社，杨星科，1999. 武夷山保护区叶甲科昆虫志武夷山研究[M]. 北京：中国林业出版社：182.

王进泉，梁文强，王健生，等，2006. 日本紫珠的繁育技术[J]. 山东林业科技，163（2）：58.

王艳晶，杨义芳，高岱，2008. 紫珠属植物的化学成分及生物活性研究进展[J]. 中草药，39（1）：133-138.

邬承先，李文杰，1997. 中国黄山蝶蛾[M]. 合肥：安徽科学技术出版社：68.

赵运林，2009. 湖南药用植物资源[M]. 长沙：湖南科学技术出版社：855.

浙江植物志编辑委员会，1989. 浙江植物志：第 5 卷[M]. 杭州：浙江科学技术出版社：215-216.

中国科学院中国植物志编辑委员会，1982. 中国植物志：第 65 卷（1）[M]. 北京：科学出版社：71.

十九、枇杷叶紫珠 *Callicarpa kochiana* Makino

（一）基原

马鞭草科紫珠属植物枇杷叶紫珠 *Callicarpa kochiana* Makino，别名有山枇杷《中国高等植物图鉴》，野枇杷《中国药用植物图鉴》，长叶紫珠《中国树木分类学》，劳来氏紫珠《植物分类学报》，鬼紫珠（台湾），长叶紫珠、黄毛紫珠《中药大辞典》，牛舌癀《闽南民间草药》，毛紫珠《浙江药用植物志》，黄紫珠（江西），老蟹目（福建）。有一变种散花紫珠 *Callicarpa kochiana* Makino var. *laxiflora*（H. T. Chang）W. Z. Fang，异名有梗劳来氏紫珠《植物分类学报》。主要以叶入药。根或茎亦可入药。

（二）生物学特征

【植物形态特征】

灌木，高 1～4m；小枝、叶柄与花序密生黄褐色分枝茸毛。叶片长椭圆形、卵状椭圆形或长椭圆状披针形，长 12～22cm，宽 4～8cm，顶端渐尖或锐尖，基部楔形，边缘有锯齿，表面无毛或疏被毛，通常脉上较密，背面密生黄褐色星状毛和分枝茸毛，两面被不明显的黄色腺点，侧脉10～18对，在叶背隆起；单叶对生；叶柄长1～3cm。聚伞花序腋生，宽3～6cm，3～5次分歧；花序梗长1～2cm；花近无柄，密集于分枝的顶端；花萼管状，被茸毛，萼4裂，萼齿线形或为锐尖狭长三角形，齿长2～2.5mm；花冠淡红色或紫红色，4裂，裂片密被茸毛；雄蕊伸出花冠管外，花丝长约3.5mm，花药卵圆形，长约1mm；花柱长过雄蕊，柱头膨大。果实圆球形，径约1.5mm，几乎全包藏于宿萼内。花期4～9月，果期9～12月。本种花近无柄，密集于花序分枝的顶端；花萼管状，几全部包被果实，萼齿尖长等特征易于识别。

散花紫珠与原变种区别：叶片较狭窄，长11～15cm，宽约4cm，侧脉较少数，6～8对；花序梗较短，但花有明显的柄（梗），花序较疏散。花期8月。

【生境分布】

生于低海拔20～850m的海边、山坡或谷地溪旁灌丛中或林下阴湿地，亦见于疏林下。主要分布于我国福建、广东、浙江、江西、湖南、广西、河南（南部）、台湾、香港和澳门等地区，在越南、日本等地也有分布。江西主要分布于庐山、宜丰、德兴、井冈山、遂川、信丰、大余、龙南等地区；浙江主要分布于遂昌、龙泉、庆元、景宁等地；广西分布于兴安、资源、贺州、融水等地；广东除汕头地区外各地均有，尤以中部及东北部常见，雷州半岛各地有栽培；湖南内分布于湘西、湘南、平江等地；台湾主要分布于北部、中部低海拔森林中。散花紫珠为海南特有植物，也是海南少见植物，见于文昌市。

【采收加工】

夏、秋季采收，此时枝叶茂盛。晒干或鲜用。叶可提取挥发油。

（三）传统习用

【药性与功效】

味苦、辛，性平；归肝、胃经。有祛风除湿，活血止血消炎的功效。主治风湿痹痛、风寒咳嗽、头痛、胃出血、外伤出血。常用于止刀伤出血。《福建民间草药》记载，苦辛温，有小毒；解毒杀虫，祛风除湿，清痰镇咳。《闽南民间草药》记载，活瘀止血，消炎解郁。《福建药物志》记载，根茎祛风除湿，治关节炎、水肿、跌打损伤；叶止血解毒，治胃出血、血小板减少性紫癜、外伤出血、冻疮、蛇伤。《福建中草药》记载，根可治慢性风湿性关节炎及肌肉风湿症，叶可作外伤止血药并治风寒咳嗽、头痛。《毒药本草》记载“有小毒”。

【民间用法】

枇杷叶紫珠的传统用法见表7-3。

表7-3 枇杷叶紫珠传统应用

疾病	传统用法
治风湿痛	枇杷叶紫珠根60～90g，水煎服。或野枇杷根60～90g，土牛膝10～20g，水煎服
治风寒头痛	枇杷叶紫珠鲜叶30g，酒水煎服。或野枇杷鲜叶30g，土荆芥10g，酒水煎服
治冷咳	枇杷叶紫珠鲜叶30g，刷净茸毛，加冰糖15g，水煎服
治胃出血	牛舌癀鲜叶洗净捣取自然汁半碗，加入蜂蜜半量和服
治水肿	枇杷叶紫珠鲜根或鲜茎叶30～60g，水煎服。或野枇杷鲜根或鲜茎叶30～60g，冬瓜皮10～20g，陈皮6g，水煎服

（四）现代研究

【化学成分】

挥发油：β-石竹烯（20.87%）、4-松油醇（15.99%）、甘香烯（6.97%）、石竹烯氧化物（4.32%）、

脱氢香橙烯（4.17%）、紫罗烯（2.49%）、α-松油醇（2.14%）；去氢白菖蒲烯、δ-松油烯、δ-榄香烯、香桧酮、香桧烯、对聚伞花素、桉叶素、反式松香芹醇、马兜铃烯和冰片烯等。

枇杷叶紫珠茎叶：α-香树脂醇、2β，3β，19α-三羟基熊果酸、齐墩果酸、3-*O*-β-D-葡萄糖-α-香树脂醇苷、熊果酸、白桦脂酸、2α，3β，23-三羟基齐墩果-12 烯-28-酸-*O*-β-D-葡萄糖酯、水杨酸、坡模酸、2α，3β，19，23-四羟基-12 烯-28-乌苏酸、β-谷甾醇、β-胡萝卜苷、芹菜素-6，8-二-C-β-D 葡萄糖、山柰酚-7-*O*-β-D-葡萄糖苷、夏枯草苷、毛蕊花糖苷、连翘苷、肉苁蓉苷 C、异毛蕊花糖苷、肉苁蓉苷 D 和独一味苷 A、kochianic acid A、kochianic acid B、pedunculatic acid B、7α，15-二羟基脱氢松香酸。

【药理作用】

1. 消炎作用 枇杷叶紫珠乙醇提取物对 PDE4 靶标具有明显的体外抑制作用。枇杷叶紫珠的生药质量浓度达到 5.24g/L 时，对 PDE4D2 酶活性的抑制率达 94.13%。

2. 改善学习记忆功能作用 枇杷叶紫珠苯乙醇苷能改善记忆损伤模型动物的学习记忆功能，其机制可能与降低脑组织乙酰胆碱酯酶（AChE）活性，降低脑组织中丙二醛（MDA）和单胺氧化酶（MAO-B）活力等有关。

3. 抗氧化作用 枇杷叶紫珠的抗氧化活性显著，其水提总部位和正丁醇部位对自由基清除率比 α-生育酚要高。正丁醇部位纯化后其清除率竟达 83.18%。枇杷叶紫珠各提取部位中，随着极性提高，其抗氧化活性逐渐提高，枇杷叶紫珠中抗氧化活性成分高度集中于其极性部位。

枇杷叶紫珠提取物对 ·OH 引发的脂质过氧化反应有较强抑制作用，对 ·OH 生成具有较强抑制或清除能力；其体外抑制脂质过氧化能力比华紫珠强。

4. 枇杷叶紫珠中毛蕊花糖苷的肠吸收特性 随毛蕊花糖苷浓度增加，肠吸收速率常数呈线性增加；各个肠段吸收速率常数大小顺序为十二指肠＞空肠＞回肠。在小肠内不存在特殊“吸收窗”。同一肠段毛蕊花糖苷质量浓度越大，其吸收速度越快，且高浓度在 120min 内无吸收饱和现象，这可能是在离体小肠被动扩散吸收。枇杷叶紫珠浓缩液中其他成分对毛蕊花糖苷肠吸收会产生相互作用。

（五）开发利用

枇杷叶紫珠用作园林植物；栽培。提取的精油用于医药工业，也试用于香料工业。

参 考 文 献

陈焕镛，1964. 海南植物志[M]. 北京：科学出版社：9.

何泽民，林朝展，王姿媛，等，2011. 枇杷叶紫珠化学成分研究[J]. 今日药学，21（6）：328-329，344.

林朝展，柴玲，蔡昭喜，等，2010. 枇杷叶紫珠中苯乙醇苷类成分研究[J]. 中药新药与临床药理，（21）3：276-279，284.

林朝展，柴玲，祝晨蔯，等，2010. 枇杷叶紫珠叶挥发油化学成分的研究[J]. 时珍国医国药，21（9）：2275-2277.

林朝展，陈德金，宁娱，等，2010. 枇杷叶紫珠苯乙醇苷对学习记忆功障碍的影响[J]. 中药药理与临床，29（1）：72-74.

林朝展，祝晨蔯，邓贵华，等，2010. 枇杷叶紫珠化学成分研究[J]. 中药材，33（6）：897-900.

芮和恺，王正坤，1987. 中国精油植物及其利用[M]. 昆明：云南科技出版社：359.

台湾生物多样性资讯入口网. http：//taibif.tw/zh/namecode/203552.

魏立岩，2013. 紫珠化学成分抗氧化活性的研究[J]. 才智，（8）：271.

杨璐，张天华，白旭，等，2015. 14 种紫珠属植物醇提取物抑制磷酸二酯酶 4 活性初探[J].广东药学院学报，31（3）：328-331.

姚振生，尹学军，姚煜，等，1998. 江西省紫珠属药用植物资源[J]. 国土与自然资源研究，4：65-68.

张宏达，1951. 中国紫珠属植物之研究[J]. 植物分类学报，1（3）：269-312.

中国科学院中国植物志编辑委员会，1982. 中国植物志：第 65 卷（1）[M]. 北京：科学出版社：30.

二十、红头紫珠 *Callicarpa kotoensis* Hay.

（一）基原

马鞭草科紫珠属植物红头紫珠 *Callicarpa kotoensis* Hay.。

（二）生物学特征

【植物形态特征】

小灌木；幼枝被黄褐色星状毛。叶片椭圆形或菱形，顶端短尖，基部楔形，表面无毛，背面脉上疏生黄褐色星状毛，并有细小黄色腺点，侧脉 7～9 对，边缘有锯齿；叶柄长不超过 1cm。聚伞花序宽约 4cm，被星状毛，花序梗长 1～2cm；苞片线状披针形，长约 1cm，宽约 2mm；花柄及花的各部分无毛；花萼杯状，顶端近截头状；花冠长约 2.5mm；雄蕊长于花冠一倍，药室纵裂；子房无毛。果未见。花期 8 月。本种和上狮紫珠 *C. siongsaiensis* Metc. 相近，但后者叶片背面无毛，近全缘，叶柄长 1.5～2cm。本种和杜虹花 *C. formosana* Rolfe 有亲缘关系，但后者叶面具粗毛，下面密生星毛，花梗及萼筒均被毛，萼齿钝三角形。有些书里面把红头紫珠当作日本紫珠。

【生境分布】

分布于我国台湾，1919 年最先在红头屿发现，为台湾特有植物。但在台湾生物多样性资讯资料库（《TaiBIF》资料库）中没有检索到红头紫珠 *C. kotoensis* Hay.。

参 考 文 献

包志毅，2004. 世界园林乔灌木（全彩版）[M]. 北京：中国林业出版社：156.

张宏达，1951. 中国紫珠属植物之研究[J]. 植物分类学报，1（3）：269-312.

中国科学院中国植物志编辑委员会，1982. 中国植物志：第 65 卷（1）[M]. 北京：科学出版社：56.

二十一、光叶紫珠 *Callicarpa lingii* Merr.

（一）基原

马鞭草科紫珠属植物光叶紫珠 *Callicarpa lingii* Merr.（*Callicarpa longifolia* P. Court.，又名无柄紫珠《浙江药用植物志》），别名绿英柴（安徽）。以根、叶及果入药（在浙南当作杜虹花用）。

（二）生物学特征

【植物形态特征】

灌木，高约 1.5m；幼枝紫褐色，微有星状毛，老枝圆柱形，灰褐色，无毛。叶片倒卵状长椭圆形或长椭圆形，长 13～18cm，宽 3～5cm，顶端渐尖或急尖，中部以下收窄，基部近心形，两面无毛或表面有微毛，背面密生细小的黄色腺点，侧脉 10～12 对，边缘具小齿或近全缘；叶柄极短或近无柄。聚伞花序细弱，宽约 2.5cm，2～4 次分歧，被黄褐色星状毛；花序梗长 4～8mm；苞片线状披针形；花萼杯状，长约 2mm，无毛或微有星状毛，萼齿钝三角形或近截头状，花冠紫红色，近无毛，长约 4mm；花丝短于花冠，花药长圆形，长约 1.5mm，药室孔裂；花柱略长于雄蕊。果实倒卵形或卵形，径约 2.5mm，有黄色腺点。花期 6～8 月，果期 7～10 月。本种和短柄紫珠 *C. brevipes*（Benth.）Hance 区别极微，所不同者为后者叶片通常披针形，背面在主脉上有星状毛，果实为球形。

【生境分布】

生于海拔300～1600m的丘陵或山坡的灌丛、林缘。主要分布于我国江西、安徽（南部）、浙江（南部）等省。浙江境内主要分布于临海、遂昌、龙泉、庆元、景宁、缙云、瑞安、文成及泰顺等地。安徽境内主要分布于休宁、石台、黄山、祁门等地。江西主产于婺源地区。该种分布区域狭窄、稀有。

【采收加工储藏】

根。秋、冬季采收，干燥。

（三）传统习用

光叶紫珠以根入药。味苦、涩，性凉。清热、凉血、止血。主治风寒咳嗽，头痛，胃出血，外伤出血。内服煎汤，15～30g。

《新编中兽医学》记载，以光叶紫珠的根、叶及果入药。苦、微涩、平；有止血的功效；主治肺出血、胃肠出血、功能性子宫出血、外伤出血。煎汤内服，羊9～15g，猪18～30g，牛36～60g；外用，研粉包敷。

参 考 文 献

《安徽植物志》协作组，1991. 安徽植物志：第四卷[M].合肥：安徽科学技术出版社：231.
李贵兴，2012. 新编中兽医学[M]. 济南：山东科学技术出版社：279.
姚振生，尹学军，姚煜，等，1998. 江西省紫珠属药用植物资源[J]. 国土与自然资源研究，4：65-68
浙江植物志编辑委员会，1989. 浙江植物志：第5卷[M]. 杭州：浙江科学技术出版社：217-218.
中国科学院中国植物志编辑委员会，1982. 中国植物志：第65卷（1）[M]. 北京：科学出版社：75.

二十二、尖萼紫珠 *Callicarpa loboapiculata* Metc.

（一）基原

马鞭草科紫珠属植物尖萼紫珠 *Callicarpa loboapiculata* Metc.，以叶入药。

（二）生物学特征

【植物形态特征】

灌木，高达3m；小枝、叶柄和花序密生黄褐色茸毛。叶片椭圆形或倒卵状椭圆形，长10～22cm，宽5～7cm，顶端渐尖，基部楔形，边缘有浅锯齿，表面初有星状毛和分枝毛，后脱落，仅脉上有毛，背面密生黄褐色星状毛和分枝茸毛，两面有细小黄色腺点；叶柄粗壮，长2～3cm。聚伞花序宽4～6cm，5～6次分歧；花序梗粗壮，长1～1.5cm；花柄长约1mm；苞片细小；花萼钟状，稍被星状毛或无毛，萼齿急尖，齿长0.5～1mm；花冠紫色，长约2.5mm，顶端4裂，裂片常有毛；花丝长约3.5mm，花药椭圆形，药室纵裂。果实径约1.2mm，具黄色腺点，无毛。花期5～8月，果期6～12月。本种和枇杷叶紫珠 *C. kochiana* Makino相似，但后者花序紧密，花几无柄；花萼密被分枝毛，裂片尖长，萼管几全部包藏果实；和大叶紫珠 *C. macrophylla* Vahl相比，后者萼齿不明显或钝三角形；小枝、叶柄和花序被灰白色粉状分枝毛。

【生境分布】

生长于海拔300～500m的地区，常生于山坡或谷地溪旁林、杂木林、灌木丛中。主要分布于湖南、广东、海南、广西、贵州、江西、云南等省区，广东各地；广西融水、平南、十万大山；湖南桑植、武陵源、龙山、芷江、洞口、宜章、资兴；贵州榕江、从江；江西井冈山、马头山；海南保亭、万宁也有分布。

（三）传统习用

以叶入药，水煎洗，外用。苦，凉。入肺、大肠、脾三经。祛风止痒、杀虫。治体癣、各种癣疾引起的皮肤瘙痒、脱屑、溃烂、疥疮等皮肤顽疾。

（四）现代研究

初步证实有止血效果，曾用于紫珠草注射液、复方紫珠草注射液的原料。

参考文献

陈焕镛，1964. 海南植物志[M]. 北京：科学出版社：9.
孙美，王立波，吴立军，2015. 药用紫珠属植物的研究进展[J]. 安徽农业科学，43（13）：101-104.
徐文芬，王朝红，何顺志，2005. 贵州马鞭草科、玄参科及爵床科药用植物资源的调查与增补[J]. 贵州科学，23（4）：44.
赵运林，等，2009. 湖南药用植物资源[M]. 长沙：湖南科学技术出版社：856.
中国科学院中国植物志编辑委员会，1982. 中国植物志：第65卷（1）[M]. 北京：科学出版社：40.
总后勤部卫生部药品检验所，1976. 中草药资料汇编[M]：358-360.

二十三、广东紫珠 *Callicarpa kwangtungensis* Chun

（一）基源

马鞭草科紫珠属植物广东紫珠 *Callicarpa kwangtungensis* Chun，以茎枝和叶入药。夏、秋二季采收，切成10～20cm的段，干燥。

姚振生等在《紫珠属药物的本草考证》一文中写道：《植物名实图考》云，“万年青，生长沙山中，丛生长条附茎，对叶，叶长三寸余，似大青，有锯齿，细纹中有赭缕一道，附茎生小实，如青珠数十攒簇”。描述的叶片形状、大小，果实及生境等，与今药用的广东紫珠叶对生，狭椭圆状披针形、披针形或线状披针形，长15～26cm，叶背面密生显著的细小黄色腺点；聚伞花序3～4次分歧，果实球形，紫红色，径约3mm；生于山坡林中或灌丛中，常分布于湖南、江西、湖北、浙江等省的记载相符。再与《中国植物志》65卷第一分册及江西中医学院药用植物标本室标本核对，该种植物应为马鞭草科广东紫珠 *Callicarpa kwangtungensis*。

（二）生物学特征

【植物形态特征】

灌木，高约2m；幼枝略被星状毛，常带紫色，老枝黄灰色，无毛。叶片狭椭圆状披针形、披针形或线状披针形，长15～26cm，宽3～5cm，顶端渐尖，基部楔形，两面通常无毛，背面密生显著的细小黄色腺点，侧脉12～15对，边缘上半部有细齿；叶柄长5～8mm。聚伞花序宽2～3cm，3～4次分歧，具稀疏的星状毛，花序梗长5～8mm，花萼在花时稍有星状毛，结果时可无毛，萼齿钝三角形，花冠白色或带紫红色，长约4mm，可稍有星状毛；花丝约与花冠等长或稍短，花药长椭圆形，药室孔裂；子房无毛，而有黄色腺点。果实球形，径约3mm。花期6～7月，果期8～10月。

【生境分布】

广东紫珠生长在300～1600m的山坡林中或灌丛中。多分布于南方各省，浙江、江西、湖南、湖北、贵州、福建、广东、广西、云南。主要栽培地为湖南会同，江西萍乡、新余、宜春、井冈山等，贵州台江、广西等地。最早栽培地为江西萍乡地区。

【栽培要点】

广东紫珠繁殖，主要有播种繁殖和扦插繁殖。

（三）传统习用

性味归经：性苦、涩，味凉，归胃、肝、肺经。功能主治：其干燥茎枝、叶均可入药，具有清热解毒、止血收敛的功效；主治吐血、咽喉肿痛、外伤出血、热毒疮疡等症。

《湖南药物志》中：①用“煎广东紫珠（10g）、溪畔落新妇根茎（6g）、云实种子（6g）”治疗麻疹；②煎广东紫珠全草（22g）（如果头痛歪斜向左加女贞果和如果头痛歪斜向右加柑橘果皮）治疗偏头痛；③煎广东紫珠草药（3～6g）治疗胃痛。

（四）现代研究

【化学成分】

从广东紫珠中分离到的化学成分主要有萜类、黄酮类、苯乙醇苷类及酚酸类成分等。

1. 倍半萜类 丁香烷-2*β*，9*α*-二醇、7，8-环氧-1（12）-石竹烯-9*β*-醇、kobusone、石竹烯醇-Ⅱ。

2. 二萜类 callipene A、callipene B、callipene C、callipene D、8（14）-烯-9*β*，13*β*-环二氧-18-松香酸、holophyllin H、macrophypene E、8（14）-烯-9*α*，13*α*-环二氧-18-松香酸、8，11，13，15-四烯松香烷-18-烷酸、8，11，13，15-四烯-7*α*-羟基-18-松香烷酸、7*β*-羟基去氢松香酸、4-epi-dehydroabietic acid、7-羰基-脱氢枞酸、7*α*-甲氧基-去氧松香酸、7*α*-羟基去氢松香酸、16-nor-15-oxoabieta-8，11，13-trien-18-ol、16-nor-15-oxoabieta-8，11，13-trien-18-oic acid、angustanoic acid F、8*α*，9*α*，13*α*，14*α*-diepoxyabietan-18-oic acid。

3. 三萜及其苷类 （+）-屏落叶松脂素-9-*O*-*β*-D-吡喃葡萄糖苷、2*α*，3*β*，19*α*-三羟基乌苏烷-12-烯-28-*O*-*β*-D-吡喃葡萄糖苷、2*α*，3*β*，16*α*，19*α*，23-五羟基-12-烯-28-齐墩果酸、2*α*，3*α*，11*α*，21*α*，23-五羟基-12-烯-28-乌苏酸、2*α*，3*β*，22*β*，23-四羟基-12-烯-28-乌苏酸、2*α*，3*β*，21*β*-三羟基齐墩果烷-12-烯-28-*O*-*β*-D-吡喃葡萄糖苷、2-*O*-*β*-D-吡喃葡萄糖苷-3*α*，19*α*-二羟基-12-烯-28-乌苏烷酸、2-*O*-*β*-D-吡喃葡萄糖苷-3*α*，19*α*-二羟基-12-烯-28-齐墩果烷酸、2*α*，3*β*，6*β*，19*α*-四羟基乌苏烷-12-烯-28-*O*-*β*-D-吡喃葡萄糖苷、2*α*，3*α*，19*α*，23-四羟基乌苏烷-12-烯-28-*O*-*β*-D-吡喃葡萄糖苷、2*β*，3*β*，6*β*，16*α*-四羟基齐墩果烷-12-烯-28-*O*-*β*-D-吡喃葡萄糖苷、2*α*，3*α*，19*α*，23-四羟基齐墩果烷-12-烯-28-*O*-*β*-D-吡喃葡萄糖苷、2*α*，3*β*，6*β*，19*α*-四羟基齐墩果烷-12-烯-28-*O*-*β*-D-吡喃葡萄糖苷、2*α*，3*α*，6*β*，19*α*-四羟基乌苏烷-12-烯-28-*O*-*β*-D-吡喃葡萄糖苷、白桦脂酸。

4. 黄酮类 5，4′-二羟基-3，7，3′甲氧基黄酮、芦丁、槲皮素、槲皮素-3-*O*-*β*-D-葡萄糖-*α*-L-鼠李糖苷、鼠李秦素、华良姜素、岳桦素、芹菜素葡萄糖醛酸苷、木犀草素-7-*O*-*β*-D-吡喃葡萄糖醛酸苷、木犀草素、velutin。

5. 苯乙醇苷类 连翘酯苷 B、金石蚕苷、异毛蕊花糖苷、毛蕊花糖苷、江藤苷、2′-乙酰基连翘酯苷 B、2′-乙酰基毛蕊花糖苷、6′-*β*-D-apiofuranosyl cistanoside C、管花苷 E、管花苷 B、alyssonoside、callicarposide A。

6. 酚酸类 水杨酸、丁香酸、异香草酸、没食子酸、咖啡酸、阿魏酸。

【药理活性研究】

1. 止血作用 广东紫珠乙醇提取物能明显缩短小鼠出血时间，止血效果显著。

2. 镇痛作用 洪燕龙将醋酸注射于小鼠腹腔造成疼痛模型，观察广东紫珠总黄酮对小鼠疼痛扭曲的影响，结果显示广东紫珠总黄酮大、中、小 3 个剂量均可不同程度地抑制小鼠扭体反应，表现为延长扭体反应潜伏期，减少单位时间内动物扭体次数。

3. 抑菌作用 广东紫珠乙醇提取物对金黄色葡萄球菌、伤寒沙门氏菌和肺炎双球菌等均有不同程度抑菌作用，对金黄色葡萄球菌、伤寒沙门氏菌抑菌作用最强。

4. 抗炎作用　宫炎净片可明显减轻宫颈炎过程中的黏膜及其下层白细胞浸润、血管增生，鳞状上皮增生、水肿、溃疡，柱状上皮鳞化等病理性损伤，可显著抑制急慢性炎症的发生；下调局部 PGE_2，IL-2 水平，抑制血浆铜蓝蛋白（CP）的异常活化可能是其炎症干预的作用环节，而且对炎症过程中血液流变学异常具有一定的改善作用。

广东紫珠总黄酮可明显抑制小鼠耳廓肿胀率，呈剂量效应相关，有较明显抗炎作用。广东紫珠总黄酮小剂量对炎症早期毛细血管通透性增加具有一定作用。

广东紫珠总黄酮可明显减小小鼠肉芽肿，可对抗棉球引起的肉芽增生，有较明显抗炎作用。

5. 抗氧化作用　广东紫珠中主要成分连翘酯苷 B 具有抗 $ABTS^+$·、DPPH·和 TEAC·氧化作用，这与苯环上两个邻羟基有关；连翘酯苷 B 在 0.5μmol/L 浓度时的抗 DPPH·氧化活性能力与丁基羟基茴香醚相当，这可能跟咖啡酰基有关；连翘酯苷 B 具有作为胆碱酯酶抑制剂的潜力；连翘酯苷 B 具有强抗氧化作用，其 RC_{50} =4.97μmol/L；连翘酯苷 B 还能对 Cu^{2+}诱导的低密度脂蛋白过氧化作用产生抑制作用，其 ED_{50} =1μmol/L。金石蚕苷具有抗 DPPH·氧化作用和强抗氧化作用。

6. 抗伤害作用　连翘酯苷 B 在含量为 10^{-4}mol/L 对自由基诱导的内皮依赖性舒张损害有保护作用。在浓度为 0.1～10μmol/L 时能够显著减弱谷氨酸盐诱导的神经毒性。

【质量控制】

1.《中国药典》2015 年版中对广东紫珠来源、性状、鉴别、检查、浸出物、含量测定均做了规定。

2. 苯乙醇苷类成分测定：①江西省芦溪、江西新余、湖南会同、贵州黔东南自治州广东紫珠样品中连翘酯苷 B 和金石蚕苷总含量分别为 8.87%、7.46%、5.11%、4.14%。其他产地样品含量也远远高于药典规定的 0.5%。②广东紫珠不同部位连翘酯苷 B 和金石蚕苷含量，江西萍乡芦溪的广东紫珠叶＞茎枝＞果实，湖南怀化会同、娄底娄星区的茎枝＞叶＞果实。外观性状上江西芦溪产广东紫珠叶紫色深，叶的含量高达 9.01%。广东紫珠根中连翘酯苷 B 和金石蚕苷含量远大于茎枝、叶、果实部分。③9 月、10 月、11 月采收广东紫珠的连翘酯苷 B 和金石蚕苷含量，以 10 月最高，11 月有下降趋势。④广东紫珠两种繁殖方式连翘酯苷 B 和金石蚕苷总含量，播种方式为 4.12%，扦插方式为 0.69%。⑤采用反相高效液相色谱-二极管阵列检测法（RP-HPLC-DAD），外标法测定不同产地广东紫珠中叶与茎枝中连翘酯苷、金石蚕苷、毛蕊花糖苷 3 种苯乙醇苷的含量差异较大。

3. 广东紫珠黄酮类成分测定　广东紫珠总黄酮量随生长期增大，采收期应该定在即将落叶的时候；整体上，总黄酮主要分布于叶，茎的总黄酮量非常低，适宜摘叶保留茎以便来年采摘；野生广东紫珠总黄酮含量略高于栽培品。表 7-4 是黄酮类成分测定情况。

表 7-4　HPLC 法测定广东紫珠含量

检测部位或剂型	检测方法	波长	流动相	测定成分
广东紫珠及其制剂宫复康胶囊	HPLC	350	甲醇-0.3%磷酸水（45：55）	木犀草素
广东紫珠	HPLC	352	甲醇-0.3%磷酸（47：53）	木犀草素
广东紫珠及有效部位	HPLC	324	甲醇-0.05%磷酸（45：55）	芹菜素葡萄糖醛酸苷
广东紫珠干浸膏	HPLC	210	甲醇-1.0%冰醋酸（94：6）	熊果酸、齐墩果酸

4. 指纹图谱研究　蔡灏建立了广东紫珠 HPLC 指纹图谱，确定了广东紫珠 8 个共有特征色谱峰。用于 16 批广东紫珠和 10 批基原明确的混淆品分析。16 批广东紫珠药材共分成 3 类，有 14 批相似度均高于 0.900；10 批其他紫珠属药材与广东紫珠对照图谱的相似度都在 0.200 以下，均可鉴定为广东紫珠混淆品。

刘灿黄建立的广东紫珠 HPLC 指纹图谱，比较研究 10 个不同产地的广东紫珠之间的差异性，怀化会同、江西新余、江西宜春、江西芦溪、贵州黔东南苗族侗族自治州、贵州台江产地的相似度较好，娄底产广东紫珠为野生品，相似度只有 0.635，和其他产地的差异主要在于连翘酯苷 B 峰丰度大于金石蚕苷峰，在时间 73.143min、85.554min 处峰的丰度远远高于其他产地。

（五）开发利用

以广东紫珠为主要原料的中成药有抗宫炎片、宫复康胶囊和宫炎净片等。抗宫炎片、抗宫炎胶囊在《中国药典》2015 年版一部都有收载。抗宫炎片临床用于治疗宫颈炎、宫颈糜烂、盆腔炎、附件炎等妇科疾病，疗效显著。据报道，抗宫炎片的临床应用范围不断拓宽。在治疗急慢性咽炎、慢性前列腺炎、慢性痢疾与结肠炎等疾病方面也有新的应用，疗效确切。

参考文献

蔡灏，2014. 广东紫珠质量控制方法及其抗氧化物质基础的研究[D]. 广州中医药大学.

国家药典委员会，2015. 中华人民共和国药典：2015 年版一部[M]. 北京：中国医药科技出版社，43.

胡晓，李丽，杨义芳，等，2014. 广东紫珠中咖啡酰基苯乙醇苷类化合物[J]. 中国中药杂志，39（09）：1630-1634.

李珅，2016. 广东紫珠的化学成分研究[D]. 南开大学.

刘灿黄，2013. 广东紫珠的生药学研究和质量评价[D]. 湖南中医药大学.

刘江华，2013. 紧缺药材品种“广东紫珠”栽培技术[J]. 农村百事通，（01）：39-41，81.

马延升，朱翠兰，2004. 抗宫炎片临床进展. 中国现代医学杂志，14（10）：69.

聂韡，朱培林，黄丽莉，等，2011. 广东紫珠药材的研究进展[J]. 中国现代中药，13（09）：37-39，44.

袁铭铭，2015. 广东紫珠化学成分的研究[D]. 南昌大学.

袁铭铭，钟瑞建，付辉政，等，2014. 广东紫珠乙酸乙酯部位化学成分研究[J]. 中药材，37（11）：2005-2007.

张珊珊，张立，陈怀远，等，2016. 江西省药用紫珠属植物化学成分研究进展[J]. 中南药学，14（09）：976-982.

中国科学院中国植物志编辑委员会，1982. 中国植物志：第 65 卷（1）[M].北京：科学出版社，74.

周伯庭，李新中，徐平声，等，2004. 广东紫珠地上部位化学成分研究（Ⅰ）[J]. 中南药学，（04）：238-239.

周伯庭，李新中，徐平声，等，2005. 广东紫珠地上部位化学成分研究（Ⅱ）[J]. 湖南中医学院学报，（01）：20-22.

周伯庭，李新中，钟广蓉，等，2006. 广东紫珠地上部位主要药效学试验[J]. 中国现代医学杂志，（02）：204-206.

Jing Xu, Shen Li, Xiaocong Sun, et al, 2016. Diterpenoids from Callicarpa kwangtungensis and their NO inhibitory effects[J]. Fitoterapia,（113）：151-157.

二十四、长苞紫珠 *Callicarpa longibracteata* H. T. Chang

（一）基原

马鞭草科紫珠属植物长苞紫珠 *Callicarpa longibracteata* H. T. Chang。

（二）生物学特征

【植物形态特征】

灌木，高达 3m；嫩枝被黄褐色分枝茸毛。叶片长椭圆形至椭圆状披针形，长 15～20cm，宽 5～8cm，顶端短渐尖，基部圆形或钝，两侧略不等齐，边缘上半部有小齿，表面主脉上有分枝柔毛和星状毛，后渐脱落，背面密生黄灰色星状茸毛，侧脉 14 对，在背面显著隆起，细脉近平行排列；叶柄长约 2cm，被毛与小枝同。聚伞花序径 6～9cm，约 6 次分歧；花序梗长 3～5cm；基部苞片常为叶片状，披针形，长 3～4cm，宽约 1cm，有长约 1cm 的柄，宿存或脱落；小苞片线形；萼钟状，有星状毛，萼齿尖，线形，长约 1mm；花冠粉红色，被毛，长约 2mm；花丝长约 5mm，花药长约 0.6mm，药室纵裂；子房无毛；花柱长 6～7mm。果实球形，径约 1.5mm。花果期 8 月。

【生境分布】

生长于林中。主要分布在中国香港。

参考文献

中国科学院中国植物志编辑委员会，1982. 中国植物志：第 65 卷（1）[M]. 北京：科学出版社，37.

二十五、长叶紫珠 *Callicarpa longifolia* Lamk.

（一）基源

马鞭草科紫珠属植物长叶紫珠 *Callicarpa longifolia* Lamk.，别名老哈眼（海南），又名山枇杷、牛舌癀、野枇杷。

（二）生物学特征

【植物形态特征】

灌木，高 2～3m。小枝梢四棱形，与花序和叶柄均被黄褐色星状绒毛。叶片长椭圆形，长 9～20cm，宽 3～6cm，顶端尖或尾状尖，基部楔形或下延成狭楔形，边缘有针齿，表面无毛，背面有黄褐色星状毛和细小鳞片状黄色腺点，侧脉 10～12 对，主脉和侧脉在背面明显隆起，细脉近乎平行；叶柄长 1～2cm。聚伞花序宽 2～3cm，4～5 次分歧，花序梗纤细，长 0.5～1.5cm；花萼杯状，长约 1mm，被灰白色细毛，萼齿不明显或近截形；花冠紫色，长约 2mm，稍被细毛；雄蕊长为花冠的 2～3 倍，花药卵形，长约 1mm，药室纵裂；子房被细毛。果实球形，径约 1.5mm，被毛。花期 5～8 月，果期 8～12 月。

【生境分布】

生于海拔 1400m 以下的山坡疏林中。分布于我国中南至东南地区，广东、海南、云南等地。

【采收加工】

根、茎全年可采收，叶夏秋采收，鲜用或晒干。

（三）传统习用

苦、辛、平。祛风除湿，祛瘀止血。根、茎治风湿关节痛、水肿、风湿头痛、跌打损伤；叶治胃出血、咯血、血小板减少性紫癜、外伤出血。用法用量：根 30～60g，叶 9～15g，水煎服。

长叶紫珠的传统用法见表 7-5。

表 7-5　长叶紫珠民间传统用法

疾病	传统用法
风湿关节痛	野枇杷根、黄花稔各 30g，水煎服
胃出血	野枇杷叶、旱莲草、一点红各 15g，艾叶 9g，水煎服
风湿头痛	野枇杷根或茎 30g，野鸦椿果 10g，水煎服
水肿	野枇杷根或茎 30g，六棱菊 15g，水煎服
跌打损伤	野枇杷根 30g，盐肤木 24g，水煎服
创伤出血	野枇杷叶研末敷患处

（四）现代研究

目前从长叶紫珠中分离得到化合物有木犀草素、5，7，4′-三羟基黄酮、木犀草素-7-*O*-葡萄糖醛酸苷、5，7，4′-三羟基黄酮-7-*O*-葡萄糖醛酸苷。

参 考 文 献

王艳晶，杨义芳，高岱，2008. 紫珠属植物的化学成分及生物活性研究进展[J]. 中草药，(01)：133-138.

谢贵水，王纪坤，2013. 中国植胶区林下植物：海南卷[M]. 北京：中国农业科学技术出版社，336.

张宏达，1951. 中国紫珠属植物之研究[J]. 植物分类学报，1(1)：290.

赵秀贞，2015. 常用青草药彩色图集[M]. 福州：福建科学技术出版社，210.

中国科学院中国植物志编辑委员会，1982. 中国植物志：第65卷(1)[M]. 北京：科学出版社，48.

二十六、长柄紫珠 *Callicarpa longipes* Dunn

（一）基源

马鞭草科紫珠属植物长柄紫珠 *Callicarpa longipes* Dunn。

（二）生物学特征

【植物形态特征】

灌木。高 2～3m；小枝褐色，被多细胞腺毛及单毛。叶片倒卵状椭圆形至倒卵状披针形，长 6～13cm，宽 2～7cm，顶端急尖至尾尖，基部心形，稍偏斜，两面被多细胞单毛，背面有细小黄色腺点，边缘具三角状的粗锯齿，侧脉 8～10 对；叶柄长 0.5～0.8cm。花序宽约 3cm，3～4 次分歧，被毛与小枝同；花序梗长 1.5～3cm；花有短柄；花萼钟状，被腺毛及单毛，萼齿急尖或锐三角形，齿长 1～2mm；花冠红色，疏被毛，长约 4mm；雄蕊长约为花冠的 2 倍，花药卵圆形，长约 1mm，药室纵裂；子房无毛。果实球形，紫红色，径 1.5～2mm。花期 6～7 月，果期 8～12 月。

本种的叶倒卵状披针形，上下两面均被单毛，叶基呈心形，叶柄极短；花序常成 180°分歧；萼齿尖长。故易于识别。

【生境分布】

生于海拔 300～500m 山坡灌丛或疏林中，产于安徽、浙江、福建、江西、广东及广西。中国特有植物。

（三）传统习用

叶：性温，味苦、辛。祛风除湿、止血。主治风湿痹痛、跌打损伤、创伤出血等症。

（四）现代研究

目前，对长柄紫珠化学成分研究极少，仅有高丽等对长柄紫珠茎叶的化学成分进行了研究，分离得到化合物如下：①黄酮类：熊竹山姜素、5，4′-二羟基-3，6，7-三甲氧基黄酮、阿亚黄素、槲皮素-3，3′，4′-三甲醚、5，7，3′，4′-四羟基-3-甲氧基黄酮、芹菜素、槲皮素-3，3′-二甲醚、芹菜素-6，8-二-*C*-*β*-D-葡萄糖苷、山柰酚-7-*O*-*β*-D-葡萄糖苷；②三萜类：熊果酸、白桦脂酸；③甾体类：*β*-谷甾醇。

参 考 文 献

高丽，林朝展，祝晨蔯，2011. 长柄紫珠化学成分研究[J]. 中草药，42(07)：1289-1292.

孙美，王立波，吴立军，2015. 药用紫珠属植物的研究进展[J]. 安徽农业科学，43(13)：101-104.

姚振生，熊耀康，2016. 浙江药用植物资源志要[M]. 上海：上海科学技术出版社：316.

张珊珊，张丽，陈怀远，等，2016. 江西省药用紫珠属植物化学成分研究进展[J]. 中南药学，14(09)：976-982.

中国科学院中国植物志编辑委员会，1982. 中国植物志：第65卷(1)[M]. 北京：科学出版社，63.

二十七、尖尾枫 *Callicarpa longissima*（Hemsl.）Merr.

（一）基源

马鞭草科紫珠属植物尖尾枫 *Callicarpa longissima*（Hemsl.）Merr.，别名为穿骨风（广西），粘手风、雪突、牛舌广（福建）。

《植物名实图考》中的赤药子，经姚振生等考证，发现其形态特征描述、功效和适应证与马鞭草科尖尾枫一致，故判定赤药子应为马鞭草科尖尾枫 *Callicarpa longissima*（Hemsl.）Merr.。

（二）生物学特征

【植物形态特征】

灌木或小乔木，高 1～3（7）m；小枝紫褐色，四棱形，幼嫩部分稍有多细胞的单毛，节上有毛环。叶披针形或椭圆状披针形，长 13～25cm，宽 2～7cm，顶端尖锐，基部楔形，表面仅主脉和侧脉有多细胞的单毛，背面无毛，有细小的黄色腺点，干时下陷成蜂窝状小洼点，边缘有不明显的小齿或全缘；侧脉 12～20 对，在两面隆起，惟网脉在背面深下陷；叶柄长 1～1.5cm。花序被多细胞的单毛，宽 3～6cm，5～7 次分歧，花小而密集，花序梗长 1.5～3cm；花萼无毛，有腺点，萼齿不明显或近截头状；花冠淡紫色，无毛，长 2～5mm；雄蕊长约为花冠的 2 倍，药室纵裂；子房无毛。果实扁球形，径 1～1.5mm，无毛，有细小腺点。花期 7～9 月，果期 3～12 月。

【生境分布】

生长于海拔 1200m 以下的山坡、荒野及谷地丛林中。分布在广西、四川、广东、福建、江西等地。

（三）传统习用

辛、微苦，温。祛风散寒，散瘀止血，解毒消肿。全株供药用，治外伤出血、咯血、吐血、产后风痛、四肢瘫痪、风湿痹痛等。内服煎汤 10～15g。外用研末调敷或鲜品捣敷。尖尾枫根可祛风、活血、止痛。

配伍：①寒积腹痛：常与千金藤配伍使用。②风湿关节痛：常与紫苏、蓖麻配伍使用。③胃出血：常与红莲子草配伍使用。

（四）现代研究

【化学成分】

1. 黄酮类 金合欢素、六棱菊亭、5-羟基-3，6，7，4′-四甲氧基黄酮。

2. 苯乙醇苷类 连翘酯苷 B、毛蕊花糖苷、异毛蕊花糖苷、金石蚕苷、alyssonoside、天人草苷、longissimosides B、列当苷、longissimosides A。

3. 倍半萜类 *α*-葎草烯。

4. 二萜类 seco-hinokiol、callilongisins A、callilongisins B、callilongisins C、callilongisins D。

5. 三萜及其苷类 高根二醇、山楂酸、乌苏酸、乌发醇、野鸦椿酸、白桦脂酸。

6. 挥发油类 *α*-蒎烯、桉叶油醇、*α*-葎草烯、叶醇、1-辛烯-3-醇、3-辛酮、3-辛醇、苧烯、3，4-二甲基-3-环己烯-1-甲醛、芳樟醇、4-乙酰基-1-甲基-环己烯、4-松油醇、*α*-松油醇、水杨酸甲酯、花醇、*α*-柏木烯、2，6-二甲基-6-（4-甲基-3-戊烯基）-二环[3.1.1] 庚-2-烯、*β*-石竹烯、（*E*）-*β*-金合欢烯、*β*-姜黄烯、[*S*-（*R**.*S**）]-5-（1，5-二甲基-4-己烯）-2-甲基-1，3-环己二烯、*β*-红没药烯、[*S*-（*R**.*S**）]-3-（1，5-二甲基-4-己烯）-6-甲烯基-环己烯、7-表-顺-水合倍半香桧烯、7-表-反-水合倍半香桧烯、反-水合倍半香桧烯、顺-水合倍半香桧烯、橙花叔醇、氧化石竹烯、*β*-红没药醇、

α-红没药醇。

7. 其他成分 可巴烯、石竹烯、香树烯、菖蒲烯、*δ*-毕澄茄烯、*β*-瑟临烯、1，1，4，7-四甲基-la，2，3，4，4a，5，6，7b-八氢-1H-环丙烯并[e]薁、二十四烷、9-辛基-十七烷、角鲨烷、2-乙基己醇、邻苯二甲酸、石竹素、红没药醇、肉豆蔻酸、棕榈酸、亚油酸、亚麻酸、油酸、叶绿醇、硬脂酸、二十酸、10，11-（4′，5′二甲基苯并）[3.2]二聚二甲苯、二十一碳酸、二十二烷酸、邻苯二甲酸单乙基己基酯、二十三碳酸、木质素酸。

【药理活性】

尖尾枫水提物和醇提物有较强经典途径抗补体活性；尖尾枫水提物具有旁路途径抗补体活性。由此推测尖尾枫水提物不仅可以有效抑制由抗原-抗体（IgG、IgM）复合物激活导致的补体系统紊乱，也可在抗体产生之前感染早期或初次感染发挥作用。

参 考 文 献

高微，刘布鸣，柴玲，等，2015. 尖尾枫挥发油化学成分分析研究[J]. 香料香精化妆品，（3）：1-3.

高微，刘布鸣，冯军，等，2012. 尖尾枫脂溶性研究[J]. 广西科学，19（2）：147-148，151.

高微，刘布鸣，黄艳，等，2013. 尖尾枫化学成分研究[J]. 中国实验方剂学杂志 19（19）：153-155.

焦杨，邹录惠，邱莉，等，2016. 5 种马鞭草科药用植物的抗补体活性[J]. 中国药科大学学报，47（4）：469-473.

潘超美，2015. 中国民间生草药原色图谱（下册）[M]. 广州：广东科技出版社：310.

张珊珊，张立，陈怀远，等，2016. 江西省药用紫珠属植物化学成分研究进展[J].中南药学，14（09）：976-982.

中国科学院中国植物志编辑委员会，1982. 中国植物志：第 65 卷（1）[M]，北京：科学出版社：52.

祝晨蔯，高丽，赵钟祥，等，2012. 全缘叶紫珠三萜类成分研究[J]. 药学学报，47（1）：77-83.

二十八、黄腺紫珠 *Callicarpa luteopunctata* H. T. Chang

（一）基原

马鞭草科紫珠属植物黄腺紫珠 *Callicarpa luteopunctata* H. T. Chang。

（二）生物学特征

【形态特征】

灌木，高约 2m；小枝黄灰色，圆柱形，与叶柄和花序均密被黄褐色鳞片状星状毛，对生的两叶柄间无横线联合。叶片长椭圆形或倒卵状披针形，长 7～16cm，宽 2～5cm，顶端渐尖，基部收狭而下延，两面密生细小黄色腺点，近无毛或背面沿主脉及侧脉上疏生黄褐色粗糠状星状毛，边缘有不规则的锯齿；叶柄长 1～1.5cm。聚伞花序宽 2～3cm，通常 4～5 次分歧；花序梗长 4～7mm；苞片细小，线形；花萼杯状，长约 0.7mm，通常无毛，有黄色腺点，萼齿不明显或近截头状；花冠长约 1.4mm，紫色，无毛；雄蕊长约为花冠的 2 倍，花药细小，药室纵裂；子房无毛，有黄色腺点。果实近球形，径约 1mm，有黄色腺点。花期 6～7 月，果期 8～10 月。

本种和长叶紫珠 *C. longifolia* Lamk.及老鸦糊 *C. giraldii* Hesse ex Rehd. 相似，其主要区别是前者小枝梢四棱形，两叶柄之间有横线联合，叶片及花的各部分均有星状毛。后者小枝和叶片疏被星状毛；花各部分被毛，花较大，萼齿钝三角形；果实较大，径 3～4mm。

【生境分布】

生于海拔 800～2300m 的山坡或谷地丛林中。分布于云南、四川。中国特有植物。

参 考 文 献

中国科学院中国植物志编辑委员会，1982. 中国植物志：第 65 卷（1）[M]. 北京：科学出版社：54.

二十九、大叶紫珠 *Callicarpa macrophylla* Vahl

（一）基原

马鞭草科紫珠属植物大叶紫珠 *Callicarpa macrophylla* Vahl，又名羊耳朵、止血草（云南），赶风紫、贼子叶（广东、广西），以根、茎、叶入药。

（二）生物学特征

【植物形态特征】

灌木，稀小乔木，高 3～5m；小枝近四方形，密生灰白色粗糠状分枝茸毛，稍有臭味。叶片长椭圆形、卵状椭圆形或长椭圆状披针形，长 10～23cm，宽 5～11cm，顶端短渐尖，基部钝圆或宽楔形，边缘具细锯齿，表面被短毛，脉上较密，背面密生灰白色分枝茸毛，腺点隐于毛中，侧脉 8～14 对，细脉在表面稍下陷；叶柄粗壮，长 1～3cm，密生灰白色分枝的茸毛。聚伞花序宽 4～8cm，5～7 次分歧，被毛与小枝同，花序梗粗壮，长 2～3cm；苞片线形；萼杯状，长约 1mm，被灰白色星状毛和黄色腺点，萼齿不明显或钝三角形；花冠紫色，长约 2.5mm，疏生星状毛；花丝长约 5mm，花药卵形，药隔有黄色腺点，药室纵裂；子房被微柔毛，花柱长约 6mm。果实球形，径约 1.5mm，有腺点和微毛。花期 4～7 月，果期 7～12 月。

【生境分布】

生于海拔 100～2000m 的疏林下和灌丛中。主产于广东、广西、贵州、云南。

【栽培要点】

大叶紫珠常用扦插和播种繁殖，但其繁殖速度慢，增殖率低。组织培养可快速获得大量种苗，成苗快且整齐，对其开发利用有一定的参考价值。

（三）传统习用

辛、苦、平。归肝、肺、胃经。散瘀止血，消肿止痛。用于衄血、咯血、吐血、便血、外伤出血、跌打肿痛。用法与用量：15～30g，外用，研磨敷于患处。

（四）现代研究

【化学成分】

1. 单萜类 dendrolasin、cendrolasin。

2. 二萜类 16-hydroxy-17-acetoxy-3-oxophyllocladane、异丙叉大叶紫珠萜酮、大叶紫珠萜酮、大叶紫珠萜酮双乙酸酯、大叶紫珠萜酮单乙酸酯、大叶紫珠萜酮-17-乙酸、calliphyllin、3*α*，16*β*，17-trihydroxyl-phyllocladane。

3. 三萜类 2*α*，3*α*，19*α*-三羟基-12-烯-28-乌苏酸、阿江榄仁树葡糖苷Ⅱ、悬钩子皂苷 R_1、*α*-香树脂醇、紫珠萜酮、2*α*，3*β*，23，29-四羟基-12-烯-28-齐墩果酸、熊果酸、*β*-香树脂醇、2，6，14，18，22-pentamethyl-n-tetracos-9-en-17*α*-ol-27-oic acid、3-oic acid callicarpeno、2*α*，3*α*，19*α*，23-四羟基-12-烯-28-乌苏酸、2*α*，3*β*，23，29-四羟基-12-烯-齐墩果酸-28-*O*-*β*-D-葡萄糖苷。

4. 苯丙素类 蛇菰宁、连翘苷 B、alyssonoside、车前草苷 C、天人草苷 B、阿克苷、马蒂罗苷、异阿克苷、异马蒂罗苷、（7*R*，8*S*）-脱氢松柏醇-8，5-脱氢松柏醛-9-*O*-*β*-D-吡喃葡萄糖苷。

5. 黄酮类 华良姜素、5，4′-二羟基-3，7，3′-三甲氧基黄酮、槲皮素-7-*O*-芸香糖苷、异槲皮苷、木犀草苷、木犀草素-7-*O*-新橙皮糖苷、反式草木樨苷、5-羟基-3，7，4′-三甲氧基黄酮、5-羟基-3，6，7，4′-四甲氧基黄酮、5-羟基-3，7，3′，4′-四甲氧基黄酮、（–）-乔松素、（–）-

球松素。

6. 挥发油 *β*-细辛醚、*γ*-细辛脑、*α*-细辛醚。

7. 其他成分 草木樨苷、类叶升麻苷、7-*O*-乙基愈创木基甘油、3，2-*O*-*β*-D-二吡喃葡萄糖苷-11，16-二羟基松香醇-8，11，13-三烯、胡萝卜苷、木栓醇、α-波甾醇、对羟基苯甲醛、对甲氧基苯甲酸。

【药理活性】

目前，对大叶紫珠药理活性研究较少。余行等采用二甲苯致耳肿胀法、醋酸扭体法、毛细玻管法依次评价了大叶紫珠总黄酮的抗炎、镇痛、止血作用。动物实验表明中、高剂量的大叶紫珠总黄酮表现出明显的抗炎、镇痛及止血作用，低剂量时仅表现出镇痛作用。大叶紫珠枝叶提取物对 PDE4D2 靶标有抑制作用，抑制率为 98.63%。

研究发现，大叶紫珠水煎液高剂量组、低剂量组能明显缩短大鼠的 PT、TT、APTT，显著增加 FIB、TXB2 水平，同时能降低 6-keto-PGF1α水平。这表明大叶紫珠水煎液可能通过激活内源性、外源性凝血系统和调节 TXB2、6-keto-PGF1α 水平发挥止血作用。

【质量控制】

1. 《中国药典》2015 年版中对大叶紫珠的来源、性状、鉴别、检查、浸出物、含量测定做了规定。

2. 其他含量测定方法

（1）毛蕊花糖苷、木犀草素、木犀草苷的含量测定：柏帆等建立了 HPLC 法同时测定大叶紫珠中毛蕊花糖苷、木犀草素、木犀草苷的含量测定方法。并测定了 7 个批次广西产大叶紫珠叶，结果发现，3 个成分含量差异较大，其中毛蕊花糖苷和木犀草苷含量远高于木犀草素。毛蕊花糖苷及木犀草素在 9 月份含量最高，而木犀草苷含量在 10 月份最高，以毛蕊花糖苷含量为评价标准，大叶紫珠最佳采收期应为 9 月，与最佳传统采收期相符。

（2）蔷薇酸的含量测定：潘萍等用 HPLC 法，以乙腈-0.1%磷酸溶液（55：45）为流动相，测定大叶紫珠不同药用部位蔷薇酸含量。

（3）桦木酸的含量测定：潘萍等用 HPLC 法，以乙腈-0.1%磷酸溶液（63：37）为流动相，测定了大叶紫珠中桦木酸含量。

参 考 文 献

曹莉，黄多临，陈华，2014. 大叶紫珠的化学成分研究[J]. 中国现代中药，16（9）：733-734，739.

谷陟欣，刘宇婧，颜冬兰，等，2011. 裸花紫珠、大叶紫珠和广东紫珠的研究进展[J]. 中国医药导报，8（29）：11-12，81.

国家药典委员会，2015. 中华人民共和国药典：2015 年版一部[M]. 北京：中国医药科技出版社：19.

金晓，张杰，顾正兵，2014. 大叶紫珠醇溶性成分的研究[J]. 中成药，36（6）：1235-1236.

鲁合军，2017. 大叶紫珠对大鼠凝血功能及 TXB2、6-keto-PGF1α表达的影响[J]. 中医学报，32（6）：989.

孟令杰，覃芳敏，袁红娥，等，2014. 大叶紫珠苯丙素类衍生物研究[J]. 天然产物研究与开发，26：871-875.

孟令杰，覃芳敏，袁红娥，等，2014. 大叶紫珠的化学成分[J]. 暨南大学学报（自然科学与医学版），35（1）：62-65.

潘萍，2006. 大叶紫珠的资源与质量评价研究[D]. 沈阳药科大学.

潘萍，贾凌云，孙启时，2008. RP-HPLC 测定大叶紫珠中桦木酸的含量[J]. 中国中药杂志，（7）：753.

孙美，王立波，吴立军，2015. 药用紫珠属植物的研究进展[J]. 安徽农业科学，43（13）：103.

许慧，牛莉鑫，姜洁，等，2017. 大叶紫珠化学成分研究[J]. 中国医药工业杂志，48（9）：1315-1317.

杨璐，张天华，白旭，等，2015. 14 种紫珠属植物醇提取物抑制磷酸二酯酶 4 活性初探[J]. 广东药学院学报，31（3）：329.

姚宏，刘南祥，吴华芬，等，2008. 大叶紫珠组织培养与快速繁殖[J]. 植物生理学通讯，44（1）：135.

余行，徐诗强，马冬晴，等，2013. 大叶紫珠总黄酮的提取工艺优选及其抗炎、镇痛及止血作用考察[J]. 中国实验方剂学杂志，19（12）：8-11.

中国科学院中国植物志编辑委员会，1982. 中国植物志：第 65 卷（1）[M]. 北京：科学出版社：38.

Yanhua Tu, Lianna Sun, Meili Guo, et al, 2013. The medicinal uses of Callicarpa L. in traditional Chinese medicine: An ethnopharmacological, phytochemical and pharmacological review[J]. Journal of Ethnopharmacology, (146): 465-481.

三十、裸花紫珠 *Callicarpa nudiflora* Hook. et Arn.

(一)基源

1836年，Hooker及Arnott将Beechey采自广州附近一种植物定为裸花紫珠*C.nudiflora*。1951年，张宏达首次从真紫珠组到杯萼亚组到叶到聚伞花序最后检索到裸花紫珠，详细描述了裸花紫珠的形态特征及地理分布，并指出："本种具有卵状皮针形叶，下面被灰褐色星状绒毛，上面干后变黑；花序强大，花序柄特别长；萼与花冠无毛，花冠与果实干后亦变黑，极易区别。"为后期裸花紫珠正品鉴别提供了科学依据。广西医药研究所药用植物园《药用植物名录》为首次将裸花紫珠收录的本草著作；1977年版《中国药典》以"裸花紫珠"收录。《中国民族药志要》记载："*Callicarpa nudiflora* Hook.et Arn. 裸花紫珠［土家药］白腊卡蒙：全珠治便血，呕血，跌打损伤，百日咳（不用叶）"，土家族为湘西北、川东南、黔东北、鄂西南武陵山区及大巴山区，地域位置与裸花紫珠的地理位置有所出入，所以此处出现的土家药有待考证，但此处也证实裸花紫珠是中国历代已有的本草药，因地域语言差异或者朝代更换，裸花紫珠植物的名字一直在清以前未得以统一，也因此裸花紫珠在后期本草著作中存在较多别名。《中药大辞典》《中华本草》均首次以别名"赶风柴"收录裸花紫珠，《中药大辞典》记载："赶风柴：为马鞭草科植物裸花紫珠带有嫩枝的叶。分布我国南部。"另部分本草以裸花紫珠植物形态特点命名记载，如大斑鸠花、老蟹眼、紫珠草、百花茶、叶百花茶、细叶斑鸠花、大叶斑鸠等，部分本草为地方性语言，如两广地区叫贼仔药、贼仔、贼仔叶，也有本草以裸花紫珠用法来记载，如饭汤叶等。

考证裸花紫珠的药用基原可知，《中国植物志》《中国高等植物图鉴》只记载了裸花紫珠以叶入药；详细记载见于《现代本草纲目》："马鞭草科紫珠属裸花紫珠带嫩枝的叶"；而《海南药物志》《海南药用植物现代研究》均记载裸花紫珠以根、叶入药，《药用植物名录》记载以裸花紫珠的茎、叶入药。故裸花紫珠药用基原为马鞭草科紫珠属裸花紫珠的叶、茎、根。

(二)生物学特征

【植物形态特征】

灌木至小乔木，高1～7m；老枝无毛而皮孔明显，小枝、叶柄与花序密生灰褐色分枝茸毛。叶片卵状长椭圆形至披针形，长12～22cm，宽4～7cm，顶端短尖或渐尖，基部钝或稍呈圆形，表面深绿色，干后变黑色，除主脉有星状毛外，余几无毛，背面密生灰褐色茸毛和分枝毛，侧脉14～18对，在背面隆起，边缘具疏齿或微呈波状；叶柄长1～2cm。聚伞花序开展，6～9次分歧，宽8～13cm，花序梗长3～8cm，花柄长约1mm；苞片线形或披针形，花萼杯状，通常无毛，顶端截平或有不明显的4齿；花冠紫色或粉红色，无毛，长约2mm，雄蕊长于花冠2～3倍，花药椭圆形，细小，药室纵裂；子房无毛。果实近球形，径约2mm，红色，干后变黑色。花期：6～8月；果期：8～12月。

【生境及分布】

生于平地至海拔1200m的山坡、路旁、谷底、溪边林下或灌丛疏林林边或杂木林中。分布于我国南部，如广东、广西、海南、香港等地，东南亚的印度、越南、新加坡、马来西亚等地。

【栽培要点】

喜光、喜温、喜湿、怕渍水。对土壤条件要求并不苛刻。一般采用扦插繁育。

（三）传统习用

1977 年《海南药物志》首次记载裸花紫珠“止血止痛、散瘀消肿、祛风除湿”，可治“创伤出血、呕血、咯血、消化道出血、拔牙出血、跌打损伤、风湿痹痛”等症。随后，《中国民族药志要》记载：“裸花紫珠。[土家药]白腊卡蒙：全珠治便血，呕血，跌打损伤，百日咳（不用叶）”，此处首次记载裸花紫珠出于土家药，全株入药。《海南药用植物现代研究》较完整总结裸花紫珠药用为“微苦、涩、平；归肺、胃、肝经；抗菌，止血，消炎解毒，散瘀散肿，祛风除湿；主治化脓性炎症，急性传染性肝炎，呼吸道及消化道出血，血小板减少性紫癜，创伤出血、呕血、咯血、拔牙出血，跌打损伤，风湿痹痛，煅用治烧、烫伤及外伤出血”；更有学者研究发现裸花紫珠具有增强免疫、解酒等药理活性。《中国民族药辞典》记载：“裸花紫珠。[黎药]雅介龙，紫珠草，止血草：根、枝水煎服，或叶捣烂敷患处或洗澡，治枪伤肌肉内留弹，各种创伤流血，妇女月经过多，坐月恶露，崩漏，腰骨痛，皮肤疥疮，胃出血，肺咯血。”

（四）现代研究

【化学成分】

从裸花紫珠中发现的化学成分主要类型有苯丙素类、黄酮类、酚酸类、三萜类、二萜类、环烯醚萜类及其苷类和甾醇等。黄酮类和三萜及其苷类、苯丙素苷和环烯醚萜苷为其主要成分。在裸花紫珠专属性定量控制方法中，苯丙素苷和黄酮类常作为特征成分进行检测。

1. 苯丙素类 目前从裸花紫珠中分得 18 个化合物，主要有：①苯丙素苷类：6-*O*-咖啡酰-*α*-D-葡萄糖、6-*O*-咖啡酰-*β*-D-葡萄糖、alyssonoside、脱酰异马蒂罗苷、samioside、角胡麻苷、毛蕊花糖苷、连翘酯苷 B、无梗五加苷 B、异角胡麻苷；②木脂素类：nudiflorin A、nudiflorin B、nudiflorin C；③类木脂素类：tortoside F；④香豆素类：七叶内酯；⑤苯丙酸类：阿魏酸、对羟基桂皮酸、咖啡酸。

2. 黄酮类 从裸花紫珠中分离得到 26 个黄酮类化合物，包括黄酮和黄酮醇及其苷类。多以木犀草素为母核，形成酚羟基甲氧基化或糖苷化衍生物，苷化时所连接的单糖有葡萄糖，二糖有葡萄糖和鼠李糖以 1→6 位连接，以及三糖有葡萄糖、鼠李糖和木糖以 1→6→4 位连接。同时，也有报道黄酮苷元与咖啡酰基或阿魏酰基缩合形成酯类衍生物，如木犀草素-3′-*O*-（6″-*E*-咖啡酰）-*β*-D-吡喃葡萄糖苷。主要有 5，4′-二羟基-3，7，3′-三甲氧基黄酮、5，7，4′-三羟基-3′-甲氧基黄酮、5，7-二羟基-3，3′，4′-三甲氧基黄酮、5-羟基-3，7，3′，4-四甲氧基黄酮、5-羟基-3，7，4′-三甲氧基黄酮、6-羟基木犀草素-7-*O*-*β*-葡萄糖苷、阿亚黄素、槲皮素、金圣草黄素-7-*O*-*β*-D-葡萄糖苷、木犀草苷、木犀草素、木犀草素-3′-*O*-（6″-*E*-咖啡酰）-*β*-D-吡喃葡萄糖苷、木犀草素-3′-*O*-*β*-D-吡喃葡萄糖苷、木犀草素-3′-甲氧基-6-羟基 -7-*O*-*β*-D-吡喃葡萄糖苷、木犀草素-4′-*O*-（6″-*E*-咖啡酰）-*β*-D-吡喃葡萄糖苷、木犀草素-4′-*O*-*β*-D-吡喃葡萄糖苷、木犀草素-7，4′-二-*O*-葡萄糖苷、木犀草素-7-*O*-（6″-*E*-阿魏酰）-*β*-D-吡喃葡萄糖苷、木犀草素-7-*O*-（6″-*E*-咖啡酰）-*β*-D-吡喃葡 萄糖苷、木犀草素-7-*O*-（6″-p-香豆酰基）-*β*-D-吡喃葡萄糖苷、木犀草素-7-*O*-新橙皮苷、芹菜素、芹菜素-7-*O*-*β*-D-葡萄糖苷、鼠李秦素、野漆树苷、岳桦素。

3. 三萜类 裸花紫珠主要成分之一，以五环三萜及其苷类较多，乌苏烷型和齐墩果烷型三萜为基本骨架，具备 2*α*-羟基、12-烯、19*α*-羟基、二十八酸等基本结构，28 位羧基多糖苷化形成三萜皂苷。三萜骨架的 2 位、3 位、19 位、23 位和 24 位碳多有羟基取代。目前从裸花紫珠中分离鉴定的三萜类化合物有 2*α*，3*α*，19*α*，23-四羟基-12，20（30）-烯-28-乌苏酸、2*α*，3*α*，19*α*，23-四羟基-12-烯-28-乌苏酸、2*α*，3*α*，19*α*，23-四羟基-齐墩果烷-12-烯-28-*O*-*β*-D-木糖 -（1→2）-*β*-D-吡喃葡萄糖苷、2*α*，3*α*，19*α*，23-四羟基-齐墩果烷-12-烯-28-*O*-*β*-D-葡萄糖苷、2*α*，3*α*，19*α*，23-四羟基-乌苏烷-12-烯-28-*O*-*β*-D-葡萄糖苷、2*α*，3*α*，19*α*，24-四羟基-齐墩果烷-12-烯-28-*O*-*β*-D-吡喃葡萄糖苷、2α，3α，19α-三羟基-12-烯-28-乌苏酸、2α，3α，19α-三羟基-齐墩果烷-12-烯-28-*O*-β-D-木糖-（1→2）-β-D-吡喃葡萄糖苷、2α，3α，19α-三羟基-乌苏烷-12-烯-28-*O*-β-D-吡喃葡萄糖苷、2α，3α，19α-三羟基-乌苏烷-12-烯-28-*O*-β-D-木糖（1→2）-β-D-葡萄糖苷、2α，3α，23，29-四羟基-乌苏酸-12，19-二烯-28-*O*-β-D-吡喃葡萄糖苷 2α，3α，24-三羟基-齐墩果烷-12-烯-28-酸、2α，3α，24-三羟基-乌苏烷-12-烯-28-酸、2α，3β，19α，23-四羟基-齐墩果 烷-12-烯-28-*O*-β-D-葡萄糖苷、2α，3β，19α-三羟基-齐墩果烷-12-烯-28-*O*-β-D-吡喃葡萄糖苷、2α，3β，24-三羟基-齐墩果烷-12-烯-28-酸、2α-羟基-乌苏酸、齐墩果酸、乌苏-12-烯-3β-醇、乌苏酸、熊果酸。

4. 环烯醚萜类 裸花紫珠特征性成分之一，以梓醇为骨架结构的环烯醚萜苷与咖啡酰基和桂皮酰基生成的衍生物，有 3″-methoxy-agnucastoside C、5″-methoxy-ampicoside、6″-*O*-咖啡酰梓醇、6″-*O*-阿魏酰梓醇、6-*O*-阿魏酰梓醇、6-*O*-丁香酰-筋骨草醇、6-*O*-香草酰-筋骨草醇苷、8-乙酰基哈帕苷、agnucastoside C、ampicoside、linearoside、nudifloside、10-*O*-（*E*）-p-coumaroylgeniposidic acid、益母草苷、梓醇、callicoside A、callicoside B。

5. 二萜类 从裸花紫珠中分离到的二萜以 3，4-裂环半日花烷型为主，化合物出新率比较高，目前分离到的二萜类化合物有 16，17-二羟基-3-*O*-扁枝杉烷、7α-羟基-山达海松酸、methylcallicarpate、callicarpaolide、3，4-seco-12*R*，13*S*-dihydroxy-4（18），8（17），14（15）-labdatrien-3-oic acid、callicarpic acid A、callicarpic acid、ent-3，4-seco-14-carbonyl- 15，16-epoxy-4（18），8（17），13（14）- labdatrien-3-oic acid、ent-3，4-seco-12*R*，15-epoxy-4（18），8（17），13-labdatrien-3-oic acid、ent-3，4-seco-16-hydroxy-12，15-epoxy-4（18），8（17），12，14-labdatetraen-3-oic acid、syn-3，4-seco-12*R*-hydroxy-15，16-epoxy-4（18），8（17），13（16），14（15）- labdatetraen-3-oic acid、syn-3，4-seco-12*S*-hydroxy-15，16-epoxy- 4（18），8（17），13（16），14（15）-labdatetraen-3-oic acid。

6. 挥发油类 石竹烯氧化物、1，5，5，8-四甲基-12-含氧双环[9，1，0]十二烷-3，7-二烯、桉叶烷-4（14），11-二烯、α-石竹烯、石竹烯、异香树素环氧化物、绿花白千层醇、1β，14βH，10β*H*-愈创-5，11-二烯、杜松-1（10），4-二烯、反式-*Z*-α-没药烯环氧化物、（13*S*）-8，13：13，20-二环氧，15，16-二去甲赖白当、香橙烯、葎草烯环氧化合物、α-没药稀环氧化合物、（+）-2-蒈烯、异松油烯、金合欢醇、长叶蒎烯环氧化合物、聚伞花素、桧烯、β-松油醇、芳樟醇、β-蒎烯、α-蒎烯、石竹烯氧化物、邻伞花烃、反式-4-侧柏醇、桃金娘烯醇。

7. 其他 香草醛、香草酸、原儿茶醛、原儿茶酸、密花树苷 K、β-谷甾醇、β-胡萝卜苷、金色酰胺醇酯。

【药理活性】

文献报道，裸花紫珠药理活性主要有止血、抗炎、抑菌、提高免疫、抗肿瘤等作用。整体而言，裸花紫珠粗提物活性较单体化合物明显。其中以粗提物的止血、抗炎活性较为突出，研究范围更广。

1. 止血活性 裸花紫珠正丁醇提取物具有明显止血作用，促进血小板 PI3K/Akt 信号转导、刺激血小板活化可能是其止血作用机制之一。裸花紫珠总黄酮能明显缩短小鼠断尾出血时间和凝血时间。也有报道其止血成分主要集中在乙醇洗脱部位，且可能是通过影响内源性凝血途径发挥作用。裸花紫珠 40%甲醇洗脱部位也有较好凝血效果。还发现苯丙素苷类成分也可能是主要止血活性成分。血液流变学研究发现，裸花紫珠有抗血栓形成、降低全血黏度和血细胞比容、抑制血小板聚集等作用。

2. 抗炎活性 裸花紫珠总黄酮和水煎煮液对二甲苯所致小鼠耳廓肿胀和角叉菜胶导致大鼠足跖肿胀，均有明显抑制作用。裸花紫珠片可明显抑制二甲苯所致小鼠耳肿胀，大鼠蛋清性足肿胀形成及冰醋酸所致小鼠腹部毛细血管通透性增加。5-羟基-3，7，3′，4′-四甲氧基黄酮对二甲苯致小鼠耳廓肿胀有显著抑制作用。裸花紫珠对抗炎靶标蛋白 PDE4D2 有明显体外抑制作用，抑制率为 85.76%。

3. 抑菌活性 裸花紫珠具有广谱抗菌作用，对金黄色葡萄球菌、伤寒沙门氏菌、肺炎双球菌、绿脓杆菌、大肠埃希菌、痢疾杆菌均有抑制作用。裸花紫珠片对金黄色葡萄球菌、伤寒沙门氏菌的抑菌作用最强；裸花紫珠挥发油对金黄色葡萄球菌和白色念珠菌高度敏感，对大肠埃希菌中度敏感。裸花紫珠联合盐酸万古霉素对 MRSA 有协同作用，可提高抗生素对耐药菌疗效，能更好地治疗 MRSA 引起的肺炎。

4. 抗氧化活性 裸花紫珠抗氧化活性与总酚和总黄酮含量呈正相关（抗脂质过氧化除外）。裸花紫珠醇提物、醇提物的水部位、正丁醇部位、乙酸乙酯部位和化合物木犀草素、木犀草苷、毛蕊花糖苷具有较强抗氧化活性，5-羟基-3，7，3′，4′-四甲氧基黄酮的抗氧化活性则较弱。

5. 细胞毒活性 裸花紫珠黄酮类化合物整体显示出对宫颈癌 HeLa 细胞、肺癌 A549 细胞和乳腺癌 MCF-7 细胞不同程度的抑制作用，这些黄酮类化合物有抑制肿瘤细胞增殖的潜在功效；从裸花紫珠中分离出的环烯醚萜类化合物 nudifloside 和 linearoside 对慢性白血病骨髓内 K562 细胞系具有一定的抑制作用。环烯醚萜苷类成分少量存在，表现出微弱的细胞毒活性。

6. 其他活性 裸花紫珠中的 2*α*，3*α*，19*α*，24-四羟基-乌索烷-12-烯-28-酸 28-*O*-*β*-D-葡萄糖苷、2*α*，3*α*，19*α*，23-四羟基-乌索烷-12-烯-28-酸 28-*O*-*β*-D-葡萄糖苷、2*α*，3*α*，19*α*，23-三羟基-乌索烷-12-烯-28-酸 28-*O*-*β*-D-葡萄糖苷这 3 种成分能抑制 D-半乳糖胺诱导的大鼠肝组织上皮干细胞毒性，提示裸花紫珠有保肝作用。裸花紫珠水提取液也具有增强小鼠免疫功能作用。裸花紫珠在治疗烧伤中，可能通过抑制成纤维细胞生长，促进蛋白质合成，加强成纤维细胞代谢功能而起作用，另外，其对细胞生长影响提示该药同时具有延缓衰老作用。

【质量控制】

市场上常存在裸花紫珠与大叶紫珠和广东紫珠等属内相似药材来源混淆情况。近年来，关于裸花紫珠药材和制剂的质量研究报道较多，单独或同时测定药材或制剂中有效成分的方法也均有报道。关于其指纹图谱的研究也越来越深入。

1. 含量测定 刘小芬等对文献报道的有关裸花紫珠原植物及其制剂含量检测方法、测定波长、流动相及测定成分归纳整理见表 7-6 和表 7-7。

表 7-6 HPLC 法测定裸花紫珠含量

检测部位或剂型	检测方法	波长（nm）	流动相	测定成分
裸花紫珠叶	HPLC	330	乙腈-0.1%磷酸水溶液（21：79：0.1）	金石蚕苷、阿克苷和木犀草苷
裸花紫珠叶	HPLC	332	乙腈-0.5%磷酸（17：83）	毛蕊花糖苷
裸花紫珠药材	HPLC	332	乙腈-0.1%磷酸（16：84）	毛蕊花糖苷
裸花紫珠药材	HPLC	350	甲醇-0.3%磷酸梯度洗脱	木犀草素、毛蕊花糖苷
裸花紫珠药材	HPLC	348	甲醇-水-磷酸（55：45：0.4）	木犀草素
裸花紫珠药材	HPLC	350	甲醇-0.1%磷酸梯度洗脱	木犀草素、木犀草素 -7-*O*-*β*-D-吡喃葡萄糖苷、5，4′-二羟基-3，7，3′-三甲氧基黄酮、5-羟基 -3，7，3′，4′-四甲氧基黄酮
裸花紫珠药材	HPLC	257	乙腈-0.4%磷酸梯度洗脱	芦丁、木犀草素、槲皮素
裸花紫珠药材	UHPLC	350	乙腈-0.1%甲酸水溶液梯度洗脱	木犀草苷、毛蕊花糖苷、木犀草素、木犀草素-4′-*O*-*β*-D-吡喃葡萄糖苷、5，4′-二羟基-3，7，3′-三甲氧基黄酮
裸花紫珠总黄酮	HPLC	356	流动相 A：甲醇-水-冰醋酸（68：32：0.8），流动相 B：甲醇-水-冰醋酸（100：2：0.8）梯度洗脱	槲皮素、木犀草素、阿亚黄素
裸花紫珠片	HPLC	334	甲醇-0.1%醋酸水溶液（40：60）	毛蕊花糖苷、连翘酯苷

续表

检测部位或剂型	检测方法	波长（nm）	流动相	测定成分
裸花紫珠片	HPLC	350	甲醇-水-磷酸（50：50：0.2）	木犀草素
裸花紫珠分散片	HPLC	350	甲醇-0.4%磷酸（48：52）	木犀草素
裸花紫珠分散片	RP-HPLC	350	甲醇-0.4%磷酸（52：48）	木犀草素
裸花紫珠分散片	HPLC	348	甲醇-0.4%磷酸（50：50）	木犀草素
裸花紫珠分散片	RP-HPLC	332	乙腈-0.5%磷酸溶液（18：82）	毛蕊花糖苷
裸花紫珠胶囊	RP-HPLC	257	甲醇-水-醋酸（45：55：0.5）	芦丁
裸花紫珠胶囊	HPLC	215	乙腈-0.2%磷酸（81：15）	熊果酸
裸花紫珠颗粒	RP-HPLC	257	乙腈-1%磷酸溶液（15：85）	芦丁

表 7-7 紫外分光光度法测定裸花紫珠含量

检测部位或剂型	检测方法	波长（nm）	测定成分
裸花紫珠软膏剂	UV	510	芦丁
裸花紫珠水提物	UV	510	无水芦丁
裸花紫珠地上部分	蒽酮比色法	620	总糖
裸花紫珠水提物	UV	760	总黄酮（木犀草素）；总酚酸（没食子酸）
裸花紫珠药材	UV	720	总酚（没食子酸）
裸花紫珠药材	UV	495	总黄酮（木犀草素）
裸花紫珠药材	UV	590	总皂苷（齐墩果酸）
裸花紫珠药材	UV	760	鞣质（没食子酸）

2. 指纹图谱研究 马思遥建立了海南裸花紫珠药材 HPLC 指纹图谱共有模式，确立了 19 个共有峰，样品之间及样品与对照指纹图谱相似度都很高。将海南临高县、海口市、五指山市等 3 个地区的指纹图谱共有模式与海南省共有模式比较，其相似度都在 0.99 以上，可优先选择临高县、海口市及五指山市建立种植基地。并确定药材采收期可定在炎热季节（3～8 月）。

郑东昆等建立裸花紫珠叶 HPLC 指纹图谱，并同时测定其中 10 种成分含量，为其质量控制及鉴定提供科学依据。

刘幼娴等建立了裸花紫珠药材 HPLC 指纹图谱，研究了 25 批裸花紫珠药材指纹图谱，获取 14 个共有特征色谱峰，确定了其中 3 个成分。

（五）开发利用

已有多个上市品种，临床应用非常广泛，具有消炎、解毒、收敛、止血等功效，主要用于细菌感染引起的炎症、急性传染性肝炎、呼吸道和消化道出血等。

【裸花紫珠的临床应用】

1. 皮肤科疾病 ①带状疱疹；②急慢性湿疹；③过敏性紫癜；④痤疮。

2. 妇产科疾病 ①宫颈炎；②宫颈糜烂；③念珠菌性阴道炎。

3. 产后出血及其他出血性疾病 ①药物流产术后出血；②阴道出血；③子宫出血；④鼻出血；⑤肺结核咯血；⑥外伤性前房积血。

4. 外科疾病 ①内痔出血；②伤口清创缝合后。

5. 其他疾病 裸花紫珠胶囊与诺氟沙星联用治疗急性细菌性痢疾疗效较好。黄开明等将裸花紫珠内服外敷治疗口腔溃疡与联合用药治疗口腔溃疡疗效相当。裸花紫珠片联合思连康（双歧杆菌四联活菌片），治疗病毒性腹泻取得了满意的临床效果。王思明采用裸花紫珠胶囊治疗慢性胆囊炎，观察组总有效率 90.7%，对照组总有效率 69.8%，观察组疗效优于对照组。裸花紫珠分散片联合美沙拉嗪治疗中度溃疡性结肠炎有较好的疗效。此外，裸花紫珠有明显解酒作用。裸花紫珠胶囊在液氮冷冻术后应用可以减轻患者不适感，减少并发症，减少病毒疣复发率。

【制剂品种】

上市裸花紫珠制剂已有片剂（海南九芝堂药业有限公司）、胶囊剂（江西杏林白马药业有限公司、江西银涛药业有限公司）、合剂（海南九芝堂中元药业有限公司）、分散片（成都华宇制药有限公司、湖南康普制药有限公司、湖南华纳大药厂有限公司）、颗粒剂（江西普正制药有限公司）、软膏剂、栓剂（海南九芝堂药业有限公司）和阴道片等。还有裸花紫珠软膏剂、裸花紫珠挥发油微乳等。

参考文献

白晶，2009. 中药裸花紫珠研究现状[J]. 中国中医药现代远程教育，7（2）：60-64.

蔡金平，董琳，关薇薇，等，2012. 裸花紫珠的研究进展[J]. 现代药物与临床，27（1）：8-9.

蔡金平，董琳，盛琳，等，2013. HPLC 同时测定裸花紫珠药材中毛蕊花糖苷和木犀草素[J]. 中国实验方剂学杂志，19（1）：81-84.

陈德金，祝晨藤，林朝展，等，2011. HPLC 法测定裸花紫珠片中毛蕊花糖苷及连翘酯苷的含量[J]. 中成药，33（3）：449-452.

董琳，关薇薇，盛琳，等，2014. HPLC 同时测定裸花紫珠中 4 种黄酮[J]. 中国实验方剂学杂志，20（3）：52-55.

董琳，张晓菁，刘明生，2014. 裸花紫珠 5-羟基-3，7，3′，4′-四甲氧基黄酮抗炎作用研究[J]. 海南医学院学报，20（11）：1460-1462.

冯世秀，张旻，易博，等，2017. 裸花紫珠化学成分与药理活性研究进展[J]. 中草药，48（5）：1015-1026.

谷陟欣，刘宇婧，颜冬兰，等，2011. 裸花紫珠、大叶紫珠和广东紫珠的研究进展[J]. 中国医药导报，8（29）：11-12.

国家药典委员会，1977. 中华人民共和国药典：一部[M]. 北京：中国医药科技出版社：621.

国家中医药管理局《中华本草》编委会，1999. 中华本草（第 6 册）[M]. 上海：上海科学技术出版社：556.

胡蓉，姚闽，李玉云，等，2009. HPLC 法测定裸花紫珠药材中木犀草素的含量[J]. 中药新药与临床药理，20（3）：271-272.

李才堂，文萍，郭琦丽，等，2012. HPLC 测定裸花紫珠药材中毛蕊花糖苷的含量[J]. 中国实验方剂学杂志，19（1）：84-86.

刘明生，2008. 黎药学概论[M]. 北京：人民卫生出版社：165.

刘小芬，李顺祥，2015. 裸花紫珠研究进展[J]. 中南药学，13（4）：369-402.

刘勇，张鹏威，许立强，等，2014. HPLC 法同时测定裸花紫珠药材中 3 种黄酮类成分的含量[J]. 中国药房，25（31）：2926-2928.

刘幼娴，谷陟欣，卢凤来，2014. 不同采收期裸花紫珠的 HPLC 指纹图谱研究[J]. 广西植物，34（2）：174-178.

马思遥，2014. 海南裸花紫珠高效液相指纹图谱研究[D]. 广州中医药大学.

马燕春，张旻，徐文彤，等，2014. 裸花紫珠化学成分及细胞毒活性研究[J]. 中国中药杂志，39（16）：3094-3101.

邵军，陈伟康，马双成，等，2014. UPLC 法同时测定裸花紫珠中 5 种类黄酮类成分[J]. 中草药，45（10）：1473-1476.

宋潇，黄胜，袁莉，等，2017. 裸花紫珠资源、化学成分及药理作用研究近况[J]. 中国医药导报，14（6）：45-48.

王勇，孔杜林，董琳，等，2015. GC-MS 分析海南白沙产裸花紫珠叶挥发油的化学成分[J]. 中国实验方剂学杂志，21（2）：94-98.

王治平，樊化，杨珂，等，2006. 裸花紫珠挥发油化学成分的气相色谱-质谱联用分析[J]. 时珍国医国药，17（9）：1640-1641.

谢泳超，谷陟欣，朱丽，等，2016. 裸花紫珠联合万古霉素对耐甲氧西林金黄色葡萄球菌致大鼠肺炎模型的协同抗菌作用研究[J]. 中草药，47（17）：3070-3073.

颜祥云，毛忠华，黄文新，等，2017. HPLC 同时测定裸花紫珠叶中金石蚕苷、阿克苷和木犀草苷含量[J]. 51（2）：127-130.

杨璐，2015. 14 种紫珠属植物醇提取物抑制磷酸二酯酶 4 活性初探[J]. 广东药学院学报，31（3）：13.

易博，张旻，林海，等，2015. 黎药裸花紫珠在小鼠体内止血活性部位的研究[J]. 药学实践杂志，33（3）：235-241.

张绮玲，庞玉新，杨全，等，2014. 裸花紫珠的本草考证[J]. 广东药学院学报，30（5）：667-671.

张艳秋，洪金波，刘文林，2009. HPLC 法测定裸花紫珠中齐墩果酸与熊果酸的含量[J]. 海南医学院学报，15（1）：5-7.

郑东昆，陈伟康，马双成，等，2015. 裸花紫珠指纹图谱研究及 10 种成分的含量测定[J]. 中国中药杂志，40（9）：1776-1782.

中国科学院中国植物志编辑委员会，1982. 中国植物志：第 65 卷（1）[M]. 北京：科学出版社：37.

Feng SX，Yi B，Zhang M，et al，2017. Iridoid glycosides from *Callicarpa nudiflora* Hook. [J]. Nat Prod Res，31（2）：181-189.

Liang JJ，Han F，Wang ZY，et al，2009. Chemicall composition of the essential oil from leaves of *Callicarpa nudiflora*[J]. *Chem Nat Compd*，45（2）：267-268.

Yue-Hua Luo，Hui-Zheng Fu，Bo Huang，et al，2016. Hepatoprotective iridoid glucosides from *Callicarpa nudiflora*[J]. J Asian Nat Prod

Res，18（3）：274-279.

三十一、罗浮紫珠 *Callicarpa oligantha* Merr.

（一）基源

马鞭草科紫珠属植物罗浮紫珠 *Callicarpa oligantha* Merr.。

（二）生物学特征

【植物形态特征】

细弱灌木，高 2～3m；幼枝疏生星状柔毛，老枝无毛或近无毛，圆柱形，淡灰色。叶片狭披针形，纸质，长 6～12cm，宽 0.8～1.5cm，表面平滑无毛，无腺点，暗棕绿色，光亮，背面淡灰白色，有显著腺点；无毛或幼时沿主脉疏生星状柔毛，基部楔形，顶端渐尖或突尖，边缘 2/3 处以上有明显锯齿，侧脉 7～9 对，弯拱上举，网脉细，不突起；叶柄长约 2mm。聚伞花序腋生，有花 2～3 朵，花序梗长约 2mm 或近无梗。果球形或近球形，干后暗棕色，横径 3～3.5mm，无毛，宿萼截头状，无毛。果柄长不超过 4mm。

【生境与分布】

生于海拔 900m 小溪边丛林中。产于广东（罗浮山）。

参 考 文 献

中国科学院中国植物志编辑委员会，1982. 中国植物志：第 65 卷（1）[M]. 北京：科学出版社：77.

三十二、少花紫珠 *Callicarpa pauciflora* Chun ex H. T. Chang

（一）基源

马鞭草科紫珠属植物少花紫珠 *Callicarpa pauciflora* Chun ex H. T. Chang。

（二）生物学特征

【植物形态特征】

亚灌木或灌木，高 0.6～1m；小枝黄灰色，圆柱形，被星状毛及细小皮孔。叶片梯圆形或卵状椭圆形，长 5～8（13）cm，宽 2.5～3.5（5.5）cm，顶端渐尖或急尖，基部宽楔形或楔形，边缘有锯齿，表面有细毛，背面有星状柔毛；侧脉 7～9 对，细脉和网脉在两面稍突起；叶柄长 4～6mm。聚伞花序细小，花少数，通常 2 次分歧，宽约 1cm，花序梗长 4～6mm；苞片细小，花萼钟状，被星状毛，中部以上 4 裂，裂齿线状披针形，齿长 1～1.5mm；花冠粉红色，长约 4mm，疏生星状毛，顶端 4 裂，裂片长圆形；花丝长 4～5mm，花药长约 1.2mm，药室纵裂；子房稍有柔毛，花柱长约 6mm。果未见。花期 6 月。

本种花序短小，通常 2 次分歧，花少数；萼钟状，自中部以上分裂，裂齿线状披针形。易于区别。

【生境分布】

多生在溪旁。分布在我国广东等地。

参 考 文 献

中国科学院中国植物志编辑委员会，1982. 中国植物志：第 65 卷（1）[M]. 北京：科学出版社：45.

三十三、钩毛紫珠 *Callicarpa peichieniana* Chun et S. L. Chen

（一）基源

马鞭草科紫珠属植物钩毛紫珠 *Callicarpa peichieniana* Chun et S. L. Chen。

（二）生物学特征

【植物形态特征】

灌木，高约 2m；小枝圆柱形，细弱，密被钩状小糙毛和黄色腺点。叶菱状卵形或卵状椭圆形，长 2.5～6cm，宽 1～3cm，两面无毛，密被黄色腺点，顶端尾尖或渐尖，基部宽楔形或钝圆，侧脉 4～5 对，细脉不明显，边缘上半部疏生小齿；叶柄极短或无柄。聚伞花序单一（稀少 2 次分歧），有花 1～7 朵，花序梗纤细，长 1～2cm，被毛同小枝；花柄细弱，长约 4mm；苞片线形；花萼杯状，长约 1.5mm，顶端截头状，被黄色腺点；花冠紫红色，被细毛和黄色腺点；花药长圆形，药室纵裂；子房球形，无毛，具稠密腺点，花柱长于雄蕊。果实球形，径约 4mm，熟时紫红色，具 4 个分核。花期 6～7 月，果期 8～11 月。

【生境分布】

产于广东、广西、湖南。生于林中或林边。

参 考 文 献

中国科学院中国植物志编辑委员会，1982. 中国植物志：第 65 卷（1）[M]. 北京：科学出版社：78.

三十四、红紫珠 *Callicarpa rubella* Lindl.

（一）基原

马鞭草科紫珠属植物红紫珠 *Callicarpa rubella* Lindl. var. *rubella*。中文别名小红米果（云南），漆大伯、空壳铁砂子、空壳树（四川），复生药、对节树（贵州），白金子风（《湖南药物志》），山霸王、野蓝靛、贼仔树（《广西药用植物名录》），红叶紫珠、细米油珠。以红紫珠的叶、嫩枝、根或全株入药。

有 3 个变种，秃红紫珠 *Callicarpa rubella* Lindl. var. *subglabra*（P'ei）H. T. Chang，钝齿红紫珠 *Callicarpa rubella* Lindl. f. *crenata* P'ei（在广西也称为沙药草），狭叶红紫珠 *Callicarpa rubella* Lindl. f. *angustata* P'ei。

（二）生物学特征

【植物形态特征】

灌木，高约 2m；小枝被黄褐色星状毛并杂有多细胞的腺毛。叶片倒卵形或倒卵状椭圆形，长 10～14（21）cm，宽 4～8（10）cm，顶端尾尖或渐尖，基部心形，有时偏斜，边缘具细锯齿或不整齐的粗齿，表面稍被多细胞的单毛，背面被星状毛并杂有单毛和腺毛，有黄色腺点，侧脉 6～10 对，主脉、侧脉和细脉在两面稍隆起；叶柄极短或近于无柄。聚伞花序宽 2～4cm，被毛与小枝同；花序梗长 1.5～3cm，苞片细小；花萼被星状毛或腺毛，具黄色腺点，萼齿钝三角形或不明显；花冠紫红色、黄绿色或白色，长约 3mm，外被细毛和黄色腺点；雄蕊长为花冠的 2 倍，药室纵裂；子房有毛。果实紫红色，径约 2mm。花期 5～7 月，果期 7～11 月。

变种秃红紫珠的特征：小枝、叶片、花序和花萼、花冠均无毛。但本变种叶形大小变化较大，一般长 7～13cm，宽 2.5～6cm，湖南的标本叶片长可达 24cm，宽 6～8cm，花序梗长可达 4cm。

花期 6～7 月，果期 7～9 月。

变种钝齿红紫珠的特征：叶形较小，花序梗较短，小枝、叶片和花序均被多细胞的单毛和腺毛。此性状与长柄紫珠 *C. longipes* Dunn 相似，但后者萼齿尖长，叶柄较长可以区别。花期 6～7 月，果期 7～12 月。

变种狭叶红紫珠特征：小枝密被黄棕色星状毛；叶片披针形至倒披针形，长 8～14cm，宽 2～4cm，边缘具细锯齿，背面密被黄棕色星状毛；花序梗长约 1cm。

【生境分布】

红紫珠生于海拔 300～1900m 的山坡、河谷的林中或灌丛中。分布于安徽、浙江、江西、湖南、广东、广西、四川、贵州、云南。印度、缅甸、越南、泰国、印度尼西亚、马来西亚也有分布。

变种秃红紫珠生于 100～1200m 的山坡、溪旁林中和灌丛中。分布于浙江、江西、湖南、广东、广西、贵州。

变种钝齿红紫珠生于海拔 100～1650m 的山坡、谷地、溪边的林中或灌丛中。分布于江西、湖南、福建、广东、广西、贵州、云南。越南也有分布。其中贵州省主要分布于梵净山、黎平、三都、从江、贵定、荔波。

变种狭叶红紫珠生于海拔 650～3500m 的林中或灌丛中。分布于广东、广西、贵州、四川、云南。越南也有分布。其中贵州省主要分布于从江、贞丰、兴仁。

【采收加工】

以叶、嫩枝、根或全株入药。叶、嫩枝：夏、秋季采收，晒干或鲜用。根：秋、冬两季 采挖，洗净，切片晒干。

（三）传统习用

红紫珠微苦，性平；归肺、肾、膀胱经。叶、嫩枝可凉血止血，解毒消肿。根可凉血止血，祛风止痛。主治衄血、吐血、咯血、痔敌国、跌打损伤、外伤出血、痈肿疮毒。可 15～30g 煎汤内服；或适量红紫珠药材捣敷或研末撒于患处。

红紫珠根通经活络，在民间用根墩肉服，可通经和治妇女红、白带症；嫩芽可揉碎擦癣；叶可作止血、接骨药。云南与广西民间用全草驱蛔，治疗疮。

钝齿红紫珠以叶、根或全株入药。具有清热止血、消肿止痛之效；主治肝炎、痢疾、外伤出血、咯血、尿血、便血、跌打损伤等。

狭叶红紫珠以叶或根入药。具有清热解毒、止血、止咳、抗疟功能；主治小儿惊风、感冒咳嗽、外伤出血、咯血、尿血、疟疾、疮痈肿毒等。

红紫珠的经验方见表 7-8。

表 7-8 红紫珠经验方

疾病	经验方
外伤出血	小红米果叶研末，撒敷患处
疮疖肿毒、跌打肿痛	红紫珠鲜叶捣烂敷
吐血、衄血、咯血、痔血	红紫珠叶 30g，侧柏叶 60g。水煎服
治麻痹	红紫珠、洋辣子根、狗肉香（薄荷）各适量，煎水洗患处（布依族）
治吐血、尿血	红紫珠叶 30g，水煎服（布依族）
治偏头痛、急性风湿性关节炎、风湿热痹关节疼痛	红紫珠根 15g，奇蒿 15g，水煎服
月经不调	红紫珠根 15～30g，水煎服
癣痒	嫩芽揉烂擦

（四）现代研究

从采自云南省思茅县的红紫珠中分离鉴定了 20 个化合物，除 β-谷甾醇与胡萝卜苷外，还有 paulownin、(+)-pinoresinol-β-D-glucoside、(±)-lyoniresinol 3α-*O*-β-D-glucopyranoside、tortoside F、martynoside、acteoside、poliumoside、forsythoside B、熊果酸、α-香树脂醇、β-香树脂醇、羽扇豆醇、2α，3α-二羟基-12-烯-28-乌索酸、2α，3α，19α-三羟基-12-烯-28-乌索酸、半乳糖、果糖和 kelampayoside A。

（五）开发利用

作为中药紫珠的替代品入药使用。

参 考 文 献

程文亮等，2014. 浙江丽水药物志[M]. 北京：中国农业科学技术出版社：509.
邓家刚，2015. 桂本草（第二卷）[M]. 北京：北京科学技术出版社：98.
冯玲，2004. 滑桃树茎皮与红紫珠的化学成分研究[D]. 中国科学院昆明植物研究所.
湖南省中医药研究所，1979. 湖南药物志：第三辑[M]. 长沙：湖南人民出版社：288.
深圳市中国科学院仙湖植物园，2012. 深圳植物志：第 3 卷[M]. 北京：中国林业出版社，247.
孙庆文，罗迎春，2013. 贵州民族常用天然药物，第 1 卷[M]. 贵阳：贵州科技出版社：150-151.
杨卫平，夏同衍，2014. 新编中草药图谱及经典配方 3[M]. 贵阳：贵州科技出版社，246.
中国科学院中国植物志编辑委员会，1982. 中国植物志：第 65 卷（1）[M]. 北京：科学出版社：63.

三十五、藤紫珠 *Callicarpa peii* H. T. Chang

（一）基原

马鞭草科紫珠属植物藤紫珠 *Callicarpa peii* H. T. Chang。以茎叶、嫩枝或全株入药。

（二）生物学特征

【植物形态特征】

藤本或蔓性灌木，长可达 10m；老枝棕褐色，圆柱形，无毛，幼枝、叶柄和花序梗被黄褐色星毛和分枝茸毛。叶片宽椭圆形或宽卵形，长 6～11cm，宽 3～7cm，顶端急尖至渐尖，基部宽楔形或浑圆，全缘，表面深绿色，初时有短硬毛和星毛，稍粗糙，后逐渐脱落背面被黄褐色星状毛和细小黄色腺点，侧脉 6～9 对，主脉、侧脉和细脉在背面均隆起；叶柄长 1～2cm。聚伞花序宽 6～9cm，6～8 次分歧，花序梗长 2～5cm，花柄无毛，长约 1.5mm；苞片线形；花萼无毛，有细小黄色腺点，萼齿不明显或近截头状；花冠紫红色至蓝紫色，长约 2.5mm；雄蕊长约 5mm，花药细小，长约 0.6mm，药室纵裂；子房无毛。果实紫色，径约 2mm。花期 5～7 月，果期 8～11 月。

本种在习性、叶形与花序等特征均与全缘叶紫珠（*C. integerrima* Champ.）相似，区别仅在于后者叶片背面密被灰黄色厚茸毛；花柄、花萼、花冠及子房均被星状毛。与杜虹花 *C. formosana* Rolfe 区别较大，后者为灌木，叶缘有锯齿，花序较小，花柄及萼均有星状毛，萼齿钝三角形。

【生境分布】

生长于海拔 250～1500m 的地区，一般生于山坡、林边、林中及谷地溪边。分布于我国浙江、广东西北部、江西、广西、四川东部、湖北等地，目前尚未人工引种栽培。2011 年，在贵州省榕江县平江乡巴鲁村鸡脚坝河边，海拔 400m 处发现藤紫珠，这是贵州省分布首次记录。

（三）传统习用

全株：用于泄泻，感冒发热，风湿痛。干燥叶和嫩枝在广东粤北地区亦作为止血药用。

（四）现代研究

从藤紫珠甲醇提取物的乙酸乙酯萃取部位中分离得到 10 个化合物，分别鉴定为齐墩果酸、2*β*，3*β*，19*α*-三羟基熊果酸、木犀草素-7，4′-二甲醚、木犀草素-3′，4′，7-三甲醚、木犀草素-4′-甲醚、次大风子素、木犀草素、lyoni-resinol 3*α*-*O*-*β*-D-glucopyranoside、3，4，5-三甲氧基苯酚-*β*-D-呋喃芹糖氧基-（1→6）-*β*-D-吡喃葡萄糖苷、山柰酚-3-*O*-*β*-D-葡萄糖醛酸苷。

参 考 文 献

胡敏，宁娱，吴爱芝，等，2013. 藤紫珠化学成分研究[J]. 中药材，36（4）：563-566.
明态，王建中，周云龙，等，2011. 贵州植物区系新资料[J]. 贵州林业科技，39（4）：43-45.
中国科学院中国植物志编辑委员会，1982. 中国植物志：第 65 卷（1）[M]. 北京：科学出版社：34.

三十六、长毛紫珠 *Callicarpa pilosissima* Maxim.

（一）基原

马鞭草科紫珠属植物长毛紫珠 *Callicarpa pilosissima* Maxim。又名红面将军、细叶紫珠。

（二）生物学特征

【植物形态特征】

灌木；小枝、叶柄和花序梗均密生黄褐色多细胞长毛。叶片狭披针形，长 10～13cm，宽 2～3cm，顶端长尖，基部微心形或浑圆，表面毛较短而疏，背面密生黄褐色多细胞长毛，杂有分枝毛，并具细小黄色腺点，边缘疏生不明显小齿；叶柄长约 5mm。聚伞花序宽 2～3cm，3～4 次分歧；花序梗长 1～1.5cm，花柄长约 1mm；花萼长约 1mm，被长毛，萼齿钝三角形；花冠长约 2mm，无毛；雄蕊长 4～5mm，花药细小，近圆形，药室纵裂；子房有毛和腺点。果实球形，径约 1mm，成熟后具明显皱纹和腺点。花期 10 月，果期 11～12 月。

本种小枝、叶柄、花序和叶片背面均密生黄褐色多细胞的长毛；叶狭长披针形，基部微心形或浑圆，易于识别。

【生境分布】

生长于海拔 500～1500m 的地区，分布在台湾。特产于我国台湾省。

参 考 文 献

中国科学院中国植物志编辑委员会，1982. 中国植物志：第 65 卷（1）[M]. 北京：科学出版社：57.

三十七、屏山紫珠 *Callicarpa pingshanensis* C. Y. Wu ex W. Z. Fang

（一）基原

马鞭草科紫珠属植物屏山紫珠 *Callicarpa pingshanensis* C. Y. Wu ex W. Z. Fang，别名空壳树。

（二）生物学特征

【植物形态特征】

灌木，高 1.5～2m；小枝圆筒形，紫褐色，疏生星状毛或脱落而近无毛，有明显线状皮孔。小枝偶有层出现象。叶片膜质，椭圆形或长椭圆形，长 8～14cm，宽 3～5cm，顶端尖或呈尾状，中部以下收窄，基部通常钝，表面脉上有微毛，背面近无毛，密生黄色腺点，侧脉 8～10 对，细脉近平行，网脉细密，边缘具三角形锐锯齿；叶柄长约 6mm，被星毛。聚伞花序 1～3 次分歧，有花 3～9 朵，花序梗长约 5mm，被星状毛；苞片线形；花柄无毛；花萼杯状，长约 1mm，无毛，顶端近截头状或有不明显钝齿；花冠紫红色，长约 4mm，无毛；雄蕊长约 5mm，花药椭圆形，长约 1mm，药室纵裂，子房球形，无毛。果未见。花期 6 月。

本种与老鸦糊 *C. giraldii* Hesse ex Rehd. 相似，但小枝紫褐色，有明显线状皮孔，有层出现象，叶片背面近无毛，基部通常钝，花序短小，花少数，萼管短，顶端近截头状，花冠管状，长约 4mm，花各部分近无毛，而与后者有明显差异。

【生境分布】

生于海拔 700～1600m 的山地林中。产于四川屏山。目前尚未人工引种栽培。中国特有植物。

参 考 文 献

中国科学院中国植物志编辑委员会，1982. 中国植物志：第 65 卷（1）[M]. 北京：科学出版社：51.

三十八、白背紫珠 *Callicarpa poilanei* P. Dop

（一）基原

马鞭草科紫珠属植物白背紫珠 *Callicarpa poilanei* P. Dop。

（二）生物学特征

【植物形态特征】

小乔木，高 5～8m；小枝四棱形，密被紧贴绢状茸毛。叶片长椭圆形至椭圆形，长 10～13cm，宽 3.5～4.5cm，顶端渐尖或锐尖，基部楔形，稍下延，无腺点，边缘疏生波状小齿，表面幼时有粉状星状毛，干后褐色，背面灰白色，密被紧贴绢状茸毛，微带锈色，侧脉约 10 对，中脉、侧脉和细脉在表面微下陷，背面隆起；叶柄长约 1cm，两叶柄基部联合成横线。聚伞花序宽约 2cm，3～4 次分歧，被毛同小枝；花序梗四棱形，约与叶柄等长；苞片细小；花柄长约 1mm；花萼被灰白色星状茸毛，长约 1mm，萼齿不明显、近截头状；花冠紫色，长约 3mm，微有毛；花丝伸花冠管外，药室纵裂；子房无毛。果未见。花期 5～6 月。

【生境分布】

分布于越南、泰国、柬埔寨及中国云南（河口）、海南等地。《云南植物志》首次记载我国分布，但云南河口的标本在叶片和花冠大小、被毛情况与原记载均略有出入，今暂根据《云南植物志》定为本种，待资料充足后，再行修正。

参 考 文 献

中国科学院中国植物志编辑委员会，1982. 中国植物志：第 65 卷（1）[M]. 北京：科学出版社：42.

三十九、抽芽紫珠 *Callicarpa prolifera* C. Y. Wu

（一）基原

马鞭草科紫珠属植物抽芽紫珠 *Callicarpa prolifera* C. Y. Wu。

（二）生物学特征

【植物形态特征】

灌木，高约 1.2m；小枝圆柱形，暗褐色，疏生灰白色皮孔，被灰褐色星状毛，小枝通常层出现象明显（即常于叶腋或花序中抽芽生枝，其上叶片常较老枝叶片小）。叶片膜质，卵形或长圆状披针形，同对叶常不等大，长 5～9～（13）cm，宽 1.5～3～（4.5）cm，顶端渐尖或尾状尖，基部宽楔形，边缘上部浅波状，具小齿突或近全缘，表面除主脉被微柔毛外余无毛或近无毛，背面脉上有星状毛，两面密生黄色或棕黄色腺点；叶柄长 5～10mm，被星状毛和黄色腺点。聚伞花序宽约 1cm，1～3 次分歧，被黄褐色星状毛，花序梗纤细，约与叶柄等长；苞片线形，长约 2mm；花萼无毛，有黄色腺点，萼齿不明显；花冠淡紫色，长约 2mm，无毛；雄蕊长约 4mm，花药椭圆形，长约 1.2mm，药室纵裂。果实紫红色，无毛，有黄色腺点，径 2～3mm。果期 9～11 月。

本种小枝常有明显层出现象，枝条的同对叶片也常不等大，而腋生枝条叶片通常较正常枝为小；本属花序均为腋生，而小枝层出现象证明本种花序的演化趋向尚处于低级阶段；随着腋芽抽生枝条逐渐减化（小枝缩短，叶片消失），最后而成单独腋生聚伞花序。因此就花序发展阶段来说，本种可能是此属较原始种类之一。小枝层出现象也因标本采集部位而不同，本种有些标本则无此现象。

【生境分布】

生长于海拔 1500～2200m 的地区，多生在山坡林下湿阴处，分布在中国云南（马关、西畴）、广西等地，目前尚未人工引种栽培。中国特有植物。

参 考 文 献

中国科学院中国植物志编辑委员会，1982. 中国植物志：第 65 卷（1）[M]. 北京：科学出版社：51.

四十、拟红紫珠 *Callicarpa pseudorubella* H. T. Chang

（一）基原

马鞭草科紫珠属植物拟红紫珠 *Callicarpa pseudorubella* H. T. Chang。

（二）生物学特征

【植物形态特征】

亚灌木或灌木，高约 1m；小枝圆柱形，被灰褐色星状毛，节间短，花序排列稠密。叶长椭圆状披针形，长 3～5.5cm，宽 1.5～2cm，顶端渐尖，基部钝或圆形，表面近无毛，背面脉上疏生星状毛，两面密生细小黄色腺点，侧脉 5～6 对；边缘有锯齿；叶柄长 3～5mm，与花序均密被灰褐色星状毛。聚伞花序于叶腋稍上方对生，宽约 1.5cm，3 次分歧，花序梗长 8～10mm；苞片细小；花萼长约 1mm，被单毛及黄色腺点，萼齿不明显；花冠粉红色，长约 2mm，略有单毛，顶端 4 裂，裂片长圆形；雄蕊略长于花冠；药室纵裂；子房无毛，有黄色腺点。果实球形，径约 2mm。花期 6 月。

本种和白棠子树 *C. dichotoma*（*Lour.*）K. Koch 相近似，但后者叶片背面无毛，边缘仅上半部有疏锯齿；花序较细弱，花萼和花冠无毛。

【生境分布】

分布于中国广东等地，常生于山坡路旁。尚未人工引种栽培。中国特有植物。

参考文献

中国科学院中国植物志编辑委员会，1982. 中国植物志：第 65 卷（1）[M]. 北京：科学出版社：44.

四十一、峦大紫珠 *Callicarpa randaiensis* Hay.

（一）基原

马鞭草科紫珠属植物峦大紫珠 *Callicarpa randaiensis* Hay.。

（二）生物学特征

【植物形态特征】

小灌木；小枝黄褐色，与叶柄、花序均被粉屑状星状毛。叶片披针形，长 4～9cm，宽 1～2～（3）cm，顶端渐尖，基部楔形，表面疏生微毛，背面脉上有星状毛，两面有细小鳞片状黄色腺点，侧脉 6～9 对，边缘有细锯齿；叶柄长 2～5mm。花序纤细，宽约 1.5cm，2 次分歧，花少数，花序梗长约 0.8cm；苞片细小，线形；花萼杯状，无毛，有黄色腺点，萼齿钝三角形；花冠长约 4mm，无毛，有黄色腺点；花药长圆形，药室孔裂；子房无毛，有黄色腺点，花柱稍长于雄蕊，柱头微 2 裂。果实球形，径约 2mm。花期 7 月，果期 7～12 月。

本种与窄叶紫珠 *C. japonica* Thunb. var. *angustata* Rehd.相似，但后者叶片通常倒披针形，无毛，边缘锯齿不明显；柱头不分裂，可以区别。张宏达记载本种“……小蕊长为花冠的 2 倍，药纵裂”，因此把它放到真紫珠组（Sect. *Callicarpa*）中，但根据对台湾标本的观察，在花充分开放时，花丝虽稍长于花冠，但绝不为其 2 倍，它的花药长圆形，较大，长约 1.8mm，药室孔裂，故放在顶裂药组（Sect. *Verticirama*）中。

【生境分布】

生于海拔 1165～2600m 的山顶灌丛或森林中。特产于我国台湾。

参考文献

中国科学院中国植物志编辑委员会，1982. 中国植物志：第 65 卷（1）[M]. 北京：科学出版社：44.

四十二、疏齿紫珠 *Callicarpa remotiserrulata* Hay.

（一）基原

马鞭草科紫珠属植物疏齿紫珠 *Callicarpa remotiserrulata* Hay.。

（二）生物学特征

【植物形态特征】

灌木；幼枝有星状毛，老枝灰褐色，无毛。叶片亚革质，有光泽，长椭圆形至长椭圆状披针形，长 6～10cm，宽 2～3cm，顶端渐尖，基部楔形，两面无毛及腺点，边缘疏生小齿，侧脉 6～10 对，在背面稍隆起；叶柄较粗壮，长 6～8mm，具数条纵槽。聚伞花序宽约 1.5cm，3～4 次分歧，果序梗长约 1.5cm，疏被星状毛；花萼杯状，萼齿不明显或钝三角形，结果时无毛；花未见。果实球形，径约 2.5mm，无毛，干后有皱纹。果期 12 月。

本种除小枝及果序稍有星状毛外，余无毛，叶片亚革质，叶柄基部稍膨大，脱落后残留瘢痕，致使小枝粗糙等性状易与它种区别。未见花标本，根据 Moldenke（1971）的记载，本种花冠白色，长约 3.5mm，花丝丝状，长 3.5～5mm，花药椭圆形，长约 1.5mm。有可能属顶裂药系，暂放于此。

【生境分布】

分布于台湾，目前尚未人工引种栽培。特产于我国台湾。

参 考 文 献

中国科学院中国植物志编辑委员会，1982. 中国植物志：第 65 卷（1）[M]. 北京：科学出版社：71.

四十三、水金花 *Callicarpa salicifolia* C. Pei & W. Z. Fang

（一）基原

马鞭草科紫珠属植物水金花 *Callicarpa salicifolia* P'ei et W. Z. Fang。

（二）生物学特征

【植物形态特征】

灌木，高约 2m；小枝圆柱形，灰黄色或紫褐色，幼嫩部分具粉屑状星状毛。叶片狭披针形或披针形，长 5～14cm，宽 0.8～3cm，顶端渐尖，基部宽楔形或钝圆，两面除主脉稍有星状毛外，余无毛，背面及花的各部分均被紫黑色粒状腺点，侧脉 8～12 对，边缘具不明显疏齿；叶柄长 2～4mm。聚伞花序紧密，宽 1～2cm，3～4 次分歧，花序梗长约 5mm；苞片细小，线形；花萼杯状，无毛，萼齿不明显或截头状；花冠紫色，开放时长约 3mm；雄蕊长约 5mm，花药长圆形，药室纵裂；子房疏被灰白色星状毛。果实球形，径约 2mm。花果期 6～11 月。

本种叶片及花的各部分均被紫黑色粒状腺点，与紫珠 *C. bodinieri* Levl. 相似，但后者叶片多为椭圆形，基部楔形可明显区别。

【生境分布】

生长于海拔 100～650m 的地区，多生在山坡林中，多分布于四川西部和南部、云南西北部，目前尚未人工引种栽培。中国特有植物。

参 考 文 献

中国科学院中国植物志编辑委员会，1982. 中国植物志：第 65 卷（1）[M]. 北京：科学出版社：59.

四十四、上狮紫珠 *Callicarpa siongsaiensis* Metc.

（一）基原

马鞭草科紫珠属植物上狮紫珠 *Callicarpa siongsaiensis* Metc.。

（二）生物学特征

【植物形态特征】

灌木，高约 2m；小枝灰黄色，与叶柄和花序梗疏生星状毛。叶片椭圆形或倒卵状椭圆形，长 10～14cm，宽 4～6cm，顶端渐尖或短尖，基部楔形至钝圆，边缘有不明显的疏齿或近全缘，表面无毛，背面几无毛，具细小黄色腺点；叶柄长 1.5～2cm，上面有槽。聚伞花序在叶腋稍上方着生，3～5 次分歧，宽 2～4cm；果序梗粗壮，约与叶柄等长，果柄长约 2mm，无毛；花未见；花萼杯状，顶端截头状，无毛。果实无毛，干后暗棕色，径约 3mm。果期 8 月。

1932年裴鉴在《中国马鞭草科》专著中，曾根据福建上狮岛 Lin Yu Tai 11793 号标本发表了 *C. japonica* Thunb. f. *glabra* P'ei，但同时在杜虹花 *C. formosana* Rolfe 下亦引证了该号标本；同年 Metcalf 又根据该号标本发表了本种。本种的小枝灰黄色，叶片顶端短尖，基部宽楔形至钝圆；花序梗较粗壮等性状均似杜虹花，但叶两面无毛，叶柄较长，边缘有不明显的疏齿或近全缘，萼顶端截头状等性状，显与杜虹花不同。模式为果标本，花的构造不知，根据果序特征，属于纵裂药系的可能性大，现暂放于此，待将来采到花标本时再予研究。

【生境分布】

生长于海拔20～30m的地区，常生于石质山边，分布于福建等地，目前尚未人工引种栽培。中国特有植物。

参 考 文 献

中国科学院中国植物志编辑委员会，1982. 中国植物志：第65卷（1）[M]. 北京：科学出版社：56.

四十五、鼎湖紫珠 *Callicarpa tingwuensis* H. T. Chang

（一）基原

马鞭草科紫珠属植物鼎湖紫珠 *Callicarpa tingwuensis* H. T. Chang。

（二）生物学特征

【植物形态特征】

灌木，高约1.5m；嫩枝被黄褐色星状毛。叶片椭圆形或长椭圆形，长14～20cm，宽5～8.5cm，顶端渐尖，基部稍歪斜，钝圆或宽楔形，表面脉上有短毛，背面被星状柔毛，侧脉10～12对，边缘有小齿尖；叶柄长1～1.5cm，被星状毛。聚伞花序3～4次分歧，宽1.5～2.5cm，被黄褐色星状毛，花序梗长约5mm，花柄长约1mm；苞片细小；花萼长约1mm，截头状，外被星状毛；花冠白色，长3～4mm，稍被细毛；花药长圆形，长约1.5mm，顶端孔裂；子房密被星状毛；花柱长约5mm。果实径约3mm，外被星状毛。花期5月，果期9～10月。

本种叶片形状变化较大，但通常为椭圆形或长椭圆形，其花序特征和叶片被毛的情况与短柄紫珠 *C.brevipes*（Benth.）Hance 及丘陵紫珠 *C.collina* Diels 相似。它和这二种的主要区别为花的各部分被毛，子房有毛，果实亦有毛。

【生境分布】

常生于林中，分布于中国广东等地。目前尚未人工引种栽培。中国特有植物。

参 考 文 献

中国科学院中国植物志编辑委员会，1982. 中国植物志：第65卷（1）[M]. 北京：科学出版社：68.

四十六、云南紫珠 *Callicarpa yunnanensis* W. Z. Fang

（一）基原

马鞭草科紫珠属植物云南紫珠 *Callicarpa yunnanensis* W. Z. Fang。根、叶入药。

（二）生物学特征

【植物形态特征】

乔木，高12～18m；小枝略呈四棱形，有纵条纹，与叶柄、叶片主脉和花序均被灰棕色分枝柔毛和星状毛。叶片纸质，椭圆形或卵状椭圆形，长（12）～20～（27）cm，宽（7）～9～（13.5）cm，顶端短渐尖或钝圆，基部楔形或宽楔形，全缘，表面除主脉外无毛，背面被分枝柔毛和星状毛，两面密生红褐色小腺点，侧脉 10～12 对，第三回脉近平行排列；叶柄粗壮，长 1.5～3cm。聚伞花序粗大，宽 8～13cm，6～7 次分歧，排成半球形伞房花序式，花序梗粗壮，长 4～5cm；花柄纤细，长约 3mm；苞片细小，线形。花萼杯状，长约 0.8mm，密被灰色星状茸毛，顶端近截头状；花冠紫色，长约 3mm；花丝长约为花冠的 2 倍，药室纵裂；子房有微毛和棕红色腺点。果实球形，浆果状，成熟时紫红色，径约 3mm。花果期 7～12 月。

本种叶也有止血作用，药效仅次于木紫珠 *C. arborea* Roxb.（《云南植物志》）。

本种和木紫珠 *C. arborea* Roxb.相似，但后者叶片革质，背面密被黄褐色厚茸毛，两面无腺点，且叶柄较长，果柄较短而不同。

《云南植物志》（1977）把本种误定为绵毛紫珠 *C. erioclona* Schauer，但与原产菲律宾的该种标本比较，后者小枝、叶柄和花序均密被棕褐色羽状柔毛；叶片背面被灰白色星状茸毛；叶缘有明显的粗锯齿；花序较小而紧密，一般宽 3～4.5cm，花序梗较细且短，与本种截然不同。

【生境分布】

生长于海拔 530～560m 的地区，多生在江边疏林和沟谷林中。分布于日本、越南及中国多地，目前尚未人工引种栽培。

【采收加工】

夏、秋季采收，根，洗净，切片晒干；叶，晒干研末。

（三）传统习用

云南紫珠味微苦，性平。入药部位为根、叶，具有凉血止血功效。主治收敛止血；清热解毒。主呕血；咯血；衄血；便血；尿血；牙龈出血；崩漏；皮肤紫癜；外伤出血；痈疽肿毒；毒蛇咬伤；烧伤。可 10～15g（鲜品 30～60g）或 1.5～3g 研末，煎汤内服，每日 1～3 次。或适量云南紫珠药材捣敷或研末撒于患处。

参考文献

中国科学院中国植物志编辑委员会，1982. 中国植物志：第 65 卷（1）[M]. 北京：科学出版社：33.